Yves Vincent Grossmann
Von der Berufung zum Beruf: Industriedesigner in Westdeutschland 1959–1990

Design | Band 39

Yves Vincent Grossmann ist wissenschaftlicher Koordinator im LOEWE Schwerpunkt »Infrastruktur – Design – Gesellschaft« an der HfG Offenbach. Er studierte Geschichte, Kunst- und Wissenschaftsgeschichte in Mainz, Glasgow und Clermont-Ferrand. Von 2014 bis 2017 promovierte er an der Ludwig-Maximilians-Universität München mit einem Stipendium der Friedrich-Ebert-Stiftung.

Yves Vincent Grossmann

Von der Berufung zum Beruf: Industriedesigner in Westdeutschland 1959–1990

Gestaltungsaufgaben zwischen Kreativität, Wirtschaft und Politik

[transcript]

Gedruckt mit freundlicher Unterstützung der Geschwister Boehringer Ingelheim Stiftung für Geisteswissenschaften in Ingelheim am Rhein, der Ludwig-Sievers-Stiftung, der Oskar-Forster-Stiftung, dem VDID und der designaffairs GmbH.

Bibliografische Information der Deutschen Nationalbibliothek
Die Deutsche Nationalbibliothek verzeichnet diese Publikation in der Deutschen Nationalbibliografie; detaillierte bibliografische Daten sind im Internet über http://dnb.d-nb.de abrufbar.

Umschlaggestaltung: Grossmann & Grossmann
Umschlagabbildung: Technische Zeichner der Gugelot-Design GmbH bei der Arbeit, photographiert von Gustav Hildebrand, Quelle: SLUB Dresden / Deutsche Fotothek, Bild 90015163.
Korrektorat: Dr. Anja Weisenseel
Satz: Grossmann & Grossmann
Druck: Majuskel Medienproduktion GmbH, Wetzlar
Print-ISBN 978-3-8376-4361-9
PDF-ISBN 978-3-8394-4361-3

Gedruckt auf alterungsbeständigem Papier mit chlorfrei gebleichtem Zellstoff.
Besuchen Sie uns im Internet: *https://www.transcript-verlag.de*
Bitte fordern Sie unser Gesamtverzeichnis und andere Broschüren an unter: *info@transcript-verlag.de*

Inhalt

1. Einleitung | 9

A. Fragen | 13

B. Design und Geschichte | 20

C. Professionalisierung | 24

D. Quellen | 27

E. Zeitlicher Rahmen und Gliederung | 31

2. Anfänge einer neuen Profession | 33

A. Beginn der Industriedesigner in der Bundesrepublik | 34

1. Entwicklungen des Berufsbilds ‚Industriedesigner' | 35
2. Akademisierung und Designinstitutionen in der frühen Bundesrepublik | 42
3. Rat für Formgebung gegen Werkbund: kunst- oder wirtschaftsnahes Industriedesign? | 57

B. BASF AG – Industriedesign kommt in Unternehmen | 66

1. Kunststoffe und die BASF AG | 68
2. Anonymdesign und Produktnullserien – Designdienstleistungen bei der BASF AG | 73
3. Förderung von Kunststoffen durch Design | 83

C. Zusammenfassung | 92

3. Industriedesigner und wissenschaftliches Wissen | 95

A. Argumentieren mit explizitem Wissen – Strategien der Selbstlegitimierung im Industriedesign | 96

1. Verwissenschaftlichungsdiskurse im Industriedesign | 98
2. Produktplanung und Produktionssysteme im Design | 113

B. Siemens AG – Designkommunikation als Legitimierungs- und Professionalisierungsstrategie | 128

1. Industriedesign als Handlungsfeld in einem Großkonzern | 129
2. Firmeninterne Kommunikationsstrategien im Design | 136
3. Organisation von Investitionsgüter- und Konsumgüterdesign im Bereich der Elektrotechnik | 142

C. Zusammenfassung | 149

4. Industriedesigner im Wandel der 1970er Jahre | 151

A. Designer nach dem Boom – Neue Professionalisierungsstrategien in den Krisen | 152

1. Neupositionierungen der Industriedesigner nach 1973/74 | 153
2. „Umwelt wird in Frage gestellt“ – Designkonzepte im Wandel | 163
3. Versuche von Ausbildungsreformen im Industriedesign | 178

B. Rosenthal AG – Design als verbindendes Element | 187

1. Rosenthal als „Manufaktur des Wohnens“ | 189
2. Philip Rosenthal – Ein „Pionier für Kunst, Design und Wirtschaftsdemokratie“? | 196
3. Design als Bestandteil von Unternehmenskultur und Werbung | 201

C. Zusammenfassung | 207

5. Das Überwinden von Grenzen im Designjahrzehnt der 1980er Jahre | 209

A. Enttäuschungen und neue Ansätze im Industriedesign der 1980er Jahre | 210

1. Krisenphänomene in den Designinstitutionen der 1980er Jahren | 211
2. Debatten über die Postmoderne im Industriedesign | 223
3. Computer Aided Design | 231
4. Frauen im Industriedesign | 237

B. MAN AG – Grenzen und Abgrenzungen im Industriedesign | 242

1. Von der Architektur zum Industriedesign: Gestaltexperten bei der MAN AG | 243
2. Gestaltungsfragen bei Nutzfahrzeugen | 253

C. Zusammenfassung | 262

6. Industriedesigner in der Globalisierung | 265

A. Globalisierte Gestaltung | 267

1. Internationalisierungsdiskurse unter Industriedesignern | 268
2. ‚Deutsches Design' international | 276

B. Transnationale Vernetzung der Industriedesigner | 281

1. Institutionen der transnationalen Vernetzungen | 282
2. Industriedesign im Kalten Krieg | 295
3. Der ‚Sonderfall': Deutsch-deutsche Designbeziehungen | 307

C. Zusammenfassung | 321

7. Schluss | 323

8. Dank | 331

9. Wissenschaftlicher Apparat | 335

A. Abkürzungsverzeichnis | 335

B. Tabellen | 339

C. Index | 349

D. Literatur und Quellen | 366

1. Archive | 366
2. Primärliteratur (vor 1991) | 367
3. Sekundärliteratur (ab 1991) | 437
4. Unveröffentlichte Arbeiten | 475
5. Audiovisuelle Beiträge | 477
6. Internetresourcen | 479
7. Patente | 479

1. Einleitung

Industriedesign ist omnipräsent. Wer heute an Design denkt, hat nicht zuerst das Bild von Lastkraftwagen, Steuerungsanlage oder Waschmaschinen im Sinn. Die Verbindung von Ästhetik und Technik ist im Alltag meist selbstverständlich. Glaubt man jedoch Designern wie etwa dem Graphiker Otl Aicher, dann ist gerade ein „produkt zu gestalten wohl die schwierigste aufgabe, die man sich stellen kann."[1] Diese Herausforderung spiegelt sich im Selbstbild der Designer[2] wider, Produktionsbedingungen und Konsumentenwünsche in Einklang zu bringen. Historisch ist ein solcher Anspruch in Deutschland eng verknüpft mit der Etablierung des Berufs des Industriedesigners in den ausgehenden 1950er Jahren, deren Geschichte und Professionalisierung bis in die 1980er Jahre in diesem Buch dargestellt wird.

Für die Zeitgenossen in Westdeutschland bedeutete der sogenannte Wiederaufbau eine Phase des einsetzenden Konsums und der problemlosen Erreichbarkeit von Waren. Zeithistoriker fassen dies unter dem Begriff ‚Konsumgesellschaft' zusammen.[3] Sie verdeutlichen damit, dass die Pluralisierung der Warenwelt mit gesellschaftlichen Prozessen einher ging. Teil dieser internationalen Entwicklung war das Aufkommen von ästhetischen Fragen im Konsumgütersegment. Denn durch die problemfreie Verfügbarkeit von Waren rückte nun neben der Produktqualität auch die Formgebung, mit all ihren ästhetischen Aspekten und technischen Spezifikationen, in den Fokus der Produzenten und Konsumenten. Zugleich entwickelten sich die Designer zu Experten, die sich mit Fragen der Formgebung beschäftigten. In der ersten Hälfte des

1 | Aicher und Kuhnert (1989), S. 24.

2 | Nur aus sprachlichen Gründen wird in dieser Arbeit überwiegend die männliche Form benutzt. Selbstverständlich sind implizit immer auch Akteurinnen gemeint, gleichwohl deren absolute Zahl gering war. Diese Ursache wird in dem Kapitel ‚Frauen im Industriedesign' auf S. 237ff explizit problematisiert.

3 | Siehe hierzu genauer S. 15f.

20. Jahrhunderts waren dies überwiegend Architekten und bildende Künstler. Seit den 1950er Jahre konnte dann auch das Fach Produktgestaltung studiert werden. Zum Ende des Jahrzehnts gründeten sich schließlich vielerorts nationale und internationale Berufsverbände, um die Belange der industriellen Formgebung zu vertreten. Die HfG Ulm ist hierbei das – auch international – bekannteste Beispiel. Obwohl das Industriedesign seitdem die menschengemachte Umwelt prägte und sich zu einem ständig präsenten Bestandteil unseres Alltags entwickelte, ist die Produktgestaltung bis jetzt historisch nur wenig untersucht.[4] Diese Forschungslücke wird in dieser historischen Darstellung geschlossen. Im Zentrum dieser Untersuchung steht der Beruf der Industriedesigner in der Bundesrepublik. Es ist die Geschichte der Professionalisierung dieser Berufsgruppe. Zugleich werden die Wechselwirkungen zwischen ihrer Arbeit, der Produktgestaltung und allgemeinen gesellschaftlichen Entwicklungen aufgezeigt. Im Mittelpunkt stehen Personen ebenso wie Institutionen, wobei dem betrieblichen Kontext besondere Aufmerksamkeit zuteil wird.

Industriedesign in der Bundesrepublik

Industriedesign in der Bundesrepublik war und ist vielfältig. Seit den 1950er Jahren existieren verschiedene Designinstitutionen, die sich für die Belange der Produktgestaltung einsetzten. Mit dem Rat für Formgebung, der 1953 durch den Deutschen Bundestag initiiert wurde, oder dem Haus Industrieform, heute Design-Zentrum Nordrhein-Westfalen, bestehen beispielsweise noch in der Gegenwart Institutionen, welche Design in nahezu allen Wirtschaftsbranchen fördern. Seit den 1960er Jahren kamen sukzessive weitere Einrichtungen hinzu, die etwa auf regionaler Ebene Unternehmen bei Gestaltungsfragen unterstützen. Ebenso wie staatliche Institutionen entwickelten sich Ausbildungsorte zu bedeutenden Plattformen, an denen über Industriedesign diskutiert wurde. Meist in Anlehnung an das Bauhaus der Zwischenkriegszeit unterrichteten dort Hochschullehrer die Studierenden im Fach Produktgestaltung. Die HfG Ulm war dabei diejenige westdeutsche Institution, die mit ihrer Tätigkeiten weit über die Landesgrenzen hinaus Bekanntheit erlangte. Mit den damaligen Werkkunstschulen oder der Folkwangschule für Gestaltung in Essen boten weitere Ausbildungsstätten Designstudiengänge an.[5]

Parallel zu Designzentren und Ausbildungsstätten, die überwiegend mit öffentlichen Geldern finanziert wurden, existierten verschiedene nicht-staatliche Institutionen, an denen ebenfalls Industriedesign im Mittelpunkt stand. An erster Stelle sind Wirtschaftsunternehmen zu nennen. Denn wie es der Begriff ‚Industriedesign' andeutet, war und ist die Produktgestaltung eng mit wirtschaftlichen Kontexten verknüpft. Besonders Großkonzerne wie etwa

4 | Für den aktuellen Forschungsstand siehe S. 20ff.

5 | Siehe hierzu S. 34ff.

die Braun AG mit Dieter Rams oder mittelständische Unternehmen wie die Erco GmbH um Geschäftsführer Klaus-Jürgen Maack in Lüdenscheid engagierten sich öffentlich und prägten damit den Begriff von Produktdesign in der bundesdeutschen Bevölkerung.[6]

Die vielen Designbegriffe

An den Ausbildungseinrichtungen, in der Wirtschaft und in Designzentren wurde Design unterschiedlich interpretiert. In dem bislang umfangsreichsten deutschsprachigen Wörterbuch zu Design von 2008 geben die Herausgeber Michael Erlhoff und Thomas Edelmann für ‚Design' keine allgemeingültige Definition.[7] Dies hat zwei Ursachen: Erstens wird ‚Design' vor allem in Abgrenzung zu ‚artverwandten' Begriffen wie ‚Kunst', ‚Technik', ‚Handwerk' oder ‚Wirtschaft' umschrieben. Zweitens kann ‚Design' mehrere Prozesse beschreiben. Der Begriff bezeichnet sowohl die Tätigkeit des Entwerfens, als auch das ‚Designobjekt' als Resultat dieser Arbeit.[8] Es gibt keine Eigenschaften, die Industriedesign, Modedesign, Graphik-Design, Interface-Design oder Designtheorien gemeinsam miteinander teilen und die man als ‚Design' bezeichnen kann.[9] Dieses Grundproblem ist nicht nur rein akademischer Natur, sondern bewegte im 20. Jahrhundert schon viele Praktiker.[10] Hinzu kam, dass der Begriff ‚Design' erst seit Ende der 1950er Jahren in der Bundesrepublik verwendet wurde. Es entsprach daher gängigen Einschätzungen der Zeit, wenn Wilhelm Braun-Feldweg 1966 hierzu schrieb: „Der Begriff Design ist nicht nur neu, sondern noch überaus vieldeutig."[11] Letztendlich hat sich in der Gegenwart ‚Design' als terminus technicus vielfach durchgesetzt, ohne eine eindeutige Bedeutung zu besitzen. Aus diesem Grund verzichtet diese Arbeit auf ‚Design' als analytischen Begriff. Vielmehr handelt es sich hierbei um einen Quellenbegriff, der je nach Zeit und Perspektive von den Gestaltern unterschiedlich gebraucht wurde.

---

6 | Siehe hierfür exemplarisch Rams' Engagement beim Rat für Formgebung, S. 197, und Maacks Vortrag auf dem 125. Ingenieurstag 1981 in (West-)Berlin, Maack (1982).

7 | Erlhoff und Edelmann (2008), S. 87.

8 | Walker (1992), S. 35.

9 | Erlhoff (2013), S. 16, Fallan (2010), S. XVII, Mareis (2011), S. 87, (2014), S. 43ff.

10 | Beispielsweise beschloss der Beirat ‚Designer' des Rats für Formgebung 1982 etwa 40 Design-Definitionen zusammenzustellen, um zu einer gemeinsamen Sprachregelung zu gelangen. Dieser letztendlich gescheiterte Versuch verdeutlicht, dass selbst für Zeitgenossen die Frage nach einer Designdefinition zwar wünschenswert, jedoch kaum lösbar war. WBA-B, Ordner ‚Rat für Formgebung', Protokoll zur Sitzung des Koordinierungsbeirats des Rats für Formgebung vom 11.03.1982, S. 4. Siehe hierzu ebenfalls S. 189.

11 | Braun-Feldweg (1966a), S. 81.

Mit dem engeren Teilbereich ‚Industriedesign' konzentriert sich dieses Buch auf eine spezielle Richtung im Bereich der gestalterischen Tätigkeiten.[12] Dabei steht eher das Design von Investitionsgütern im Zentrum. Dies mag zuerst ungewöhnlich erscheinen, da es nicht der gängigen Praxis der deutschsprachigen Designgeschichtsschreibung folgt, die für gewöhnlich das ‚Konsumgüterdesign' einschließlich der Automobilindustrie im Auge hat. Beide Designsparten lassen sich jedoch nicht trennscharf unterscheiden. Dies gilt insbesondere auf der Akteursebene, da viele Gestalter sowohl im ‚Investitions-' als auch im ‚Konsumgüterdesign' aktiv waren und sind. Während in der Designgeschichte oft lediglich die Gestaltung von Konsumgütern, nicht aber von Investitionsgütern betrachtet wird, soll im Folgenden die ganze Breite gestalterischer Tätigkeiten einbezogen werden. Dies greift zugleich den Vorschlag des US-amerikanischen Designhistorikers Victor Margolin auf, Designgeschichte definitorisch weniger eng zu fassen.[13] Es können dadurch Designprozesse beschrieben werden, deren Kontexte nicht nur auf private Verbraucher ausgerichtet sind. Eine solche ‚Unschärfe' ist ein Gewinn, da auf diese Weise das Handeln der Akteure in der ganzen Bandbreite analysiert wird, ohne Teilbereiche des Industriedesigns per Definition auszuklammern.

Unabhängig von der Arbeitsdefinition ist der Begriff ‚Industriedesign' selbst ein Quellenbegriff. Dies ist problematisch. Möglich sind alternative Formulierungen wie ‚Formgebung', ‚Produktgestaltung', ‚Formgestaltung' oder ‚industrielle Gestaltung'. Zugleich werden mittlerweile im Deutschen die englischen Bezeichnungen ‚Industrial Design' sowie ‚Product Design' verwendet.[14] Alle diese Terminologien besitzen jedoch eine spezifische, zeitgebundene Konnotation, die sie ebenso wenig als Analysebegriff qualifiziert. Auch wenn der Begriff ‚(Industrie-)Design' zunehmend inflationär gebraucht wird,

12 | Folgende Definition wird dem Begriff zu Grunde gelegt: Unter ‚Design' wird die bewusste und schöpferische Gestaltung eines Objekts in jeder Materialität, Größe, Intension und nach spezifischen Gesichtspunkten für eine Funktion verstanden. ‚Industrie-' vermittelt dabei, dass es sich bei den Gestaltungsprozessen, dem Endprodukt und der Form nach um kein singuläres Objekt handelt. ‚Industrie-' steht daher in Abgrenzung zum individuellen Design von Produkten des Kunsthandwerks wie Schmuck- und Töpferwaren. In Anlehnung an René Spitz besitzt das in dieser Weise verstandene Design vier Attribute: kommerziell, arbeitsteilig, industriell und seriell. Spitz (2013), S. 14.

13 | Margolin (2009), S. 103. Siehe ebenso Fallan (2010), S. 38, Riccini (2001).

14 | Ähnlich verhält es sich etwa mit dem japanischen ‚プロダクト デザイン' (‚Produktdesign') sowie ‚インダストリアル デザイン' (‚Industriedesign') oder dem italienischen ‚design industriale'. Lediglich das französische ‚esthétique industrielle' und das russische ‚Художественное оформление' (‚künstlerische Gestaltung') sowie ‚Техническая эстетика' (‚technische Ästhetik') hoben sich lange davon ab.

bleibt er deshalb der zentrale Terminus dieses Buchs, weil er mittlerweile eingeführt und verbreitet ist.[15]

A. Fragen

„Die Designidee geht um die Welt".[16] Diese Aussage traf Karl Schiller Ende der 1960er Jahre in einem Interview mit der Süddeutschen Zeitung. Der Bundeswirtschaftsminister betonte in diesem Gespräch mit dem Designjournalisten Johann Klöcker die Bedeutung von industrieller Gestaltung als Wirtschafts- und Kulturfaktor für die bundesdeutsche Gesellschaft. Hintergrund des Zeitungsartikels war die Gründungsinitiative des Internationalen Designzentrums Berlin und eine Steigerung der Finanzmittel für den Rat für Formgebung. Der Sozialdemokrat Schiller sprach dabei auch zur historisch gewachsenen Bedeutung der Gestaltung: „Als die deutsche Industrie nach dem letzten Kriege zum ersten Male auf Weltmessen technisches Gerät ausstellte, da musste sie, bei aller Anerkennung ihres Einfallreichtums und ihrer Wertarbeit erfahren, dass man draußen neben der in Zahlen messbaren Leistung noch auf etwa anderes Wert legt, nämlich auf das Design."[17]

Das Interview mit Schiller brachte eine Narration zum westdeutschen Industriedesign auf den Punkt, in der ein bereites Panorama von lokalen, nationalen und globalen Designdiskursen zum Ausdruck kommt. Sie sind außerdem

15 | Siehe beispielsweise Mareis (2014), S. 13. Da schon Wilhelm Braun-Feldweg oder Philip Rosenthal dieses Phänomen Mitte der 1960er beziehungsweise 1970er Jahre beklagten, scheint diese Entwicklung nicht erst in den letzten Jahren eingetreten zu sein, wie man gelegentlich annimmt. Siehe etwa Braun-Feldweg (1966a), S. 9, Rosenthal (1974), S. 371. Wenn somit von dem Gebrauch des Wortes ‚Design' abgewichen wird und Begriffe wie ‚Formgebung', ‚Produktgestaltung' und weitere verwendet werden, dann geschieht dies ausschließlich aus Gründen der sprachlichen Varianz. Unberücksichtigt bleibt ebenso der etymologische Hintergrund von ‚Design'. Bemerkenswert ist dabei, dass zum Begriff ‚Design' noch keine wissenschaftliche Ideengeschichte formuliert wurde. Mareis merkt zu Recht die teilweise schwer nachvollziehbaren Argumentationsmuster im Kontext von Nobilitierungsbestrebungen des Designs an, die sich auf prominente historische ‚Vorbilder' für Design wie Galileo Galilei, Francis Bacon oder Leonardo da Vinci beziehen, Mareis (2011), S. 43ff. Besonders häufig wird auf den Aufsatz von Kemp Bezug genommen, der eine Geschichte des Begriffs ‚Disegno' für das 16. Jahrhundert in Italien geschrieben hat. Kemp analysiert darin unter anderem das Verständnis von ‚disegno' in den kunsttheoretischen Arbeiten von Giorgio Vasari. Schwerpunkt ist hierbei jedoch die „scienza delle linee" zwischen natura und idea beim Zeichnen, Kemp (1974), S. 227. Es mag verlockend sein, das gegenwärtige Verständnis von ‚Design' mit Vasaris Ideen zum ‚disegno' zu verbinden, inhaltlich ist dies jedoch nicht begründet. Siehe hierzu zusätzlich Ketelsen (2016).

16 | Unbekannt (1968b). Siehe ebenso die spätere Veröffentlichung Unbekannt (1969k), S. 48.

17 | Ibid.

aufschlussreich, weil sich darin die allgemeine Stimmungslage im Industriedesign Ende der 1960er Jahre in der Bundesrepublik widerspiegelt. Zu diesem Zeitpunkt war die industrielle Formgebung als Thema in weiten Kreisen der bundesdeutschen Wirtschafts- und Politikelite angekommen. Design war für viele Entscheidungsträger in Politik und Wirtschaft kein Fremdwort mehr. Wenn es in den folgenden beiden Jahrzehnten um Gestaltung ging, wurden stets zwei zentrale Aussagen wiederholt: Design ist Wirtschafts- sowie Kulturförderung, und Design ermöglicht Globalisierung sowie einen weltweiten Absatz von Produkten.

Das vorliegende Buch greift solche Fragen, die den Zusammenhang von Ästhetik, Design und Wirtschaft betreffen, auf. In den Blick rücken damit gleich mehrere Perspektiven: Der nationale und internationale Handlungsrahmen, der betriebliche Kontext sowie Designdiskurse, die auf unterschiedlichen Ebenen geführt werden. Das verbindet sich mit der Frage, wie sich dieser Berufszweig professionalisierte und wie aus einer Berufung – so das Selbstverständnis der meisten Akteure – ein Beruf entstand. Vier Thesen nehmen diese unterschiedlichen Ebenen auf.[18] Die erste These hinterfragt die interne Entwicklung der Industriedesigner und die Zweite deren Einbettung in das westdeutsche Gesellschaftssystem. Die dritte These verortet die bundesdeutschen Produktgestalter in einem internationalen Rahmen und die Vierte stellt dem die betriebliche Ebene gegenüber.

Die Profession der Industriedesigner

Was heißt Professionalisierung und welche Akteursgruppen waren daran beteiligt? Was für Diskurs- und Handlungsmuster wurden dabei für die entstehende Profession entwickelt? Und welche Orte der Professionalisierung etablierten sich langfristig? Die Antwort auf beide Fragen verweist auf die Industriedesigner selbst.[19] Mit der seit Ende der 1950er Jahren entstehenden Berufsorganisation formierte sich eine Akteursgruppe, die begann den eigenen Tätigkeitsbereich klar zu definieren. Die Industriedesigner lieferten unterschiedliche Argumente, um ihre spezialisierte Berufsgruppe gegenüber Experten aus der Architektur oder den bildenden Künsten abzugrenzen. Die Produktgestalter erschlossen seit der Gründung des eigenen Dachverbands 1959 in verschiedenen Etappen ihr ‚eigenes' Tätigkeitsfeld.[20] Dieser Weg hin zu einer Profession zeigt die spezifischen Charakteristika, anhand derer sich die historischen Entwicklungen der Industriedesigner ermitteln lassen.[21] Als

18 | Für die zeitliche Einteilung, die Gliederung der Untersuchung und das textliche Vorgehen siehe S. 31f.

19 | Zum soziologischen Konzept der Professionalisierung siehe S. 24f.

20 | Zur Gründung des VDID siehe S. 42ff.

21 | Für die quantitative Entwicklung im VDID siehe Tabelle 6.

Teil dieses eigenen Professionalisierungsprozesses eigneten sich die Gestalter Kenntnisse aus anderen Bereiche an, wie der Ergonomie oder den Ingenieurs- und Materialwissenschaften. Dabei wurde seit den 1960er Jahren das Argumentieren mit wissenschaftlichem Wissen zu einem wesentlichen Teil der Professionalisierung im Industriedesign.[22] Seit der Gründung der HfG Ulm wurde wissenschaftliches Wissen in die Kommunikationsstrategien der Gestalter integriert.[23] Hinzu kam der Aspekt ‚Produktplanung', welcher den Designern dazu diente ihre Tätigkeit mit zeitgenössischen Planungsaspekten zu verbinden. Begriffe wie ‚Wissen' und ‚Planung' erleichterten es ihnen somit auch auf einer betrieblichen Ebene, mit anderen Professionen in Kommunikation zu treten.[24]

Dadurch gelang es den Industriedesignern, sich bei zunehmenden global-en Vernetzungen sowie bei neuen technischen Entwicklungen als Experten für eine „menschenwürdige Umwelt" darzustellen – und das in Prosperitäts- ebenso wie in Krisenphasen.[25] Die Gestalter verstanden sich somit als eine neue Fachgruppe, die auf viele Fragen in der bundesdeutschen Wissensgesellschaft eine Lösung zu finden glaubten.[26] Die erste These lautet, dass die Industriedesigner zwischen 1959 und 1990 einen Prozess der Professionalisierung durchliefen. Das Argumentieren mit wissenschaftlichem ‚Wissen' war bei dieser Entwicklung eine der charakteristischsten Phänomene, um den eigenen Standpunkt gegenüber anderen Akteursgruppen zu legitimieren.

Kontinuität und Wandel im Industriedesign

Diese Entwicklung der Industriedesigner verlief keinesfalls losgelöst von gesellschaftlichen Prozessen. Aber welche Interaktionen bestanden zwischen den Gestaltern und anderen Akteursgruppen? Auf welche gesellschaftlichen Entwicklungen hatten die Industriedesigner zu reagieren und von welchen blieben sie annährend unberührt? Und was bedeutete die Entstehung der bundesdeutschen Konsumgesellschaft für die neue Berufsgruppe? Zunächst lässt sich festhalten, dass der Beruf der Industriedesigner in einer Phase des anhaltenden Konsums entstand. Mit den rasanten, wirtschaftlichen Entwicklungen nach 1945 setzte etwas ein, das Zeithistoriker mit den Wörtern ‚Konsumgesellschaft' oder ‚Verbraucherdemokratie' begrifflich zu fassen versuchen.[27] Betrachtet man die Zeit des Wiederaufbaus in einer längeren Per-

22 | Siehe hierzu S. 96ff.

23 | Mareis (2011), S. 141, (2014), S. 162, Rummel-Suhrcke (2012), S. 400f, Spitz (2002), S. 145.

24 | Fallan (2010), S. XI.

25 | Oestereich (2000a), S. 242, RfF (1972b), S. 29, Selle (2007), S. 376.

26 | Für die Wissensgesellschaft siehe S. 100f.

27 | Für Aspekte der Konsumhistoriographie siehe Abelshauser (2011), S. 338f, Brückweh (2011), Confino und Koshar (2001), Fabian (2016), S. 43ff, Gasteiger (2010), S. 129ff und

spektive, so erscheint diese Phase als Teil einer longue durée, die von einem rasanten Wachstum in der Moderne gekennzeichnet war.[28] Denn während in der Zwischenkriegszeit noch handwerkliche Gebrauchsgüter vorherrschten, wurden nun Konsumgüter für den Großteil der Bevölkerung erst nach 1945 als Massenprodukte erschwinglich.[29]

So passt es in das historische Gesamtgefüge des 20. Jahrhunderts, wenn die Industriedesigner erst im zweiten Schritt einen Professionalisierungsprozess durchliefen. Denn die Gestalter waren Teil dieser einsetzenden Konsumgesellschaft in Westdeutschland. Parallel zu der steigenden Nachfrage nach Form-Spezialisten seitens der Wirtschaft in den 1950er Jahren entstanden vielerorts erste Design-Studiengänge.[30] Die zitierten Äußerungen Karl Schillers aus dem Jahr 1968 zeigen, dass Design für die bundesrepublikanische Gesellschaft schon nach der unmittelbaren Wiederaufbauphase an Bedeutung gewonnen hatte: der Beruf florierte.[31] Der einsetzende Strukturwandel in den 1970er Jahren wurde vielfach als Bedrohung betrachtet, aber er eröffnete den Designern zugleich neue Perspektiven. Auch die Produktgestalter waren etwa von der ersten Ölpreiskrise 1973/74 und den damit einhergehenden wirtschaftlichen Veränderungen betroffen.[32] Hinzu kamen Mitte der 1970er Jahre fachspezifische Aspekte einer Ausbildungskrise und die verstärkte Hinwendung zu sozialen Fragen bei der Formgebung.[33] Die Krisenstimmung währte nicht lange. Es folgte das „Designjahrzehnt" der 1980er Jahre, das eine Flut neuer Ideen und eine chancenreiche Transformation des Berufes brachte.[34] Eine Krise innerhalb der Designinstitutionen, Debatten über eine postmoderne Gestaltung, das aufkommende Computer Aided Design sowie die kritische Reflexion über – meist einseitige, männliche – Geschlechterbilder waren dabei zentrale Diskurse im Industriedesign der 1980er Jahre.[35]

Es wird zu zeigen sein, dass es zwischen den 1960er und 1990er Jahren im Kontext der Professionalisierung des bundesdeutschen Industriedesigns

S. 210ff, Geyer (2010a), S. 649, Haupt (2012), Heßler (2004), Kaelble (1997), Schramm (2009), S. 257ff, Wirsching (2009).

28 | Abelshauser (2011), S. 229, Herbert (2014), S. 783, Jarausch (2004), S. 29 und S. 164, Schildt und Siegfried (2009), S. 181.

29 | Zur Forschungsdebatte über eine Konsumgesellschaft siehe beispielsweise Bösch (2016), König (2008), Trentmann (2016), S. 16ff, Wirsching (2011).

30 | Siehe hierzu Aynsley (2009), S. 16, Betts (2004), S. 118, Oestereich (2000a), S. 224 und allgemein Selle (1998).

31 | Siehe hierzu besonders Oestereich (2000a), S. 127ff.

32 | Siehe hierzu speziell Kapitel ‚Neupositionierungen der Industriedesigner nach 1973/74' auf S. 153ff.

33 | Grossmann (2018b).

34 | Für das Phänomen des ‚Designjahrzehnts' siehe etwa Schneider (2005), S. 164.

35 | Siehe hierzu insgesamt das Kapitel ‚Enttäuschungen und neue Ansätze im Industriedesign der 1980er Jahre' auf S. 210ff.

zu einem weitreichenden Wandel kam. Darin zeigen sich gesellschaftliche Entwicklungen und zugleich tiefgreifende Veränderungen im Bereich von Konsum, Technik, Kunst und Industrie. Sowohl gesamtgesellschaftliche Umstellungen nach dem Boom als auch das anschließende *„Designjahrzehnt“* der 1980er Jahre mit seinen neuen Designdiskursen stellten die Produktgestalter vor neue Herausforderungen. Hierbei lässt sich zugleich eine Etablierungsgeschichte der Industriedesigner ausmachen, die viele Konjunkturen der gesellschaftlichen Entwicklungen in der Bundesrepublik widerspiegelt.

Deutsches Industriedesign global

„Aussehen bringt Ansehen“ betitelte Ernst-Jörg Kruttschnitt 1976 seinen Beitrag im design report, als er den verstärkten Einsatz von Designern im Invesititionsgüterdesign forderte. Für ihn wurde Design „ein Teil der Marketingstrategie und [bekam] damit, vor allem wenn es sich um Exportgüter handelt, fast [eine] politische Bedeutung.“[36] Wie kam es aber dazu, dass spätestens in den 1970er Jahren Design nicht mehr nur im nationalen, sondern auch im transnationalen Raum gedacht wurde? Wie und wann entstanden solche globalen Netzwerke im Industriedesign? Und welche Akteure und Institutionen waren dabei maßgebend? Ausgangspunkt hierfür war der Professionalisierungsprozess, der von Beginn an durch einen internationalen Austausch begleitet war. Die Industriedesigner verstanden sich nämlich als Expertengruppe, die global agierte und einen weltweiten Ideenaustausch pflegte.[37] Zugleich positionierten sie sich als Berufsgruppe, die es Unternehmen ermöglichte ihre Produkte auch international zu vermarkten.

Den bundesdeutschen Industriedesignern wurde im Kontext einer globalen Vernetzung zugleich noch ein zweiter Aspekt zugesprochen. Durch die Existenz zweier deutscher Staaten konnten die Gestalter nämlich auch als Botschafter für ihr kapitalistisches Wirtschaftssystem agieren.[38] Begünstigt durch die scheinbare Neutralität der Produktgestaltung im gesellschaftlichen Systemkonflikt in Ost und West gelang es, sich über Gestaltungsfragen teilweise anzunähern. So standen im Zeitraum vom Bau und Fall der „Berliner Mauer“ die Industriedesigner aus Ost- und Westdeutschland trotz vieler Widrigkeiten im Kontakt.[39] Sie konnten sich dadurch seit den 1970er Jahren als „Brückenbauer“ zwischen BRD und DDR positionieren. In den 1980er Jahren entstanden daraus Ausstellungsprojekte, wirtschaftliche Verflechtungen und

36 | Kruttschnitt (1976).

37 | Siehe das Kapitel ‚Internationalisierungsdiskurse unter Industriedesignern‘ auf S. 268.

38 | Zum Aspekt von Industriedesign im Kalten Krieg siehe allgemein Castillo (2010), Crowley und Pavitt (2008).

39 | Siehe hierzu speziell das Kapitel ‚Der ‚Sonderfall‘: Deutsch-deutsche Designbeziehungen‘ auf S. 308ff.

Verbandskooperationen. Und parallel dazu führten die Gestalter einen gesamtdeutschen Erinnerungsdiskurs über die Geschichte des Bauhauses und der HfG Ulm.[40] Dies verfestigte die innerdeutschen Verbindungen weiter, sodass sich nach 1989 etliche Designakteure aus vorgehenden Treffen bekannt waren.

Drittens wird zu zeigen sein, wie sich die bundesdeutschen Industriedesigner positionierten und dadurch gegenüber den Akteuren aus Politik und Industrie als Expertengruppe auftraten, die etwa für die Exportwirtschaft neue Potenziale zu wecken vermochte. Im deutsch-deutschen Verhältnis konnten die Produktgestalter zugleich auf ihre Verbindungspotenziale abseits diplomatischer Kommunikationswege verweisen.

Designer in den Betrieben

Die Industriedesigner agierten jedoch nicht nur in einem globalen Handlungsrahmen, sondern arbeiteten überwiegend als Angestellte oder Selbstständige für verschiedene Unternehmen. Welche Erkenntnisse lassen sich aber über die Tätigkeitsanalyse der Industriedesigner vor Ort gewinnen? Wie wurden allgemeine Diskurse auf einer betrieblichen Ebene aufgenommen und konkret umgesetzt? Und welche Diskrepanzen entstanden dabei zwischen Anspruch und Wirklichkeit? Die Produktgestalter zeichnen sich zuerst dadurch aus, dass sie in unterschiedlichen Themenfeldern agieren. Wesentlich ist hierbei die Verknüpfung von ästhetischen und technischen Fragestellungen. Parallel dazu brachten die Gestalter die Belange von Konsumenten sowie der Produzenten miteinander in Einklang.[41] Hierdurch variierten die geforderten Tätigkeitsfelder der Designer von Branche und Unternehmen teilweise erheblich. Solche Prozesse der Veränderung stehen im Mittelpunkt dieses Buchs. Die vierte These geht daher davon aus, dass die Rolle der Industriedesigner in den Konzernen im Laufe der Zeit ständigen Veränderungen unterlag. Diese lassen sich in der betrieblichen Praxis gut veranschaulichen. Denn während zu Beginn der 1950er Jahre die Gestalter vielfach noch skeptisch betrachtet wurden, gelang es ihnen seit Mitte der 1970er Jahre zunehmend, bei anderen Mitarbeitergruppen an Akzeptanz zu gewinnen.

Vier ausgewählte Beispielunternehmen werden untersucht, um zu zeigen, wie über Designdiskurse auf betrieblicher Ebene verhandelt wurde. Damit wird es möglich, die Verbindung zwischen einer lokalen Ebene bei den Konzernen und einer überlokalen Ebene bei der Profession der Industriedesigner darzustellen. In vier Teilkapiteln werden die Gestalter bei der BASF AG, Siemens AG, Rosenthal AG und MAN AG analysiert. Diese unterschiedlichen Firmenbeispiele liefern somit ein Querschnittsbild über die Rolle der Designer in westdeutschen Konzernen. Die Auswahl der Beispielunternehmen ermöglicht

40 | Siehe S. 317ff.

41 | Siehe hierzu S. 174ff.

es, verschiedene Konstellationen von Industrie und Design in unterschiedlichen Bereichen in den Blick zu nehmen.[42] Diese vier Beispiele zeigen exemplarisch, mit welchen Herausforderungen die Industriedesigner konfrontiert waren und wie deren Kenntnisse Schritt für Schritt in die Unternehmen gelangten. Vier Charakteristika der Beispielunternehmen sind hierfür von besonderer Bedeutung.

Erstens agierten die Firmen auf unterschiedlichen Produktfeldern. Die BASF AG produzierte verschiedene Vor-, Zwischen- und Endprodukte von Kunststoffen. Die MAN AG hingegen setzte Industriedesigner besonders für die Entwicklung von Lastkraftwagen und Bussen ein. Während man bei Rosenthal alle Bereiche der Keramikproduktion beherrschte, hatte sich die Siemens AG überwiegend auf elektrotechnische Güter spezialisiert.

Zweitens verliefen die wirtschaftlichen Entwicklungen für die vier Konzerne seit den 1960er Jahren teilweise gegenläufig. Während die MAN AG seit Anfang der 1980er Jahre verstärkt auf den Einsatz von Industriedesignern zurückgriff, reduzierten die BASF AG und die Siemens AG seit dieser Zeit kontinuierlich ihr Personal in den Gestaltungsabteilungen. Im Gegensatz hierzu waren bei der Rosenthal AG viele Designer in die Produktion integriert. Jedoch fand sich der Konzern seit Anfang der 1980er Jahre in einer angespannten wirtschaftlichen Lage, was sich auch auf die Industriedesigner auswirkte.

Drittens wurden im Laufe der Jahre die Gestalter auf unterschiedliche Wege in das Gesamtstruktur der Unternehmen aufgenommen. Die Designer der Siemens AG und der Rosenthal AG waren den Marketing-Abteilungen zugeordnet, während bei der BASF AG und der MAN AG die Produktgestalter in der Konstruktion verortet waren.

Und viertens wurde letztlich auch das eigene Unternehmensdesign auf unterschiedliche Weise in die Kommunikationsstrategien integriert. Während die Gestalter bei der BASF AG und der MAN AG das eigene Design kaum nach außen trugen, kommunizierten die Industriedesigner bei Siemens und Ro-

42 | Es werden bewusst Großkonzerne und keine Kleinbetriebe oder mittelständische Unternehmen präsentiert. Ursache hierfür sind forschungsstrategische und pragmatische Gründe. Besonders die fehlende Überlieferung von Archivalien zu Designfragen bildet hierfür den Ausschlag. Denn noch in den 1980er Jahren argumentierten Zeitgenossen, dass es nur für Unternehmen sinnvoll sei, eine eigene Designabteilung zu unterhalten, wenn sie einen Jahresumsatz von 300 Mio. DM oder mehr erwirtschaften würden. Siehe etwa Referat von Ernst-Jörg Kruttschnitt vor dem Arbeitskreis Produktform des DIHT vom 10.12.1982, in: Kruttschnitt (2009), S. 29. Kleine Firmen hingegen verfügten meist über keine eigene Designabteilung und beauftragten häufig freiberufliche Industriedesigner für die Gestaltung ihrer Produkte. Nur Großkonzerne beschäftigten mehrere festangestellte und freischaffende Gestalter gleichzeitig, sodass sich meist dort die verschiedenen Transformationsprozesse der Profession ‚Industriedesigner' analysieren lassen. Zugleich besitzen häufig nur größere Firmen ein erschlossenes Konzernarchiv, in dem eine ergiebige archivalische Überlieferung zu Vorgängen im Design überdauerte.

senthal über die Grenzen des Unternehmens hinaus zu Aspekten der eigenen Produktgestaltung. Das eigene Produktdesign wurde dabei schon nach kurzer Zeit in die historische Entwicklung der Unternehmen integriert und damit eine eigene, spezifische Designgeschichte verfasst.

B. Design und Geschichte

Fragen nach dem Verhältnis von Formgebung und Geschichte finden in vielen historischen Darstellungen immer wieder Beachtung. Dies kann nicht darüber hinweg täuschten, dass Design in der deutschen Geschichtswissenschaften meist nur ein Schattendasein fristet. Abgesehen von den drei Dissertationen von Paul Betts („The Authority of Everyday Objects", 2004), Christopher Oestereich („‚Gute Form' im Wiederaufbau", 2000) und René Spitz („HfG Ulm – der blick hinter den vordergrund", 2002) sind seit dem Jahrtausendwechsel nur wenige Arbeiten zu deutschen Designthemen erschienen.[43]

Meist werden Fragen zu Design im Kontext der Konsumgeschichte gestellt. Aber auffällig ist hier, dass Aspekte der Formgebung nur vereinzelt über plakative Produktpräsentation hinausgehen.[44] Dabei könnte gerade eine Analyse der Produktgestaltung bei dem Verhältnis von Konsum und Gesellschaft eine zusätzliche Erkenntnisebene eröffnen. Beispiele hierfür sind etwa die Bedeutung von Produktdesign bei der Einführung des Selbstbedienungsprinzips im westdeutschen Einzelhandel oder dem Siegeszugs von Amerika in Europa im 20. Jahrhundert.[45]

In wirtschaftshistorischen Projekten werden Aspekte von Design hingegen erstaunlich selten thematisiert. Einzig bei Studien zur Automobilbranche wird der industriellen Formgebung ein deskriptiver Platz eingeräumt.[46] Eine Ausnahme bildet Anne Sudrows Arbeit zur Produktgeschichte des Schuhs im Nationalsozialismus.[47] Darüber hinaus scheint aber Design meist als vernachlässigbare Residualgröße kein Gegenstand einer wirtschaftshistorischen Geschichtsschreibung zu sein. Dies ist umso erstaunlicher, als von Seiten der

43 | Betts (2004), Oestereich (2000a), Spitz (2002).

44 | Berghahn (2010), S. 201, Sudrow (2012), S. 100. Selbst bei Rainer Gries, der sich mehrfach mit dem Produkt als Medium aus der Perspektive einer Kultur- und Konsumgeschichte beschäftigt hat, spielt Design meist noch eine untergeordnete Rolle, Gries (2003), S. 211ff, (2006), (2008), S. 41.

45 | Langer (2013), S. 342ff und de Grazia (2010), S. 218f.

46 | Siehe hierzu teilweise Mom (2007), Neumaier (2010), Nöhl (2013), Paolini (2014), Rieger (2013), Schefer (2008), Steinbeck (2012).

47 | Siehe hierzu beispielsweise Sudrow (2010), S. 15.

Designgeschichte meist versucht wird, den ökonomischen Kontext der Gestaltung mit in die Analyse einzubeziehen.[48]

In der Technikgeschichte wird die Bedeutung von Design häufiger thematisiert. Zentral für die deutschsprachige Forschung ist hierbei die Hamburger Historikerin Martina Heßler, die für eine Verbindung beider historischer Teildisziplinen wirbt, da sie „einen wichtigen Beitrag zu einer Geschichtsschreibung der technischen Moderne darstellen könnte".[49] Ebenso weist der norwegische Designhistoriker Kjetil Fallan darauf hin, dass Design und Technik in Bezug auf soziale und kulturelle Phänomene viele Gemeinsamkeiten aufweisen. In Anlehnung an das Konzept ‚Socio-Technology' der Technikgeschichte plädiert Fallan für einen ‚Socio-Design'-Zugang, mit welchem die Verbindungen von Gesellschaft und Design herausgearbeitet werden können.[50] Trotz dieser Anregungen ist die Anzahl der Studien, die Design- und Technikgeschichte miteinander verbinden, noch überschaubar.[51]

Teilt man die Ansicht von Christian Demand, dann bewegen sich die deutschsprachigen Designveröffentlichungen gegenwärtig auf einem quantitativ hohen Niveau. Beiträge zu Theorie und Geschichte des Designs zeichnen sich aber für Demand eher dadurch aus, dass „die wenigsten Autorinnen und Autoren [..] auch nur den geringsten Ehrgeiz [entwickeln], die gespurten Bahnen der gängigen kunsthistorisch inspirierten Ahnenforschung zu verlassen, die mit dem Namenlosen, Alltäglichen, massenhaft und ambitionslos Hergestellten, das nun einmal den Großteil der Produktkultur jeder Epoche ausmacht, schlichtweg nichts anzufangen weiß."[52] Laut dem Kunsthistoriker und Kulturphilosophen ist dabei besonders markant, dass die „intellektuelle Flughöhe [..] bei aller Ambition zumeist umgekehrt proportional zum gestalterischen Aufwand" steht.[53]

Dieses schwierige Urteil von Demand über die gegenwärtige Designpublizistik ist zumindest haltlos, betrachtet man die englischsprachige Fachli-

48 | Fallan (2010), S. 17, Mareis (2014), S. 18, Oestereich (2000a), S. 30, Riccini (1998), S. 43.

49 | Heßler (2008), S. 246, (2009), S. 180f. Heßler verweist auf Barry M. Katz, der ebenfalls für eine Verbindung von Design- und Technikgeschichte wirbt, siehe Katz (1997).

50 | Fallan (2008), (2010), S. 55f. Der Forschungsansatz ‚Socio-Design' ist nicht mit dem ‚Sozio-Design'-Konzept von Bazon Brock aus den 1970er Jahren zu verwechseln. Siehe hierzu S. 172f.

51 | Siehe hierzu beispielweise Heßler (2009), Jørgensen und Fallan (2015), Sudrow (2009), (2010), Tillberg (2014b).

52 | Demand (2017), S. 59.

53 | Ibid. S. 60. Oder kurz: „Selten sind dünnere Bretter mit massiverem Selbstbewusstsein gebohrt worden", ibid. S. 61.

teratur.[54] Auffällig ist, wie wenig die deutsche Designgeschichtsschreibung international rezipiert wird. Es liegt zumindest der Verdacht nahe, dass dies nicht nur wegen sprachlicher Barrieren, sondern auch wegen methodischer Unzulänglichkeiten geschieht, wie sie Demand anspricht. Mit dem Norweger Kjetil Fallan und der Britin Grace Lees-Maffei existieren zwei Forschende, die mit ihren Texten zur Designgeschichte neue Themen und Fragestellungen ausarbeiten.[55] Besonders im Bereich der Globalisierung[56] und zur Nation als Handlungsrahmen haben beide wichtige Beiträge geliefert.[57]

Das Phänomen der Globalisierung steht – wenig überraschend – gegenwärtig im Mittelpunkt der internationalen Designhistoriographie. Parallel zu Diskussionen in anderen Wissenschaften arbeiten Designhistoriker zu Fragen nach Design in globalen Netzwerken. Der US-Amerikaner Victor Margolin hat etwa mit seinem opus magnum von 2015 eine Weltgeschichte des Designs verfasst, mit dem Anspruch, alle Entwicklungen von Beginn der Menschheit bis zum Ende des 2. Weltkrieges darzustellen.[58] Dass das Jahr 1945 jedoch keine globale Zäsur markierte, thematisiert beispielsweise der australische Designhistoriker Daniel J. Huppatz, indem er fordert, von der Konzentration auf Nordamerika und Europa Abstand zu nehmen.[59] Der Brite Jonathan M. Woodham bemerkt dabei zu recht, dass auch Europa aus mehr als 27 Staaten besteht. Denn besonders über die Designgeschichte in kleineren Ländern sowie Osteuropa fehlen noch viele Erkenntnisse.[60]

Auf Ostdeutschland trifft diese Beschreibung jedoch nicht mehr zu. Seit einigen Jahren wird das Design aus der DDR wissenschaftlich erforscht. Besonders die autobiographisch angelegte Publikation „Gutes Design – Martin Kelm und die Designförderung in der DDR“ aus dem Jahr 2014 vermittelt mitunter einen recht einfachen Überblick zur offiziellen Designpolitik in der SED-Diktatur.[61] Das Haus der Geschichte präsentierte 2016/17 in der Ausstellung „Alles nach Plan? Formgestaltung der DDR“ Teile der Sammlung Industrielle

54 | Für die Einordnung der Forschungsliteratur zur englischsprachigen Designgeschichte siehe etwa Adamson (2014), Clark und Brody (2009), Dilnot (2009), Fallan (2010), Gelfer-Jørgensen (2001), Lees-Maffei (2016a), Lees-Maffei und Huppatz (2014). Siehe ebenso schon die älteren Texte Dilnot (1984a), (1984b), Findeli (1995), Margolin (1995).

55 | Siehe für Fallans und Lees-Maffeis Arbeiten beispielsweise Fallan (2010), (2012), (2017) als auch Lees-Maffei (2008), (2016a und 2016b) sowie deren gemeinsame Arbeiten Fallan und Lees-Maffei (2014), (2016a und 2016b).

56 | Fallan und Lees-Maffei (2016a und 2016b).

57 | Fallan (2014a), Lees-Maffei (2016b). Siehe hierzu auch Gimeno-Martínez (2016).

58 | Margolin (2015).

59 | Huppatz (2015).

60 | Woodham (2014), S. 714f. Siehe auch den frühere Beitrag Woodham (2005).

61 | Wölfel et al. (2014). Da das Buchprojekt die Designentwicklungen in der DDR teilweise unkritisch präsentiert, siehe besonders auch die Rezension Gronert (2015).

Gestaltung. Damit wurde die Geschichte des Designs in der DDR und viele Aspekte der Produktgestaltung kenntnisreich der Öffentlichkeit zugänglich gemacht.[62] Die für 2018 angekündigte Dissertation von Katharina Pfützner verspricht hierbei eine weitere kritisch-wissenschaftliche Darstellung zum Industriedesign in der DDR.[63] Der britische Designhistoriker Jeremy Aynsley hat jüngst mit seinem Vergleich des ost- und westdeutschen Graphik-Designs gezeigt, welche Parallelen und Gegensätze sich in beiden Teilen Deutschlands auffinden lassen.[64]

Dies weist aber auch darauf hin, dass zur Designgeschichte in Westdeutschland vergleichsweise wenig gearbeitet wurde. Sieht man von der HfG Ulm ab, zu der viel autobiographisch und geschichtswissenschaftlich veröffentlicht wurde, ist eine historische Designforschung zur Bundesrepublik kaum vorhanden. Die Designliteratur lässt sich daher überspitzt mit den Worten von Otto Sudrow aus dem Jahr 1985 charakterisieren: „Außer Bauhaus und HfG Ulm nichts gewesen?“ [65] Neben einschlägigen Überblickswerken, die sich strikt an Chronologien und gängigen Meistererzählungen orientieren, oder Kaffeetischbüchern à la „Klassiker des Designs“ sind wenig erwähnenswerte Veröffentlichungen zum westdeutschen Design entstanden. Die im Jahr 2005 geäußerte Kritik von Carlo Buschel – „Die deutsche Designgeschichte der letzten Dekade hat sich bis auf wenige Ausnahmen durch empirische Enthaltsamkeit gegenüber Unternehmensarchiven [..] ausgezeichnet.“ – gilt leider noch bis heute.[66] Gerade daher kann die vorliege Arbeit mit ihren quellengestützten Erkenntnissen gängige Erzählmuster hinterfragen, die sich etwa auf einzelne bekannte Persönlichkeiten oder Designobjekte konzentrieren.

Bei aller Kritik existieren dennoch Beiträge zu einzelnen Themen. Neben den eingangs schon angesprochenen Veröffentlichungen von Betts, Oestereich und Spitz[67] ist beispielweise Petra Eiseles Dissertation zu Experimentaldesign und künstlerischen Performances seit den 1960er Jahren erwähnenswert.[68] Ebenso veröffentlichten Gerda Breuer sowie Winfried Nerdinger Textbände zum Deutschen Werkbund anlässlich des Jubiläumsjahrs 2007.[69] In den letzten Jahren erschienen auch lesenswerte Biographien zu deutschen Gestaltern, etwa zu Otl Aicher, Hans-Theo Baumann, Wilhelm Braun-Feldweg, Günter

62 | Siehe hierzu den Ausstellungskatalog Zürn (2016).

63 | Pfützner (2018). Siehe ebenso die schon veröffentlichten Arbeiten Pfützner (2009), (2012), (2016).

64 | Aynsley (2016). Siehe auch Aynsley (2009), S. 161ff.

65 | Sudrow (1985a).

66 | Buschel (2005), S. 70.

67 | Siehe hierzu S. 20f.

68 | Eisele (2005).

69 | Breuer (2007) und Nerdinger (2007). Siehe hierzu auch Günter (2009).

Kupetz, Herbert Ohl, Karl Otto oder Hans Schwippert.[70] Mit dem Buchprojekt „Women in Graphic Design" von Gerda Breuer und Julia Meer wurde 2012 auch erstmals ein kollektivbiographischer Ansatz in der deutschen Designgeschichte verwirklicht.[71] Über den Themenkomplex von Geschlecht und Design gelang es beiden viele Wissenslücken über deutsche Graphikerinnen zu schließen. In ähnlicher Weise präsentierte Julia Meer 2015 in ihrer innovativen Dissertation neue Erkenntnisse zum Graphik-Design in der Zwischenkriegszeit, mit einem Ausblick auf die Professionalisierung der Graphik-Designer.[72] Meer unternahm erstmals über die Kategorie Beruf einen Zugriff auf ihren Untersuchungsgegenstand. Es ist dabei erstaunlich, dass dieser Ansatz einer kollektiven Biographie in der deutschen Designgeschichte bis dahin noch nicht unternommen wurde, zumal dies in anderen historischen Teildisziplinen seit den 1980er Jahren schon der Fall war.

C. Professionalisierung

Die Frage nach dem Beruf ist in der Designgeschichte bis heute wenig analysiert worden. Dies ist umso erstaunlicher, als gerade der Beruf die unterschiedlichen Designauffassung als Bindeglied miteinander vereinte. Zu den historischen Entwicklungen in Norwegen, Großbritannien und Italien bestehen jeweils nationale Darstellungen der Designberufe.[73] Für (West-)Deutschland versuchte Designerin Cornelia May beispielsweise über die Biographie des Kölner Industriedesigners Arno Kersting einen Zugriff auf die Professionalisierung im 20. Jahrhundert zu erlangen.[74] Erwähnenswert ist hier ebenfalls die autobiographisch angelegte Arbeit von Bernhard E. Bürdek zur Genese der Produktgestalter in der Bundesrepublik.[75] Letztlich fehlt aber bei allen Publikationen eine Darstellung des Berufs der westdeutschen Industriedesigner. Diese Lücke wird von der vorliegende Arbeit geschlossen.

Der zentrale Begriff dieser Untersuchung ist ‚Profession'. Eine Berufsgruppe mit besonderen Merkmalen bildet eine Profession. Somit ist eine Profession spezifische Kategorie von Beruf, auf die folgende drei Eigenschaften zutref-

70 | Siehe hierzu Moser (2012), Rathgeb (2006), Hufnagl et al. (2010), Riemann (2007), Kupetz (2006), Gassner et al. (2013), Ludovico (2010) und Breuer et al. (2010).

71 | Breuer und Meer (2012). Siehe für den naheliegenden Bereich der Architektur auch die akteurszentrierten Arbeiten in Heß (2018).

72 | Meer (2015).

73 | Ask (2004), Lees-Maffei (2008) und Armstrong et al. (2014) sowie Pansera (2015).

74 | May (2015).

75 | Bürdek (2012).

fen[76]: 1. Es existiert ein berufsbezogenes spezialisiertes Wissen. 2. Es ist eine eindeutige formale Definition der Tätigkeit vorhanden, die zugleich einhergeht mit einer Monopolisierung des Arbeitsfeldes. 3. Die Akteure bilden Berufsverbände zur Selbstverwaltung und entwickeln eine eigene Berufsethik. Der Prozess einer Professionalisierung beschreibt somit die Herausbildung von funktionalen Zuständigkeiten innerhalb eines Berufs. Dabei ist eine Profession als Analysekategorie weder streng homogen noch statisch. Vielmehr ist sie das Resultat von kontinuierlichen Aushandlungsprozessen, in denen immer wieder neue Diskurse über interne und externe Beziehungen, Methoden oder Verhalten geführt werden. Dies hebt zugleich die Bedeutung von Berufswissen und Ausbildung für den Prozess einer erfolgreichen Professionalisierung hervor.[77] Über diesen analytischen Zugang wird ebenfalls sichtbar, auf welche Weise die ‚professionalisierten' Industriedesigner als Gruppe in ein System der Professionen innerhalb der Bundesrepublik integriert waren. In der soziologischen Professionsforschung existieren dabei verschiedene Theorieansätze zu der Frage, wie Professionen in ein gesellschaftliches Gesamtsystem integriert werden können.[78] Für die zeithistorische Forschung besteht dabei die Herausforderung, solche soziologischen Theoriemodelle für die eigenen Fragestellungen anwendbar zu machen.

Seit den 1970er Jahren erforschten westdeutsche Historiker in der neuaufkommenden Sozialgeschichte die Entwicklung von Berufsgruppen.[79] Der zeitliche Schwerpunkt lag hierbei lange auf dem deutschen Reich, und die interne Ausdifferenzierung der einzelnen Profession sowie deren Positionierung in der wilhelminischen Gesellschaft waren das zentrale Erkenntnisziel.[80] Arbeiten wie „Angestellte zwischen Faschismus und Demokratie" von Jürgen Kocka aus dem Jahr 1977 erschlossen dann weitere Themenfelder. Der Bielefelder Sozialhistoriker verglich dabei nicht nur deutsche und US-amerikanische Arbeitnehmer in der ersten Hälfte des 20. Jahrhunderts, sondern prä-

76 | Hierbei wird ein interaktionistischer Ansatz der Professionsforschung, in Anlehnung an den Soziologen Eliot Freidson, verwendet, Freidson (1994), (2001). Für seine Forschungsleistungen siehe etwa Unbekannt (2006), Bosk (2006), Brint (1993) und Pfadenhauer (2003), S. 20f.

77 | Kurtz (2005), S. 43, Pfadenhauer und Sander (2010), S. 367f.

78 | Gegenwärtig lassen sich fünf Theorierichtungen im Bereich der Professionssoziologie ausmachen. Es handelt sich hierbei um 1. strukturfunktionalistische, 2. interaktionstheoretisch-problembezogene, 3. machttheoretische, 4. systemtheoretische und 5. strukturtheoretische Positionen. Bei diesen Ansätzen werden Fragen nach Funktionsprozessen in einer Berufsgruppe, Auseinandersetzung um Einfluss innerhalb der Profession oder Abgrenzungen zwischen Berufsgruppen unterschiedlich gewichtet. Braunschweig (2013), S. 21, Kurtz (2005), S. 36, Pfadenhauer und Sander (2010), S. 363-372.

79 | Siehe hierzu etwa das GuG-Themenheft Nr. 6 aus dem Jahr 1980.

80 | Siehe exemplarisch Burchardt (1980), Clark (1990), Gispen (1990), Huerkamp (1980), Jarausch (1990a), Kocka (1977), Lindenfeld (1990).

sentierte ebenso neue Erkenntnisse über Berufe in der nationalsozialistischen Diktatur.[81] Im Zusammenhang mit einer Sozialgeschichte, die beispielweise Hans-Ulrich Wehler seit den 1970er Jahren zu einer Gesellschaftsgeschichte erweiterte, stellten westdeutsche Historiker Fragen nach der Bedeutung von Berufen und Professionen in gesellschaftlichen Systemen. Jedoch sind Professionen in jüngster Zeit kaum noch von Historikern erforscht worden. Dies ist erstaunlich, ermöglicht es doch dieser methodische Zugriff, die Akteure, deren Handlungsstrategien und Diskurse gemeinsam zu untersuchen. Schon 1980 plädierte der Soziologe Dietrich Rüschemeyer für eine solche Forschungsperspektive auf sozialkulturelle Konsequenzen, bei der sich makrosoziologische Fragen und historische Problemstellungen zusammenbringen lassen.[82] Der Anknüpfungspunkt bei einem solchen Vorgehen sind die unterschiedlichen Professionskonzepte, wie sie die Sozialwissenschaften bereits seit langem entwickelt haben.

Besonders die Soziologie beschäftigte sich schon seit Beginn des 20. Jahrhunderts mit Berufen. Die ersten wissenschaftlichen Veröffentlichungen dazu lieferten die Soziologen Max Weber und Émile Durkheim. Bis Mitte des 20. Jahrhunderts bestimmten die Arbeiten des US-Amerikaners Talcott Parsons die Debatte um die Soziologie von Berufen.[83] Mit Ansätzen wie der Systemtheorie von Niklas Luhmann oder einer interaktionistischen Handlungstheorie von Anselm Strauss kamen seit den 1970er Jahren weitere soziologische Werkzeuge hinzu, mit denen Berufe und deren Einbettung in Gesellschaftssysteme erklärt werden konnten.[84] So deutet der Bielefelder Rudolf Stichweh im Jahr 1994 etwa den Prozess einer Professionalisierung von Berufsgruppen als eine gesellschaftliche Differenzierung im 18. und 19. Jahrhundert.[85]

Seit Ende der 1990er Jahre ist die historische Erforschung von Berufen im Allgemeinen und Professionen im Speziellen auf soziale Tätigkeiten fokussiert. Auffällig ist dabei, dass nur wenige Beiträge von Historikern entstanden und hingegen vielmehr eine ‚Selbsthistorisierung' vieler Professionen einsetzte. Die Dissertation von Ralph C. Amthor über die Berufsausbildung in der Sozialen Arbeit und unterschiedlichste Analysen über pädagogische Professionen hat die historischen Entwicklungen von Berufsgruppen untersucht.[86] Die Geburtshilfe und andere medizinische Professionen sind ebenso seit Mitte

81 | Kocka (1977). Siehe für die zeitgenössische Einordnung in die geschichtswissenschaftliche Forschung Hitzer und Welskopp (2010).

82 | Rüschemeyer (1980), S. 320.

83 | Kurtz (2005), S. 33.

84 | Pfadenhauer und Sander (2010), S. 368.

85 | Stichweh (2013), S. 248ff und S. 317ff. Siehe auch Pfadenhauer und Sander (2010), S. 371.

86 | Amthor (2003) und auch Apel et al. (1999), Heite (2008), Jarausch (1990b), Kurtz (1997), Popp et al. (2013). Siehe zusätzlich die beiden Studien zur Schweiz Braunschweig (2013), Mat-

der 1990er Jahre in verschiedenen Forschungsprojekten bearbeitet worden.[87] Im gleichen Zeitraum thematisierten Forscher vermehrt auch die soziale Konstruktion des Geschlechts in Professionalisierungsprozessen.[88] Hierbei wurde Frauenarbeit auch als Indikator für eine gesellschaftliche Modernisierung gedeutet, sodass der Übergang von häuslicher Tätigkeit hin zur Erwerbsarbeit als wesentlicher Teil eines Emanzipationsprozesses interpretiert wurde. Die Geschichte von Frauenberufen ist daher meist auch eine Analyse von Zuweisung traditioneller Rollenbilder in einer Gesellschaft.[89] Besonders über die Darstellung von Unternehmen, etwa als Ort der weiblichen Erwerbsarbeit und als soziales System, gelangen professionshistorische Analysen, die das kontextgebundene Handeln von Akteuren in wirtschaftlichen Zusammenhängen aufzeigten. Daran orientiert beschreibt dieses Buch die Industriedesigner nicht nur in ihrer Gesamtheit als Berufsgruppe, sondern auch anhand von vier ausgewählten Firmenbeispielen.

D. Quellen

Die vorliegende Studie stützt sich auf publizierte und archivalische Quellen. Über 30 unterschiedliche Archive im In- und Ausland konnten durch intensive Archivrecherchen in die Analyse einbezogen werden.[90] Abgesehen von Betts, Oestreich und Spitz ist diese Inanspruchnahme von nichtgedruckten Quellen innerhalb der bundesdeutschen Designhistoriographie bisher erstaunlicherweise kaum geschehen. Aus diesem Grund ist diese Dissertationsschrift die erste archivaliengestütze Arbeit für die Zeit zwischen 1968 und 1990. Dies hat unter anderem auch damit zu tun, dass die Quellenlage zur deutschen Designgeschichte nach 1945 insgesamt betrachtet ungünstig ist. Es gibt kein nationales Designarchiv oder eine Institution, die sich um eine Sammlung der verschiedenen Überlieferungen kümmert, wie dies beispielsweise die Design Archives der University of Brighton für Großbritannien übernehmen. Es lassen sich trotz allem verschiedene Quellenbestände in staatlichen Archiven der Bundesrepublik finden.

ter (2011), welche die Erkenntnismöglichkeiten einer historischen Professionsforschung eindrucksvoll unter Beweis stellen.

87 | Siehe hierzu etwa Beaufaÿs (1997), Bollinger et al. (2005), Huerkamp (1980), Krampe (2009), S. 64-73, Vodg (2011), S. 53f und S. 215f.

88 | Siehe hierzu etwa Jacobi (1994), Wetterer (1995) als auch den Ausstellungskatalog Wahring-Schmidt (1997).

89 | Schulz (2000), S. 74 und S. 78 sowie Heite (2008), S. 73ff.

90 | Siehe hierzu das Kapitel ‚Archive' auf S. 366.

Von größter Bedeutung für die vorliegende Arbeit ist der Bestand ‚Rosenthal' im Zentralen Archiv für die deutsche Porzellanindustrie in Selb. Im Jahr 2009 wurden die Unterlagen der Rosenthal AG an das Porzellanikon, dem Staatlichen Museum für Porzellan, in Selb abgegeben.[91] Neben einer umfassenden Objektsammlung und den Firmenunterlagen zur Rosenthal AG befindet sich in diesem Bestand die umfangreiche Korrespondenz von Philip Rosenthal.[92] Der archivalische Teil des Bestands ‚Rosenthal' ist bis jetzt noch nicht aufgearbeitet. Aus diesem Grund werden im Folgenden nur provisorische Signaturen aus dem ZADP verwendet.[93]

Weitere Erkenntnisse können aus den Unterlagen des Referats II C4 im Bundeswirtschaftsministerium, heute im Bundesarchiv Koblenz, gewonnen werden, welches die Aufsicht über den Rat für Formgebung inne hatte. Akten im Landesarchiv Berlin ermöglichen Einsichten zur Geschichte des IDZ Berlin.[94] Zum Design-Center-Stuttgart werden wichtige Informationen in der Sammlung ‚Landesgewerbeamt' im Staatsarchiv Ludwigsburg aufbewahrt. Im Bestand des AIF im Bundesarchiv Berlin sind viele Sofortberichte zu Besuchen von Mitarbeitern des Amts für industrielle Formgebung der DDR erhalten, die zahlreiche Ausstellungen und Veranstaltungen der westdeutschen Designinstitutionen besuchten. Deren Quellenwert muss kritisch hinterfragt werden, jedoch enthalten sie auch zahlreiche Informationen etwa über die deutsch-deutschen Designbeziehungen.

Unterlagen zu den beiden wichtigen Designinitiativen aus der Industrie – dem Arbeitskreis Produktform im DIHT und dem Gestaltkreis im BDI – finden sich im Rheinisch-Westfälischen Wirtschaftsarchiv zu Köln und im BDI-Archiv in Berlin. Die Quellen zum Werkbund sind über mehrere Archive verteilt. Sie befinden sich im Werkbund-Archiv Berlin, im Archiv des Werkbunds Bayern und im Bestand ‚Werkbund' im Archiv des Instituts für Zeitgeschichte München. Die Akten des internationalen Dachverbands International Council of Societies of Industrial Design sind weitgehend in den Design Archives der University of Brighton erhalten geblieben.

---

91 | Unbekannt (2009b), Oberfrankenstiftung (2009).

92 | Da Rosenthal in der bundesdeutschen Designlandschaft vielfältig aktiv war, haben sich in Selb, neben seinem Schriftwechsel, ebenfalls etliche Protokolle, Rundschreiben und Pressemitteilungen der verschiedenen Designinstitutionen erhalten. Philip Rosenthal war etwa jahrzehntelang im Vorstand des Rats für Formgebung, dem IDZ Berlin und dem Bauhaus-Archiv aktiv. Sein Nachlass umfasst daher für die Forschung relevante Quellen zu diesen Einrichtungen.

93 | Für die Auflösung der jeweiligen provisorischen Signatur - im Folgenden ‚p.S.' abgekürzt - siehe die Tabelle 1. Dort sind diese nach Regalnummer und Ordnertitel aufgelöst, sodass sich auch in Zukunft die dortigen Archivalien genau zuordnen lassen. Dieses Vorgehen ist dankenswerterweise mit dem dortigen Archivar Dr. Rüdiger Barth abgestimmt.

94 | Eventuell befinden sich noch Unterlagen zur Geschichte des IDZ Berlin vor 1990 in der dortigen Bibliothek.

Abbildung 1: Karte der häufig erwähnten Institutionen in dieser Untersuchung.

Erweiterte Karte der BRD auf Grundlage von IEG-Maps, CC-BY-SA 4.0 international.

Zusätzlich zu diesen Quellen von Designinstitutionen existieren einige Privatnachlässe, die Aussagen über das Handeln von Akteuren ermöglichen. Zentral ist hierbei das HfG-Archiv Ulm, das zu vielen ehemaligen Studierenden Konvolute führt. Der Nachlass der ehemaligen fachlichen Leiterin des Rats für Formgebung Mia Seeger im Stadtarchiv Stuttgart lässt ebenfalls Einblicke in die Diskurse im Design nach 1968 zu. Die Unterlagen in den privaten Archiven von Herbert Lindinger und Hans Erich Slany ergänzen die Überlieferung aus der VDID-Geschäftsstelle.[95] Experteninterviews mit insgesamt neunzehn Gestaltern halfen dabei, weitere Lücke zu schließen. In den historischen Unternehmensarchiven in Ludwigshafen am Rhein (BASF AG), Augsburg beziehungsweise München-Karlsfeld (MAN AG), Selb (Rosenthal AG) sowie München und Berlin (Siemens AG) befinden sich die spezifischen Unterlagen zu den Designaktivitäten der jeweiligen Konzerne.[96]

Neben der archivalischen Überlieferung bilden insbesondere verschiedene Periodika eine wichtige Quelle.[97] Ähnlich wie die Archivrecherche zeichnet sich diese Dissertation durch eine weitreichende Bearbeitung der zeitgenössischen Literatur aus, wie dies bei designhistorischen Untersuchungen zur Bundesrepublik bisher nicht geschehen ist. Von zentraler Bedeutung sind hierbei die Zeitschriften ‚design report', ‚form', ‚VDID-Extra' und ‚Werk und Zeit'.[98] Sie ermöglichen einen Einblick in die relevanten Debatten der bundesdeutschen Industriedesigner. Von ähnlicher Bedeutung ist die Beilage ‚zeitgemäße form' der Süddeutschen Zeitung, in der regelmäßig unter der Leitung von Johann Klöcker[99] verschiedene Beiträge zum Industriedesign veröffentlicht wurden. Ferner berichteten regionale und nationale Tages- und Wochenzeitungen sowie Magazine über Themen der industriellen Gestaltung und ermöglichen damit ebenfalls einen Erkenntnisgewinn über zeitgenössische Designdiskurse. Gleiches gilt für Monographien, Ausstellungskataloge, Rezensionen und Tagungsberichte. Zusätzlich konnten in den unterschiedlichen Archiven der Rundfunkanstalten Radio- oder Fernsehbeiträge ausgewertet werden, die sich mit Designthemen der Zeit auseinandersetzen.

95 | Für deren Privatdokumente siehe die Tabelle 2 und Tabelle 3.

96 | Für die spezifischen Rahmenbedingungen einer Schriftgutüberlieferung bei Unternehmen siehe besonders Schludi (2016), S. 93f und S. 100ff.

97 | Für die vollständige Arbeitsbibliographie siehe Grossmann (2018a).

98 | Für die 1960er Jahre sind ebenfalls noch die ‚WOG-Nachrichten' von Walter Otto Gleffe aus Esslingen zu nennen, auf die Helge Aszmoneit aufmerksam gemacht hat. Diese wertvolle Quelle für die bundesdeutsche Designgeschichte befindet sich annähernd vollständig in der Bibliothek des Rats für Formgebung.

99 | Johann Klöcker veröffentlichte seit 1963 regelmäßig die Beilage ‚zeitgemäße form' in der Süddeutschen Zeitung, in der er verschiedene Designthemen behandelte. Ab 1975 wurde die Beilage in ‚zeitgemäße form + technik' erweitert, da nun auch technische Themen mit behandelt wurden. Die Beilage entwickelte sich in den 1960er und 1970er Jahren zu einem viel gelesenen und rezipierten Periodikum. 1981 übergab Klöcker die Redaktion an Peter Horn. Seit 1966 engagierte sich Klöcker zusätzlich im Deutschen Werkbund Bayern. Der Nachlass von Klöcker liegt im Archiv des GNM. Unbekannt (1967u), (1981c), (1981l), Kern (1981a), Klöcker (2007).

E. Zeitlicher Rahmen und Gliederung

Der Untersuchungszeitraum dieser Studie wird durch zwei Ereignisse eingegrenzt. Den Beginn bildet das Jahr 1959 mit Gründung des VDID als erster westdeutscher Berufsverband.[100] Diese Vereinigung setzte sich für einen allgemeingültigen Vertretungsanspruch im Bereich des Industriedesigns ein. Zwar konnte er sich erst im Laufe der 1970er Jahre flächendeckend durchsetzen, das Jahr 1959 bildet jedoch den Beginn der koordinierten Professionalisierungsbemühungen in der Bundesrepublik. In der Folge bestimmte eine Generation von Designern, die überwiegend an der HfG Ulm ausgebildet worden war, das bundesdeutsche Industriedesign.

Das Ende der Untersuchung markiert der Beginn der 1990er Jahre mit der deutsch-deutschen Wiedervereinigung. Der Untergang der DDR bedeutete für die westdeutschen Industriedesigner zunächst keine Zäsur. Dennoch durchliefen besonders die westdeutschen Designzentren und -verbände rasch nach dem 9. November 1989 eine rasante Wandlung, da sie nun von der Politik umfangreiche neue Aufgaben übertragen bekamen. Gleichzeitig standen sie vor der Herausforderung, viele neue Mitglieder aus den neuen Bundesländern in ihre Strukturen zu integrieren. Darüber hinaus mussten sich die Industriedesigner nach 1990 im Zuge der verstärkten globalen Arbeitsweisen neu orientieren. Die Transformationen der 1990er Jahre deutet die aktuelle Zeitgeschichtsforschung bislang als eine soziokulturelle Zäsur.[101] Daher erscheint die ‚Nachwendezeit' nur noch im Ausblick.

Aufbau der Untersuchung

Die unterschiedlichen Entwicklungsprozesse der Industriedesigner zwischen 1959 und 1990 lassen sich als eine Netzstruktur mit vielen Knotenpunkten und -kanten visualisieren. Um dies in die lineare Einheit eines Buches zu übersetzen, helfen zeitliche und thematische Querverbindungen innerhalb des Textes dabei, Anknüpfungspunkte und vorangehende Entwicklungen aufzufinden. Viele Anmerkungen in den Fußnoten verweisen zusätzlich auf die jeweilige Forschungsliteratur und entsprechende Archivquellen, sodass sich nicht nur die Befunde nachprüfen lassen, sondern auch weiterführende Antworten auffindbar werden.

Auf dieser Grundlage ist die vorliegende Arbeit in einer temporalen Struktur angelegt. Die einzelnen Kapitel sind anhand der zeitlichen Entwicklungen angeordnet und das Buch lässt sich auf der einen Seite chronologisch lesen. Gleichzeitig existieren in den einzelnen Gliederungspunkten unterschiedliche

100 | Für die Protokolle der beiden Gründungssitzungen vom 05. und 17.04.1959 siehe den Hängeordner ‚VDID' in der Neuen Sammlung München.

101 | Doering-Manteuffel und Raphael (2012), S. 11 und S. 102, Raphael (2014), S. 52.

Themenschwerpunkte, sodass sich auf der anderen Seite die jeweiligen Teilkapitel mit fachspezifischen Fragestellungen beschäftigen. So behandeln die Kapitel 2 bis 5 die Industriedesigner auf einer nationalen sowie jeweils auf einer betrieblichen Ebene, währenddessen das 6. Kapitel eine internationale Perspektive eröffnet.

Die Dissertation gliedert sich in fünf Teile. In dem Kapitel 2 werden die Anfänge der westdeutschen Industriedesigner analysiert. Exemplarisch wird dabei an der BASF AG gezeigt, wie Aspekte der industriellen Formgebung seit den 1960er Jahren verstärkt in Unternehmen beachtet wurden. In dem Kapitel 3 wird explizites und implizites Wissen als zentrales Element des Selbstverständnisses der Industriedesigner erläutert. Das Beispiel der Siemens AG stellt anschließend dar, wie die Gestalter wissenschaftliches Wissen in ihre betriebsinternen Legitimierungsstrategien integrierten. Kapitel 4 untersucht die Entwicklung der Designer seit den 1970er Jahren in der Bundesrepublik. Anhand der Rosenthal AG werden diese Entwicklungen nach der ersten Ölpreiskrise exemplifiziert. Das Kapitel 5 verdeutlicht die Bedeutung von Grenzen und Abgrenzungen durch Gestaltung in den 1980er Jahren. Das Unternehmensbeispiel der MAN AG zeigt dabei, wie solche Verschiebungen im innerbetrieblichen Kontext verliefen. Abschließend veranschaulicht das Kapitel 6, wie eine verstärkt wahrgenommene Globalisierung für die Industriedesigner einher ging mit neuen Chancen und Risiken. Zugleich ermöglicht es dieser Schritt auf einer Metaebene, neue Erkenntnisse über die Integration der westdeutschen Produktgestalter in internationalen Netzwerken zu gewinnen.

2. Anfänge einer neuen Profession

Die Anfänge des Industriedesigns in Deutschland werden üblicherweise mit der Gründung des Werkbunds oder dem Beginn der Tätigkeit von Peter Behrens bei der AEG AG im Jahr 1907 gleichgesetzt. Daher ist es derzeit in der designhistorischen Geschichtsschreibung Konsens, dass die ersten Beispiele für das Industriedesign auf dem Gebiet der heutigen Bundesrepublik zu Beginn des 20. Jahrhunderts liegen.[1] Mit Errichtung des Bauhauses 1919 in Weimar wurde erstmals in Deutschland versucht, Werkbundideen in Ausbildung und Praxis umzusetzen. Durch die Abkehr von kunsthandwerklichen Prinzipien hin zu einer methodengeleiteten Tätigkeit, begleitet von Abstraktions- und Rationalisierungsansätzen, versuchten die Beteiligten des Bauhauses den Anschluss an die Industrie zu finden.[2] Der (selbst-)entwickelte Mythos verdeckt dabei, dass der wirtschaftliche Erfolg der dortigen Produktentwicklung überschaubar blieb. Wie auch später in Ulm war die bleibende Leistung vielmehr die Errungenschaften im Bereich der Ausbildung statt der entworfenen Produkte.

Aufbauend auf solchen designhistorischen Gegebenheiten in der ersten Hälfte des 20. Jahrhunderts zeigt dieses Kapitel, wie sich die Profession der Produktgestalter in der frühen Bundesrepublik von diesem Ausgangspunkt aus konstituierte. Es geht im ersten Teilkapitel um die Formierung eines Berufs ‚Industriedesigner' während der Wiederaufbauphase. Im zweiten

1 | Aynsley (2009), S. 11, Selle (1973a), S. 41 und S. 43, (2007), S. 36. Es wäre lohnenswert, das Aufkommen des Industriedesigns im Kaiserreich aus modernisierungstheoretischer Perspektive zu überprüfen. Unter Umständen ist es denkbar, dass die Gründung des Deutschen Werkbunds oder Behrens Tätigkeiten das Ende eines längerfristigen Prozesses markieren. Besonders Debatten unter Ingenieuren über Ornamentierungen könnten hierbei ein Ansatzpunkt sein.

2 | Von Beyme (2009), S. 356, Selle (2007), S. 156 und 160, Spitz (2002), S. 14, Sudrow (2009), S. 197ff. Der wirtschaftliche Erfolg vieler Produkte blieb jedoch meist deutlich hinter den Erwartungen zurück. Unter rein finanztechnischen Gesichtspunkten betrachtet war das Bauhaus keine Erfolgsgeschichte, siehe hierzu besonders Neurauter (2013).

Textabschnitt werden die verschiedenen Institutionen des westdeutschen Industriedesigns präsentiert, die in späteren Designdebatten entscheidende Rollen einnahmen. Daher haben diese Passagen insgesamt einen einleitenden Charakter für die folgenden Kapitel. Mit der damals diskutierten Grundsatzfrage „Wie kunst- oder industrienah dürfen Produktdesigner sein?“ entsteht dann die Überleitung zum dritten und letzten Teilkapitel.[3] Hierbei wird am Beispiel der BASF AG gezeigt, wie Anfang der 1960er Jahre Fragen des Industriedesigns erstmals in bundesdeutschen Unternehmen diskutiert wurden.

A. Beginn der Industriedesigner in der Bundesrepublik

Das Jahr 1945 war für die Industriedesigner wie für viele andere keine Stunde Null. Zwar wurde der Deutsche Werkbund zu einer freiwilligen ‚Selbstauflösung‘ und einige Gestalter in die Immigration gezwungen, aber ein Bruch aus designhistorischer Perspektive waren die zwölf Jahre der nationalsozialistischen Gewaltherrschaft keineswegs.[4] Wie Paul Betts überzeugend argumentiert, änderte sich wenig im deutschen Design zwischen 1925 und 1965. Einzig die Wahrnehmung und Präsentation von Gestaltung durchlief einen Wandel.[5] Es ist daher erklärungsbedürftig, wenn Bernd Löbach 1976 schrieb, „der Beruf des Industrial Designers ist ohne umfangreiche berufliche Tradition“ und „die Etablierung des Industrial Designs in Industrieunternehmen geschah in der Regel erst nach 1945“.[6] Völlig von der Hand zu weisen ist diese Argumentation aber ebenfalls nicht. Denn, wie im Folgenden gezeigt wird, begann die Entwicklung des Berufs ‚Industriedesigner‘ in Westdeutschland erst Ende der 1950er Jahre und stützte sich dabei nur auf wenige Traditionslinien.[7]

3 | Sieber (1964).

4 | Der Werkbund ging 1933 in der Reichskammer für bildende Künste auf und wurde 1934 dann aufgelöst, Betts (2004), S. 27f, Oestereich (2000a), S. 40f, Schreiter (2016b), S. 411, Zentek (2009), S. 37ff. Die Zeit nach 1933 ist vergleichsweise wenig erforscht. Es wäre daher eine interessante Aufgabe den Werkbund während der ‚Machtübernahme‘ und der ersten Zeit des Nationalsozialismus unter Hinzunahme von archivalischen Quellen zu untersuchen. Eventuell würde sich ein differenzierteres Bild zeigen, als dass sich alle DWB-Mitglieder unmittelbar im Jahr 1933 gegen eine nationalsozialistische Wirtschafts- und Kulturpolitik gewendet haben.

5 | Betts (2004), S. 10ff und S. 80.

6 | Löbach (1976), S. 117 und S. 119.

7 | Siehe für den (Wieder-)Aufbau bei den Ausbildungsinstitutionen ganz besonders Oestereich (2000a), S. 317ff. Für die Bedeutung des westdeutschen Industriedesigns im Marshall-Plan siehe Castillo (2008). Für die Verwendung von Graphik-Design als identitätsstiftendes Elemente am Beispiel der Bundesstadt Bonn in den 1940er und 1950er Jahren siehe Barnstone (2014).

Aus diesem Grund wird zuerst kurz die Entwicklung des Industriedesigners als Profession dargestellt. Anschließend werden Institutionen wie der Berufsverband VDID sowie verschiedene Designzentren präsentiert, um anhand dieser sowohl die Aussagen von Löbach zu diskutieren als auch um den Beginn einer Professionalisierung der Gestalter zu verdeutlichen. Den Designinstitutionen in der Bundesrepublik kommt hier eine besondere Bedeutung zu, da sie als Diskussionsplattformen bei fachlichen Fragestellungen dienten.

1. Entwicklungen des Berufsbilds ‚Industriedesigner'

Das spätere Fach ‚Industriedesign' bildete während der Weimarer Republik und der NS-Diktatur üblicherweise einen Teil der Architekten-, Maler- und Bildhauerausbildung. Orte des Lernens waren meist Akademien, Kunst- oder Gewerbeschulen. Nach dem 2. Weltkrieg kamen in Westdeutschland die neugegründeten Werkkunstschulen hinzu, die sich überwiegend an den Curricula des Bauhauses orientierten.[8] Erst im Laufe der 1950er Jahre bilden sich vermehrt einzelne Gestaltungsklassen, um explizit Designer ausbilden zu können. Es kann daher nicht die Rede sein von einem zwanzigjährigen ‚Ausbildungsvakuum' nach der Schließung des Bauhauses 1933.[9] Nichtsdestotrotz wurde während dieser Zeitspanne die Designerausbildung aus Perspektive einer Professionalisierung kaum weiterentwickelt. Die ‚industrielle Formgebung', wie Design damals noch häufig hieß, war eine kaum beachtete Spezialdisziplin und wurde nur von Wenigen praktiziert. In den Unternehmen war die Produktgestaltung – wenn überhaupt bewusst betrieben – meist noch eine Angelegenheit für ‚künstlerisch begabte' Ingenieure.[10] Im ‚Dienste der Schönheit' standen somit nur einzelne hauptberufliche Gestalter, die zumeist Autodidakten, Architekten oder Kunsthandwerker waren.

Mit dem Aufkommen der Werkkunstschulen in der frühen Bundesrepublik bemühten sich einzelne Akteure erstmals, eine einheitlichere Designausbildung aufzubauen.[11] Hierzu versuchten sich die unterschiedlichen Bildungsinstitutionen miteinander zu vernetzen, wie es beispielsweise mit der ‚Arbeitsgemeinschaft der Deutschen Werkkunstschulen' angestrebt wurde. Ziel war es, gemeinsame Ausbildungsstandards formulieren zu können.[12]

---

8 | May (2015), S. 18, Oestereich (2000a), S. 34 und S. 418ff, Riemann (2007), S. 14, Witt (2015), S. 92ff. Zur generellen Entwicklung in der deutschen Designausbildung siehe Buchholz und Theinert (2007).

9 | May vertritt beispielsweise diese These, May (2015), S. 8.

10 | Oestereich (2000a), S. 208f.

11 | Zu der historischen Entwicklung der Werkkunstschulen siehe besonders Witt (2012), (2015), S. 95f.

12 | Oestereich (2000a), S. 448f. Siehe hierzu besonders den Entwurf der AGdWKS zur „Ausbildung des Nachwuchses für industrielle Formgebung" von 1957, DKA, NL Schwippert, Akte 142. Ähnliches wurde auch vom Rat für Formgebung formuliert, RfF (1958).

Trotzdem blieben die Fachcurricula von Initiativen der verschiedenen Hochschuldozenten abhängig. Ein wesentlicher Konfliktpunkt hierfür war die Wiederaufnahme von Designdebatten aus der Vorkriegszeit. Die Auseinandersetzungen um Deutungen und Bewertungen von ‚Funktionalismus' oder ‚guter Form' spielten bei der Konzeption von Ausbildungsgängen im Design eine bedeutende Rolle.[13] Dass dabei jede Bildungseinrichtung einen spezifischen Standpunkt vertrat und diese in ihrem Curriculum implementiert hatte, beförderte eine ‚Ausdifferenzierung' der Ausbildungslandschaft für Industriedesigner in der Bundesrepublik. Dies äußerte sich darin, dass besonders die Ausbildungen der Werkkunstschulen seit den 1960er Jahren aus Sicht der Wirtschaft nur noch eingeschränkt auf die Anforderung in der Praxis vorbereiteten.[14] Um dieses Manko zu beheben, orientierten sich einige bundesdeutsche Hochschullehrer beispielsweise an der Designer-Ausbildung in den USA.[15] Das dortige System aus Colleges, Universitäten und Kunstakademien war auf der einen Seite ähnlich vielschichtig wie in Westdeutschland. Jedoch hatten sich dort auf der anderen Seite die Bildungspolitiker, Hochschullehrer und Designer gemeinsam auf einen ‚äußeren Rahmen' für die Ausbildung geeinigt.

Bundesdeutsche Designer, Pädagogen und Industrielle wie etwa Karl Otto, Wilhelm Braun-Feldweg oder Heinz G. Pfaender erhofften sich daher durch zwei Studienreisen im Jahr 1955 und 1961, finanziert durch den BDI und den DIHT, Anregungen in Nordamerika für eine veränderte Designer-Ausbildung zu finden.[16] Erst im Laufe der 1960er Jahre entwickelte sich eine erneute Gründungswelle und es wurden Designstudiengänge an Werkkunstschulen und Kunstakademien neu konzipiert. In diesem Zusammenhang konnten erste Vereinheitlichungen realisiert werden.[17] Werner Glasenapp sprach 1963 anlässlich eines ICSID-Treffens nur von knapp 200 Industriedesign-Studieren-

---

13 | Hauffe (1994), S. 21.

14 | Siehe hierzu beispielsweise Binder-Hagelstange (1959), Dirkmann (1960), S. 41ff, Eitner (1957), Krengel und Zierbarth (1956), Oestreich (1962). Siehe ebenso Oestereich (2000a), S. 448f. Die Bemängelung einer praxisfernen Ausbildung wurde besonders vehement Anfang der 1970er Jahre vertreten, siehe Kapitel ‚Versuche von Ausbildungsreformen im Industriedesign' auf S. 178ff. Gleichzeitig wurde dieser Vorwurf immer wiederkehrend erneuert, was darauf hindeutet, dass hier ein sich wiederholendes Muster auftritt, durch welches Ausbildungsinhalte zwischen Ausbildungsinstitutionen und Praxisorten verhandelt werden.

15 | Für die Entwicklungen im Industriedesign in Europa und den USA während der 1950er Jahre siehe besonders Fallan (2015).

16 | May (2015), S. 237, Oestereich (2000a), S. 177, S. 200 und S. 441f, Riemann (2007), S. 68. Siehe hierzu die zeitgenössischen Berichte Unbekannt (1958a), (1959b), Berg (1966), Braun-Feldweg (1963), Fromm et al. (1963), Latham (1966), Otto (1963), Pfaender und Schulze (1963).

17 | Oestereich (2000a), S. 425, Trappschuh (1984a), S. 4. Siehe besonders das Kapitel ‚Versuche von Ausbildungsreformen im Industriedesign' auf S. 178ff.

den in der Bundesrepublik.[18] Orientiert man sich an den Zahlen, die anlässlich der ‚Designer-Ausbildungskrise' Anfang der 1970er Jahre veröffentlicht wurden, dann unterrichteten 1960 im Fach Design vermutlich nur zehn Dozenten an sechs Ausbildungsstätten insgesamt 118 Studenten. 1971 studierten dann schon „700 junge Leute in 22 Institutionen bei 35 Dozenten dieses Fach". Dies bedeutete insgesamt eine enorme Steigerung der Personen an den Bildungsinstitutionen innerhalb nur eines Jahrzehnts.[19]

Ordnet man die Situation der Designerausbildung in den 1950er Jahren im Kontext der Professionalisierungsthese, so lässt sich erkennen, dass von Designern weder ein eigener Wissenskanon entwickelt noch ein Monopolanspruch auf das eigene Tätigkeitsfeld erhoben wurde. Erst seit den 1960er Jahren zeigten sich diese beiden Professionalisierungsmerkmale bei den bundesdeutschen Industriedesignern. Im Gegensatz zu den werkkünstlerischen Lehren, wie sie an Kunstakademien, Gewerbeschulen und Werkkunstschulen vertreten wurden, versuchten Inge Scholl, Otl Aicher und Max Bill ab 1953 an der HfG Ulm ein neues Ausbildungskonzept zu etablieren. Langfristig sollte sich das ‚Ulmer Modell' der Designvermittlung in der Bundesrepublik durchsetzen, besonders nachdem die ersten HfG-Absolventen Ende der 1950er Jahre die Schule verlassen konnten.

Die HfG Ulm und das ‚Modell Ulm'

„Die Hochschule [für Gestaltung in Ulm] gilt in gewissem Sinne als Nachfolgerin der berühmten Bauhausschule in Dessau".[20] Diese Formulierung des israelischen Journalisten und Deutschland-Korrespondenten Amos Elon kurz vor dem Ende der HfG Ulm deutet an, dass einigen Zeitgenossen die Bedeutung von ‚Ulm' bereits bewusst war.[21] Wie erlangte eine Hochschule, die nur fünfzehn Jahre existierte, am Rande von Ulm ihre Räumlichkeiten hatte und lediglich etwas mehr als sechshundert Studierende zählte – von denen nur un-

18 | Glasenapp (1965), S. 22.

19 | Unbekannt (1971g), (1971af), Giachi (1972c), Schneider et al. (1971), S. 71. Eine Kopie des Briefentwurfs von Ernst Schneider, Gustav Stein, Herbert Lindinger und Philip Rosenthal an die Kultusministerkonferenz vom 30.09.1971 hat sich im Privatarchiv von Stefan Lengyel erhalten. In staatlichen Archiven konnte das Original oder eine Arbeitsversion bis jetzt nicht gefunden werden.

20 | Elon (1966), S. 356f. Für die jüngeren Arbeiten zur HfG Ulm siehe unter anderem Hille (2009), Leopold (2013), Meister (2014), Müller-Krauspe (2011), Paiva (2008), Rinker et al. (2009), Spitz (2014a), (2014b), (2015), Stürzebecher (2009).

21 | Es ist wohl ein westdeutsches Charakteristikum, dass eine Institution in der Gestalterausbildung eines Staates derart dominant war. Mit der zentralen Bedeutung der Ehemaligen der HfG Ulm bei der Professionalisierung lässt sich hiermit etwas Spezifisches für das westdeutsche Design ausmachen.

gefähr zweihundert das Studium abschlossen[22] – eine solche Wahrnehmung? Das Wesentliche der HfG Ulm war die Trennung der Gestaltung von den bildenden Künsten. Einen solchen Emanzipationsprozess des Designs von künstlerischen Ansprüchen und Normen machte die Ausbildung an der HfG in den Anfangsjahren quasi einmalig. Ulmer Dozenten wie Otl Aicher, Tomás Maldonado, Abraham A. Moles, Hans Gugelot oder Herbert Ohl versuchten nach dem Weggang von Max Bill im Jahr 1957, Design als eine eigene Wissenschaft zu vermitteln. Neu und innovativ war dabei, dass das Entwerfen von Produktformen wissenschaftlich-methodisch begründet werden musste.[23] Durch die Verwertung von wissenschaftlichen Erkenntnissen und Verfahren lösten sich die Gestalter in Ulm von den Ausbildungsgedanken des Bauhauses, wodurch Design und Technik zusammengebracht werden sollten.[24] Darin drückte sich ebenfalls der bei Gründung der HfG Ulm 1953 erhobene Anspruch aus, durch Design die westdeutsche Gesellschaft mit zu gestalten.[25]

Für die HfG-Beteiligten bildete das Argumentieren mit wissenschaftlichem Wissen die Basis für ihr ‚Modell Ulm'. Zwar integrierten die HfG-Dozenten natur- und ingenieurwissenschaftliche Erkenntnisse der Zeit in ihre Kommunikationsstrategien, jedoch wurden gleichzeitig auch sozialwissenschaftliche Expertisen aufgenommen. Neue Studienansätze wie Kybernetik, Semiotik, Spiel- oder Informationstheorien wurden in Ulm im Laufe der Jahre neu in die Curricula aufgenommen.[26] Durch das ‚Modell Ulm' war es darüber hinaus möglich, die traditionelle Teilung von Lehre und Forschung aufzulösen, da in den verschiedenen Entwicklungsgruppen die HfG-Dozenten wie Aicher oder Gugelot mit Studierenden gemeinsam arbeiteten. Durch diese selbstständigen Designbüros, die im Institut für Produktform gebündelt wurden, gelang es den ‚Ulmern', Aufträge der Industrie sowie der öffentlichen Hand zu akquirieren.[27] Neben dem finanziellen Zugewinn der unterfinanzierten HfG war dabei besonders relevant, dass Aufträge wie beispielsweise von der BASF AG[28] das frühere Bild einer als ‚kommunistisch' denunzierten Hochschule in der Öffentlichkeit revidierten. Auf diese Weise war es wiederum möglich, dass Studierende schon während der Ausbildung ihre neuerworbenen technologi-

22 | Spitz (2002), S. 19.

23 | Oestereich (2000a), S. 458, Selle (2007), S. 244.

24 | Spitz (2002), S. 320. Siehe dazu auch die statistische Darstellung der einzelnen Studienfächer von dem ‚Ulmer' Martin Krampen, Krampen (1986). Interessant – und bisher unbeachtet – ist hierzu der Beitrag von Claude Schnaidt von 1965 in der sowjetischen Zeitschrift ‚Техническая Эстетика', in dem er über die Aktualität eines pädagogischen Systems des Bauhauses schreibt, Schnaidt (1965).

25 | Aynsley (2009), S. 179, Betts (2004), S. 170, Oestereich (2000a), S. 441f.

26 | Spitz (2002), S. 259, (2015), S. 11, Vihma (2005), S. 71.

27 | Spitz (2002), S. 21f und S. 214f.

28 | Siehe S. 74f.

schen und wissenschaftlichen Fachkenntnisse in der Praxis anwendeten. Im Vergleich zu Werkkunstschulen oder Kunstakademien gelang es der HfG Ulm auf diesem Weg, besser den Bedürfnissen der bundesdeutschen Industrie an einer Industriedesigner-Ausbildung gerecht zu werden.[29]

Auf lange Sicht blieb die Ausbildung nach dem ‚Ulmer Modell' der bleibende Einfluss. Dies führte dazu, dass – wie es Eva Moser formuliert – „die Schule ein Mythos und das Faktum ‚ein Ulmer' zu sein, zu einem Ehrentitel geworden" ist.[30] Ein solch proklamierter Mythos verdeckt dabei, dass die Hochschule für Gestaltung in Ulm nur eine vergleichsweise kurze Phase von fünfzehn Jahren existierte. Während diesen Jahren erlangte jedoch die HfG Ulm eine globale Aufmerksamkeit. Laut Spitz war die HfG die erste Designschule, die sich bewusst in eine geistesgeschichtliche Tradition ‚der Moderne' einordnete, ohne dabei auf Referenzen zu den Ingenieur- und Sozialwissenschaften zu verzichten. Mit Paul Betts lässt sich zugleich die Ulmer Hochschule in eine Phase der bundesdeutschen Geschichte einfügen, in der sich eine ‚Konsumgesellschaft' etablierte.[31] Unabhängig von der Integration der HfG in eine größere Gesamtnarration wurden die Leistungen auf dem Oberen Kuhberg für viele deutsche Designschaffende in den 1960er Jahren relevant für ihr eigenes Handeln. Dabei blieben die Errungenschaften von ‚Ulmern' bei der Herausbildung eines eigenen Berufstandes in der Bundesrepublik nicht nur auf die Zeit zwischen 1953 und 1968 beschränkt. Die Dozenten und Studierenden der HfG Ulm waren zentrale Akteure in einem Professionalisierungsprozess des Berufs ‚Industriedesigner' in der Bundesrepublik.[32] Jedoch wurden ‚Ulmer' wie beispielsweise Herbert Lindinger, Gerda Müller-Krauspe, Karl-Heinz Krug oder Herbert Ohl erst durch ihr Engagement nach dem Ende der HfG Ulm 1968 in den verschiedenen Designdiskursen zu maßgeblichen Beteiligten bei der Herausbildung einer Profession.

Viele ehemalige ‚Ulmer' pflegten das Andenken an ihre Hochschule in den folgenden Jahrzehnten nach deren Schließung. Der 1984 gegründete club off ulm e.V. bildete hierfür eine institutionelle Basis.[33] Eines der zentralen Diskus-

29 | Mareis (2014), S. 158f, Rummel-Suhrcke (2012), S. 401, Spitz (2002), S. 17.

30 | Moser (2012), S. 123.

31 | Betts (2004), S. 12 und S. 170, Spitz (2002), S. 23.

32 | Hierbei wird das Editionsprojekt von René Spitz weiterhelfen. Denn in diesem Projekt entwickelt Spitz eine kommentierte Ausgabe aller Beiträge aus der Zeitschrift ‚ulm', die an der HfG Ulm das zentrale Publikationsorgan war und ebenso in der deutschsprachigen Fachwelt vielfältig rezipiert wurde. Siehe hierzu ebenso Spitz (2014b).

33 | Unbekannt (1982d), (1984h), club off Ulm (1982), (1983). Siehe hierzu auch S. 317f. Für die Erinnerungsarbeit an die HfG Ulm während der 1970er Jahre siehe Unbekannt (1974j), (1976l), (1977e), Frampton (1975), Kapitzki und Gitzel (1979), Kellner und Poessnecker (1978). Für erste Berichte von Zeitzeugen siehe etwa Unbekannt (1976l), Aicher (1975), Mori (1978), Ohl (1975), Schnaidt (1975).

sionsthemen in der Historiographie zu Ulm waren die Gründe für das Ende der Hochschule. Denn die Selbstauflösung der HfG 1968 wurde von vielen Beteiligten mit der Schließung des Bauhauses 1933 gleichgesetzt.[34] Diese emotionale Aufladung der Schließung von Ulm führte langfristig zu zwei unterschiedlichen Deutungsmustern über das Ende auf dem Oberen Kuhberg. Auf der einen Seite vertraten insbesondere ehemalige ‚Ulmer' die Auffassung, dass die Vertreter der Politik – konkret der Landtag in Stuttgart beziehungsweise der damalige Ministerpräsident von Baden-Württemberg Hans Filbinger – für die Schließung der Hochschule verantwortlich waren. Auf der anderen Seite plädieren wesentlich überzeugender Designhistoriker – besonders René Spitz, der für diese Position viele Anfeindungen erleben musste – dafür, dass die HfG Ulm letztendlich wegen finanzieller Probleme und innerer Auseinandersetzungen sich selbst auflöste.[35] Eine zunehmende Aufspaltung von inhaltlichen Positionen im Lehrkörper führte dazu, dass schon vor dem offiziellen Ende von Ulm viele Mitarbeiter und Studenten die Schule verlassen hatten. Dennoch präsentierte der Rat für Formgebung auf der Triennale von Mailand 1968 eine neuartige Bushaltestelle stellvertretend für eine gute Gestaltung aus der Bundesrepublik. ‚Ulm' wurde dadurch Teil einer bundesdeutschen Selbstdarstellung im Ausland. Diese aus Kunststoffen gefertigte Sekundärarchitektur von Herbert Lindinger und Claude Schnaidt für die BASF AG stand aus der Perspektive von Zeitgenossen zugleich für den Erfolg von Ulm und die Durchsetzung eines ‚Ulmer Funktionalismus'.[36] Umso überraschender kam das Ende der HfG Ulm für viele.

Ulm und seine Kritiker

Zeitgenössische Kritik an der HfG Ulm blieb selbstverständlich nicht aus. Primär manifestierten sich solche ablehnenden Äußerungen im Kontext einer Auseinandersetzung mit dem sogenannten ‚Ulmer Funktionalismus'. Bundesdeutsche Designer und Architekten verstanden in den 1960er Jahren darunter die Kombination von Reduktion und Konstruktion als Entwicklungsvorgang, wie sie in Ulm erdacht worden war. Mit der Wortneuschöpfung „to ulm up" meinten Zeitgenossen den Verzicht von vermeintlich Überflüssigem wie Ornamenten, was zu einer Ästhetik der Askese führe.[37] Von Kritikern wurde den

34 | Siehe hierzu auch S. 317ff.

35 | Hauffe (2014), S. 209, Sannwald (1987), S. 12f, Spitz (1998), (2002), S. 366ff, (2012a), S. 16 und S. 41, (2014a), S. 21ff. Lesenswert ist besonders das Vorwort von Spitz, in dem er von Reaktionen auf seine Recherchen berichtet, Spitz (2002), S. 7. Für zeitgenössische Äußerungen siehe beispielweise Unbekannt (1968n), (1968ad), (1968ag), Klöcker (1968b), Maar und Kemperdick (1968), Reich und Kemperdick (1968), Schmidt (1968), Schnaidt (1969). Für die Positionierung der DDR zur Schießung der HfG Ulm siehe S. 309.

36 | Siehe hierzu auch S. 74ff.

37 | Spitz (2002), S. 26, Stürzebecher (2009), S. 377.

„Ulmer Optimierungsspezialisten" ein „Neutraldesign" vorgeworfen, das trotz seinem moralischen Anspruch an den Bedürfnissen der Menschen vorbeigehe.[38] Dies wurde negativ in Verbindung gebracht mit einer ‚Verwissenschaftlichung' des Designs. Aus der Perspektive von Fritz G. Winter, Direktor der WKS Krefeld, Vorsitzender der AGdWKS und einer der Wortführer gegen ‚Ulm', hatte man somit an der HfG die „Kunst völlig eliminier[t]" und ihre Studiengänge „ganz auf positivistische Wissenschaft auf [gebaut]".[39] Damit kritisierte Winter die HfG Ulm, da sie aus seiner Sicht ganz an die Gestaltungsmöglichkeiten durch Technik und Wissenschaft ‚glaube', ohne dabei etwa auf künstlerische Aspekte bei der Gestaltung einzugehen.

Diese Gegenüberstellung von einer ‚Ästhetik der Askese' und der Hinterfragung funktionalistischer ‚Leitideen' prägten die bundesdeutschen Debatten Ende der 1960er Jahre. Anschaulich fasste diesen Designdiskurs Heinz Hausser, Leiter des Hauses Industrieform Essen, im Jahr 1970 zusammen: „In Fachkreisen ist schon seit geraumer Zeit ein Streit im Gange um den ‚Funktionalismus'. Die einen sagen, er sei tot und an seiner Stelle müsse ein Anti-Funktionalismus treten, der sich im Spiel mit Formen und Farben austobt. Die anderen glauben, seine Position verteidigen zu müssen".[40] Folgt man Petra Eisele, dann war der Architekt Werner Nehls derjenige, welcher die vergleichsweise intensiven Debatten um ‚den' Funktionalismus angestoßen hatte.[41] Schon 1965 äußerten Ernst Bloch und Theodor W. Adorno auf einer Werkbundtagung Bedenken an dem sogenannten Funktionalismus.[42] Nehls hingegen hatte erste Gedankenentwürfe etwa 1967 anlässlich des 8. Rosenthal-Künstlertreffens auf der jugoslawischen Insel Mljet vor Philip Rosenthal, David Queensberry, Tapio Wirkkala, Hans Theo Baumann und Hans Schwippert zur Diskussion gestellt.[43] Aber erst mit den publizistischen Beiträgen von Nehls 1968 in der damals wichtigen Designzeitschrift ‚form' wurde eine etablierte Funktionalismus-Kritik von der Architektur auf die Gestaltung öffentlich übertragen.[44]

38 | Marquart (1994), S. 28, Moser (2012), S. 138, Spitz (2002), S. 27.

39 | Winter (1977), S. 6 und S. 36ff.

40 | ZADP, Bestand Rosenthal, p.S. 7, Tätigkeitsbericht des Haus Industrieform Essen für das Jahr 1969 von Heinz Hausser auf der Mitgliederversammlung des Vereins Industrieform am 08.07.1970, S. 1.

41 | Eisele (2005), S. 40ff. Eisele und Schepers weisen überzeugend darauf hin, dass der Beitrag von Abraham A. Moles – Moles (1968b) sowie Moles (1968a) – schon um 1966 an der HfG Ulm bekannt war und daher nicht die Funktionalismus-Debatte des Jahrs 1968 erklären kann, Eisele (2005), S. 36, Schepers (1998a), S. 140.

42 | Adorno (1965), (1967), Bloch (1965), Eisele (2005), S. 21, Schwartz (2009), S. 316ff.

43 | Nehls (1967), Schepers (1998b), S. 25. Siehe für dieses Treffen die Unterlagen in DKA, NL Cuno Fischer, I B-18. Über das Potenzial von den Rosenthal-Künstlertreffen als (intern-)nationale Plattform für Kunstdebatte ist bis jetzt leider noch nichts bekannt.

44 | Unbekannt (1968ab), Nehls (1968a), (1968b), (1969).

Nehls ging es darum, bei der Produktgestaltung wieder verstärkt mit Emotionen statt mit wissenschaftlichem Wissen zu argumentieren. Darüber hinaus plädierte er für eine individuellere und organischere Formgebung, als sie bisher praktiziert wurde.[45] Nehls zwang die Designer durch seine antifunktionalistischen Thesen, sich ihrer gestalterischen Positionen zu vergewissern und sie gegebenenfalls neu zu überdenken.[46] Die ehemalige ‚Ulmerin' Gerda Müller-Krauspe[47] nahm 1969 die Thesen von Nehls auf und bemühte sich in einer dreiteiligen Artikelserie um neue Begriffsdefinitionen und deren Abgrenzungen.[48] Diese Gedanken drehten sich unter anderem um ein zunehmend kritisches Verhältnis von Designern gegenüber der Wirtschaft, worauf in der ersten Hälfte der 1970er Jahre vielfältige Diskussionen folgten.[49] Um die bisher angesprochenen Diskussionen verstehen zu können, werden nun die damals entscheidenden Designinstitutionen mit ihren zentralen Beteiligten vorgestellt. Der zentrale Punkt dabei ist, dass der Werkbund langfristig seine Deutungshoheit über Gestaltungdiskurse verlor und danach kaum mehr als Institution an Designdebatten beteiligt war.

2. Akademisierung und Designinstitutionen in der frühen Bundesrepublik

Im Gegensatz zur HfG Ulm bildeten die Werkkunstschulen bis zu ihrer Umwandlung in Fachhochschulen und Gestaltungshochschulen 1970/71 quantitativ die meisten Designer in Westdeutschland aus.[50] Es war daher kein Zufall, dass die Gründer des Verbands der Deutschen Industriedesigner keine ‚Ulmer' waren. Vielmehr spiegelt es die Existenz von mehreren unterschiedlichen Ausbildungsorten und -konzepten der 1950er Jahre wider, dass acht Gestalter mit unterschiedlichen Werdegängen am 5. April 1959 in Stuttgart den VDID grün-

45 | Krug (1972e), S. 2f.

46 | Eisele (2005), S. 39. Am Beispiel von Nehls' Beiträgen oder generell der ‚Funktionalismus-Debatte' in der zweiten Hälfte der 1960er Jahre lässt sich recht gut veranschaulichen, dass sich die deutsche Designhistoriographie in vielen Fällen auf die zeitgenössischen Diskurse konzentriert, anstatt eigene neue Fragestellungen und -perspektiven zu entwickeln.

47 | Gerda Müller-Krauspe arbeitete nach ihrem Studium an der HfG Ulm von 1962 bis 1969 bei der AEG-Telefunken AG. Von 1970–1972 war Müller-Krauspe Dozentin an der Staatlichen Hochschule für Bildende Künste Braunschweig. 1973 wechselte sie wieder zurück zur AEG-Telefunken AG, um von 1984 bis 1998 als Geschäftsführerin die IKEA-Stiftung Deutschland zu leiten. Besonders in den 1970er Jahren war Müller-Krauspe in vielfältigen Positionen beim VDID engagiert. Sie war ebenfalls Gründungsmitglied und erste Vorsitzende bei dem club off ulm e.V. Müller-Krauspe (2008), S. 109.

48 | Müller-Krauspe (1969a), (1969b), (1969c). Besonders der erste Beitrag von Müller-Krauspe wird selbst heute noch viel zitiert. Siehe zum Kontext auch Nehls (2006), S. 110. Luigi Colani hatte 1970 eine Collage in der ‚form' gegen Nehls und Müller-Krauspe veröffentlicht.

49 | Siehe hierzu S. 168ff.

50 | Witt (2012), S. 409ff. Vgl. auch S. 36.

deten.[51] Hans Theo Baumann, Karl Dittert, Herbert Hirche, Günter Kupetz, Peter Raacke, Rainer Schütze, Hans Erich Slany und Arno Votteler konstituierten den ersten Berufsverband für Industriedesigner in der Bundesrepublik. Laut Slany nahm diese Gründung ihren Anfang auf einem internationalen Designerkongress des Rats für Formgebung 1957 in Darmstadt.[52] Später wurde dieser Gedanke auf der Weltausstellung 1958 in Brüssel weiter vertieft, wo Gestaltungsobjekte der Designer im westdeutschen Pavillon ausgestellt worden waren.[53] Ausgehend von dieser gemeinsamen Produktschau trafen sich die acht Gestalter, welche damals alle im Umkreis von Stuttgart lebten, um die Gründung eines Berufsverbandes zu planen.[54]

Ein zentraler Punkt bei den Vorbereitungen war die Namensgebung und eine Definition von Industriedesign. Durch die Mitarbeit von Votteler in dem britischen Designbüro von Robert Gutmann war die VDID-Gründer in Stuttgart über Designdefinitionen und Berufsbilder im anglo-amerikanischen Raum informiert. Für die Designdefinition orientierten sich die Beteiligten an dem Briten Paul Reilly.[55] Bei der Namensgebung einigten sich die acht Designer auf die Berufsbezeichnung ‚Industrie-Designer'.[56] Hintergrund dieser Entscheidung war, dass es sich bei diesem Begriff um eine im deutschen Sprachraum vergleichsweise neue Formulierung handelte. Gleichzeitig war

51 | Für eine Kopie des Gründungsprotokolls siehe Neue Sammlung München, Hängeordner ‚VDID'. Der VDID wurde dann am 05.08.1959 mit der Nr. 1311 in das Vereinsregister beim Amtsgericht Stuttgart aufgenommen, siehe hierzu eine Kopie der Eintragung im Archiv des VDID, NL Karl-Heinz Krug. Für die erste VDID-Satzung siehe VDID (1959). Im Juli 1959 trafen sich die VDID-Mitglieder dann zu einem ersten gemeinsamen Treffen in Kassel, Unbekannt (1959c), (1959d), Binder-Hagelstange (1959).

52 | Technikmuseum Berlin, I.4 224 - 209 und PA Slany, p.S. 1, Schreiben von Günter Kupetz an Erich Slany vom 31.10.1958. Siehe ebenso ibid., p.S. 5, Aktennotiz von Günter Kupetz vom 10.08.1959 und ibid., p.S. 8, Vortrag von Erich Slany „Was ist Industrial Design - Was ist es nicht?" vor dem Rotary Club Riedlingen-Saulgau vom 26.03.1973, S. 1. Siehe auch Marquart (1994), S. 29, Slany und Leisentritt (2013), S. 19.

53 | Siehe hierzu generell Paulmann (2006).

54 | Neue Sammlung München, Hängeordner ‚VDID', Protokoll zur Arbeitstagung zwecks Gründung des VDID vom 15. und 16.11.1958 und Information Nr. 1 für die Mitglieder des Arbeitskreises Industrie-Designer zur Gründung des VDID vom 10.03.1959, S. 1. Zur Bedeutung von Stuttgart für die Gestaltungsberufe siehe Schickowski (2016), S. 157.

55 | Neue Sammlung München, Hängeordner ‚VDID', Protokoll zur ersten Arbeitstagung des VDID vom 04. und 05.12.1959, S. 2ff. Siehe auch Marquart (1994), S. 30. Paul Reilly war von 1960 bis 1977 Leiter des britischen Council of Industrial Design in London und davor einer der einflussreichsten Gestalter in Großbritannien, siehe Reilly (1967), (1970), Woodham (1996), (1997), S. 171f. Siehe generell dazu Fallan (2015).

56 | Neben „Industrie-Designer" standen ebenfalls „Entwerfer", „Industrie-Formgeber", „Formgestalter", „Industrieller Designer" und „Industrial Designer" zur Diskussion, Neue Sammlung München, Hängeordner ‚VDID', Protokoll zur Arbeitstagung zwecks Gründung des VDID vom 15. und 16.11.1958, S. 2.

der Terminus ebenfalls in Großbritannien oder den USA leichter verständlich. Darüber hinaus konnte man sich sprachlich gegenüber dem Ausdruck im „Dritten Reich" und der DDR – nämlich ‚Gestalter' – abgrenzen und sich damit zugleich von den ästhetischen Nomen dieser beiden Diktaturen positiv abgrenzen.

Einen Monat vor der VDID-Gründungssitzung im März 1959 trafen sich Baumann, Schütze und Kupetz mit Hans Schwippert, um die Unterstützung des Deutschen Werkbunds zu suchen. Zwar begrüßte Schwippert als damaliger DWB-Vorsitzender die Gründung eines Berufsverbandes, zugleich sah er dies jedoch nicht als Aufgabe des Werkbunds an.[57] Die Konstituierung des VDID wurde somit als Emanzipationsprozess von jungen Designern gegenüber einer älteren, werkkünstlerisch-geprägten Gestaltergeneration gedeutet.[58] Blieb dem VDID eine Hilfeleistung des Werkbunds verwehrt, so stand der damalige Präsident des Landesgewerbeamts Baden-Württemberg Josef Thuma der Gründung wohlwollend gegenüber.[59] Das Landesgewerbeamt in Stuttgart half dem VDID in seiner ersten Phase, ebenfalls wie später der AW design oder dem Design-Center-Stuttgart.[60] Trotz der regionalen Verortung in der baden-württembergischen Landeshauptstadt sah sich der neugegründete VDID selbst als alleinige Vertretung aller Industriedesigner in Westdeutschland.[61] Um dies visuell zu unterstreichen, konzipierten die VDID-Mitglieder im Jahr 1964 eine Wanderausstellung, mit der sie über ihre Tätigkeiten und ihren Verband informierten. Orientiert man sich an den eingangs formulierten Charakteristika von Professionalisierung, so ließe sich annehmen, dass mit der Gründung des VDID das Kriterium der beruflichen Selbstverwaltung erfüllt war. In der Frühphase des VDID bis Ende der 1960er Jahre waren jedoch nur vergleichsweise wenig Gestalter in diesem Berufsverband organisiert.[62] Der Siemens-Chefdesigner Edwin A. Schricker schätzte beispielsweise 1969, dass nur ungefähr einhundert von annähernd zehntausend Produktdesignern im

57 | Neue Sammlung München, Hängeordner ‚VDID', Information Nr. 1 für die Mitglieder des Arbeitskreises Industrie-Designer zur Gründung des VDID vom 10.03.1959, S. 2.

58 | Siehe hierzu Marquart (1994), S. 28f. Quellentechnisch ist diese These eines Emanzipationsprozesses – die ohne Zweifel eine gewisse Plausibilität besitzt – schwierig zu fassen. Für einen Überblick zu den VDID-Präsidenten und Geschäftsführer siehe die Tabelle 4 und Tabelle 5.

59 | Neue Sammlung München, Hängeordner ‚VDID', Information Nr. 1 für die Mitglieder des Arbeitskreises Industrie-Designer zur Gründung des VDID vom 10.03.1959, S. 4. Siehe auch VDID-BaWü (1982), S. 8.

60 | Für die Gründung der AW design und des Design-Center-Stuttgart siehe S. 48f.

61 | Es ist aus diesem Grund vermutlich naheliegend, dass sich in der Anfangsphase die geographische Verteilung der VDID-Mitglieder im Südwesten konzentriert. Eine ähnliche geographische Konzentration wurde schon für Großbritannien mit digitalen Hilfsmitteln erarbeitet, Armstrong, Echavarria, Few und Arnold (2014). Siehe zusätzlich Armstrong (2016b) und Moriarty (2016).

62 | Siehe hierzu S. 158.

VDID überhaupt organisiert wären.[63] Von einer flächendeckenden Struktur oder einem gerechtfertigten Alleinvertretungsanspruch kann in den 1960er Jahren nur eingeschränkt gesprochen werden. Anfang der 1970er Jahre sollte der VDID erst nach einem reformierten Aufnahmeverfahren eine breitere Akzeptanz unter Industriedesignern finden.

Ungeachtet der geringen Mitgliederzahl und der im Aufbau befindlichen Verbandsstruktur suchten die VDID-Gründer rasch den Kontakt zu anderen nationalen Designerverbänden. Zentraler Ort hierfür war der International Council of Societies of Industrial Design, der 1957 in London als weltweiter Zusammenschluss gegründet worden war.[64] Neben einer internationalen Vernetzung und der Bildung eines gemeinsamen Berufsbildes versuchten die verschiedenen ICSID-Vertreter, eine allgemeine Designdefinition zu formulieren.[65] Nach knapp einem halben Jahr stellte der VDID beim ICSID einen Aufnahmeantrag. Zu der anstehenden ICSID-Generalversammlung in Stockholm 1959 wurde Votteler delegiert. Dieser konnte aus Schweden dann die Nachricht mitbringen, dass die Generalversammlung den VDID als ordentliches Mitglied aufgenommen hatte.[66]

Neben dem VDID gab es weitere Designinstitutionen, die sich mit Fragen des Industriedesigns beschäftigten. Besonders Designzentren und Arbeitskreise der Wirtschaftsverbände entwickelten auf der Ebene der Designförderung und -propagierung spätestens seit dem Anfang der 1960er Jahre vielfältige Aktivitäten. Das früheste Beispiel hierfür ist das Haus Industrieform in Essen. Auf das Bestreben von Karl Hermann Reusch, Vorstandsvorsitzender der Gutehoffnungshütte AG und Vorsitzender des BDI-Kulturkreises, sowie von Carl Hundhausen, kaufmännischer Direktor bei Krupp-Widia GmbH, wurde 1954 der Verein Industrieform in Essen gegründet. Diese beiden Industriellen hatten sich mit der Vereinsgründung zur Aufgabe gemacht, gut gestaltete Industrieerzeugnisse im Ruhrgebiet zu fördern. In dem „kleinen Haus" der Villa Hügel fand der Verein seine ersten Räumlichkeiten und organisierte dort mit der „Ständigen Schau Industrieform" die bundesweit erste öffentlich zugängliche Produktsammlung.[67] Kernaufgabe des Hauses Industrieform war

---

63 | Blumenberg (1969), S. 83.

64 | Siehe hierzu S. 283.

65 | Zur Geschichte des ICSID und dessen Bedeutung für die bundesdeutschen Designakteure siehe allgemein Kapitel ‚Institutionen der transnationalen Vernetzungen' auf S. 282ff.

66 | Neue Sammlung München, Hängeordner ‚VDID', Protokoll zur Ausschusssitzung des VDID in Stuttgart am 08.06.1959, S. 1f und Informationen für die Mitglieder des VDID Nr. 1. vom November 1959, S. 1. Siehe zusätzlich das Schreiben von Arno Votteler an alle VDID-Mitglieder vom 26.09.1959, Archiv des Technikmuseums Berlin, I.4.224-080. Siehe dazu auch die beiden Zeitungsberichte Unbekannt (1959a), Binder-Hagelstange (1959).

67 | Oestereich (2000a), S. 222, (2000b), S. 439, Reinhard und Wanninger (2005), S. 45 und S. 120. Siehe zusätzlich Bessen (2015), Zec (2016).

die Propagierung und Präsentation für schön erachteter Industriegüter. 1961 zogen der Verein und die Schausammlung in die ehemalige Synagoge von Essen, die nach dem Krieg zwar wieder aufgebaut worden war, aber von der dortigen jüdischen Gemeinde nicht mehr als sakrales Gebäude benutzt wurde.[68] Unter der fachlichen Leitung von Peter Frank[69] (1974–82) und Ulrich Kern[70] (1983–91) entwickelte sich das Haus Industrieform weiter und definierte sich zunehmend als Forum für Wirtschaft, Kultur und Politik. Im Jahr 1990 wurde das Haus Industrieform dann in Design-Zentrum Nordrhein-Westfalen umbenannt, was die Neuorientierung unter Peter Zec (seit 1991) auch begrifflich verdeutlichte.[71]

Auf eine ähnliche Vorbildsammlung wie das Haus Industrieform basiert auch das Design-Center-Stuttgart. Ferdinand von Steinbeis gründete als erster Präsident des späteren Landesgewerbeamts eine Schausammlung in Stuttgart, um die württembergische Industrie Mitte des 19. Jahrhunderts durch Muster hin zu verbesserten Produkten zu führen.[72] 1962 wurde dann mit Unterstützung des Stuttgarter Wirtschaftsministeriums ein ‚Zentrum Form' am Landesgewerbeamt Baden-Württemberg gegründet, welches die Mustersammlung betreuen und durch eine aktuelle Jahresauswahl die zeitgemäße Formgebung dokumentieren sollte.[73] Mitte der 1960er Jahren wurde die Ausstellungsfläche des Zentrums umgebaut, eine eigene Design-Bibliothek geschaffen und zusätzliche Serviceangebote für Gestalter und Industrie eingerichtet. 1968 öffnete das Zentrum nun unter dem Namen ‚Design-Center-Stuttgart' wieder seine Türen.[74] Neben der Pflege der Schausammlung war es in den folgenden Jahrzehnten ebenso die Aufgabe des Centers, verschiedene Wechselausstellungen

---

68 | ZADP, Bestand, Rosenthal, p.S. 6, Jahresbericht 1978 des Gestaltkreises im BDI von Gustav Stein, S. 1f.

69 | Peter Frank leitete von 1974 bis 1983 das Haus Industrieform in Essen. Zwischen 1983 und 1986 war er Direktor bei der Rosenthal AG für die Verantwortungsbereiche Galerie, Kunst- und Design-Projekte. Von 1986 bis 1996 führte Frank das Design-Center Stuttgart. Unbekannt (1973r), (1982m), Bessen (2015), S. 43f, Frank (1974), (1989b), Wölfel, Wölfel und Krzywinski (2014), S. 244.

70 | Kern war von 1981 bis 1982 stellvertretender fachlicher Leiter und von 1984 bis 1985 fachlicher Leiter des Rats für Formgebung. Von 1983 bis 1991 leitete er zugleich das Haus Industrieform in Essen. Unbekannt (1981t), Kern (1990), S. 40, Wölfel, Wölfel und Krzywinski (2014), S. 244.

71 | Reinhard und Wanninger (2005), S. 28ff.

72 | Unbekannt (1981b), S. 51, Frank (1989a), S. 26.

73 | Aynsley (2009), S. 192f, Bessen (2015), S. 22ff, DCS und LGA Baden-Württemberg (1970), S. 1f, VDID-BaWü und DCS (1982), S. 8. Es ist dabei unklar wie Schreiter auf die Jahreszahl 1896 kommt, Schreiter (2016a).

74 | StaA Ludwigsburg, Zug.1982 Bund 751, Rundschreiben von Karl Hipp, Präsident des Landesgewerbeamts Baden-Württemberg, vom 29.10.1968. Siehe auch Andritzky (1971), Klöcker (1971), Köhler (1971).

zu konzipieren und unter dem Credo „Gewerbeförderung durch Design" besonders beratende Dienstleistungen für den Mittelstand anzubieten.

Das Landesgewerbeamt Baden-Württemberg praktizierte nicht nur durch das Stuttgarter Center eine Unterstützung von Industriedesignern und Wirtschaftsunternehmen. Neben der schon angesprochenen Starthilfe für den VDID[75] versuchte das LGA, durch eine 1957 gegründete ‚Arbeitsgemeinschaft für wirtschaftliche Formgebung' das Industriedesign besonders in Maschinenbauunternehmen zu fördern.[76] Als Nachfolge dieser Arbeitsgemeinschaft wurde am 24. Juli 1963 in den Räumen von IBM Deutschland die ‚Arbeitsgruppe der Wirtschaft für Produktdesign und Produktplanung e.V.' gegründet.[77] Zentraler Akteur bei der sogenannten AW design war der frühere LGA-Mitarbeiter Erich Geyer[78], der als geschäftsführendes Vorstandsmitglied die Arbeitsgruppe bis in die 1980er Jahre leitete. Die AW design selbst war konzipiert als ein überbetriebliches Institut für Weiterbildung im Bereich von Produktdesign und -planung.[79] Über mehrere Jahrzehnte sollten Geyer und seine Mitarbeiter, wie beispielsweise Jan W. Beenker, Bernhard E. Bürdek, Josef Frerkes und Manfred Zorn-Zimmermann, im Bereich der Weiterqualifizierung sowie Produktplanung ihre Dienstleistungen in der Bundesrepublik anbieten.[80]

---

75 | Siehe S. 44.

76 | StaA Ludwigsburg, EL 500 III Bund 339, Aktenvermerk des Landesgewerbeamts Baden-Württemberg vom 26.08.1957. Siehe auch Oestereich (2000a), S. 230 und S. 280. Es lässt sich im Nachhinein nicht mehr klären, wieso die Arbeitsgemeinschaft aufgelöst und dafür die AW design neu gegründet wurde.

77 | StaA Ludwigsburg, EL 500 III Bund 340 und Archiv der HfG Ulm, Akte Se 010.001, Kurzfassung der Aussprache über eine überbetriebliche Zusammenarbeit anlässlich der Gründungsversammlung der ‚Arbeitsgemeinschaft der Wirtschaft für Produktdesign und Produktplanung e.V.' am 24.07.1963. Siehe auch Unbekannt (1963f), LGA Baden-Württemberg (1963). Gründungsmitglieder der AW design waren neben dem LGA Baden-Württemberg auch die Anker-Werke AG, Bizerba-Werke Wilh. Kraut KG, Daimler-Benz AG, Eisenwerke Gaggenau GmbH, Hansa-Metallwerke AG, Johannes Hengstler KG, Himmelwerke AG, Holzher Maschinenfabrik, IBM Deutschland, Industrie-Werke Karlsruhe AG, Klöckner-Humboldt-Deutz AG, F.B. Lehmann Maschinenfabrik GmbH, Josef Neuberger, Olivetti S.p.A., Pumpenfabrik Allweiler AG, Louis Schuler AG, Gottlob Widmann & Söhne KG und Zaiser Maschinenbau GmbH.

78 | Erich Geyer arbeitete ab 1955 als Referent am Landesgewerbeamt Baden-Württemberg und war danach ab 1963 als geschäftsführendes Vorstandsmitglied bei der AW design tätig. Im Jahr 1975 wurde Geyer als Professor für Produktplanung und Design-Management an die heutige Universität Essen-Duisburg berufen. Darüber hinaus war er Vorstandsmitglied beim Rat für Formgebung und Leiter der AG ‚Weiterbildung' beim VDID. Lengyel und Sturm (1989), S. 286, Universität Duisburg-Essen (2004).

79 | AW produktplanung (1974) siehe Buchumschlag, Blumenberg (1969), S. 97, Geyer (1982), S. 26, Maier (1978), S. 124.

80 | Siehe hierzu die verschiedenen Veröffentlichungen AW Design (1964), (1967a-d), (1968a und 1968b), (1970), (1971), AW produktplanung (1974).

Das Engagement der bundesdeutschen Wirtschaft für Industriedesign

Seit den 1960er Jahren engagierte sich auch die bundesdeutsche Wirtschaft, wie etwa der Deutsche Industrie- und Handelstag, zunehmend in der Förderung von Industriedesign. 1967 gründete Ernst-Jörg Kruttschnitt[81] zusammen mit dem DIHT-Präsidenten Ernst Schneider einen ‚Arbeitskreis Produktform'.[82] Dieser Arbeitskreis ressortierte bei der Abteilung IX für Öffentlichkeitsarbeit des DIHT und hatte zur Aufgabe, durch die Gewerbeförderung ein verbessertes Design aus Westdeutschland hervorzubringen.[83] Hierzu versuchte Kruttschnitt aus jeder Kammer einen Mitarbeiter in den Arbeitskreis aufzunehmen, der sich mit der Formgebung befasste. Diesem sollte dann Material zum Produktdesign zur Verfügung gestellt werden. Ebenso gab es die Möglichkeit, dass designspezifische Anfragen der einzelnen Kammern an Kruttschnitt und seine langjährige Mitarbeiterin Gerda Wülker nach Bonn weitergeleitet wurden.[84] Ziel dieses Vorgehens war es nicht, neue philosophisch-geprägte Designtheorien zu entwerfen. Vielmehr fühlten sich die Beteiligten der Praxis verpflichtet und nahmen für sich in Anspruch, „Design in Märkte zu verwandeln. Der Arbeitskreis wolle Design mit Henkel, zum Anfassen und nicht als verquollenes Schönwetterwölkchen am blauen Himmel".[85] Unabhängig davon, was die einzelnen Mitglieder genau darunter verstanden, fungierte der ‚Arbeitskreis Produktform' nicht nur als DIHT-interne Anlaufstelle für Design, sondern durch ihn gelang es auch, Industriedesigner, Wirtschaftsmanager und Politiker an einen Tisch zu bekommen.

Eine ähnliche Funktion als Vorfeldorganisation nahm der ‚Gestaltkreis im BDI' ein. Im Kontext der Debatten um die Gründung eines Rats für Formgebung konstituierte der Bundesverband der Deutschen Industrie im Jahr 1951 mit dem ‚Arbeitskreis für industrielle Formgebung' einen Vorläufer des späte-

81 | Ernst-Jörg Kruttschnitt leitete von 1964 bis 1990 die Abteilung für Öffentlichkeitsarbeit im DIHT und war in dieser Funktion unter anderem Mitbegründer sowie Vorsitzender des ‚Arbeitskreises Produktform' im DIHT. Von 1977 bis 1987 war er Vorsitzender des Koordinierungsbeirats beim Rat für Formgebung und zeitgleich von 1980 bis 1987 ehrenamtlicher Geschäftsführer des Rats für Formgebung. Unbekannt (1987f), (1987k), Brackert (1977b).

82 | ZADP, Bestand Rosenthal, p.S. 1, Bericht zur Sitzung des Koordinierungsbeirat des Rats für Formgebung vom 13.06.1967, S. 3 und 5f. Siehe hierzu ebenso die Korrespondenzen in RWWA Köln, 181-2176-3. Unbekannt (1967c), (1967n), S. 178.

83 | RWWA Köln, 181-2180-1, Schreiben von Ernst-Jörg Kruttschnitt an die IHK Offenbach vom 23.03.1973.

84 | RWWA Köln, 181-2176-3, Schreiben von Ernst-Jörg Kruttschnitt an die IHK Hamburg vom 22.06.1967.

85 | RWWA Köln, 181-2196-2, Protokoll zur Sitzung des Arbeitskreis Produktform im DIHT vom 26.02.1988, S. 1. Dies stand im Gegensatz zu dem schon damals vertretenen Anspruch einiger Designer, sich als ‚Praktiker' ebenso der Theorie hinzuwenden.

ren Gestaltkreises.[86] Ziel des BDI war es, die Verbreitung von Produktgestaltung in der Industrie, im Handel und bei den Verbrauchern zu fördern. Am 26. März 1965 gründeten dann der DIHT-Präsident Ernst Schneider, der CDU-Politiker sowie BDI-Hauptgeschäftsführer Gustav Stein und der Industrielle Philip Rosenthal den ‚Gestaltkreis im BDI'.[87] Bei der Gründungsveranstaltung in Düsseldorf war Bundeskanzler Ludwig Erhard vor Ort. Dies spiegelte das Ansinnen der Gestaltkreis-Mitglieder wider, dass sich bei ihnen angesehene „Leute aus der Wirtschaft" und weniger Industriedesigner engagieren sollten.[88] Erweitertes Ziel des neuen Gestaltkreises war es, nicht nur die Verbreitung der Produktgestaltung zu fördern, sondern durch diese Neuorganisation die Finanzmittel der Industrie zur Förderung des Designs zu bündeln. Langfristig bedeutete dies, dass der Gestaltkreis hauptsächlich das IDZ Berlin, das Haus Industrieform und den Rat für Formgebung mitfinanzierte. Inhaltlich engagierte sich der Gestaltkreis nicht, sodass er sich im Laufe der Zeit zu einer designspezifischen „Finanzholding" des BDI entwickelte.[89] Nichtsdestotrotz verliehen finanzielle Mittel im fünf- und sechsstelligen Bereich den Akteuren des Gestaltkreises eine gewisse Entscheidungsmacht oder – mit Max Weber gedacht – eine Fähigkeit, ihren Willen auch gegen Widerstand durchzusetzen.[90] Die zusätzlichen Finanzmittel machten es daher für die Mitglieder des Gestaltkreises möglich, Initiativen zu fördern oder zu verhindern.

Besonders von den eingeworbenen finanziellen Mitteln des Gestaltkreises profitierte der Rat für Formgebung. Der Rat, welcher 1953 auf Beschluss des Bundestags gegründet worden war, schloss sich rasch nach der Etablierung des ICSID 1957 als ordentliches Mitglied dem internationalen Dachverband

86 | Oestereich (2000a), S. 218ff. Es lässt sich im Nachhinein nicht mehr rekonstruieren, weshalb der Arbeitskreis aufgelöst und der Gestaltkreis neu gegründet wurde.

87 | ZADP, Bestand Rosenthal, p.S. 2, Schreiben von Ernst Schneider an Philip Rosenthal vom 09.03.1965. Für das Gründungsprotokoll des Gestaltkreises siehe BA Koblenz, B102-257925. Siehe ebenso das Presseecho zur Gründung Unbekannt (1965a), (1965b), (1965e), (1965g), (1965j), (1965l), Ebmeyer (1965), Ginzel (1965), Klöcker (1965b), Rosenthal (1965d), Thomas (1965), Wenzel (1965).

88 | ZADP, Bestand Rosenthal, p.S. 3, Gründungsprotokoll des Gestaltkreises vom 26.03.1965 in Düsseldorf, S. 2 und ZADP, Bestand Rosenthal, p.S. 4, Rede von Ernst Schneider vor den Mitgliedern des Gestaltkreises vom 20.07.1966, S. 2 und 8. Speziell bei Gustav Stein wurde darüber hinaus der Verdacht geäußert, dass über den Gestaltkreis – ähnlich wie bei der ‚Staatsbürgerlichen Vereinigung' – Parteispenden der Wirtschaft verschleiert werden sollten, Wagner (1984). In den erhaltenen Quellen lassen sich solche geäußerten Vermutungen jedoch nicht belegen.

89 | ZADP, Bestand Rosenthal, p.S. 5, Protokoll zur Mitgliederversammlung des Gestaltkreises vom 14.10.1982, S. 4.

90 | Weber (1925), S. 28.

an.[91] Der Rat für Formgebung wurde nach der Kritik an mangelhafter Produktgestaltung bei der westdeutschen Exportmesse in New York 1949 ins Leben gerufen, um die Gestaltung von Produkten zu fördern. Die Gründung war ein gemeinsames Projekt von Designinteressierten aus der Politik, dem Deutschen Werkbund und der Industrie.[92] Mit seiner ersten Geschäftsführerin Mia Seeger[93] von 1954 bis 1966 und dem ehemaligen Staatssekretär aus dem Bundeswirtschaftsministerium Eduard Schalfejew wurde der Rat von zwei bekannten Persönlichkeiten geführt.[94] Der Rat für Formgebung war zwar eine selbstständige Stiftung, aber das Bundesministerium für Wirtschaft beanspruchte als Stifter und Hauptgeldgeber ein ständiges Mitspracherecht, sodass die Abteilung II C 4 des Ministeriums gegenüber dem Rat de facto weisungsbefugt war.

Primäre Aufgabe der Institution in den ersten Jahren war es, die bundesdeutsche Designinteressen national und international zu koordinieren. Dies hieß wiederum, dass sich Seeger und ihre wenigen Mitarbeiter um unterschiedliche Themenfelder kümmerten.[95] Neben der ständigen Organisation der bundesdeutschen Ausstellungsbeiträge auf den Triennalen in Mailand und den verschiedenen Weltausstellungen hielt der Rat Design-Kongresse ab, um verschiedene Experten der Gestaltung zusammen zu bringen. Gleichzeitig war auch die Fachexpertise gefragt, die sich in einigen publizierten Handlungsempfehlungen für die Politik widerspiegelte.[96] Darüber hinaus vermittelte See-

91 | Betts (2004), S. 178, Kranke (2008), S. 88, Meurer und Vinçon (1983), S. 173, Oestereich (2000a), S. 285ff.

92 | Oestereich (2000a), S. 218f und S. 287f.

93 | Mia Seeger war von 1928 bis 1932 für das Generalsekretariat des Werkbunds in Berlin tätig. Von 1955 bis 1966 führte sie als Geschäftsführerin den Rat für Formgebung. 1949 wurde sie in den Vorstand des Werkbunds Baden-Württemberg gewählt und leitete ihn von 1954 bis 1966 als Geschäftsführerin. Im Jahr 1967 wurde Seeger mit einem Bundesverdienstkreuz für ihre Leistungen im Bereich des westdeutschen Designs ausgezeichnet. 1986 stiftete sie den ‚Mia-Seeger-Preis', mit dem das Design-Center-Stuttgart bis heute den Nachwuchs fördert, Unbekannt (1986n). Unbekannt (1967f), (1991a), Berger (2011), S. 3, Frank (1978), Kirsch (1993), S. 145 und S. 150, Kruttschnitt (1973a), May (2015), S. 431.

94 | Oestereich (2000a), S. 293. Für die Präsidenten, Geschäftsführer und fachlichen Leiter des Rats für Formgebung siehe Tabelle 11, Tabelle 12 und Tabelle 12.

95 | Seeger (1960), S. 8, (1964), S. 1.

96 | Siehe hierzu beispielsweise den „Stand der Nachwuchsausbildung auf dem Gebiet der Formgebung in der Bundesrepublik und in West-Berlin – Ergebnis einer Umfrage des Rates für Formgebung aus dem Jahr 1954/1956" im DKA, NL Hoene, 233, die „Bestandsaufnahme der beruflich-fachlichen Situation im Gestaltungsbereich" von 1957, siehe auch Oestereich (2000a), S. 210, oder ibid., „Empfehlungen zur Ausbildung des Nachwuchses für technische Formgestaltung für Manufakturform und Handwerksform", siehe auch RfF (1958). Für die internationale Bedeutung der Triennale in den 1950er und 1960er Jahren siehe Fallan (2014a), S. 1ff.

ger zwischen Herstellern, Designern sowie Verbrauchern und publizierte mit der „Deutschen Warenkunde" eine sogenannte Produktmustersammlung.[97]

Für den Zeitraum von 1965 bis Ende der 1970er Jahre bestimmten im wesentlichen drei Akteure die Geschicke des Rats für Formgebung: Ernst Schneider, Gustav Stein und Philip Rosenthal. Diese drei Namen sind schon einige Male gefallen und sie werden auch in späteren Kapiteln relevant sein. Dies rechtfertigt ihre genauere Vorstellung, bevor deren Auseinandersetzung mit dem Deutsche Werkbund näher beschrieben wird.

Ernst Schneider

Ernst Schneider war promovierter Jurist und wurde 1925 Direktionsassistent bei der Kohlensäure-Industrie AG von Siegfried Arndt. Im Jahr 1932 kam Schneider in den Besitz von ersten Teilen des Konzerns, der damals seine Unternehmensaktivitäten in den pharmazeutisch-kosmetischen Bereich ausgebaut hatte. Nach der erzwungenen Emigration von Arndt aus Deutschland übernahm Schneider 1933 die Firmenbeteiligungen seines jüdischen Partners, mit dem er aber ein geheimes Abkommen über die spätere Rückgabe der Anteile gehabt haben soll. Die noch heute existierende Mundwasser-Marke ‚Odol' war dabei das bekannteste Produkt aus Schneiders Firmenkonglomerat. Von 1949 bis 1968 war Schneider Präsident der IHK zu Düsseldorf und von 1963 bis 1969 Präsident des Deutschen Industrie- und Handelstags. Im Jahr 1967 verlieh ihm die Landesregierung von Nordrhein-Westfalen einen Professorentitel, und 1969 wurde er mit dem großen Bundesverdienstkreuz geehrt.[98] Schneider war darüber hinaus ein passionierter Porzellansammler, sodass seine Sammlung heute die Dauerausstellung des Bayerischen Nationalmuseums in Lustheim bei Schloss Oberschleißheim bildet.[99] Für die bun-

97 | Unbekannt (1962a), Oestereich (2000a), S. 295f, Seeger und Hirzel (1961). Die „Deutsche Warenkunde" wurde von Seeger in drei Auflagen 1955, 1956 und 1961 herausgegeben. Das Projekt selbst baute auf einer ähnlichen Publikation mit dem gleichen Titel von Hugo Kükelhaus für den Kunst-Dienst der evangelischen Kirche von 1938 auf. Das der „Deutschen Warenkunde" zugrundeliegende Bildarchiv wird derzeit beim Rat für Formgebung und der Stiftung Deutsches Design Museum wissenschaftlich aufgearbeitet.

98 | Unbekannt (2014c), Eick (1977), Franzen (2000), Kruttschnitt (1975b), Weise (2007), S. 288. Siehe zu der Biographie Schneider ebenfalls RWWA Köln, 181-814-4 und 181-374-3. Die Überlieferung an Quellen zu Ernst Schneider verteilt sich auf mehrere Archive. In dem Rheinisch-Westfälischen Wirtschaftsarchiv zu Köln finden sich viele Unterlagen zu seinen Aktivitäten im DIHT. Im ZADP wird eine relativ umfangreiche Korrespondenz von Schneider aufbewahrt, welche in Form von Durchschlägen für Philip Rosenthal verschiedene Einblick in seine Schriftwechsel zum Thema ‚Design' ermöglicht. Das Bayerische Nationalmuseum besitzt hingegen nur Unterlagen zu Schneiders Porzellansammlung und den verschiedenen Ankäufen. Ob ein historisches Unternehmensarchiv von Schneiders Firmen ein Nachlass oder ähnliches verwahrt wird, ist nicht bekannt.

99 | Siehe hierzu Unbekannt (1969l), Bode und Voth-Amslinger (1979), Weber (2013), S. 9f.

desdeutsche Designgeschichte ist hervorzuheben, dass Schneider – wie schon beschrieben – Gründungsmitglied und erster Vorsitzender des Gestaltkreises (1965–1977), Präsident des Rats für Formgebung (1963–1977) und Vorsitzender des IDZ Berlin (1969–1977) war.[100]

Gustav Stein

Gustav Stein hatte in der Weimarer Republik Rechts- sowie Staatswissenschaften studiert und arbeitete ab 1935 als Rechtsanwalt beim Oberlandesgericht Köln. Von 1939 bis 1945 war er Justitiar und Prokurist der Tropon-Werke Köln. Nach dem 2. Weltkrieg erhielt Stein von der britischen Besatzungsmacht den Auftrag zur Gründung des Landesverbands Nordrhein der Chemischen Industrie. Im Jahr 1948 wurde Stein Geschäftsführer des Verbandes der Chemischen Industrie in Westdeutschland. Ab 1957 war er Hauptgeschäftsführer im Bundesverband der Deutschen Industrie, den Stein von 1963 bis 1968 als geschäftsführendes Vorstandsmitglied leitete. Zugleich saß er von 1961 bis 1972 für die CDU im deutschen Bundestag und nahm dort Funktionen im Wirtschaftsausschuss wahr.[101] Aus diesem Grund wurde Stein von vielen Designern als ein „l'homme politique" betrachtet und stand für „die böse Industrie".[102] Parallel zu dieser Tätigkeit war er jedoch ebenso Gründungsmitglied und jahrelanges Vorstandsmitglied der Staatsbürgerlichen Vereinigung, die später in mehreren Parteispendenaffären verwickelt war.[103] 1951 gründete Stein zusammen mit Theodor Heuss den Kulturkreis im BDI, den er über Jahrzehnte leitete. Da er ein ambitionierter Sammler zeitgenössischer Kunst war, übernahm er ab 1958 einen Lehrauftrag an der Kunstakademie Düsseldorf. Im Jahr 1963 wurde er dann zum Professor für die Soziologie der Künste

100 | In einer Korrespondenz zwischen Schneider und Dietrich Wilhelm von Menges, Vorstandsvorsitzender der Gutehoffnungshütte AG und zeitgleich Vorsitzender des Vereins Industrieform, schlug von Menges Schneider vor ebenfalls den Vorsitz des Vereins Industrieform zu übernehmen. Aus welchen Gründen dies dann doch nicht geschah, lässt sich nicht mehr rekonstruieren. ZADP, Bestand Rosenthal, p.S. 2, Schreiben von Ernst Schneider an Dietrich Wilhelm von Menges vom 27.02.1967.

101 | Unbekannt (1973p), (1978c), (2002), Bührer (2004), S. 287f, Glückelhorn (1973), Henkels (1964), Kruttschnitt (1973b), Soénius (2013). Siehe auch BDI-Archiv, A 781. Die Überlieferung zu Gustav Stein ist vergleichsweise schlecht. In dem ACDP, dem BDI-Archiv, dem Archiv des Deutschen Bundestags und dem AdKD lassen sich zwar vereinzelt Quellen zu Stein finden, qualitativ und quantitativ sind diese vergleichsweise unbefriedigend. Ob ein persönlicher Nachlass von Gustav Stein existiert ist nicht bekannt.

102 | DA UoB, ICSID-09-19-01, Schreiben von Andrea Schmitz an Josine des Cressonnières vom 28.10.1968 und IfZ-Archiv, ED 920/187, Schreiben von Philip Rosenthal an Anonymus vom 11.04.1969.

103 | Siehe auch S. 49.

berufen.[104] Gleichzeitig engagierte er sich wie Schneider bei drei Designinstitutionen. Er war – wie weiter schon erwähnt – Mitbegründer des Gestaltkreises im BDI und dort als Geschäftsführer für die Spendenakquise zuständig.[105] Darüber hinaus war Stein beim Rat für Formgebung von 1968 bis 1973 als geschäftsführendes Vorstandsmitglied aktiv.[106] Dazu führte Stein ab 1969 die Geschäfte des IDZ Berlin bis zur Berufung von François Burkhardt 1971.[107]

Philip Rosenthal

Der wahrscheinlich noch heute bekannteste der drei erwähnten Männer ist Philip Rosenthal.[108] Der Sohn des Unternehmers Philipp Rosenthal hatte von 1935 bis 1938 in Oxford Philosophie, Politik und Wirtschaftswissenschaften studiert. Im 2. Weltkrieg diente Philip Rosenthal zuerst in der Fremdenlegion, um dann ab 1942 bei dem britischen Foreign Office in der Propagandaabteilung zu arbeiten. 1950 wurde er für die sogenannte Arisierung des väterlichen Unternehmens in Selb entschädigt und im Zuge dessen begann er als Werbeleiter bei der Rosenthal AG zu arbeiten. 1952 wurde er zum Verantwortlichen für Produktgestaltung berufen, 1954 Verkaufsleiter und 1958 Vorstandsvorsitzender. Von 1981 bis 1989 fungierte er als Aufsichtsratsvorsitzender der Rosenthal AG.[109] Parallel dazu war er von 1967 bis 1970 Vorsitzender

---

104 | Kruttschnitt (1973b), Seering (1965). Soweit es aus den Akten in Düsseldorf hervorgeht, scheint Stein vor allem Exkursionen für Studierende in nordrhein-westfälische Kunstmuseen oder zu sich nach Honrath angeboten zu haben, AdKD - LN 3.1 - Stein, Gustav: A1.

105 | ZADP, Bestand Rosenthal, p.S. 8, Gründungsprotokoll des Gestaltkreises vom 26.03.1965 in Düsseldorf. Von 1977 bis 1979 war Stein als Nachfolger von Schneider Vorsitzender des Gestaltkreises, ZADP, Bestand Rosenthal, p.S. 6, Bericht zur Mitgliederversammlung des Gestaltkreises im BDI vom 14.11.1977, S. 1f.

106 | BA Koblenz, B102-207798, Schreiben von Ernst Schneider an die Vorstände des Rats für Formgebung sowie des Gestaltkreises im BDI vom 12.07.1968 und ibid., Vermerk von Dr. Britsch, Leiter der Abteilung II des BMWi, vom 22.07.1968.

107 | LA Berlin, B010-1838, Protokoll zur IDZ-Vorstandssitzung vom 01.02.1969, S. 1.

108 | Die Überlieferung zu Philip Rosenthal ist vergleichsweise umfangreich. Das ZADP bewahrt mit dem Bestand der Firma Rosenthal auch Korrespondenzen von Philip Rosenthal auf, welche über sein unternehmenseigenes Sekretariat geführt wurden. Darüber hinaus haben sich dort viele Redemanuskripte, Reiseberichte und Veröffentlichungen von und über Philip Rosenthal erhalten. Derzeit ist der Bestand Rosenthal mit seinen annähernd 300 Regalmetern provisorisch erschlossen, soll aber in den nächsten Jahren systematisch aufgearbeitet werden. Für die zeithistorische Forschung zur Bundesrepublik besitzt dieser Bestand viel Potenzial. Private Unterlagen von Philip Rosenthal befinden sich teilweise noch im Besitz seiner Familie. Da sie nicht ausgewertet wurden, ist unklar um welche Quellen es sich hierbei handelt. Darüber hinaus verwahrt das AdsD einige Akten zu Rosenthals Aktivitäten in der SPD. Da über Philip Rosenthal in der regionalen und nationalen Presse häufig berichtet wurde, sind zeitgenössische Presseerzeugnisse ebenfalls eine zusätzliche hilfreiche Quelle.

109 | Unbekannt (1979f), S. 2, (1981d), (1989e), Siemen (2005), Siemen-Butz (2013), S. 8, S. 55 und S. 234.

des Verbands der Keramischen Industrie und zugleich Mitglied im BDI-Präsidium.[110] Im Jahr 1969 trat Philip Rosenthal der SPD bei und saß von 1969 bis 1983 im deutschen Bundestag. Während dieser Zeit arbeitete Rosenthal von 1970 bis 1971 als parlamentarischer Staatssekretär in dem von Karl Schiller geführten Bundeswirtschaftsministerium.[111] Er engagierte sich politisch besonders für die Vermögensbildung in Unternehmen, was er seit 1963 mit der Rosenthal AG als einem der ersten westdeutschen Konzerne praktizierte. Aus diesem Grund wurde er beispielweise 1976 mit dem ‚Social Responsibility Award' durch die Bundesregierung ausgezeichnet.[112] Neben seinen Aktivitäten in der Rosenthal AG und der Politik engagierte sich Philip Rosenthal bei vielen bundesdeutschen Designinstitutionen.[113] Er war von 1968 bis 1977 Vizepräsident und dann von 1977 bis 1986 sogar Präsident des Rats für Formgebung. Darüber hinaus stand er dem Koordinierungsbeirat beim Rat für Formgebung von 1967 bis 1977 vor. Von 1977 bis 1980 war er Präsident des IDZ Berlin und ungleich von 1969 bis 1984 Vorsitzender des Bauhaus-Archivs.[114]

Vergleicht man die Tätigkeiten von Schneider, Stein und Rosenthal, so ist eine Gemeinsamkeit von besonderer Bedeutung. Neben ihren Arbeiten in Unternehmen und Wirtschaftsverbänden waren alle drei gleichzeitig im Rat für Formgebung, IDZ Berlin und Gestaltkreis aktiv. Schneider war in diesen Institutionen jeweils der ‚erste Mann', Rosenthal meist sein Stellvertreter und Stein der Geschäftsführer. Obwohl alle drei keine Designer waren, engagierten sie sich über diese Positionen auf vielfältige Weise für die industrielle Gestaltung in der Bundesrepublik. Besonders zwischen 1968 und 1977 prägte dieses Triumvirat viele zeitgenössische Designdiskurse. Gleichzeitig gelang es ihnen, über ihre unterschiedlichen Netzwerke politische und unternehmerische Akteure für Belange der Designer zu mobilisieren. Neben ihrem Ziel der Gewerbeförderung durch Design setzten sie verschiedene Impulse für eine Professionalisierung. Letztendlich stellt sich die Frage, wie es Schneider, Stein und Rosenthal gelingen konnte, dass vergleichsweise wenig Kritik an ihrer Dominanz geäußert wurde. Der Schlüssel, dies nachzuvollziehen, ist die Auseinandersetzung mit dem Deutschen Werkbund 1968 um die inhaltliche und personelle Ausrichtung des Rats für Formgebung. Der zentrale Punkt dabei

---

110 | Unbekannt (1986v). Siehe auch ZAPD, Bestand Rosenthal, p.S. 9, Schreiben von Philip Rosenthal an Karl Schiller vom 07.12.1967.

111 | Unbekannt (1970c), Siemen-Butz (2013), S. 198 und 213. Für Rosenthals Rücktrittsschreiben vom 16.11.1971 siehe AdsD, 2/PVDF000061.

112 | Unbekannt (1976m), (1976n).

113 | Für eine ausführlichere Darstellung der Themenbereiche Kunst, Design und Sozialpolitik in Rosenthals Leben siehe Kapitel ‚Philip Rosenthal – Ein „Pionier für Kunst, Design und Wirtschaftsdemokratie"?' auf S. 196ff.

114 | Unbekannt (1984e), Klöcker (1977a), RfF (1967b), Siemen (2005), Siemen-Butz (2013), S. 167f.

ist, dass der Werkbund seine Deutungshoheit in Diskursen über Gestaltung verloren hatte und danach kaum mehr als Institution an Designdiskursen beteiligt war. Die drei Akteure hatten keinen entscheidenden, öffentlichen Widerspruch zu fürchten.

Der Deutsche Werkbund nach 1945

Der schon vielzitierte Deutsche Werkbund wurde 1907 in München als wirtschafts- und kulturorientierte Vereinigung gegründet und war in den drei folgenden Dekaden eine der zentralen Institutionen im Bereich Gestaltung und angewandte Künste. Im Jahr 1938 musste sich der Werkbund selbst auflösen. Aber schon rasch nach Ende des 2. Weltkrieges entstanden erste Initiativen zu einer Neugründung, denn man hoffte, an alte Verbindungen neu anzuknüpfen.[115] Ab 1946 konstituierten sich erste Landesbünde, und 1950 wurde mit der Dachorganisation ‚Deutscher Werkbund' eine föderale Struktur eingerichtet. 1952 erschien erstmals die Zeitschrift ‚Werk und Zeit', die sich in den folgenden Jahren neben der 1957 gegründeten ‚form' zu dem zentralen Publikationsorgan im Bereich der Formgebung für Westdeutschland entwickelte.[116] Folgt man Christopher Oestereich, so gelang es den Werkbund-Akteuren bis in die 1960er Jahre hinein, Debatten im Bereich der Gestaltung zu prägen.[117]

Die Zeit nach 1968 stellte für den Deutschen Werkbund eine lange Phase des Umbruchs und der Konsolidierung dar. Eingeläutet wurde die wechselvolle Zeit 1969 mit dem Rücktritt des Werkbund-Vorsitzenden, dem langjährigen Geschäftsführer der SPD-Bundestagsfraktion Adolf Arndt. Ihm folgte der Soziologe Hans Paul Bahrdt, dessen Nachfolger wurde 1973 der Architekturhistoriker Julius Posener. Von 1976 bis 1983 leitete dann der Soziologe Lucius Burckhardt den Deutschen Werkbund.[118] Zu diesen vergleichsweise raschen Personalwechseln an der Spitze des Werkbunds kamen auch weitreichende Veränderungen im Generalsekretariat. Ende 1970 trat Gustav Barcas von Hartmann[119] von seinem Amt als Generalsekretär zurück. Sein Nachfolger wurde

115 | Oestereich (2000a), S. 48 und S. 52f.

116 | Oestereich (2000a), S. 63 und S. 70. Die historischen Forschungen zur Geschichte des Werkbunds nach 1945 sind leider recht überschaubar. Nur anlässlich der Feier zum 100-jährigen Bestehen 2007 erschienen einige Publikationen, siehe Breuer (2007), Durth (2007), Nerdinger (2007). Dennoch sind viele Aspekte zu der Geschichte des Werkbunds – speziell nach 1968 – ein Forschungsdesiderat. Für die Phase während dem Wiederaufbaus sind folgende Beiträge hilfreich Mingels (2014), Oestereich (2000a). Derzeit schreibt Rudolf Fischer (Archiv der Avantgarden in Dresden) an einem Habilitationsprojekt zur Wohnberatung des Werkbunds, welches über das Jahr 1945 hinausgeht.

117 | Oestereich (2000a), S. 233.

118 | Durth (2007), S. 294.

119 | Gustav Barcas von Hartmann hatte Philosophie, Geschichte und Mathematik studiert. Nach seiner Promotion an der Universität Berlin arbeitete er an einer Habilitation im Bereich der

Michael Andritzky, der bis 1983 blieb.[120] Parallel wurde 1971 das Generalsekretariat des Werkbunds von West-Berlin nach Darmstadt verlegt, wo auch der Rat für Formgebung sowie ein Institut für neue technische Form ihre Heimat gefunden hatten.[121] Primäres Problem des Werkbunds waren seine geringer werdenden Finanzmittel.[122] Es muss dabei Spekulation bleiben, ob die ausbleibenden Gelder der Wirtschaft für den Werkbund in Verbindung mit der Auseinandersetzung über den Rat für Formgebung stehen. Einer der Gründe war jedoch, dass die eigene Zeitschrift ‚Werk und Zeit' unter der Leitung von Dieter Beisel zunehmend defizitär arbeitete.[123] Für einen Geschäftsführer einer der regionalen Werkbünde war dies nur stellvertretend für die generelle Situation: „Das Problem ‚Werk und Zeit' ist misslich, und ich sehe eigentlich darin ein Symptom einer Gesamtlage".[124]

Die ausbleibenden Finanzmittel führten nämlich dazu, dass die Aktivitäten zunehmend eingeschränkt werden mussten, sodass der Generalsekretär Andritzky und seine Vorstandskollegen in den 1970er Jahren über weite Strecken um die Weiterexistenz des Werkbunds zu kämpfen hatten. In zunehmendem Maße war der föderal aufgebaute Werkbund auf die Initiative und Mittel der jeweiligen Landesbünde angewiesen, was den schleichenden Bedeutungsverlust des Werkbunds nur abmildern konnte.[125] Diese Entwicklung wurde von Mia Seeger 1980 wie folgt geschildert: „Der Werkbund hat seine kulturpolitische Funktion eingebüßt[.] Staatliche und gesellschaftliche Instanzen [..] müssen ihn nicht mehr wahrnehmen. Sie gewinnen nichts, wenn sie ihn berücksichtigen und verlieren nichts, wenn sie ihn ignorieren".[126] Als das

Naturphilosophie, erhielt aber 1937 Arbeitsverbot. Von 1937 bis 1942 war von Hartmann bei den IG Farben in Ludwigshafen am Rhein tätig. Im Anschluss wechselte er zur Hermann Römmler AG, welche die Marke Resopal entwickelt hatte. Nach 1945 war er am Wiederaufbau der Firma bei Darmstadt beteiligt. Von 1961 bis 1968 leitete von Hartmann die Auslandsabteilung des Informationszentrums des Senats von Berlin. Parallel dazu war er von 1964 bis 1970 Generalsekretär des Deutschen Werkbunds. TU Darmstadt (2008).

120 | Durth (2007), S. 294, Günter (2009), S. 514ff, Sannwald (1987), S. 27 und S. 90.

121 | Durth (2007), S. 294.

122 | IfZ-Archiv, ED 920/177, Protokoll zur Sitzung des Werkbundvorstands vom 09.03.1973, S. 1.

123 | RWWA Köln, 181-2145-2, Schreiben von Anonymus an Ernst Schneider vom 03.08.1972. Siehe auch Günter (2009), S. 517ff, Schmitt-Rost (1971).

124 | WBA-M, Bestand Korrespondenz, Akte Go, Schreiben von Anonymus an Fritz Gotthelf vom 18.07.1972.

125 | WBA-B, ADK9-127/74, Protokoll zur Sitzung des Werkbundvorstands vom 15.09.1974, S. 1. und RWWA Köln, 181-2145-2, Schreiben von Anonymus an Ernst-Jörg Kruttschnitt vom 22.09.1975.

126 | StaA Stuttgart, NL Seeger, Akte 2, Schreiben von Mia Seeger vom 11.10.1980.

Generalsekretariat 1986 nach Frankfurt umzog, war dies für Designer längst nicht mehr von Relevanz.[127]

3. Rat für Formgebung gegen Werkbund: kunst- oder wirtschaftsnahes Industriedesign?

Ab Mitte der 1960er Jahre verhandelten Mitglieder des Deutschen Werkbunds und des Gestaltkreises darüber, wer die Arbeit des Rats für Formgebung bestimmen sollte. Dabei ging es um die Grundsatzfrage, inwiefern das Industriedesign in der Bundesrepublik kunst- oder wirtschaftsnah ausgerichtet sein sollte. Denn Design konnte nicht die Freiheit von Wissenschaft oder Kunst nach Art. 5, Abs. 3 des Grundgesetzes für sich in Anspruch nehmen. Darüber hinaus versuchten sich seit den 1960er Jahren Gestalter zunehmend von ‚Kunst' zu emanzipieren, wie dies beispielsweise Otl Aicher vehement und prominent getan hatte. Dies gelang jedoch nur in Teilen, wie spätere Designdebatten der 1980er Jahre zeigten.[128] Für das Verständnis der Auseinandersetzung in den 1960er Jahren werden im Folgenden nun zuerst die verschiedenen Positionen zwischen dem Werkbund und den Akteuren um Schneider dargestellt, die für ein wirtschafts- beziehungsweise kunstnahes Industriedesign standen. Danach wird gezeigt, wie sich diese Neupositionierung des Rats für Formgebung bei der Gründung des Internationalen Design-Zentrums Berlin und des Bundespreises ‚Gute Form' auswirkte.

Richtungsentscheid im Rat für Formgebung

Ausgangspunkt der Diskussionen war, dass es dem Rat für Formgebung in den Anfangsjahren kaum gelang, ein Verständnis oder Vertrauen der Wirtschaft zu gewinnen. Im Bundesministerium für Wirtschaft galt der Rat als „Kulturgremium", da überwiegend Gestalter und kulturnahe Personen, aber

127 | RWWA Köln, 181-2534-1, Schreiben des Deutschen Werkbunds an Ernst-Jörg Kruttschnitt vom 23.09.1986. Siehe auch Stock (1986). Die Quellenüberlieferung zum Deutschen Werkbund ist für die Nachkriegszeit vergleichsweise ungünstig. Das 1973 gegründete Werkbund-Archiv verwahrt für die Jahre von 1945 bis 1970 einige Akten aus dem Generalsekretariat und dem Werkbundrat. Vermutlich sind durch den Umzug des Generalsekretariats nach Darmstadt für die Zeit nach 1970 nur wenig Unterlagen in dem dortigen Archiv erhalten. Da der bayerische Werkbund formal unabhängig ist, hat sich in München eine Parallelüberlieferung erhalten. Der Deutsche Werkbund Bayern hat schon viele seiner historischen Unterlagen an das Archiv des Instituts für Zeitgeschichte München abgegeben, damit diese dort archiviert werden können. Es besteht aber ein großes Interesse daran, diese Unterlagen auswerten zu lassen, jedoch fehlen dafür die finanziellen Mittel.

128 | Aicher (1984), (1985), S. 30, (1991b), S. 19, Bürdek (2012), S. 36, Erlhoff (1987a), S. 109, Leitherer (1991), S. 121, Schneider (2005), S. 221f.

kaum Industrielle an ihm beteiligt waren.[129] „Im Rat für Formgebung haben lange Zeit zwei Richtungen miteinander um die Oberhand gerungen, eine betont künstlerische Richtung, eine Richtung, welche die Tätigkeit des Rats für Formgebung mehr unter wirtschaftsfördernden Gesichtspunkten sah".[130] Mit dem unerwarteten Tod des Rats-Präsidenten Schalfejew 1962 sah man im Bonner Wirtschaftsministerium daher die Möglichkeit gekommen, dem Rat eine neue Organisationsstruktur zu geben. Der zuständige Ministerialdirigent Wilhelm Mäurer entwickelte daraufhin eine überarbeitete Aufgabenverteilung. Es wurden dabei drei Teilbereiche festgelegt, nämlich 1. die Verwaltung, 2. die „Betreuung der innerdeutschen Aufgaben" und 3. das Ausstellungswesen sowie die internationale Vernetzung.[131] Ziel war es, um die RfF-Geschäftsführerin Mia Seeger einen Mitarbeiterstab aufzubauen, welcher die neue Aufgabenverteilung bewältigen konnte. Für diesen personellen Ausbau benötigte der Rat mehr Haushaltsmittel, die das BMWi beisteuern wollte. Gleichzeitig sollte die Wirtschaft nicht nur auf einer inhaltlichen Ebene zur Mitarbeit am Rat ermuntert werden, sondern das Wirtschaftsministerium erwartete auch eine finanzielle Beteiligung. Zusammen mit dem BDI arbeiteten die Bonner Beamten eine neue Satzung für den Rat aus, die im Jahr 1965 auf einer RfF-Vollversammlung verabschiedet werden sollte.[132] Schon 1963 hatte Ernst Schneider das Amt des Präsidenten im Einverständnis mit dem BMWi übernommen, und er fand dabei den Rat in einer finanziell bedenklichen Situation vor. Der 1965 gegründete BDI-Gestaltkreis sollte somit die finanzielle Beteiligung der Wirtschaft beim Rat sichern.[133]

Fatal war bei dieser Entwicklung, dass die angestrebte Umwandlung des Rats von einer kulturorientierten hin zu einer gewerbefördernden Institution nicht kommuniziert wurde. Besonders die Mitglieder des Werkbunds sahen ihren Einfluss auf den Rat schwinden, an dessen Gründung sie ein Jahrzehnt

129 | Oestereich (2000a), S. 300f.

130 | BA Koblenz, B102-336921, internes Schreiben von Rudolf Baetzgen an Karl Schiller vom 29.05.1967.

131 | StdA Stuttgart, NL Seeger, Akte 139, Aktennotiz von BMWi-Ministerialdirigent Wilhelm Mäurer über Rat für Formgebung, Kulturkreis und Gestaltkreis des BDI vom 07.08.1964, S. 2f. Siehe ebenso BA Koblenz, B102-207796, Schreiben von Herbert Leitreiter an Fritz Schiettinger vom 09.11.1965.

132 | Siehe hierzu die parlamentarische Anfrage der SPD-Bundestagsfraktion an die Bundesregierung, BMWi (1965), Kahn-Ackermann und SPD-Bundestagsfraktion (1965). Siehe auch Unbekannt (1965i), S. 19.

133 | Schneider beschrieb rückblickend die Situation von 1963 wie folgt: „Ich muss Sie daran erinnern, was wir vorgefunden haben: eine vollständige Pleite. Der Rat für Formgebung musste dabei auch finanziell davon leben, dass ich ihm DM 80.000 Vorschuss aus meinem Privatvermögen gegeben habe, und ich habe auch Zeiten erlebt, wo ich aus meiner Privattasche die Gehälter bezahlt habe", ZADP, Bestand Rosenthal, p.S. 10, Bericht zur Vorstandssitzung des Rats für Formgebung vom 01.05.1969, S. 11.

davor maßgeblichen Anteil gehabt hatten. Der DWB-Generalsekretär von Hartmann fasste im Jahr 1965 die Entscheidung zu der neuen Satzung wie folgt zusammen:

> „Diese Annahme ist erzwungen worden durch die Mitteilung des Präsidenten, sowohl wie des Vertreters des Ministeriums als auch des BDI, dass die Fortsetzung der Arbeit des Rates für Formgebung in Darmstadt von der sofortigen Annahme dieser Satzung abhinge. Nur von dieser Grundlage aus sei es möglich, die notwendigen Mittel, sowohl des Bundes als auch der Industrie, zur Verfügung zu stellen".[134]

Verkürzt dargestellt bedeutete dies, wer bezahlt, der bestimmt. Für den Werkbund war diese Situation zwar misslich, aber mit Mia Seeger führte eine langjährige Werkbündlerin die Geschäfte des Rats. Dies änderte sich jedoch, als Seeger aus – offiziell – gesundheitlichen Gründen Ende 1966 ihre Position aufgab.[135] Im BMWi ging man währenddessen davon aus, dass Seeger wegen einer nichterfüllten Gehaltserhöhung ihren Entschluss gefasst habe.[136] In dem internen Rücktrittsschreiben führte Seeger hingegen die immer noch prekäre Finanzsituation des Rats an.[137]

Als BMWi-Kandidat für ihre Nachfolge war Erich Geyer von der AW design vorgesehen.[138] Aus Rücksicht auf die Interessen des Werkbunds wurde jedoch Fritz Gotthelf[139] der neue Geschäftsführer des Rats für Formgebung. Er war Mitglied des bayerischen Werkbunds. Mit ihm verbanden die Akteure um Schneider und aus dem Wirtschaftsministerium somit die Hoffnung, dass ein kunst- und zugleich wirtschaftsnaher Rat für Formgebung gelingen könn-

134 | LA Berlin, E200-77, Nr. 40, Rundschreiben an die DWB-Mitglieder von Gustav Barcas von Hartmann vom 05.04.1965.

135 | Unbekannt (1967f), (1967m), Andritzky (1967). Für eine Audioaufnahme zur öffentlichen Abschlussfeier von Seeger siehe StdA Stuttgart, NL Seeger, Akte TB 8/1.

136 | BA Koblenz, B102-151283, Vermerk von Kalus vom 09.08.1966.

137 | StdA Stuttgart, NL Seeger, Akte 210, Entwurf des Rücktrittsschreibens von Mia Seeger, S. 1.

138 | BA Koblenz, B102-207796, Schreiben von Herbert Leitreiter an Fritz Schiettinger vom 16.09.1965.

139 | Fritz Gotthelf arbeitete zunächst als Abteilungsleiter für Gestaltung an der Werkkunstschule Offenbach. Danach gründete er ein Institut für Formgebung und war als Berater unter anderem bei der Herrmann Römmler AG tätig. Im Jahr 1965 wurde Gotthelf mit der Organisation und Koordination der westdeutschen Beteiligung an der Weltausstellung 1967 in Montréal beauftragt. Von 1967 bis 1968 war Gotthelf Geschäftsführer des Rats für Formgebung. Später leitete Gotthelf zusammen mit Hans Roericht die Arbeitsgruppe ‚Ausstellung' des Organisationskomitees der XX. Olympischen Spiele 1972 in München. RfF (1967c), S. 1f und ZADP, Bestand Rosenthal, p.S. 4.

te. In den Akten des BMWi hat sich hierzu folgende Einschätzung erhalten: „Frau Seeger gehörte der [künstlerischen] Richtung an. Mit der Bestellung von Herrn Gotthelf ist zu hoffen, dass es diesem gelingt, [künstlerische und wirtschaftliche] Richtungen zu einer fruchtbaren Arbeit zusammenzuführen".[140] Die Kooperation zwischen Gotthelf und Schneider sowie Rosenthal hielt nur bis Ende 1968. Um Gotthelf von administrativen und verwaltungstechnischen Aufgaben zu entlasten, wurde ihm ein Stellvertreter an die Seite gestellt.[141] Dieser war davor im Rosenthal-Konzern tätig gewesen und stand mit Philip Rosenthal in einem guten Kontakt,[142] da er ihn privat über alle Aktivitäten im Rat informierte. Seine regelmäßigen, ironischen „Zeilen über das Neuste aus Stalingrad [sic]" unterschrieb er stets mit „General Paulus".[143] Philip Rosenthal und teilweise Schneider sowie Stein erfuhren durch diese Briefe, welche Aktivitäten im Rat vor sich gingen und was vernachlässigt wurde. Das Alfred-Messel-Haus, in dem der Rat damals seine Räumlichkeiten hatte, ist zwar als Teil der Darmstädter Mathildenhöhe eng mit der deutschen Designgeschichte verbunden, aber als zentrumsnah kann die Lage nicht beschrieben werden. Da Schneider, Rosenthal oder Stein nur selten in Darmstadt vorbeikamen, erfuhren sie das meiste durch den von ihnen eingerichteten ‚Kontrollposten', dessen Berufung zugleich wenig Vertrauen gegenüber Gotthelf bezeugt.

Robert Gutmann kommt zum Rat für Formgebung

Soweit es durch die Akten rekonstruiert werden kann, entstand ein Bruch zwischen Gotthelf und Schneider wegen Ungereimtheiten bei der Verwendung finanzieller Mittel.[144] Im Zuge dessen wurde Gotthelfs Tätigkeit als RfF-Geschäftsführer zum September 1968 beendet.[145] Dieses Ende des Beschäftigungsverhältnisses war jedoch durch die vorhergehenden Unstimmigkeiten zwischen Schneider, Stein und Rosenthal sowie dem Werkbund vorbelastet.

---

140 | BA Koblenz, B102-336921, Schreiben von Rudolf Baetzgen an Karl Schiller vom 29.05.1967.

141 | ZADP, Bestand Rosenthal, p.S. 8, Schreiben von Gustav Stein an Philip Rosenthal vom 07.08. und 29.08.1967.

142 | Siehe hierzu WBA-M, Bestand Korrespondenz, Akte R und ZADP, Bestand Rosenthal, p.S. 9, Besprechungsnotiz von Ernst Schneider vom 25.04.1968, S. 1.

143 | ZADP, Bestand Rosenthal, p.S. 9, Schreiben von Anonymus an Philip Rosenthal vom 20.02.1968.

144 | Für die verschiedenen Anschuldigungen siehe besonders ZADP, Bestand Rosenthal, p.S. 2, Schreiben von Ernst Schneider an Gustav Barcas von Hartmann vom 01.08.1968 und Schreiben von Ernst Schneider an Gustav Stein vom 18.06.1969.

145 | Gotthelf war im Juni 1968 erkrankt. Mitte September 1968 bat er dann den Vorstand des Rats für Formgebung um die Entbindung von seinen Aufgaben. Siehe hierzu ZADP, Bestand Rosenthal, p.S. 2, Schreiben von Ernst Schneider an die Vorstandsmitglieder des Rats für Formgebung vom 12.07.1968 und ibid., p.S. 9, Vermerk zur Vorstandssitzung des Rats für Formgebung vom 27.09.1968, S. 2.

Rosenthal vermutete schon im Sommer 1968, dass man sich „darüber im klaren sein [müsse], dass Gotthelf Gott und die Welt aufhetzen wird unter dem Motto ‚industrielle Machtpolitiker liquidieren Gestaltungsidealisten'".[146] Stein versuchte noch einen neuen werkbundnahen Nachfolger zu finden.[147] Dieser sah aber keine Gewähr für seine fachliche Freiheit mehr, sodass er ablehnte.[148] Der RfF-Präsident Schneider berief daraufhin mit Zustimmung des Bundeswirtschaftsministers Karl Schiller im Herbst 1968 Gustav Stein zum neuen Geschäftsführer.[149] Nachdem Stein aus Altersgründen sein Amt beim BDI geräumt hatte, übernahm er daher die administrative Leitung des Rats. Zusätzlich wurde der Posten des ‚fachlichen Leiters' geschaffen, der für die inhaltliche Arbeit zuständig sein sollte. Mit Robert Gutmann[150] wurde hierfür ein bekannter und gut vernetzter Designer gefunden, der jedoch nicht dem Werkbund angehörte.[151] Die Reaktion der Werkbundmitglieder, besonders des Präsidenten Arndt und des Generalsekretärs von Hartmann, zeichneten ein Bild der Entrüstung. Das Echo in der Tagespresse und den Fachzeitschriften war ähnlich negativ.[152]

---

146 | ZADP, Bestand Rosenthal, p.S. 9, Schreiben von Philip Rosenthal an Gustav Stein vom 22.04.1968.

147 | ZADP, Bestand Rosenthal, p.S. 11, Protokoll zur gemeinsamen Vorstandssitzung des Rats für Formgebung und des Gestaltkreises vom 27.09.1968, S. 1.

148 | BA Koblenz, B102-207798, Schreiben von Adolf Arndt an Ernst Schneider vom 16.10.1968 und ibid., B102-336921, Briefentwurf von Ernst-Dieter Gätjen für Karl Schiller vom 05.11.1968, S. 2.

149 | BA Koblenz, B102-207798, Schreiben von Ernst Schneider an Karl Schiller vom 12.07.1968.

150 | Robert Gutmann war von 1935 bis 1937 als selbstständiger Architekt in Berlin tätig. Im Sommer 1939 flüchtete Gutmann nach Großbritannien. Nach einer kurzen Internierung war er bis Kriegsende bei der Planungsabteilung der Jaguar Cars Limited in Coventry angestellt. In der unmittelbaren Nachkriegszeit arbeitete Gutmann als freiberuflicher Gestalter in Großbritannien und war dabei mit der ‚Design Research Unit' in London sowie mit der ‚Gruppe 2' in Wien assoziiert. Er wurde Mitglied der Society of Industrial Artists und erhielt später die Ehrung ‚Fellow of the Society of Industrial Artists' (FSIA). Parallel war Gutmann Dozent am Royal College of Art in London, an der TH Wien und dem Farbpsychologischen Institut in Salzburg. Gutmann leitete von 1969 bis 1973 den Rat für Formgebung und von 1969 bis 1970 das IDZ Berlin. Daneben war er langjähriges Vorstandsmitglied beim Haus Industrieform sowie an vielen Jurierungen beteiligt. Ihm zu Ehren vergab das Haus Industrieform in den 1980er Jahren mehrmals den ‚Bob-Gutmann-Förderpreis für junge Designer'. Unbekannt (1961b), (1966f), (1966g), (1968q), (1968ac), (1981j), (1981p), (1982b), Benton (1995), S. 168, Gutmann (1961), S. 9, Marquart (1994), S. 267f, planmöbel GmbH (2014), S. 87, Rosenthal (1981b), Warhaftig (2005), S. 206. Siehe für die Design Research Unit siehe den Katalog Cotton (2012).

151 | BA Koblenz, B102-207798, Protokoll zur Vorstandssitzung des Rats für Formgebung vom 10.12.1968, S. 1f. Siehe auch Unbekannt (1968q), (1968ac).

152 | Für die publizierten Reaktionen siehe beispielsweise Unbekannt (1968k), (1968t), (1968ae), von Hartmann (1968b), Maass (1968a), (1968b), VDID (1968).

Aus der Perspektive der Mitglieder des Werkbundrats wurde mit „der Berufung von Robert Gutmann die Forderung des Werkbundes, einen Generalsekretär ‚mit der Vollmacht, die Selbstbestimmung des Rates zu verwirklichen', nicht erfüllt".[153] Da „der Rat für Formgebung endgültig ein Instrument der Industrie geworden" sei, beschloss die Leitung des Werkbunds daraufhin, seine Mitarbeit beim Rat für Formgebung vollständig einzustellen.[154] Vor allem hinter Gustav Stein sahen Werkbündler die treibende Kraft, dass sich der Rat neu Richtung Wirtschaft orientierteren würde.[155] Die Situation eskalierte zusätzlich, als der Werkbundrat Schneider und Stein die Mitgliedschaften entzog sowie dem Rat weitere Publikationsmöglichkeiten in der werkbundeigenen Zeitschrift ‚Werk und Zeit' verweigerten.[156] Trotz vieler Versuche einer Aussprache, etlichen Korrespondenzen und Schriftenwechsel oder das Einschalten des Bundeswirtschaftsministers Karl Schiller, blieben die Positionen unvereinbar.[157] Einerseits forderten Schneider, Stein und Rosenthal die Anerkennung der herausgehobenen Bedeutung des Rats für die westdeutsche Wirtschaft, denn sie sahen diesen als eine gewerbefördernde Institution. Andererseits war der Rat für viele Werkbund-Mitglieder eine kulturelle Einrichtung, die unabhängig von der Industrie sein musste.

Ab Sommer 1969 war absehbar, dass sich der Werkbund mit seiner Position nicht durchsetzen konnte, was Mia Seeger wie folgt kommentierte: „Ich sehe das Ganze als eine ‚verlorene Schlacht', weil wir nicht ‚den Anfängen wehrten'. Das rächt sich jetzt. Leider".[158] Für die ehemalige Geschäftsführerin war die veränderte RfF-Satzung von 1965 der entscheidende Punkt, dass sich die Mitglieder des Werkbunds letztlich nicht mehr durchsetzen konnten. Un-

153 | StdA Stuttgart, NL Seeger, Akte 15, Protokoll zur Sitzung des Werkbundrats vom 21./22.03.1969, Antrag von Hans Eckstein gegen Robert Gutmann und Gustav Stein vom 11.03.1969, S. 6 und WBA-B, Protokoll zur Sitzung des Werkbundrats vom 11.10.1968, S. 2f.

154 | BKA-AdK, Bestand Karl Otto, Ordner 56a, Schreiben von Gustav Barcas von Hartmann an Karl Otto vom 16.05.1969 und StdA Darmstadt, ST24-875, Entschließung des Werkbundes vom 11.10.1968 über eine notwendige Reorganisation des Rats für Formgebung.

155 | DA UoB, ICSID-10-11-03, Schreiben von Gustav Barcas von Hartmann an Josine des Cressonnières vom 05.03.1969.

156 | StdA Stuttgart, NL Seeger, Akte 15, Protokoll zur Sitzung des Werkbundrats vom 21./22.03.1969, S. 6.

157 | BA Koblenz, B102-207798, Schreiben von Adolf Arndt an Karl Schiller vom 02.11.1968. Für die zeitgenössische Debatte siehe etwa Unbekannt (1969b), (1969p), (1969q), Conrads (1969), d'Hooghe (1969), Ernst (1969), Maass (1969a), (1969b), Sack (1969), Stein (1969).

158 | BKA-AdK, Bestand Karl Otto, Ordner 56a, Schreiben von Mia Seeger an Karl Otto vom 21.06.1969. Zwar versuchte der Werkbund noch verschiedene Verbündete für seine Position zu gewinnen, jedoch gelang dies letztendlich nicht. Es wurde darüber hinaus sogar von Akteuren aus dem Werkbund erwogen, dem ICSID beizutreten, um international ihre Position stärken zu können. Siehe hierfür DA UoB, ICSID-10-11-03, Schreiben von Gustav Barcas von Hartmann an Josine des Cressonnières vom 07.02.1969.

abhängig davon, welche Gründe dazu führten, überließ der Werkbund mit der Verweigerung jeglicher Mitarbeit den Beteiligten aus der Wirtschaft die Weiterentwicklung des Rats für Formgebung. Laut dem neuen fachlichen Leiter Gutmann war daher die „Weiterentwicklung des Design ohne Industrie nicht denkbar – wohl aber ohne Werkbund".[159] Diese Situation trat in den folgenden Jahren tatsächlich ein, der Werkbund als Institution erschien bei Designdebatten in der Bundesrepublik nicht mehr. Mit Themen wie Umweltzerstörung oder Städteplanung erschloss er sich allerdings neue Felder, in denen er eine gewisse Deutungsmacht erlangen konnte. Im Gegensatz dazu forcierten Designinstitutionen wie der Rat für Formgebung und später das IDZ Berlin eine industrie- statt eine kulturnahe Ausrichtung des Industriedesigns.

Gründung des IDZ Berlin

Erste Auswirkungen dieser Auseinandersetzung zeigten sich bei der Gründung des Internationalen Designzentrums Berlin. Bis 1969 besaß West-Berlin keine Designinstitution, die vor Ort Designschaffende und Industrie miteinander verbinden konnte. Anfang der 1960er Jahre gab es erste Entwürfe für ein Berliner Designzentrum von Gustav Barcas von Hartmann und anderen Berliner Werkbundmitgliedern.[160] Seit der veränderten Satzung des Rats für Formgebung 1965 gab es vielfach Überlegungen, den Rat von Darmstadt nach West-Berlin zu verlagern.[161] Letztendlich wurde ein solcher Standortwechsel wieder verworfen. Stattdessen erschufen Schneider, Stein und Rosenthal zusammen mit der Berliner Senatsverwaltung ein international ausgerichtetes Designzentrum. Ende 1968 wurde der gemeinnützige Trägerverein gegründet und am 1. Februar 1969 konstituierte sich der Vorstand.[162] Die meisten Voran-

159 | ZADP, Bestand Rosenthal, p.S. 10, Telegramm von Robert Gutmann an Philip Rosenthal vom 20.06.1969.

160 | LA Berlin, B010-1809, Schreiben von Gustav Barcas von Hartmann an Egon Bahr vom 09.09.1964, ibid., E200-77, Nr. 33, Schreiben von Kirschke, Berliner Senatsverwaltung für Wirtschaft, an Hoferecht, Berliner Senatskanzlei, vom 24.04.1963 und ibid., Schreiben von Mia Seeger an von Hartmann vom 28.09.1962. Siehe zusätzlich Riemann (2007), S. 78 und Fn. 276 auf S. 63.

161 | Noch Anfang 1968 war es der gemeinsame Wunsch des BMWi, Werkbunds sowie Schneiders, Steins und Rosenthals, den Rat für Formgebung in ein „Zentrum der Wirtschaft" zu verlegen. Zur Auswahl standen zuerst die Städte München und (West-)Berlin. In der zweiten Jahreshälfte 1968 änderten sich die Überlegungen zu einem Standortwechsel dahingehend, dass nun nur noch eine Zweigstelle des Rats für Formgebung in (West-)Berlin eröffnet werden sollte. Unbekannt (1968z), (1968aa), Parlamentarischer Staatssekretär des Bundesministers für Wirtschaft (1968) und auch Unbekannt (1966b), (1966c). Siehe hierzu die vielfache Korrespondenzen in ZADP, Bestand Rosenthal, p.S. 9, StdA Darmstadt, ST24-875 und BA Koblenz, B102-207798.

162 | BA Koblenz, B102-336921, Schreiben von Gustav Stein an Karl Schiller vom 28.01.1969 und ZAPD, Bestand Rosenthal, p.S. 11, Protokoll über die Gründungssitzung des Vereins „Internationales Design Zentrum Berlin e.V." vom 10.12.1968 in Düsseldorf, S. 1. Gründungsmitglie-

Abbildung 2: Ausstellung „Gute Form 1970" des Rates für Formgebung im Landesgewerbeamt Karlsruhe.

Quelle: Stadtarchiv Karlsruhe, 8/BA Schlesiger A21/49/4/4.

kündigungen für das Berliner Designzentrum betonten den Aspekt des Internationalen bei dieser Gründung.[163] Denn es war beabsichtigt, die ‚Frontstadt' Berlin als einen zentralen Ort der internationalen Vernetzung von Designern zu etablieren. Für die Produktgestalter aus Ostdeutschland, wie etwa Martin Kelm, war diese neue Institution aufgrund der administrativen Situation von Berlin ein „politischer Akt gegen die DDR".[164] Parallel dazu sollte das IDZ Berlin „zu einem Forum der Auseinandersetzungen mit Problemen der Umwelt-

der wurden Adolf Arndt, Fritz Conzen, Philip Rosenthal, Ernst Schneider, Annemarie Schwerdt, Hans Schwippert und Gustav Stein. Der Gründungsvorstand bestand aus dem ersten Vorsitzenden Ernst Schneider, dessen ersten Stellvertreter Walter Rossow, stellvertretender Vorsitzender des Deutschen Werkbunds, dessen zweiten Stellvertreter Walter W. Cobler, Präsident der IHK zu Berlin, sowie aus dem Schatzmeister Bernhard Skrodzki, Hauptgeschäftsführer der IHK zu Berlin, und Philip Rosenthal, Adolf Arndt, Senatsdirektor Harald Ingensand und Senatsdirigent Rolf Niemeyer. Siehe LA Berlin, B002-16974, Berliner Senatsvorlage Nr. 1608/69 zur Beschlussfassung für die Sitzung vom 29.04.1969.

163 | Unbekannt (1968g), (1969c), (1969j), (1969i), (1969k), (1969r), (1969v), Gomringer (1969), Hoynick (1969), Stein (1968).

164 | DA UoF, ICSID-10-10-01, Schreiben von Anonymus an Josine des Cressonnières vom 18.04.1969. Vor einer solchen negativen Sichtweise aus der DDR hatten die Akteure aus dem ICSID, wie beispielsweise deren Sekretärin des Cressonnières, die westdeutschen Beteiligten gewarnt, siehe hierzu DA UoB, ICSID-01-10-01, Schreiben von Josine des Cressonnières an Robert Gutmann vom 25.04.1969.

gestaltung" aufgebaut werden.[165] Bei dieser konzeptionellen Ausrichtung wurde auf Positionen und Anliegen des Werkbunds kaum Bezug genommen.[166]

Ähnlich wie bei der Gründung des IDZ Berlin wurden die Belange des Werkbunds bei der Schaffung des Bundespreises ‚Gute Form' seit dem Frühjahr 1968 kaum noch berücksichtigt.[167] Anlässlich der Berliner Industrieausstellung verkündete daher Karl Schiller in seiner Eröffnungsrede am 27. September 1968, dass das BMWi einen Staatspreis für Produktgestaltung stiften würde. Dieser sollte vom Rat für Formgebung ab 1969 ausgerichtet und in den Räumen des IDZ Berlin gezeigt werden. Laut Schiller war „der Preis für ‚Gute Form' [..] als Veranstaltung Ausdruck einer guten und freiwilligen Partnerschaft von Wirtschaft und Staat" gedacht.[168] Durch die jährliche Verleihung des Bundespreises wurde gleichzeitig versucht, die geringe öffentliche Wahrnehmung des Rats für Formgebung zu steigern.[169] Jedes Jahr wurde ein Rahmenthema vorgegeben, zu dem Artikel von Produzenten eingereicht werden konnten.[170] Hauptkriterium hierbei war nicht, dass die Firma oder der Gestalter deutsch sein musste, wie bei anderen Staatspreisen üblich.[171] Vielmehr mussten Konsumenten das eingereichte Produkt in der Bundesrepublik käuf-

---

165 | ZADP, Bestand Rosenthal, p.S. 12, Jahresbericht des Rats für Formgebung 1968, S. 7. Unbekannt (1970b), (1970i), (1970j), (1970k), (1970l), (1970m), (1970o), (1970s), Fambach (1970), Giachi (1970b), (1970c).

166 | WBA-M, Protokoll zur Vorstandssitzung des Deutschen Werkbundes vom 21.03.1969, S. 4f. Welche Folgen dies für die bundesdeutschen Designdiskurse haben sollte, wird im Kapitel ‚Neupositionierungen der Industriedesigner nach 1973/74' auf S. 153ff diskutiert.

167 | Den ersten Hinweis auf Pläne im BMWi für die Schaffung eines Design-Preises findet sich in BA Koblenz, B102-207796, Schreiben von Karl Schiller an Walter Gropius vom 01.02.1968. Das „vorläufige [interne] Arbeitskonzept zur Schaffung eines Bundespreises für die gute Gestaltung" ist auf den 11.03.1968 datiert, BA Koblenz, B102-151284.

168 | RfF (1970b), S. 25, Schiller (1968), S. 5 und auch Unbekannt (1969d).

169 | Im Jahr 1979 führte das Compagnon Marktforschungs-Institut auf Veranlassung von Philip Rosenthal eine Umfrage zur Bekanntheit des Rats durch. Laut dieser Studie kannten nur 4% der Bundesbürger den Rat für Formgebung, wobei jedoch nur die Hälfte wusste, welche Themenfelder der Rat bearbeitete. Unabhängig von dem durchaus kritischen Quellenwert von zeitgenössischen, sozialwissenschaftlichen Arbeiten schien der Rat Ende der 1970er Jahre in der Bundesrepublik kaum bekannt zu sein. Es gibt wenig plausible Gründe dagegen, dass dies ein Jahrzehnt davor anders hätte sein können. ZADP, Bestand Rosenthal, p.S. 13, Schreiben von Philip Rosenthal an Gustav Stein, Joachim Böttger, Ernst Jörg Kruttschnitt und Herbert Ohl vom 12.11.1978 und RWWA Köln, 181-2198-1. In der gleichen Umfrage gaben 37% der Befragten an, sich unter dem Begriff ‚Design' nichts vorstellen zu können. Dieser Wert verringerte sich 1986 auf 20%, Hartmann (1986a), (1986b).

170 | Für die verschiedenen Themen des Bundespreises ‚Gute Form' siehe Tabelle 9.

171 | Im Rahmen eines Promotionsprojektes an der Hochschule für Gestaltung Offenbach arbeitet Helge Aszmoneit derzeit an einer Arbeit über die Entstehungsgeschichte und Entwicklung wichtiger deutscher und internationaler Design-Auszeichnungen. Darin werden die einzelnen Design-Auszeichnungen im politischen, wirtschaftlichen, gesellschaftlichen und kulturellen

lich erwerben können. Durch die Formulierung ‚Gute Form' orientierte man sich an Max Bills normativem Versuch, seit 1949 überzeitlich gültige Kriterien für eine vorbildliche Formgebung festzulegen.[172] Eine solche Verwendung von gestalterischen Normen als Grundlage für Jury-Entscheidungen führte in den 1970er und 1980er Jahren regelmäßig zu erheblichen innerlichen Widersprüchen. Erstens wurden diese gestalterischen Normen über die Jahre kaum weiterentwickelt.[173] Zweitens wiesen Kritiker wie Gert Selle darauf hin, dass bei dem „alljährlichen ‚Bundespreis' des Wirtschaftsministers [..] Theorie und Praxis offen" kollidierten, da beanspruchte Normen und eingereichte Objekte mitunter nur schwer in Einklang zu bringen waren.[174]

B. BASF AG – Industriedesign kommt in Unternehmen

Wie aber brachten die Gestalter Theorie und Praxis der Formgebung auf einer betrieblichen Ebene in Einklang? Zunächst einmal stellte das Verbinden von Theorie und Praxis die Unternehmen bei der Integration von Industriedesign in konzerneigene Prozesse vor große Herausforderungen. Für die BASF AG bedeutete dies von 1963 bis 1974, dass im Stammwerk Ludwigshafen am Rhein das Design einen nennenswerten Stellenwert erlangte. Gestaltungsfragen wurden dabei sowohl in den Bereichen der Konstruktion als auch im Marketing gelöst. Der BASF-Vorstand versuchte seit Anfang der 1960er Jahre verstärkt, auch Endverbraucherprodukte anzubieten, um in der Öffentlichkeit nicht nur als ‚Rohstoffladen' wahrgenommen zu werden.[175] Durch diese Neuausrichtung erhoffte man sich in der Leitungsebene der BASF AG, die eigene Produktpalette zu diversifizieren und den Absatz von Kunststoffen zu fördern. Aus Sicht der Beteiligten war die Produktgestaltung ein Mittel, diese Strategie erfolgreich umzusetzen: „Da ein schnelleres Vordringen der Kunststoffe sehr wesentlich vom modernen Design abhängt, wurde auch Verbindung zu [..]

Kontext in Beziehung gebracht und ihre Bedeutung für das Design selbst sowie für die Entwicklung der Designförderung analysiert.

172 | Aynsley (2009), S. 151, Mareis (2014), S. 86.

173 | Dankwart Rost als Leiter des Siemens-Hauptbereichs „Werbung und Design" fasst diesen Standpunkt wie folgt zusammen: „Die Beurteilungskriterien für diesen Preis orientieren sich im wesentlichen an Kriterien, die einst im Bauhaus und später in der Hochschule für Gestaltung in Ulm entwickelt wurden." Bei Siemens besaß aus diesem Grund der Bundespreis nach einigen Jahren keine große Wertschätzung mehr. Siemens Historical Institute, Akte 20654, Schreiben von Dankwart Rost an Karlheinz Kraske vom 18.12.1983.

174 | Selle (1973a), S. 107.

175 | Schmidt (2012), S. 88. Für eine Darstellung von Unternehmenskultur und sozialer Praxis in der westdeutschen Chemieindustrie am Beispiel der Bayer AG siehe Raasch (2017), S. 141ff.

Abbildung 3: Buggy mit Karosserie aus Palatal auf der Hannover-Messe 1970.

Quelle: BASF Corporate History, Bildarchiv Neg.-Nr. CR-21069-2-6.

Designern, [..] Design-Instituten und [..] Werkkunstschulen aufgenommen".[176] Bei der BASF AG besaß daher Design von Anfang an – wie bei vielen anderen Unternehmen – die Bedeutung einer Verkaufsförderung.

In diesem Teilkapitel wird zuerst kurz eine Geschichte von Design in Verbindung mit Kunststoffen präsentiert, um die Entwicklung bei der BASF AG historisch einzuordnen. Anschließend steht die sukzessive Integration von Designern in die BASF AG im Zentrum der Analyse. Anhand der designspezifischen Dienstleistungen wird veranschaulicht, wie in Ludwigshafen Anonymdesign und Produktnullserien entwickelt wurden.[177] Die Darstellung zum BASF-Design endet mit der Beschreibung der Werbemaßnahmen, durch welche der Kunststoffabsatz über zukunftweisende Gestaltungen gefördert werden sollte. Die umfangreiche Darstellung der BASF-Unternehmensgeschichte von Werner Abelshauser aus dem Jahr 2003 bildet dabei die zentrale Publikation. Darin findet auch die Anwendungstechnische Abteilung der BASF AG Erwähnung, die für viele Aufgaben des Industriedesigns zuständig war.[178] Jedoch lässt sich weder bei Abelshauser noch in anderen Publikationen zur BASF-Unternehmensgeschichte das Thema Design ausmachen. Nur im Zu-

176 | BASF Archiv, Akte Q.0.2./7, Aweta II-Tätigkeitsbericht 1969, S. 105.

177 | Siehe zur Frage von anonymem Design etwa Albus (2008), Giedion (1987).

178 | Für die Zeit nach 1945 siehe Abelshauser (2003), S. 429ff.

sammenhang mit der zweiten Auflage des Panton-Chair Anfang der 1970er Jahre wird die BASF AG noch mit Design in Bezug gesetzt. Daher ist diese designhistorische Perspektive auf die BASF AG noch ohne Beispiel und fördert somit neue Erkenntnisse zu Tage.

1. Kunststoffe und die BASF AG

Der 2. Weltkrieg leitete für die Entwicklung von Kunststoffprodukten einen entscheidenden Schub ein. Im Zuge von Rationalisierungsmaßnahmen in der Rüstungsindustrie wurden neuartige Materialien verbaut, um etwa Metalle oder andere kriegswichtige Werkstoffe ersetzen zu können. Dies führte zu der intensivierten Verwendung von Acrylglas (PMMA) in Flugzeugen, Polyvinylchlorid (PVC) und Polyethylen (PE) für die Isolierung von Kabeln, Polyamide (PA) als Stoffe für Fallschirme oder Duroplaste, die als aushärtender Polymerwerkstoff für die Formung von Schaltkästen benutzt wurden.[179] Dieses Erscheinen von Materialien aus makromolekularen Kohlenwasserstoffen im Konsumentenalltag kann als eine sich neu entwickelnde Verbraucherdemokratie sowie als Teil einer zeitgenössischen Fortschrittsnarration gedeutet werden.[180] Kunststoffe wurden dabei zunehmend nicht mehr als Substitutmaterial verwendet, wie dies die deutschsprachige Formulierung von künstlichen Stoffen suggerieren mag. Vielmehr wurden Kunststoffe laut Andrea Westermann Teil einer sich entwickelnden Verbraucherdemokratie in Westdeutschland.[181] Während der drei Dekaden nach der NS-Gewaltherrschaft entwickelte sich für weite Teile der bundesdeutschen Gesellschaft ein Konsumangebot, das viele Zeitgenossen nicht für möglich gehalten hätten.[182] Ein Bestandteil dieser Euphorie war ab Mitte der 1960er Jahre der sogenannte Plastikoptimismus.[183] Die Verwendung von Kunststoffen erlebte einen ersten Höhepunkt, bevor dies

179 | Braun (2013), S. 20, Hauffe (2014), S. 183f, Heskett (1980), S. 156. Bis jetzt ist kaum systematisch untersucht worden, welche Impulse die Formgebung nach dem 2. Weltkrieg im Detail durch wehrwissenschaftliche Forschungen und die Integration in eine Kriegswirtschaft erfahren hat. Besonders bei der Umstellung von einer Kriegs- auf eine Zivilwirtschaft erscheint es wahrscheinlich, dass viele Innovationen im Bereich der Produktgestaltung adaptiert und neu eingesetzt wurden. Diese Querverbindungen könnten darüber hinaus aufzeigen, welche Mechanismen eine sich entwickelnde Konsumgesellschaft in der unmittelbaren Nachkriegszeit prägten sowie welche Bedeutung ‚Design' dabei besaß.

180 | Kleinschmidt (2001), S. 366ff, Lamla (2013), S. 40ff. Speziell für die Frage von Kunststoff und Design siehe hierzu zeitgenössisch etwa Ernst (1971), Kuhn (1974), Thiele (1964).

181 | Westermann (2007), S. 180ff, (2008), S. 10ff.

182 | Doering-Manteuffel und Raphael (2012), S. 43ff, Gasteiger (2010), S. 68, Jarausch (2015), S. 541, Trentmann (2016), S. 419ff, Westermann (2007), S. 15.

183 | Meikle (1995), S. 230.

in den 1970er Jahren bei vielen Verbrauchern zunehmend in ein negativeres Image wechselte.[184]

Erst seit Ende der 1950er Jahre wurde es möglich, Entwürfe, etwa für Sitzmöbel, aus Kunststoffen zu entwickeln. Eines der bekanntesten Objekte war hierbei der sogenannte Panton-Chair des Dänen Verner Panton. Mit diesem Freischwinger war erstmals die Serienherstellung eines Kunststoffmöbels ausführbar.[185] Zugleich waren die Anforderungen an die verwendeten Kunststoffe wegen der physikalischen Beanspruchung des Stuhls vergleichsweise hoch. Als der Panton Chair mit dem neuartigen BASF-Polystyrol Luran S gefertigt werden sollte, benötigen die Designer und Ingenieure in Ludwigshafen knapp zwei Jahre, um diese Auflage des Stuhls 1970 in Serie zu produzieren.[186] Verfahrenstechnisch war es in der Bundesrepublik erst seit Mitte der 1960er Jahre möglich Massenprodukte wie beispielsweise Kunststoffmöbel herzustellen. Dies führte jedoch dazu, dass zum Ende der Dekade eine organische Formensprache sowie eine reichhaltige Farbpalette viele Produkte dominierten, was Parallelen zur ‚Pop Art' widerspiegelt.[187]

Zeitgenossen wie Roland Barthes faszinierte dabei, dass die „Wandlungsfähigkeit des Plastiks total ist, es kann ebenso gut Eimer wie Schmuckstücke bilden".[188] Auffällig ist, dass in der zweiten Hälfte des Jahrzehnts viele Kunststoffobjekte wie Leuchten, Vasen, Haushaltsgeräte oder Geschirr eine runde Form aufweisen, die meist zylindrisch ausfiel. Hierbei handelte es sich meist um gepresste Kunststoffe, wie dies thermo- oder duroplastische Harze ermöglichten. Im Vergleich zu Stahlwerkzeugmaschinen oder Spritzgußverfahren war die Technik des Hohlkörperblasens von Kunststoffen mit geringen Investitionen möglich und ließ eine rasche Serienfertigung zu.[189] Diese technische Innovation der Extrusion[190] ermöglichte es den Designern, nun Produktformen zu entwickeln, die sich erheblich von früheren Formgebungen wie bei Metall oder Holz unterschieden und deren Produktion zugleich preisgünstiger waren. Schon Anfang der 1970er Jahre stand daher für den ehemaligen ‚Ul-

184 | Kalweit (2006), S. 76.

185 | Guidot (1994), S. 112.

186 | BASF Archiv, Akte Q.0.2./8, Tätigkeitsbericht der Aweta K für das Arbeitsjahr 1970, S. 73. Siehe auch Schepers (2016), S. 22f.

187 | Eisele (2005), S. 59, Oestereich (2000a), S. 169, Raizman (2003), S. 323, Selle (2007), S. 233 und S. 358.

188 | Barthes (1964), S. 79f.

189 | Guidot (1994), S. 185f.

190 | Der Begriff ‚Extrusion' bezeichnet in der Verfahrenstechnik, dass eine Materialmasse unter Druck aus einer Öffnung gepresst wird. Der entstehende Hohlkörper besitzt dabei den Querschnitt der Werkzeugdüse.

mer‘ und Chefredakteur der Zeitschrift ‚form‘ Karl-Heinz Krug[191] fest, dass „Kunststoffe und ihre fast unbegrenzte Formbarkeit [..] dem Designer echte Alternativen zur funktionalistischen Sachlichkeit“ boten.[192] Bei dieser Entwicklung, Plastik zunehmend für Konsumprodukte zu verwenden, gingen von der Kunststoffindustrie in der Bundesrepublik viele Impulse und Initiativen für neue Designideen aus. Gerade für diese Verwendung von Plastik war eine verstärkte Zusammenarbeit von Designern und Ingenieuren nötig.[193]

Die Anwendungstechnische Abteilung

Bei der BASF AG besaßen die Mitarbeiter im Bereich der Kunststoffverarbeitung einen vielfältigen Wissensbestand, da seit der Gründung im 19. Jahrhundert mit verschiedenen Kohlenwasserstoffverbindungen gearbeitet wurde. Während beider Weltkriege war die Badische Anilin- und Soda-Fabrik in der Pfalz eines der zentralen Unternehmen für die deutsche Kriegswirtschaft. Nach dem Nationalsozialismus wurden BASF-Kunststoffe stark für den Wiederaufbau in Westdeutschland nachgefragt. Die Bedeutung des Stammwerks in Ludwigshafen am Rhein lag dabei weniger auf fertigen Plastikprodukten, wie beispielsweise bei der Bayer AG oder der Hoechst AG, sondern die BASF AG war auf Vorprodukte für Kunststoffe spezialisiert. Zuerst konnte die Nachfrage kaum befriedigt werden, aber gegen Ende der 1950er Jahre nahm erstmals der Wettbewerbsdruck innerhalb der bundesdeutschen Chemieindustrie zu. Die BASF-Leitung sah sich somit gezwungen, die Unternehmensziele an diese neue Situation anzupassen.[194] Im Jahr 1962 beschloss der BASF-Vorstand neue Richtlinien für Investitionen, womit bei der BASF AG nun auch der Verkauf und die Anwendungstechnik in den Entscheidungsprozess über zukünftige Entwicklungen mit einbezogen waren.[195] Als Konsequenz daraus wurde 1963 eine eigene anwendungstechnische Abteilung gegründet, die sich nur um Fragen zu Kunststoffen und ihre Verarbeitung kümmern sollte.[196] Diese Abteilung mit dem Akronym ‚Aweta II‘ – oder auch ‚Kuro‘ für Kunststoff-Rohstoffe – hatte ihren Ursprung in der 1951 eröffneten verarbeitenden

191 | Karl-Heinz Krug arbeitete seit 1962 bei der Zeitschrift ‚form‘ und wurde 1963 deren Mitherausgeber. Von 1974 bis 1998 leitete er dann die ‚form‘ als Chefredakteur und Herausgeber. Daneben saß Krug von 1974 bis 1986 im Vorstand des VDID und leitete diesen von 1982 bis 1986 auch als Präsident. Die Bibliothek von Krug ging 2011 nach dessen Tod als ‚Studienbibiothek Karl-Heinz Krug‘ an die FH Düsseldorf. Ein Teil seines Nachlasses befindet sich im Archiv des VDID und im HfG-Archiv Ulm. Unbekannt (2003a), S. 100, Brackert (1976f), Sannwald (1987), S. 91, Spitz (2012b).

192 | Krug (1972e), S. 20.

193 | Kaiser (2006), S. 266, Meikle (1995), S. 183, Oestereich (2000a), S. 183f.

194 | Abelshauser (2003), S. 383, Schmidt (2012), S. 135f.

195 | Abelshauser (2003), S. 384.

196 | Abelshauser (2003), S. 429f, Eisele (1963), Kuckertz (1961), S. 1.

Abbildung 4: Stand der BASF AG auf der Hannover-Messe 1962.

Quelle: BASF Corporate History, Bildarchiv Neg.-Nr. 73903.

Abbildung 5: Stand der BASF AG auf der Hannover-Messe 1962.

Quelle: BASF Corporate History, Bildarchiv Neg.-Nr. 73900.

Kunststoffindustrie-Abteilung, in der Maschinenbau- und Chemieingenieure zusammenarbeiteten.[197]

Aufgabe der Aweta war die Vermittlung zwischen Vertrieb und Forschung. Ziel der BASF-Leitung war es, durch die Aweta Kunststoffprodukte nach unterschiedlichen Kundenwünschen produzieren zu können, um durch die verbraucherspezifische Aufarbeitung der Grundrohstoffe eine höhere Rendite zu erreichen.[198] Die Aweta-Mitarbeiter hatten dabei zwei verschiedene Funktionen. Auf der einen Seite übernahmen sie die Beratung der in- und ausländischen Kunden über die BASF-Produkte sowie deren Anwendungsmöglichkeiten für Gebrauchsgegenstände. Auf der anderen Seite erfolgten durch die Aweta-Mitarbeiter Prüfung und Vorbereitung neuer BASF-Produkte, die anwendungstechnische Forschungs- und Entwicklungsarbeit sowie die technische Marktanalyse für Kunden.[199] Laut internen Arbeitsberichten aus dem Jahr 1972 diente die Aweta „bei relativ neuen und in Entwicklung befindlichen Anwendungsgebieten nicht nur zur Optimierung der Formmassenauswahl und -verarbeitung, sondern auch der damit verbundenen Formteilgestaltung".[200] Über diesen Arbeitsbereich der Anwendungstechnik wurden Designer in die betriebsinternen Prozesse in Ludwigshafen integriert. In einer Stellenausschreibung für einen BASF-Designer aus dem Jahr 1974 wurden daher auch Personen gesucht, die sowohl eigene Designaufgaben lösen und ebenso interne Design-Projekte sowie zusätzliche freiberufliche Gestalter koordinieren konnten. Für die BASF AG war es dadurch möglich, die Anwendungstechnik und Marktentwicklung ihrer eigenen Kunststoffprodukte sowie Design-Dienstleistungen an viele mittelständische Unternehmen zu verkaufen, die keine eigene Entwicklungsabteilung unterhalten konnten.[201]

Zum Jahreswechsel 1968/69 wurde die Aweta unter der Leitung von Rudolf Gäth in zwei Einheiten untergliedert. Das Fachreferat ‚Produkt' verantwortete die Produktentwicklung, -messung und -testung. Das Fachreferat ‚Kundendienst und Marktentwicklung' hingegen übernahm die Beratertätigkeiten der BASF-Kunden. Produktentwicklung und Kundendienst wurden durch diese Untergliederung organisatorisch getrennt.[202] Die erste Ölpreiskrise 1973/74 war hierbei eine Zäsur, da es anschließend zu einem gesteigerten Preiskampf zwischen den internationalen Kunststoffproduzenten kam. Weil die BASF AG Betriebskosten reduzierte, wurden die Aweta-Dienstleistungen nicht mehr

197 | Abelshauser (2003), S. 431ff, BASF AG (1989), S. 52, Schmidt (2012), S. 221.

198 | Schmidt (2012), S. 147f und S. 154.

199 | BASF Archiv, Akte Q.0.2./5, Aweta II-Tätigkeitsbericht 1964, S. 104 und BASF AG (1963b), S. 36f.

200 | BASF Archiv, Akte Q.0.2./9, Tätigkeitsbericht der Aweta K für das Arbeitsjahr 1972, Aweta KT, S. 44.

201 | BASF AG (1968), S. 11f, (1989), S. 50, Scholz (1965), Thienel (1964).

202 | Unbekannt (1972j), BASF AG (1989), S. 67f, Selinger (1977), S. 18.

routinemäßig für alle Kunden angeboten.[203] Stattdessen vermarktete man die BASF-Rohprodukte und anwendungstechnischen Entwicklungsarbeiten in Lizenz separat. Im Zuge der ersten Ölpreiskrise zog sich die BASF AG aus vielen Aktivitäten im Industriedesign zurück, wahrscheinlich um sich verstärkt auf ihre petrochemischen Rohstoffe anstatt Dienstleistungen zu konzentrieren. Dies war eine Abkehr von dem Anfang der 1960er Jahre eingeschlagenen Weg, über Design den Absatz eigener Produkte zu fördern. Die mediale Präsenz der BASF AG bei gestalterischen Themen beschränkte sich ab 1974 auf nur wenige Debattenbeiträge und Designinnovationen. Erst seit 2006 besteht wieder eine Designinstitution innerhalb der BASF AG. Die neugegründete BASF-Designfabrik nimmt dabei Funktionen wahr, wie dies die Aweta in den 1960er und 1970er Jahren inne hatte. Der Kunststoff-Freischwinger ‚Myto' von Konstantin Grcic wurde etwa ab 2006 in einer solchen Kooperation aus dem BASF-Kunststoff Ultradur entwickelt und als prominentes Designobjekt vermarktet.[204]

2. Anonymdesign und Produktnullserien – Designdienstleistungen bei der BASF AG

Aus drei Gründen ist über die beteiligten Designer bei der BASF AG vergleichsweise wenig bekannt. Erstens war zeitgenössisch kaum der Name eines gestaltenden Mitarbeiters öffentlich, sondern vielmehr wurde die Provenienz eines Entwurfes meist nur generell mit der anwendungstechnischen Abteilung angegeben. Dieses sogenannte Anonymdesign war kein Charakteristikum der BASF AG, sondern wurde in anderen Konzernen ähnlich gehandhabt. Zweitens wurde bei der BASF AG nur eine geringe Anzahl an Mitarbeitern als ‚Designer' bezeichnet, obwohl sich in der Aweta wesentlich mehr Personen um Fragen der industriellen Formgebung kümmerten. Eine trennscharfe Unterscheidung zwischen Aweta-Ingenieur und -Designer ist daher am Beispiel der BASF AG nur schwer möglich. Und drittens fiel es den Mitarbeitern der BASF AG zeitgenössisch „immer wieder schwer, die Bedeutung der BASF als größten europäischen Kunststofferzeuger anhand von praktischen Beispielen eindrucksvoll zu demonstrieren. Der Vorschlag soll daher aufgegriffen werden, die Verwirklichung von Design-Entwürfen für [Demonstrationszwecke] zu prüfen".[205] Die Gestalter solcher Studienobjekte wurden jedoch kaum mit dem Endprodukt in Verbindung gebracht, sodass viele Entwürfe vermeintlich anonym blieben.

---

203 | BASF AG (1989), S. 93, 95 und 97.

204 | Unbekannt (2008), Herwig (2008).

205 | BASF Archiv, Akte C802, Protokoll zur AOA-Gruppenleiterbesprechung vom 11.06.1969, S. 2.

Die BASF-Colorthek

Die schon erwähnte BASF-Designfabrik baute auf einer Kunststoff-Mustersammlung auf, die ab 1962 an der HfG Ulm entwickelt worden war. Zu Beginn der Kooperation zwischen Ulm und Ludwigshafen wurde 1962 der Graphiker Otl Aicher von der BASF AG damit beauftragt, den konzerneigenen Stand auf der damals wichtigsten westdeutschen Hannovermesse zu gestalten. Nachdem der BASF-Stand den Messebesuchern in einer zeitgemäßen Erscheinung präsentiert wurde, beauftragte die BASF AG das Entwicklungsteam ‚E5' um Aicher damit, eine Mustersammlung für den neuen Luran-Kunststoff zu entwerfen. Von 1962 bis 1964 arbeitete dabei hauptsächlich Hans Roericht an der BASF-Colorthek, in der mehrere tausend becherartige Kunststoffproben nach Farbspektrum und -intensität sortiert waren.[206] Durch dieses Farbensortiment, das auf der Grundlage von Josef Albers Farbexperimenten zusammengestellt war, erhofften sich die für den Verkauf zuständigen BASF-Mitarbeiter, ihren Kunden „Anregungen für geschmackvolle Farbkombinationen geben" zu können.[207] Die Colorthek wurde bis in die 2000er Jahre gepflegt und wuchs auf über 20 000 Muster an, die über eine Million Farbeindrücke widerspiegeln konnten.[208]

Diese Designberatung als Dienstleistung bei den BASF-Abteilungen für Anwendungstechnik und Verkauf war besonders für mittelständische Firmen konzipiert, die als Kunden der BASF AG nur in wenigen Fällen eigene Gestalter beschäftigten. Es war nämlich für Unternehmen meist zu teuer, eine eigene Designabteilung zu unterhalten. Daher wurden häufig freischaffende Designer oder ganze Designbüros mit einzelnen Produktentwürfen beauftragt. Die bekanntesten und größeren Büros, einem mittelständigen Unternehmen ähnlich, leiteten beispielsweise Rido Busse[209], Hans Erich Slany[210], Louis L. Le-

206 | Archiv der HfG Ulm, Akte AZ 469 und Akte Ai Br. – Br. 605. Aicher (1962), Aicher und Roericht (1963). Siehe auch Unbekannt (1962b), (1962d), Moser (2012), S. 258, Pressestelle der BASF AG (1962), Rathgeb (2006), S. 55ff, Wachsmann (1990), S. 56.

207 | Rathgeb (2006), S. 56 und BASF Archiv, Akte T02, Informationsbrief des Verkaufs Nr. 11 vom September 1963, S. 32.

208 | Pressestelle der BASF AG (2006).

209 | Für Rido Busse siehe Brackert (1977c), Busse (1989), (1990), Klöcker (1977b).

210 | Hans Erich Slany arbeitete nach seinem Studium in der Produktentwicklung bei der Daimler-Benz AG und anschließend bei Heinrich Löffelhardt im Bereich Glas und Porzellan. Im Jahr 1956 machte sich Slany mit einem eigenen Designbüro in Esslingen selbstständig. 1959 wurde er Gründungsmitglied des VDID und 1961 in den Werkbund aufgenommen. Seit 1958 arbeitete Slany unter anderem für die Robert Bosch AG, für die er ein vollständiges Programm für Elektrowerkzeug entwarf. 1983 wurde Slany Honorarprofessor im Fachbereich Design an der Hochschule der Künste Berlin. Anschließend wurde er auf den Lehrstuhl für Investitionsgüterdesign an der Akademie der bildenden Künste in Stuttgart berufen. Gestaltungsbüro Slany (1965), Lengyel und Ochsner (2009), S. 28, Marquart (1994), S. 212ff, May (2015), S. 432,

Abbildung 6: Colorthek der BASF AG.

Quelle: © Roericht-Archiv, HfG-Archiv / Museum Ulm.

Abbildung 7: Colorthek der BASF AG.

Abbildung 8: Colorthek der BASF AG.

Quelle: © Roericht-Archiv, HfG-Archiv / Museum Ulm.

poix[211] oder Hartmut Esslinger.[212] Deren Konzeptionen und Gestaltungsideen fanden bei den endgültigen Produkten Anwendung, doch wurden die Namen der beteiligten Designer nur in Ausnahmefällen erwähnt.

Abbildung 9: Broschüre zur BASF-Colorthek aus dem Jahr 1965.

Quelle: BASF Corporate History, Bildarchiv.

Das auf diese Weise entstandene Anonymdesign war jedoch kein Spezifikum der kunststoffverarbeitenden Industrie. Otl Aicher versuchte diese Tendenz in dem Satz „Design bejaht die Maschine, die Serie, die Anonymität" zusammenzufassen.[213] Aicher deutete dadurch an, dass der Gestalter von vielen Objekten des alltäglichen Gebrauchs häufig unbekannt war und ist. Erst im späteren Kontext von postmodernen Debatten über Design in den 1980er Jahren wurde das sogenannte Anonymdesign hinterfragt.[214] Bezogen auf das Fallbeispiel der BASF AG bedeutet dies, dass nur wenige Gestalter nachträglich identifiziert werden können. Das Fehlen von zentralen Akteuren ist in der Designgeschichte leider ein häufiges Phänomen. Dies führt aber nicht notwendigerweise zu einer akteurslosen, sondern zu einer namenlosen Geschichtsschreibung, was keine neuere Erscheinung ist.[215] Beispielsweise schrieb schon 1948 Sigfried Giedion mit der „Herrschaft der Mechanisierung" einen Beitrag zur Sozialgeschichte des Designs, indem er ‚klassische Designobjekte' mied und stattdessen die Bedeutung der Formgebung bei einer Technisierung des Alltags untersuchte.[216]

Slany (1967), S. 446, Slany und Leisentritt (2013), VDID (2013). Siehe ebenso die Presseausschnittsammlung zu Slany in der Bibliothek des Rats für Formgebung.

211 | Für Louis L. Lepoix siehe Leymonerie (2016), S. 278 und Kübler und Bartels (2015).

212 | Für eine Autobiographie siehe Esslinger (2009), S. 11ff.

213 | Aicher (1985), S. 30.

214 | Siehe hierzu das Kapitel ‚Debatten über die Postmoderne im Industriedesign' auf S. 223ff.

215 | Siehe hierzu beispielsweise Fallan (2010), S. XI und S. 21, Heßler (2008), S. 245, Mareis (2011), S. 115, Walker (1992), S. 63.

216 | Giedion (1987). Siehe auch Fallan (2010), S. 10f, Heßler (2008), S. 245f, Riccini (1998), S. 47, Walker (1992), S. 138ff.

Wie schon angesprochen, war die Colorthek eine Dienstleistung der BASF AG für ihre Kunden. Diese Farbmustersammlung konnte die gewünschten Farbtöne für Produkte produzieren, was bei der Verwendung von Kunststoffen ein komplizierteres Verfahren war, als viele Zeitgenossen vordergründig erwarteten. Die Anwendungstechnische Abteilung ging daher im Laufe der 1960er Jahre dazu über, beim Verkauf von Kunststoffrohprodukten nicht nur beratend tätig zu sein. Vielmehr bot die Aweta den BASF-Kunden an, sogenannte Produktnullserien zu entwerfen. Hierbei wurden alle Entwicklungen bis zur Marktreife von den Designern und Ingenieuren der BASF AG übernommen. Dies beinhaltete neben der Wahl der technisch sinnvollsten Kunststoffrohprodukte auch die Formgebung der jeweiligen Objekte und die nötigen Spritzgußwerkzeuge. Nach der Gründung der Aweta stieg seit Mitte der 1960er Jahre die Verwendung von Plastik in Konsumprodukten an. Noch vor der ersten Ölpreiskrise 1973/74 ging etwa Gerda Wülker in einer Analyse zum Beruf des Industriedesigners davon aus, dass „die bei weitem höchste Wachstumsrate in der Beschäftigung von Designern [..] die kunststoffverarbeitende Industrie“ wird.[217] Diese Entwicklung spiegelt sich in den Aufträgen der Aweta wider, da in Ludwigshafen in den 1960er Jahren die Entwicklungsanfragen stetig stiegen.

Kunden des Aweta

Mit den Gestaltungsaufgaben von Automobilen und Sitzmöbeln waren die Designer und Ingenieure der Aweta dabei besonders beschäftigt. Bereits 1961 wurde bei der BASF AG eine Marktentwicklungsgruppe gegründet, welche die Kunststoffanwendungen in der Automobilindustrie zu fördern hatte.[218] Geleitet von Hans-Hellmuth Schönborn sollte dort „eine intensivere Endverbraucher-Beratung unserer direkten Kunden betrieben“ werden.[219] Bei der Fahrzeugkonstruktion waren Anfang der 1960er Jahre noch Metalle die gängigen Materialen. Die Möglichkeiten und technischen Fähigkeiten, diese durch preisgünstigere und leichtere Kunststoffe ersetzen zu können, waren nur vereinzelt von der Automobilindustrie angewendet worden.[220] Genau dies versuchten die großen Chemiekonzerne wie die BASF AG oder die Bayer AG zu ändern, da die jeweiligen Vertriebsabteilungen im Bereich der Kraftfahrzeugwirtschaft einen großen Absatzmarkt für die eigenen Produkte sahen. Da die Automobilkonzerne durch den Einsatz von Kunststoffen in ihren Fabrikaten einen Preis- und Gewichtsvorteil sahen, gaben beinahe alle namhaften Konzerne bei der Aweta

217 | Wülker (1973b), S. 8. Siehe zusätzlich S. 156ff.

218 | BASF AG (1989), S. 65.

219 | BASF Archiv, Akte Q.1.0.2./1, Jahresbericht der Aweta II für 1962, S. 2.

220 | Unbekannt (1967o), Hagen (1963a), (1963b), (1964a), (1964b), von Hollander (1964), S. 1.

Abbildung 10: Buggy der BASF AG aus Luran S, 1969.

Quelle: BASF Corporate History, Bildarchiv Neg.-Nr. R-14732-2-6.

Produktentwicklungen in Auftrag. Bis auf die Karosserie und zentrale Motorenbauteile wurden annährend alle anderen Komponenten eines Automobils von den Mitarbeitern der Anwendungstechnik in Ludwigshafen als Entwurfsmodelle konzipiert und gestaltet.

Beispiele hierfür sind Mittelkonsolen und Handschuhkästen für Audi, Werkzeugkästen für BMW, Dachhimmel für Fiat, Stoßstangen für Ford oder Kofferraumdeckel für Honda.[221] Daneben wurden Kraftstoffbehälter und Verbandskästen für Porsche, Volkswagen, Opel, Ford, Daimler-Benz und BMW von der Aweta gestaltet.[222] Einer breiteren Öffentlichkeit wurden diese Entwicklungen nicht kommuniziert, da die Automobilkonzerne die Veröffentlichung von Fremdentwicklung ihrer Produkte meist als nicht hilfreich erachteten. Eine Ausnahme bildete hier die Firma Porsche mit ihrem Modell ›Porsche 904 Carrera GTS‹.

Der Aweta-Mitarbeiter Karl Hagen, der Porsche-Ingenieur Hans Tomala und Ferdinand A. Porsche jr., Enkel des Firmengründers und Leiter der

221 | BASF Archiv, Akte Q.0.2./9, Tätigkeitsbericht der Aweta K für das Arbeitsjahr 1969, S. 78, ibid. 1972, S. 79ff, und ibid. 1973, S. 68.

222 | BASF Archiv, Akte Q.0.2./7, Aweta II-Tätigkeitsbericht 1969, S. 68.

Abbildung 11: Porsche mit Tank aus Lupolen 1969.

Quelle: BASF Corporate History, Bildarchiv Neg.-Nr. 85499.

Designabteilung, hatten dieses Projekt gemeinsam entwickelt.[223] Die Karosserie aus Stahl und dem Kunststoff Palatal wurde 1964 in Ludwigshafen vor dem Gebäude der Aweta den Pressevertretern präsentiert.[224] Die Konkurrenz in Leverkusen versuchte ebenfalls auf eine ähnliche Weise die Anwendungsmöglichkeiten von Kunststoffen im Automobilbau zu veranschaulichen. Die Kooperation von BMW, der Bayer AG sowie der HfG Ulm wurde 1967 auf der Industriemesse in Hannover vorgeführt.[225] Die BASF AG hatte gleichzeitig nicht nur das Fortbewegungsmittel Auto im Blick, sondern bei der Aweta wurden auch Fahrerkabinen für Lastkraftwagen oder Strandbuggies aus Kunststoff entwickelt.[226] Solche Projekte mit glasfaserverstärkten duroplastischen Kunststoffen zeigten schon in den 1960er Jahren neue Möglichkeiten im Bereich der Automobilfertigung auf.

---

223 | Siehe hierzu auch Hagens publizistischen Beitrag zur Anwendung von Kunststoffen im Fahrzeugbau, Hagen (1963a), (1963b), (1964a), (1964b). Für eine Kurzdarstellung zu Ferdinand A. Porsche jr. siehe Oppermann (1985).

224 | Unbekannt (1964e), Pressestelle der BASF AG (1964).

225 | BASF Archiv, Akte Q.0.3./28, Anwendungstechnische Mitteilungen aus Werk und Praxis, September 1967, S. 122.

226 | Unbekannt (1960), (1962f), (1967o), (1968s), (1968w), Domina (1963), (1965), Mahlo (1960), Patt (1963), Pressestelle der BASF AG (1967).

Abbildung 12: Aufbau einer Straßenkehrmaschine aus glasfaserverstärktem Palatal, 1967.

Quelle: BASF Corporate History, Bildarchiv Neg.-Nr. R-12292-1-1.

Neben der Anwendung von Kunststoffen im Automobilbereich waren die Aweta-Mitarbeiter auch bei der Formgebung vieler verschiedener Konsumprodukte beteiligt. Beispiele sind Kühlschranktüren für die AEG AG, Kaffeemühlen der Braun AG, Briefbehälter für die deutsche Bundespost, Bierflaschenkisten für die Dortmunder Union-Brauerei, Zahnbürstenköpfe der Marke Dr. Best, Tabletts und Geschirr für die Lufthansa AG, Sportschuhe für Puma, Besteck und Teller aus der Thomas-Serie der Rosenthal AG oder Gehäuseteile für Telephonapparate der Siemens AG.[227] Das wichtigste Aufgabenfeld der Aweta im Bereich der sogenannten Konsumgüter aber waren Möbel.

Ähnlich wie im Automobilbereich wurden Kunststoffe seit den 1960er Jahren sukzessive bei der Entwicklung neuer Stühle, Tische oder Schränke verwendet. Gegen Ende des Jahrzehnts erfolgte ein regelrechter Boom in der Anwendung von petrochemischen Werkstoffen in der Möbelbranche, denn Kunststoffe boten den Designern und Produzenten wesentliche Vorteile gegenüber Metall oder Holz. Drei Überlegungen dominierten bei dem Einsatz

227 | BASF Archiv, Akte Q.0.2./5, Aweta II-Jahresbericht 1962, S. 3 und Tätigkeitsbericht 1964, S. 30f, ibid., Akte Q.0.2./6, Aweta II-Tätigkeitsbericht 1965, S. 48, ibid., Akte Q.0.2./7, Aweta II-Tätigkeitsbericht 1967, S. 68, ibid. Akte Q.0.2./9, Tätigkeitsbericht der Aweta K für das Arbeitsjahr 1972, S. 82 und Tätigkeitsbericht der Aweta K für das Arbeitsjahr 1974, S. 56.

Abbildung 13: Glasfaserverstärktes Palatal als Werkstoff für die Aufbauten von Nutzfahrzeugen, 1967.

Quelle: BASF Corporate History, Bildarchiv Neg.-Nr. R-12292-1-3.

von Kunststoffen im Möbelbau. Erstens konnten mit Kunststoffen Konturen von Objekten gestaltet werden, die sich mit anderen Werkstoffen kaum realisieren ließen. Neue Möglichkeiten in der Formgebung wurden erst durch Kunststoffe möglich, wie das Beispiel des Panton-Chairs zeigen wird. Zweitens konnten Kunststoffe im Vergleich zu Holz oder Metall farbintensiver, kostengünstiger und schneller gefärbt werden. In einer Zeit, in der tendenziell eine reichhaltigere Farbgebung bei Konsumobjekten bevorzugt wurde, bildete dies einen wesentlichen Vorteil.

Dies führte aus Sicht der Aweta-Mitarbeiter zu dem erfreulichen „Trend bei der Oberfläche das Holz zu verlassen und zu anderen ‚kräftigen' Farben übergehen, [was] eine verstärkte Hinwendung zu den Kunststoffen mit sich" brachte.[228] Und drittens waren Kunststoffe in einer rationellen Möbelfertigung wesentlich leichter zu integrieren als ‚klassische' Werkstoffe, wie etwa Holz. Denn neben der automatisierten Formgebung der einzelnen Objekte mussten laut Zeitgenossen „Kunststoffteile sehr häufig überhaupt nicht nachgearbeitet werden".[229] Diese Vorteile bei der Anwendung von petrochemischen Produk-

228 | BASF Archiv, Akte Q.0.2./8, Tätigkeitsbericht der Aweta K für das Arbeitsjahr 1971, S. 91.

229 | Ibid.

ten im Möbelbau führten dazu, dass die BASF AG ab 1973 auf einer Messe in Köln präsent war. Die „BASF beteiligte sich erstmals an der ‚Internationalen Zubehör-, Maschinen- und Werkstoff-Messe für die Möbelfertigung'. Unter dem Motto ‚BASF zum Thema Kunststoffe im Möbelbau' [wurden] neue Kunststoffanwendungen" gezeigt.[230]

Der Panton-Chair

Das mit Abstand bekannteste Designprojekt, mit dem sich die Aweta-Mitarbeiter beschäftigten, war der Panton-Chair. Der Däne Verner Panton entwarf mit diesem Stuhl einen der ersten Freischwinger, der in einem Guss aus Kunststoff gefertigt werden konnte. Zusammen mit der Schweizer Vitra AG arbeitete Panton an der Realisierung dieses Stuhls, der im Jahr 1967 in die Serienfertigung gehen konnte. Für die Idee des Panton-Chairs bekam er 1966 den von Philip Rosenthal ausgelobten ‚Rosenthal-Studio-Preis'.[231] Der Stuhl wurde zuerst aus dem duroplastischen Werkstoff Baydur der Bayer AG gefertigt. Jedoch musste der gepresste Rohling nach der Formung noch mehrfach per Hand nachbearbeitet werden, sodass die Produktion des Stuhls vergleichsweise aufwendig war, was sich negativ auf die Kosten auswirkte. Da Panton den Stuhl aber preiswert produzieren lassen wollte, suchte die Vitra AG nach einem anderen Kunststoff. Das BASF-Polystyrol ‚Luran S' versprach für Panton und das Unternehmen bessere Materialeigenschaften als das Konkurrenzprodukt aus Leverkusen.[232] Die Aweta-Mitarbeiter aus dem Bereich ‚Kundendienst Spritzguss- und Hohlkörperblasen' entwickelten daraufhin zusammen mit der Vitra AG eine verbesserte Formgebung des Panton-Chairs und neue Spritzgusswerkzeuge.[233] Die Auflage des ‚Ludwigshafener' Panton-Chairs zeigte sich besonders an zusätzlichen Rippen, die an der Unterseite der Sitzfläche für eine bessere Stabilität sorgen sollten.

Der BASF AG gelang es damit, den zeitgenössisch bekanntesten Kunststoffstuhl mit sich in Verbindung zu bringen. Waren die Kunststofferzeugnisse und Designdienstleistungen aus Ludwigshafen vorher nur teilweise bekannt, so wurde die BASF AG nach der Verbesserung des Panton-Chairs von internationalen Designern und Möbelproduzenten als wichtiges Unternehmen wahrgenommen. Die Kooperation mit Verner Panton war für die BASF AG deshalb auch von Bedeutung, da Panton mit dem Konzept ‚Visiona II' für die Bayer AG eine vielbeachtete Wohnlandschaft entwickelt hatte und

---

230 | BASF Archiv, Akte Q.0.2./9, Tätigkeitsbericht der Aweta K für das Arbeitsjahr 1973, S. 77.

231 | Sack (1966).

232 | Bergmann (2006), S. 28f, Møller (1968), Remmele (1999), S. 85ff, (2000).

233 | BASF Archiv, Akte Q.0.2./8, Tätigkeitsbericht der Aweta K für das Arbeitsjahr 1971, S. 78.

Abbildung 14: Panton-Chair aus Luran S in verschiedenen Farben 1971.

Quelle: BASF Corporate History, Bildarchiv Neg.-Nr. CR-22899-4-10.

dies publikumswirksam 1970 auf der Möbelmesse in Köln gezeigt worden war.[234] Stattdessen konnte nun die BASF AG mit dem Panton-Chair um weitere Aufträge und Kunden aus der Möbelindustrie werben.[235] Gleichzeitig gelang es den BASF-Verantwortlichen, durch den Panton-Stuhl in der führenden Design-Zeitschrift ‚form' positiv erwähnt zu werden. Denn der zuständige Redakteur Karl-Heinz Krug wies die BASF-Öffentlichkeitsabteilung noch 1969 darauf hin, dass sie sich im Vergleich zur Bayer AG und Hoechst AG wesentlich weniger aktiv an Designdiskursen beteiligen würden.[236]

3. Förderung von Kunststoffen durch Design

Neben den angebotenen Leistungen im Bereich des Kunststoffdesigns versuchte die Pressestelle der BASF AG, über verschiedene Designinitiativen den Absatz der eigenen Kunststoffe zu fördern. Design wurde daher in Ludwigshafen nicht nur aktiv betrieben, sondern ebenso als kommunikatives Mittel eingesetzt. Hierbei gab es drei ‚Impulsgeber', nämlich Designwettbewerbe, das Forschungsprojekt ‚Wohnen 80' und die Entwicklung von sogenanntem Künstlerbedarf. Aus der Sicht der BASF-Akteure konnten neue Märkte „nur gewonnen [werden], wenn wir die Problemlösung mit dem Produkt liefern. Diese besteht darin, dem Kunden neue Märkte anzuzeigen, die dafür geeigneten Fertigprodukte im Prototyp vorzustellen und das know-how an die Hand zu geben".[237] Ziel in allen drei Bereichen war es, Produzenten und Konsumenten aufzuzeigen, welche neue Anwendungen durch Kunststoffe möglich waren sowie ihnen das nötige gestalterische und technische Wissen anzubieten.

Gelingen sollte dies mit dem schlagfesten BASF-Terpolymer Luran S, das Anfang der 1960er Jahre von BASF-Ingenieuren zur Marktreife gebracht worden war. Günstige Beschaffenheit besaß der neuentwickelte Kunststoff

234 | BASF AG (1989), S. 79f, Giachi (1970d).

235 | BASF AG (1974), Pressestelle der BASF AG (1975), Scholz (1972)

236 | BASF Archiv, Akte C802, Protokoll zur AOA-Gruppenleiterbesprechung vom 02.07.1969, S. 1f.

237 | BASF Archiv, Akte C89, Aktennotiz von Wolfgang Görlach vom 23.02.1970.

bei Außenanwendungen und gleichzeitig zeichnete er sich durch eine hohe Farbkonstanz aus. Durch seine Alterungs-, Wärmeformungs- und Witterungsbeständigkeit besaß Luran S alle Eigenschaften, die an Werkstoff für Kunststoffprodukte gestellt wurden.[238] Mit der Werbekampagne „Leben mit Luran" versuchte die Öffentlichkeitsabteilung der BASF AG das neue Produkte nicht nur bei Kunststoffproduzenten bekannt zu machen. Die Entwickler zielten darauf ab, dass auch der Endverbraucher von Luran S wusste. Dabei versuchten Werbefachleute Luran S als Marke zu positionieren, die mit Qualität und ansprechender Formgebung verbunden werden sollte. Aus diesem Grund hatte die BASF AG parallel zur Markteinführung ein Etikett für Luran S entwickelt, das daraus angefertigte Produkt tragen sollten.[239]

Um Luran S sowohl unter Designern als auch Konsumenten zusätzlich bekannt zu machen, „schrieb [die BASF AG 1963] unter international bekannten Formgestaltern einen Wettbewerb aus, um mit den Ergebnissen, die den Kunden des Werkes zur Verfügung gestellt werden, richtungweisende Beispiele, für die technisch, einwandfreie Verformung von Kunststoffen zu ästhetisch schönen Gebrauchsgegenständen zu geben".[240] Am sogenannten „1. Luran-Wettbewerb" nahmen nur wenige, aber bekannte Gestalter wie Hans Gugelot, Hans Erich Slany oder Tapio Wirkkala teil.[241] „Von den Teilnehmern gefordert waren zur Verformung aus ‚Luran' geeignete Entwürfe für Teile eines Frühstücks-Services", so die BASF-Pressestelle.[242] Mit diesem Wettbewerb betteten die Mitarbeiter die Formgebung in ihre Kommunikationsstrategie für Luran S ein. Die Ergebnisse des Wettbewerbs wurden beispielsweise auf der Kunststoffmesse 1963 in Köln gezeigt. Im Anschluss entwickelten BASF-Mitarbeiter daraus eine Wanderausstellung, die an verschiedenen Unternehmensstandorten der BASF AG und designinteressierten Institutionen, wie dem Design-Center-Stuttgart, gezeigt wurden.

In Ludwigshafen war man laut dem BASF-Designer Erich Scholz „hierbei von der Überlegung ausgegangen, dass der normale ‚Anilinier' nahezu gar nichts von dem sieht und erfährt, was sein Werk auf Messen und Ausstellungen für die Information über das Produkt und letztlich auch für das Gesicht

238 | Unbekannt (1962b), BASF AG (1989), S. 79f.

239 | BASF Archiv, Akte Q.1.3.3/2, Luran-Information vom Juli 1962 und ibid., Akte Q.0.2./7, Aweta II-Tätigkeitsbericht 1968, Fachreferat Warenteste, S. 75.

240 | Pressestelle der BASF AG (1963b), S. 1.

241 | Teilnehmer an dem 1. Luran-Wettbewerb 1963 waren Max Fröhlich, Rolf Garnich, Milner Gray, Hans Gugelot, Franz Hoffmann, Friso Kramer, Stieg Lindberg, Ernst Moeckl, Erich Slany, Henri Viénot, Antoine de Vinck, Horst Weber und Tapio Wirkkala. BASF Archiv, Akte Q.1.3.3/3. Alle Entwürfe sind in einer Borschüre dokumentiert, BASF AG (1963a). Das Protokoll zur Abschlusssitzung über den Luran-Wettbewerb vom 11.06.1963 und weitere Dokumente sind in PA Slany, p.S. 2.

242 | Pressestelle der BASF AG (1963b), S. 2.

Abbildung 15: Frühstücks-Gedeck aus Luran, 1963.

Quelle: BASF Corporate History, Bildarchiv Neg.-Nr. 76619.

der BASF" stehen würde.[243] Das Presseecho auf den Luran-Wettbewerb von 1963 war verhalten positiv, sodass 1964 ein zweiter Wettbewerb ausgeschrieben wurde für „Schüler der Formgebung".[244] Gleichzeitig gingen etwa die 1963 entwickelten Arbeiten von Slany und Wirkkala in Serien. Das Luran-Kunststoffgeschirr für die Thomas-Linie bei Rosenthal von Wirkkala wurde in Lizenz bei der Firma Bolta Werke in Nürnberg produziert und der Entwurf von Slany bei den Badischen Plastikwerken in Bötzingen verwirklicht. Jedoch war das Experiment Kunststoffgeschirr nicht so erfolgreich wie erhofft, sodass weitere Projekte später nicht fortgeführt wurden.[245]

Wenige Jahre nach den beiden Luran-Wettbewerben versuchte die BASF AG in Kooperation mit dem Rat für Formgebung, durch einen erneuten Wettbewerb die eigenen Kunststoffprodukte zu fördern. Für eine serienmäßig produzierbare Bushaltestelle stiftete die BASF AG zusammen mit der Stadt

243 | StaA Ludwigsburg, EL 500 III Bund 751, Schreiben von Erich Scholz, BASF AG, an Josef Thuma, LGA Baden-Württemberg, vom 24.12.1963.

244 | Unbekannt (1963a), (1963c), Dickmann (1963), Pressestelle der BASF AG (1963a), (1963b). BASF Archiv, Akte T02, Informationsbrief des Verkaufs, Nr. 13 vom März 1964, S. 50 sowie Unbekannt (1964f), Campus (1964).

245 | BASF Archiv, Akte C802, Protokoll zur AOA-Gruppenleiterbesprechung vom 27.08.1964, S. 3 und PA Slany, p.S. 3, Schreiben von Erich Slany an die Badischen Plastik-Werke GmbH vom 24.01.1967. Siehe auch Fritz (1989), Marquart (1994), S. 242, Siemen-Butz (2013), S. 29.

Ludwigshafen 25.000 DM. Über die Verwendung von Kunststoffen im Bereich der Sekundärarchitektur erhofften sich die Chemieingenieure neue Impulse für Designer. Der Entwurf einer Entwicklungsgruppe der HfG Ulm – unter der Leitung der Dozenten Herbert Lindinger und Claude Schnaidt sowie der Studenten Karl Gröbli, Jean-Claude Ludi, Richard Schärer und Michael Weiss – gewann 1968 den Wettbewerb. Die ‚Ulmer' Bushaltestelle war eine Konstruktion aus glasfaserverstärkten Polyesterharzen mit quadratförmigen Stahlstützen.[246] Auf der Triennale in Mailand 1968 wurde dieser Entwurf einer Haltestelle als westdeutscher Beitrag im Bereich des Industriedesigns gezeigt. Für die BASF AG bedeutete die Ausstellung in Mailand den ersten Schritt hin zu einer verstärkten Förderung von eigenen Kunststoffprodukten im Bereich der Architektur.

Die Modellstudie ‚Wohnen 1980'

Weitere bekannte Design-Projekte der BASF AG waren die Modellstudien ‚Wohnen 1980', in denen Fragen von Design und Innenarchitektur miteinander verbunden wurden. Im Jahr „1969 beauftragte die BASF zwei voneinander unabhängige Teams von Architekten, Designern, Soziologen, Psychologen, Physiologen und Ökologen sowie Medizinern und Wirtschaftswissenschaftlern mit der systematischen Erfassung aller Faktoren, die das Wohnen und Zusammenleben einer Familie in den nächsten Jahren beeinflussen werden".[247] Als Bezugsjahr wurde 1980 gewählt, da man meinte, dass die „voraussichtliche Entwicklung bis dahin heute schon gut überschaubar ist und deshalb keine Gefahr bestand, sich in der Unverbindlichkeit von Utopien und Visionen zu verlieren".[248] Eine Grundbedingung des Projekts war es, dass die Entwürfe in einer industriellen Großserienproduktion – und dies möglichst in Kunststoff – angefertigt werden mussten.

Dieses Projekt spiegelte dabei die zeitgenössische Entwicklung im Industriedesign dahingehend wieder, dass sowohl das Argumentieren mit wissenschaftlichem Wissen als auch die Bedeutung von Planung im Design eine hervorgehobene Stellung bekamen. Vordergründig war dies im Jahr 1969 nicht mehr innovativ.[249] Neu und daher beachtlich war jedoch, dass die – von einigen Gestaltern durchaus kritisch betrachtete – ‚Industrie' gezielt Designer mit Formgebungsprojekten beauftragte, die nicht in einem konkreten Objekt enden sollten.[250] Die Öffentlichkeitsabteilung der BASF AG organisierte dabei

246 | ZADP, Bestand Rosenthal, p.S. 1 und 9, Jahresbericht des Rats für Formgebung 1967, S. 5 und Unbekannt (1968c), (1968d), (1968j), (1968o), RfF (1967c), S. 4.

247 | Pressestelle der BASF AG (1971b).

248 | BASF AG (1971), S. 4f.

249 | Siehe hierzu das Kapitel ‚Produktplanung und Produktionssysteme im Design' auf S. 113ff.

250 | Für wirtschaftskritische Diskurse unter Industriedesignern siehe S. 168ff.

eine Pressekonferenz für in- und ausländische Fachjournalisten, um das Projekt ‚Wohnen 80' nicht nur bei Gestaltern bekannt zu machen, sondern um ebenso eine breitere Öffentlichkeit zu erreichen.[251] Nach eigener Darstellung wurde damit „erstmals der Kreis der Design- und Möbelfachpresse breit angesprochen. [..] Der Berichtsschwerpunkt wird – wie beabsichtigt – zur Zeit der Möbelmesse im Januar 1972 erwartet".[252] Die BASF AG versuchte, ähnlich wie bei dem Panton-Chair, die eigenen Designentwicklungen auf der für die Möbelbranchen relevanten Messe in Köln zu präsentieren. Die Werbefachleute in Ludwigshafen erhofften sich dadurch eine größere Rezeption in Zeitschriften und Zeitungen. Um diesen Effekt zu verstärken, schaltete die BASF AG zusätzlich noch Werbeanzeigen zum Projekt ‚Wohnen 80'.[253]

Eine der beiden Gruppen leitete der Braunschweiger Designprofessor Arno Votteler[254]. Ausgangspunkt bei der Projektrealisierung des ‚Team Votteler' war die Annahme, dass „allgemeine Umweltfragen (Umweltplanung, Umweltgestaltung), gesellschaftspolitische Entwicklungen und die vorhandenen oder absehbaren technischen Möglichkeiten" miteinander verknüpft werden müssten.[255] Bei der Konzeption einer Wohnung versuchten Votteler und seine Mitarbeiter bis auf ein Schlaf- und Badezimmer keine Funktionsräume zu entwerfen.[256] Vielmehr prägten eine freie Kombinierbarkeit im Raum und Variabilität das Wohnen im Jahr 1980, sodass Bereiche wie eine Küche oder die

251 | BASF Archiv, Akte C89, Schreiben von Ludemann vom 08.01.1970. BASF AG (1971), (1972), Pressestelle der BASF AG (1971b), (1971c), (1971d).

252 | BASF Archiv, Akte C802, Jahresbericht der AOA für 1971, S. 6.

253 | Siehe hierzu Unbekannt (1972n), (1972o), (1972p), Giachi (1972b), Schmitt-Rost (1972), Thielsch (1972).

254 | Arno Votteler arbeitete nach seinem Studium zunächst für Walter Knoll als Designer für Sitzmöbel. Zwischen 1953 und 1955 absolvierte Votteler ein Zweitstudium bei Herbert Hirche an der Akademie der bildenden Künste in Stuttgart. Danach ging Votteler 1956 zu Robert Gutmann nach London und arbeitete für ihn bis 1960. Im Jahr 1959 wurde er Mitbegründer des VDID und Mitglied im Deutschen Werkbund. Von 1961 bis 1975 lehrte er an der Werkkunstschule beziehungsweise SHfBK Braunschweig. Ab dem Jahr 1973 führte Votteler den Vorsitz der ‚Ständigen Konferenz des Studiengangs Industrial Design an Hochschulen'. Unter seiner Leitung entwickelte diese sich zu einem zentralen Organ für die Vereinheitlichung von Designstudiengängen in den 1970er Jahren. Im Jahr 1975 erhielt Votteler als Nachfolger von Hirche die Professur für Möbeldesign an der Staatlichen Akademie der Bildenden Künste Stuttgart. 1980 gründete er das Weißenhof-Institut als interdisziplinäre Institution der Stuttgarter Akademie. Bis zu seiner Emeritierung 1994 führten ihn verschiedene Gastprofessuren unter anderem nach Ahmedabad oder Rio de Janeiro. Einen Teil von Vottelers Vorlass verwahrt die Neue Sammlung München. Unbekannt (1967s), (1969f), (1969u), (2004), Marquart (1994), S. 265ff.

255 | Votteler (1971), S. 8.

256 | Das wissenschaftliche Team bestand aus Etienne Grandjean (Physiologie), Gerhard Kade, Erich Hödl, Dirk Ipsen (alle Ökonomie), Norbert Schmidt-Relenberg (Soziologie), Peter Voigt (Kunst). Die gestalterische Arbeit wurde von dem Büro Votteler übernommen, in welchem neben Arno Votteler auch Freddy van Camp, Beate Koch, Horst Masella, Rolf Misol, Gerd Piepen-

Aufenthaltszone nur nach Bedürfnis aus den Wänden gezogen werden konnten. Die Designer vertraten dabei die Idee von standardisierten Baukörpern für den Innenraum, um die geforderte Serienproduktion für das Jahr 1980 zu realisieren.[257] Es war von der BASF AG gewünscht, dass die Konzeptentwürfe in der Fachwelt bekannt wurden. Denn das Projekt ‚Wohnen 80' bestand für die Beteiligten der BASF AG nicht nur aus einem Forschungsauftrag im Bereich der Innenraumgestaltung, sondern es sollte ebenso das eigene Unternehmen unter Designexperten bekannter machen. Daher präsentierte Votteler die Ergebnisse seiner Arbeit in einigen Fachzeitschriften. Gleiches tat Herbert Hirche[258], der das zweite Projektteam leitete.[259]

Die Entwürfe der zweiten Entwurfsgruppe um Hirche ähnelte den Ideen von Votteler. Auf den ersten Blick könnte man dies mit dem Lehrer-Schüler-Verhältnis zwischen Hirche und Votteler erklären. Wie Votteler setzte auch Hirche seinen Arbeitsstab nur zur Hälfte aus Designern zusammen. Die anderen Teilnehmer waren Wissenschaftler aus Disziplinen wie der Soziologie, Psychologie oder Wirtschaftswissenschaft.[260] Eines der Ergebnisse war die herausgehobene Bedeutung von Informationen, welche die Beteiligten für die Zukunft postulierten.[261] Ähnlich wie die zeitgenössische Konzeption einer ‚Informationsgesellschaft' von Daniel Bell erwarteten Hirche und seine Mitarbeiter, „dass Informations- und Entscheidungsvorgänge mehr als heute in die Wohnung verlegt werden. Das bedeutet Aufwand und damit notwendigerweise eine Zentralisierung aller Geräte an einer Stelle".[262] Aus diesem Grund war die so entworfene Wohnung an Kommunikationsmöglichkeiten ausgerichtet.

burg und Uwe Staas mitwirkten. Die Projektkoordination führte Max Lanuzzi, während Friedrich Nagel von der Aweta für die technische Beratung zuständig war. Votteler (1971), S. 3.

257 | BASF AG (1971), S. 37. Dies war zeitgenössisch zwar noch neu, wurde aber von anderen Akteuren ebenfalls schon erprobt, wie beispielsweise am National College of Art and Design in Oslo mit dem Hexagon House-Studentenprojekt von 1968, siehe hierzu Hagströmer (2016), S. 25.

258 | Für Herbert Hirche siehe Kultusministerium BaWü und DCS (1978), Hufnagl (2006), S. 95f, Kasiske (2010), (1978), Marquart (1994), S. 111ff, Neumann (1978), Votteler (1980).

259 | Hirche (1972), Hirche et al. (1971), Hirche und Votteler (1971), Votteler (1972a), (1972b), (1972c). Im Gegensatz zu Votteler publizierte Hirche die Ergebnisse seiner Arbeit jedoch nicht als gedrucktes Buch, sondern ließ einen Film produzieren. Dieser Film – der sich im BASF-Unternehmensarchiv erhalten hat – wurde in der Fachliteratur bis jetzt nicht rezipiert, Dressler et al. (1971).

260 | Das wissenschaftliche Team bestand aus Walter Haseloff (Psychologie), Gerhard Scherhorn (Wirtschaftswissenschaft), Kurt Weidemann (Grafik und Kunst), Günter Zimmermann (Soziologie), Josef Dornik (Kunststoffanwendung) und August-Wilhelm Stübbe (Architektur). Das gestalterische Team bestand aus Herbert Hirche als Teamleiter, Karl-Georg Bitterberg als Projektbearbeiter, Claus-Peter Klink, Friedemann Graff und Henning Timm. BASF AG (1971).

261 | Marquart (1994), S. 129, Surmann (2008), S. 323ff.

262 | Dressler et al. (1971), 4:05ff min.

Abbildung 16: Seite aus der Presse-information zum Projekt „Wohneinheit 1980", S. 4, 1971.

"Wohneinheit 1980"

U-Elementik
entwickelt vom Team unter der Leitung von
Professor Arno Votteler, Braunschweig

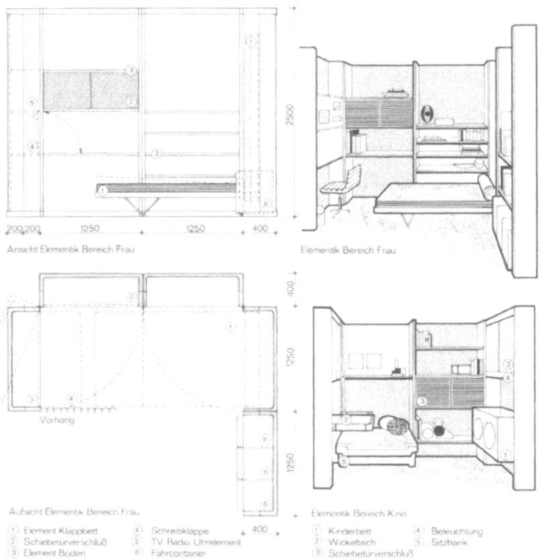

Mit U-förmigen Elementen läßt sich ein Schrank- und Trennwandsystem aufbauen, das innerhalb der Wohnung die Forderung nach einem Wechselspiel zwischen Offenheit und Zellenbildung erfüllt; Veränderungen sind sowohl kurzfristig wie auch im Zusammenhang mit dem Familienzyklus - das heißt mit der Vergrößerung oder der Verkleinerung einer Familie - möglich.

Die U-Elemente können durch Scharniere miteinander verbunden und auf Rollen gestellt werden. So erlauben sie zum Beispiel, eine kleine Schlafzelle in ein Schrankmöbel zu verwandeln.

In die U-Elemente können eingehängt werden: Klappbett, Schreibklappe, Bücherboden, Babybett, Kinder- oder Normalbett.

Quelle: BASF Corporate History, Pertinenzbestand Q.1.2/6.

Ähnlich wie bei Vottelers Entwürfen führte diese Ausrichtung dazu, dass bis auf Schlaf- und Badezimmer der Wohnbereich in unterschiedliche Kommunikationszonen aufgeteilt wurde. Durch „Kunststoffe in der Wohnung, [sollten] Flexibilität und Variabilität [erreichet werden, um] dem Anspruch und dem Bedarf der Gesellschaft heute und morgen gerecht zu werden", so die Designer.[263]

263 | Dressler et al. (1971), 8:58ff min.

Beide Gruppen wurde in ihren Arbeiten von Mitarbeitern der Aweta unterstützt, besonders durch Friedrich Nagel und Josef Dornik. Die visuelle Dokumentation der verschiedenen Entwürfe übernahm dabei der bekannte Photograph Robert Häusser.[264] Die Entwürfe von Votteler und Hirche wurden nach dem Projektende von der BASF AG aufbewahrt, jedoch später vernichtet. Nachweise zu dieser Episode der Designgeschichte sind daher nicht mehr vorhanden. Gleichwohl zogen die Mitarbeiter in Ludwigshafen ein positive Bilanz: „Die BASF-Konzeption Wohneinheit '80 ist sowohl in der Öffentlichkeit als auch bei Möbelherstellern sehr gut angekommen und kann dem Vergleich mit der Visiona von Bayer standhalten".[265] Denn die Bayer AG ließ ebenfalls Konzepte für zukünftige Wohnideen entwickeln und zeigte 1969 das Projekt ‚Visiona 1' von Cesare Colombo, 1970 ‚Visiona 2' von Verner Panton, 1971 ‚Visiona 3' von Olivier Mourgue und 1974 ‚Visiona 4' von Jack Lenor Larsen. Bei den Entwürfen für die Bayer AG ging es eher um unkonventionelle Wohnideen, die hauptsächlich den Designdiskurs anregen sollten. Demgegenüber intendierten Votteler und Hirche mit ihren Arbeiten für die BASF AG, die Entwicklungen von Wohnmöglichkeiten für die Zukunft vorantreiben.[266]

Kunststoffe für Künstler

Die BASF AG förderte nicht nur den Einsatz von Kunststoffen im Industriedesign. In Ludwigshafen unterstützte die Abteilung für Marktentwicklung seit 1968 auch den Einsatz von eigenen Produkten durch Künstler.[267] Hierzu entwarfen die konzerneigenen Designer Wolfgang Görlach, Jörg Osterspey, Peter Elsasser und Hans Maurer die Technik der sogenannten Plastarellen. Dabei handelte es sich um Gemälde, die als Fixationsmaterial anstatt Wasser oder Öl das BASF-Polyethylen ‚Lupolen' verwendeten. Dazu wurde der Kunststoff gepresst und nicht per Hand auf eine Trägerfläche aufgetragen. Laut eigener Werbung zeichneten sich Plastarelle besonders durch ihre leuchtenden Farben aus.[268] Görlach besuchte etwa 1970 Arnold Bode in Kassel, um zu erreichen, dass Plastarelle 1972 auf der documenta V gezeigt werden sollten.[269] Jedoch gelang weder eine Präsentation von Kunststoff-Bildern in Kassel noch wurden Plastarelle von Künstlern als Arbeitsmittel langfristig angenommen.

264 | BASF Archiv, Akte Q.0.2./8, Tätigkeitsbericht der Aweta K für das Arbeitsjahr 1971, S. 69. Siehe auch Pressestelle der BASF AG (1971a).

265 | BASF Archiv, Akte C802, Protokoll zur AOA-Gruppenleiterbesprechung vom 26.01.1972, S. 4.

266 | Surmann (2008), S. 20.

267 | Siehe hierzu etwa Unbekannt (1975g), Fath (1972), Fehsenbecker (1968).

268 | Unbekannt (1968u), (1968v), (1968x), Pressestelle der BASF AG (1973).

269 | BASF Archiv, Akte C802, Protokoll zur AOA-Gruppenleiterbesprechung vom 11.02.1970, S. 2, ibid., Protokoll zur AOA-Gruppenleiterbesprechung vom 26.03.1970, S. 2 und ibid. Protokoll zur AOA-Gruppenleiterbesprechung vom 20.07.1970, S. 2.

Abbildung 17: Ausstellung der Grafik-Designer der BASF AG im Meidinger-Saal des Landesgewerbeamts.

Quelle: Stadtarchiv Karlsruhe, 8/BA Schlesiger A31/96/7/18A.

Neben Fragen des Industriedesigns wurde auch Graphik-Design in der BASF AG seit den 1960er Jahren diskutiert. Die Angestellten begannen dabei über eine eigene graphische Darstellung des Unternehmens zu reflektieren. Seit Mitte der 1960er Jahre hatte man in der Abteilung für Öffentlichkeitsarbeit erwogen, das eigene Erscheinungsbild einheitlich erarbeiten zu lassen.[270] Die konzerneigene Graphik-Designabteilung, seit 1969 unter der Leitung von Friedel Ernst Maischen und später von Wolfgang Görlach, war verantwortlich für die graphische Gestaltung von BASF-Druck- und Werbeschriften. Diese Arbeiten waren nicht Teil eines sogenannten Corporate Designs, sondern sie repräsentierten in doppelter Hinsicht die BASF AG. Neben der Beschriftung und Kennzeichnung der eigenen Produkte wurden die Graphiken ebenso für Ausstellungen außerhalb vermeintlich kommerzieller Kontexte verwendet. In verschiedenen Wanderausstellungen wurden beispielsweise graphische Werke der BASF AG an den verschiedenen Unternehmensstandorten oder 1976 im Design-Center-Stuttgart gezeigt.[271]

---

270 | BASF Archiv, Akte C802, Protokoll zur AOA-Gruppenleiterbesprechung vom 17.02.1966, S. 4.

271 | Görlach und Poell (1984), Reick (1976).

C. Zusammenfassung

Das Kapitel behandelt die Anfänge der Profession ‚Industriedesigner' in Westdeutschland seit Ende der 1950er Jahre. Ausgehend vom Beginn der Formierung einer Berufsgruppe wird in diesem Textabschnitt verdeutlicht, wie sich die Produktgestaltung zunehmend in gesellschaftliche und wirtschaftliche Teilbereiche in Westdeutschland integrieren ließ. Bemerkenswert ist dies, da zu Beginn der 1960er Jahre der Begriff ‚Design' vielen Bundesbürgern noch unbekannt war. Gegen Ende des Jahrzehnts beschränkten sich Gestaltungsfragen schon nicht mehr nur auf einen Expertenkreis, sondern waren weiten Teilen der westdeutschen Bevölkerung geläufig.

Das erste Teilkapitel zeigt dabei, wie sich die Profession der Industriedesigner in der frühen Bundesrepublik entwickelte. Das aufkommende Berufsbild der Industriedesigner seit Mitte des 20. Jahrhunderts ist hierbei die zentrale Neuerung. Der Schwerpunkt liegt dabei auf der unmittelbaren Nachkriegszeit in Westdeutschland mit der HfG Ulm als bekannteste Institution. Dies ist zugleich eine inhaltliche Vorgeschichte, auf der die weiteren Kapitel aufbauen. Mit dem Rat für Formgebung und dem Deutschen Werkbund stehen sich Mitte der 1960er Jahre unterschiedliche Institutionen und Beteiligte gegenüber. Hierbei zeigen sich die verschiedenen Konstellationen von Handelnden und Rahmenbedingungen, die im Jahr 1967 in der zentralen Auseinandersetzung um die konzeptionelle Ausrichtung des Rats für Formgebung münden. Schwerpunkt ist der Richtungsstreit, der eingebettet war in den Diskurs, inwiefern Industriedesign vergleichsweise kunst- oder industrienah sei. Dieser Konflikt führte langfristig dazu, dass etwa der Werkbund als Beteiligter an Debatten über Industriedesign ausschied und wirtschaftliche Erwägungen zunehmend an Bedeutung gewannen.

Das zweite Teilkapitel verdeutlicht am Beispiel der BASF AG, wie die unterschiedlichen Verantwortungsbereiche von Industriedesign in einem Großunternehmen gelöst wurden. Die BASF-Mitarbeiter versuchten die beiden Aspekte von Kunst und Technik über Industriedesign zu verbinden. Dabei wird deutlich, welche generelle Bedeutung Kunststoffe für die Produktgestaltung der Zeit hatten und was für spezifische Gestaltungsfragen bei der BASF AG aufkamen. Diese Entwicklung wird anhand des sogenannten Anonymdesigns und von Produktnullserien im Konzern konkretisiert. Hierdurch lassen sich zugleich die Wirkweisen und eine vermeintliche Abwesenheit von Akteuren aufdecken. Wie das Beispiel der BASF AG sichtbar macht, hatte dieses Phänomen strukturelle Gründe, die sich nicht nur in Ludwigshafen finden lassen. Abschließend verdeutlicht das Beispiel der BASF AG, wie Industriedesign gezielt als Strategie der Produktförderung angewendet wurde. Eine besondere Bedeutung fällt dabei der ersten Ölpreiskrise zu. Obwohl viele Entwicklungen schon davor ersichtlich waren, verschärfte das Jahr 1973/74 diese Tendenzen noch. Im Zuge dessen setzte bei der BASF AG eine Neuorientierung ein, bei der unter anderem seit Mitte der 1970er Jahre die Aktivitäten im Industriedesign fast vollständig eingestellt wurden. Insgesamt zeigt daher das Teilkapitel auf, mit welchen Schwierigkeiten die Designer seit den 1960er Jahren auf der Unternehmensebene letztendlich zu kämpfen hatten.

3. Industriedesigner und wissenschaftliches Wissen

Das Argumentieren mit wissenschaftlichem Wissen war eines der zentralen Merkmale der sich entwickelnden Profession der Industriedesigner. Die Einbindung und Veränderung fachspezifischen Wissens in Kommunikationsstrategien der Produktgestalter erlebte in der Bundesrepublik ihren Durchbruch mit dem ‚Modell Ulm'. War es für Industriedesigner in den 1960er Jahren noch neu und innovativ, ihr Handeln mit wissenschaftlichem Wissen zu begründen, so wurde spätestens seit Anfang der 1980er Jahre Wissen zentraler Teil einer Argumentationsstrategie der Gestalter. An der Bedeutung von explizitem Wissen hat sich für diese Berufsgruppe bis zur Gegenwart wenig geändert. Die viel rezipierte Dissertation der Schweizer Designerin Claudia Mareis konstatiert daher, dass Wissen „für das Design zu einem Schlüsselbegriff avanciert" ist.[1] Eingebunden ist diese Argumentation bei Mareis in die gegenwärtig vorherrschenden Versuche der Gestalter, „Design als ‚epistemische Praxis' oder ‚Wissenskultur'" zu positionieren.[2] Mitunter wird schon durch einen sogenannten ‚Design Turn' eine neue wissenschaftliche Revolution proklamiert.[3]

Bei dieser Strategie einer Selbstnobilitierung geht es insgesamt darum, ein ‚Designwissen' zu postulieren, das wiederum zwischen Praxis und Theorie zu verorten sei. Laut Mareis steht dahinter das „strategische Interesse hinsichtlich der disziplinären Autonomie", mit der Intention Design als Wissenschaft zu präsentieren, was etwa Design-Dissertationen ermöglicht.[4] So versucht Mareis bei ihrer Analyse von „Interferenzen zwischen Design- und Wissensdiskur-

1 | Mareis (2014), S. 152.

2 | Mareis (2011), S. 10.

3 | Siehe hierfür beispielsweise Schäffner (2010).

4 | Mareis (2011), S. 10.

sen" zwischen implizitem und explizitem ,Designwissen' zu unterscheiden. Hierdurch bleibt die Praxis der Gestalter weitestgehend offen, und sie stellt deren Tätigkeit mitunter losgelöst von der gesamtgesellschaftlichen Entwicklung dar.[5] Über den Leitbegriff ,Wissen' werden daher im folgenden Kapitel solche Selbstlegitimationsstrategien der Gestalter analysiert, um auch den Kontext solcher zeittypischen Prozesse zu hinterfragen.

Das folgende Kapitel nimmt dies auf und analysiert somit die Bedeutung von wissenschaftlichem Wissen für die Produktgestalter seit den 1960er Jahren. Hierzu stellt der erste Teil die verschiedenen Legitimationsstrategien und Entwicklungen dar, in denen Gestalter mit explizitem Wissen argumentierten. Daran knüpft die Frage an, inwiefern überhaupt von einem ,verwissenschaftlichten' Industriedesign gesprochen werden kann. Im zweiten Unterkapitel folgt dann, wie Designer die industrielle Formgebung und Planungsaspekte innerhalb der verschiedenen Produktsysteme zeitgenössisch zusammenbrachten. Abschließend veranschaulicht das Beispiel der Siemens AG diese Aspekte von Wissen und Design. Denn der dortige Chefdesigner Edwin A. Schricker erhoffte, mit Hilfe von designspezifischem Wissen in der Gestaltung „vom Gerätedenken zum Systemdenken" zu kommen.[6]

A. Argumentieren mit explizitem Wissen – Strategien der Selbstlegitimierung im Industriedesign

Seit dem Weggang von Max Bill 1957 wurde wissenschaftliches Wissen an der HfG Ulm eine der zentralen Kategorien, durch welche die Dozenten und Studenten ihr Handeln gegenüber anderen legitimierten.[7] Mit der verbreiten Abgrenzung gegenüber künstlerischen Ansätzen gewannen Fächergruppen wie Sozial- und Planungswissenschaften für die Kommunikationsstrategien der Designer eine besondere Bedeutung. Dies fügte sich in das damals aufkommende, binäre Verständnis von Technik und Kunst, welches beispielsweise Charles P. Snow 1959 mit seinem Buch „The Two Cultures" zum Verhältnis von Wissenschaft – im Sinne von Sciences – und Literatur prominent vertrat.[8] Unter zeitgenössischen Gestaltern war diese Abkehr von künstlerischen Kompetenzen im Design umstritten. So kritisierte beispielsweise die Designjour-

5 | Ibid., S. 12.

6 | Siemens Historical Institute, Akte 20671, Sitzungsprotokoll zur ZVW-Abteilungsleiterbesprechung vom 26.10.1977, S. 7.

7 | Spitz (2002), S. 216. Siehe hierzu etwa den zentralen Aufsatz von Maldonado und Bonsiepe über Wissenschaft und Gestaltung, Maldonado und Bonsiepe (1964).

8 | Für eine Verortung von Kunst in der Wissensgesellschaft siehe Panzer (2010).

nalistin Arianna Giachi diese Entwicklung, indem sie noch 1972 konstatierte: „Design ist nach wie vor ein gestalterischer Beruf und keine Wissenschaft.“ Gleichzeitig hob sie die Diskrepanz zwischen kommuniziertem Anspruch und tatsächlicher Ausbildung der Gestalter hervor: „Keine Wissenschaft ist, soweit sie bei der Design-Ausbildung überhaupt stattfindet, auch das projektbezogene Studium oder das so gern zitierte ‚forschende Lernen‘“.[9] Giachi hinterfragte mit dieser Kritik eine Auffassung, die sich seit dem Beginn der 1970er Jahre zu etablieren begann. Ähnlich wie es gegenwärtig Verfechter der sogenannten ‚Designforschung‘ oder ‚Designanthropologie‘ versuchen, ging es damals um die Bestrebung, die Produktgestaltung zu ‚verwissenschaftlichen‘, wobei sich mitunter deutlich unterschied, was einzelne Designer unter Wissen konkret verstanden.[10]

In diesem Buch wird wissenschaftliches Wissen vielmehr als Diskursphänomen betrachtet, jedoch nicht als Analysebegriff verwendet. Hierbei beschreiben Formulierungen wie wissenschaftliches, praktisches oder religiöses Wissen, Erfahrungswissen und implizites Wissen verschiedene Teilbereiche. Wissen ist dabei als das Ergebnis eines aktiven Prozesses definiert, der sich in der sozialen Praxis vollzieht.[11] In Anlehnung an den Soziologen Nico Stehr ist somit Wissen die „Fähigkeit zum sozialen Handeln“.[12] In Anlehnung an Marx ist dabei Wissen über die jeweilige Wirklichkeit sozialisiert beziehungsweise Wissen von sozialen Strukturen abhängig. Spätestens seit den 1970er Jahren herrscht in der soziologischen Forschung ein Konsens darüber, dass Wissen entscheidend von dem sozialen Kontext abhängig ist.[13] Bezogen auf das Konzept der Wissensgesellschaft bedeutet dies, dass sich alle sozialen und gesellschaftlichen Strukturen als soziale und epistemologische Wissensformen manifestieren.[14] Die Analyse von wissenschaftlichen Disziplinen ist in der Soziologie eng verbunden mit der Frage über Professionalisierung von wissenschaftlich-technischen Berufen. [15] Denn hierbei lässt sich die Spezialisierung von Wissen hin zu Sonderwissen in Abgrenzung zu Allgemeinwissen

9 | Giachi (1972e), S. 4.

10 | Siehe hierzu etwa die soziologische Studie zum sogenannten ‚Design Thinking‘, Seitz (2017).

11 | Szöllösi-Janze (2001), S. 96 und Sala (2017), S. 336f. Siehe zur Definition von Wissen auch Stehr (1994), S. 203. Für die deutsche Geschichtswissenschaft siehe hierzu den zentralen Aufsatz zur Verwissenschaftlichung des Sozialen von Lutz Raphael, Raphael (1996), und dessen Historisierung, Sala (2017), S. 334f. Für den Ansatz von Philipp Sarasin zu einer Geschichte des Wissens siehe Sarasin (2011), S. 163ff.

12 | Stehr (1994), S. 208 und S. 378.

13 | Kneer (2010), S. 712f, Knoblauch (2013).

14 | Hack (2006), S. 110.

15 | Szöllösi-Janze (1998), S. 70.

beobachten.[16] Dies ist wiederum stark mit der Bindung an eine soziale Rolle verknüpft, wie das Beispiel der Produktgestalter zeigt.[17] Charakteristisch für die Profession der Industriedesigner ist es, dass sie sich verstärkt auf die Theorie gegenüber der Praxis berufen. Zugleich legitimieren sie ihr Handeln über wissenschaftliches Wissen anstatt ihre Tätigkeit mittels impliziten Wissens oder Handwerksfähigkeiten zu begründen.[18] Dadurch wurde solches Wissen gegenüber Kunst positioniert, um sich in Gestaltungsdiskurse gegenüber dem Kunsthandwerk abzugrenzen.

1. Verwissenschaftlichungsdiskurse im Industriedesign

Das Anforderungsprofil an Designer Ende der 1950er Jahre zeichnete sich kaum aus durch Kenntnisse von verschiedenen wissenschaftlichen Disziplinen. Stattdessen sollte der Gestalter beispielsweise „universelle Kenntnisse haben und soweit wie möglich ‚zugleich schöpferischer Künstler, erfahrener Techniker und guter Organisator sein'".[19] Knapp zwei Jahrzehnte später waren die Design-Curricula aus der Sicht von Kritikern „dazu übergegangen, hochwissenschaftlich, jedoch zum Teil praxisfremd auszubilden. Bei genauer Betrachtung der Situation stellt sich heraus, dass der Umschwung in der Ausbildung letztlich auch auf die übergroße Anzahl der Theoretiker in der Ausbildung zurückzuführen ist".[20] Es ist daher naheliegend anzunehmen, dass die Ausbildung und Profession der Industriedesigner innerhalb beider Dekaden unter dem Credo einer vermeintlichen Verwissenschaftlichung eine weitreichende Transformation durchliefen. Signifikant ist dabei die Fokussierung auf Wissen als zentrale Legitimation. Für die Zeitgenossen bedeutete eine solche Verwissenschaftlichung vielmehr eine Theoretisierung im Gegensatz zur Praxis. Letztlich ging dies einher mit einer Hinwendung zu wissenschaftlichem Wissen. Daraus abgeleitet lautet eine weitere These, dass für diese Veränderungen wesentlich die Beteiligung von ‚Ulmern', wie etwa Gui Bonsiepe, Herbert Lindinger, Siegfried Maser, Gerda Müller-Krauspe oder Herbert Ohl, an den Prozessen war. Gleichzeitig wurde Wissen im Zuge des Professionalisierungsprozesses zu einer zentralen Kategorie der Industriedesigner.

Eine Leistung an der HfG Ulm war es, das theoretische Argumentieren mit wissenschaftlichem Wissen unter anderem in die Produktgestaltung einzuführen.[21] Aicher verband rückblickend damit den Anspruch, dass Design „wie

16 | Pfadenhauer und Kunz (2010), S. 239ff.

17 | Knoblauch (2013).

18 | Siehe hierzu auch Heymann und Wengenroth (2001). Siehe für eine ähnliche Anwendung von ‚Wissen' in der damaligen Wirtschaftspolitik Schanetzky (2007), S. 152ff.

19 | Dirkmann (1960), S. 53f.

20 | Bauer (1977), S. 52.

21 | Siehe hierzu S. 37ff.

Abbildung 18: Technische Zeichner der Gugelot-Design GmbH bei der Arbeit, photographiert von Gustav Hildebrand.

Quelle: SLUB Dresden / Deutsche Fotothek, Bild 90015163.

wissenschaft und technik begründet werden [muss], es lebt aus dem argument. kunst und metaphysik stehen außerhalb des arguments".[22] Nach Claudia Mareis erfolgte in den 1960er Jahre eine solche Übertragung von wissenschaftlichen Methoden programmatisch in die Designerausbildung.[23] Dies führte in Ulm sowie langfristig an Kunstakademien, Fachhochschulen und Universitäten dazu, dass das Fach ‚Design' bildlich gesprochen aus einem Künstleratelier in ein wissenschaftliches Labor verlegt wurde.[24] In diesem ‚Modell Ulm' der Designausbildung sollten die zukünftigen Industriedesigner durch technisches und wissenschaftliches Wissen sowie praktische Kompetenzen dazu befähigt werden, bei Gestaltungsprozessen in der Industrie gegenüber Ingenieuren, Betriebswirten und Managern als gleichberechtigte Partner agieren zu können. So stark dieses Ausbildungsmodell die nachfolgenden Lehrkonzepte im Design auch prägte, die Mitglieder der Ulmer Dozentenschaft besaßen selbst nicht immer einen wissenschaftlichen Bildungshintergrund. So hatte beispielsweise Aicher Bildhauerei studiert, Maldonado kam aus der Malerei und Bill arbeitete als Architekt, Maler und Graphiker.[25] Es war daher selbst in Ulm nicht immer klar, was unter Wissen – speziell wissenschaftlichem Wissen – und in Folge dessen unter Wissenschaft genau verstanden wurde. Oder wie es Martin Krampen überspitzt formuliert hatte: „Max Bill hatte von Wissenschaft im Prinzip keine Ahnung".[26] Trotz dieser Einschränkung griffen ‚Ulmer' wie eben Aicher, Maldonado und Bill auf die Erkenntnisse und Methoden verschiedener Wissenschaften als Legitimationsstrategie gegenüber Konkurrenten zurück. Eine solche Kombination und Integration von verschiedenen Fächern in die Design-Curricula und die eigenen kommunikativen Strategien war für die Fachöffentlichkeit neu.

22 | Aicher (1991b), S. 19.
23 | Mareis (2011), S. 141.
24 | Spitz (2002), S. 23.
25 | Bürdek (2008), S. 205, Erlhoff (1987a), S. 108.
26 | Buchholz und Theinert (2007), S. 157.

Das ‚Ulmer Modell' wurde seit Mitte der 1960er Jahre zunehmend von anderen Ausbildungsstätten in der Bundesrepublik adaptiert, was wiederum dazu führte, dass viele ehemalige Ulmer Dozenten und Studenten später als Lehrende arbeiteten. Betrachtet man heute die Mitgliederliste des clubs off ulm, so fällt dabei die große Anzahl der Hochschuldozenten auf.[27] Ehemalige ‚Ulmer' hatten in den 1970er und 1980er Jahren Professuren für Design in Berlin, Hannover, Essen, Kassel, Offenbach, Darmstadt, Pforzheim, Schwäbisch Gmünd und München inne. Wie René Spitz dazu bemerkt, wurde auf diese Weise vielfach „Ulmer Gedankengut in die jeweiligen Lehrpläne eingebracht und die deutsche Designausbildung geprägt".[28] Für viele ‚Ulmer' wie beispielsweise Herbert Lindinger[29] war es nachvollziehbarerweise attraktiv, sich sowohl der Hochschullehre als auch der praktischen Designtätigkeit zu widmen.[30] Auf welchem Weg sich eine Weiterführung der in Ulm entwickelten Ausbildungskonzepte vollzog, ist zwar im Detail schwer zu ermitteln.[31] Doch zeigte die Entwicklung eines Kanons an Wissenschaftsdisziplinen, wie Ergonomie, Soziologie, Statistik, Psychologie und Mathematik, die für das Industriedesign bedeutend wurde, dass viele ehemalige ‚Ulmer' die eigenen Berufsbilder über ihre neue Position in der Lehre maßgeblich beeinflussen konnten.[32]

Wissenschaftliches Wissen im VDID

Bei der Gründung des VDID im Jahr 1959 spielte wissenschaftliches Wissen kaum eine Rolle. Stattdessen versuchten die Industriedesigner, den neuen ei-

27 | Siehe hierzu die verschiedenen Beiträge in der Schriftenreihe des club off ulm e.V. und zusätzlich deren Online-Präsenz www.club-off-ulm.de.

28 | Schneider (2005), S. 119, Spitz (2002), S. 26f.

29 | Herbert Lindinger war von 1963 bis 1968 Dozent für Produktgestaltung an der HfG Ulm. Im Jahr 1969 gründete er zusammen mit Herbert Ohl und Herbert W. Kapitzki das Institut für Umweltgestaltung in Frankfurt am Main. Dort rief Lindinger 1970 mit anderen westeuropäischen Designern den BEDA ins Leben. Zwischen 1969 und 1970 gestaltete Lindinger die Ausbildungscurricula am National Institute of Design Ahmedabad in Indien. Von 1971 bis 1998 war er Professor für Industrial Design an der Universität Hannover. 1966 wurde Lindinger Mitglied des VDID und mit einer kurzen Unterbrechung war er von 1970 bis 1976 Präsident des VDID. Gleichzeitig saß er von 1971 bis 1988 im Vorstand des Rats für Formgebung und war in vielen internationalen und nationalen Gremien und Jurys tätig. Lindinger besitzt in seinem Design-Büro in Hannover ein reichhaltiges Privatarchiv zu seinen Entwürfe und Verbands- sowie Gremienarbeiten, die langfristig an eine Designinstitution übergeben werden sollen. Unbekannt (1969o), (1970h), May (2015), S. 424, Ott (2017), Sannwald (1987), S. 91f.

30 | Ott (2017), S. 30.

31 | Sinnvoll wäre hierzu eine eigene Studie, um herausarbeiten zu können, welchen Einfluss das ‚Ulmer Modell' auf die Ausbildungen in verschiedenen Design-Lehranstalten in der Bundesrepublik und international durch ehemalige ‚Ulmer' seit Mitte der 1960er Jahre hatte. Eine akteurszentrierte Netzwerkanalyse könnte hierbei spannende Erkenntnisse liefern.

32 | Spitz (2002), S. 23.

Abbildung 19: Mitarbeiter der Gugelot-Design GmbH im Gespräch, photographiert von Gustav Hildebrand.

Quelle: SLUB Dresden / Deutsche Fotothek, Bild 90021793.

genen Beruf dadurch zu legitimieren, dass sie auf einer moralischen Ebene argumentierten.[33] Ein sogenannter Verhaltenskodex sollte dabei den eigenen Anspruch und die Arbeit regeln.[34] In der ersten Hälfte der 1960er Jahre begannen Designer einheitliche Berufsrichtlinien zu formulieren. Sowohl im ICSID als auch im VDID beteiligten sich die Mitglieder bei der Arbeit an einem Berufskodex für Industriedesigner, wodurch sich eine internationale Berufsethik herausbilden konnte. Diese sogenannten ‚sechs Gebote' wurden auf der ICSID-Generalversammlung 1965 in Wien von allen nationalen Verbänden angenommen.[35] Nachdem Industriedesigner bei der Selbstvergewisserung ihrer Profession zuerst auf einer moralisch-ethischen Ebene argumentiert hatten, wandelte sich dies ab Mitte der 1960er Jahr hin zu der Betonung von wissenschaftlichem Wissen. 1966 gründete sich im VDID die Arbeitsgruppe ‚Berufsbild', an welcher die beiden ‚Ulmer' Herbert Lindinger und Gui Bonsiepe[36] maßgeblich beteiligt waren. Sie arbeiteten daran, die eigenen Vorstellungen über die Tätigkeit des Industriedesigners so zu formulieren, dass sie etwa von Mitarbeitern in Arbeitsämtern oder der Industrie verstanden werden konnten. Indem Herbert Lindinger und Gui Bonsiepe die Arbeitsfelder von Industriedesignern definierten, trieben sie den Prozess der Professionalisierung weiter voran. Sie entwickelten damit zugleich einen zusätzlichen Wissensanspruch, indem sie beabsichtigten eine Einheit von Wissen zu erzeugen. Wie Nico Stehr hingewiesen hat, gehen solche Wissenszuwächse einher mit einem größeren Einfluss derer, welche die-

33 | So begründeten die VDID-Gründungsmitglieder bei den Kriterien für die Verbandsmitgliedschaft ihre Auswahl vor allem mit dem Begriffspaar ‚Verantwortung' und ‚Gewissen' gegenüber der Menschheit, Neue Sammlung München, Hängeordner ‚VDID', Protokoll zur ersten Arbeitstagung des VDID vom 04. und 05.12.1959, S. 2f.

34 | Siehe hierzu beispielsweise die beiden programmatischen Beiträge von Günter Kupetz zum Selbstverständnis des Industriedesigners, Kupetz (1960), (1962). Siehe ebenso Marquart (1994), S. 31.

35 | Unbekannt (1966a), (1966h), Gleffe (1963), ICSID (1965).

36 | Für Gui Bonsiepe siehe Bonsiepe (1990), S. 71, Fernández (2006), S. 8, May (2015), S. 415f, Spitz (2014a), S. 79.

ses Wissen erzeugen.[37] Dies hieß langfristig, dass die Arbeitsgruppe ‚Berufsbild' durch das Postulieren von professionsspezifischem Wissen den VDID als die zentrale Institution für eine staatliche Anerkennung der eigenen Berufsbezeichnung positionieren konnte.[38]

Parallel zu dieser Initiative des VDID hatten die Dozenten der Folkwangschule für Gestaltung in Essen, Werner Glasenapp und Peter Frank, an den sogenannten ‚Blättern für Berufskunde' gearbeitet. Im Auftrag der Bundesanstalt für Arbeitsvermittlung – der späteren Bundesanstalt für Arbeit – in Nürnberg hatten die beiden 1966 eine Broschüre verfasst, in der sie das Berufsbild Industriedesigner vorstellten. Glasenapp und Frank betonten laut einem Rezensenten „frei von ideologische[m] Ballast [..], dass gerade die wissenschaftlich begründete Produktplanung" zu einem Tätigkeitsmerkmal der Profession wurde.[39] Ein weiteres Beispiel für die zunehmende Betonung von wissenschaftlichem Wissen bei der Arbeit der Industriedesigner war der Leiter der AW design. Erich Geyer hatte, in Anlehnung an die HfG Ulm, verschiedene Wissenschaften herangezogen, indem er 1972 für das Design zwei Bereiche vorschlug, nach denen die für Gestalter notwendigen Wissensgebiete kategorisiert werden könnten. Dem allgemeinen Erkenntnisbereich gehörten demzufolge „Wirtschaftswissenschaften, Kybernetik, Zukunftsforschung, Psychologie, Soziologie, Philosophie, Ästhetik, Ethik, Kulturgeschichte, Politologie und Pädagogik" an. Den speziellen Erkenntnisbereichen ordnete Geyer „Produktion, Konstruktion, Technologie, Ergonomie, Patentrecht, Marktforschung, Marketing, Ökonomie, Mathematik, Operations Research und Computer Science [sic]" zu.[40] Diese versuchte Kanonisierung von design-relevantem, wissenschaftlichem Wissen war für die damaligen Gestalter der ausgehenden 1960er Jahre in der Bundesrepublik nicht außergewöhnlich.

Theoretisieren für das Selbstbild

Woher kam dieses Streben nach ‚Verwissenschaftlichung' im bundesdeutschen Industriedesign? Einer der Gründe lag darin, dass während der 1960er Jahre in das Selbstverständnis der Designer zunehmend theoretische Überlegungen einflossen, die vielfach aus naturwissenschaftlichen Disziplinen übernommen wurden. Zwar hatten sich Gestalter schon deutlich vor dieser Zeit mit Fragen der Praxis beschäftigt, aber erst an der HfG Ulm arbeiteten westdeutsche Designer an systematischen, theoretischen Denkmodellen. Ende der

37 | Stehr (1994), S. 212.

38 | AdDSS, Akte BU 01963, Protokoll zur Sitzung des VDID-Ausschusses vom 04.11.1966, S. 1. Hierbei war der VDI mit der geschützten Bezeichnung ‚Ingenieur' das Vorbild.

39 | Unbekannt (1967b). Diese „Blätter für Berufskunde" zum Industriedesigner wurden 1971, 1976 und 1988 durch den VDID im Auftrag der Bundesanstalt für Arbeit überarbeitet, Unbekannt (1976c), (1977c), Boerner und Kläsener (1987), Sudrow (1988a), (1988b).

40 | Geyer (1972), S. 25.

Abbildung 20: Konferenz zwischen einem Auftraggeber und Mitarbeitern der Firma Gugelot-Design GmbH, photographiert von Gustav Hildebrand.

Quelle: SLUB Dresden / Deutsche Fotothek, Bild 90015162.

1950er Jahre wurden im angloamerikanischen Sprachraum ebenso erste Ansätze einer Methodologie des Designs formuliert. Mit dem 1962 in London gegründeten Design Method Movement formierte sich eine Gruppe von internationalen, überwiegend anglo-amerikanischen Wissenschaftlern aus unterschiedlichen Disziplinen. Deren Ziel war es, Methoden zu entwickeln, um Entwurfsprozesse systematisch zu erfassen und zugleich zu steuern.[41] Damit beabsichtigten sie, den vormals intuitiv betriebenen Vorgang der Produktentwicklung durch rationale Entwurfsstrategien zu ersetzen. Daraus leiteten Industriedesigner etwa für sich eine sogenannte Designwissenschaft oder ‚forschendes Design' ab. Häufig wird dies mit der Aussage verbunden, nur Design vereine Theorie und Praxis. Fraglich bleibt dabei, inwiefern das Aufnehmen von wissenschaftlichen Erkenntnissen in die eigene Tätigkeit gleichzusetzen ist mit Forschung oder gar Wissenschaft.

Durch strukturierte Konstruktionsprozesse und die Befreiung von subjektiven Entscheidungen versuchten die Gestalter mittels der sogenannten Designmethodologie eine Brücke zwischen Design und Wissenschaft zu bilden. In Anlehnung an diese Gedanken bezeichnete etwa Wolfgang Pohl Industriedesign auch als „Grenzwissenschaft", die durch ihre vielfältigen Verflechtungen mit anderen Wissenschaften eine neue Wissenschaft hervorbringen würde.[42] Mit dem Mathematiker und Designtheoretiker Horst Rittel verbreiteten sich an der HfG Ulm – und davon ausgehend in der Bundesrepublik – Überlegungen zu einer systematischen Designmethodologie, wie sie zeitgleich etwa am Massachusetts Institute of Technology und am Institute of Design – dem ehemaligen New Bauhaus – in Chicago angestellt wurden.[43] Die zentralen Akteure einer Designmethodologie in Westdeutschland waren – wenig überraschend – ‚Ulmer' wie Tomás Maldonado, Horst Rittel, Abraham Moles,

41 | Siehe hierzu auch Metzler (2005b), S. 130ff.

42 | Pohl (1972), S. 31.

43 | Bonsiepe (2009), S. 202, Mareis (2011), S. 44 und S. 256, (2014), S. 163f. Zum Design Method Movement siehe beispielsweise Cross (1993), Fezer (2009), Upitis (2008).

Max Bense, Gui Bonsiepe und Bernhard E. Bürdek[44]. Besonders Letzterer erarbeitete mit seiner mehrfach aufgelegten Qualifikationsschrift „Design-Theorie – Methodische und systematische Verfahren im Industrial Design", die gekürzt in der ‚form' erschien, den Weg zur flächendeckenden Verbreitung in Westdeutschland.[45] In seiner Funktion als Dozent für Designmethodologie an der HfG Offenbach prägte Bürdek lange Zeit die publizistischen Debatten, die um verschiedene Lehransätze von designspezifischen Methoden geführt wurden.[46]

Parallel zu den Versuchen, eine Designmethodologie zu entwickeln, arbeiteten Gestalter Anfang der 1970er Jahre daran, eine Designtheorie zu formulieren.[47] Ging es bei der Methodologie darum, wie Design auszuführen sei, so sollte eine Designtheorie helfen, Gestaltung in allen Facetten erklären zu können.[48] Erklärtes Ziel einer solchen Designtheorie war es damals – wie auch noch heute –, mit ihrer Hilfe neue Fragen stellen und diese dann wiederum konstruktiv beantworten zu können.[49] Bis heute konnte sich jedoch kein einzelner Theorieentwurf durchsetzen. Vielmehr versuchten verschiedene Theoretiker mit ihren Modellen einer Designtheorie, alle Aspekte, wie beispielsweise Designentwürfe, -praktiken und -artefakte, miteinander zu verbinden. Letztendlich zeigten viele Ansätze Schwächen bei der von Designern geforderten Praxisnähe und den normativen Ansprüchen.[50]

Das Streben nach einer Designtheorie

Beispiele einflussreicher Entwürfe sind Wolfgang Haugs marxistisch orientierte Theorie zur sogenannten Warenästhetik oder Gert Selles Überlegungen zu sozialen Verbindungen durch Design.[51] Daneben versuchte etwa Günter Fuchs[52], als Maschinenbauingenieur neue Kriterien für die Formqualität über

44 | Für Bernhard E. Bürdek siehe etwa Bürdek (2008), S. 213, (2012), S. 232.

45 | Bürdek (1971a und 1971b).

46 | Siehe hierzu etwa Bürdek (1971a und 1971b), (1975).

47 | Siehe hierzu die Einschätzung von Ohl, ZADP, Bestand Rosenthal, p.S. 16, Stellungnahme der fachlichen Leitung des Rats für Formgebung zum Arbeitspapier „Aufgaben einer Design-Politik in der Bundesrepublik Deutschland" vom 20.11.1973, S. 2.

48 | Tomiyama et al. (2009), S. 544.

49 | Erlhoff (2013), S. 23.

50 | Mareis (2014), S. 27f. Mareis gab daher berechtigterweise ihrem lesenswerten Buch von 2014 den Titel „Theorien des Designs", um zu verdeutlichen, dass es bei der Theoriebildung zum Design viele Ansätze gibt, die ihre jeweilige eigene Berechtigung besitzen.

51 | Für Haugs Theorie siehe S. 174ff. Für den Theorieansatz von Gert Selle siehe S. 168ff.

52 | Günter Fuchs beteiligte sich 1947 an der Gründung des Werkbunds Bayern. Im Jahr 1952 wurde er in das Kuratorium der Neuen Sammlung München berufen und gleichzeitig half er bei der Gründung des Hauses Industrieform in Essen und wurde Mitglied im Kulturkreis sowie später im Gestaltkreis des BDI. 1958 gründete er im Auftrag des Bayerischen Landesgewerbeamts Nürnberg das Faber-Institut für technische Gestaltung, das sich speziell der Formgebung von technischen Produkten widmen sollte. Seit 1956 gab Fuchs im Auftrag des BDI Vorlesungen und

verschiedene Gestaltungsgesetze aufzustellen.[53] Währenddessen war Siegfried Maser[54] ein anerkannter Designtheoretiker, der sich zuerst in Ulm, später dann in Braunschweig und Wuppertal für die Bedeutung einer Designtheorie bei der Ausbildung einsetzte. Sein Standpunkt, den er vielbeachtet auf dem ICSID-Kongress 1975 in Moskau präsentierte, war, dass eine „Theorie [..] der Verbesserung von Praxis [diene. Eine] Design-Theorie richtet sich daher an Praktiker".[55] Diesem Anwendbarkeitsanspruch im Alltag stand besonders im VDID eine Gruppe gegenüber, deren Verständnis zufolge „eine Design-Theorie [..] möglichst den für eine wissenschaftliche Theorie geltenden Kriterien Genüge" zu leisten habe.[56] Diese beiden Punkte konnten trotz mehrerer Versuche im Laufe der 1970er und 1980er Jahre nicht miteinander vereint werden.

Einer dieser Versuche bildete der Forumskongress „Design-Theorien – Entwicklung im Bereich der deutschen Sprache" des IDZ Berlin im Jahr 1977.[57] Am 4. und 5. November trafen sich namhafte Designtheoretiker aus der Bundesrepublik, Österreich und der Schweiz in West-Berlin, um gemeinsam über den Stand der damaligen Theorien zum Design zu diskutieren. Mit beispielsweise Gerda Müller-Krauspe, Bernd Löbach, Herbert Ohl und Gert Selle waren auch wichtige Designakteure aus Westdeutschland vertreten. Auf diesem Kongress wurde deutlich, dass sich laut einem nachträglichen Bericht zum damaligen Zeitpunkt die verschiedenen „Design-Theorien leider noch vielfach im Anfangsstadium [befanden, was] sich nicht nur auf die Einbringung wis-

---

Übungen zum Thema ‚Technische Morphologie' für Studenten der TH beziehungsweise später der TU München. Ab 1968 waren diese Lehrveranstaltungen Teil der Curricula am Lehrstuhl für Konstruktionstechnik. 1973 erhielt Fuchs für seine Arbeit an der TH München eine Honorarprofessur. Er gehörte unter anderem dem VDI-VDMA-Gemeinschaftsausschuss ‚Technische Formgebung', dem Vorstand des Rats für Formgebung, Kulturkreis und Gestaltkreis an. StdA Hof, FI 18-1, Lebenslauf von Günter Fuchs von 1973, TUM Registratur, Akte Günter Fuchs, Siemens Historical Institute, Akte 37.La 676 und Unbekannt (1984s), (1984ab), Brackert (1975b), Eisenschink (1998), S. 9, Kranke (2008), S. 90f, Oestereich (2000a), S. 240f.

53 | Für die ‚Fuchs'sche Gestaltungsgesetze' siehe besonders Fuchs (1961), (1964), (1967), (1968b), (1971).

54 | Siegfried Maser studierte in Stuttgart und Tübingen Mathematik, Physik und Philosophie und wurde 1965 bei Max Bense an der TH Stuttgart mit einer mathematisch-philosophischen Arbeit promoviert. Maser habilitierte sich 1968 in Stuttgart im Bereich der Informationsästhetik. Im Jahr 1969 zu Beginn des IUP Ulm bildete Maser gemeinsam mit Gerhard Curdes und Gernot Minke den dortigen Lehrkörper. Mit der Schließung des IUP Ulm wurde Maser zum Professor für Systemforschung und Planungstheorie an die SHfBK Braunschweig berufen. Danach war er von 1978 bis 2004 als Professor für Designtheorie an der Bergischen Universität Wuppertal tätig. Curdes (2015), S. 148ff, Maser (1976), S. 40, Spitz (2012a), S. 42 und S. 70.

55 | Maser (1976), S. 42. Siehe auch Mareis (2014), S. 22f. Für den Kongress in Moskau siehe S. 299f.

56 | Unbekannt (1972h).

57 | Siehe hierzu Bürdek (1977), Burkhardt (1977), IDZ Berlin (1977), S. 35f.

senschaftlicher Aspekte, sondern auch auf die Orientierung dieser Theorien an der Praxis" bezog.[58]

Bemerkenswert an dem Forumskongress von 1977 war, dass François Burkhardt als Leiter des IDZ Berlin auch Designtheoretiker aus der DDR eingeladen hatte. Jedoch wurden die gegebenen Zusagen aus Ost-Berlin kurzfristig aus unbekannten Gründen wieder zurückgezogen, sodass es doch nicht zu einer gemeinsamen Podiumsdiskussion zwischen Ost und West kam.[59] Diese Einladung an Designer aus dem AIF spiegelte zugleich wider, dass aus Sicht der Westdeutschen die Arbeit an Theorien des Designs im ostdeutschen Staat zumindest beachtenswert war.[60] Nichtsdestotrotz attestierte Burkhardt, dass eine Designtheorie insgesamt immer noch unerreicht sei, was speziell mit dem Widerstand der Praktiker in der Produktgestaltung zusammenhinge.[61] Solchen Aussagen widersprach beispielsweise Maser, indem er wiederum eine „Übertheoretisierung" des Designs – besonders im Ausbildungsbereich – beanstandete.[62]

Dieses Streben nach Designtheorien und -methodologien war rückblickend ein wesentliches Element einer Professionalisierung der Industriedesigner. Durch theoretisch-methodische Überlegungen gelang es den Zeitgenossen, einen eigenen Wissenskanon an verschiedenen Ansätzen bei der Produktgestaltung zu postulieren. In diesem Kontext wurde das Argumentieren mit wissenschaftlichem Wissen im Design ein häufig vorgetragenes Diskursmuster der Industriedesigner. Denn als Experten reproduzieren sie aus ihrer Perspektive vorhandenes Wissen und machten es Handelnden aus der Politik, Wirtschaft, Bürokratie und Medien überhaupt erst zugänglich. Die Gestalter versuchten dadurch auf konstruktive Weise, sich einer Distinktion mittels wissenschaftlichen Wissens zu bedienen. Ziel war es, die eigene Profession weiterzuentwickeln und sich anhand von gemeinsamen Denkmodellen einer Gruppenzugehörigkeit rückzuversichern. Gleichzeitig waren die bundesdeutschen Industriedesigner ebenso bestrebt, sich von anderen Berufsgruppen wie den Ingenieuren, Architekten und Künstlern abzugrenzen. Hierbei argumentierten die Gestalter mit explizitem Wissen aus nahen und fernen Wissen-

58 | ZADP, Bestand Rosenthal, p.S. 17, Bericht zur Vorstandssitzung des IDZ Berlin vom 17.03.1978, Anlage 4, Bericht von François Burkhardt, S. 4.

59 | LA Berlin, B010-1812, Notiz über ein Telephongespräch zwischen Reineck und Czermack vom 22.09.1977 und ibid., B010-1832, Protokoll zur Vorstandssitzung des IDZ Berlin vom 02.11.1977, S. 2.

60 | Buchholz und Theinert (2007), S. 231, Burkhardt (1981), S. 502.

61 | Burkhardt (1986), S. 31. Für die Bedeutung einer Designtheorie im Bereich des DDR-Designs siehe beispielsweise den Beitrag von Oehlke in der westdeutschen ‚zeitgemäße form', Oehlke (1985).

62 | Otte (1976).

schaftsdisziplinen, das sie auch in konfrontativen Kommunikationsstrategien anwendeten.[63]

Das Verhältnis von Industriedesignern und Ingenieuren

Anhand von zwei Beispielen wird im Folgenden die Bedeutung von explizitem Wissen kurz erläutert. Erstens zeigte die Debatte um einen „Katechismus der Ingenieure" aus dem Jahr 1963, wie Industriedesigner – besonders Gui Bonsiepe – auf die VDI-Richtlinie 2224 zur Produktgestaltung reagierten, an deren Erarbeitung die Industriedesigner nicht beteiligt gewesen waren. Zweitens demonstriert der Bundespreis 1976/77, wie Designer zunehmend beanspruchten, Produktformen wissenschaftlich bewerten zu können und sich dabei gegenüber Ingenieuren auf ihr fachspezifisches Wissen beriefen.

In dem vielzitierten ‚form'-Beitrag aus dem Jahr 1963 kritisiert Bonsiepe die VDI-Richtlinie 2224, die Empfehlungen für Ingenieure zur Formgebung technischer Erzeugnisse sammelte. Teils polemisch attackiert er eine darin verbreitete Vorstellung, „dass man mit einer fundierten Ingenieursausbildung und ein bisschen ästhetische Politur das Industrial Design schon werde meistern können".[64] Einerseits ging es Bonsiepe darum, die Ansichten der westdeutschen Ingenieure in Bezug zum Industriedesign kritisch zu hinterfragen. Denn seiner Meinung nach nistete in dieser Richtlinie „der Glaube, Formgebung sei eine Addition von herkömmlicher Konstruktion plus ein wenig Skulptur plus ein wenig Oberfläche plus ein wenig Farbe".[65] Zugleich verdeutlichte Bonsiepe indirekt, dass die Ingenieure die Arbeit der Gestalter bei der Entwicklung neuer Produkte mit einbeziehen sollten. Hierbei traf erstmals die neu entstehende Berufsgruppe der Produktgestalter auf ingenieurwissenschaftliche Experten. Dies lässt sich nicht nur durch das aufkommende Interesse für die industrielle Formgebung erklären.

Folgt man der These des Technikhistorikers Joachim Radkau, so bildete die zweite Hälfte der 1950er Jahre für westdeutsche Ingenieure eine Sattelzeit, in der eine Neubewertung von technischen Innovationen einsetzte. Im Zuge dessen öffneten sich besonders Konstruktionsingenieure für Fragen der Formgebung.[66] Daher sprach Bonsiepe mit seiner Rezension der VDI-Richtlinien eine für die Industriedesigner drängende Frage an, nämlich wie das Verhältnis zu den technischen Konstrukteuren im Idealfall sein sollte. Für die Designer war dabei klar, dass selbstverständlich sie für die gesamte Formgebung zuständig seien. In Anlehnung an Jürgen Habermas zeigt sich dabei, dass sich

63 | Szöllösi-Janze (2004b), S. 282.

64 | Bonsiepe (1963b).

65 | Ibid.

66 | Radkau (2008), S. 331f. Es ließ sich leider nicht ermitteln, ob im VDI-Archiv hierzu eventuell Archivalien überliefert sind.

technisches Wissen nicht mehr auf die pragmatisch erworbenen Techniken der klassischen Handwerke beschränkte, sondern dass es die Gestalt wissenschaftlicher Informationen annahm, die sich für Technologien verwerten ließen.[67]

Die Rückmeldungen auf Bonsiepes Rezension der VDI-Richtlinien waren vielfältig. Bei der Redaktion der ‚form' gingen sowohl ablehnende als auch lobende Worte ein, die dann teilweise publiziert wurden.[68] Darauf reagierte etwa Hartmut Seeger, der wie Bonsiepe ein ‚Ulmer' war und als ein studierter Ingenieur und Designer in beiden Bereichen arbeitete. Er plädierte für eine konstruktive Zusammenarbeit beider Berufe, was später dann pragmatisch als Teamarbeit zusammengefasst wurde.[69] In Anlehnung an Bonsiepe schlug beispielsweise der Darmstädter Hochschullehrer Heinz G. Pfaender[70] vor, die Produktentwicklung nach Konstruktion und Formgebung zu unterscheiden, wobei der Designer aus seiner Sicht dafür stand, dass die Kunst wieder zur Technik komme.[71] Solche Legitimationsstrategien, den Gestalter als ‚Künstler der Technik' zu positionieren, waren zeitgenössisch umstritten. Etwa eine ganze Tagung in Tutzing zur Stilbildung in Industrie und Technik 1964 führte nicht einmal dazu, dass sich die Auffassungen verschiedener Konferenzteilnehmer aus dem Werkbund und der HfG Ulm annäherten, geschweige denn denen der Industrie.[72]

Langfristig blieb das Verhältnis zwischen Designern und Ingenieuren, das Bonsiepe 1963 erstmals angesprochen hatte, in der Schwebe.[73] Dies hing aus Sicht der Industriedesigner ebenso damit zusammen, dass – wie Otto Sudrow es 1974 formulierte – „traditionelle Berufe wie die des Ingenieurs Funktionsverluste erleiden, die Eingliederung des Künstlers [sic] in den Verwertungsprozess lässt neue entstehen".[74] Aus der Perspektive vieler Produktgestalter standen Angehörige der ingenieurwissenschaftlichen Fächer ihrer Profession skeptisch gegenüber. Noch Ende der 1970er Jahre wurden angehende Studierende darauf hingewiesen, dass Ingenieure teilweise annehmen würden, „dass der Industrial Designer in seinen eigenen speziellen Arbeitsbereich ein-

67 | Habermas (1968), S. 108.

68 | Unbekannt (1964c), Bobek (1963), Bonsiepe (1963a), (1964), Hartmann und Seeger (1964), Klöcker (1964), Schultheiß (1964). Siehe auch Klöcker (1981b), S. 130.

69 | Hartmann und Seeger (1964).

70 | Zu Heinz G. Pfaender siehe Buchholz und Theinert (2007), S. 185, May (2015), S. 426, Neumann (1982), Oestereich (2000a), S. 207.

71 | Pfaender (1964).

72 | Gleffe (1964), S. 65.

73 | Angestoßen durch diese Debatte versuchten 1965 der Rat für Formgebung und der VDID durch eine großangelegte Befragung den Bedarf an Designern in der Wirtschaft zu ermitteln, Unbekannt (1965c), (1965o), (1966d), Gleffe (1965), Hirzel (1965).

74 | Sudrow (1974), S. 4.

dringen will".[75] Einige Zeitgenossen führten ein solches belastetes Verhältnis zwischen diesen beiden Berufsgruppen darüber hinaus auf unterschiedliche Kontexte der Professionen zurück, nämlich Technik und Kunst. Langfristig versuchten die Industriedesigner jedoch, sich als Mittler zwischen der Wirtschaft und den Verbrauchern zu positionieren. Gegen diese Annahme argumentierte beispielsweise der DDR-Designer Martin Kelm, da für ihn in einem kapitalistischen Gesellschaftssystem eben eine solche Mittelstellung des Designers letztlich nicht möglich sei.[76] Der ,Ulmer' Thomas Kuby brachte dies in einem Radiobeitrag dahingehend auf den Punkt: So wie „der Ingenieur für das technische Funktionieren der Maschine sorgt, überlegt sich der Designer, wie diese Maschine von den Menschen am einfachsten und praktischsten benutzt werden kann".[77] Passend dazu vertritt der britische Designhistoriker Jonathan Woodham die Position, dass der Gegensatz von Designern und Ingenieuren das 20. Jahrhundert lange Zeit prägte.[78] Für die Zeit der Bundesrepublik nach der sogenannten Wiederaufbauphase lässt sich diese Annahme bestätigten. Zugleich weist das Beispiel zur VDI-Richtlinie 2224 darauf hin, dass ein Gegensatz von Ingenieuren und Designern aus der Sicht der Zeitgenossen kein rein westdeutsches Phänomen war, sondern ebenso in andern Ländern diskutiert wurde.

„Design ist messbar geworden"

„Design ist messbar geworden" verkündete der fachliche Leiter des Rats für Formgebung Herbert Ohl[79] 1977 bei der Verleihung des Bundespreises ,Gute Form'.[80] Dieses zweite Beispiel verdeutlicht, wie Gestalter die Entwicklung von designspezifischem Wissen forcierten. Diesen Ansatz wiesen viele zeitgenössische Industriedesigner zurück, da sie einen negativen Kontext durch

75 | Bauer (1977), S. 64.

76 | Kelm (1971), S. 79ff.

77 | Kuby (1970), S. 4. Im Kontext von Debatten über eine sogenannte Umweltgestaltung führte beispielsweise Löbach dieses Argument weiter und formulierte den Anspruch, der Designer müsste ein „Anwalt des Konsumenten" sein. Siehe hierfür S. 172ff.

78 | Woodham (1997), S. 165.

79 | Herbert Ohl studierte Architektur in Karlsruhe und arbeitete anschließend als Assistent im Büro von Egon Eiermann. Von 1956 bis 1968 war er Dozent und von 1966 bis 1968 Rektor an der HfG Ulm. 1969 gründete er zusammen mit Herbert Lindinger und Herbert W. Kapitzki das Institut für Umweltgestaltung in Frankfurt am Main. 1974 wurde er zum fachlichen Leiter des Rats für Formgebung ernannt. Von 1984 bis 1991 lehrte er als Professor für Kraftfahrzeugdesign an der Fachhochschule für Gestaltung Pforzheim. Gleichzeitig unterhielt Ohl zusammen mit Gino Valle ein Büro für Architektur und Design in Mailand. Von 1975 bis 1977 war er Mitglied des ICSID-Präsidiums und von 1977 bis 1979 Schatzmeister des ICSID. Unbekannt (1980y), Gassner, Gorges und Schneider (2013), S. 226ff, Neumann (1976), Ohl (1979), (1990), Sannwald (1987), S. 274, Walsh (1990) und auch BA Koblenz, B547-40.

80 | Ohl (1977b), (1977c), (1977d), (1977e), (1977f).

eine ‚Verwissenschaftlichung' ihrer Disziplin erkannten. Im Jahr 1974 kam innerhalb des Rats für Formgebung der Vorschlag auf, das Design an Arbeitsplätzen mit dem nächsten Bundespreis auszuzeichnen. Gleichzeitig beabsichtigte der Vorstand des Rats für Formgebung, seine bisher vergleichsweise lose Verbindung zur Automobilindustrie zu stärken, sodass sich das Gremium bei der Auswahl des Bundespreises für eine Kombination einsetzte. Der Vorstand stufte Autofahren als Arbeit ein, sodass sowohl Personen- als auch Lastkraftfahrzeuge gleichermaßen begutachtet werden konnten. Der Rat wollte damit erstmals in seiner Geschichte Kraftfahrzeuge bewerten und dies mit Fokus auf den Fahrerplatz. Da für die Vorbereitungen eine längere Anlaufzeit nötig wurde, wich der RfF-Vorstand von dem jährlichen Turnus des Bundespreises ab und vereinbarte, im Jahr 1976 auszusetzen, um stattdessen den Preis erst wieder 1977 zu verleihen.[81]

Herbert Ohl entwickelte für den Bundespreis 1977 das neue Konzept einer sogenannten Design-Diagnose mittels Datenerhebung. Er beabsichtigte, auf diese Weise die bisher übliche Jurierung mittels Diskussionen und Gruppenkonsens durch eine strukturierte Datenanalyse zu ersetzen. Ohl entwarf hierzu insgesamt 768 verschiedene Bewertungsdaten, die sich beispielsweise auf die Form der Außenspiegel oder die einzelnen Bedienungselemente des Armaturenbretts eines Autos bezogen. Jeder Juror hatte Bewertungstabellen für sich nach Kriterien der Gestaltung auszufüllen. Auf diese Weise sollten nach Ohl die „einzelne[n], unabhängig ermittelte[n] und vergleichbare[n], sich gegenseitig objektivierende[n] Daten" verrechnet werden. Diese Datenblätter wiederum beinhalteten verschiedene Parameter, „bestehend aus Einzelheiten nach Design-Kriterien, nach Bauelement-Gruppen gegliedert und akkumulierend zu Gruppen- und Gesamtwerten Fahrerplatz vereinigt", die letztendlich die Gesamtbewertung eines Automobils ergaben.[82] Ohls Anspruch war es, eine objektive, messbare und zugleich für Außenstehende nachvollziehbare Bewertung für den Bundespreis zu erzielen.[83] Hiermit schien der erste Schritt hin zu einer Designwissenschaft getan. Gleichzeitig bedeutete diese ‚Transparenzoffensive', dass sich die Industriedesigner als die maßgeblichen Experten für die Produktbewertung positionieren wollten, was sie besonders in Abgrenzung etwa zu den Ingenieuren der Stiftung Warentest taten.[84]

81 | ZADP, Bestand Rosenthal, p.S. 18, Schreiben von Herbert Ohl an Ernst-Dieter Gätjen vom 19.12.1974, S. 1. Unbekannt (1976b), (1976d).

82 | Ohl (1977a), S. 20.

83 | Ohl (1982b), S. 39.

84 | Zur Beschäftigung der Stiftung Warentest mit Design siehe die zeitgenössische Berichterstattung Unbekannt (1977p), (1978a), (1978b), (1978j), (1979a), (1981q), Ditzen (1977), Giachi (1977b), Hüttenrauch und Pfennig (1977), Schricker (1977). Zur historischen Einordnung der Stiftung Warentest siehe etwa Silberer (2014).

Ohls Konzept war allerdings derart kompliziert, dass er 1976 mit Eberhard Fuchs, Günter Fuchs, Herbert W. Kapitzki und Herbert Lindinger eine Probejurierung vornahm, um das von ihm entwickelte Vorgehen und die Gewichtung einzelner Parameter überprüfen zu können.[85] Repräsentanten der Automobilindustrie zeigten sich bei einer Vorbesprechung in Darmstadt erfreut über das Thema des Bundespreises.[86] Gleichzeitig verweigerten jedoch Vertreter des VDMA schon früh ihre Mitarbeit an diesem Projekt. Der einflussreiche Verband der Maschinenbau-Unternehmer hatte besondere Bedenken, weil die fraglichen Fahrzeuge nur in einem ruhenden Zustand getestet würden.[87] Bundeswirtschaftsminister Hans Friderichs beziehungsweise dessen Vertreter Ministerialdirigent Joachim Böttger sahen jedoch diese neuartige Jurierungsmethode als „vorbildliche Form eines Meinungsbildungsprozesses in einer pluralistischen Gesellschaft" und meldeten keinerlei Zweifel gegen die Durchführung des Bundespreises an.[88]

Wie die Zeithistorikerin Gabriele Metzler herausgearbeitet hat, ähnelt dies den Planungsformen von politischem Handeln in der Bundesrepublik seit den 1960er Jahren. Mit dem Bezug auf eine pluralistische Gesellschaft galten dabei vorausschauende Planungen und Prognosen als Möglichkeit für die politische Gestaltung der Zukunft.[89] Die Datengenerierung für den Bundespreis ‚Gute Form' 1976/77, verbunden mit dem Anspruch auf Planbarkeit, war zwar für die Industriedesigner ein neues Vorgehen. In vielen anderen gesellschaftlichen Teilbereichen, wie etwa der Politik, Wirtschaft und Wissenschaft, galt dies jedoch schon seit den 1960er Jahren als ein möglicher Lösungsweg bei der Bewältigung von zukünftigen Herausforderungen.[90]

Die Jury für den Bundespreis bewertete 50 Fahrzeugsitzplätze und Fahrzeuge.[91] Letztendlich produzierten die Juroren ungefähr 38.400 Datensätze, die mit Hilfe eines Computers verarbeitet wurden, um anschließend die Jury-

---

85 | ZADP, Bestand Rosenthal, p.S. 19, Protokoll zur Vorstandssitzung des Rats für Formgebung vom 29.06.1976, S. 2.

86 | Siehe hierzu das Protokoll in ZADP, Bestand Rosenthal, p.S. 19.

87 | ZADP, Bestand Rosenthal, p.S. 19, Schreiben von Segerer, Abteilung Technik des VDMA, an Herbert Ohl vom 27.02.1976.

88 | WBA-B, Ordner ‚Rat für Formgebung', Protokoll zur Sitzung des Koordinierungsbeirats des Rats für Formgebung vom 12.12.1979, S. 2. Siehe ebenso die Begrüßungsrede von Friderichs bei der Ausstellungseröffnung zum Bundespreis 1976/77 vom 13.06.1977 im IDZ Berlin, LA Berlin, B010-1001.

89 | Metzler (2005b), S. 355ff und S. 408f.

90 | Ibid., S. 24f und S. 114.

91 | Den Vorsitz der Jury führte Joachim Böttger als Vertreter des BMWi. Des weiteren waren Herbert Ohl (RfF) als Geschäftsführer und Leonard Bruce Archer (Royal College London), Rodolfo Bonetto, Ulrich Burandt (FH Köln), François Burkhardt (IDZ Berlin), Herbert W. Kapitzki (HdK Berlin), Herbert Lindinger (TU Hannover), Alfred Lorenzer (Universität Frankfurt) und Dieter Rams (Braun AG) Mitglieder der Jury. IDZ Berlin (1978), S. 18.

entscheidungen in Tabellen und Graphiken zu präsentierten.[92] Von den insgesamt sechs nominierten Bussen, 15 Last- und 30 Personenkraftwagen wurden ein Bus, drei Lkw und sieben Pkw mit Preisen prämiert. Durch das datenbezogene Designdiagnoseverfahren konnten die verschiedenen Juroren jedoch keinen Favoriten ausmachen, was dazu führte, dass bis auf ein Modell von Citroën nur bundesdeutsche Unternehmen ausgezeichnet wurden. Darunter waren alle sechs Modelle der Daimler-Benz AG und drei der BMW AG.[93]

Die öffentlichen Reaktionen auf den Bundespreis ‚Gute Form' 1976/77 waren verhalten.[94] Unter Designern wurde fachintern besonders Ohls Methode der Design-Diagnose kritisiert. Bemängelt wurde beispielsweise, dass die Design-Diagnose „mechanisch-mathematisch sei und eine Diskussion der Juroren untereinander ausschließe".[95] Dieter Rams erinnerte später daran, „dass die Behauptung, Design sei messbar, vor allem Kritik herausgefordert habe. Der Anschein, das Jurierungsverfahren sei wissenschaftlich fundiert, müss[t]e vermieden werden".[96] Und Burkhardt unterstellte in Bezug auf den Bundespreis, „Ohl nahm eine positivistische Haltung [zur Design-Theorie] ein, getragen von einem unbegrenzten Glauben an die Möglichkeit der Forschung in Hinblick auf eine menschlichere Produktion, die die Rolle eines Partners von Mensch und Natur übernehmen soll".[97] Zugleich kritisierte Ernst-Jörg Kruttschnitt die Reaktion Ohls, da die aufkommende Kritik an dem Verfahren „dann mit verbalen Kraftakten pariert [wurde], die zu Verletzungen und lange Zeit bemerkbaren Narben führten. Dazu kam, dass die Verteidigung mit einem missionarischen Eifer geführt wurde, der keine anderen Götter neben sich duldete".[98] Trotz dieser Kritik gründete Ohl zunächst noch das Institut für Designdiagnose beim Rat für Formgebung, das ähnliche Dienstleistungen bei der Bewertung von Produktgestaltungen für Unternehmen anbieten sollte.[99] Designer, wie beispielsweise der damalige VDID-Präsident Krug, sahen

92 | RWWA Köln, 181-2179-1, Bericht über die Sitzung des Koordinierungsbeirats des Rats für Formgebung vom 12.12.1979, S. 2 und Ohl (1982b), S. 40.

93 | Für eine Kurzdarstellung der Chefdesigner der Daimler-Benz AG Bruno Sacco und der BMW AG Claus Luthe siehe Unbekannt (1985p) und Unbekannt (1985g).

94 | Siehe hierzu Unbekannt (1977d), (1977m), Müller-Krauspe (1977a), RfF (1977), Sack (1977).

95 | ZADP, Bestand Rosenthal, p.S. 13, Bericht zur Vorstandssitzung des Rats für Formgebung vom 02.06.1980, S. 3.

96 | ZADP, Bestand Rosenthal, p.S. 13, Vermerk zur Beratung über das Verfahren zur Jurierung des Bundespreises ‚Gute Form' vom 15.07.1980, S. 2.

97 | ZADP, Bestand Rosenthal, p.S. 17, Bericht zur Vorstandssitzung des IDZ Berlin vom 17.03.1978, Anlage 4, Bericht von François Burkhardt, S. 3.

98 | Kruttschnitt (1981), S. 1f.

99 | ZADP, Bestand Rosenthal, p.S. 20, Bericht zur Vorstandsitzung des Rats für Formgebung vom 13.09.1977, S. 3 und ibid., p.S. 21, Schreiben von Herbert Ohl an Philip Rosenthal vom 08.05.1978. Einige Unterlagen des Instituts für Designdiagnose haben sich erhalten in

diese Idee jedoch äußerst kritisch, da „mit dem Projekt ‚Design Diagnose' dem Industrial Designer durch eine quasi halbstaatliche Institution erhebliche Konkurrenz erwachse".[100] Dieser letzte Versuch Ohls, Design für messbar zu erklären, wurde im Angesicht der vielfältigen Kritik Anfang der 1980er Jahre wieder eingestellt, was einherging mit dem Ende der lange dominierenden Planungseuphorien.[101] So spezifisch die Industriedesigner dabei mit wissenschaftlichem Wissen argumentierten, es handelte sich um kein singuläres Phänomen. Denn viele Zeitgenossen nahmen das eigene Umfeld spätestens seit Ende der 1970er Jahre als eine wissens- und informationsbasierte Gesellschaft wahr.[102] Dies ist ein Beispiel dafür, wie wissenschaftliches und technisches Wissen in die Rolle ‚klassischer' Produktionsfaktoren, wie Boden, Kapital und Arbeit, hineinwächst. Dabei wird deren Bedeutung jedoch nicht aufgelöst, aber neu konfiguriert.[103]

2. Produktplanung und Produktionssysteme im Design

Ähnlich wie zeitgenössische Diskurse über wissenschaftliches Wissen erlebte die Idee einer Planbarkeit vieler Lebensbereiche in den 1960er Jahren einen Aufschwung. Die Planungseuphorie galt für viele als Zeichen des ideologiefreien Fortschritts und der Modernisierung.[104] Im Bereich der Gestaltung verliefen die Debatten um Planung und Design ähnlich wie in anderen gesamtgesellschaftlichen Teilbereichen. Wie Gabriele Metzler herausgearbeitet hat, war die zeitgenössische Wahrnehmung, durch wissenschaftlich fundierte Planung die Gesellschaft und Umwelt organisieren zu können, weit verbreitet.[105] Durch die sogenannte Produktplanung wendeten Industriedesigner seit Mitte der 1960er Jahre neue technische Designkonzepte und -methoden an.[106] Aber rasch nach der ersten Ölpreiskrise 1973/74 wurden Planungsideen im Design kritisiert. Beispielsweise stellte der Architektursoziologe und spätere DWB-Vorsitzende Lucius Burckhardt schon 1974 die Grundsatzfrage „Wer

RWWA Köln, 181-2544-2. Ebenso finden sich Broschüren und Informationsschreiben des Instituts in PA Slany, p.S. 4. Siehe ebenso Unbekannt (1978i), (1981m), (1982j), Ohl (1978).

100 | ZADP, Bestand Rosenthal, p.S. 22, Protokoll zur gemeinsamen Vorstandssitzung des Rats für Formgebung und des IDZ Berlin vom 18.01.1984, S. 4 und Archiv des VDID, NL Karl-Heinz Krug, Protokoll zur VDID-Mitgliederversammlung vom 25.09.1982, S. 3.

101 | Metzler (2005b), S. 404ff.

102 | Doering-Manteuffel und Raphael (2012), S. 105, Herbert (2014), S. 910, Heßler (2012), S. 70, Szöllösi-Janze (2004a), S. 278 und S. 281.

103 | Szöllösi-Janze (2004a), S. 279.

104 | Doering-Manteuffel und Raphael (2012), S. 25.

105 | Metzler (2005b), S. 17f.

106 | Mareis (2011), S. 90. Siehe hierzu auch Leymonerie (2016), S. 150ff.

plant die Planung?".[107] Und der Werkbund postulierte ein Jahr später auf einer internen Arbeitstagung in Saarbrücken, dass mehr Planung gleichbedeutend sei mit weniger Freiheit.[108] Noch im Jahr 1975 diskutierten Eberhard Fuchs von der AEG AG, Herbert Ohl sowie Vertreter aus dem Umweltbundesamt und der Gewerkschaft Erziehung und Wissenschaft in einer Tagung am IDZ Berlin, ob die Produktplanung eine Lösung in der Krise sein könne.[109]

Solche Ansichten setzten sich bei den Akteuren und Institutionen im bundesdeutschen Design nicht durch, sodass spätestens ab Mitte der 1970er Jahre kaum noch ein designinterner Diskurs über Produktplanungen geführt wurde. Abgesehen von den publizistischen Beiträgen und Weiterbildungsangeboten der AW design um Erich Geyer, wurde das Feld der Produktplanung zunehmend von Betriebswirten weiterentwickelt. Mit Eugen Leitherer an der Ludwig-Maximilians-Universität München und Udo Koppelmann an der Universität zu Köln erforschten zwei Ordinarien der Betriebswirtschaftslehre in den 1980er Jahren das Verhältnis von Design zur Produktpolitik und des Marketings. Das Teilkapitel handelt somit davon, welche Debatten die Industriedesigner zur Produktplanung führten. In diesem Zusammenhang werden die zeitgenössischen Auseinandersetzungen um Fragen der Produktsysteme – Zukunft, Innovation, Postfordismus, Betriebswirtschaftslehre und Styling – im Industriedesign analysiert. Die These ist folglich, dass die Produktplanung eine Strategie war, um Design erfolgreich in Unternehmen zu verorten. Durch Planungskonzepte und Argumentieren mit Wissen versuchten Gestalter wiederum, ihre – teilweise neu erlangten – Positionen in Firmen zu sichern.

Den Begriff ‚Produktplanung' verstanden die Industriedesigner vielfach wörtlich, nämlich als Prozess, welcher die Gestaltung von Produkten in der Zukunft ermöglichen sollte. Die Produktplanung wurde dabei häufig dreigeteilt: in 1. die analytische, 2. die schöpferische und 3. die ausführende Phase.[110] Dahinter verbarg sich der Anspruch, alle gestalterischen Probleme durch ein wissenschaftlich-fundiertes Design lösen zu können.[111] Laut Geyer befasst sich „Produktplanung mit der langfristigen Weiterentwicklung, Neuentwicklung und Projektierung für die zukünftige Gesellschaft, [darunter] Verbraucher und Gebraucher und deren Verhaltensformen im Markt von morgen".[112] Dieser Ansatz positionierte die Arbeit der Industriedesigner nicht mehr am Ende einer imaginären Kette der Produktentwicklung. Stattdessen war Design in Unternehmen in der Hierarchie der Planungsprozesse für die Produktion weit

107 | Burckhardt (2004), S. 71.

108 | Siehe hierzu die Tagungsunterlagen in IfZ-Archiv, ED 920/434.

109 | Unbekannt (1975p).

110 | Geyer (1970), S. 460.

111 | Selle (2007), S. 246.

112 | Geyer (1970), S. 464.

Abbildung 21: Beurteilungsbogen zum Bundespreis „Gute Form“ 1976/77.

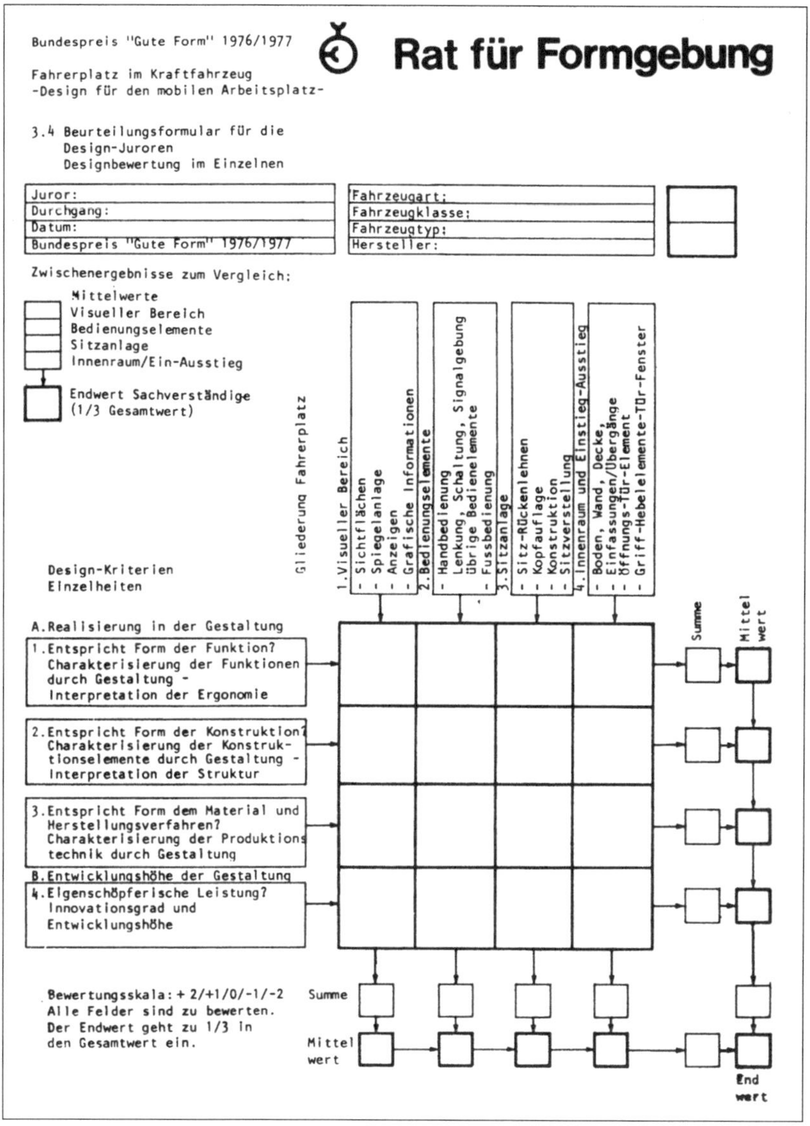

Quelle: Der Fahrerplatz im Kraftfahrzeug – Design für den mobilen Arbeitsplatz – Bundespreis Gute Form 1976/77 von Rat für Formgebung, Darmstadt 1977, S. 19f.

nach oben gerückt.[113] Aus Sicht der Gestalter bewegte sich „das Industrial Design immer mehr an die Nahtstelle der Planungsfaktoren, da sich grundsätz-

113 | Selle (1973a), S. 9.

Abbildung 22: Bundespreis Gute Form 1976/77, Jurymitglied mit Bewertungsgraph, photographiert von Ursula Wenzel.

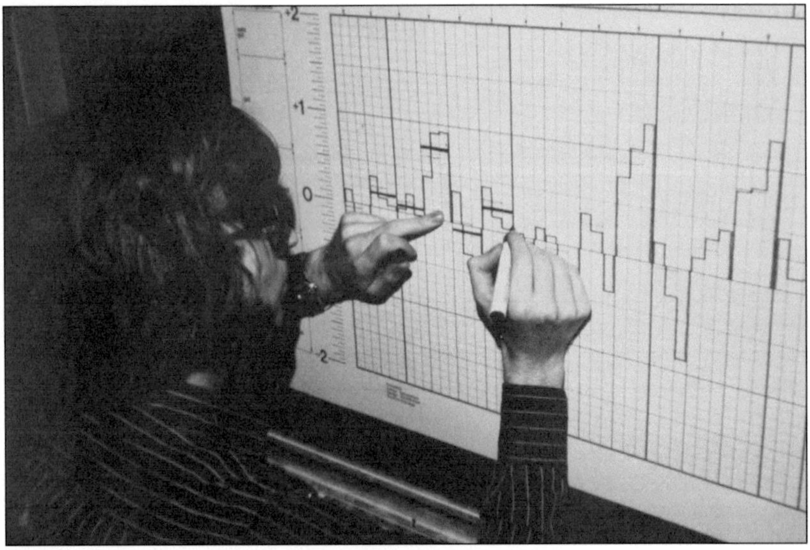

Quelle: Bildarchiv der Stiftung Deutsches Design Museum.

lich alle produktbeeinflussenden Faktoren als Wertungskriterien [darstellten], die den Design-Entwurf beeinfluss[t]en".[114] Diese Aussage aus einem zeitgenössischen Studienbuch für Designstudierende formulierte den Anspruch der Industriedesigner, mit ihrer Arbeit nicht nur gestalterische Probleme zu lösen, sondern ebenso als wichtiger Partner in konzerneigenen Innovationsprozessen zu agieren.

Bemerkenswert – aber aus der Perspektive der Professionalisierung der Industriedesigner nicht überraschend – ist die Beobachtung, dass die Debatten um die Produktplanung zuerst von Gestaltern selbst entwickelt wurden. Eigentlich sollte aus der Produktplanung ein Instrumentarium hervorgehen, das auf der Ebene von Unternehmen anzuwenden war. Der Versuch, Industriedesign systematisch in die Praxis einzubinden und dabei wissenschaftlich zu argumentieren, lässt sich auf die HfG Ulm zurückführen. Ähnlich wie bei Diskursen über Designtheorien und -methodologien waren ‚Ulmer', speziell Horst Rittel, für die Bundesrepublik maßgebend.[115] Während sie bei Designtheorien und Methodologien nach theoretischen Überlegungen zum Verständnis der Produktgestaltung forschten, sollten durch die Produktplanung die erdachten Ansätze in der Praxis umgesetzt werden. Nach dem Ende der HfG Ulm 1968 versuchten die IUP-Dozenten diese Richtung der Designplanung mit dem

114 | Bauer (1977), S. 66.

115 | Siehe hierzu S. 102f.

Abbildung 23: Sitzung zum Bundespreis 1976/77, Herbert Ohl.

Quelle: Bildarchiv der Stiftung Deutsches Design Museum.

Konzept der Umweltgestaltung zu verbinden. Jedoch existierte das IUP als Nachfolgeinstitution nur wenige Jahre und wurde 1972 wieder geschlossen.[116]

Erich Geyer und Design-Management

Die AW design als zentrale Designinstitution in der Produktplanung saß ebenfalls im Südwesten der Bundesrepublik. Vordergründig scheint dies ein Zufall gewesen zu sein. Bezieht man ein, dass auch der VDID in Baden-Württemberg gegründet wurde, so liegt die Vermutung nahe, dass in diesem Bundesland mit seiner ausdifferenzierten Maschinenbauindustrie schon früh Designer und Unternehmer zusammenkamen. Kaum eine andere Designinstitution in Westdeutschland wie die AW design bot zwischen den 1960er und 1990er Jahren solche Qualifizierungsangebote. Die AW design in Stuttgart war mit Erich Geyer sowohl bei der inhaltlichen Konzeption der Produktplanung als auch bei deren Verbreitung durch Weiterbildungsseminare in der Bundesrepublik die prägendste Einrichtung.[117] Geyer entwickelte hierfür ein eigenes „Denkmodell der Produktplanung", um die Konzeptideen visualisieren zu können.[118] Auffällig ist dabei, dass die überwiegende Anzahl der veröffentlichten Litera-

116 | Siehe hierzu S. 164ff.

117 | Für die AW design siehe S. 47f.

118 | AW design (1968b).

tur zum Thema von der AW design herausgegeben wurde.[119] Sortiert man die unterschiedlichen Beiträge zur Produktplanung, so fällt auf, dass die meisten Veröffentlichungen zwischen 1965 und 1977 erschienen, wobei die Jahre 1970 bis 1972 vermutlich wegen des IUP Ulm einen Schwerpunkt bildeten.

Mit der Einführung des Begriffs ‚Design-Management' Ende der 1960er Jahre versuchte Geyer, einen neuen Typus des Gestalters in Unternehmen zu entwickeln. Mit dem sogenannten Design-Manager sollte ein zusätzliches Arbeitsfeld für Industriedesigner entstehen, in welchem die „planende Vorbereitung in der Zukunft fixierter Designziele im Unternehmen" erarbeitet wurde.[120] Aus Sicht von Geyer oder später Löbach stand ein Design-Manager an der Schnittstelle zwischen gestalterischer Tätigkeit und der Unternehmensleitung. Dieser hatte dabei die firmeneigene Designpolitik und die anfallenden Gestaltungsaufgaben zu koordinieren.[121] Am nächsten kam eine solche Berufsbeschreibung dem Leiter einer Designabteilung, wie dies etwa Edwin A. Schricker bei der Siemens AG war. Zugleich ging es aus der Perspektive Geyers „im Design-Management der Zukunft um die Anpassung des Menschen beziehungsweise der Gesellschaft an die Technik".[122] Durch diesen vergleichsweise hohen Anspruch an die eigene Beschäftigung versuchten die Designer, ihre Arbeit nicht nur auf eine reine Produktgestaltung zu beschränken. Vielmehr argumentierten sie, dass sie mit ihrer Tätigkeit den Menschen dienten – ähnlich wie dies mit dem Konzept der Umweltgestaltung beabsichtigt war.[123] So bemühten sich die Designer beispielsweise mit den Erkenntnissen aus der Ergonomie darum, die Verbindungen zwischen Menschen und Maschinen zu verbessern. Sogenannte Ergonomiestudien, wie sie – in Anlehnung etwa an Frederick Taylor – schon frühzeitig an der HfG Ulm oder bei Hans Erich Slany Anwendung fanden, wurden im Laufe der 1960er Jahre bei der Produktgestaltung vermehrt eingesetzt.[124] Im Kontext des Programms „Humanisierung der Arbeitswelt", welches die Bundesregierung unter Brandt im Jahr 1974 initiierte, gelang es den Gestaltern, über die Verbindung von Design und Ergonomie ihre eigene Arbeit zu rechtfertigen.[125] Jedoch war diese

---

119 | Wolf (1983), S. 98.

120 | Geyer und Bürdek (1970), S. 35.

121 | Geyer (1970), S. 473, (1982), S. 27, Löbach (1976), S. 187f.

122 | Geyer (1970), S. 473.

123 | Siehe generell hierzu das Kapitel ‚„Umwelt wird in Frage gestellt" – Designkonzepte im Wandel' auf S. 163ff.

124 | Mareis (2014), S. 115, Marquart (1994), S. 153 und S. 218. Siehe beispielsweise für Slanys Entwürfe für Elektrowerkzeugsysteme von der Robert Bosch AG in AW design (1967c).

125 | Geyer (2008), S. 85. Für die Designer siehe beispielsweise Antonoff (1979), Hilgering (1974). Siehe hierzu auch die Schriftenreihen „Humanisierung des Arbeitslebens" des Bundesministerium für Forschung und Technologie, etwa zur Ergonomie von Arbeitssitzen Müller-Limmroth und Förster (1983).

Idee einer menschengerechteren Arbeitswelt durch Gestaltung von Anfang an umstritten, wie der Siemens-Designer Tõnis Käo in der VDID-Arbeitsgruppe der angestellten Designer schon 1972 beobachtete.[126]

Die Konzepte der Produktplanung ermöglichten es den Industriedesignern, an zeitgenössischen Debatten über die Zukunft teilzunehmen.[127] Denn durch die Planung der Produktgestaltung versuchten sich die Designer ebenso als Experten für die Zukunft zu positionieren. Seit Mitte der 1960er Jahre diskutierten Gestalter auf internationaler Ebene über den eigenen Anteil an einer Zukunft der Menschheit und versuchten damit zugleich, an eine sogenannte Futurologie anzuknüpfen.[128] Im Kontext einer damals populären Zukunftseuphorie veranstaltete 1969 der internationale Dachverband ICSID seinen sechsten Kongress in London mit dem Titel „Design, Gesellschaft und Zukunft".[129] Aus der ideologiegeprägten Sicht der ostdeutschen Teilnehmer war der Kongress „eine erneute Widerspiegelung futurologischer, pessimistischer, idealistischer Theorien bürgerlicher Provenienz".[130] Währenddessen beschrieb der westdeutsche Jürgen Hämer als VDID-Geschäftsführer das ICSID-Treffen als Ort der „Verunsicherung, Selbstkritik, Reflexion über den gesellschaftlichen Stellenwert des Designers und seines Tuns, aber auch Ratlosigkeit und radikale Gesellschaftskritik".[131]

Unabhängig von der Bewertung der sechsten ICSID-Generalversammlung, regten die Debatten über die verschiedenen Zukünfte die westdeutschen Gestalter dazu an, sich intensiver mit solchen Fragen auseinanderzusetzen. Die Beteiligten sahen hier die Möglichkeit, dass Design „als ein auf das sozioökonomische Gesamtsystem ausstrahlender ästhetischer kreativer Prozess zu verstehen" sei.[132] Aus diesem Grund diskutierten die Industriedesigner auf der VDID-Mitgliederversammlung 1972 in München darüber, inwiefern Erkenntnisse der – damals weitverbreiteten und schon an der HfG Ulm unterrichteten – Kybernetik verstärkt im Design integriert werden konnten.[133] Solche Diskussionen über Zukunftsaufgaben der Gestalter verleiteten schließlich

126 | Archiv des VDID, Loseblattsammlung, Arbeitsbericht der VDID-AG ‚Angestellte Designer' für 1972, S. 9. Siehe ebenso Käo (1972).

127 | Siehe hierzu besonders die Arbeiten von Elke Seefried zur Zukunftsforschung, Seefried (2013), (2015), (2016). Sie auch Radkau (2017), S. 255ff und S. 282f.

128 | Siehe hierzu beispielsweise Beigel (1968), Clark (1968), Kelley (1966).

129 | Unbekannt (1969n), Bonsiepe (1969), Eckstein (1969), Klöcker (1969a).

130 | BA Berlin, DF 7/199, Dokumentation zum 6. ICSID-Kongress 1969 vom 13.03.1970, S. 2.

131 | AdDSS, Akte BU 01963, Bericht von Jürgen Hämer zum ICSID-Kongress 1969, S. 2. Für weitere Unterlagen zum Kongress in London siehe ebenso Archiv des Technikmuseums Berlin, I.4.224-080.

132 | RfF (1972b), S. 29.

133 | Unbekannt (1972e), Klöcker (1972b). Siehe auch Aumann (2009), S. 388ff.

1976 Gisela Brackert auf einer Tagung des BDI-Gestaltkreises zu einer grundsätzlichen Kritik am Selbstverständnis des Designers. Ihr zentraler Vorwurf war dabei, dass die Planung der gestalterischen Zukunft zunehmend von den Schwierigkeiten der Gegenwart ablenke.[134]

Design in den Wirtschaftswissenschaften

Solche Bedenken wurden hingegen bei der Betonung von Design als Teil einer wirtschaftswissenschaftlichen Lehre nicht erhoben. Seit Mitte der 1960er Jahre diskutierten Wissenschaftler im Bereich der Betriebswirtschaftslehre ebenfalls Fragen der Formgebung. Besonders die Betriebswirtin Ursula Hansen versuchte aus dieser Perspektive heraus, die Mechanismen im Industriedesign zu erklären.[135] Bemerkenswert ist dabei die Beobachtung, dass die Diskurse über Gestaltung in der Betriebswirtschaftslehre in den 1970er Jahren kaum fortgeführt wurden, jedoch seit Anfang der 1980er Jahren wieder einen Boom erlebten.[136] Die Gestalter verwendeten den Begriff ‚Innovation' vermehrt im Kontext von Design, um die Produktgestaltung im Zeichen einer intensivierten weltweiten Vernetzung neu zu positionieren.[137] Nichtsdestotrotz erkannten Betriebswirte zunehmend die Bedeutung von Design als einen Innovationsfaktor für Unternehmen.[138] In der Bundesrepublik war der Münchner Hochschullehrer für Betriebswirtschaftslehre Eugen Leitherer einer der zentralen Vertreter, der sich dem Industriedesign in dieser Fachrichtung erneut annäherte. Hierfür gründete er 1985 das außeruniversitäre ‚Design Forum München', um Betriebswirten und Designern eine gemeinsame Plattform zum Austausch geben zu können.[139] Parallel dazu gewannen für Leitherer Fragen der Produktgestaltung in seiner Lehre an der Ludwig-Maximilians-Universität in München eine größere Bedeutung, sodass später sogar einige Dissertationen zum Themenkomplex Industriedesign und Betriebswirtschaftslehre bei ihm eingereicht wurden.[140] Trotz allem war Leithe-

134 | „Ich habe nämlich den Verdacht, dass die bewusstseinsmäßige Ausrichtung auf immer neue, immer komplexere Zukunftsaufgaben unter anderem dazu dient, die Niederlagen in anderen, sicherlich nicht sehr futuristischen, dennoch sehr zentralen Bereichen unserer Gegenwart zu kompensieren", Brackert (1976a), S. 6. Siehe hierzu auch Brackert (1977a).

135 | Unbekannt (1969a), Hansen (1968), (1969b). Siehe etwa auch Chmielewicz (1968), Geyer (1965).

136 | Siehe hierzu beispielsweise Hansen und Leitherer (1984), Schmeidler (1977), Wieselhuber (1981).

137 | Siehe hierzu S. 223ff.

138 | Für eine kritische Einordnung der heutigen Innovationskultur im Design siehe Seitz (2017).

139 | Unbekannt (1984aj), (1985n).

140 | Siehe hierzu Brandlhuber (1992), Escherle (1986), Geipel (1990), Größer (1991), Kircherer (1987), Krammerer (1988), Otto (1993).

rer sich dessen bewusst, dass Design bei Betriebswirten nur eine weiterhin untergeordnete Rolle einnahm.[141]

Folgt man den Ansichten des Unternehmenshistorikers Morten Reitmayer, „dass deutsche Industrieunternehmen historisch stärker nach technischen als nach betriebswirtschaftlichen Imperativen ausgerichtet waren“, so trifft dies für die Belange der Industriedesigner nur teilweise zu.[142] Vordergründig hatte dies damit zu tun, dass die Gestalter bei ihrer Arbeit primär mit Ingenieuren zusammenarbeiten mussten, jedoch kaum mit Betriebswirten. Bei der Organisation interner Arbeitsabläufe und Strukturen waren Aspekte der Betriebswirtschaft für die Industriedesigner dennoch relevant. Dies hatte weniger inhaltliche Gründe, bot der Begriff ‚Innovation‘ den Designern als diskursive Elemente doch die Möglichkeit, ihre Tätigkeit in eine betriebswirtschaftlich organisierte Unternehmensstruktur zu integrieren. Besonders seit Ende der 1970er Jahre verfolgten die Gestalter eine solche kommunikative Strategie, um ihren Arbeitsplatz in der internen Konzernhierarche argumentativ abzusichern. Laut Geyer wurden dabei „Industrial Design und Konstruieren einschließlich vorausgehender Produktplanung [..] aus der Praxis heraus durch den Oberbegriff ‚Innovation‘ überzogen“.[143] Für die eigene Positionierung in Unternehmen bot etwa die AW design speziell ein Weiterbildungsseminar an. Ziel war es dort, „interdisziplinäre Problemzusammenhänge kreativer Innovationsprozesse aufzuzeigen und die betriebsorganisatorische Eingliederung von Designtätigkeiten in Relation zu Marketing und Technik herauszuarbeiten“.[144] Dieser Ausschreibungstext war gespickt von vielen, zeitgenössisch beliebten Begriffen.

Das Wort ‚Innovation‘ war dabei zu Beginn der 1980er Jahre bei designspezifischen Publikationen kaum mehr wegzudenken. Die Trias Design, Innovation und Management waren häufig wiederholte Begriffe im sogenannten Designjahrzehnt.[145] Beispielsweise wurde der Bundespreis 1980/81 mit dem Thema „Energiesparen und Design – Heizung, Fenster, Türen“ in einer Wanderausstellung durch die Bundesrepublik mit dem wenig präzisen Titel „Design und Innovation“ dem Publikum präsentiert.[146] Auf ähnliche Weise versuchten Gestalter auf dem dritten Deutschen Designertag 1984 in West-Berlin, „Design als Innovationsfaktor [..] in neuen Zusammenhängen zwischen Wirtschafts-, Forschungs- und Bildungs-Politik“ letztlich erfolglos zu positionie-

141 | Leitherer (1991), S. 128.

142 | Reitmayer und Rosenberger (2008), S. 19.

143 | Geyer (1982), S. 26.

144 | Geyer (1984c). Siehe ebenso Geyer (1984a), (1984b).

145 | Siehe beispielsweise eine Projektstudie „Design, Innovation und Management“ des Rats für Formgebung vom 19.11.1985, StdA Darmstadt, ST24-1250.

146 | Siehe hierzu die Unterlagen in BA Koblenz, B457-26 und RWWA Köln, 181-2175-1. Ebenso Müller-Krauspe (1981b), RfF (1981c).

ren.[147] Bei der stetigen Hervorhebung von Produktgestaltung als Innovationspotenzial für Unternehmen fand der Aspekt einer kreativen Tätigkeit durch die Industriedesigner jedoch weniger Erwähnung. Zwar versuchte schon der Produktgestalter Rido Busse eine Ortung von ‚Killerphrasen' im Design. Mit dieser Betonung von Kreativität für die industrielle Formgebung fand er aber bei seinen Kollegen nur wenig Gehör.[148]

Unabhängig von dem postulierten Innovationspotenzial, das die Industriedesigner ihrer Meinung nach in ein Unternehmen mitbrachten, ging es bei dem Konzept der Produktplanung ebenfalls um die Frage, welche Positionen die Gestalter in den firmeneigenen Betriebsabläufen einnehmen sollten. Denn nach Geyer wurde die „koordinierende Produkt- und Umweltplanung [..] zum Zentralproblem in vielen Unternehmen".[149] Hierfür gab es zwei grundsätzliche Möglichkeiten. Erstens konnte ein Designer oder eine Designabteilung an eine andere Abteilung angegliedert sein, etwa im Bereich der Konstruktion oder der Werbung. Zweitens konnte die Arbeit an der Produktgestaltung in einer selbstständigen Abteilung organisiert werden. Unabhängig von einer institutionellen Positionierung der Industriedesigner waren sie aus ihrer eigenen Sicht vielmehr davon abhängig, welche Bedeutung die jeweilige Konzernleitung dem Design beimaß.[150] Es etablierten sich dabei keine generellen Lösungen, wie Gestalter zu einer bestimmten Zeit in Unternehmen integriert wurden. Jedoch gab es in Westdeutschland mitunter branchenspezifische Tendenzen. Beispielsweise wurden Fragen des Investitionsgüterdesigns in Konstruktionsbereichen gelöst. Während dies für die Gestaltungsabteilung bei der MAN AG noch zutrifft, zeigt im Gegenteil dazu das Beispiel der Siemens AG, dass Design ebenso innerhalb der Werbeabteilung verortet werden konnte. Für die Siemens-Designer – und ebenso bei vielen andere Firmen – galt vielmehr das Credo der „Gemeinsamkeit von Planung und Gestaltung", unabhängig von der konkreten Positionierung der Industriedesigner in der Betriebshierarchie.[151] Aus der Sicht des Unternehmers Philip Rosenthal war es andererseits wichtig, dass die Produktgestaltung und die Produktfertigung räumlich und personell voneinander getrennt waren. Hiermit sollte vermieden werden, dass sich beide Funktionsbereiche gegenseitig störten, zumal die „Produktentwicklungen [..] zu extrem komplexen, voraussetzungsvollen Prozessen geworden" waren.[152]

147 | BA Koblenz, B102-386969, Resolution des Deutschen Designertages vom 02.02.1984, S. 1. Siehe für das Treffen BA Koblenz, B102-336921 und Unbekannt (1983l), Stigulinszky (1983), (1984).

148 | Busse (1979), S. 49f.

149 | Geyer (1970), S. 464.

150 | Löbach (1976), S. 119.

151 | Siemens Historical Institute, Akte 20671, ZVW-Abteilungsleiterbesprechung, Protokoll vom 21.11.1975, S. 3f. Siehe ebenso S. 112.

152 | Rosenthal (1974), S. 372, (1985), S. 6.

Gleichzeitig verabschiedeten sich die Industriedesigner seit den 1960er Jahren sukzessive von der Vorstellung, dass der Gestalter – ähnlich einem Künstlergenie – ein begabter Einzelkämpfer sei. Schon an der HfG Ulm wurde dieses Ideal zum Auslaufmodell erklärt, denn von den angehenden Designern erwartete die Industrie zunehmend, dass sie als Mitglieder einer Expertengruppe arbeiten konnten.[153] Rosenthals Erfolgsrezept war es daher, für die Produktgestaltung ein eigenständiges Team aufzustellen, dem „der Designer, der Analytiker, der Techniker, der Verkäufer sowie der Werbefachmann" angehörten.[154] Langfristig führte dies dazu, dass die Design-Curricula in den Hochschulen angepasst wurden, um den geänderten Ansprüchen an die Arbeitsweisen der Industriedesigner gerecht zu werden.[155] Mit diesen Anforderungen an die Gestalter stiegen gleichzeitig jedoch wieder deren Erwartungen, verstärkt selbst an der Produktentwicklung beteiligt zu sein. Folgt man Dieter Rams, dann war es aber „unrealistisch zu erwarten, dass ein Unternehmen dem Designer allein die Entscheidung überlässt (obwohl viele Designer davon träumen). Dazu hängt zu viel vom Design eines Produkts ab".[156]

Industriedesign und Postfordismus

Die Unternehmen benötigten vielmehr Gestalter, die sich problemlos in die jeweiligen Betriebshierarchien einordnen konnten. Mitte der 1970er Jahre versuchten einige Designer über das Konzept der ‚Umweltgestaltung' zu erreichen, dass die Industriedesigner sich vermehrt von ihren Auftraggebern und dem abhängigen Beschäftigungsverhältnis emanzipierten und damit zugleich mehr Mitbestimmung einforderten.[157] Aus der Sicht vieler war dies keine Option, denn die „Industrie braucht die Integration – sie kann sich nicht mit aufsässigen Designern herumschlagen".[158] Im Laufe der 1970er Jahre diskutierten die Gestalter zunehmend über ihre jeweiligen Arbeitsbedingungen. Vor diesem Hintergrund ist es wenig verwunderlich, dass die Designgeschichtsschreibung kaum auf Fragen nach postfordistischen Debatten der Industriedesigner einging, wie dies schon länger in der zeithistorischen Forschung der Fall ist.[159] Forciert durch eine Automatisierung der Arbeitswelt seit den 1950er

153 | Kaiser (2006), S. 246, Müller-Krauspe (2007), S. 79f, Spitz (2002), S. 22 und S. 218.

154 | Rosenthal (1974).

155 | Siehe hierzu das Beispiel der Rosenthal AG auf S. 201ff.

156 | LA Berlin, Akte B010-1826, Vortragsmanuskript von Dieter Rams „Die Rolle des Designers im Industrieunternehmen" Januar 1978 anlässlich der Verleihung des Braun-Preises, S. 10. Siehe ebenso seinen Text zum Design Forum Linz 1980, Rams (1981), S. 510.

157 | Curdes und Stahl (1970), Klöcker (1969b), Kotschenreuther (1971b) sowie Unbekannt (1974m). Siehe hierzu ebenfalls das Kapitel ‚Design als Bestandteil von Unternehmenskultur und Werbung' auf S. 201ff.

158 | Krug (1972a), S. 17.

159 | Siehe hierzu beispielsweise den Beitrag von Prinz zur veränderten Bürowelt, Prinz (2012).

Jahren wurden in den 1970er und 1980er Jahre vermehrt Diskussionen über die Ablösung eines tayloristisch-fordistischen Produktionsmodells geführt.[160] Zentrales Kennzeichen dieser Krise war der Rückgang der Kapitalrentabilität als Folge der erschöpften Produktivitätsreserven des vorherrschenden Produktionsregimes.[161]

Diese Veränderung der Arbeitswelt beschrieben die Zeitgenossen mit dem Quellenbegriff „Postfordismus" in Anlehnung an fordistische Arbeitsregime, wie sie seit Beginn des 20. Jahrhunderts entwickelt wurden.[162] Daran anknüpfend proklamierten später die beiden amerikanischen Soziologen Michael Priore und Charles Sabel im Jahr 1984 das „Ende der Massenproduktion", was unter Zeitgenossen auf enorme Resonanz stieß.[163] Seit Anfang der 1980er Jahre diskutierten zwar Industriedesigner ebenfalls über das Phänomen des sogenannten Postfordismus, jedoch äußerst verhalten, wenn man dies mit den zeitgenössischen Debatten im Bereich der Politik oder der Wirtschaft vergleicht.[164] Obwohl das stetige Aufkommen der ‚White-Collar-Worker' seit Ende des 19. Jahrhunderts und der gleichzeitige Rückgang der ‚Blue-Collar-Worker' dem Selbstbild vieler Industriedesigner als ‚Wissensarbeiter' entsprochen hätte, wurde eine solche Kommunikationsstrategie auf Seiten der Produktgestalter nicht angewendet. Daher gingen die Debatten um eine veränderte Arbeitswelt und neue Produktionsprinzipien, die vielfach als Ende des Fordismus postuliert wurden, an den Designern vorbei.

Eine Erklärung für die relative Abwesenheit des Begriffs ‚Postfordismus' in zeitgenössischen Designdiskursen könnte sein, dass die Debatte um einen Wertewandel, wie ihn Ronald Inglehart schon 1977 angestoßen hatte, für die Designer von größerer Bedeutung gewesen war.[165] Inglehart beobachtete seit Mitte der 1960er Jahre einen Werte- und Mentalitätenwandel in den westlichen Gesellschaften hin zu einer postmaterialistischen Selbstentfaltung.[166] Für die Gestalter war diese Veränderung deshalb von Bedeutung, da sich in diesem Kontext die Darstellung verschiedener Konsumententypen fundamen-

160 | Doering-Manteuffel und Raphael (2012), S. 41ff und S. 101ff, Geyer (2010a), S. 645f, Heßler (2012), S. 58, Raphael (2012), S. 100f, (2014), S. 51f, Wehler (2008), S. 68.

161 | Kohlmorgen (2004), S. 161.

162 | Für die Begriffe ‚Fordismus' und ‚Postfordismus' siehe besonders Hachtmann und von Saldern (2009), Kohlmorgen (2004), S. 203f, von Saldern (2012). Zur Einordnung siehe ebenso Geyer (2010a), S. 645f.

163 | Priore und Sabel (1985).

164 | Julier (2014), S. 241.

165 | Inglehart (1977).

166 | Dietz und Neuheiser (2017), S. 10, Dietz und Neumaier (2012), S. 300, Doering-Manteuffel und Raphael (2012), S. 35, Kaelble (2007), S. 121, Schildt und Siegfried (2009), S. 246. Für die Darstellung des Wertewandels in der bundesdeutschen Wirtschaftspresse siehe besonders Dietz (2017), S. 183ff.

tal änderte, wie sie beispielsweise das Heidelberger Sinus-Marktforschungsinstitut vertrat.[167] Solche ‚neuen' Konsumenten stellten viele Industriedesigner, die nicht im Investitionsgüterbereich tätig waren, vor neue Aufgaben.

Derartige Formierungen fügen sich in die ‚Nach dem Boom'-Thesen von Doering-Manteuffel und Raphael ein, in welchen beide die Entwicklungen im Konsum- und Medienbereich als Indikatoren für eine soziokulturelle Zäsur sehen.[168] Unabhängig von den verschiedenen kontroversen Deutungen eines solchen Wertewandels, bedeuteten die zeitgenössischen Debatten für die damaligen Designer, dass sie ihre beanspruchte Position als Mittler zwischen Produzent und Konsument neu überdenken mussten.[169] Für die Industriedesigner in der Bundesrepublik hieß dies, dass sich ihre Profession auf die veränderten Lebensentwürfe und Konsumstile einstellen musste, um „das notwendige Gleichgewicht zwischen Produzent und Konsument" herstellen zu können.[170] Besonders das IDZ Berlin mit François Burkhardt als Leiter verfolgte ab 1977 diesen Anspruch und sah sich als eine Institution, die „als einziges Design-Institut sowohl den Interessen der Produzenten als auch der Verbraucher verpflichtet" sei.[171] Waren solche Ansichten noch neu, innovativ und provozierten Widerspruch, so wurde 1986 das Thema „Design und Technik" im Wertewandel auf einer internationalen Tagung des Design-Center Stuttgart kaum noch kontrovers diskutiert.[172] Speziell in den 1980er Jahren war für die Gestalter die Entwicklung neuer Produkte bei weiter ausdifferenzierten Konsumerwartungen eine Herausforderung, die ihnen jedoch lösbar erschien.

Wettbewerbsvorteile durch Design

Im Kontext dieser veränderten Konsumgewohnheiten erlangte der Begriff ‚Wettbewerb' eine übergeordnete Bedeutung, da die Formgebung in dem vielfach postulierten ‚Designjahrzehnt' der 1980er Jahre zu einem wesentlichen Distinktionsmerkmal der Unternehmen aufstieg. „Design als Trumpf im internationalen Wettbewerb" oder „Bessere Chancen im Wettbewerb durch gutes Design" waren nicht nur Überschriften von Zeitungsartikeln, sondern sie standen ebenso für eine neue Bedeutung von Design.[173] Im Kontext der Globalisierung wurde die Formgebung von Unternehmern seit Ende der

167 | Nowak und Becker (1985). Siehe ebenso Gasteiger (2010), S. 228 und S. 235 als auch Fabian (2016), S. 77ff, Westermeier (2017), S. 249ff.

168 | Doering-Manteuffel und Raphael (2012), S. 107.

169 | Walker (1992), S. 66.

170 | Andritzky et al. (1975), S. 9f.

171 | ZADP, Bestand Rosenthal, p.S. 23, Manuskript „Wegbereiter für ein neues Design-Verständnis – Aufgabenbereiche und Zielsetzungen des IDZ Berlin" 1977 von François Burkhardt, S. 3f.

172 | Unbekannt (1986ag), Slany (1986), Sudrow (1985b) und auch Frank (2014), S. 209.

173 | Unbekannt (1981e), Kruttschnitt (1980).

1970er Jahre vermehrt als nationaler und internationaler Wettbewerbsfaktor wahrgenommen.[174] Durch Methoden der Normierung, Rationalisierung und Differenzierung erhofften sich die Konzerne, dass Industriedesigner den eigenen Produkten zu mehr Wettbewerbsfähigkeit verhalfen. Hierbei kam es den Produktgestaltern aus der Sicht von Dieter Rams zu Gute, dass „durchdachtes, planvolles Design immer voraussetzungsvoller [wurde. Die Arbeit des Gestalters war] weitgehend rational. In dem Sinne, dass die formalen Entscheidungen begründbar, nachprüfbar und zuletzt einsichtig" waren.[175] Besonders bei den Bestrebungen von Normierung und Rationalisierung betonten die Designer, wie in anderen gesellschaftlichen Teilbereichen ebenfalls, dass erst ein ‚verwissenschaftlichtes' Industriedesign zwischen normgerechter und abweichender Formgebung unterscheiden könne.[176]

Gleichzeitig bedeuteten solche Standardisierungsbemühungen – mit den langen Traditionslinien und deren Bedeutung bei dem europäischen Einigungsprozess – für die damaligen Zeitgenossen keinesfalls eine Abkehr von einer Typenvielfalt. Georgi Borisowski, ein Professor für Ästhetik aus Moskau, der auch in westlichen Staaten rezipiert wurde, führte das Beispiel von Standardisierungen in der Bekleidung an. Während militärische Uniformen einheitlichen Normen folgten, orientierten sich aus Borisowskis Sicht Volkstrachten an einheitlichen Standards, wobei sie sich wiederum durch eine reichhaltige Vielfalt auszeichneten.[177] Nichtsdestotrotz bedeutete die fordistische Entwicklung von Produktserien, dass die Industriedesigner zunehmend Baukastenprinzipien anwendeten, denn genormte Bauteile konnten billiger produziert und leichter zu verschiedenen Produktprogrammen kombiniert werden. Durch die Entwicklung neuer Technologien und Werkzeuge sowie Standardisierungen mittels Typisierung und Modularisierung wurde das Produktionssystem für Design zunehmend funktionaler beziehungsweise geradezu fordistisch angelegt.[178] Petra Eisele beschrieb diesen ‚Triumph des Systemdesigns' als revolutionäre Neuerung im 20. Jahrhundert.[179] Inwiefern sich eine derart verändernde Arbeitsgrundlage ebenfalls in der Formgebung widerspiegelte, wurde schon unter den Zeitgenossen kontrovers diskutiert.[180]

---

174 | Siehe das Kapitel ‚Globalisierte Gestaltung' auf S. 267ff.

175 | LA Berlin, Akte B010-1826, Vortragsmanuskript von Dieter Rams „Die Rolle des Designers im Industrieunternehmen" Januar 1978 anlässlich der Verleihung des Braun-Preises, S. 2. Siehe ebenso seinen Text zum Design Forum Linz 1980, Rams (1981), S. 507.

176 | Szöllösi-Janze (2004a), S. 282.

177 | Borisowski (1967), S. 17. Und ebenso Unbekannt (1967a), Krug (1972b), S. 20.

178 | Selle (2007), S. 246.

179 | Eisele (2014), S. 168.

180 | Die Bearbeitung einer solchen Frage ist aus einer designhistorischen Perspektive ein lohnenswertes Unterfangen.

Neben dem Anspruch, Standards für verschiedene Produkte einzuführen, erwarteten zeitgenössische Unternehmer von den Industriedesignern ebenso eine Differenzierung der Produktpalette. Um ohne hohe Entwicklungskosten dennoch ein vielfältiges Sortiment anzubieten, wurden auf der Basis eines Grundmodells verschiedene Produkte entwickelt. Da sich diese technisch kaum voneinander unterschieden, stellt sich die Formgebung als das bestimmende Merkmal dar.[181] Hierbei entstand auf der betrieblichen Ebene meist ein Konflikt zwischen Industriedesignern und technisch-ingenieurwissenschaftlichen Mitarbeitern. Es ging darum, wer die Deutungshoheit über den Markterfolg eines Produkts für sich beanspruchen konnte. Ingenieure argumentierten, dass sie für die Entwicklung und Konzeption zuständig seien, während die Gestalter den Verdienst auf die Formgebung zurückführten und somit für sich vereinnahmten. Einigten sich die Beteiligten darauf, dass eine klare Zuordnung von Markterfolgen kaum möglich sei, so wurde Design in den Unternehmen ein relevantes, teils effektives Instrument für eine Produktdifferenzierung.[182]

Am Beispiel der Produktdifferenzierung regte sich häufig Widerspruch gegen jegliche Art der Formgebung. Unter dem Begriff ‚Styling' subsummierten viele Zeitgenossen, dass Design nur als Mittel zur Verkaufsförderung angewandt wurde.[183] Viele westdeutsche Industriedesigner distanzierten sich von dieser Anwendung der Produktgestaltung und lagerten sie, wie beispielsweise Karl-Heinz Krug, geographisch meistens nach Nordamerika aus: „Diese vor allem in den USA geübte Praxis will nichts anderes, als Produkte kosmetisch verschönern".[184] Teilweise verbanden sich mit den Einwänden gegenüber ‚Styling' auch kapitalismuskritische Stimmen, wie Bonsiepe dies in seinem Bericht über Chile formulierte: „Unter dem Namen ‚Styling' ist diese Variante des Industrial Design bekannt, deren Archetyp die Detroitosaurier [sic] verkörpern".[185] Gisela Brackert wiederum kritisierte später diese ständig wiederholten Vorwürfe der westdeutschen Industriedesigner: „Zu diesen Spielregeln gehört zum Beispiel die moralische Entrüstung über alles, was unter Styling läuft. Ein ernsthafter deutscher Industrie-Designer gibt sich für so kurzfristige Produktkosmetik nicht her, und wenn er es doch tut, heißt es Re-Design und ist etwas ganz anderes. Außerdem spricht man nicht darüber".[186] Ähnlich verhielten sich die Industriedesigner etwa zu einem planmäßigen

181 | Kries (2010), S. 38.

182 | Weber (1996), S. 3f.

183 | Blumenberg (1969), S. 79.

184 | Krug (1972d), S. 5f.

185 | Bonsiepe (1974), S. 38. Siehe zu Bonsiepes Aufenthalt in Chile zusätzlich Bonsiepe (1972a), (1972b), (1975).

186 | Brackert (1976a), S. 5. Siehe ebenso S. 120.

Verfall von Produkten. Eine solche Obsoleszenz wurde meist bestritten und als moralisch verwerflich gebrandmarkt.[187]

Victor Papanek traf daher 1971 mit seiner Kritik an den damaligen Industriedesignern auf großen Zuspruch, als er schrieb: „der Designer-Planer ist für fast alle unsere Erzeugnisse und Werkzeuge und für fast alle unsere Fehler im Umgang mit unserer Umwelt verantwortlich".[188] Ähnlich wie im Kontext der ersten Ölpreiskrise 1973/74 die Ideen einer Planbarkeit der Gesellschaft endgültig an Strahlkraft verloren, so wurde das Argumentieren mit wissenschaftlichem Wissen im bundesdeutschen Industriedesign zunehmend durch andere Strategien ersetzt.[189] Der Siemens-Chefdesigner Edwin A. Schricker prophezeite nach der Ölpreiskrise, dass die zukünftige Produktgestaltung „sparsam, einfach, mit gerade ausreichender Technik, aber mit neuer Ästhetik" sein werde.[190] Folgt man diesem Beispiel in Bezug auf das Siemens-Design, so wäre anzunehmen, dass der erste Ölpreisschock entsprechend dem zeithistorischen Forschungskonzept ‚Nach dem Boom' ebenfalls für die Gestalter eine Zäsur darstellte.

B. Siemens AG – Designkommunikation als Legitimierungs- und Professionalisierungsstrategie

Die erste Ölpreiskrise von 1973/74 war bei den Fachdiskursen im Industriedesign meist nur eine Randnotiz. Bei den Siemens-Designern hatte sie jedoch langfristig ein Anteil daran, dass sie ihr eigenes Handeln unternehmensintern zunehmend mit wissenschaftlichem Wissen begründeten. Folgt man dem damaligen Siemens-Chefdesigner Edwin A. Schricker[191], so ermöglichten es ihm die Debatten im Kontext der ersten Ölpreiskrise, nun firmenintern „Designkonzepte als Argumente in eine vernünftige Relation von Aufwand und Nut-

187 | Siehe beispielsweise Bürdek (1969). Aynsley (2009), S. 181.

188 | Papanek (1972), S. 57.

189 | Siehe hierzu besonders Metzler (2005b), S. 356f und S. 395f sowie speziell für die 1960er Jahre, Metzler (2005a).

190 | Siemens Historical Institute, Akte 20671, Vortrag von Edwin A. Schricker „Produkt-Design – Design, Marketing und technische Entwicklung" vom Mai 1975, S. 5.

191 | Edwin A. Schricker studierte Architektur in München. Im Anschluss arbeitete er als Messearchitekt für die Siemens & Halske AG. Im Jahr 1960 wurde Schricker Leiter der Siemens-Abteilung für Formgebung, die er bis 1984 führte. Parallel dazu arbeitete er ab 1964 als Dozent für Design an der TH und FH München. Darüber hinaus war er beispielsweise im Beirat ‚Designer' und ‚Technik' des Rats für Formgebung, im Werkbund Bayern, IDZ Berlin, Gestaltkreis im BDI oder bei Jurierungen des iF Hannover aktiv. Lengert (2006a), S. 155, (2008), TH München (1964), S. 54 und S. 161 sowie TUM Registratur, Akte Edwin A. Schricker.

zen einzubringen".[192] In der ‚Ära Schricker' – von seinem Dienstbeginn 1960 bis zu dem altersbedingtem Ausscheiden 1984/85 – ist die Etablierung von Industriedesign eine der markanten Entwicklungen innerhalb der Siemens AG. Die erste Ölpreiskrise 1973/74 bildete dabei die Mitte der firmenbezogenen Untersuchungszeit.

Die folgende Darstellung dieser historischen Entwicklungen ist in drei Teilabschnitte gegliedert. Zuerst wird kurz eine Siemens-Designgeschichte präsentiert, um Industriedesign als Handlungsfeld in einem Großunternehmen vorzustellen. Daran anschließend zeigt das zweite Teilkapitel, welche firmeninternen Kommunikationsstrategien die Designer anwendeten, um ihre Tätigkeiten zu legitimieren. Abschließend veranschaulicht der letzte Abschnitt, wie die Gestalter die Arbeit an sogenannten Investitions- und Konsumgütern organisierten. Zum einen wird daran erörtert, wie sich die Produktgestalter in einen global agierenden Konzern integrierten. Zum anderen verdeutlicht dieses Beispiel, dass eine Binnendifferenzierung zwischen beiden Gütergruppen innerhalb des Industriedesigns in der Praxis weniger eindeutig war, als dies zeitgenössisch kommuniziert wurde. Bisherige Forschungen zur Siemens AG haben hierbei schon einige Aspekte herausgearbeitet. So ist etwa die Wirtschafts- und Designgeschichte der Siemens AG bereits ausführlich untersucht. Die Entwicklung des Großkonzerns im 20. Jahrhundert war etwa mehrfach Gegenstand historischer Studien.[193] Eine umfangreiche Publikation von Christoph Hoesch und Herman Wetcke von 2006 beschäftigt sich ausschließlich mit dem Siemens-Design und deckt darin erstaunlich viele Aspekte der Produktgestaltung ab, ohne jedoch auf archivalische Quellen zurückzugreifen.[194] Dieses Teilkapitel erweitert eine solche Perspektive, indem es sich auf die Designakteure bei der Siemens AG konzentriert und dies anhand von zeitgenössischer Literatur sowie Archivalien belegt.

1. Industriedesign als Handlungsfeld in einem Großkonzern

Erste Aufgaben im Bereich der technischen Formgebung bei der Siemens AG übernahm 1930 der Architekt Wilhelm Pruss. Im Jahr 1951 wurden sämtliche Designtätigkeiten aus der konzerneigenen Bauabteilung ausgegliedert und vollständig in die neue Siemens-Hauptwerbeabteilung in München integriert,[195] wo der gelernte Innenarchitekt Schricker ab 1960 die Abteilung

192 | Spiegel (1975), S. 5.

193 | Eidenmüller (2002), Feldenkirchen (2003), Lässig (1999), Reuber (2012), Schmidt (2012).

194 | Hoesch und Wetcke (2006).

195 | Hoesch (2006a), S. 144, Oestereich (2000a), S. 209, Staudacher (1966), S. 175, Wilsdorf (2005), S. 236.

„Formgebung" innerhalb der Hauptwerbeabteilung beziehungsweise Zentralverwaltung „Werbung und Design" leitete. Im Jahr 1968 wurde diese dann in „Design" umbenannt.[196] Ab Ende der 1960er Jahre arbeiteten die dortigen Designer an sogenannten Siemens-Gestaltungsnormen für die Formgebung und das visuelle Erscheinungsbild von Produkten. Ab 1975 wurden diese im Gesamtkonzern verbindlich verankert.[197] Mit zeitweise über 50 angestellten Industriedesignern war die Siemens-Designabteilung eine der größten in der Bundesrepublik.[198] 1984/85 entstand ein Generationenwechsel an der Abteilungsspitze. Schricker schied altersbedingt aus dem Unternehmen aus und Herbert H. Schultes[199] leitete die Designabteilung.[200] Im Jahr 1997 wurde der Bereich Design aus dem Unternehmen ausgegliedert und als selbstständige designaffairs GmbH weitergeführt, die bis 2007 eine Siemens-Tochtergesellschaft war.[201]

In diesem kurzen Abriss der Geschichte der Designabteilung innerhalb der ZVW wird nicht sofort die hohe Bedeutung klar, welche die Produktgestaltung als innerbetriebliches Handlungsfeld besaß. Denn Design nahm bei der Siemens AG im Verhältnis zur Marktforschung, Konstruktion, Entwicklung und Fertigung von Produkten eine Querschnittfunktion ein.[202] Somit existierte keine klare Abgrenzung von Design und Werbung, denn beides sollte aus „einer Hand" geliefert werden.[203] Eine solche Integration von Design in

196 | Siemens Historical Institute, Akte 20665, Jahresbericht der HWA F für 1966/67, S. 2. Diese Umbenennung der Abteilung wurde spätestens ab 1964 diskutiert. Jedoch plädierten die Akteure um Schricker zuerst für den Begriff ‚Produktgestaltung' statt ‚Design', Siemens Historical Institute, Akte 20663, Protokoll einer HWA-Besprechung vom 17.12.1964, S. 5. Diese geänderte Begrifflichkeit verdeutlicht wiederum anschaulich, dass ‚Design' erst Ende der 1960er Jahre verbreitet war.

197 | Lengert (2006a), S. 159 und S. 179.

198 | Für eine schematische Darstellung der Organisationsstruktur siehe Siemens Historical Institute, Akte 20667, Schreiben von Dankwart Rost an Dr. Dax und Lehmann vom 14.07.1969 und ibid., Akte 20676, Z-Rundschreiben Nr. 5/80 von Plettner und Neglein vom 14.11.1979.

199 | Herbert H. Schultes war Designer bei der Siemens AG und dabei unter anderem Assistent von Edwin A. Schricker. 1967 gründete er zusammen mit Norbert Schlagheck das Büro ‚Schlagheck & Schultes' in München. Gemeinsam mit Schlagheck baute er ab 1967 den Industriedesign-Bereich an der WKS Köln auf, was sie ab 1972 an der FH München wiederholte. Von 1985 bis 2000 war Schultes Chefdesigner der Siemens AG. Er war 1989 Mitbegründer des Designzentrums München und etwa zusammen mit Hermann Wetcke im Jahr 1996 für die Design-Präsentation der Bundesrepublik auf der International Design Conference Aspen in den USA verantwortlich. iF Hannover (1990), Unbekannt (1963e), (1984c), (1997), (1989), S. 16, Meyer (2000), Sannwald (1987), S. 93 und Wetcke (1996).

200 | Unbekannt (1984c), (1985o), Goslich (1984), Lengert (2006a), S. 157, (2006b), S. 189

201 | Lengert (2006b), S. 218.

202 | Weber (1996), S. 19.

203 | Siemens Historical Institute, Akte 20667, Schreiben von Dankwart Rost an Dr. Dax und Lehmann vom 14.07.1969. Meurer und Vinçon (1983), S. 223. Wie in vielen Bereichen funkti-

Unternehmensstrukturen war zunächst nichts Ungewöhnliches.[204] Doch ist zeitgenössisch bemerkenswert, dass die Siemens-Produktgestalter versuchten das Industriedesign aus der „Kulturecke“ herauszubekommen.[205] Denn Schricker als Design-Chef betrachtete Industriedesign nicht nur als einen ästhetischen Aspekt, sondern betonte ebenso die kommerziellen und psychologischen Maßstäbe seiner Tätigkeit.[206] Hierfür wendeten die Produktgestalter auf betrieblicher Ebene zunehmend Strategien der Professionalisierung im Industriedesign an. Durch diese Abgrenzungsbemühungen etwa gegenüber Ingenieuren oder Werbefachleute vollzogen die Designer bei der Siemens AG innerhalb des Konzerns eine ähnliche Entwicklung, wie die Industriedesigner allgemein zu dieser Zeit.

Ein zentraler Aspekt für Gestalter war dabei das schwierige Verhältnis zu den Ingenieuren.[207] Die Siemens-Designer versuchten diesem Konflikt mit verschiedenen Kommunikationsstrategien zu begegnen. Die Auseinandersetzung resultierte daraus, weil die industrielle Formgebung keiner Siemens-Konstruktionssparten zugeordnet war. Vielmehr mussten Schricker und sein Team konzerninterne Dienstleistungen im Designbereich firmenweit anbieten. Die verschiedenen Unternehmensbereiche waren aber nicht dazu verpflichtet, diesen Service in Anspruch zu nehmen. Vielmehr handelten die verschiedenen Konzernsparten selbstständig, sodass dort über die Zuhilfenahme der Designabteilung als „Werkspartner“ meist von Fall zu Fall entschieden wurde.[208] Dies führte zum Bedauern von Schricker dazu, dass die Gestalter firmenintern vergleichsweise spät in die Entwicklungsprozesse von neuen Produkten eingeschaltet wurden. Aus der Perspektive der Industriedesigner war dies ein unbefriedigender Zustand, da sie dadurch nicht ihre ganze Fachexpertise in die Produktentwicklung einbringen konnten. Über ein konzerneigenes Verrechnungssystem wurden die geleisteten Arbeitsstunden der Designer saldiert, sodass der Erfolg der Siemens-Designabteilung davon abhängig war, ob und in welchem Umfang sie jeweils für Gestaltungsaufgaben gebucht wurden. Hieraus ergab sich wiederum ein stetiger Legitimationszwang gegenüber den jeweiligen Unternehmenssparten als interne Auftraggeber der Designer. Aus der Perspektive der Siemens-Designer konnten sie „wiederholt den Nachweis

---

onierten solche Zusammenarbeiten aus der Sicht der Akteure nicht immer in dem gewünschten Maße, sodass beispielsweise 1975 ein gemeinsamer „Leitfaden für Gestaltungskonzepte und Beurteilungen“ für die ZVW eingeführt wurde, Siemens Historical Institute, Akte 20671, Protokoll zur ZVW-Abteilungsleiterbesprechung vom 21.11.1975, S. 3f.

204 | Siehe hierzu auch S. 125ff.

205 | Ott (2005), S. 139.

206 | Krug (1972c), S. 15f.

207 | Siehe hierzu S. 107f.

208 | Unternehmensarchiv der Schlagheck Design GmbH, Bericht aus dem Siemens-SE-EW-Bereich vom 24.11.1961, S. 3.

führen, dass gute Gestaltung kein verteuernder Faktor" sei.[209] Gleichzeitig versuchten sie, ihre Tätigkeit konzernintern wiederkehrend zu kommunizieren. So bemühte sich beispielsweise Schricker bei den verschiedenen Siemens-Vorständen und -Bereichsleitern darum, dass „Design als Qualität" in die jeweiligen Entwicklungsprozesse integriert und dies über verschiedene Rundschreiben weitergegeben wurde.[210]

Abbildung 24: Handstaubsauer „Siemens Rapid VS 105", 1960, hergestellt von der Siemens Elektrogeräte AG, München.

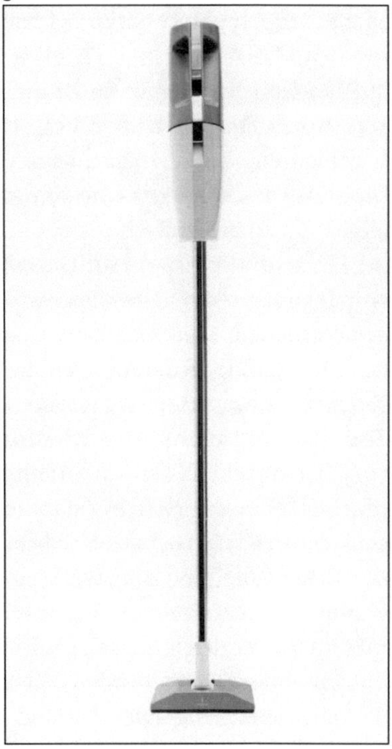

Quelle: Die Neue Sammlung – The Design Museum.

Eines der Resultate dieser firmeneigenen Auftragsakquise war, dass die Siemens-Gestalter seit den 1960er Jahren zunehmend Designdienstleistungen übernahmen, sie selbst aber nicht namentlich genannt wurden.[211] Im Zusammenhang mit der Formgebung der Siemens-Produkte wurde kein Gestalter erwähnt, sondern die Bezeichnung „Werksentwurf" oder „-design" verwendet. Ähnlich wie bei der BASF AG entstand auf diese Weise eine Art Anonymdesign, da für Außenstehende keinerlei Personen mit der Produktgestaltung in Verbindung gebracht werden konnten.[212] Im Gegensatz zu Ludwigshafen lassen sich die Akteure bei der Siemens AG jedoch besser im Nachhinein ermitteln, da sie später über ihre Arbeiten kommunizierten, wie es ab den 1980er Jahren in Westdeutschland für viele Gestalter üblicher wurde. Darüber hinaus ist die Quellenüberlieferung in diesem Fall besser als bei der BASF AG, sodass sich vielfach noch rekonstruieren lässt, welche Mitarbeiter mit welchen Gestaltungsaufgaben beauftragt waren. Obwohl schon Anfang der 1960er Jahre die Gestalter sowohl bei der BASF AG als auch bei der

209 | Siemens Historical Institute, Akte 20675, Teil 1, Jahresbericht der ZVW 20 für 1975/76, S. 4.

210 | Siehe beispielsweise Siemens Historical Institute, Akte 20674, Teil 2, Z-Rundschreiben Nr. 18/75 der Siemens-Vorstände Plettner und Dax vom 23.09.1975.

211 | Unbekannt (1985a), S. 134.

212 | Für das Beispiel der BASF AG siehe S. 73.

Siemens AG damit begannen, Produkte hauptsächlich aus Kunststoff zu entwickeln, gibt es lediglich für die Siemens-Designer gesicherte Erkenntnisse. Eines der prominenten Beispiele hierfür ist der Handstaubsauger VS 105 von Norbert Schlagheck[213]. Als erstes Konsumprodukt der Siemens AG war dieser Staubsauger aus einem thermoplastischen Gehäusematerial konstruiert worden, damit er sich mit ungefähr 2 kg vergleichsweise leicht in der Hand halten ließ.[214] Sein kommerzieller Erfolg war so groß, dass seine Formgebung bis weit in die 1970er Jahre in verschiedenen Produktauflagen produziert wurde.

Entwürfe von Siemens-Design

Eine ähnlich große Bedeutung für die Siemens-Designer besaßen Großaufträge der damaligen Bundespost für Telephonapparate. Bis zur Liberalisierung des Telekommunikationmarktes Mitte der 1980er Jahre war die Bundespost alleiniger Anbieter von Fernmeldedienstleistungen und bestimmte damit zugleich über die verwendete Technik beim Endverbraucher.[215] Es kamen dabei nur wenige Modelltypen zum Einsatz, sodass der Auftrag für die Entwicklung und Produktion eines sogenannten Telekommunikationendgeräts lukrativ war. 1977 führte die Bundespost das FeTAp 7-Modell ein, das maßgeblich auf das Masterset 111 der Siemens AG zurückging. Denn seit Anfang der 1970er Jahre hatten Gestalter in der Siemens-Designabteilung an der Formgebung eines zukünftigen Standardtelephons für die Bundespost gearbeitet.[216] Bei den erfolgreichen Auftragsverhandlungen für das zukünftige FeTAp 7 nahm aus Sicht der Gestalter „das Design eine wichtige und zeitweise sogar eine Schlüsselrolle ein".[217] Siemensintern wurde die Unterabteilung ZVW 221 mit der

213 | Norbert Schlagheck studierte nach einer Handwerksausbildung an der Folkwangschule für Gestaltung in Essen bei Max Burchartz und Werner Glasenapp das Fach ‚Industrielle Formgebung'. Im Anschluss leitete er von 1954 bis 1967 die Designgruppe für Haushaltsgeräte bei der Siemens AG. 1961 erhielt er den Design-Preis des Kulturkreises im BDI und gründete 1960 zusammen mit Odo Klose ein Designbüro. Nach dessen Weggang an die WKS Wuppertal baute Schlagheck zusammen mit Herbert H. Schultes das Büro ‚Schlagheck & Schultes' in München auf. Von 1967 bis 1970 half Schlagheck bei dem Aufbau des Industriedesign-Bereichs an der WKS Köln. Im Jahr 1972 wurde Schlagheck dann zum Professor an der FH München ernannt. Sein Nachlass befindet sich im Unternehmensarchiv der Schlagheck Design GmbH in Oberhaching. Unbekannt (1991b), May (2015), S. 430f, DWB NRW (2007), S. 136.

214 | Schricker und Klose (1962) und verschiedene Entwicklungsunterlagen im Unternehmensarchiv der Schlagheck Design GmbH. Siehe zusätzlich Hoesch (2006d), S. 304.

215 | Hoesch (2006c), S. 334ff, Lengert (2006b), S. 194ff, Ott (2005), S. 137, Schmidt (2012), S. 367 und 376.

216 | Pressestelle der Siemens AG (1971).

217 | Siemens Historical Institute, Akte 20673, Jahresbericht der ZVW 22 für 1972/73. Siehe zusätzlich Unbekannt (1972f), (1975n).

Abbildung 25: Tischfernsprechgerät „111 master set", 1973 entworfen und hergestellt von der Siemens AG, München.

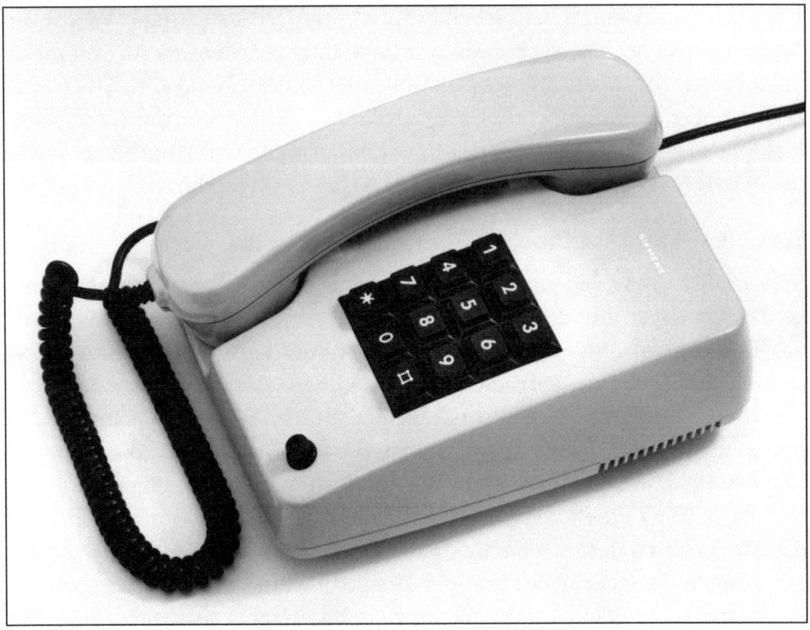

Quelle: Die Neue Sammlung – The Design Museum.

Entwicklung dieses Telephonapparats beauftragt.[218] Folgt man dem damaligen Organigramm der Designabteilung, so waren im Bereich der Produktgestaltung für Nachrichtendienste Tõnis Käo[219] und Herbert Krämer die Designer des Mastersets 111.[220] Der Entwurf des Tastentelephons – ohne die zuvor übliche Drehscheibe – von Käo und Krämer wurde 1973 und 1974 auf der Industriemesse in Hannover mit dem Preis der ‚Guten Industrieform' ausgezeichnet und in die Jahresauswahl des Design-Center-Stuttgarts aufgenommen.[221] Be-

218 | Siemens Historical Institute, Akte 20675, Teil 1, Jahresbericht der ZVW 22 für 1975/76, S. 2.

219 | Der Este Tõnis Käo studierte an der Folkwangschule für Gestaltung in Essen. Von 1969 bis 1991 arbeitete Käo als Industriedesigner bei der Siemens AG und leitete dort von 1983 bis 1991 das Design-Studio. Anschließend lehrte er von 1992 bis 2005 als Professor für Industrial Design an der Bergischen Universität Wuppertal. In der ersten Hälfte der 1970er Jahre engagierte sich Käo innerhalb des VDID besonders für die Belange angestellter Industriedesigner. Unbekannt (1990h), Lobjakas (2014), S. 79, DWB NRW (2007), S. 134.

220 | Siemens Historical Institute, Akte 20673, interne ZVW-Mitteilung Nr. 3/73 von Dankwart Rost vom 15.11.1972.

221 | Siehe hierzu Siemens Historical Institute, Akte 20698 und DCS (1974) 262, Hoesch (2006c), S. 334f.

sondere Bedeutung erlangte dieser Telephonapparat deshalb, weil durch seine massenhafte Verbreitung in bundesdeutschen Haushalten und Büros bis in die 1990er Jahre viele Menschen tagtäglich mit ihm in Berührung kamen. Unabhängig von der gelungenen Formgebung wurde dieses von Siemens-Designern entwickelte Telephon Teil einer westdeutschen Design- und Konsumgeschichte. Es steht noch heute stellvertretend für Telekommunikation im letzten Drittel des 20. Jahrhunderts.

Aus solchen Designobjekten wie dem FeTAp 7 speist sich ein Teil des sogenannten Mythos über das Siemens-Design im letzten Jahrhundert. Die Produktgestaltung der Siemens AG fehlt in keinem Überblickswerk zur (west-) deutschen Designgeschichte. Gerade weil die Produktgestaltung laut Schricker „zwar überdurchschnittlich, aber nicht avantgardistisch" sein sollte, stand für viele Zeitgenossen die Siemens AG stellvertretend für einen Konzern, in dessen Unternehmenskultur das Design eine zentrale Rolle einnahm.[222] Gelegentlich wurde dabei versucht, das Siemens-Design mit der HfG Ulm als anderem bundesdeutschen Mythos zu verbinden. Denn aus dieser Perspektive hätte das technisch-rationale Denken aus Ulm zu der Produktgestaltung im Hause Siemens passen müssen. Doch Schricker sah als Siemens-Chefdesigner in der ‚Ulmer' Produktgestaltung eine dogmatische Designauffassung, die mit ihrem Anspruch auf Zeitlosigkeit dem Bedarf der Menschen nicht gerecht werde.[223] Zwar orientierten sich seit Anfang der 1960er Jahre – und damit vergleichsweise früh – die Siemens-Industriedesigner an Entwicklungen der Hochschule für Gestaltung in Ulm.[224] Ebenso arbeiteten mit Gerhard Beigel, Christoph Naske, Marlies Poss oder Richard Rau ehemalige ‚Ulmer' bei der Siemens AG. Darüber hinaus wurde auch 1967 die ‚E6' an der HfG Ulm unter der Leitung von Bonsiepe mit der Entwicklung eines „Visuellen Baukastensystems für die Gestaltung der Informationslisten" beauftragt[225] oder mit dem ‚Siemens-Tonstudio' an der HfG Ulm Grundlagen der neuartigen technischen Musik gelegt.[226] Dennoch spricht letztendlich wenig für die These, dass das Siemens-Design in den 1960er und 1970er Jahren eine praktische Anwendung der ‚Ulmer' Designauffassungen gewesen sei. Dementgegen lässt sich eher die Frage aufwerfen, ob die HfG Ulm doch nicht so industriefern agiert hatte, wie dies zeitgenössisch häufig kommuniziert wurde.

222 | Schricker (1971), S. 266.

223 | Lengert (2006a), S. 166, Schricker (1971), S. 257.

224 | Hoesch (2006a), S. 145, (2006b), S. 240.

225 | Archiv der HfG Ulm, Akte Dp 098.009. Diese Arbeit entstand im Kontext eines Großauftrags der Siemens AG an das sogenannte Quickborner Team. Siehe zum ‚Quickborner Team' unter anderem Rosenberger (2008), S. 400f und Ziegler (2017), S. 56f.

226 | Schenk (2014), S. 67ff, Spitz (2002), S. 223 und S. 324.

2. Firmeninterne Kommunikationsstrategien im Design

Die Siemens-Designer nutzen zwei Kommunikationsstrategien, um in den betrieblichen Handlungsfeldern erfolgreich zu agieren. Auf der einen Seite betonten sie den wirtschaftlichen Mehrwert der eigenen Tätigkeit für das gesamte Unternehmen. Auf der anderen Seite versuchten die Gestalter, ihre Arbeit durch eine an Ingenieure angepasste Sprache firmenintern zu vermitteln. Hierbei argumentierten sie kaum auf einer ästhetischen Ebene, sondern mit wissenschaftlichem Wissen. Es war für die Designer von Bedeutung, dass sie als Mittler zwischen Produktion, Vertrieb und den Kunden wahrgenommen wurden. Die Gestalter erhofften sich daher bei der Gründung der Siemens-Designabteilung im Jahr 1960, dass „das ‚leichthin künstlerische', beratende Element der Formgebung [..] mehr und mehr einer echten, exakt arbeitenden Partnerschaft des Formgebers mit den am Produktions- und Vertriebsprozess Beteiligten Platz" machte.[227] Dennoch besaßen viele technische Mitarbeiter bei der Siemens AG in den 1960er Jahren noch Vorbehalte gegenüber Edwin A. Schricker und seinen Designern, was zeitgenössisch kein Einzelfall war.[228] Aus diesem Grund waren die Mitarbeiter der Siemens-Designabteilung stets um eine vielfältige und transparente Unternehmenskommunikation mit dem Ziel bemüht, firmeninterne Bedenken gegenüber dem Industriedesign abzubauen.

Dies gelang den Siemens-Gestaltern im Laufe der Zeit, indem sie die Ökonomisierung ihrer eigenen Tätigkeit innerhalb des Betriebs betonten. Zur Selbstlegitimation und als Beleg für die Qualität ihrer Arbeit zogen sie hierfür häufig Designpreise und -ausstellungen heran. Mit beispielsweise insgesamt 157 ausgezeichneten Geräten bei der Sonderschau ‚Gute Industrieform' zur Hannovermesse oder 57 Auszeichnungen bei der Jahresauswahl des Design-Center-Stuttgarts in dem gesamten Jahrzehnt der 1970er Jahre waren die Siemens-Designer äußerst erfolgreich.[229] Bei dem Bundespreis ‚Gute Form' 1982/83 zu dem Thema Büro erlangte das Team um Schricker sechs Prämierungen, sodass die Siemens AG das erfolgreichste Unternehmen dieser Auszeichnung wurde.[230]

Solche Erfolge kommunizierten die Designer stets über die verschiedenen internen Kommunikationskanäle, wie etwa die ‚Siemens-Zeitschrift', Rund-

227 | Siemens Historical Institute, Akte 9209, Jahresbericht der HWA-Formgebung für 1962/63, S. 1.

228 | Siehe S. 131.

229 | Siemens Historical Institute, Akte 20654.

230 | Unbekannt (1983b), (1983c), Pressestelle der Siemens AG (1983a), (1983b). Dies war gerade deshalb unfreiwillig komisch, da sich eigentlich Schricker 1983 für eine Reform des Bundespreises ‚Gute Form' einsetzte, da er ihn als nicht mehr zeitgemäß ansah, Unbekannt (1983a), Schricker (1983). Siehe zur allgemeinen Kritik an Design-Preisen während der Zeit etwa Gronert (1983), Jaspersen und Beuck (1983), Kapitzki (1983).

Abbildung 26: Einblicke in ein Rechenzentrum mit einer Siemens-Datenverarbeitungsanlage.

Quelle: Siemens Historical Institute, A 297-37-10-300.

schreiben oder Jahresberichte. Ebenfalls als eine Bestätigung für ihre Arbeit deuteten die Siemens-Designer nationale und internationale Teilnahmen an Ausstellungen sowie Messen zu ihrer Produktgestaltung. Die erste Einzelausstellung zum Siemens-Design mit dem Titel „Technik, Gestaltung, Fortschritt" wurde schon 1965 gezeigt, also knapp fünf Jahre nach der Gründung der Abteilung für Formgebung.[231] In den folgenden Jahren wurde bei Präsentationen von Siemens-Produkten häufig diese Verbindung von Technik, Gestaltung und Fortschritt bemüht. So konstruierten die Designer etwa den Siemens-Stand auf der Industriemesse in Hannover 1970 werbewirksam erstmals mit einem Rechner.[232] Bei der mehrjährigen Wanderausstellung „Inter Nationes" ab 1970 im ostasiatischen Raum, die Fritz Gotthelf für den bayerischen Werkbund zusammengestellt hatte, waren Siemens-Produkte ebenfalls vielfach vertreten.[233] Gleiches galt für die Schausammlung des Hauses Industrieform in Essen, in

231 | Siehe hierzu den Ausstellungskatalog Siemens & Halske et al. (1965).

232 | Unbekannt (1970a), Giachi (1970a), Klöcker (1970a). Hierbei waren Anlehnungen an die sogenannte Op-Art im Stil von Victor Vasarely vermutlich kein Zufall.

233 | Siemens Historical Institute, Akte 20654 und WBA-M, Ordner ‚Tätigkeitsberichte ab Mai 1966 – Nov 1975', Tätigkeitsbericht des Deutschen Werkbunds Bayern für den Zeitraum Juni 1969 bis November 1970, S. 7. Siehe zusätzlich die Unterlagen und Korrespondenzen zu dieser Ausstellung in IfZ-Archiv, ED 920-276 und -277. Unabhängig davon waren etliche Siemens-

der stets eine mittlere zweistellige Anzahl an Siemens-Fabrikationen dem Publikum präsentiert wurde.[234]

Abbildung 27: Einblicke in ein Rechenzentrum mit einer Siemens-Datenverarbeitungsanlage.

Quelle: Siemens Historical Institute, A 297-37-05-300.

Parallel zu der firmeninternen Hervorhebung der eigenen Leistungen versuchten die Siemens-Designer, ihr eigenes Handeln gegenüber Ingenieuren ausreichend mit wissenschaftlichem Wissen – mit Kenntnissen etwa aus der Ergonomie, Mathematik, Psychologie oder der Physik – zu begründen. Einen wesentlichen Punkt hierbei bildeten interne Weiterbildungen, welche die Siemens AG ihren Mitarbeitern anbot. So wurde im Jahr 1970 für alle 700 Mitarbeiter der gesamten Hauptabteilung „Werbung und Design" ein fünfjähriger Bildungsplan konzipiert, damit die Produktgestalter in den Bereichen Semantik, Psychologie, Soziologie, Kybernetik, Kommunikationslehre oder Informationstheorie zusätzliches Wissen erlangten.[235] Die Siemens-Designer sollten dazu nicht nur in ihren eigenen Arbeitstechniken fortgebildet werden. Vielmehr erhielten sie unterschiedliche Weiterbildungen in ingenieurwissenschaftlichen Themen und nutzten gleichzeitig Seminarangebote des Rats für Formgebung, des Internationalen Design-Zentrums Berlin oder des VDID.[236] Ziel war es, durch diese Fortbildungen im technisch-ingenieurwissenschaftlichen Bereich die Kommunikation zwischen den Designern und Ingenieuren zu verbessern. Durch die Überwindung des

Designer Mitglieder im bayerischen Werkbund und beispielsweise im Arbeitskreis ‚Design' engagiert, siehe IfZ-Archiv ED 920-34 bis -38.

234 | Siemens Historical Institute, Akte 20654.

235 | Siemens Historical Institute, Akte 20670, Redemanuskript „Wo stehen wir heute?" von Edwin Schricker vom 24.02.1972, S. 12. Siehe ebenso Neumann und Wedekind (1971), S. 352ff und S. 359. Siehe hierzu beispielsweise ebenso die interne Broschüre „Das Berufsbild des Siemens-Industrial Designers" von 1974, Siemens Historical Institute, Akte 20674, Teil 1.

236 | Lengert (2006a), S. 162, Neumann und Wedekind (1971), S. 351f und ebenso ZADP, Bestand Rosenthal, p.S. 17, Bericht zur Vorstandssitzung des IDZ Berlin vom 14.12.1978, Anlage 11, S. 7. Im Geschäftsjahr 1973/74 wurden beispielsweise 615 Schulungsstunden bei nur ungefähr 60 Designer erteilt, Siemens Historical Institute, Akte 20674, Teil 1, Schreiben der ZVW 9 vom 29.11.1974.

jeweiligen Fachjargons erhofften sich die Beteiligten eine erfolgreiche Zusammenarbeit mit ihren Kollegen.

Das anthropologische Kommunikationsmodell

Einer der zentralen Akteure bei der Suche nach einer gemeinsamen konzerninternen Sprache war der Philosoph und Kulturanthropologe Julius Lengert.[237] Dieser wurde 1973 von Schricker in die Siemens-Designabteilung aufgenommen mit den beiden Zielen, erstens die geleistete Designarbeit zu systematisieren und zweitens die angebotenen Dienstleistungen im Unternehmen zu kommunizieren.[238] Hierzu entwickelte Lengert mit Hilfe von Tõnis Käo ein „anthropologisches Kommunikationsmodell“, in dem einzelne Formmerkmale wie „Symmetrie – Asymmetrie“ oder „Innenseite – Außenseite“ erklärt und mit konkreten Beispielen aus der Praxis erläutert wurden.[239] Unter Zuhilfenahme eines semiotisch-geprägten anthropologischen Informationsmodells, das Renate Kübler und Julius Lengert entwickelt hatten,[240] wurde für jede Beschreibung ein Karteikartenblatt verwendet. Diese Karten gab die Siemens-Designabteilung in den Jahren 1979 und 1980 in zwei Büchern für den internen Gebrauch an die Designer und Ingenieure der Siemens AG ab.[241] Nach Lengert verband das „anthropologische Kommunikationsmodell“ die „Erkenntnisse der Philosophie mit solchen aus Wahrnehmungspsychologie, Kommunikationstheorie und Semiotik. Angewandt auf das Design, erwies es sich als geeignetes Mittel zur Optimierung und Strukturierung des kreativen Prozesses, zur Begründung und rationalen Argumentation eines gestalterischen Konzepts und für die Beurteilung einer vorhandenen Designlösung“.[242]

Das „anthropologische Kommunikationsmodell“ der Siemens AG blieb jedoch kein firmeninternes Geheimwissen, sondern wurde aktiv kommuni-

237 | Lengert hatte unter anderem bei Max Bense und Ernst Bloch Philosophie, Semiotik und Kulturanthropologie studierte. Er promovierte in München über Fragen zur konkreten Utopie im Amerika des 19. Jahrhunderts. Im Jahr 1973 kam Lengert als Mitarbeiter in die Siemens-Designabteilung. Hoesch (2006b), S. 241, Hoesch und Wetcke (2006), S. 360, Lengert (2006a), S. 164.

238 | Lengert (2006a), S. 164.

239 | Siemens Historical Institute, Akte 20671, Vortrag von Edwin A. Schricker „Produkt-Design – Design, Marketing und technische Entwicklung“ vom Mai 1975, S. 7. Lengert (1982), (2006a), S. 164, (2008), Schricker (1971), S. 259. Zur ‚Symmetrie – Asymmetrie‘ schreiben Lengert und Käo beispielsweise „Symmetrie bewirkt Ausgewogenheit, Stabilität und die ausgeprägteste Art des Gleichgewichtes. Asymmetrie erzeugt Reiz und Spannung“, Käo und Lengert (1979), 5.0. Für die ‚Innenseite – Außenseite‘ heißt es hingegen „Die Innenseite eines Profiles erscheint dem Betrachter als offen und zugewandt, die Außenseite als geschlossen und abgewandt“, Käo und Lengert (1979), 10.0.

240 | Lengert (2008).

241 | Käo und Lengert (1979), (1980).

242 | Lengert (2006a), S. 164.

ziert. So präsentierten Lengert und Schricker das Modell im Jahr 1981 auf dem 125. Ingenieurstag in West-Berlin.[243] Auf dieser Jahreskonferenz des VDI – auf der überhaupt erstmals auch über Design gesprochen wurde – beschrieb Lengert die Wechselbeziehungen zwischen Menschen und Technik mit Hilfe von sogenannten Wenn-Dann-Beziehungen.[244] Lengert teilte dabei die Anforderungen für den Designprozess in verschiedene Wahrnehmungsphasen und Informationsarten auf. Durch eine bewusste und zielgerichtete Gestaltung sollte die „Humanqualität" eines Produktes erhöht werden, wie es beispielsweise 1974 von der Regierung Brandt in dem Programm „Humanisierung des Arbeitslebens" angestrebt worden war.[245] Gleichzeitig erhoffte sich Lengert, dass dadurch das „Nicht-Berechenbare [..] am Menschen und damit auch an den Dingen, die für den Menschen gemacht werden" und schon während des Gestaltungsvorgangs berücksichtigt wurde.[246]

Dieser Versuch Lengerts, die Tätigkeit der Industriedesigner allgemeinverständlich zu formulieren, bildete bei der Siemens AG keine Ausnahme. Auch außerhalb des Konzerns bemühten sich Mitarbeiter der Designabteilung um eine frühzeitige Anerkennung, etwa beim Ingenieursnachwuchs. Besonders Chefdesigner Schricker tat sich hierbei hervor. So übernahm er von 1964 bis 1984 Lehraufträge an der benachbarten Technischen Hochschule sowie der Fachhochschule München in den Fächern Maschinenbau und Architektur.[247] Ebenso engagierte er sich im Beirat ‚Technik' des Rats für Formgebung, um Experten aus Design und Technik eine Kommunikationsplattform zu bieten.[248] Gleichzeitig setzte sich Schricker vehement für verbesserte Ausbildungsangebote im Industriedesign auf nationaler und bayernweiter Ebene ein. Bei der Siemens AG sah man sich zwischenzeitlich gezwungen, „von der Schule kommende Designer mit im allgemeinen unzureichender Ausbildung intern weiterzubilden".[249]

---

243 | Siehe hierzu S. 234ff.

244 | Unbekannt (1980h), (1981n), Horn (1981), Lengert (1982), Schricker (1982) und RWWA Köln, 181-2544-1, Schreiben von Erich Geyer an Philip Rosenthal vom 16.06.1981.

245 | Seibring (2011).

246 | Lengert (1982), S. 68.

247 | TH München (1964), S. 54, Schricker (1967a) und Registratur der TU München, Akte Edwin Schricker. Siehe ebenso ZADP, Bestand Rosenthal, p.S. 1, Bericht zur Vorstandssitzung des Gestaltkreises im BDI vom 23.11.1966, S. 8. Die TH München wurde im Jahr 1970 umbenannt in TU München.

248 | RWWA Köln, 181-2176-1, Protokoll über die konstituierende Sitzung des Beirats ‚Technik' des Rats für Formgebung vom 17.10.1984, S. 2f und ibid., 181-2544-2, Schreiben an Ernst-Jörg Kruttschnitt vom 05.02.1985.

249 | ZADP, Bestand Rosenthal, p.S. 24, Broschüre „Designnotstand in Deutschland" des Rats für Formgebung; vgl. ebenso Unbekannt (1971y). Siehe ebenso ibid., p.S. 13, Schreiben von Philip Rosenthal an Edwin A. Schricker vom 23.10.1980.

Der Siemens Design-Club München

Ein anderer Weg bei der Siemens AG war der sogenannte Design-Club München, der 1968 als Öffnung der Designabteilung hin zu einer breiteren Öffentlichkeit gegründet worden war. Er sollte als Forum für den Austausch zwischen unternehmensinternen und externen Designexperten dienen.[250] Ziel war es dabei, Designer oder Personen, die im „weitesten Sinne Bezugspunkte zur Umweltgestaltung haben, mit unkonventionellen Gedanken rund um das Design [zu] konfrontieren".[251] Mitarbeiter der Siemens-Designabteilung präsentierten dort neue Konzepte oder Einschätzungen zur Zukunft der Produktgestaltung. Ein Beispiel hierfür ist Schrickers programmatischer Vortrag aus dem Jahr 1968 mit dem Titel „Entwicklung von Mensch, Umwelt und Technik in den nächsten Jahrzehnten".[252] Mit Max Bense, Frederic Vester, Umberto Eco, Abt Odilo von Andechs, Renate Kübler, Leo Lionni oder Eugen Biser kamen auch bekannte Fachleute aus Design-entfernteren Disziplinen nach München.[253] Das Konzept der regelmäßigen Podiumsdiskussionen und Vorträge verfolgten die Mitarbeiter der Siemens-Designabteilung über zwei Jahrzehnte. Im Laufe der 1980er Jahre ging das Engagement für den Siemens-eigenen Design-Club München jedoch zugunsten des zweiten Gründungsversuchs eines Designzentrums in München 1989 zurück.[254]

Parallel zum Münchner Design-Club besaß die Siemens-Designabteilung mit der Untereinheit ZVW 201 ein sogenanntes Design-Studio. Unter der Leitung von Richard Rau und später von Tõnis Käo war dort das Ziel, „Arbeitsmethoden für Design in Erfahrung zu bringen und sie für die Tagesarbeit aufzubereiten".[255] Neben einer Horizonterweiterung sollte das Design-Studio dabei helfen, sich dem Themenfeld ‚Industriedesign' theoretisch zu nähern.[256] Ein Bestandteil davon war das „Beobachten des kulturellen und sozialpolitischen Umfelds des Design[s]", wie etwa „Strömungen im Verbraucherverhal-

---

250 | Unbekannt (1968f), (1968h), (1970e), Klöcker (1968a) und AdDSS, Akte BU 01963, Einladungsschreiben des DES-Club aus dem Jahr 1968.

251 | AdDSS, Akte BU 01963, Einladungsschreiben des DES-Club aus dem Jahr 1968.

252 | Siemens Historical Institute, Akte 20666.

253 | Lengert (2006a), S. 170f.

254 | Unbekannt (1985n), Hilgering (1985), Lengert (2006b), S. 204, Meyer (2000), S. 120, Naske (1979). Ende der 1960er Jahre hatten Philip Rosenthal und Fritz Gotthelf mit Unterstützung des Rats für Formgebung versucht, ein Münchner Designzentrum als Außenstelle des Rats zu gründen. Siehe hierzu unter anderem Unbekannt (1967h), ZADP, Bestand Rosenthal, p.S. 9, Aktennotiz von Fritz Gotthelf vom 22.01.1968, ibid., p.S. 1, Aktennotiz von Philip Rosenthal vom 06.06.1967 und ibid., p.S. 8, Schreiben von Gustav Stein an die Mitglieder des Gestaltkreises vom 19.02.1968, S. 3.

255 | Siemens Historical Institute, Akte 20669, ZVW 20 Jahresbericht 1970/1 vom 11.11.1971, S. 1.

256 | Lengert (2006b), S. 195.

ten, in der Textilmode, in der Kunst, Warenästhetik".[257] Daneben besaß das Studio auch dokumentarischen Charakter, da hier beispielsweise die ehemalige Bibliothekarin der HfG Ulm und des Rats für Formgebung Andrea Schmitz einen Autoren-, Sach- und Schlagwortkatalog für die Buch-, Zeitungsausschnitt- und Sonderdruckbestände innerhalb der Designabteilung pflegte. Gleichzeitig erfasste eine reichhaltige Diasammlung das Siemens-Design und die Geräteentwürfe von verschiedenen Mitbewerbern.[258] Eine weitere wichtige Aufgabe des „Design-Studios" war es, die Siemens-Gestalter dabei zu unterstützen, sich Design-fremdes Wissen wie etwa „Ergonomische Arbeitshilfen für Konstrukteure und Designer" anzueignen.[259] Denn in dem sogenannten technischen Beratungszentrum informierte der Ingenieur H. Fritz die Produktgestalter über Materialien, Halbzeuge, Verarbeitungs- und Fertigungsverfahren. Durch eine Mustersammlung und arbeitswissenschaftliche Erkenntnisse sollte er die Designer mit technischem Wissen ausrüsten, welche diese „für die Erledigung der Gestaltungsarbeit und für die Gespräche mit den Partnern in den Werken und Vertrieben" brauchten.[260] Diese Dienstleistungen des Design-Studios für die Siemens-Gestalter entsprachen der Erkenntnis von Edwin A. Schricker, dass die „starke Expansion der Technik [..] auch die Designer zur ständigen Wissenserneuerung über die Vorgänge in der Umwelt des Menschen" zwinge.[261]

3. Organisation von Investitionsgüter- und Konsumgüterdesign im Bereich der Elektrotechnik

Edwin A. Schricker als Siemens-Chefdesigner verstand Design als die Anpassung der Technik an den Menschen. Daraus abgeleitet war für ihn das vorrangige Ziel, sich an den Erwartungen und Bedürfnissen der Kunden zu orientieren und durch die Gestaltung von mensch- sowie marktgerechten Produkten hierfür Lösungen zu finden. Die in dem Aktionsdreieck von Marketing, Technik und Design gefundenen Ergebnisse sollten zugleich die Gesinnung und das Ansehen des Unternehmens ausdrücken.[262] Aus diesem Grund wurde eine ‚Meistererzählung' des universalgelehrten Industriedesigners bei der Siemens AG nicht konstruiert. Stattdessen leitete Schricker eine Binnendifferenzierung der Produktgestaltung ein, indem er verschiedene Arbeitsgruppen für Konsumprodukt-, Anlagen-, Medizin-, Verpackungen- und Messe-Design

257 | Siemens Historical Institute, Akte 20674, Teil 1, Schreiben der ZVW 20 vom 13.12.1974.

258 | Siemens Historical Institute, Akte 20675, ZVW 20 Jahresbericht 1975/76, S. 1.

259 | Siemens Historical Institute, Akte 20675, Teil 2, Jahresbericht der ZVW 20 für 1976/77, S. 1.

260 | Schricker (1971), S. 270 und Siemens Historical Institute, Akte 20676, ZVW 20 Jahresbericht vom 12.12.1978, S. 1.

261 | Schricker (1971), S. 270.

262 | Siehe hierzu generell Schricker (1971) und Schricker (1980b), S. 157.

einrichtete.[263] Durch diese Aufgabenteilung sollten die Anforderung der Siemens AG als kompletter Systemanbieter im Bereich der Elektrotechnik gelöst werden. Denn von der Kaffeemühle bis zum Großkraftwerk hatten Entwicklung, Produktion sowie Vertrieb aus einem Haus zu kommen. An diesem Primat mussten sich die Siemens-Designer ausrichten.[264]

Um Designaufgaben in dieser kompletten Produktpalette bearbeiten zu können, entwickelten die Akteure um Schricker unternehmensweite Standards für die Gestaltung. Während der Aufbauphase der Siemens-Designabteilung in den 1960er Jahren versuchten sie unter dem Stichwort ‚Stilmerkmale' erste gestalterische Gemeinsamkeiten zu erarbeiten.[265] Anfang der 1970er Jahre wurde dann das sogenannte durchgängige Erscheinungsbild als erster Meilenstein dieser Entwicklung verabschiedet.[266] Ziel war es laut Schricker, die gestalterischen Elemente von einzelnen Produkten auf gesamte ‚Produktfamilien' übertragbar zu gestalten, um sie als größere Einheit zusammenzufassen.[267] Die Formgebung solcher Produktgruppen variierte zwischen den verschiedenen Unternehmensbereichen der Siemens AG erheblich.

Der nächste Schritt der Designer war es daher, einheitliche Standards zu definieren, die konzernweit gültig sein sollten. Ausgangspunkt hierfür war die erstmalige Entwicklung eines nach Designgesichtspunkten in sich geschlossenen Produktprogramms, den der Unternehmensbereich für Daten- und Informationsverarbeitung 1975 mit der Unidata-Reihe produziert hatte. Die firmeninterne Rechnerkommission der Siemens AG regte dabei an, für alle Unternehmensbereiche verbindliche Leitlinien zu entwickeln.[268] Mit diesen hauseigenen Design-Normen versuchten Schricker und seine Mitarbeiter verschiedene Gestaltungskonstanten „für Formmerkmale (Grundauslegungen von Baukörpern), für Gehäusetrennungen, Bedienelemente, für Verhältnisse am Arbeitsplatz, für die Gliederung und Ordnung der Produkte zueinander" festzulegen.[269] Neben diesen Standards zum Industriedesign im engeren Sinne wurden beispielsweise auch Fragen eines einheitlichen Farbbildes oder der Typographie in sogenannten Siemens-Beiblättern vorgegeben.

---

263 | Siehe für die Details der jeweiligen Aufgabenverteilungen die ZVW-Jahresbericht ab 1968, in Siemens Historical Institute, Akte 20668ff.

264 | Feldenkirchen (2003), S. 299, Schmidt (2012), S. 379.

265 | Unternehmensarchiv der Schlagheck Design GmbH, Notiz von Edwin A. Schricker vom 23.11.1961, S. 4.

266 | Unbekannt (2003b), S. 134.

267 | Siemens Historical Institute, Akte 20679, Protokoll zur ZVW-Abteilungsleiterbesprechung vom 24.10.1978, S. 4.

268 | Siemens Historical Institute, Akte 15641.

269 | Siemens Historical Institute, Akte 20671, Protokoll zur ZVW-Abteilungsleiterbesprechung vom 14.11.1977, S. 4. Siehe auch Lengert (2006a), S. 159 und S. 179f.

Zusammengefasst wurden diese Normen dann in der ‚Design-Basis', die ab 1979 erstmals an die verschiedenen Unternehmensbereiche und Landesgesellschaften der Siemens AG kommuniziert wurde.[270] Die Mitarbeiter der Designabteilung erhofften sich von diesen Gestaltungsleitlinien eine verbesserte interne Zusammenarbeit mit anderen Arbeitsbereichen.[271] Jedoch wurden diese Erwartungen bald enttäuscht. Mit Stichworten wie „Profilneurose" oder „egoistische Entwicklungspolitik" beklagten die Siemens-Designer, dass Entwicklungsabteilungen und der Vertrieb ihre Arbeiten im Bereich der Produktgestaltung erschweren würden.[272]

Abbildung 28: Telephon in der Ausstellung „Donation Siemens" in der Neuen Sammlung, 1987.

Quelle: Die Neue Sammlung - The Design Museum.

Bei der Gestaltung von Leitwarten und Steuerzentralen für Anlagen waren solche Konflikte für die Siemens-Designer besonders schwer auszugleichen. Denn in diesem Spezialgebiet des Industriedesigns kamen viele Teilbereiche zur Anwendung, wie etwa die Formgebung von Bedienelementen, die Gestaltung der Informationssysteme oder ebenso die Innenarchitektur. Gleichzeitig waren meist mehrere Unternehmensbereiche der Siemens AG an der Entwicklung beteiligt, sodass die Komplexität solcher Projekte vergleichsweise hoch war und somit eine intensive Kommunikation benötigte.[273] Bei dem sogenannten Anlagen-Design versuchten die Siemens-Designer, zwei Ziele zu erreichen. Zum einen bemühten sie sich um eine kundenspezifische Gestaltung unter Berücksichtigung aller ‚Humanfaktoren' und die Wahrung eines Siemens-spezifischen Erscheinungsbildes.[274] Unter der Leitung von Helmut Musialik arbeitete der Unterbereich ZVW 23 im Laufe der Jahre beispielsweise

270 | Siemens Historical Institute, Akte 20677, Jahresbericht der ZVW 32 für 1979/80, S. 1. Siehe für die verschiedenen Exemplare der „Design-Basis" in Siemens Historical Institute, Akte 37.La 676, 20670 und 20679.

271 | Siemens Historical Institute, Akte 20677, Begrüßungsrede von Dankwart Rost auf der ZVW-Tagung vom 08. und 09.05.1980, S. 3f.

272 | Siemens Historical Institute, Akte 20678, Teil 2, Jahresbericht der ZVW 32 für 1982/83, S. 4.

273 | Siehe hierzu Friedewald (1975), Gronenborn (1978), Schricker (1967b), (1985).

274 | Siemens Historical Institute, Akte 20677, ZVW-Rundschreiben Nr. 1/80 vom 14.03.1980.

an Leitzentralen für die Bundesbahn, Verkehrsleitwarten für Großstädte wie München, Standardwarten für die Kraftwerk Union AG, Messwarten für das Siemens-eigene Prozessleitsystem Teleperm M oder Kontrollwarten für Kraftwerke, die sowohl in der Bundesrepublik verwendet wurden als auch in den Export gingen.[275] Zum anderen arbeitete das Team um Musialik in Erlangen auf dem Gebiet der Medizintechnik. Besonders im Dentalbereich wurde zusammen mit dem Siemens-Werk in Bensheim und dem Dentalbüro in Nürnberg die Gestaltung von Zahnarztpraxen entwickelt.[276]

Neue Arbeitsweisen und Auslagerung von Gestaltung

Bemerkenswert bei dieser Auflistung ist, dass nicht allen Kunden solche Dienstleistungen angeboten wurden. Im Jahr 1969 hatten Mitarbeiter der Siemens-Designabteilung die „Design-Institut GmbH" in München gegründet.[277] Der Gegenstand dieser Gesellschaft lag bei der Gestaltung von Werbematerialen, Verpackungen, Ausstellungen und Geschäftsräumen.[278] Eine Intention bei der Gründung des sogenannten DIM war es, sich als Siemens AG auf das Elektrotechnikgeschäft zu beschränken und nicht noch zusätzlich Architekturdienstleistungen anzubieten. Gleichzeitig wollte man den Siemens-Designern ermöglichen, nebenberuflich ein weiteres Einkommen generieren zu können, solange diese nicht für die unmittelbare Konkurrenz tätig waren. Hierdurch eröffneten sich für die Siemens-Gestalter jenseits ihrer alltäglichen Arbeit neue Handlungsräume bei ihrer Rolle als Industriedesigner, da sie sich dadurch betriebsinternen Abläufen und Normen teilweise entziehen konnten.

Mit Edwin A. Schricker als geschäftsführendem Direktor, Erich Weinberger als Geschäftsführer und etlichen Siemens-Designern als Gesellschaftern war die DIM eng mit den Designschaffenden der Siemens AG verbunden. Das Design-Institut mietete seine Räume auch bei der Designabteilung in München, sodass die Mitarbeiter dort in Personalunion tätig waren.[279] Solche ‚Ausgründungen' waren im Bereich des Industriedesigns üblich, zumal einigen

275 | Siemens Historical Institute, Akte 20675, Teil 1, ZVW-Jahresbericht 1975/76, S. 2 und ibid., Akte 20678, Teil 1, ZVW-Jahresbericht 1981/82, S. 2

276 | Siemens Historical Institute, Akte 20674, Teil 1, Schreiben der ZVW 23 vom 06.12.1974, S. 1.

277 | Siemens Historical Institute, Akte 10359, Bilanzprüfung der Design-Institut GmbH München für 1971/72, S. 3 und Unbekannt (1970f), Pfleger-Edel (1971), Voltz (1970), Walther (1970).

278 | Siemens Historical Institute, Akte 21297, Satzung der Design-Institut GmbH München vom 22.07.1969. Für die Korrespondenz des DIM siehe Siemens Historical Institute, Akte 21443. Leider sind nur wenige Akten zur DIM erhalten. Zwar sind noch weitere Unterlagen in den Findbüchern des Archivs der Siemens AG verzeichnet, jedoch waren diese nicht mehr auffindbar.

279 | Siemens Historical Institute, Akte 10359, Bilanzprüfung des Design-Institut GmbH München für 1971/72, S. 3 und ibid., Bilanzprüfung des Design-Institut GmbH München für 1974, S. 4.

Abbildung 29: Zahnarztstuhl in der Ausstellung „Donation Siemens" in der Neuen Sammlung, 1987.

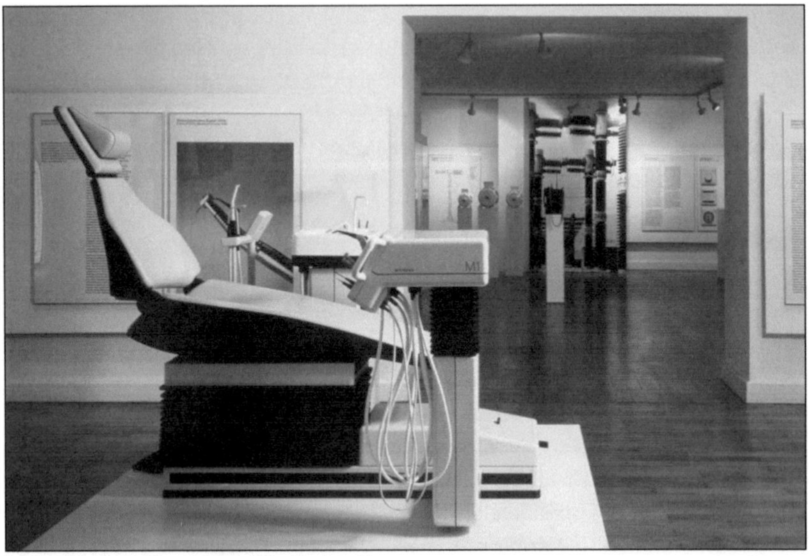

Quelle: Die Neue Sammlung – The Design Museum.

ehemaligen Mitarbeitern der Siemens AG mit eigenen Design-Büros später ansehnliche Karrieren gelangen. Prominentes Beispiel hierfür ist Herbert H. Schultes, der nach dem Beginn seiner Berufstätigkeit von 1961 bis 1967 bei der Siemens AG ein eigenes erfolgreiches Büro mit dem ehemaligen ‚Siemensianer' Norbert Schlagheck unterhielt. Nach seiner Zeit bei Schlagheck & Schultes in München wurde er 1984 wiederum als Nachfolger von Edwin A. Schricker als Chefdesigner und kam damit wieder zurück zur Siemens AG.[280]

Unabhängig von solchen prominenten Karrieren einzelner Personen wendete die Siemens-Designabteilung seit Anfang der 1970er das damals innovative Konzept der Gruppenarbeit im Industriedesign an. Unter dem zeitgenössisch neu aufkommenden Begriff Teamarbeit gelang es, dass mehrere Gestalter mit wenigen Hierarchieebenen zusammen an einem Projekt arbeiteten,[281] wie dies schon an der HfG Ulm beispielsweise Tomás Maldonado vorgedacht hatte.[282] Diese Arbeitsorganisation von Industriedesignern in Großunternehmen war noch ungewöhnlich, da damals Gestaltungsaufgaben tendenziell von Einzelnen gelöst wurden. Schricker beurteilte diese Leistung so,

280 | Siemens Historical Institute, Akte 20681, ZVW-Mitteilung Nr. 12/84 vom 07.06.1984 und Lengert (2006a), S. 157, (2006b), S. 192, Meyer (2000), S. 118.

281 | Siemens Historical Institute, Akte 20670, Redemanuskript „Wo stehen wir heute?" von Edwin A. Schricker vom 24.02.1972, S. 8.

282 | Guidot (1994), S. 125, Spitz (2002), S. 22f, (2014a), S. 69.

dass „fast alle größeren und mittleren design-bewussten Unternehmen in den USA und in der BRD in den letzten Jahren Design so organisiert" hätten wie die Siemens AG.[283] Unabhängig von dieser empirisch schwer zu überprüfenden Aussage, waren solche Bemühungen ein Teil der zeitgenössischen Entwicklungen, sich dem Industriedesign über vermeintlich rationale Argumente zu nähern. Indem sie in den hierarchiearmen Gruppen ihre Tätigkeit mit wissenschaftlichem Wissen begründeten, erhofften sich die Mitarbeiter, zu der passenden Formgebung zu kommen. Dennoch wollte Schricker den Ansatz der Gruppenarbeit jedoch keineswegs als „antiautoritären Arbeitsstil" verstanden wissen. Durch diese Methode sollten die Gestaltungsergebnisse verbessert werden, was nach seiner Meinung in einem Unternehmen letztendlich ohne Kontrolle nicht möglich war.[284]

Die Bedeutung der Teamarbeit wurde signifikant bei den Siemens-internen Diskussionen über die erste Ölpreiskrise 1973/74. Laut Schricker führte diese veränderte Rohstoffsituation zu „einer Verstärkung des Denkens, dass durch Design die Produkte den Ansprüchen der Verbraucher besser gerecht werden." Dies hatte aus der Perspektive der Designer die positive Auswirkung, dass nun in firmeninternen Diskursen „die Designkonzepte als Argument in eine vernünftige Relation von Aufwand und Nutzen" gebracht werden konnten.[285] Im Kontext dieser ersten Ölpreiskrise prognostizierte Schricker ebenso, dass „die ästhetische Abneigung gegen teuren Luxuskonsum und dessen Darstellung" zunehme.[286] Dies führte dazu, dass seit Mitte der 1970er Jahre in den Konzepten der Siemens-Designer der Endverbraucher bei sogenannten Konsumgütern verstärkt berücksichtigt wurde. Langfristig wurde der Benutzer daher zum „Mit-Entscheider" erhoben,[287] wie es beispielsweise später in postmodernen Designdebatten Anfang der 1980er Jahre postuliert worden war.[288]

Eine der Auswirkungen der Ölpreiskrise von 1973/74 war jedoch, dass das Design für die Hausgerätesparte aus der Siemens-Designabteilung ausgegliedert wurde. Seit 1967 betrieb die Siemens AG zusammen mit der Robert Bosch AG in München ein gemeinsames Unternehmen, nämlich die Bosch-Siemens Hausgeräte GmbH.[289] Im Jahr 1976 wurde diese Arbeitsteilung wie-

283 | Siemens Historical Institute, Akte 20670, Notiz von Edwin Schricker vom 14.03.1974.

284 | Siemens Historical Institute, Akte 20670, Redemanuskript „Wo stehen wir heute?" von Edwin A. Schricker vom 24.02.1972, S. 8.

285 | Spiegel (1975), S. 5.

286 | Siemens Historical Institute, Akte 20671, Vortrag von Edwin A. Schricker „Produkt-Design – Design, Marketing und technische Entwicklung" vom Mai 1975, S. 5.

287 | Siemens Historical Institute, Akte 20679, Protokoll zur ZVW-Abteilungsleiterbesprechung vom 16.09.1981, S. 4.

288 | Siehe hierzu S. 223ff.

289 | Siemens Historical Institute, Akte 20676, ZVW-Mitteilung Nr. 5/79 von Dankwart Rost und Edwin A. Schricker vom 17.11.1978. Feldenkirchen (2003), S. 380, Siemens & Halske/Siemens-Schuckert-Werke (1966), S. 18, Wilsdorf (2005), S. 236.

der aufgelöst, da die Beteiligten bei der Robert Bosch AG mit der vereinbarten Design-Kooperation nicht zufrieden waren. Dies ging mit der Entscheidung beider Konzernleitungen einher, dass die BSHG zukünftig als eigenständiges Unternehmen agieren solle.[290] Eigentlich hatte die Gestaltung der Produkte von der Siemens-Designabteilung übernommen und ähnlich wie bei dem Siemens-internen Verrechnungssystem vergütet werden sollen. Jedoch kam es nach 1976 zwischen beiden Anteilspartnern zu Kompetenzstreitigkeiten im Bereich der Produktgestaltung.[291] Daraufhin vereinbarten die Siemens AG und die Robert Bosch AG, dass die Designaufgaben innerhalb der BSHG selbstständig gelöst werden sollten. Die Unterabteilung ZVW 222 unter der Leitung von Richard Rau, die bis dahin die Produktgestaltung für die Siemens-Elektrogeräte GmbH übernommen hatte, wurde daraufhin aus der Siemens AG ausgegliedert und der BSHG übertragen.[292]

Abbildung 30: Auszeichnung „Gute Form 1972" des Bundesministers für Wirtschaft und Finanzen.

Die hervorragend gut gestalteten
Wand- und Deckenleuchten 5LJ 2451-2C
und 5LJ 2471-2C
Hersteller Siemens AG
Gestalter Siemens AG
zeichne ich aufgrund der Entscheidung
des Preisrichterkollegiums mit einem
Bundespreis Gute Form 1972 aus

Bonn, den 14. September 1972
Der Bundesminister
für Wirtschaft und Finanzen

Quelle: Siemens Historical Institute, GU 178/39J0000178000.

Die Siemens-Designabteilung verlor mit dieser Entscheidung etliche Gestalter aus dem sogenannten Konsumgüterbereich und konzentrierte sich danach notgedrungen auf die Produktgestaltung von Investitionsgütern und Medizingeräten. Dadurch wurde die noch von Schricker 1974 gelobte Design-Organisation in einem einzigen Unternehmen schon wieder hinfällig.[293]

290 | Hoesch (2006c), S. 331, Schmidt (2012), S. 361, Wilsdorf (2005), S. 236.

291 | Siehe hierzu die Akte Siemens Historical Institute, Akte 26238.

292 | Siemens Historical Institute, Akte 20670, Notiz von Dankwart Rost zu einem Gespräch mit Köhne, Schöttler und Steybe vom 26.10.1976, ibid., Notiz von Edwin A. Schricker vom 03.11.1976 und ibid. Notiz zur BSHG-Präsentation vom 03.09.1976, S. 5f.

293 | Siehe S. 129ff.

C. Zusammenfassung

Das Kapitel thematisiert, wie Industriedesigner seit der HfG Ulm bei ihrem Handeln zunehmend mit explizitem Wissen argumentierten. Ziel dieser kommunikativen Strategie war es, eine breitere Anerkennung bei technisch-ingenieurwissenschaftlichen Expertengruppen zu erreichen. Diese sogenannte Verwissenschaftlichung entwickelte sich zu einem wesentlichen Merkmal der Industriedesigner innerhalb einer Berufsgruppe mit kreativen Tätigkeiten. Dadurch konnten künstlerische Fragestellungen im Produktdesign zurückgedrängt werden. Im Kontext der Professionalisierung bedeutete dies für die Industriedesigner, dass beispielsweise wissenschaftliche Methoden aus anderen Fachdisziplinen bei Gestaltungsfragen zur Anwendung kamen. Dies ging in der Bundesrepublik damit einher, dass sich die Designer bei ihrem Handeln zunehmend von der Kunst distanzierten.[294]

Das erste Teilkapitel analysiert dabei, wie das Argumentieren mit wissenschaftlichem Wissen von den Industriedesignern seit den 1960er Jahren als ein Mittel der Selbstlegitimation benutzt wurde. Dabei lässt sich am Beispiel einer sogenannten Verwissenschaftlichung zeigen, wie die Beteiligten der Kategorie Wissen eine herausragende Bedeutung zuschrieben. Zentrale Aufgabenstellungen waren die Entwicklung neuer Designtheorien und -methodologien, um für das eigene Fachgebiet neue Gestaltungskonzepte formulieren zu können. Zugleich veranschaulicht es, wie die Industriedesigner versuchten, den – zeitgenössisch gängigen – Planungsaspekt auf Design anzuwenden. Hierzu galt es, das Fach Industriedesign mit qualitativen und quantitativen Methoden, etwa aus den Ingenieurwissenschaften, weiterzuentwickeln.

Am Beispiel der Siemens AG zeigt sich exemplarisch, wie die Verbindung von wissenschaftlichem Wissen und Industriedesign in einem Unternehmen gelöst wurde. Es galt dabei, Produktgestaltung seit den 1960er Jahren als firmeninternes Handlungsfeld aufzubauen. Dies ging einher mit einer firmeninternen Kommunikationsstrategie, die Design eine Querschnittsfunktion zwischen Konstruktion, Vertrieb und Kunden zuschrieb. Am Beispiel der Siemens AG zeigt sich auch, wie sich Konsum- und Investitionsgüterdesign in einem Großkonzern organisieren ließen.

294 | Hierbei sind Parallelen bei der Entwicklung der Profession ‚Industriedesigner' zwischen der Bundesrepublik und anderen Staaten wie Norwegen oder Frankreich auffällig, Fallan (2016), S. 261ff, Leymonerie (2016), S. 148. Es wäre daher ein durchaus lohnenswertes Forschungsprojekt, in einem transnationalen beziehungsweise europafokusierten Blick die Genese der Design-Berufe nach dem 2. Weltkrieg zu betrachten.

4. Industriedesigner im Wandel der 1970er Jahre

In jüngsten zeithistorischen Fachpublikationen wird diskutiert, ob die letzten drei Jahrzehnte des 20. Jahrhunderts als Phase der Strukturbrüche und revolutionären Wandlungen gedeutet werden können. Besonders das Konzept ‚Nach dem Boom' von Doering-Manteuffel und Raphael ist dabei ein Versuch, die Dekaden seit Beginn der 1970er Jahre als einen längeren Zeitbogen zu erfassen, im Anschluss an die Wiederaufbauphase.[1] Unabhängig von der Plausibilität solcher Periodisierungsversuche fällt auf, dass sich die Gestalter seit Ende der 1960er Jahren in verschiedenen fach- und unspezifischen Teilbereichen neu verorten mussten. Ausgangspunkt war dabei vielfach ein gesamtgesellschaftlicher Wandel, sodass auch Positionen im Design hinterfragt und neu durchdacht wurde. Der Prozess der Professionalisierung ging damit in den 1970er Jahren einher mit einer Neupositionierung von Designauffassungen.

Das Leitthema dieses Kapitels ist die Anpassung und der gleichzeitige Wandel der Industriedesigner während einer Zeit der sogenannten Umbrüche in den 1970er Jahren. Aus der Perspektive des Siemens-Chefdesigners Edwin A. Schricker ging es dabei beispielsweise um die Angleichung der Gestalter an die immer schneller und komplizierter werdenden Vorgänge. Dabei betonte er, dass „der steigende Zeitdruck [..] mehr als eine Tricklösung unter dem Motto ‚Den Designern wird schon etwas einfallen'" erforderte.[2] Um solche Selbstzuschreibungen der Gestalter inhaltlich strukturieren zu können, wird zuerst die veränderte Rolle der Industriedesigner dargestellt. Daran anschließend analysieren drei Teilkapitel die Entwicklungen nach der ersten Ölpreiskrise näher.

1 | Doering-Manteuffel und Raphael (2011), S. 31.

2 | Siemens Historical Institute, Akte 20670, Redemanuskript „Wo stehen wir heute?" von Edwin A. Schricker vom 24.02.1972, S. 6.

Zu Beginn steht die Historisierung des Konzepts ‚Umweltgestaltung', das von verschiedenen Designern als Idee zur vollständigen Gestaltung der eigenen Umwelt konzipiert war. Gleichzeitig ging es dabei um eine Abgrenzung zu einem ‚Funktionalismus' Ulmer Prägung und die Entwicklung neuer gesellschaftlicher Entwürfe für das Industriedesign. Parallel hierzu wurde auch Bezug auf Vorstellungen von Dienstleistung, Marketing und Unternehmenskultur genommen, die seit den 1970er Jahren zunehmend an Bedeutung gewannen. Im Anschluss daran zeigen die verschiedenen Ausbildungsreformen in den 1970er und 1980er Jahren, dass ebenso verschiedene normative Designauffassungen in ein Bildungssystem integriert waren. Abschließend konkretisiert das Beispiel der Rosenthal AG diese verschiedenen Professionalisierungsentwicklungen auf der Ebene eines Großunternehmens.

A. Designer nach dem Boom – Neue Professionalisierungsstrategien in den Krisen

Die „Rezession steigert [die] Bedeutung des Designs" war das Credo zur Jahresauswahl 1975 im Stuttgarter Design-Center.[3] Dieser Perspektive folgten zeitgleich viele Industriedesigner in der Bundesrepublik, trotz einer weitverbreiteten Krisenstimmung in der Gesellschaft, der postulierten Begrenztheit von Wachstums durch den Club of Rome 1972 und der ersten Ölpreiskrise von 1973/74.[4] Veröffentlichungen wie „Die Problemlöser kommen" oder die „Ölkrise setzt neue Akzente im Design" zeugen noch von dieser Selbstvergewisserung und dem Optimismus, der – abgesehen von einer „Ausbildungskrise" seit Ende der 1960er Jahre – bis in das Jahr 1974 bei den Produktgestaltern zu spüren war. Hierbei erschien eine Krise vielmehr als Chance die hohen Erwartungen und Potenziale zu erfüllen, welche die Akteure aus Politik und Wirtschaft in das Industriedesign setzten.[5] Aus der Sicht vieler war erst seit Mitte der 1970er Jahre das westdeutsche Industriedesign und seine Institutionen danach in einen weitreichenden Abschwung geraten und für einen solchen Optimismus bestand kein Anlass mehr. Vielmehr standen Formulierungen wie das Ende des Booms oder der glorreichen drei Jahrzehnte metaphorisch für das Ende der Hochkonjunktur. Bis Mitte der 1980er Jahre blieb der Begriff ‚Krise' Teil vieler fachbezogener Reflexionen, sodass zeitgenössische Verän-

3 | Unbekannt (1975r).

4 | Seefried (2011), S. 6ff. Für einen Überblick siehe hierzu ebenfalls Geyer (2015a), (2015b), Graf (2014), Radkau (2017), S. 290f.

5 | Unbekannt (1974k), Krauch (1973).

derungen von den Beteiligten als Bestandteil einer Krisennarration gedeutet wurden.[6]

Solche Darstellungen einer von Rezession geprägten Zeit können strukturelle Gesamtentwicklungen verbergen. Denn das Sprechen von ‚Krisen' war für Gestalter auch ein kommunikatives Mittel, um Aufmerksamkeit zu generieren.[7] Aus diesem Grund werden im Folgenden die Entwicklungen der bundesdeutschen Industriedesigner seit den 1970er Jahren als ein Wandel gedeutet. Dieser Zugang bietet die Möglichkeit, längerfristige Entwicklungen aus neuer Perspektive zu betrachten, die sich etwa bei der Gliederung nach Dekaden verschließen. Darüber hinaus kann durch dieses Vorgehen eine zeitgenössische Erzählstruktur hinterfragt und sie gegebenenfalls neu geordnet werden.[8] Um daher den Wandel im Industriedesign zu analysieren, werden im Folgenden die Reaktionen der Produktgestalter auf die einsetzende Rezession von 1973/74 beschrieben. Anschließend werden zwei Teilbereiche näher dargestellt, die für solche Veränderungen ‚nach dem Boom' von besonderer Bedeutung waren.

1. Neupositionierungen der Industriedesigner nach 1973/74

„Die Designer [sind] noch einmal davongekommen." Diese Feststellung von Ernst-Jörg Kruttschnitt aus dem Jahr 1975 bestärkte die These des Leiters der DIHT-Öffentlichkeitsabteilung darin, dass die antizyklische Bedeutung der Industriedesigner von der Wirtschaft verstanden wurde.[9] Diese zeitgenössische Einschätzung der Rezessionsphase nach 1973/74 verdeutlicht die damalige Annahme, dass die Produktgestalter die Ölpreiskrise und ihre Folgen als Chance wahrgenommen haben. Für die Designer verkörperte die Dekade seit Anfang der 1970er Jahre jedoch eine Zeit, in welcher sich etablierte Gefüge aufzulösen und neue Strukturen zu verfestigen begannen. Um solche Entwicklungen nachzuvollziehen, werden in diesem Teilkapitel verschiedene Designdiskurse aufgezeigt. Ziel ist es, zuerst die Reaktionen der Produktgestalter auf die Rezessionserfahrungen nach 1973/74 zu verdeutlichen. Daran anschließend werden einige fachbezogene Debatten herausgearbeitet, anhand derer ein einsetzender Wandel innerhalb der Profession veranschaulicht wird.

Einen solchen weitreichenden Wandel beschrieb der Rat für Formgebung in seinem Tätigkeitsbericht für 1974. Er attestierte dort, dass Fragestellungen und Probleme der 1970er Jahre sich wesentlich von denen der beiden Vorgän-

6 | Für die jüngeren zeithistorischen Forschungen zum Begriff ‚Krise' siehe beispielsweise Geyer (2010a), S. 645ff, (2012), Mergel (2012), Meyer et al. (2013).

7 | Sadler (2013), S. 45.

8 | Für eine globale Perspektive auf die 1970er Jahre siehe Levsen (2016).

9 | Kruttschnitt (1975a).

gerdekaden unterscheiden würden. Laut dem Rat schien somit der „endgültige Abschied von der Nachkriegszeit" einzutreten.[10] Diese Aussage ist aus zwei Gründen typisch für die Reaktion von Industriedesignern auf die erste Ölpreiskrise. Es wurde eine weitreichende Strukturänderung diagnostiziert, wie es zeitgenössisch 1973/74 in der westdeutschen Gesellschaft schon diskutiert wurde. Gleichzeitig blieb die Bedeutung des veränderten Ölpreises und von dessen wirtschaftlicher Auswirkung für die Produktgestalter meist ohne Erwähnung. Überraschenderweise führten die Industriedesigner in dieser Zeit viele kontroverse Debatten, die Rezessionsphänomene der bundesdeutschen Wirtschaft fanden jedoch selten Erwähnung. Dies ist umso erstaunlicher, da etwa in der Automobilindustrie schon viele Industriedesigner arbeiteten. Trotzdem führte dies im Nutzfahrzeugedesign nicht dazu, dass mehr Kunststoffkomponenten oder Fragen der Aerodynamik auf den Tagesordnungen standen. An Konstruktionsteilen aus Kunststoff für Großserien arbeiteten die Designer und Ingenieure schon seit den 1960er Jahren, wie das Beispiel der BASF AG zeigt.[11] Die Gewichtersparnis und der damit einhergehende reduzierte Kraftstoffverbrauch wurden ab 1973/74 verstärkt analysiert. Dies war aber zu der Zeit keineswegs mehr neu oder innovativ. Das Gegenteil gilt etwa für Fragen der Aerodynamik im Kraftfahrzeugdesign, zumal die Bedeutung des Luftwiderstandes bei Automobilen bis dahin wenig beachtet wurde. Erst durch die zweite Ölpreiskrise 1979/80 erlebten etwa sogenannte Luftleitbleche eine Konjunktur bei den Automobilbauern.[12] Der Bochumer Kunsthistoriker Joachim Petsch diagnostizierte für das Pkw-Segment beispielweise eine ‚Keilform', die ein sichtbares Zeichen im Bereich des Karosseriedesigns sei.[13] Insgesamt schien die erste Ölpreiskrise auf die Formgebung vordergründig erstaunlicherweise wenig Einfluss ausgeübt zu haben.

Neu war für die Gestalter hingegen während der Rezession nach 1973/74, dass erstmals Industriedesigner von Arbeitslosigkeit bedroht waren. Zwar mahnte schon eine Untersuchung von Arianna Giachi im Jahr 1972 davor, dass selbst nach optimistischen Schätzungen kaum alle Design-Studenten später diesem Beruf nachgehen könnten.[14] Trotz dieser Warnung war das Phänomen des arbeitslosen Produktgestalters bis zur ersten Ölpreiskrise quasi unbekannt. Und selbst danach gab es mehrere gegensätzliche Deutungsangebote. Laut Kruttschnitt war nach Ende 1974 die allgemeine Situation so, „dass es ähnliche Beschäftigungseinbrüche wie sie in der Bauwirtschaft oder im Archi-

10 | RfF (1974), S. 4.

11 | Siehe hierzu S. 79.

12 | Siehe hierzu S. 257ff.

13 | Petsch (1982), S. 186ff. Für das veränderte Konsumverhalten im Automobilbereich sowie im privaten Energiekonsum nach 1973/74 siehe Fabian (2016), S. 299ff, Gerber (2015), S. 234f.

14 | Unbekannt (1972q). Siehe zum Bericht von Arianna Giachi S. 181ff.

tekturbereich erfolgt seien, bei den Designern nicht gegeben habe".[15] Im Gegensatz dazu stellten Bernd Meurer und Hartmut Vinçon wenige Jahre später mit Bezug auf Statistiken der Bundesanstalt für Arbeit fest, dass „jeder fünfte Designer 1975 arbeitslos" war.[16] Diese beiden widersprüchlichen Positionen erklären sich zuallererst dadurch, dass mit unterschiedlichen Strategien auf die einsetzende Wirtschaftskrise reagiert wurde. Es kollidierten die beiden Möglichkeiten, die Industriedesigner entweder effektiver in die Industrieunternehmen zu integrieren oder sie durch neue Ausbildungscurricula besser auf Krisensituationen vorzubereiten. Besonders bei den verschiedenen Reformen der Industriedesign-Studiengänge war die Gefahr der möglichen Arbeitslosigkeit ein immer wiederkehrendes Argument.[17] Für die Hochschulen bedeutete dies, dass sie auf dieser Ebene gegenüber den politischen Entscheidungsträgern zu argumentieren hatten. Die Kernaussage war, dass sie keine Arbeitslosen ‚produzieren' würden. So konnte sich beispielsweise die HfG Schwäbisch Gmünd später gegenüber dem Kultusministerium von Baden-Württemberg damit rühmen, dass der Hochschule „zur Zeit keine Fälle bekannt sind, dass Absolventen der Schule keinen Arbeitsplatz finden konnten".[18] Mit solchen Aussagen gelang es den verantwortlichen Designdozenten, die Beamten in den jeweiligen Bildungsministerien zu beruhigen.

Dennoch konstatierten die Zeitgenossen einen Anstieg von selbstständigen Industriedesignern spätestens ab der zweiten Hälfte der 1970er Jahre.[19] Zwar war – laut dem Bosch-Designer Wendel Rolli – der freiberuflich mitarbeitende Formgestalter schon seit Mitte der 1960er Jahre die Regel.[20] Aber im Sinne des Einkommensteuergesetzes galten die Designer vielmehr als gewerbetreibend

15 | Unbekannt (1974c) sowie Kruttschnitt (1975a). Ebenso hielt beispielweise der Werkbund 1974 eine interne Arbeitstagung in Saarbrücken ab, in welcher die Teilnehmer über Grenzen der Planung diskutierten, IfZ-Archiv, ED 920-434.

16 | Meurer und Vinçon (1983), S. 226f. Siehe ebenso Selle (1983a).

17 | Es kam daher auch zu dem Vorschlag, die Designer in die Künstlersozialkasse mit aufzunehmen. Unbekannt (1975t), (1977h), Schmidt (1975) und Unbekannt (1975b), (1975m), (1982c), (1982k), Bundesregierung (1975), Holl (1982), Schmidt (1983). Siehe hierzu ebenfalls S. 156ff.

18 | HStaA Stuttgart, EA-3/908-355/2, Schreiben der Fachhochschule für Gestaltung Schwäbisch Gmünd an das Kultusministerium Baden-Württemberg vom 18.04.1977.

19 | In der DDR wurde dieses Phänomen ebenfalls beobachtet. Die westdeutsche ‚form' berichtete sogar ausführlich über eine Podiumsdiskussion mit Karl Clauss Dietel, Ekkehard Bartsch und Anselm Glücksmann in Leipzig zu diesem Themenkomplex, Unbekannt (1972b). Es wäre vor diesem Hintergrund lohnenswert, die Frage der aufkommenden Selbstständigkeit der Industriedesigner in Bezug auf die zeitgenössischen Produktionsregime in einer transnationalen Perspektive herauszuarbeiten.

20 | Rolli (1965), S. 11. In den USA schien die Selbstständigkeit von Produktgestaltern schon weiter verbreitet zu sein, was wiederum für die westdeutschen Designer als ein Vorbild fungierte. Siehe hierzu beispielsweise Epstein (1965a und 1965b) und ebenso Braun-Feldweg (1963).

und abhängig beschäftigt, da ihre Tätigkeit vielfach einen ‚arbeitnehmertätigen' Charakter aufwies.[21] Fragen nach Selbstständigkeit und Freiberuflichkeit wurden als Teil des Professionalisierungsprozesses seit Ende der 1960er Jahre diskutiert. Dennoch gründete sich erst 1977 auf dem ersten Deutschen Designertag eine Arbeitsgruppe für selbstständige Designer unter der Leitung von Franz-Erwin Wagner. Im VDID selbst gab es hierfür keine eigene Expertengruppe.[22] Dies hing vermutlich damit zusammen, dass der VDID überwiegend die Interessen von freiberuflichen Gestaltern vertrat. Die im Vergleich wenigen Verbandsmitglieder, die in festen Beschäftigungsverhältnissen arbeiteten, organisierten sich dabei in der VDID-AG ‚Angestellte Designer'.[23]

Freiberufliche Beschäftigungen entwickelten sich bei den Industriedesignern spätestens in den 1980er Jahren zu dem am weitesten verbreiteten Arbeitsverhältnis.[24] Bei dieser Entwicklung hin zur Selbstständigkeit lässt sich bei den Produktgestaltern jedoch kein unmittelbarer Zusammenhang zwischen wirtschaftlichen Rezessionen herstellen, wie sie die beiden Ölpreiskrisen verursachten. Zeitgenössisch erklärte dies Ernst-Jörg Kruttschnitt etwa so, dass „Designer konjunkturpolitisch betrachtet Pro- und Antizykler zugleich [sind]. Das bedeutet, dass der angestellte Designer bei wachsender Prosperität mehr gefragt ist, der freie Designer aber in der Rezession Auftragszuwächse verzeichnet".[25] Auf der betrieblichen Ebene hieß dies, dass in der Phase von schrumpfenden Umsätzen die Belegschaft nicht erweitert wurde und stattdessen anfallende Gestaltungsarbeiten häufig an externe Designer abgegeben wurden. Letztendlich blieb dadurch die relative Zahl an arbeitssuchenden Industriedesignern gering, während davon für die Auftragslage im Bereich der Produktgestaltung keine Aussage abgeleitet werden kann.

Industriedesigner und Arbeitslosigkeit

Solche unterschiedlichen Deutungen der Arbeitslosenzahlen der Industriedesigner waren auch deshalb möglich, da es gesicherte Zahlen nicht gab.

Hierfür gab es beispielsweise schon früh Hinweise, wie Verträge für Selbstständige konzipiert werden mussten, siehe Viénot (1968).

21 | Fohrbeck und Wiesand (1975), S. 440f. Siehe hierzu auch das Schreiben des VDID-Präsidenten Lindinger an den Bundestagsabgeordneten Rosenthal mit der Bitte um Hilfe, ZADP, Bestand Rosenthal, p.S. 16, Schreiben von Herbert Lindinger an Philip Rosenthal vom 24.04.1973.

22 | Unbekannt (1977a). Siehe beispielsweise auch HStaA Stuttgart, EA 3/908, 15/3, Analyse „Der Arbeitsmarkt – Entwicklung im Bereich Gestaltung" für den RKF-Ausschuss „Zukunft der Fachhochschulen" von Bernhard Jablonski vom 28.04.1981.

23 | Für die Gesamtzahl der VDID-Mitglieder siehe die Tabelle 6.

24 | Siehe hierzu beispielsweise Unbekannt (1981s), (1988g), (1989h), Ehlert (1985), Hesse (1988), Knoop (1981), Seehaus (1988a).

25 | Referat von Ernst Jörg Kruttschnitt vor dem Arbeitskreis Produktform des DIHT vom 10.12.1982, in: Kruttschnitt (2009), S. 28.

Denn die Bundesanstalt für Arbeit klassifizierte die Industriedesigner entweder in die Kategorie „703 Werbefachleute" oder aber „833 Bildende Künstler, Graphiker" ein. Je nachdem ob der arbeitslose Industriedesigner aus Sicht der Sachbeamten werblich oder künstlerisch tätig war, wurde er in eine der beiden Berufsklassen einsortiert. So waren laut Bundesanstalt beispielsweise im Mai 1975 nur 65 Designer mit der Tätigkeit Werbefachmann und 516 Gestalter mit künstlerischem Hintergrund ohne Verdienst.[26] Parallel dazu kursierten ebenfalls verschiedene Zahlen für Industriedesigner in der Bundesrepublik. Orientiert man sich etwa an der Umfrage von Gerda Wülker für den DIHT, so arbeiteten 1973 vermutlich 6.380 Produktgestalter in Westdeutschland.[27] Währenddessen kam eine Forschungsgruppe von der FH Darmstadt zu dem Ergebnis, dass vermutlich rund 24.000 Industriedesigner in der Bundesrepublik tätig waren.[28] Unabhängig von solchen weit auseinanderliegenden Gesamtzahlen, gingen Kategorisierungen der Tätigkeiten aus dem Blickwinkel der Designer völlig an dem damals existierenden Berufsbild vorbei.[29] Gleichzeitig verdeutlicht dies, wie schwierig eine Einordnung von historischen Sozialstatistiken aus heutiger Perspektive ist.[30] Denn die Extrapolation der erwähnten Daten über die Industriedesigner lässt sich kaum mehr rekonstruieren und damit einer quellenkritischen Analyse unterziehen. Bei der Entstehung solcher Hefter zu Berufsinformationen reklamierten die jeweiligen Beteiligten zwar für sich, dass ihre Arbeitsmethoden auf wissenschaftlichen Standards basieren würden. Aber durch Vorannahmen oder Definitionen wie die unterschiedliche Klassifizierung durch die Bundesanstalt für Arbeit war die Produktion von Sozialdaten doch eingebettet in zeitgenössische Debattenkontexte. Dies macht ihre Verwendung heutzutage umso schwieriger.

Unabhängig von dem kritischen Quellenwert solcher quantitativer Sozialdaten gewannen zeitgenössische Untersuchungen der Bundesanstalt für Arbeit für die Industriedesigner zunehmend an Bedeutung. Schon vor der ersten Ölpreiskrise hatte beispielsweise der Rat für Formgebung einen Beirat ‚Designer' gegründet. Ziel dieses Gremiums war es, ab dem Jahr 1970 Beratungsmaterialien für die Bundesanstalt zu entwickeln, mit denen die Beamten in Nürnberg angehende Studenten über das Berufsbild des Industriedesigners informieren

---

26 | Unbekannt (1975u), (1977o).

27 | Wülker (1973b), S. 7.

28 | Otte (1976).

29 | Dies änderte sich bis in die 1980er Jahre nicht, siehe hierzu beispielsweise Archiv des VDID, Loseblattsammlung, Schreiben von Karl Wanner an das Statistische Bundesamt vom 26.09.1984.

30 | Folgt man einem Kurzbericht der VDID-AG ‚Angestellte Designer' aus dem Jahr 1984, so scheint das Problem der Eingruppierung bis mindestens in die 1980er Jahre fortbestanden zu haben, Kühne (1984).

konnten.[31] Gleichzeitig strebte der Beirat an, die erstmals 1966 veröffentlichten Blätter zur Berufskunde zu überarbeiten, sodass 1976 eine zweite Auflage in dieser Reihe zum Industriedesign erscheinen konnte.[32] Neben diesen bundesweit gültigen Informationsbroschüren, die eher allgemeine Aussagen über die Ausbildung beinhalteten, publizierte die Bundesanstalt ebenso ab 1971 interne Kurzzusammenfassungen von einzelnen Design-Studiengängen.[33] Ziel der Gestalter war es, über die Bundesanstalt für Arbeit vermehrt angehende Studierende für die eigene Profession zu gewinnen.

Öffnung des VDID

Zeitgleich betrieb der VDID eine ähnliche Öffnung hin zu mehr Mitgliedern und zum Nachwuchs. Denn seit seiner Gründung 1959 hatten sich mit 51 ordentlichen und 74 korrespondierenden Mitgliedern nur vergleichsweise wenige Industriedesigner diesem Berufsverband angeschlossen.[34] Der Anteil an selbstständigen Designern mit eigenen Designbüros wie etwa Hartmut Esslinger seit 1969 – woraus 1982 frog design entstand – war dabei so hoch, dass beispielsweise Gerda Müller-Krauspe den VDID als „Arbeitgeberverband" bezeichnete.[35] Auf der Mitgliederversammlung von 1968 wurde daher über eine Vereinfachung des Aufnahmeverfahrens und damit eine Öffnung des VDID diskutiert.[36] Das schwerfällige Prüfverfahren bei der Neuaufnahme von Mitgliedern wurde abgeschafft und durch eine einfachere Prüfung im VDID-Präsidium ersetzt. Nun reichte der Nachweis einer Ausbildung oder Designertätigkeit aus, um dem Berufsverband beitreten zu können. Zusätzlich setzte sich der VDID-Präsident Herbert Hirche mit dem umfassenden Begriff der ‚Umweltgestaltung' dafür ein, dass nicht nur Industriedesigner, sondern auch Designtheoretiker, -manager und -studenten aufgenommen werden sollten.[37] Gleichzeitig versuchte das Präsidium, den VDID für angestellte Produktgestalter attraktiv zu machen, da deren Angehörige bis dahin kaum im Berufsverband vertreten waren. Diese 1969 eingeführten Regeln führten dazu, dass die Mitgliederzahl des VDID mit Beginn der 1970er Jahre rasant zunahm und sich

31 | RfF (1970a), (1970b) und BA Koblenz, B102-336921, Schreiben von Herbert Lindinger, Eberhard Fuchs, Herbert Hirche und Jürgen Hämer an Gustav Stein vom 18.01.1971, S. 4.

32 | Unbekannt (1976c), (1977c). Siehe ebenso S. 102.

33 | Siehe hierzu beispielsweise Unbekannt (1971h), (1971i), (1971aa).

34 | AdDSS, Akte BU 01963, Protokoll zur VDID-Mitgliederversammlung vom 05.10.1968, S. 5.

35 | Müller-Krauspe (1968). Siehe zusätzlich Unbekannt (1968i), (1968ai). Siehe hierzu einige Jahre später Selle (1973c).

36 | AdDSS, Akte BU 01963, Protokoll zur VDID-Mitgliederversammlung vom 05.10.1968, S. 1f.

37 | AdDSS, Akte BU 01963, Protokoll zur VDID-Mitgliederversammlung vom 05.10.1968, S. 1f und ibid., Schreiben von Jürgen Hämer an alle VDID-Mitglieder vom 09.12.1969.

1975 mit 433 Personen gegenüber 1968 verdreifachte.[38] Rückblickend führte diese Neuorganisation des Aufnahmeverfahrens dazu, dass sich die Mitgliederzahl und -struktur ab Anfang der 1970er Jahre wesentlich veränderten und daher von einer ‚zweiten Neugründung' des VDID gesprochen werden kann.

Neben diesen verbandsinternen Entwicklungen versuchten die bundesdeutschen Industriedesigner seit Anfang der 1970er Jahre, vermehrt Verbindungen zu anderen Institutionen aufzubauen. Ziel war es, eine nationale Dachorganisation im Designbereich zu etablieren, in der sich alle Gestaltungsberufe zusammenfinden sollten. Ebenso knüpften die Industriedesigner beispielsweise Kontakte zu den Gewerkschaften, um sich etwa über Fragen des Arbeitsrechts auszutauschen. Wie beim VDID setzten solche Bemühungen vor 1973/74 ein, sodass jedoch die Ölpreiskrise als vermeintlicher Ausgangspunkt kaum in Frage kommen kann. Zehn Jahre nach der Gründung des VDID sprach sich somit eine Mehrheit der Industriedesigner für eine Öffnung der eigenen Berufsgruppe aus, mit dem Wunsch Kooperationen mit anderen Institutionen – wie dem Rat für Formgebung, dem BDG und der Bundesanstalt für Arbeit – zu ermöglichen.

Bei den drei zentralen Professions-Charakteristika – nämlich Entwicklung eines berufsbezogenen Wissens, der Definition des Selbstbilds und der Selbstorganisation – hatten die Industriedesigner vorerst erfolgreich ihr Tätigkeitsfeld definiert, sodass eine Abgrenzung fast nicht mehr notwendig war. Ein Vorbild für die Aufnahme von Nicht-Industriedesignern bildete die britische Society of Industrial Artists and Designers, denn dort waren in einem Verband die Teilbereiche des Produkt-, Graphik- und Textildesign miteinander verbunden.[39] In Anlehnung daran regte etwa Herbert Ohl schon 1968 im Kontext einer VDID-Verbandsreform an, dass eine Dachorganisation für alle westdeutschen Designer gefunden werden sollte.[40] Spätestens seit 1970 wurde diese Idee zwischen dem Bund Deutscher Grafikdesigner, dem Bund Freischaffender Foto-Designer und dem VDID gemeinsam diskutiert.[41]

Neue Institutionen für das Industriedesign

Im Jahr 1975 wurde dann der ‚Deutsche Designertag' als verbindende Organisation der Gestalter in der Bundesrepublik gegründet.[42] Ähnlich wie das Design-Center-Stuttgart durch das Baden-Württembergische Landesgewerbeamt gefördert wurde, unterstützte das Landesgewerbeamt in Karlsruhe den

38 | PA Lindinger, p.S. 1, VDID-Mitgliederzahlen zum 01.01.1975.

39 | PA Lindinger, p.S. 2, Protokoll zur 1. VDID-Pädagogen-Treffen am 11. und 12.04.1975, S. 3. Siehe auch Woodham (1997), S. 167.

40 | PA Slany, p.S. 5, Protokoll zum VDID-Ausschuss vom 29.04.1968, S. 2.

41 | Siehe hierzu beispielsweise Unbekannt (1970u), (1972d), (1974d), Maret (1970).

42 | Unbekannt (1976k), (1976s), (1976u). Die erste Satzung des Designertags hat sich erhalten in LA Berlin, B010-1832.

Deutschen Designertag.[43] Als erste gemeinsame Veranstaltung wurde im Jahr 1977 der „1. Deutsche Designertag" in Karlsruhe abgehalten.[44] Das dortige Ziel – besonders des Präsidenten Rainer Schmidt, der in Personalunion ebenfalls den BDG führte – war die Etablierung des Designertags als Dachorganisation aller Verbände in der Bundesrepublik.[45] Neben fachspezifischen Diskussionsrunden sprachen ebenfalls Politiker in Karlsruhe, jedoch ging es dabei weniger um Fragen der Wirtschaftsförderung durch Design. Vielmehr betonten die SPD-Politiker Erhard Eppler und Dieter Lattmann die Verantwortung der Designer als ‚Kulturschaffende' für die Gesellschaft und deren Neuverortung in der Künstlersozialpolitik.[46] Begleitet wurde der 1. Deutsche Designertag durch eine einmonatige Ausstellung mit „führenden, designorientierten Unternehmen", wie der BASF AG, BMW AG, Daimler-Benz AG, Erco GmbH, Siemens AG oder Wilkhahn KG. Die Berichterstattung zu dieser Veranstaltung in Karlsruhe war überwiegend positiv, da es die erste Möglichkeit für die westdeutschen Designer aller Teilbereiche darstellte, gemeinsam über berufspolitische und -wirtschaftliche Themen der Professionalisierung zu diskutieren.[47] Darüber hinaus wurden aber kaum konkrete Fragen gelöst, sodass dieser Designertag für viele Gestalter erst der Auftakt einer gemeinsamen Berufspolitik sein sollte.[48]

Fragen von professionspolitischen Bedeutungen für die Industriedesigner wurden schon vor dem Designertag verschiedentlich aufgeworfen. Mit dem Deutschen Gewerkschaftsbund versuchte etwa der Rat für Formgebung in Kontakt zu kommen. Zentraler Akteur hierbei war Philip Rosenthal, der als RfF-Vizepräsident, SPD-Politiker und „roter Unternehmer" den DGB animierte, sich beim Rat für Formgebung zu engagieren.[49] Ab 1972 entsandte der DGB mit Franz Woschech einen Vertreter in den RfF-Vorstand.[50] Ebenfalls auf Rosenthals Bestreben hin wurde der Vorsitzende der Gewerkschaft für Erziehung und Wissenschaft Erich Frister in den Vorstand des IDZ Berlin aufgenom-

43 | ZADP, Bestand Rosenthal, p.S. 6, Bericht zur Mitgliederversammlung des Gestaltkreises im BDI vom 14.11.1977, S. 1.

44 | Unbekannt (1976g), (1976i), (1976j).

45 | Schmidt (1977a), (1977b), (1977c), (1977d). Siehe ebenso den Katalog DDT (1977).

46 | Doss (1978), Eppler (1977a), (1977b), Lattmann (1978).

47 | Unbekannt (1977a), (1977b), (1977n), Giachi (1977a), Maser (1977), Müller-Krauspe (1977b), Stigulinszky (1977).

48 | Siehe für die spätere Entwicklung S. 221ff.

49 | ZAPD, Bestand Rosenthal, p.S. 19, Schreiben von Franz Woschech, Mitglied im DGB-Bundesvorstand, an Ernst Schneider vom 22.05.1973.

50 | ZAPD, Bestand Rosenthal, p.S. 19, Bericht über die Vorstandssitzung des Rats für Formgebung vom 12.07.1973, S. 4 und Unbekannt (1973g), (1973h), (1973n), Klöcker (1973b).

Abbildung 31: Entwurf eines mit Elektromotor getriebenen Stadtwagens bei der Gugelot-Design GmbH, photographiert von Gustav Hildebrand.

Quelle: SLUB Dresden / Deutsche Fotothek, Bild 90015167.

men.[51] Von solchen Querverbindungen zwischen Gewerkschaften und Designinstitutionen erhofften sich die Vorstände bei zwei Themenbereichen eine engere Kooperation. Besonders auffällig war die zunehmende Zahl der angestellten Designer seit Anfang der 1970er Jahre, die im Vergleich zu den Selbstständigen andere Anforderungen an eine Berufsvertretung stellten. Neben solchen strukturellen Veränderungen zu Beginn des Jahrzehnts waren zeitgenössische Diskurse über die sogenannte Humanisierung der Arbeitswelt ebenfalls für die Industriedesigner von Bedeutung.[52] In einer menschengerechten Arbeitsplatzgestaltung für andere sahen die Designer auch die Chance für eine gesteigerte Bedeutung ihrer eigenen Profession.[53] Parallel dazu waren Konzepte der Umweltgestaltung sowohl für die Gewerkschaften als auch für die Produktgestalter interessant.[54] Hierbei konnten die Industriedesigner ihre veränderten Arbeitsbedingungen erklären und zugleich das eigene Tätigkeitsfeld erweitern.

Ihren eigenen Wirkungsbereich versuchten die Industriedesigner zusätzlich zu der propagierten Umweltgestaltung seit Anfang der 1970er Jahre sukzessive zu vergrößern. Der Leitspruch, Design sei eine Form der Wirtschaftsförderung, ging trotz der kontinuierlichen Wiederholung seit den 1960er Jahren an vielen Teilen der Bevölkerung vorbei. So kam 1967 eine Umfrage des Allensbach-Instituts zu dem Schluss, dass knapp drei Viertel der Bundesbürger von Industriedesign noch nie etwas gehört hätten.[55] Seit Anfang der 1970er Jahre betonten daher die verschiedenen Gestalter, dass Design ebenso ein Kulturgut und eine zivilisatorische Errungenschaft sei. Insbesondere Philip Rosenthal tat sich hervor, indem er regelmäßig die kulturellen Verpflichtungen der Designer hervorhob.[56] Durch diese kulturelle Öffnung erschlossen sich die

51 | LA Berlin, B010-1816, Protokoll zur Vorstandssitzung des IDZ vom 06.11.1972, S. 1 und siehe hierzu die verschiedenen IDZ-Jahresberichte.

52 | Siehe hierzu ebenfalls S. 118.

53 | Friemert (1974), S. 31f, Hilgering (1974).

54 | Siehe hierzu beispielsweise die Berichte Klöcker (1970b), Klöcker (1972c).

55 | Kuby (1970), S. 2f, RfF (1967a).

56 | Siehe hierzu beispielsweise Rosenthal (1965b), (1978), (1981a).

Produktgestalter eine neue Kommunikationsstrategie, indem sie nicht mehr nur auf einer wirtschaftlich-technischen Ebene argumentierten. Eine solche Entwicklung bedeutete keinen Wandel im bundesdeutschen Industriedesign, vielmehr war es dadurch erstmals möglich, die gleichberechtigte Bedeutung des Designs für Wirtschaft und Gesellschaft zu betonen.

Designgeschichte für Designkommunikation

Eine Neuerung war, dass zunehmend die Designgeschichte als Kommunikationsstrategie von den Beteiligten entdeckt wurde. Die Historisierung der eigenen Profession als Teil der Professionalisierung war für die Gestalter, wie das Beispiel der Neuen Sammlung München zeigt, jedoch nichts Unbekanntes.[57] Zu Beginn der 1970er Jahre wurden einige erfolgreiche Bemühungen unternommen, Designinstitutionen mit einem historischen Auftrag zu etablieren, um zugleich in der Bundesrepublik für Design Aufmerksamkeit zu generieren. Einer der ersten Erinnerungsorte für Designgeschichte in der Bundesrepublik wurde das 1960 von Hans Maria Wingler in Darmstadt gegründete Bauhaus-Archiv.[58] Als zentrale Institution für die Geschichte des Bauhauses aus westdeutscher Perspektive avancierte das Archiv in Darmstadt zu der damals führenden deutschsprachigen Forschungseinrichtung für die Designgeschichte der Zwischenkriegszeit.[59] Auf der einen Seite sammelten die dortigen Mitarbeiter um Wingler historische Unterlagen und Objekte zu der Geschichte in Weimar, Dessau und Berlin. Jedoch erhob sich beim Bauhaus-Archiv auf der anderen Seite ebenso der Anspruch, die erworbenen Gegenstände und das generierte Wissen einem interessierten Publikum in musealer Form zu präsentieren. Daher beschrieb der Begriff ‚Archiv' diese Institution nur teilweise, denn Wingler und beispielsweise Philip Rosenthal als Vorsitzender von 1969 bis 1984 ging es besonders darum, die Erinnerung an die Institution Bauhaus aufrechtzuerhalten.

Aus diesem Grund verklagte das Bauhaus-Archiv im Jahr 1969 erfolglos eine bundesweit bekannte, gleichnamige Baumarkt-Kette aus Mannheim, da man den Begriff ‚Bauhaus' alleine für sich in Anspruch nahm.[60] Unabhängig

---

57 | Bei der Neuen Sammlung ist in diesem Zusammenhang erwähnenswert, dass der dortige Museumsdirektor Wend Fischer 1966 bei der Volkswagenwerk-Stiftung einen Antrag zur Finanzierung einer „Forschungsstätte für die Geschichte und Theorie der industriellen Formgebung" stellte, der jedoch abgelehnt wurde. ZADP, Bestand Rosenthal, p.S. 2, Schreiben von E. G. Gambke an Wend Fischer vom 17.10.1967.

58 | Aynsley (2009), S. 209f, Heitmann (2001), S. 70ff.

59 | Verschiedene Unterlagen des Bauhaus-Archivs sind in Philip Rosenthals Unterlagen erhalten, ZADP, Bestand Rosenthal, p.S. 26-32. Siehe ebenso teilweise BKA-AdK, Bestand Karl Otto, Ordner 49b.

60 | Siehe hierzu die reichhaltige Korrespondenz in ZADP, Bestand Rosenthal, p.S. 30. Siehe zusätzlich Neurauter (2013), S. 490ff.

davon arbeitete das Bauhaus-Archiv in den Anfangsjahren so erfolgreich, dass es schon knapp zehn Jahre nach seiner Gründung über eine räumliche Erweiterung nachgedacht werden musste. Anfang der 1970er Jahre wurde nach einigen Kontroversen der Archivumzug an den Landwehrkanal nach West-Berlin beschlossen.[61] Für wenige Jahre bezog daher das Bauhaus-Archiv provisorische Räume in Charlottenburg, bis 1979 der noch von Walter Gropius geplante Museumsbau eröffnet werden konnte.[62] Für das Bauhaus-Archiv bedeutete der Umzug in die damalige ‚Frontstadt des Kalten Kriegs' eine enorme Aufwertung und ermöglichte zugleich eine rasant steigende Besucherzahl.

Ebenfalls in West-Berlin, mit einem ähnlichen Aufgabenprofil, wurde 1973 mit dem Werkbundarchiv eine weitere designhistorisch relevante Institution in Westdeutschland aufgebaut. Das Archiv wurde nach einem Entwurf des Kunstpädagogen Diethard Kerbs als eigenständiger Verein gegründet, dessen zentrale Aufgabe die Archivierung und museale Präsentation der Werkbund-Geschichte war.[63] Das Archiv agiert formal unabhängig, ist aber eng mit dem Deutschen Werkbund verbunden. Aus diesem Grund konnte das Werkbundarchiv ebenso wie das Bauhaus-Archiv seit der ersten Hälfte der 1970er Jahre seine designhistorische Bildungsarbeit beginnen. Eingebettet war diese Aufwertung der Designgeschichte in die zeitgenössisch parallele Debatte um den Begriff ‚Umweltgestaltung'.[64]

2. „Umwelt wird in Frage gestellt" – Designkonzepte im Wandel

Nach dem Ende der HfG Ulm 1968 entwickelte sich ‚Umweltgestaltung' zum zentralen Begriff in bundesdeutschen Designdiskursen. Erst im Zuge der Ölpreiskrise von 1973/74 wurde die sogenannte Gestaltung der Umwelt von den Industriedesignern weniger diskutiert. In den fünf Jahren dominierte diese Idee viele Debatten in Westdeutschland und anderen Staaten.[65] Bei bei dem Ausdruck ‚Umweltgestaltung' war wesentlich, dass damit eine Erweiterung des Tätigkeitsfeldes der Designer angestrebt wurde. Umwelt besaß damals nicht die ökologische Konnotation, die der Begriff seit den 1980er Jahren trans-

61 | ZADP, Bestand Rosenthal, p.S. 30, Schreiben von Klaus Schütz, Regierender Bürgermeister von (West-)Berlin, an das Bauhaus-Archiv vom 15.10.1969 und Unbekannt (1970q), Blechen (1972).

62 | Heitmann (2001), S. 93.

63 | WBA-M, Akte ‚Vorstandssitzungen des Deutschen Werkbundes e.V. ab 1966', Entwurf zum Werkbund-Archiv Berlin von Diethart Kerbs vom 31.03.1971. Siehe zusätzlich Frecot und Kerbs (1971), S. 12ff. Für eine museumshistorische Analyse zum heutigen Museum der Dinge siehe Schulze (2017), S. 217ff.

64 | LA Berlin, B010-1810, Schreiben von Walter Rossow an Ernst Schneider vom 05.08.1969 und ebenso Kerbs (1970a), (1970b), (1971).

65 | Uekötter (2015), S. 125.

portierte. Vielmehr verstanden die Gestalter in den 1960er und 1970er Jahren darunter einen allumfassenden Lebensbereich des Individuums oder der Gesellschaft. Die Industriedesigner leiteten mit dieser Expansion neue Aufgabenstellungen für sich ab. Sie fühlten sich nun im übertragenen Sinne nicht nur für die Formgebung einer Parkbank, sondern zugleich auch für die Gestaltung der ganzen Gartenanlage verantwortlich. So wollte beispielweise Otl Aicher für die Olympischen Spiele 1972 in München nicht nur die graphische Gestaltung konzipieren, sondern darüber hinaus auch gleich eine Gesamtkonzeption entwerfen, was von den Organisatoren jedoch entschieden abgelehnt wurde.[66] Daher bedeutete das Konzept der ‚Umweltgestaltung' eine Aufwertung des Tätigkeitsfeldes, insbesondere in Richtung der Architektur, aber auch der Gesellschaftswissenschaft.

Eingebettet war der Diskurs über die ‚Umweltgestaltung' in der Bundesrepublik in eine zunehmende Theoretisierung des Industriedesigns seit dem Beginn der 1960er Jahre. Ausgangspunkt hiervon war die HfG Ulm. Erst mit den Debatten über postmoderne Gestaltung Ende der 1970er Jahre und dem ‚Neuen Deutschen Design' Anfang der 1980er Jahre endete diese Betonung des theoretischen Zugangs bei der Produktgestaltung. In dieser Gesamtentwicklung war die ‚Umweltgestaltung' eine Formierung der sozialen Verantwortung der Designer, wie es an der HfG Ulm vertreten wurde. Anfangs diskutierten die Gestalter über ‚Umweltgestaltung' sogar parallel zur sogenannte Funktionalismus-Kritik.[67] Ziel ist es im Folgenden, den Designdiskurs um die ‚Umweltgestaltung' zu thematisieren und damit die strukturellen Änderungen in der Designauffassung seit Anfang der 1970er Jahre aufzuzeigen.

Ulm und Umweltgestaltung

Unter dem Begriff ‚Umweltgestaltung' verstanden die Industriedesigner zwar je nach Standpunkt Unterschiedliches, aber allen Perspektiven war gemein, dass sie ein erweitertes Designverständnis beinhalteten. Beispielsweise beschrieb der langjährige ‚form'-Chefredakteur, der ehemalige ‚Ulmer' und spätere VDID-Präsident, Karl-Heinz Krug Umweltgestaltung „als interdisziplinäre, gesellschaftspolitische Fragestellung [..]. Damit unterscheidet man sich grundsätzlich von den herkömmlichen Design-Schulen, die die Gestaltung des Einzelprodukts in den Mittelpunkt stellen".[68] Dennoch gab die ehemalige Ulmer Studentin Gerda Müller-Krauspe zu bedenken, dass der Ausdruck ‚Umweltgestaltung' nicht neu sei und „diese Vokabel häufig recht leichtfertig gebraucht wird und nicht selten dazu dient, einen banalen Sachverhalt zu

66 | Moser (2012), S. 189ff und auch Sack (1971c).

67 | Eisele (2005), S. 76. Siehe ebenso S. 40ff.

68 | Krug (1972a), S. 27f.

Abbildung 32: 1. Deutscher Designertag, Blick in die Begleitausstellung, 1977.

Quelle: Stadtarchiv Karlsruhe, 8/BA Schlesiger A34/124/3/14.

Abbildung 33: 2. Deutscher Designertag mit der Sonderschau „Design. Tagtäglich" im Landesgewerbeamt Karlsruhe, 1980.

Quelle: Stadtarchiv Karlsruhe, 8/BA Schlesiger A40/126/1/42.

camouflieren".[69] Diese beiden Aussagen der ehemaligen HfG Ulm-Angehörigen verdeutlichen, dass Fragen der Umweltgestaltung in Ulm schon früh kontrovers diskutiert wurden. Anzunehmen ist, dass Max Bill diesen Begriff auf den Oberen Kuhberg brachte.[70]

Diese Denkrichtung wurde in dem 1969 gegründeten Institut für Umweltplanung als Nachfolgeinstitution der HfG Ulm weitergeführt. Das sogenannte IUP wurde unter der Ägide der Universität Stuttgart, aber in den ehemaligen HfG-Räumen auf dem Oberen Kuhberg, eingerichtet. Auf der einen Seite sollte den verbleibenden HfG-Studenten die Möglichkeit gegeben werden, ihr Diplom zu erwerben.[71] Auf der anderen Seite erschien es dadurch möglich, einen Design-Studiengang in Ulm weiterzuführen. Das IUP wechselte im Laufe seiner dreijährigen Existenz insgesamt dreimal den Namen: von ‚Institut für Gestaltung' zu ‚Institut für Umweltgestaltung' hin zu der gängigen Bezeichnung ‚Institut für Umweltplanung'.[72]

Diese veränderte Bezeichnung spiegelt auch die inhaltliche Neuorientierung wider. Der grundlegende Gedanke des IUP war es nach René Spitz, dass die dortigen Studenten ihr vorheriges Design-Studium mit einer theoretischen Vertiefung erweitern sollten, wobei ‚Theorie' in diesem Zusammenhang ‚Planung' meinte.[73] Die Dozenten Siegfried Maser, Gerhard Curdes, Gernot Minke, Josef Kopperschmidt, Gudrun Otto und Milos Hrbas erhofften, auf diese Art neue Wege bei der Vermittlung von Produktgestaltung beschreiten zu können.[74] Dabei wurden die zeitgenössischen Designdebatten über ‚Umweltgestaltung' bei der Konzeption des Studiengangs ‚Umweltplanung' aufgenommen, sodass die IUP-Beteiligten verstärkt die gesellschaftlichen Bedürfnisse bei der Produktgestaltung betonten.[75] In der Selbstbeschreibung der Beteiligten hieß dies, es „wird nicht mehr das einzelne Produkt betrachtet – wie es in den meisten Designausbildungen auch der Fall ist – sondern das Produkt wird in einem übergeordneten Zusammenhang gesehen".[76]

69 | Unbekannt (1968ah), S. 41.

70 | Curdes (2015), S. 7f. Für Bill wurde beispielsweise einige Jahre nach seinem Weggang aus Ulm 1967 an der HfbK Hamburg ein Lehrstuhl für Umweltgestaltung eingerichtet, Unbekannt (1967q).

71 | Curdes (2015), S. 7, Spitz (2012a), S. 42f.

72 | Spitz (2012a), S. 72.

73 | ibid., S. 71.

74 | ibid., S. 42 und S. 71f.

75 | Siehe hierzu Unbekannt (1970n), Curdes et al. (1970), (1971) und beispielsweise die Konzeptionsentwürfe in HStaA München, MK-51398.

76 | Archiv der HfG Ulm, Akte Dp 40.33, Schreiben von des IUP an Hans Kammerer vom 21.03.1971, S. 5.

An dem Ulmer Institut studierten im Sommer 1971 knapp 50 angehende Designer, und die letzten HfG-Studenten reichten ihre Diplomarbeiten ein.[77] Nachdem die HfG Ulm damit erfolgreich ‚abgewickelt' worden war, beschloss der baden-württembergische Landtag, dass der Lehrbetrieb des IUP zum Herbst 1972 enden sollte.[78] Verglichen mit den teils emotionalen Auseinandersetzungen bei der HfG Ulm 1968 verlief die Schließung des Instituts für Umweltplanung annährend geräuschfrei. Insgesamt war die designhistoriographische Aufmerksamkeit für das IUP meist recht gering, es blieb bildlich gesprochen im Windschatten der HfG Ulm. Trotz all dem hat Spitz zu Recht darauf hingewiesen, dass die Arbeiten des IUP so schlecht nicht gewesen sein können. Denn vier der sechs Dozenten nutzten den Oberen Kuhberg als ‚Steigbügel' für Lehrstühle. Gleichzeitig wurden etwa die beiden bekannten IUP-Absolventen Bernhard Bürdek und Jochen Gros rasch nach dem Ende ihres Studiums als Professoren an die HfG Offenbach berufen.[79]

Parallel zu dem Institut für Umweltplanung verfolgten auch andere ehemalige ‚Ulmer' das Konzept der ‚Umweltgestaltung'. Ein Beispiel hierfür ist das Institut für Umweltgestaltung in Frankfurt am Main, in dem sich die ehemaligen HfG-Dozenten Herbert Ohl, Herbert Lindinger und Herbert W. Kapitzki[80] in einer Bürogemeinschaft zusammenfanden.[81] Ebenso schrieb der ehemalige Ulmer Rektor und ICSID-Präsident Tomás Maldonado[82] im Jahr 1970 ein international vielfach rezipiertes Buch über die „Dialektik des Entwerfens im Spätkapitalismus", so der Titel der deutschen Übersetzung.[83] Gleichgültig ob es um die Institute in Ulm und Frankfurt oder um Maldonado

77 | Spitz (2012a), S. 42.

78 | Knepper (1972), Spitz (2012a), S. 42f.

79 | Spitz (2012a), S. 62. Gerhard Curdes ging an die RWTH Aachen, Josef Kopperschmidt an die FH Niederrhein in Mönchengladbach, Siegfried Maser zuerst an die SHfBK Braunschweig und Gernot Minke an die Universität Kassel.

80 | Herbert W. Kapitzki war nach seinem Studium von 1956 bis 1968 als Designer für das Landesgewerbeamt Baden-Württemberg und das Design-Center-Stuttgart tätig. Von 1964 bis 1968 war Kapitzki Dozent für visuelle Kommunikation an der HfG Ulm. 1969 gründete er zusammen mit Herbert Lindinger und Herbert Ohl in Frankfurt ein Institut für Umweltgestaltung. Von 1969 bis 1971 war Kapitzki Vize-Präsident des BDG und von 1970 bis 1990 arbeitete er als Professor für visuelle Kommunikation an der Hochschule der Künste Berlin. Daneben war Kapitzki weiter auch freiberuflich tätig und gestaltete beispielsweise die Erscheinungsbilder des IDZ Berlin, des Design-Center-Stuttgarts oder der Schering AG. Er nahm mit seinen graphischen Arbeiten an zahlreichen Ausstellungen teil, unter anderem wurden seine Werke 1964 auf der documenta III gezeigt. Brackert (1975c), Droste (1990), Kapitzki (1990), Sannwald (1987), S. 272, Schickowski (2016), S. 160.

81 | Unbekannt (1969o).

82 | Für Tomás Maldonado siehe Atkinson (2016a), Bodine (1990), Riccini (2010), S. 135ff, (2014), S. 89f, Sadler (2013).

83 | Maldonado (1972). Siehe ebenso Unbekannt (1972a), Sadler (2013).

ging, bei allen Beteiligten war Umweltgestaltung der zentrale Begriff bei der Legitimierung ihrer eigenen Arbeit. Hierbei ging es weniger um Design als ökologischer Faktor der Nachhaltigkeit, sondern vielmehr um die Gestaltung der Gesellschaft und ihrer Objekte über das Design.

Umweltgestaltung als Kapitalismuskritik?

Diese Ansichten zum Design waren jedoch nicht nur auf westliche Staaten begrenzt. Es bleibt aber unklar, wie dieser Ideentransfer zwischen Ost und West ablief. Naheliegend wäre, diesen Austausch auf die Rezeption der publizierten Fachliteratur zurückzuführen.[84] Gleichzeitig ist es ebenso wahrscheinlich, dass über den ICSID die Ansichten zur Umweltgestaltung zwischen den verschiedenen Industriedesignern ausgetauscht wurden. Es ist insgesamt erstaunlich, dass trotz unterschiedlicher Wirtschaftssysteme Umweltgestaltung für Designer in beiden Gesellschaftskonzepten Anfang der 1970er Jahre eine zentrale Bedeutung besaß. Beispielsweise wurde 1970 in der UdSSR hierfür eigens ein wissenschaftlicher Rat beim staatlichen Komitee für Wissenschaft und Technik eingerichtet.[85] Für die Genossen in der DDR wurde ‚Gestaltung' laut Eigenaussage zu einem zentralen Begriff für die sozialistische Umweltaneignung.[86]

In beiden Gesellschaftssystemen verbanden die Designer mit ‚Umweltgestaltung' die Möglichkeit einer planbaren Zukunft, wie es etwa Wilhelm Braun-Feldweg schon 1966 in der Bundesrepublik formuliert hatte.[87] Sowohl über das Konzept der Produktplanung als auch über die Umweltgestaltung gelangte die zeitgenössische Planungseuphorie in das Industriedesign auf beiden Seiten des ‚Eisernen Vorhangs'. So sollte auf der Design-Expo 1972 – parallel zur Kasseler documenta V – in West-Berlin nach der Idee von Arnold Bode „die Jugend der Welt versuch[en], ihre Welt zu formen, die Umweltformen zu entwickeln, Futurologie und Soziologie sind die Hilfsquellen".[88] Die

---

84 | Es gibt bis jetzt leider keine ideengeschichtliche Studie zu der Designrezeption zwischen Ost und West. Beispielsweise besitzt die Bibliothek des Rats für Formgebung, deren reichhaltiger Sammlungsbestand seit den 1950er Jahren kontinuierlich gepflegt wurde, viele Fachpublikationen aus der DDR oder fremdsprachige Periodika aus dem sogenannten Ostblock wie beispielsweise das sowjetische Zentralorgan ‚Техническая Эстетика' des VNIITE.

85 | Unbekannt (1970p). Für die dortige Verbindung von Kunst und Technik siehe besonders Cubbin (2017).

86 | Milde (1970).

87 | Braun-Feldweg (1966a). Siehe zeitgenössisch ebenso Braun-Feldweg (1966b) und auch die Rezensionen aus dem Westen, Ashford (1967), Hartmann (1966), Lindinger (1966b), und dem Osten, Begenau (1966). Für die geschichtswissenschaftliche Analyse von Planung in den 1960er Jahren siehe besonders Metzler (2005b), S. 289ff als auch Metzler (2005a).

88 | documenta-Archiv, II-8-82-N, Konzeptpapier von Arnold Bode zur Design-Expo 1972, S. 13f.

Kuratoren erhofften sich daher, durch Industriedesign zusammen mit soziologischen und sogenannten futurologischen Erkenntnissen Visionen für die Zukunft entwickeln zu können. Diese internationale Designausstellung in West-Berlin wurde letztendlich auf Drängen der sowjetischen Militäradministration nicht durchgeführt.[89] Gleichzeitig erscheint es bemerkenswert, dass sowohl im Osten als auch Westen nach der ersten Ölpreiskrise 1973/74 der Designdiskurs über ‚Umweltgestaltung' nicht mehr weiterverfolgt wurde. Weshalb dies geschah, lässt sich nicht eindeutig klären.

Interessanterweise wurde die ‚Umweltgestaltung' von den Industriedesignern wie beispielsweise Erich Geyer seit Ende der 1960er Jahre als Überbegriff für die verschiedenen Teilbereiche Produkt-, Graphik und -Textildesign verwendet. Gert Selle betonte hierzu in seinem vielrezipierten Buch zu Ideologie und Utopie im Design von 1973, dass „seit einigen Jahren [..] der Begriff Design daher bereits eine enorme Ausweitung erfahren [hatte], sodass man im Design von einem Mikrobereich der Aufgaben in Bezug auf die Produktgestaltung und von einem Makrobereich in Bezug auf umfassende Umweltgestaltung sprechen kann. Damit ist vielleicht der Begriff, aber noch lange nicht die Praxis des Design resozialisiert".[90] Selle bezog sich in erster Linie auf das vielfach kritisierte Phänomen, dass sich die Designer in ihrer Tätigkeit zunehmend von den Bedürfnissen ihrer Konsumenten entfernt hätten.

Zeitgenössisch ebenso wie in der aktuellen Designgeschichtsschreibung wird hierbei auffallend häufig eine polemische Aussage von Victor Papanek zitiert: „Es gibt Berufe, die mehr Schaden anrichten, als der des Designers. Aber es sind wenige".[91] Papanek plädierte in seinem Buch „Design for the Real World" von 1971 jedoch eher für eine Produktgestaltung, die im Dienste von Armen, Benachteiligten oder der Bevölkerung der sogenannten Dritten Welt stehen solle.[92] Außerdem befürwortete er die soziale Verantwortung, welche der Designer bei der Ausübung seiner Tätigkeit mitbedenken müsse.[93] In der Bundesrepublik wurde dieser Topos – der Designer könne sich zu einem Anwalt der Konsumenten wandeln – später besonders von Bernd Löbach[94]

89 | Siehe hierzu S. 310f.

90 | Selle (1973a), S. 28. Siehe hierzu auch Bürdek (1973).

91 | Papanek (1972), S. 9. Für die zeitgenössischen Reaktionen siehe etwa Unbekannt (1972g), Bonsiepe (1973), Klöcker (1972a).

92 | Clarke (2011), S. 78, (2016b), S. 149ff, Fallan (2014b), S. 19, Fineder und Geisler (2010), S. 101ff, Madge (1993), S. 153f, Walker (1992), S. 43f.

93 | Siehe für die Bedeutung von sozialer Verantwortung bei skandinavischen Designstudierenden in den 1970er Jahren Lie (2016). Siehe generell für die Frage von Verantwortung und Design Foraita (2015).

94 | Zu Löbach siehe etwa Brackert (1976b), Heinzmann (2012), S. 72, Sabor (1998), S. 129ff, bei der Wieden (2013), S. 273 und S. 387.

vertreten.[95] Löbach wurde aus verschiedenen Gründen von der überwiegenden Anzahl der westdeutschen Designer kaum rezipiert. Dennoch besaßen solche Ideen, die jenseits von etablierten Designnormen standen, indes aber für eine soziale Verantwortung plädierten, im Kontext der Umweltgestaltung eine besondere Bedeutung. Solche Ansichten betonten zugleich auch die Abhängigkeit der Designer von Unternehmen, sodass meist ein industrie- und kapitalismuskritischer Unterton bei dem Ruf nach sozialer Verantwortung mitschwang.

Sichtbar wurden diese Diskrepanzen zwischen Kritik und zugleich Förderung durch die Industrie in der Anfangsphase des IDZ Berlin. Die Institutseröffnung wurde durch die programmatische Ausstellung „Design – Umwelt wird in Frage gestellt" begangen.[96] Obwohl das IDZ Berlin eher von industrienahen Personen wie Schneider, Stein und Rosenthal gegründet wurde, blieben die ersten beiden Jahre des IDZ Berlin von der Betonung gesellschaftlicher Aufgaben des Designs bestimmt anstatt durch eine direkte Wirtschaftsförderung. Dies hatte vor allem mit der inhaltlichen Konzeption zu tun. Denn Robert Gutmann war zwar anfangs fachlicher Leiter im IDZ – neben dem Rat für Formgebung –, die Ausstellungen aber wurden von einem sogenannten ‚Themakreis' entwickelt. Dieser Kreis mit der Bezeichnung ‚Arbeitsrat' war aus Diskussionen bei der Gründung zwischen dem IDZ Berlin und dem Deutschen Werkbund Berlin hervorgegangen.[97] Dies ist bemerkenswert, da sich die Beteiligten des Rats für Formgebung vor allem für das IDZ Berlin ab 1968 einsetzten und zugleich mit Werkbund-Vorstandsmitgliedern wie von Hartmann im Streit lagen. Der Themakreis des IDZ Berlin stellte im Kontext dieser Auseinandersetzung einen Kompromiss dar, um Mitgliedern des Berliner Werkbunds die Mitarbeit an der neugegründeten Institution zu ermöglichen. Der erste Themakreis wurde Ende 1969 berufen und bestand aus insgesamt zehn Personen, die beinahe alle dem Werkbund angehörten.[98] Diese konzipierten dann die Eröffnungsausstellung des IDZ Berlin, über die in der bundesdeutschen Presse vielfach und durchaus kontrovers Berichte erschienen.[99] Ziel die-

95 | Löbach, S. 32ff, (1974), S. 11ff und S. 23, (1976), S. 12 und S. 153, (1979), S. 14, Papanek (1972), S. 95ff. Zur allgemeinen Kritik der Zeit an der Konsumgesellschaft siehe etwa Mende (2011), S. 310ff. Löbach schlug auch den „Kommunaldesigner" als neues Tätigkeitsfeld für die Industriedesigner vor, Löbach (1976), S. 193. Ein ähnliches Konzept der Zeit war auch der „Arbeitsästhetiker", wie es Roman Antonoff vertreten hat, Antonoff (1975a), (1975b), (1979).

96 | Diese wurde dokumentiert in IDZ Berlin (1972a).

97 | LA Berlin, B010-1810, Schreiben von Walter Rossow an Ernst Schneider vom 05.08.1969.

98 | Siehe hierzu ZADP, Bestand Rosenthal, p.S. 33, Schreiben von Anonymus an Philip Rosenthal vom 08.06.1970 und IDZ Berlin (1971), S. 17.

99 | Siehe hierzu beispielweise Unbekannt (1970b), (1970i), (1970j), (1970l), (1970m), (1970s), Aicher (1970), Baumann (1970), Fambach (1970), Giachi (1970b), (1970c), Höynck (1970), von Kornatzki (1970), Reilly (1970).

ser Ausstellung sollte es sein, den „Begriff ‚design' – als Umweltgestaltung im weitesten Sinne – [zu interpretieren] und von der Orientierung dieser Umweltgestaltung gesellschaftlichen Bedürfnissen" zu bestimmen.[100]

Zentral war bei dieser ersten IDZ-Ausstellung zu hinterfragen, welche gesellschaftlichen Funktionen das Design haben solle. Solche Aktivitäten waren jedoch weniger im Sinne des Wirtschaftssenators Karl König, der IHK zu Berlin und der Unternehmen in West-Berlin, die das IDZ Berlin gemeinsam finanzierten. In dem IDZ-Vorstand sahen die Mitglieder zunehmend die Gefahr, dass ihre Institution als wirtschaftskritische Kulturinstitution wahrgenommen wurde.[101] Diese Bedenken wurden davon genährt, dass sich das IDZ Berlin zwischenzeitlich den Ruf als „industriefeindlich" erworben hatte.[102] Der Schweizer François Burkhardt[103] leitete ab 1971 als Nachfolger von Gutmann das IDZ Berlin und versuchte nun, die Skepsis der Westberliner Wirtschaft gegenüber seinem Institut zu überwinden.[104] Recht rasch gelang es ihm, eine „Balance zwischen Ideologie und Wirtschaft" herzustellen, wie Philip Rosenthal die Situation nach 1975 beschrieb.[105] Das IDZ Berlin bot dann zunehmend beratende Dienstleistungen im Bereich des Industriedesigns für die Westberliner Unternehmen an, sodass die inhaltliche Ausrichtung des Instituts ebenfalls in Richtung der Wirtschaft geöffnet wurde.[106]

100 | ZADP, Bestand Rosenthal, p.S. 34, Bericht von Kyra Stromberg zu den Forum-Aktivitäten im IDZ Berlin vom Oktober 1971, S. 2. Der Werkbund hatte schon 1968 auf einer Tagung in Stuttgart unter dem Titel „Umwelt und Macht" mit Gustav Stein und Herbert Ohl ähnliche Fragen diskutiert, IfZ-Archiv ED 920/434. Daher war dieses Thema weniger innovativ, als es zuerst den Anschein hat.

101 | ZADP, Bestand Rosenthal, p.S. 34, Protokoll zur Vorstandssitzung des IDZ Berlin vom 11.06.1970, S. 2f. Für die zeitgenössische Berichterstattung siehe Unbekannt (1971b), (1971e), (1971z), (1971ab), (1971ac), Conrads und Höynck (1971), Giachi (1971), Kehlcke (1971), Kotschenreuther (1971a), Rhode (1971a), (1971c), Sack (1971a), (1971b), Teut (1971a), Trappschuh (1971).

102 | LA Berlin, B010-1817, Schreiben von Robert Gutmann an Ernst Schneider vom 03.09.1973.

103 | François Burkhardt führte von 1971 bis 1984 das IDZ Berlin. Zwischen 1977 und 1992 war er Professor an der Hochschule für angewandte Kunst in Wien und von 1992 bis 2002 Professor an der Hochschule für bildende Künste Saar. Von 1984 bis 1990 leitete er das Centre de création industrielle des Centre Pompidou. Unbekannt (1971x), Burkhardt (1990), S. 11, Dufrêne (2007), S. 249f.

104 | ZADP, Bestand Rosenthal, p.S. 35, Jahresbericht des Gestaltkreises für 1972/73 von Gustav Stein, S. 10 und LA Berlin, B010-1837, Vermerk von Horst Karran, Senatsverwaltung für Wirtschaft, vom 27.06.1972.

105 | ZADP, Bestand Rosenthal, p.S. 36, Protokoll zur Vorstandssitzung des Gestaltkreises vom 06.06.1975, S. 2.

106 | Unbekannt (1973d), (1973f).

Aus Umweltgestaltung wird Gesellschaftsgestaltung

Dennoch wurde beispielsweise 1975 der IDZ-Forumskongress mit dem Titel „Sozio-Design" abgehalten, auf dem das umfassende Kulturverständnis des IDZ Berlin in Bezug auf Design diskutiert werden sollte.[107] Noch in Anlehnung an die Idee aus der ‚Umweltgestaltung' handelte das Symposium von den „im Design erhofften Möglichkeiten, soziales Handeln, soziales Verhalten zu ändern [und] zu beeinflussen".[108] Der Ästhetik-Professor Bazon beziehungsweise Jürgen Brock hatte das Leitthema ‚Sozio-Design' für eine Mode-Ausstellung im Auftrag des IDZ Berlin 1972 entwickelt.[109] Die Schlussfolgerung zu dieser Präsentation von Brock war es, dass alles Design ist und somit als Gestaltung des Lebens zu verstehen sei.[110] In Anlehnung an diese These diskutierte der IDZ-Forumskongress 1975 das Verhältnis von Gestaltung sowie Sozialem, die Möglichkeit, über Gestaltung soziale Verhaltensweisen zu beeinflussen. Er fasste dies in dem Satz „Der Mensch steht im Mittelpunkt" zusammen. Laut Burkhardt bezog sich die Betrachtung von Subjekt und Objekt nicht nur auf das Produktsystem, sondern es sollten durch Interaktionssysteme zwischen Menschen und Objekten neue Alternativen für die gängige Designpraxis entwickelt werden.[111] Dieser Anspruch war wesentlich durch das Konzept der ‚Umweltgestaltung' geprägt, führte aber, wie schon angedeutet, gleichzeitig zu Unmut bei den Geldgebern des IDZ Berlin.

Für einige Berliner Werkbundmitglieder bedeutete jedoch die Abhängigkeit des IDZ Berlin von Finanzmitteln aus der Westberliner Wirtschaft eine Gefahr für die Unabhängigkeit des Instituts. Dieser Konflikt spitzte sich schon rasch nach der Gründung zu, sodass 1971 der IDZ-Themakreis, der überwiegend aus Werkbundmitgliedern bestand, aus Protest seinen Rücktritt bekannt gab.[112] Das Presseecho zu diesem internen Konflikt war verheerend, denn für die noch junge Institution bedeutete diese massive Kritik in der Öffentlichkeit für die folgenden Jahre eine schwere Hypothek.[113] Obwohl öffentlich besonders

107 | IDZ Berlin (1976), S. 24.

108 | ZADP, Bestand Rosenthal, p.S. 35, Jahresbericht des Gestaltkreises für 1972/73 von Gustav Stein, S. 11.

109 | Siehe hierzu den Katalog IDZ Berlin (1972b). Für einen Ausstellungsbericht siehe Giachi (1973c), Kahlcke (1972).

110 | RWWA Köln, 181-2180-2, Schreiben von Gerda Wülker an Wolfgang Hartmann vom 26.01.1973.

111 | ZADP, Bestand Rosenthal, p.S. 23, Bericht über die Mitgliederversammlung 1976 des IDZ Berlin vom 14.06.1977, S. 1.

112 | Siehe für den Rücktrittsbrief LA Berlin, B010-1822.

113 | Siehe hierzu die vielfältige Berichterstattung, Unbekannt (1971c), (1971j), (1971k), (1971q), (1971r), (1971s), (1971t), (1971w), (1971ag), Bartels (1971a), (1971b), Füchtenbusch (1971), Kühne (1971), Rhode (1971b), (1971d), Teut (1971b).

organisatorische Mängel für diesen Konflikt verantwortlich gemacht wurden, ging es insgesamt um die Frage, wie das IDZ Berlin inhaltlich ausgerichtet werden solle. Während Vertreter aus der Wirtschaft eher für Dienstleistungen, etwa eine Designberatung, plädierten, sprachen sich die Werkbund-Mitglieder für ein Forum mit gesellschaftlichen Debatten im Sinne der ‚Umweltgestaltung' aus. Als Leiter versuchte Burkhardt mit der Unterstützung der Vorstandsmitglieder Philip Rosenthal und Walter Rossow zwischen beiden Seiten auszugleichen und diese weit voneinander entfernt liegenden Ansprüche dennoch zu vereinbaren.

Für die Werkbündler blieben jedenfalls in den folgenden Jahren Themen mit Bezug zur ‚Umweltgestaltung' prägend, obwohl damit zunehmend nicht mehr Industriedesign, sondern Architektur und Stadtplanung verbunden wurde. Petra Eisele hat darauf hingewiesen, dass Fragen von Umwelt und Gestaltung durch den Werkbund schon Ende der 1950er Jahre diskutiert wurden.[114] Die Werkbundtagung von 1968 fand sogar unter dem Titel „Macht und Umwelt" in Stuttgart mit Referaten von Herbert Ohl und Gustav Stein statt.[115] Die ‚Umweltgestaltung' dominierte überwiegend in der ersten Hälfte der 1970er Jahre die Debatten im DWB, dabei wurde jedoch zunehmend Industriedesign aus dem Diskurs ausgeklammert.[116] Verstärkt ging es im Werkbund daher um Fragen der Stadtplanung und der Verbindung von Mensch und Umwelt.[117] Trotz schwerer finanzieller Probleme gelang es dem Werkbund Baden-Württemberg, im Jahr 1975 eine größere Konferenz unter dem Titel „Die neue Un-Sachlichkeit" in Baden-Baden zu organisieren. Hierbei ging es um eine Gegenwartsanalyse, bei der besonders das sogenannte Dogma des sachlich-funktionalistischen Städtebaus kritisiert wurde. Diese Veranstaltung bot prominenten Akteuren eine Bühne, die aus den Bereichen Architektur, Kunst und Design, wie Karl Dittert, Heinrich Klotz, Werner Nehls oder Anton Stankowski, bestand.[118] Aus der vielfältigen Presseberichterstattung geht hervor, dass die Debatten gegen funktionalistische Gestaltungsideen überwogen und als Gegenwartsanalyse von den Rednern als plausibel erachtet wurden.[119]

114 | Eisele (2005), S. 76.

115 | Siehe hierzu die verschiedenen Unterlagen in IfZ-Archiv, ED 920/434.

116 | Siehe hierzu S. 63.

117 | Ein Forschungsprojekt zum Deutschen Werkbund und dessen Engagement für Umweltpolitik und Stadtplanung in den 1970er Jahre wäre ein lohnenswertes Unterfangen. Hieraus ließen sich Erkenntnisse anhand einer Akteursgruppe gewinnen, die sich nicht dezidiert einem politisch ‚linken' Spektrum zuordnen lässt.

118 | Siehe hierzu beispielweise deren Tagungsbeitrag, Dittert (1975), Klotz (1975), Nehls (1975), Stankowski (1975).

119 | Andritzky (1975), Bock (1975), Fehr (1975a), (1975b), Giachi (1975), Hesler (1975), Posener (1975), Schmitt-Siegel (1975), Trappschuh (1975). Siehe zusätzlich auch die Jahrestagung des Deutschen Werkbunds Baden-Württemberg, die 1978 unter dem Titel „Umweltgestalt-

Vor allem Aspekte der Städteplanung wurden von den Werkbündlern in den nächsten Jahrzehnten intensiv diskutiert, doch fanden das Konzept der ‚Umweltgestaltung' und dessen allumfassender Anspruch dabei keine Verwendung mehr.

Das Auslaufen dieser Debatte um die Gestaltung der Umwelt ab Mitte der 1970er Jahre war nicht spezifisch für den Werkbund, sondern zeigte sich bei allen Designinstitutionen und -akteuren. Erst unter anderen Vorzeichen wurde beispielweise bei dem VDID ‚Umwelt' wieder ein relevanter Begriff, nämlich im Kontext von neuen ökologischen Diskursen in der westdeutschen Gesellschaft spätestens seit Anfang der 1980er Jahre.[120] Auf Initiative von Evelin Möller gründete sich 1982 die Arbeitsgruppe ‚Ökologie und Design' im VDID, die sich für eine nachhaltigere Produktgestaltung einsetzte. Diese Initiative entwickelte einen Forderungskatalog, durch den der Begriff ‚Nachhaltigkeit' in das Berufsprofil der Industriedesigner aufgenommen werden sollte.[121] Auf der ICSID-Generalversammlung 1985 in Washington gelang es den VDID-Vertretern sogar, auf Grundlage dieser von Möller erarbeiteten Positionen, den international gültigen ICSID-Berufskodex um ökologische Positionen zu erweitern.[122]

Warenästhetik und Konsumenten

Im Gegensatz zu der Verbindung von Ökologie und Gestaltung diskutierten die Industriedesigner schon seit dem Ende der sogenannten Wiederaufbauphase, welche ökonomischen Mechanismen sich mit dem Industriedesign verbanden. Der Philosoph Wolfgang Haug war hierbei einer der ersten westdeutschen Theoretiker, denn seit Mitte der 1960er Jahre kritisierte er die Bedeutung von Design für den Gebrauchswert von Objekten.[123] Zentraler Punkt seiner neo-marxistischen „Kritik der Warenästhetik" von 1971 war, dass das Design dabei helfe, den Tauschwert eines Produkts zu erhöhen, während der eigentliche Gebrauchswert gleich bleibe. Für Haug machte daher das Design

ung orientierungslos – Versuch einer Standortbestimmung?" veranstaltet wurde, wobei Design kaum noch eine Rolle spielte, DWB BaWü (1978).

120 | Mende (2011), S. 292ff.

121 | Archiv des VDID, NL Karl-Heinz Krug, Protokoll zur VDID-Mitgliederversammlung vom 25.09.1982, S. 2 und ibid., Notiz von Evelin Möller für die VDID-AG ‚Ökologie und Design' vom Oktober 1984. Siehe zusätzlich Unbekannt (1985q), Klöcker (1983), Möller (1982) als auch Löbach (1985), Möller (1987).

122 | AdDSS, Akte BU 01957, Geschäftsbericht von Karl-Heinz Krug zur VDID-Mitgliederversammlung vom 09.11.1985, S. 2 und Archiv des VDID, NL Karl-Heinz Krug, Geschäftsbericht des VDID-Präsidenten Karl-Heinz Krug zur VDID-Mitgliederversammlung am 15.11.1986, S. 3. Siehe für die VDID-Generalversammlung 1985 auch den Bericht in Unbekannt (1985k).

123 | Gries (2008), S. 63ff, Walker (1992), S. 207.

den Menschen zu einer Marionette der Warenästhetik.[124] Für viele Kritiker und Befürworter integrierte sich diese Theorie mit ihrem Anspruch auf ideelle Befreiung des Konsumenten in gesamtgesellschaftliche Diskurse, die ab 1968 geführt wurden.[125] Haugs Arbeit entwickelte sich dabei zu einem wesentlichen Bezugspunkt innerhalb der Berufsgruppe der Industriedesigner.[126] Besonders auf die jüngeren Designer und vielen Studenten übte dieser Denkansatz eine Anziehung aus, da hierdurch eine kapitalismuskritische Position neue Reflektionsmöglichkeiten über Design ermöglichte.[127] Unter den Produktgestaltern wurde Haugs Buch seit 1971 zu der ‚Mao-Bibel' des Designers, da mit „Kritik der Warenästhetik" zunehmend antikapitalistische beziehungsweise industriekritische Designpositionen begründet wurden. Viele – vor allem ältere – Gestalter sahen in Haugs Positionen jedoch eine Gefahr für die Zusammenarbeit zwischen den Designern und der Wirtschaft. Zum Beispiel ‚verteufelte' die FAZ-Journalistin Giachi diesen neo-marxistischen Ansatz und unterstellte, dass „die vulgärmarxistischen Thesen [..] stets bei einer Verteufelung der Industrie und des Industrieproduktes" endeten.[128]

Wolfgang Haug wies – trotz kapitalismus- und wirtschaftskritischer Untertöne – auf einen zunehmenden Bedeutungsgewinn von Design für die Werbeindustrie hin. Denn seit den ausgehenden 1960er Jahren wurde der Begriff ‚Design' besonders von der sogenannten Geschmacksgüterindustrie in die firmeneigene Werbung integriert, wie dies die Rosenthal AG mit ihren Porzellanprodukten praktizierte.[129] Hierbei erhofften sich die Produktgestalter vornehmlich, dass Design verkaufsfördernd und zugleich als Abgrenzung gegenüber Konkurrenzprodukten wirke. Die Produktgestaltung besaß aus dieser Perspektive nun nicht mehr nur die Aufgabe, eine konfliktfreie Interaktion zwischen Mensch und Benutzungsobjekt zu ermöglichen, sondern sie wurde ein distinktives Merkmal. Im Gegensatz zum sogenannten Styling, das von vielen Zeitgenossen als schlichte Oberflächenveränderung verunglimpft wurde, bot die Verbindung von Marketing und Design neue Möglichkeiten.[130] Hierdurch konnte Design Teil eines Werbekonzepts werden und die Produkt-

124 | Haug (1970), S. 151ff, (2009), S. 78ff. Für die Verbindungen zwischen Haug und Papanek, siehe Fallan (2017), S. 167f.

125 | Hobsbawm (1998), S. 635. Siehe für das Beispiel Norwegen von Fallan (2011).

126 | Siehe hierfür stellvertretend die zeitgenössischen Rezensionen zu Haugs „Kritik der Warenästhetik", Unbekannt (1971a), Boehm (1972), Bürdek (1974a), Klöcker (1972a).

127 | Siehe hierzu besonders die Diplomarbeit von Thomas Kuby an der HfG Ulm, der sich mit Haugs Thesen schon auseinandersetzte, bevor diese bundesweit rezipiert wurden. Kuby (1969), S. 13.

128 | Giachi (1972e), S. 4.

129 | Hansen (1969a).

130 | Siehe zu der Kritik an ‚Styling' beispielsweise Unbekannt (1970s), Blumenberg (1969), S. 79, Bonsiepe (1967), Brackert (1976a), S. 5, Müller-Krauspe (1969c).

gestaltung innerhalb der betrieblichen Organisation als Element des Werbe- und Konstruktionsbereichs verankert werden.[131] Eng verbunden mit dem Begriff ‚Marketing' wurde auch ‚Image' benutzt, das ein öffentliches Bild eines Konzerns oder Produkts beschreiben sollte.[132] Dies kann jedoch nicht darüber hinwegtäuschen, dass das verstärkte Aufkommen von werblichen Mitteln seit den 1970er Jahren durch die Designer als Konkurrenz für ihre eigene Tätigkeit wahrgenommen wurde.[133]

In klarer Abgrenzung zu solchen werblichen Ansichten über Design versuchte Jochen Gros[134] mit seinen Studenten an der HfG Offenbach ab 1974 durch einen Rückbezug auf handwerkliche Produktionstechniken ein neues Alternativdesign zu entwickeln.[135] Mit dieser Gruppe ‚Des-In' – als Abkürzung für Designinitiative – versuchte Gros, neue Wege bei der Produktgestaltung zu gehen. Zwar war dieser Ansatz langfristig wirtschaftlich wenig tragfähig, doch entwickelten die Offenbacher Beteiligten hierdurch erste Konzepte für ein späteres Recycling-Design sowie die Idee eines Do-it-yourself-Designs.[136] Für beinahe alle Bereiche des Industriedesigns waren solche Gedankengänge reizvoll, aber sie ließen sich nur begrenzt auf die Produkte aus Großserien anwenden. Dennoch bezogen sich viele Gestalter eines postmodernen Designs während der 1980er Jahre auf die Gruppe ‚Des-In', da sich damit für viele ein Anknüpfungspunkt zu einer alternativen Designtradition herstellen ließ.[137]

Ein Teilaspekt von Gros' Idee zu einem sogenannten Alternativdesign war, dass durch diese Art der Produktgestaltung weniger Theorie in den Entwurfsprozessen angewendet wurde. Hierbei besaß ‚Des-In' indirekt eine Vorreiterrolle, denn seit Mitte der 1970er Jahre häuften sich die Kritiken über eine Theorielastigkeit im Design. Ähnlich wie im Bereich der bildenden Künste

131 | Fuchs (1974).

132 | Trentmann (2016), S. 428. Siehe hierzu beispielsweise Antonoff (1973), Jüptner und Pannek (1972), Scharmer (1971), Schmidt (1973), Wesel (1971).

133 | Leymonerie (2016), S. 158.

134 | Zu Jochen Gros siehe Buchholz und Theinert (2007), S. 233, Burkhardt (1986), S. 33, (1988), S. 87, Kossolapow (1985), S. 233ff, Schneider (2005), S. 187, Schwer (2014), S. 47f und S. 75ff.

135 | Für die Bedeutung von Design und Handwerk siehe etwa Breuer und Oestereich (2014), Voges (2017b).

136 | Hauffe (2014), S. 242, Köster (2017), S. 348ff, Schneider (2005), S. 143, Schwer (2014), S. 85f, Trentmann (2016), S. 877f, Woodham (1983), S. 104. Siehe für die zeitgenössische Darstellung beispielsweise Gros (1975), (1976a und 1976b) und Bracht et al. (1974), Gros (1974), (1979), Müller (1977).

137 | Siehe hierzu beispielsweise Albus und Borngräber (1992), S. 13f, Burkhardt (1988), S. 87, Fischer (1988), S. 45. Für eine kulturgeschichtliche Einordung von ‚Do-it-yourself' in die Geschichte der bundesdeutschen Gesellschaft siehe Voges (2017a), (2017b).

ersetzte das Theoretisieren über Kunst das Kunstwerk selbst.[138] Eine solche Einschätzung wurde meist von Designern geteilt, die vergleichsweise wirtschaftsnah orientiert waren. Der Leiter der DIHT-Öffentlichkeitsabteilung Kruttschnitt kommentierte 1975 ein solches theoretisches ‚Abrüsten' im Design dahingehend, dass nun „das Design-Chinesisch und die reine Theoriediskussion einer sehr viel nüchterneren Einschätzung gewichen" seien.[139] Es dominierte eine Kopflastigkeit im Industriedesign der 1970er Jahre, bis dieses performative Theoretisieren über Gestaltungsfragen eine Dekade später durch neue postmoderne Betrachtungsweisen verdrängt wurde. Zeitgenössisch waren Designdiskurse und Professionalisierungsfragen in anderen Ländern ebenso von theoretischen Fragen geprägt. So war etwa das Programm der ICSID-Konferenz 1977 in Dublin fast ausschließlich von Theorievorträgen dominiert. Seminar- oder Vortragreihen, die sich mit Fragen zur Berufspraxis auseinandersetzten, wurden nicht angeboten.[140]

Design-Dienstleistungen

Solche Projekte versuchten wiederum die verschiedenen westdeutschen Designinstitutionen – namentlich der Rat für Formgebung, das IDZ Berlin, die AW design und der VDID – seit Anfang der 1970er Jahre anzubieten. Unter dem Stichwort ‚Design-Dienstleistungen' sollten dort Weiterbildungsmöglichkeiten für Interessenten aus der Produktgestaltung, Werbung und Konstruktion platziert werden. Die Institutionen reagierten hierbei auf Wünsche, die aus der Industrie an sie herangetragen wurden.[141] Dort erhoffte man sich von Seminarveranstaltungen, dass auf diese Weise eigenes Personal zu bestimmten Teilaspekten geschult werden konnte. Für die Designer boten solche Weiterbildungen, wie sie beispielsweise der Rat für Formgebung ab 1975 mit seinen ‚Design-Kolloquien' anbot (Tabelle 10), die Möglichkeit, sich nach der Ausbildung zu spezialisieren. Gleichzeitig war dies für viele Designer notwendig, da zunehmend mehr Absolventen auf den Arbeitsmarkt kamen und Spezialisierungen als Schutz vor einer drohenden Arbeitslosigkeit angesehen wurden.

Insbesondere für den Rat und das IDZ Berlin bedeuteten diese Fortbildungsveranstaltungen zugleich die Chance einer Selbstfinanzierung. Denn seit der ersten Ölpreiskrise 1973/74 begannen vor allem die Beteiligten aus der Politik und Wirtschaft damit, ihre Fördergelder für Designinstitutionen

138 | Judt (2012), S. 545. Siehe hierzu ebenso etwa Felsch (2015) mit einem lesenswerten Überblick zu zeitgenössischen Theoriediskursen in der Bundesrepublik.

139 | RWWA Köln, 181-2177-3, Schreiben Ernst-Jörg Kruttschnitt an Ernst Schneider vom 25.02.1975. Für das Verständnis von Design als Gewerbeförderung siehe etwa Kruttschnitt (1977).

140 | ZADP, Bestand Rosenthal, p.S. 20, Bericht von Eberhard Fuchs von der ICSID-Mitgliederversammlung 23./24.07.1977 in Dublin, S. 3. Siehe zusätzlich SDI (1981).

141 | Stein (1979), S. 2.

zumindest nicht mehr zu erhöhen. Durch eine steigende Inflation und mehr Aufgaben waren Herbert Ohl oder François Burkhardt als fachliche Leiter des Rats beziehungsweise des IDZ Berlins dazu gezwungen, neue Geldquellen zu erschließen. Diese Entwicklung fügt sich in die zeitgenössische Erscheinung, dass zunehmend dazu übergegangen wurde, Wissen zu zertifizieren. Daher bildeten solche Weiterbildungsveranstaltungen Teil einer Verwissenschaftlichung des Industriedesigns. Neben diesen Seminarreihen baute besonders der Rat für Formgebung und das IDZ Berlin ihre Beratungsangebote für die bundesdeutsche Wirtschaft sukzessive aus.[142] Ein besonderes Interesse weckten Ausschreibungen zur sogenannten Unternehmenskultur, was später als ‚Corporate Identity' bezeichnet wurde. Hierbei entwickelte sich Design zu einem teils omnipräsenten Modewort, das in den 1980er Jahren in vielen verschiedenen Kontexten eingesetzt wurde.

Seit Beginn der 1970er Jahre wurde Design zunehmend in der Kategorie Dienstleistung verortet. Einen Höhepunkt erlebte diese Verbindung von Design und Dienstleistung dann in den 1980er Jahren. Es war weniger das Ziel, theoretische Aspekte von Industriedesign zu betonen, sondern es ging vielmehr darum, dass ein solcher Weg die Integration von Designfragen in Unternehmen eröffnen sollte. Zugleich gelang es dadurch die Produktgestaltung hervorzuheben, um sich nicht als Teil der betriebsinternen Produktionskette erscheinen zu lassen. Hierfür orientierten sich die Designer an zeitgenössischen Diskursen, wie etwa jenen über die nachindustrielle Gesellschaft oder den Postfordismus. Alle diese Konzepte ermöglichten es den Gestaltern, ihre Tätigkeit als relevantes Handeln für die Gesellschaft und die Wirtschaft zu positionieren. Somit sprach beispielsweise Philip Rosenthal als Parlamentarier und RfF-Präsident im Jahr 1981 von der „Trumpfkarte Design“, die seitens der Privatwirtschaft und des Staats stärker ausgespielt werden müsse, um die Umwelt gestalten zu können.[143]

3. Versuche von Ausbildungsreformen im Industriedesign

Annährend zeitgleich zu den Debatten um eine Umweltgestaltung durchliefen die Ausbildungswege für Industriedesigner in der Bundesrepublik einen grundlegenden Wandel. Seit Mitte der 1960er Jahre kritisierten Produktgestalter und Industrielle die Förderung der Designstudenten. Braun-Feldweg beschrieb 1966 die Gesamtsituation daher wie folgt: „Etwas vom begabten Dilettanten jedenfalls scheint das gegenwärtige Bild des Designers an sich zu

142 | Für das Institut für Designdiagnose des Rats für Formgebung siehe S. 109ff und für das IDZ Berlin siehe etwa Unbekannt (1973d), (1973f).

143 | Rosenthal (1981a), S. 5.

haben".[144] Hauptkritikpunkt war bei der Debatte über die mangelhafte Ausbildung der Industriedesigner, dass seit Anfang der 1960er Jahre vermehrt Produktgestaltung an unterschiedlichen Ausbildungsorten unterrichtet wurde. Dabei stiegen zwar die Zahlen der Studenten und Dozenten, aber die Ausbildungsqualität an den einzelnen Schulen wurde häufig als völlig ungenügend bezeichnet. Gui Bonsiepe diagnostizierte daher 1968: „Design hat Karriere gemacht, zumindest das Wort, wenn auch weniger die Sache. Ähnliches gilt von der Designausbildung, so dass kritische Beobachter nach Vorkehrungen suchen, um zu verhindern, dass das Industriedesign zu einem ephemeren Modeberuf wird."[145]

Diese sogenannte Ausbildungsmisere war für die VDID-Akteure des noch jungen Berufsverbands eine besondere Herausforderung, da sich hier für die Industriedesigner die Gefahr einer negativen Außenwahrnehmung abzeichnete. Im Jahr 1964 gründeten daher Günter Kupetz, Herbert Oestreich und Arno Votteler eine Arbeitsgruppe ‚Ausbildung' im VDID.[146] Ziel war es, „für alle Ausbildungsstätten die gleichen Aufnahmebedingungen, [sowie ein] gleicher Studiengang und gleicher Abschluss" zu erreichen.[147] Trotz vielfältiger Bemühungen beschrieb Arianna Giachi Anfang der 1970er Jahr die Ausbildungssituation schlicht als „Vormarsch des Dilettantismus".[148] Und als ob sich wenig geändert hätte, mussten die Industriedesigner 1977 in der FAZ lesen, dass „eine erhebliche Diskrepanz zwischen Designausbildung und Berufspraxis [bestehe]. Auf einen vereinfachten Nenner gebracht: Die Schulen bilden Künstler aus, aber die Wirtschaft braucht Praktiker".[149]

Folgt man diesen Stellungnahmen zu einer vermeintlichen Krise in der Ausbildung, so erscheinen die zeitgenössischen Diagnosen für die angehenden Industriedesigner als denkbar ungünstig. Diese sich wiederholenden Stimmen einer Krisennarration können ebenso als Phänomen einer weitreichenden Veränderung in der Ausbildung gedeutet werden. Aufgrund der verschiedenen Ausbildungsreformen im Industriedesign, kann von einer Professionalisierung der Ausbildung in den 1970er Jahren gesprochen werden. Dieses Teilkapitel verdeutlicht, dass dieser Strukturwandel in der Ausbildung durch die Professionalisierung des Berufs ‚Industriedesigner' sowie der daraus resultierenden Ausbildungswege verursacht wurde. Die Ausbildungsreformen

144 | Braun-Feldweg (1966a), S. 84. Siehe zur gleichen Zeit auch schon Lindinger (1966a).

145 | Bonsiepe (1968).

146 | AdDSS, Akte BU 01963, Protokoll zur Sitzung des VDID-Ausschusses vom 23.11.1964, S. 1 und Unbekannt (1965q).

147 | AdDSS, Akte BU 01963, Protokoll zur Sitzung des Arbeitsausschusses für Ausbildungsfragen im VDID vom 05.07.1965, S. 1. Siehe hierzu ebenfalls StaA Ludwigsburg, Akte EL 500 III Bund 342, Aktenvermerk aus dem Landesgewerbeamt Baden-Württemberg vom 30.09.1966.

148 | Giachi (1970e).

149 | Böhm (1977), S. 12.

seit Anfang der 1970er Jahre legten den Grundstein für eine neue Bildungslandschaft der folgenden Jahrzehnte.

Anfang der 1960er Jahre bestanden die Studienmöglichkeiten aus der Perspektive der Industriedesigner eher aus wenigen ‚Inseln', deren Ausbildungsziele und -standards eine große Bandbreite besaßen. Da parallel zu den steigenden Studierendenzahlen die Unternehmen ebenfalls begannen, Industriedesigner in ihre betriebsinternen Strukturen aufzunehmen, wuchs der Bedarf an Produktgestaltern. Für die Beteiligten aus der Wirtschaft wurde diese Situation vermehrt ein Problem, denn die Ausbildungssituation war „in der Bundesrepublik mit ihren rund 40 Designausbildungsstätten ganz besonders unübersichtlich und unbefriedigend".[150] Seit Mitte der 1960er Jahre zeigte sich die Entwicklung, dass an den Lehranstalten Studienprogramme zunehmend wichtiger wurden als Persönlichkeiten.[151] Ein zentraler Bezugspunkt von anderen bundesdeutschen Designschulen waren hierfür die Curricula, wie sie an der HfG Ulm unterrichtet wurden. Bei dieser ganzen Entwicklung der Bildungswege stand jedoch nie zur Debatte, dass Design auch in einer Berufsausbildung anstatt im Rahmen eines Studiums vermittelt werden könnte. In Abgrenzung zu handwerklichen Tätigkeiten leitete der Ausbildungsweg an Hochschulen oder Universitäten vor allem eine Fokussierung auf Wissen als zentrale Legitimation der eigenen Profession ein. Dies ermöglichte es den Designern im Laufe der 1960er Jahre, sich das Feld der verschiedenen Sozial- und Ingenieurwissenschaften, wie beispielsweise die Soziologie oder Ergonomie, zu erschließen. Es führte letztlich dazu, dass die Ausbildung der angehenden Industriedesigner einen zunehmenden Theorieanteil enthielt und weniger handwerkliche Tätigkeiten vermittelte.

Ob diese sogenannte Kopflastigkeit der Produktgestalter spezifisch bundesdeutsch war, bleibt unklar. Jedenfalls äußerten sich etwa Hans Erich Slany[152] oder die Chefdesigner Josef Gallitzendörfer der Daimler-Benz AG und Anatole Lapine der Porsche AG dahingehend, dass sie kompetenten Nachwuchs aus dem Ausland rekrutieren müssten.[153] Unabhängig davon, inwiefern dieses Urteil über die westdeutschen Designabsolventen gerechtfertigt war, galt es für viele als ein Zeichen der Ausbildungskrise, dass immer mehr Studenten in die

150 | Stein (1979), S. 2.

151 | Buchholz und Theinert (2007), S. 188.

152 | „In meinem Büro arbeiten zur Zeit nur Absolventen einer ausländischen Design-Schule. Den Versuch mit einem Absolventen einer deutschen Akademie [..] musste ich abbrechen. Ihm fehlten die fundamentalen Kenntnisse für eine praktische Entwurfsarbeit", PA Slany, p.S. 6, Schreiben von Hans Erich Slany an Gustav Stein vom 26.03.1971. Siehe für die Arbeit in einem Design-Büro auch das folgende Interview Donay (1988a).

153 | HStaA Stuttgart, EA-3/908-15/3, Protokoll über das Gespräch zwischen dem VDID-Präsidium und Vertretern der Designabteilungen der Automobilindustrie den Nachwuchs von Automobil-Designern betreffend vom 30.11.1979 vormittags in Pforzheim, S. 2f.

Design-Studiengänge drängten. Relativ ähnlich wie bei dem Phänomen der arbeitslosen Designer war auch der Diskurs über die Quantität der Ausbildung äußerst kontrovers.[154] Je nachdem, welche statistische Erhebung man zu Rate zog, kamen unterschiedliche Zahlen heraus. Der VDID führte beispielsweise 1971 eigenständig eine Umfrage an den Ausbildungsinstitutionen durch und gelangte zu dem Ergebnis, dass ungefähr 700 Studenten im Industriedesign eingeschrieben waren.[155] Demgegenüber ermittelte das Statistische Bundesamt für 1972 nur 364 Studenten für das Fach Produktgestaltung und industrielle Formgebung.[156] Und 1973 kam eine Forschergruppe der Kasseler Gesamthochschule zu dem Ergebnis, dass insgesamt 1.674 Industriedesign-Studenten an Fachhochschulen, Kunstakademien und Gesamthochschulen eingeschrieben seien.[157] Wie abermals schon betont, ist das Argumentieren mit zeitgenössischen Sozialstatistiken kritisch, da sich hinter den meisten Zahlen schon Vorannahmen und verschiedene Debattenpositionen verbergen. Daher lassen sich solche quantitativen Annahmen eher als Teil eines Aushandlungsprozesses über die Strukturveränderung des Bildungssystems lesen.

Zwei Untersuchungsberichte

Über die Ausbildungssituation Anfang der 1970er Jahre geben zwei bedeutende Berichte Aufschluss, die beide nach ihren Autorinnen benannt sind. Die FAZ-Journalistin Arianna Giachi[158] untersuchte im Auftrag des Rats für Formgebung 1972 die Reform der Designer-Ausbildung, während Gerda Wülker für den DIHT nach dem Bedarf an Gestaltern in der bundesdeutschen Wirtschaft fragte.[159] Mit dem sogenannten Giachi-Report erhoffte sich der Rat für Formgebung eine Untersuchung der Ausbildungsreform im Design.[160] Hierzu schickte er Giachi im Wintersemester 1971/72 an die verschiedenen Aus-

154 | Zur Debatte um das Phänomen arbeitsloser Designer nach der ersten Ölpreiskrise siehe S. 156ff.

155 | Lindinger (1971).

156 | Statistisches Bundesamt (1975), S. 49.

157 | Kalberer et al. (1974), S. 83f.

158 | Arianna Giachi war freie Journalistin. Sie verfasste in den 1970er und 1980er Jahren für die FAZ zahlreiche Beiträge zu Designthemen. Die gebürtige Schweizerin lebte seit 1958 als freie Journalistin in Frankfurt am Main und übersetzte ungefähr 30 Bücher aus dem Italienischen ins Deutsche. Als freie Literatur- und Kunstkritikerin der FAZ kam Giachi seit Ende der 1950er Jahre mit dem aufkommenden Thema Design in Berührung, das sie über Jahrzehnte kritisch begleitete. 1970 wurde sie erstmals in den Vorstand des Hessischen Werkbunds gewählt. 1993 erhielt Giachi für ihre publizistische Lebensleistung den Preis des Deutschen Kunsthandwerks. Unbekannt (1990a), (2000), (2011), Crüwell (1993). Eine relevante Ausschnittssammlung zu Giachi findet sich im StdA Frankfurt am Main.

159 | Giachi (1972d), Wülker (1973b).

160 | ZADP, Bestand Rosenthal, p.S. 37, Bericht über die Vorstandssitzung des Rats für Formgebung vom 15.12.1971, S. 9.

bildungsstätten, um vor Ort wegen der unterschiedlichen Design-Curricula zu recherchieren.[161] Ziel war es dabei, einen Überblick über die verschiedenen Studiengänge zu gewinnen, die sich teilweise deutlich voneinander unterschieden. Giachi kam zu dem naheliegenden Schluss, dass eine Konzentration der Designer-Ausbildung an wenigen Orten notwendig sei, ähnlich wie es etwa der VDID mit seinem Rahmenplan von 1967 gefordert hatte.[162] Der Giachi-Bericht erfuhr eine vielfältige Rezeption unter den Designern in der Bundesrepublik und löste ein Echo in der Fachpresse aus.[163] Besonders war darin, dass sich Giachi für die Zusammenlegung von verschiedenen Hochschulen einsetzte. Damit einher ging ebenfalls die Forderung, die unterschiedlichen Schultypen zu vereinheitlichen, an denen Industriedesign in der Bundesrepublik unterrichtet wurde. Es hätte das Manko der unterschiedlichen Titel von Absolventen – nämlich ‚Diplom-Designer' oder ‚Designer grad.' – aufgelöst, die auf dem Arbeitsmarkt zu finden waren.

Insgesamt betrachtet, empfahl Giachi in ihrer Untersuchung verschiedene Maßnahmen, um die föderalstrukturierte Organisation der Industriedesign-Ausbildung teilweise aufzulösen. Die Nachteile der Ausbildungsstruktur auf Länderebene sollte beispielsweise eine „Ständige Konferenz für den Studiengang Industrial Design an Hochschulen" aufbrechen. Dieses Gremium wurde von VDID-Akteuren in Norddeutschland unter der Leitung von Arno Votteler 1973 gegründet.[164] Ziel war es, in dieser ständigen Konferenz zuerst eine Bestandsaufnahme über die gültigen Ausbildungsmodelle zu erarbeiten. Die beteiligten Hochschullehrer hofften, sich dadurch auf Standards für die Industriedesigner-Ausbildung einigen zu können.[165] Beabsichtigt war, ein einheitliches Ausbildungsniveau in der Bundesrepublik zu gewährleisten. Zugleich versprachen sich die Hochschuldozenten durch bundesweit ähnliche Curricula mit unterschiedlichen Schwerpunkten, dass das eigene Fach für angehende Studenten an Attraktivität gewinnen könnte. Dies war besonders vor dem Hintergrund ständiger Klagen von Seiten der Industrie relevant, da diese das Leistungsniveau der ausgebildeten Industriedesigner als ‚weit gestreut' im negativen Sinn bezeichneten.

Im Gegensatz zur Arbeit von Giachi untersuchte die DIHT-Mitarbeiterin Gerda Wülker mit ihrem Bericht 1973 den Bedarf der bundesdeutschen Wirt-

161 | Giachi (1972d), S. 1. Einige der Untersuchungsunterlagen von Giachi haben sich überliefert in BA Koblenz, B457-13 und -97. Siehe Tabelle 15.

162 | Giachi (1972d), S. 14f. Für den VDID-Rahmenplan von 1967 siehe Unbekannt (1967t), Klose (1967).

163 | Siehe ebenso Giachis Veröffentlichungen zu ihrem Bericht, Giachi (1972a), (1972e), (1972f), (1973a). Zusätzlich wurde in der Presse über diese Untersuchung berichtet in Unbekannt (1972q), (1973s), (1973v).

164 | BA Koblenz, B457-105, Schreiben von Arno Votteler an Gustav Stein vom 30.01.1973.

165 | Unbekannt (1974g), Bürdek (1974b).

schaft nach Designern.[166] Auch ihre Ergebnisse wurden von den Industriedesignern vielfach rezipiert und in der zeitgenössischen Presseberichterstattung diskutiert.[167] Wülker kam zu dem Fazit, dass pro Jahr 1.500 Design-Absolventen nur 1.050 Stellenangebote gegenüber standen und damit „450 Designer jährlich zu viel ausgebildet" würden.[168] Laut ihrer Diagnose absolvierten fast ein Drittel mehr Gestalter ihr Studium, als von der Industrie benötigt. Für die nähere Zukunft sahen viele die Gefahr einer regelrechten Massenarbeitslosigkeit unter Designern in Westdeutschland. Daher erzeugte der Wülker-Bericht zeitgenössisch einen Handlungsdruck, die Ausbildung der Industriedesigner zu verbessern. Solche quantitativen Untersuchungsergebnisse von Wülker waren unter Zeitgenossen vielfach umstritten. Etwa Odo Klose[169] als Wuppertaler Hochschullehrer kritisierte die DIHT-Erhebung und kam zu dem gegenteiligen Ergebnis, dass vielmehr 500 Designer zu wenig ausgebildet würden.[170]

Im Anschluss an diese beiden Berichte von Giachi und Wülker gab Anfang 1974 das Bundesministerium für Bildung und Wissenschaft gemeinsam mit dem Land Hessen eine Untersuchung in Auftrag. Eine Studiengruppe an der FH Darmstadt sollte ein richtungsweisendes Modell für Design-Curricula entwickeln und eine Bedarfsanalyse durchführen.[171] Einer der Autoren dieses sogenannten Darmstädter Modellversuchs zur „Neuorganisation der Studiengänge im Bereich Design" war der bekannte Designkritiker und -theoretiker Gert Selle.[172] Er veröffentlichte Anfang 1974 einen ersten Zwischenbericht zu dieser

166 | Wülker (1973b). Zur Diskussion der Vorbereitung dieser Studie siehe BA Koblenz, B457-13, Bericht über ein Gespräch des Rats für Formgebung mit Vertretern der Kultusministerien der Länder über die Reform der Designer-Ausbildung am 14.12.1972, S. 2f und ZADP, Bestand Rosenthal, p.S. 24, Bericht zur Vorstandssitzung des Rats für Formgebung vom 03.06.1971, S. 6.

167 | Siehe ebenso Wülkers Veröffentlichungen zu ihrem Bericht, Wülker (1973a), (1973c). Zusätzlich wurde in der Presse über diese Untersuchung berichtet in Unbekannt (1973i), (1973j), (1973k), (1973l), (1973w), Trappschuh (1973).

168 | Wülker (1973b), S. 7. Und RWWA Köln, 181-2177-3, Protokoll zu Sitzung des Arbeitskreises Produktform des DIHT vom 20.05.1973, S. 2.

169 | Odo Klose war von 1958 bis 1960 als Designer bei der Siemens AG tätig. 1960 wurde Klose Design-Preisträger des Kulturkreises im BDI und gründete im gleichen Jahr zusammen mit Norbert Schlagheck ein Designbüro in München. 1963 ging Klose als Dozent an die WKS Wuppertal, um dort einen Studiengang Industriedesign aufzubauen. Ab 1972 arbeitete er als Professor für Industriedesign an der Gesamthochschule Wuppertal. Klose (1978) Deckblatt, May (2015), S. 419f .

170 | Klose (1973), (1978), S. 18f. Siehe dazu ebenso Trappschuh (1973). Für die Interpretation von zeitgenössischen Sozialstatistiken in Bezug auf die Industriedesigner siehe S. 156ff.

171 | BA Koblenz, B457-105, Schreiben von Hartmut Bernsdorff, Projektgruppe Berufsfeld der FH Darmstadt – Fachbereich Gestaltung, an Gustav Stein vom 13.02.1973. Siehe zusätzlich Buchholz und Theinert (2007), S. 227f.

172 | Für die Arbeiten von Gert Selle siehe unter anderem Eisele (2005), S. 16, Fallan (2010), S. 17ff, Pazzini et al. (2004), S. 43, Selle (1978), Cover.

Auftragsstudie, in dem er die wissenschaftlich-theoretischen Grundlagen und die Ziele des Modellversuchs definierte.[173] Der zweite und abschließende Bericht wurde dann ein Jahr später von Peter Becker herausgegeben und stellte eine Bestandsaufnahme über den status quo der Designer-Ausbildung dar, aus denen wiederum Handlungsanweisungen für die Politik abgeleitet wurden.[174] Die Autoren bemängelten dabei in erster Linie die zunehmende Diskrepanz zwischen den Ausbildungsinhalten und den späteren Arbeitsanforderungen im Bereich des Industriedesigns. Und generell beobachteten sie, dass sich die Ausbildungsorte „einander an wissenschaftlichem Profil [überboten] und entfernten sich immer weiter von der Berufspraxis. Professor Iwan Rankoff [als Projektleiter sprach] bitter von der ‚Scharlatanerie eines Fachs'".[175] Hier zeigte sich die Entwicklung, dass das zunehmende Argumentieren mit Wissen in der Ausbildung als Teil des Problems angesehen wurde.

Designnotstand in der Bundesrepublik

Zeitgenössisch wurde daher die Diagnose eines ‚Designnotstands' in der Bundesrepublik festgestellt, wie es in den Berichten von Giachi, Wülker und aus Darmstadt teilweise formuliert worden war. Diese Deutung der eigenen Situation wurde von den Industriedesignern rasch in ihre kommunikativen Strategien integriert, um ihre Profession auf verschiedene Arten zu positionieren. Vor allem der Rat für Formgebung als Institution des Bundesministeriums für Wirtschaft engagierte sich bei politischen Entscheidungsträgern für verbesserte Ausbildungswege. Beispielsweise schrieben die RfF-Vorstandsmitglieder Schneider, Rosenthal, Stein und Lindinger zusammen mit dem damaligen DIHT-Präsidenten Otto Wolff von Amerongen einen Brief an die Ministerpräsidenten der Bundesländer, um vor den Schwierigkeiten in der Designerausbildung zu warnen und Veränderungen einzufordern.[176] Zur Fortführung der Problemanalyse, die Arianna Giachi mit ihrem Bericht angestoßen hatte, gründete der Rat Ende 1972 einen Arbeitskreis zur ‚Reform der

173 | Selle (1974). Für die zeitgenössische Berichterstattung zu dem ersten Zwischenbericht siehe beispielsweise Unbekannt (1973m), (1974b), (1974i), Giachi (1973b), Meurer und Selle (1973), Schultz-Tesmar (1973), Selle (1972), (1973b).

174 | Becker (1975). Für die zeitgenössische Berichterstattung zu dem zweiten Zwischenbericht siehe beispielsweise Unbekannt (1975a), (1975l), (1975s), (1976e), (1976v), Brackert (1975d), Rankoff und Kleinkauf (1975). Im Laufe des Projekts überwarf sich Selle mit den anderen Mitarbeitern, sodass er sich ausdrücklich von den Ergebnissen des zweiten Berichts distanzierte. Siehe hierzu PA Lindinger, p.S. 2, Schreiben von Gert Selle an den VDID vom 16.04.1975.

175 | Böhm (1977). Siehe auch Unbekannt (1977f).

176 | Unbekannt (1971af), RfF (1972a), S. 5f, Schneider, Rosenthal, Lindinger, Stein und von Amerongen (1971). Siehe hierzu beispielsweise BA Koblenz, B457-13, Schreiben von Ernst Schneider, Philip Rosenthal, Herbert Lindinger und Gustav Stein an Hans Filbinger vom 19.11.1971.

Designerausbildung'.[177] Ziel dieses Gremiums war es, in allen Bundesländern gemeinsame Standards für die Curricula zu etablieren.[178]

Diese Initiative war zwar für den Rat für Formgebung und viele Bildungspolitiker neu: zugleich hatte der VDID schon früher im Jahr 1968 einen sogenannten Rahmenplan beschlossen, durch die einheitlichere Ausbildungswege im Industriedesign beschritten werden sollten.[179] Schon Ende der 1960er Jahre hatte es für einige den Anschein, „dass sich eine Inflation der Ausbildungsstätten für Industrie-Designer anbahnt[e]".[180] Daher suchten Hochschullehrer wie etwa Karl Dittert, Dieter Christian Döpfner, Herbert Lindinger und Arno Votteler bereits früh nach gemeinsamen Lösungsansätzen innerhalb des eigenen Berufsverbands. Jedoch erst seit Anfang der 1970er Jahre wurden die verschiedenen Ausbildungsprobleme im Industriedesign verstärkt im VDID diskutiert, um beispielsweise eine gemeinsame Nomenklatur auszuarbeiten. Verbunden war dies etwa mit dem Engagement des späteren VDID-Präsidenten Stefan Lengyel[181], da sich der Essener Dozent innerhalb des Verbands für Fragen der Ausbildung und Pädagogik stark machte.[182] Ein weiteres Zeichen für die zunehmende Bedeutung des Nachwuchses und der Lehre war die Gründung eines eigenen Studentenverbands innerhalb des VDID im Jahr 1969.[183] Für die Mitglieder dieses IDSV besaß die Förderung der Ausbildungssituation im Industriedesign eine zentrale Rolle.

177 | HStaA Stuttgart, EA-3/908-355/1, Schreiben von Gustav Stein an das Ministerium für Wissenschaft und Forschung Nordrhein-Westfalen vom 13.03.1973.

178 | BA Koblenz, B457-105, Sitzungsbericht des Beirats ,Reform der Designer-Ausbildung' vom 15.02.1973, S. 2.

179 | PA Slany, p.S. 5, Protokoll zum VDID-Ausschuss vom 29.04.1968, S. 1. Siehe hierzu ebenso Unbekannt (1967t), (1968y), Klose (1967).

180 | AdDSS, Akte BU 01963, Protokoll zur VDID-Vorstandssitzung vom 19.01.1968, S. 2.

181 | Stefan Lengyel studierte Industrial Design mit dem Schwerpunkt auf Konsum- und Investitionsgüterdesign in Budapest. 1964 erhielt Lengyel ein Stipendium als Assistent an der HfG Ulm und arbeitete dort unter anderem mit Hans Gugelot zusammen. Im Jahr 1965 wurde er Dozent an der Folkwangschule für Gestaltung in Essen und 1969 Nachfolger von Werner Glasenapp als Leiter der Abteilung für Industrial Design. Von 1981 bis 2003 hatte Lengyel dann eine Professur für Industrial Design an der Universität Duisburg-Essen inne. In den 1970er Jahren engagierte sich Lengyel im VDID besonders in den Arbeitsgruppen ,Ausbildung' und ,Pädagogik', um eine einheitliche Qualität in der Designer-Ausbildung zu erreichen. Von 1986 bis 2000 war er Präsident des VDID. Brackert (1976c), Gábor (2007), S. 22f, Lengyel (1999b), S. 152, May (2015), S. 423.

182 | Für die verschiedenen Treffen der Arbeitsgruppe ,Pädagogik' siehe etwa Unbekannt (1975d), (1975o), (1976a), (1980w), (1988a), Lengyel (1976), (1979), Müller-Krauspe (1975).

183 | AdDSS, Akte BU 01963, Zusammenfassender Bereich über das Designer-Treffen am 29.04.1968 in der Informationsbibliothek der TU Hannover, S. 4 und PA Slany, p.S. 5, Offener Brief des Industrial Design Studenten-Verband an Herbert Hirche vom 02.06.1969. Siehe ebenso Unbekannt (1969s), Hollenstein et al. (1971), Steinacker (1969).

Grund für ein solch verstärktes Eintreten bei bildungspolitischen Anforderungen seitens der Industriedesigner ab Ende der 1960er Jahre waren die verschiedenen Umstrukturierungen im Bereich der bundesdeutschen Hochschulen. Relevant war für die Gestalter, dass alle Werkkunstschulen aufgelöst und in neugegründete Fach- oder Gesamthochschulen überführt werden sollten. Im Zuge dieser Akademisierung wurden vielerorts die Curricula nach dem ‚Ulmer Modell' neu ausgerichtet, sodass der wissenschaftliche Anspruch im Design an vielen Hochschulen zunahm. Parallel dazu wurden vielfach neue Dozentenstellen mit ehemaligen ‚Ulmern' besetzt, da diese wiederum die geforderten Ausbildungsschwerpunkte an der HfG Ulm studiert hatten.[184]

Trotz vieler bildungspolitischer Hoffnungen in die neugegründeten Institutionen Anfang der 1970er Jahre blieb dieses bundesweite Vorhaben nicht ohne Kritik. Die Industriedesigner diskutierten über mehrere Ausgaben hinweg in der DWB-Zeitschrift ‚Werk und Zeit', welche Vor- und Nachteile die neuen Fachhochschulen für die angehenden Produktgestalter hätten.[185] Zugleich sah etwa Herbert Lindinger die Gefahr, dass durch solche Bildungsreformen zwar die Bezeichnungen vieler Einrichtungen geändert wurden, aber – so der Vorwurf – in fast „allen Fällen bleibe dagegen die alte Mentalität zunächst erhalten".[186] In diesem Zusammenhang bekamen Bestrebungen, die Studiengänge zu vereinheitlichen, eine zunehmend bedeutende Position. Denn hierdurch erschien es möglich, unabhängig von der föderalen Bildungsstruktur in Westdeutschland gleiche Studienmöglichkeiten im Industriedesign zu schaffen.[187] Erschwerend kam bei der Reform der Werkkunstschulen hinzu, dass sie teilweise in Fach- und Gesamthochschulen wie in Hochschulen für Gestaltung überführt wurden. Darüber hinaus blieben Kunsthochschulen von dieser Bildungsreform weitgehend befreit, sodass sich deren Design-Curricula nur wenig zu ändern hatten. Diese Reformbemühungen zu Beginn der 1970er Jahre führte trotz der ursprünglichen Intention nicht zu einheitlicheren Ausbildungsmöglichkeiten. In dem Bundesland Hessen beispielsweise wurde Design nach der Reform an der HfG Offenbach, der GHS Kassel sowie an den FHs Darmstadt und Wiesbaden unterrichtet.[188]

Aus diesem Grund versuchten die Gestalter, besonders die im VDID organisierten Hochschuldozenten, über eine einheitliche Terminologie in der

184 | Buchholz und Theinert (2007), S. 195.

185 | Siehe hierzu Döpfner (1969), Metzger (1969), Moewes (1969a), (1969b), Pfaender (1969), Selle (1969).

186 | RWWA Köln, 181-2178-1, Protokoll zum Arbeitskreis Produktform vom 25.03.1971, S. 6.

187 | Parallel dazu gelang es den Industriedesignern, dass beispielsweise das Fach Designerziehung in einigen Bundesländern als Schulfach anerkannt und teilweise unterrichtet wurde. Krug (1974), S. 23, Stein (1979), S. 2.

188 | BA Koblenz, B457-13, Zwischenbericht „Designer-Ausbildung in der BRD" von Arianna Giachi, S. 1.

Designer-Ausbildung die Unterschiede zwischen den einzelnen Institutionen zu überbrücken. Ziel war es, gemeinsame Ausbildungsstandards zu etablieren, sodass die Design-Absolventen innerhalb der Bundesrepublik ähnliche Qualifikationen aufweisen sollten. Hierzu entwickelte 1976 der Rat für Formgebung gemeinsam mit dem VDID eine einheitliche Begrifflichkeit für die Designstudiengänge.[189] Ungelöst blieb dabei der Versuch, einen einheitlichen Abschluss anzubieten. Denn es existierten zwei gängige Bezeichnungen für die Absolventen, was unfreiwillig zu einer Hierarchisierung führte, da diese Titel an die jeweilige Hochschule gebunden waren. Während die Fachhochschulen den ‚Designer grad.' vergaben, konnten sich die ehemaligen Studenten einer Kunsthochschule als ‚Diplom-Designer' bezeichnen.

Aus der Perspektive einiger Zeitgenossen war es problematisch, dass die Absolventen einer Kunsthochschule keine Kenntnisse beispielweise in Materialkunde vorweisen mussten, wie dies ein Diplom-Abschluss – in Anlehnung an die Ingenieursausbildung – eigentlich suggerierte.[190] Da die Diplom-Bezeichnung in weiten Teilen der Gesellschaft dennoch ein hohes Ansehen genoss, versuchten die Industriedesigner diesen akademischen Titel für ihre Profession als Wunschziel zu erklären. Für solche Bestrebungen interessierten sich außerhalb der Designerzunft vergleichsweise wenige. Vielmehr entwickelte sich seit den 1970er Jahren ‚Design' zu einem Modewort, das zunehmend in verschiedensten Kontexten angewendet wurde. Besonders markant praktizierte dies Philip Rosenthal mit der Firma seines Vaters.

B. Rosenthal AG – Design als verbindendes Element

Das Unternehmen Rosenthal ist einer der klangvollsten Namen der deutschen Wirtschaftsgeschichte. So wurde die Rosenthal AG gelegentlich als das ‚Meißen' des 20. Jahrhunderts betitelt.[191] Eine solche Wahrnehmung des Porzellankonzerns Rosenthal als Manufaktur für Tischservice wird dabei den unterschiedlichen Tätigkeitsfelder zumeist nicht gerecht. Die weltweit agierende Rosenthal AG produzierte nämlich neben Konsumporzellan auch technische Industriekeramiken und Inneneinrichtungen. Denn das Ziel des langjährigen Leiters Philip Rosenthal war es „mit Keramik, Glas, Besteck und Möbeln zu einer Manufaktur des Wohnens zu werden".[192] In allen diesen Unternehmensbe-

189 | Unbekannt (1975d), VDID (1976). Siehe ebenso Trappschuh (1984a), S. 5.

190 | Unbekannt (1973s), S. 2.

191 | Jansen (2006), S. 63.

192 | ZADP, Bestand Rosenthal, p.S. 25, Rundschreiben von Philip Rosenthal an die Mitarbeiter der Rosenthal AG vom 18.02.1985, S. 2.

reichen spielte Design eine herausgehobene Rolle, sodass es im Laufe der Zeit zu einem verbindenden Element für alle Produkte der Rosenthal AG wurde.

Diese Bedeutung von Design innerhalb des Rosenthal-Unternehmens wird im Folgenden Teilkapitel an drei Aspekten genauer analysiert. Besonderes Augenmerk liegt darauf, welche Bedeutung das Industriedesign für die Werbestrategien der Rosenthal AG zwischen den 1960er und 1980er Jahren einnehmen konnte. Einleitend wird der strukturelle Aufbau der Rosenthal AG erläutert, um daran das Konzept einer „Manufaktur des Wohnens" verdeutlichen zu können. Hierbei wird zugleich herausgearbeitet, wie die Produktgestalter als neue Profession in Selb in innerbetrieblichen Prozessen integriert waren und welche Handlungsspielräume ihnen zur Verfügung standen. Im Anschluss daran zeigt sich die Bedeutung von Philip Rosenthal für ‚sein' Unternehmen.[193] Parallel dazu bedarf es einer zeithistorischen Einordnung der Person Rosenthal, da dieser nicht nur als Industrieller, sondern ebenso als Sozialpolitiker, Kunstsammler und Designkenner in Erscheinung trat. Und abschließend wird deutlich, wie Design zu dem zentralen Bestandteil der Werbung und Unternehmenskultur der Rosenthal AG wurde.

Trotz der unzweifelhaften Bekanntheit der Rosenthal AG fällt überraschenderweise die wissenschaftliche Aufarbeitung der Rosenthal-Unternehmensgeschichte für die Phase nach 1945 vergleichsweise überschaubar aus. Während die Geschichte der Tischporzellane noch relativ gut bearbeitet ist, finden sich zu dem Unternehmen selbst keine historischen Darstellungen.[194] Die größte Aufmerksamkeit gilt der Person von Philip Rosenthal, der die Geschicke des Konzerns jahrzehntelang bestimmte.[195] Besonders die unveröffentlichte Dissertationsschrift von Alexandra Siemen-Butz ist hier zu nennen.[196] Darüber hinaus stehen mittlerweile die Arbeiten des Finnen Tapio Wirkkala für Rosenthal mehrfach im Interesse der historischen Forschung.[197] Eine wirtschaftshistorische Darstellung der Rosenthal AG fehlt jedoch bis heute. Obwohl die betrieblichen Unterlagen in Selb seit 1979 anlässlich des 100-jährigen Jubiläums systematisch in einem Unternehmensarchiv gesammelt wurden, sind sie bis jetzt zu keiner wissenschaftlichen Untersuchung herangezogen worden.[198] Dieser reichhaltige Bestand wird seit 2009 in dem Zentralen Ar-

193 | Für die generelle Frage nach der Bedeutung eines Unternehmers für die Unternehmensentwicklung siehe besonders Plumpe (2014), S. 22ff.

194 | Siehe hierzu beispielsweise Fritz (1989), Kerr (1998), Niecol (2003), Wedewer (1989). Besonders die Arbeiten des Finnen Tapio Wirkkala für die Rosenthal AG wurden mittlerweile gut erforscht und werden regelmäßig in Ausstellungen präsentiert, Laurén (2007), Siemen (2000). Beachtenswert ist darüber hinaus der Ausstellungskatalog Siemen (1988b).

195 | Siehe Hauschild (1999), Siemen (2005), Siemen-Butz (2013).

196 | Siemen-Butz (2013).

197 | Siehe Elben (2000a), Laurén (2007), Siemen (2000).

198 | Niecol (2003), S. 7.

chiv für die deutsche Porzellanindustrie in Selb aufbewahrt und sukzessive erschlossen, sodass in Zukunft wissenschaftliche Arbeiten zur Geschichte der Rosenthal AG zu erwarten sind. Das folgende Teilkapitel eröffnet durch einen designhistorischen Zugriff auf das Unternehmen zugleich einen Überblick zur Konzerngeschichte. Mit dem umfangreichen Bestand Rosenthal im ZADP konnten hierfür erstmals archivalische Quellen ausgewertet werden.[199]

1. Rosenthal als „Manufaktur des Wohnens"

Die Rosenthal AG wurde im Jahr 1879 von Philipp Rosenthal in der Kleinstadt Selb, geographisch wenig zentral im ostbayerischen Fichtelgebirge nahe der tschechischen Grenze, gegründet. Zuerst produzierte die Rosenthal AG ausschließlich Ziergegenstände und Geschirr, ab der Jahrhundertwende kamen Keramiken für technische Anwendungen hinzu. Nach dem 1. Weltkrieg waren knapp 5.000 Mitarbeiter an den Standorten in Selb und Marktredwitz beschäftigt.[200] Rasch nach der sogenannten Machtübernahme der Nationalsozialisten wurde Philipp Rosenthal 1934 aufgrund seiner jüdischen Abstammung aus seinem Unternehmen gedrängt und enteignet.[201] Während der NS-Diktatur erklärten die Machthaber die Elektrokeramiken aus Selb zu einem kriegswichtigen Militärgut, sodass die Rosenthal AG den ganzen 2. Weltkrieg über ihre Produktion aufrecht erhielt.[202] Da die kriegsbedingten Zerstörungen nur gering ausgefallen waren, konnte die Rosenthal AG mit Hilfe der US-amerikanischen Besatzungsmacht rasch die Produktion wieder aufnehmen.[203] Im Zuge eines Verfahrens zur Wiedergutmachung kam 1951 der Sohn Philip Rosenthal für seinen verstorbenen Vater als Mitarbeiter zu der Rosenthal AG. Dort arbeitete er zuerst als Werbeleiter, später wurde er zum Verantwortlichen für die Produktgestaltung ernannt. Anschließend leitete er von 1958 bis 1981 als Vorstandsvorsitzender das Unternehmen.[204] Philip Rosenthal selbst besaß aber nur wenige Anteile des Gesamtkonzerns, obwohl man dies eigentlich bei dem

199 | Der archivalische Teil des Bestands ‚Rosenthal' ist bis jetzt noch nicht aufgearbeitet. Aus diesem Grund werden im Folgenden nur provisorische Signaturen aus dem ZADP verwendet. In der Tabelle 1 sind die provisorischen Signaturen – im Folgenden ‚p.S.' abgekürzt – nach Regalnummer und Ordnertitel aufgelöst, sodass sich auch in Zukunft die dortigen Archivalien genau zuordnen lassen. Dieses Vorgehen ist dankenswerterweise mit dem dortigen Archivar Dr. Rüdiger Barth abgestimmt.

200 | Siemen-Butz (2013), S. 46f, Simoneit (1980), S. 164.

201 | Hauschild (1999), S. 47ff, Siemen-Butz (2013), S. 43.

202 | Siemen-Butz (2013), S. 25, Simoneit (1980), S. 164.

203 | Hüser (1988), S. 13.

204 | Siemen-Butz (2013), S. 55.

Sohn des Firmengründers hätte erwarten können. Daher war die Rosenthal AG kein Familienunternehmen, wie dies Konsumenten häufig vermuteten.[205]

Schon im Jahr 1953 auf einem Werkbundgespräch in Selb suchte Philip Rosenthal den Kontakt zu Mitgliedern des Deutschen Werkbunds, da er sich dadurch neue Gestaltungskonzepte für die Rosenthal AG erhoffte.[206] Er vertrat die Überzeugung, dass die Unterteilung zwischen den angewandten und bildenden Künsten historisch falsch und vor allem gefährlich sei, wie er es beispielsweise 1965 anlässlich der Aspen International Design Conference vor einem Fachpublikum betonte.[207] Am Beispiel des Rosenthal-Konzerns kann besonders dargestellt werden, wie das Design als spartenübergreifende Handlungsmaxime und Verkaufsargument im sogenannten Investitions- und Konsumgüterbereich forciert und praktisch umgesetzt wurde. Für die Rosenthal AG im speziellen und generell bei historischen Beschreibungen wird ein solcher Dualismus häufig nur einseitig betrachtet, indem Forscher den Bereich Investitionsgüter ‚herausdefinieren'.[208] Aus diesem Grund bietet es sich an, den Investitions- sowie Konsumgüterbereich in einem gemeinsamen Unternehmen zu analysieren und sie bei der Untersuchung nicht künstlich zu trennen. Denn die Rosenthal AG war für ihre Tischkeramiken berühmt. Das technische Porzellan und die Möbelprodukte waren hingegen den Zeitgenossen überwiegenden unbekannt, was Philip Rosenthal stets – aber häufig erfolglos – zu ändern versuchte.[209]

Struktur des Rosenthal-Gesamtkonzerns

Aufgrund von Forschungslücken und ausstehender wissenschaftlicher Referenzen wird im Folgenden zuerst die Organisationsstruktur der Rosenthal AG nach dem 2. Weltkrieg kurz dargestellt. Im Anschluss daran wird gezeigt, was Philip Rosenthal unter einer „Manufaktur des Wohnens" verstand. Die Konsum- und Ingenieurskeramiken waren als Konzernsparten strukturell voneinander unabhängig und nur durch eine gemeinsame Konzernzentrale mit Verwaltung und Marketing miteinander verbunden. Die technischen Keramiken deckten die Rosenthal Isolatoren GmbH (RIG) und die Rosenthal Technische Werke (RTW) ab. In den 1950er und 1960er Jahren hatte sich der Markt für Ingenieurskeramiken in der Bundesrepublik noch vergleichsweise günstig entwickelt.[210] Aber schon seit Anfang der 1970er Jahre und spätestens nach der ersten Ölpreiskrise war der Bereich der technischen Keramik im Rosenthal-

205 | Für eine Analyse der westdeutschen Firmenunternehmen siehe Lubinski (2010).

206 | Oestereich (2000a), S. 252, Siemen-Butz (2013), S. 66f.

207 | Rosenthal (1965c), S. 2. Siehe hierzu ähnlich Rosenthal (1965b).

208 | Für die Stellung von Investitionsgüterdesign in der designhistorischen Forschung siehe S. 20ff.

209 | Bößenecker (1984).

210 | Hüser (1988), S. 16.

Konzern in eine Umsatz- und Rentabilitätskrise geraten. Aus diesem Grund gliederte der Vorstand die Produkte für technische Zwecke neu. 1971 wurde die Rosenthal Technik AG gegründet, in der man die beiden Unternehmensbereiche RIG und RTW gemeinsam mit der Steatit-Magnesia AG – einer Tochtergesellschaft der AEG-Telefunken – zusammenfasste.[211] Gleichzeitig vereinten die Rosenthal AG und die AEG-Telefunken AG ihre Produktionsstandorte für Bauelemente in der CRL Electronic Bauelemente GmbH, die ab 1974 als Draloric Electronic GmbH fortgeführt wurde.[212] Der Rosenthal Technik AG gelang es in den folgenden Jahre jedoch nicht, mit Ingenieurskeramiken einen Gewinn zu erwirtschaften. Im Zuge der zweiten Ölpreiskrise 1979/80 verschlechterte sich die wirtschaftliche Situation des Gesamtkonzerns weiter, sodass 1984/85 die unrentabel gewordene Techniksparte an die Hoechst AG verkauft wurde.[213] Diese führte das Unternehmen unter dem Namen Hoechst CeramTec AG weiter.[214] Der Bereich der Konsumkeramik hingegen konnte sich von den wirtschaftlichen Schwierigkeiten Anfang der 1970er Jahre wieder erholen und wurde daher ab dem Jahr 1985 das alleinige Standbein der Rosenthal AG.

Dies führte das Unternehmen wieder zurück zu seinen Ursprüngen, da die Rosenthal AG bei ihrer Gründung 1879 als Firma für Konsumkeramik begonnen hatte. Bis heute ist der Konzern aus Selb besonders für Produkte wie Tisch- oder Zierporzellan bekannt. Bei der Ausstellung der westdeutschen Exportschau in New York 1949 wurden die Porzellanentwürfe aus Selb aber noch als völlig unzureichend und nicht mehr zeitgemäß kritisiert.[215] Erklärtes Ziel von Philip Rosenthal war es, diese Defizite zu ändern. Mit dem Eintritt von Rosenthal Junior 1951 in das ehemalige Unternehmen seines Vaters wurden verschiedene Neuentwicklungen bei der organisatorischen Struktur und der Produktpalette der Rosenthal AG eingeführt.

Hinzu kam, dass sich ab Mitte der 1950er Jahre der Absatz bei Konsumkeramiken von einem Verkäufer- zu einem Käufermarkt änderte. Da die west-

211 | Rosenthal AG (1971).

212 | Ertel (2005), S. 118.

213 | Noch 1980 setzte die Rosenthal AG dabei auf verstärkte Investitionen im Bereich der technischen Keramik, um bei diesem Unternehmensteil wieder in die größere Umsätze und Gewinne erwirtschaften zu können. Dieses – letztendlich erfolglose – Vorhaben wurde offensiv in der Presse verkündet, siehe hierzu etwa Unbekannt (1980p), (1980q), (1980r), (1980s), (1980t), (1980u), (1980v), (1980z).

214 | Unbekannt (1979d), (1986ah), Bößenecker (1984). Siehe hierzu das Schreiben von Seifert und Schorning, Hoechst AG, an den Vorstand der Rosenthal AG vom 24.07.1985 und das Schreiben von Philip Rosenthal an Wolfgang Hilger vom 10.06.1985, ZADP, Bestand Rosenthal, p.S. 39. Die Unterlagen zur Abwicklung der Rosenthal Technik AG haben sich ebenfalls in ZADP, Bestand Rosenthal, p.S. 39 und 40 erhalten.

215 | Oestereich (2000a), S. 180.

deutsche Porzellanindustrie nun zunehmend mehr produzierte als konsumiert wurde, konnten Verbraucher erstmals nach dem 2. Weltkrieg wieder zwischen unterschiedlichen Produkten wählen.[216] Dies führte bei den Unternehmen in der Keramikindustrie dazu, dass die Formgebung neben verbesserten technischen Eigenschaften zu einem verstärkten Unterscheidungsmerkmal wurde. Bei Rosenthal bedeutete dies, dass man die Produktgestaltung zentralisierte, indem ab 1958/59 die Aufgaben der Forschung, Entwicklung, Design und Werbung in dem sogenannten ‚Design Studio' gebündelt wurden. Gleichzeitig bemühte sich besonders Philip Rosenthal um die Zusammenarbeit mit bekannten Künstlern und Designern, wie etwa Wilhelm Wagenfeld, Raimond Loewy oder Walter Gropius.[217]

Darüber hinaus wurden die beiden Jahrzehnte nach dem Kriegsende für die Keramikindustrie eine Phase des tiefgreifenden Wandels. Denn durch neue Technologien im Tunnelofen- und Maschinenbau änderte sich die Produktion von Porzellan von einem Manufakturbetrieb zu einer Arbeitsorganisation fordistischer Prägung.[218] Auffälligste Veränderung war hierbei der Wechsel von mehrstöckigen Rundöfen auf langgestreckte, ebenerdige Tunnelöfen, die eine Arbeit am sprichwörtlichen Fließband erst ermöglichten.[219] Für die Unternehmen bedeutete diese technologische Neuerung, dass die Fabrikationsorte von Zentral- zu Longitudinalbauten umgestellt werden mussten. Gleichzeitig wurde es nun aufgrund der linearen Produktion notwendig, dass der Fluss an Rohmaterialien und Endprodukten innerhalb der Betriebsstätte kontinuierlich, aber effizient fließen konnte.[220] Daher entschieden sich die Beteiligten bei der Rosenthal AG dafür, neue Fabrikationshallen zu errichten, statt die älteren auf die neuen Bedürfnisse umzurüsten. Der Rosenthal-Vorstand erhoffte sich hierdurch kosteneffizientere Investitionen, da man diese neuen Fabriken auf die sprichwörtlich grüne Wiese bauen konnte.[221] Die Standorte Rosenthal am Rothbühl in Selb, Thomas am Kulm in Speichersdorf und das Glaswerk Amberg bildeten den Schwerpunkt der architektonischen Aktivitäten in den 1960er Jahren. Prominent war dabei der Architekt Walter Gropius, der auf Wunsch von Philip Rosenthal bis 1967 in Rothbühl und 1970 in Amberg zwei moderne Produktionsstandorte errichtete.[222] In Anlehnung an die 1911 von Gropius ge-

216 | Hüser (1988), S. 13.

217 | Oestereich (2000a), S. 180.

218 | Vor diesem Hintergrund würde sich die Rosenthal AG für eine Studie zur postfordistischen Arbeit als Untersuchungsobjekt besonders anbieten.

219 | Hüser (1988), S. 16, Siemen (1988a), S. 25 und S. 34.

220 | Simoneit (1980), S. 165.

221 | Rosenthal AG (1968) Geschäftsbericht des Vorstands.

222 | Unbekannt (1961a), (1965d), (1967r), Klapheck (1967), Schmidt (1964), Schwärzler (1965) und Klöcker (1970c). Siehe zusätzlich Brandl (2011). Für die städtebaulichen Maßnahmen von Gropius in Selb siehe etwa Kreiner (1968) und Hauschild (1999), S. 120.

Abbildung 34: Form Fuga, erschienen 1975 und gestaltet von Elsa Fischer-Treyden.

Quelle: Rosenthal GmbH.

bauten Fagus-Werke erhoffte sich Rosenthal, dass diese Bauten das Firmenbild nach außen repräsentieren würden.

Die drei mittlerweile bekannten und teilweise unter Denkmalschutz stehenden Fabrikationsstandorte reihten sich in eine größere Anzahl anderer Werke ein, welche die Rosenthal AG überwiegend in Ostbayern unterhielt. Konsumkeramiken wurden in Amberg, Kronach, Landstuhl, Thomas am Kulm, Rosenthal am Rothbühl beziehungsweise Selb hergestellt. Fertigungsstätten für technische Keramiken waren Selb, Holenbrunn, Marktredwitz, Sophienthal, Hofheim, Lauf, Providence (USA) und Colyton (UK). Keramische Bauelemente wurden wiederum in Erkersreuth, Marxgrün, Pfreimd, Fichtelberg, Erding, Haßloch, Porz und Berlin erzeugt, während man Bestecke in Neusorg und später Möbel zusammen mit der Wilkhahn KG in Espelkamp produzierte.[223] Parallel zu diesen Standorten unterhielt die Rosenthal AG seit 1952 mehrere Vertriebsgesellschaften zur Erschließung ausländischer Märkte,[224] sodass sich ungefähr ein Drittel des spartenübergreifenden Umsatzes durch den Export generieren ließ.[225] Hauptzielländer waren hierbei die USA, die Schweiz, Schweden, Italien und die Niederlande.[226]

Während die Vertriebsstrukturen der Rosenthal AG schon früh transnational organisiert wurden, blieben die gestalterischen Aufgaben des Konzerns weiterhin in Selb. Mit dem Bau eines Design-Studios in

223 | Simoneit (1980), S. 172 und S. 187.

224 | Fritz (1989), S. 18.

225 | ZADP, Bestand Rosenthal, p.S. 25, Rundschreiben von Philip Rosenthal an die Mitarbeiter der Rosenthal AG vom 27.04.1981, S. 6.

226 | Fritz (1989), S. 18 und S. 23.

Selb 1958/59 wurde erstmals ein Arbeitsbereich für Industriedesign in den Rosenthal-Konzern integriert. Dort entwickelten Gestalter im engen Kontakt mit Philip Rosenthal neue Produkte für das Haushalts- und Zierporzellan.[227] Hierbei hatten die Design-Studio-Mitarbeiter die Aufgabe, sich das verfahrenstechnische Wissen anzueignen, um die Entwürfe der externen Designer und Künstler verwirklichen zu können.[228] Das Studio war ab 1968 als Teil der Hauptabteilung ‚Produktentwicklung' mit allen Designentwicklungen für den gesamten Rosenthal-Konzern beauftragt. Geleitet wurde es zuerst von Heinrich Rank, dann von Dietrich Müller und bis in die 1990er Jahre von Henk Staal.[229] Insgesamt waren im Design-Studio gegen Mitte der 1970er Jahre 15 Designer angestellt, die von weiteren 25 Mitarbeitern aus der Produktionstechnik unterstützt wurden. Laut Eigenaussage wurden insgesamt zwei Drittel der anfallenden Gestaltungsarbeit von freiberuflichen Designern übernommen.[230] Die Gestaltungsaufgaben für Konsum- und Ingenieurskeramiken waren im Design-Studio gebündelt: der Schwerpunkt lag jedoch auf dem Gebrauchsporzellan. Um den technischen Bereich zu stärken, wurde 1973 das firmeneigene ‚Institut für Werkstofftechnik' in einem Gebäude des Berliner Architekten Fritz Bornemann in Selb errichtet. Zusammen mit dem Design-Studio sollte dort die gesamte Entwicklungsarbeit inklusive Produktdesign erfolgen.[231] Ein Schwerpunkt lag auf der Erforschung neuer nichtmetallischer anorganischer Werkstoffe für neue Anwendungsbereiche.[232]

Gestaltung von Keramikprodukten

Die Produktgestaltung von Investitionsgütern gehörte meist nicht zu den ‚sichtbaren' Disziplinen innerhalb des Designs.[233] Dies trifft auch auf das technische Industriedesign der Rosenthal AG zu, da in allen drei Teilbereichen – Ingenieurskeramik, Konsumkeramik und Möbel – dieser Aspekt des Designs eine große Rolle spielte. Gemeinsam bildeten das Design-Studio und das Institut für Werkstofftechnik eine Verbindung zwischen den Unternehmenssegmenten der Konsum- und Ingenieurskeramik. Dort sollten gemeinsam neue Werkstoffe, Technologien sowie Anwendungsbereiche entwickelt und zur Marktreife gebracht werden. Von dieser gemeinsamen ‚Wissensproduktion'

227 | Fritz (1989), S. 18, Löbach (1973), S. 36, Siemen-Butz (2013), S. 73f, Simoneit (1980), S. 174 und S. 184.

228 | Schmitz (1990), S. 83.

229 | Unbekannt (1965n), Fritz (1989), S. 18f, Müller (1974), S. 32, Rosenthal AG (1969).

230 | Löbach (1976), S. 122f.

231 | ZADP, Bestand Rosenthal, p.S. 25, Redemanuskript von Philip Rosenthal anlässlich des Neujahrstreffens der Rosenthal-Führungskräfte und leitender Betriebsräte vom 17.01.1981, S. 17.

232 | Unbekannt (1973t), (1973u), (1974l), Simoneit (1980), S. 190.

233 | Bibi (2008), S. 222.

profitierte hauptsächlich der Konsumgüterbereich. Neue Werkstoffe und Anwendungen, wie beispielsweise schwarzes Porzellan oder die Spülmaschinenfestigkeit, erlaubten den Designern mehr Möglichkeiten bei der Produktgestaltung von Gebrauchskeramiken. Währenddessen konnte die Techniksparte nur wenig von der gemeinsamen Arbeit profitieren. Aus diesem Grund wurde das Institut für Werkstofftechnik bei dem Verkauf der Rosenthal Technik AG an die Hoechst AG 1984/85 nicht veräußert, sondern verblieb bei der Rosenthal AG.[234] Anhand der Design-Organisation im Rosenthal-Gesamtkonzern lässt sich somit zeigen, dass die ‚vielzitierten' Synergieeffekte nur für die Konsumkeramiken ein Vorteil wurden, jedoch nicht für die Ingenieurskeramiken oder gar den Möbelbau. Daher ist die Rosenthal AG ein anschauliches Beispiel dafür, dass Konsum- und Investitionsgüterdesign auch teilweise erfolglos in einem Unternehmen nebeneinander existieren konnten.

Nichtsdestotrotz versuchte Philip Rosenthal mit der Vision einer „Manufaktur des Wohnens" dem zahlungskräftigen Verbraucher seit den 1950er Jahren nicht nur Konsumkeramiken, sondern ebenso Bestecke und zugleich Inneneinrichtungen anzubieten.[235] Um den Konsumenten davon zu überzeugen, dass er so viel Geld ausgeben sollte, wurden 1960 die Rosenthal-Studio-Häuser gegründet. Die Rosenthal AG wollte den Kunden in diesen Schauräumen die Wertigkeit der eigenen Produkte zeigen.[236] Die ersten dieser Häuser wurden im Jahr 1959 in Nürnberg, Essen und Hannover eingerichtet und Vertriebsstrukturen für die entwickelte Rosenthal-Studio-Linie in der Bundesrepublik sukzessive aufgebaut.[237] Die Reihe „Rosenthal Neue Linie" verdeutlicht, dass es sich hierbei um eine völlig neue Porzellanserie handelte.[238] Die Leitidee der späteren Rosenthal-Studio-Linie war laut Philip Rosenthal, „Künstler und Entwerfer unserer Zeit die von uns verarbeiteten Materialien: Porzellan, Keramik, Glas, Stahl [..] gestalten zu lassen und durch Anstrengungen im Vertrieb [..] diesen Originalschöpfungen auf dem Markt zum Durchbruch zu verhelfen, sie dem Verbraucher nahezubringen".[239] Im Laufe der Zeit wurde die Rosenthal-Studio-Linie die prägende Marke der Rosenthal AG im Konsumgüterbereich. Denn mit ihr gelang es, sich als Unternehmen für moderne Porzellanprodukte zu repräsentieren, das nicht mehr nur Stile aus vergangenen Zeiten imitierte. Dieses neue ‚Image' pflegten die Verantwortlichen bei Rosenthal, indem sie

234 | Fritz (1989), S. 18 und S. 23.

235 | Siemen-Butz (2013), S. 111.

236 | Unbekannt (1962g) und ZADP, Bestand Rosenthal, p.S. 25, Rundschreiben von Philip Rosenthal an die Mitarbeiter der Rosenthal AG vom 18.02.1985, S. 2.

237 | Unbekannt (1964d), S. 13, Honisch (1980), S. 84ff, Schmitz (1990), S. 81, Siemen-Butz (2013), S. 83.

238 | Unbekannt (1964d), S. 12.

239 | WBA-M, Bestand Korrespondenz, Akte R, Schreiben von Philip Rosenthal an Anonymus vom 05.04.1974.

zum Beispiel die Rosenthal-Studio-Häuser für wechselnde Ausstellungen mit Kunstobjekten oder Firmenkooperationen benutzten.[240]

Aus der Perspektive von Philip Rosenthal war der letzte Schritt auf dem Weg zu der mehrfach zitierten „Manufaktur des Wohnens" der Beginn einer Kooperation mit der Wilkhahn KG im Möbelbereich ab 1972.[241] Die Wilkhahn KG unter der Leitung von Fritz Hahne war zu der damaligen Zeit einer der am stärksten beachteten westdeutschen Möbelproduzenten im höherklassigen Preissegment.[242] Rosenthal gründete die sogenannte Möbelmanufaktur ‚Rosenthal-Einrichtung' in Espelkamp, wo die Wilkhahn KG ein eigenes Werk unterhielt. Während Rosenthal für die gestalterischen Ideen und die Zusammenarbeit mit bekannten Designern zuständig war, stellte die Wilkhahn KG die technische Infrastruktur zur Verfügung.[243] Die Rosenthal-Einrichtungen entwickelte zuerst Möbel für den privaten Bereich, orientierte sich jedoch seit Anfang der 1980er Jahre auf Einrichtungen für professionelle Nutzung, wie etwa Büroräume oder Plenarsäle.[244] Die langfristigen Erfolge der heutigen Philip Möbelmanufaktur GmbH blieben zunächst hinter den Erwartungen zurück, da diese Unternehmenssparte rein zahlenmäßig im Schatten der Keramikproduktion innerhalb der Rosenthal AG stand.

2. Philip Rosenthal – Ein „Pionier für Kunst, Design und Wirtschaftsdemokratie"?[245]

Eine Darstellung zum Rosenthal-Design kommt letztendlich ohne Philip Rosenthal nicht aus, da er in der zweiten Hälfte des 20. Jahrhunderts die prägende Figur des Konzerns war. Rosenthal wurde von den Zeitgenossen beispielsweise als „Pionier für Kunst, Design und Wirtschaftsdemokratie" gefeiert und für seine vielfältigen Engagements geehrt.[246] Die sechs Ordner umfassende Ausschnittssammlung zu Philip Rosenthal im AdsD sowie die zahlreich aufbewahrten Presseartikel im ZADP verdeutlichen dabei, wie häu-

240 | Siehe hierzu beispielsweise die Wanderausstellung zu zeitgenössischen Glasplastiken 1969, Flemming (1969), oder die Ausstellung zu spülmaschinenfeste Gläser der Siemens AG 1983, Plötz (1983).

241 | Unbekannt (1971m), (1971ad), (1972i). Siehe zusätzlich Derichs (2001).

242 | Siehe zur Wilkhahn KG und Fritz Hahne beispielsweise Hahne (1978), (1989), (1990) oder Lezius und Beyer (1989), Stürzebecher (2008). Eine wissenschaftliche Darstellung der Designgeschichte des Wilkhahn-Unternehmens und von Fritz Hahne ist leider noch ein Forschungsdesiderat.

243 | Siemen-Butz (2013), S. 106.

244 | ZADP, Bestand Rosenthal, p.S. 41, Arbeitsnotiz vom 07.12.1982, S. 1.

245 | Siehe hierzu die Pressemitteilung der Rosenthal AG zu Philip Rosenthals 70. Geburtstag, Rosenthal AG (1986).

246 | Ibid.

fig über ihn in regionalen sowie nationalen Zeitungen und Zeitschriften berichtet wurde.[247] So wird deutlich, wie sehr er in seinen verschiedenen Positionen die Professionalisierung der Industriedesigner mit vorangetrieben hat. Gleichzeitig versuchte Rosenthal, den sozialen Aufbruchsgeist mit Design zu verbinden. Um dieses weitreichende Spektrum von verschiedenen Handlungsfeldern Rosenthals darzustellen, werden in diesem Teilkapitel drei Themenbereiche besprochen. Anstatt einer Biographie – wie sie Siemen-Butz schon allumfassend geschrieben hat – wird nur sein Verständnis von Kunst thematisiert, um anschließend Rosenthals Engagement bei den Problemstellungen in Design und der Sozialpolitik zu hinterfragen.[248]

Glaubt man Philip Rosenthal, so war es sein Wunsch und Ziel, die Kunst vermehrt in den Alltag einzubeziehen. Er verstand hierbei unter dem Begriff ‚Kunst' in erster Linie die bildenden Künste und die Architektur.[249] Neben der Förderung einzelner Künstlern war eines seiner besonderen Anliegen die Erinnerung an das ehemalige Bauhaus. Es war somit kein Zufall, dass mit Walter Gropius einer der bekanntesten Vertreter dieser Designschule für Rosenthal Fabrikgebäude errichte. Darüber hinaus hatte Rosenthal als Vorsitzender des Bauhaus-Archivs von 1969 bis 1984 eine der zentralen Positionen bei der Erinnerungsarbeit in der Bundesrepublik inne.[250] Diese Hingabe von Philip Rosenthal überschnitt sich zugleich häufig mit seinem Engagement im Bereich der Formgebung. Für ihn war die vielfachzitierte „Trumpfkarte Design" eine unterschätzte Möglichkeit, den Alltag vieler Menschen positiver zu gestalten.[251] Philip Rosenthal setzte sich seit den 1950er Jahren für ein anspruchsvolles Design der eigenen Porzellan- und Keramikprodukte ein. Als Vorstandsvorsitzender besaß er hierfür die nötige Macht, um sich gegen betriebsinternen Widerstand durchsetzen zu können. Er ist ein Beispiel dafür, wie Führungspersonen in einem Unternehmen der Produktgestaltung den Weg ebnen konnten und dies zugleich nach außen auch kommunizierten. Dies ist deshalb von Bedeutung, da häufig die Meinung vertreten wurde, dass die Vorstellung von leitender Stelle müsse die erfolgreiche Einbettung des Themas Industriedesign in einen Betrieb zumindest unterstützt werden, dadurch bestätigt wurde.

Vorsitzende wie eben Philip Rosenthal bekamen – aus dieser Perspektive betrachtet – die Verantwortung zu Innovationen, wie etwa eine professionalisierte Formgebung, zugeschrieben, um diese in den eigenen betrieblichen Abläufen zu verankern. Rosenthal tat dies mit viel Enthusiasmus, positionierte sich jedoch gegenüber dem sogenannten Funktionalismus kritisch, sodass

247 | Siehe hierzu AdsD, 2/PVDF000061 bis 64 und 78f.

248 | Für eine kurze, biographische Darstellung von Philip Rosenthal siehe S. 53f.

249 | Unbekannt (1977i), Siemen-Butz (2013), S. 243f.

250 | Unbekannt (1984e). Siehe ebenso Siemen-Butz (2013), S. 167.

251 | Rosenthal (1981a), S. 5.

Abbildung 35: Form TAC aus schwarzem Porzellan, erschienen 1969 und gestaltet von Walter Gropius.

Quelle: Rosenthal GmbH.

diese Haltung wiederum innerhalb der Designerzunft als ablehnend wahrgenommen wurde. Trotz seiner vielfältigen Bemühungen um einen Dialog mit dem Werkbund lehnte beispielsweise der bayerische Landesverband Rosenthals Aufnahme mit dem Hinweis auf seine geäußerten Kritiken ab. In Hessen teilte man hingegen diese Position nicht, sodass Rosenthal dort 1967 Mitglied wurde.[252]

Besonders in den 1960er Jahren bezog Philip Rosenthal öffentlich zu vielen Fragen der Formgebung Stellung. Dies honorierten etwa die bayerischen Werkbündler wiederum nicht. In den 1970er und 1980er Jahren wurde über Rosenthal tendenziell eher im Kontext von sozialpolitischen Fragen in der Presse berichtet. In diesen Jahrzehnten äußerte er sich in Bezug auf Produktgestaltung entweder als Vorstandsvorsitzender der Rosenthal AG oder aber als Vorstandsmitglied des Rats für Formgebung. Vor allem letztere Position verlangte von ihm, dass seine Thesen zum Industriedesign weniger ‚anklagend' ausfielen als davor. Seine Bestrebung bei Designfragen war es, die Produktgestaltung flächendeckend in bundesdeutsche Konzerne fest zu integrieren, um damit sowohl im internationalen Wettbewerb als Volkswirtschaft zu bestehen

252 | Rosenthal (1967b), Sack (1968) und beispielsweise StdA Stuttgart, NL Seeger, Akte 15, Abschrift eines Briefes von Gustav Barcas von Hartmann an A. Huber vom 14.04.1969 sowie ZADP, Bestand Rosenthal, p.S. 42, Schreiben von Rambald von Steinbüchel an Philip Rosenthal vom 03.06.1969.

als auch die Lebensqualität jedes Einzelnen steigern zu können.[253] Das Besondere an Philip Rosenthal war, dass er zugleich seine Designideen und -ansätze im Rosenthal-Konzern verwirklichen konnte. Hierbei unterscheidet er sich deutlich von vielen sogenannten Designtheoretikern. Seine vorgeschlagenen Lösungskonzepte und sein unternehmerisches Handeln lassen sich bei der Rosenthal AG auf Deckungsgleichheit überprüfen.

Die Dominanz von Philip Rosenthal in Bezug auf Designfragen verzerrte die Wahrnehmung dahingehend, dass selbstverständlich die Produktgestaltung bei der Rosenthal AG eine Gemeinschaftsaufgabe mit der Beteiligung vieler Mitarbeiter war. Philip Rosenthals publizistische Präsenz war dahingehend bemerkenswert, dass kaum ein westdeutscher Vorstandsvorsitzender sich derart intensiv in der Öffentlichkeit für Gestaltungsfragen engagierte.[254] Seine vielzitierte und weithin beachtete „Brandrede gegen die Atomisierung des Design“ von 1965, in der er die Gegensätze von funktionalistischer und dekorativer Formgebung diskutierte, ist nur einer dieser Debattenbeiträge.[255] Hinzu kamen viele Zeitungs- und Zeitschriftenartikel sowie Interviews mit Philip Rosenthal. Wie schon hervorgehoben, war er in den nationalen und internationalen Presseorganen ein gefragter Mann.[256] Laut einer Vorankündigung in der Zeitschrift ‚form‘ von 1965 soll Rosenthal sogar ein Buch über verschiedene Designthemen verfasst haben, das – soweit bekannt – nie veröffentlicht wurde.[257] Aufgrund seines langjährigen Engagements für Design wurde Rosenthal beispielsweise 1988 von der Hochschule für gestaltende Kunst und Musik in Bremen geehrt und bekam eine Honorarprofessur für „Kunst und Kommerz“ verliehen – wie ein unbekannter Journalist in der FAZ spottete.[258]

---

253 | Betts (2004), S. 1. Siehe beispielsweise Unbekannt (1971ah), Rosenthal (1965a), (1965b), (1965c), (1972), (1974), (1978), (1982) oder ZADP, Bestand Rosenthal, p.S. 38, Schreiben von Philip Rosenthal an den Haushaltsausschuss des Deutschen Bundestages vom 05.11.1984.

254 | Glaubt man seinen privaten Äußerungen, dann gab es besonders seitens der Designer auch zahlreiche Kritiker Rosenthals. Siehe hierzu stellvertretend diese beiden Zitate: „Da es jedoch gerade unter den Menschen, mit denen man in Sachen Umweltgestaltung zu tun hat, erstaunlich viele gibt, die es im Cliquendenken und Intrigenspielen mit älteren Jungfrauen aufnehmen können, sollte man so etwas gleich von Anfang an entschlossen découragieren.“ ZADP, Bestand Rosenthal, p.S. 9, Schreiben von Philip Rosenthal an Ernst Schneider vom 17.02.1968. Und „In langer, langer Erfahrung hab‘ ich bemerkt, dass die schlechtesten, sehr oft nur negativ und vor allem unkonstruktivsten Kritiker von Design die Designer selbst sind.“ ZADP, Bestand Rosenthal, p.S. 13, Schreiben von Philip Rosenthal an Herbert Ohl vom 03.11.1980.

255 | Rosenthal (1965a). Dieser Text wurde zwei Jahre später in einer Beitragssammlung der Beilage ‚zeitgemäße form‘ von Johann Klöcker erneut veröffentlicht, Rosenthal (1967a).

256 | Siehe S. 196.

257 | Siehe hierzu die Kurznotiz in der ‚form‘, Unbekannt (1965k). Ein Manuskript zu diesem Buchprojekt ließ sich nicht auffinden.

258 | Unbekannt (1988f).

Sozialpolitik

Abbildung 36: Philip Rosenthal auf dem SPD-Parteitag in der Olympiahalle München 1982, photographiert von Harald Hoffmann.

Quelle: Bundesarchiv, B 145 Bild-F062779-0019, CC-BY-SA 3.0.

Neben seinem Einsatz für Design wurde auch Rosenthals Eintreten für betriebsinterne Demokratie- und Partizipationsmodelle sowie seine unternehmerische Sozialpolitik bekannt. Zwar waren die Produkte der Rosenthal AG für den ‚kleinen Mann' nur selten erschwinglich, aber wie Alexandra Siemen-Butz betonte, war es eines der Handlungsmaximen von Rosenthal, für soziale Stabilität im Unternehmen zu sorgen.[259] Hierbei scheute Rosenthal nicht davor zurück, etwa mit Karl Marx zu argumentieren. Denn er teilte die Position von Marx dahingehend, dass der bei der Arbeit geschaffene Mehrwert zunehmend dem Besitzer der Produktionsmittel anstatt den Lohnarbeitern zu Gute komme. Jedoch lehnte er die Schlussfolgerungen sozialistischer oder kommunistischer Vordenker ab und ging vielmehr den Weg über Beteiligungsmodelle von Mitarbeitern, um eine Chancengleichheit zwischen Kapital und Arbeit herzustellen.[260] Auf seine Initiative hin ermöglichte es die Rosenthal AG ab 1965, den eigenen Mitarbeitern sogenannte Belegschaftsaktien zu erwerben, um durch eine längerfristige Vermögensbildung der Arbeitnehmer zu einer sozialen Stabilität gelangen zu können.[261]

Solche Gedanken führten dazu, dass Philip Rosenthal im Jahr 1969 der SPD beitrat. Nach einem erfolgreichen Wahlkampf 1969 zog er überraschend in den Deutschen Bundestag ein und blieb bis 1983 Abgeordneter. Er setzte sich zugleich als Sozialpolitiker und Bundestagsabgeordneter auf nationaler Ebene für Partizipationsmodelle und eine Vermögensbildung für Arbeitnehmer ein. [262] Rasch nach seinem Eintritt in die Politik wurde Rosenthal im

259 | Siemen-Butz (2013), S. 108.

260 | Ibid., S. 187.

261 | Ibid., S. 174ff und S. 190ff.

262 | Ibid., S. 182ff, Süß (2003), S. 329ff.

September 1970 zum parlamentarischen Staatssekretär im Bundesministerium für Wirtschaft unter Karl Schiller ernannt.[263] Knapp vierzehn Monate später im November 1971 trat er aufgrund von Meinungsverschiedenheiten mit Schiller wieder zurück.[264] In den Jahren danach versuchte Rosenthal seine Ideen einer Vermögensbildung weiterzuverfolgen, konnte sich allerdings damit gerade bei den Sozialdemokraten kaum durchsetzen. Rosenthals SPD-Parteizugehörigkeit war vergleichsweise ungewöhnlich, da er den Typus eines ‚Industriellen' symbolisierte, der in der Sozialdemokratie kaum vertreten war. Zwar war die Firma des Vaters nicht seine eigene, denn Philip Rosenthal besaß nur einen Unternehmensanteil von ungefähr sieben Prozent. Aber als Vorstandsvorsitzender, zeitweiliges BDI-Präsidiumsmitglied und Vorsitzender des Verbands der Keramischen Industrie entsprach er nicht dem gängigen Bild eines Sozialdemokraten.[265] Weniger überraschend jedoch pflegte Rosenthal viele Verbindungen zu Künstler, Politikern sowie anderen Persönlichkeiten und war daher weitreichend vernetzt.

3. Design als Bestandteil von Unternehmenskultur und Werbung

Durch die Kontakte von Philip Rosenthal konnten viele nationale und internationale Persönlichkeiten nach Selb eingeladen werden.[266] Dies geschah sowohl in Bezug auf die Künstler und Designer, die für Rosenthal arbeiteten, als auch etwa für Schriftsteller, Politiker oder Musiker, die auf Veranstaltungen wie den „Feierabenden" oder den sogenannten Politik-Parties erschienen. Für die Handelnden der Rosenthal AG hatten solche Termine den Zweck, Kultur als Standortvorteil in Selb zu positionieren. Hierbei sprachen die Beteiligten von einer „Unternehmenskultur". Mit diesem Begriff verbanden sie auf der einen Seite die Selbstdarstellung und den eigenen Anspruch, was auch als „Firmenphilosophie" bezeichnet wurde. Diese Ambitionen sollte beispielweise die von Friedensreich Hundertwasser umgestaltete Konzernzentrale in Selb symbolisieren. Auf der anderen Seite bedeutete „Unternehmenskultur" zugleich, dass die Rosenthal AG an den Firmenstandorten für ihre Mitarbeiter ein vielfältiges Programm an Veranstaltungen im Bereich von beispielsweise Lesungen, Konzerten und Aufführungen organisierte. Dies war ein Versuch, sich als

263 | Unbekannt (1970c) und ZADP, Bestand Rosenthal, p.S. 43, Schreiben von Philip Rosenthal vom 29.07.1970.

264 | Siehe beispielsweise eine Kopie des Rücktrittsschreibens vom 16.11.1971, in AdsD, 2/PVDF000061.

265 | Siemen-Butz (2013), S. 198. Für Rosenthals Engagement beim VKI siehe die beiden Archivalien in ZADP, Bestand Rosenthal, p.S. 43 und 44.

266 | Daher ließe sich anhand solcher Designaktivitäten, die über staatliche Grenzen und sogar über die Gesellschaftssysteme im Kalten Krieg hinweggingen, veranschaulichen, wie eine internationale Vernetzung von Designern und einer Firma konkret funktionierte.

Arbeitgeber für Fachpersonal interessant zu präsentieren, da durch die relative Abgeschiedenheit im Fichtelgebirge und Nähe zur tschechoslowakischen Grenze die Attraktivität von Selb überschaubar blieb.[267] Kulturveranstaltungen werteten die oberfränkische Kleinstadt als Standort somit auf.

Hauptsächlich verantwortlich für die Koordination und Durchführung dieser Veranstaltungen und Kontakte waren die beiden firmeneigenen Kulturbeauftragten, nämlich zuerst Arnold Bode – der Initiator der Kasseler documenta – und von 1967 bis 1985 Eugen Gomringer[268] – Begründer der konkreten Poesie und Sekretär von Max Bill an der HfG Ulm.[269] Eingebettet war die Tätigkeit der beiden Kulturbeauftragten in den Anspruch von Philip Rosenthal, sich „von einem durchschnittlichen Qualitätsunternehmen ohne Richtung zu einem in Kunst und Design führenden, also eigentlich zum Meißen unserer Zeit" zu entwickeln.[270] Hierbei wurde Kultur bei den Mitarbeitern der Rosenthal AG zum zentralen Begriff erklärt, der sich wiederum problemlos in das Konzept der Unternehmenskultur einfügte. Wesentliche Bestandteile waren zuallererst die sogenannten Rosenthal-Feierabende, die als Kulturveranstaltung für die Arbeitnehmer der Rosenthal AG, aber ebenso für die Mitbürger in Selb organisiert wurden. Seit den 1950er Jahre wurden unter diesem Format viele bekannte Künstler in das Fichtelgebirge eingeladen.[271] Anerkannte Künstler der damaligen Zeit wie Louis Armstrong, Günter Grass oder Ernst Jünger folgten einer Einladung der Rosenthal AG nach Selb. Mit dem Wiener Burgtheater, dem Düsseldorfer Schauspielhaus, den (West-)Berliner Philharmonikern oder den Bamberger Symphonikern kamen gleichfalls bekannte Kulturvertreter in die Kleinstadt nach Oberfranken.[272] Darüber hinaus organisierte Philip Ro-

267 | Siemen-Butz (2013), S. 177. Siehe ebenso den Zeitzeugenbericht Spielmann (2014), S. 281. Aus einem ähnliche Grund gründete Philip Rosenthal 1969 auch die sogenannte Grenzland-Stiftung zur Förderung von Jugendlichen aus Arbeiterfamilien, Schulz-Trieglaff (1970), S. 204.

268 | Eugen Gomringer war von 1954 bis 1958 Sekretär bei Max Bill an der HfG Ulm. Im Anschluss leitete er von 1962 bis 1967 den Schweizer Werkbund in Zürich. 1968 wurde Gomringer Nachfolger von Arnold Bode als Kulturbeauftragter der Rosenthal AG in Selb und fungierte dabei bis 1985 als Mittler zwischen Kunstschaffenden und der Rosenthal AG. Im Jahr 1976 wurde Gomringer zum Professor für Ästhetik an die Kunstakademie Düsseldorf berufen und lehrte dort bis 1990. Unbekannt (1967k), (1967l), Elben (2000b), S. 12, Gomringer (1980) Nachwort, (2003).

269 | Elben (2000b), S. 12, Hauschild (1999), S. 120, Honisch (1980), S. 55, Stürzebecher (2009), S. 381.

270 | ZADP, Bestand Rosenthal, p.S. 25, Rundschreiben von Philip Rosenthal an die Mitarbeiter der Rosenthal AG vom 18.02.1985, S. 1f. Für die kritische Frage nach Repräsentation in der Wirtschaft siehe seinen Beitrag Gomringer (1970).

271 | Siemen-Butz (2013), S. 177.

272 | Dies führte sogar dazu, dass teilweise im westdeutschen Fernsehen über die Rosenthal-Feierabende berichtet wurde. Siehe hierzu documenta-Archiv, III-D-11-126-N, Schreiben von Philip Rosenthal an Arnold Bode vom 18.01.1966. Siehe auch Honisch (1980), S. 124.

Abbildung 37: Form Suomi aus weißem Porzellan, erschienen 1976 und gestaltet von Timo Sarpaneva.

Quelle: Rosenthal GmbH.

senthal zusammen mit Bode und Gomringer viele sogenannte Politik-Parties in Selb. In dem firmeneigenen Schloss Erkersreuth, das Rosenthal mit seiner Familie bewohnte, gaben sich jahrzehntelang Politiker sowie weltbekannte Gestalter, Architekten und Künstler die ‚Klinke in die Hand'.[273] Dort feierte Philip Rosenthal beispielsweise mit Willy Brandt, Walter Scheel, Norbert Blüm und Hans Friderichs in den Schlosskellern.[274]

Solche Verbindungen zu Politikern pflegte die Rosenthal AG nicht nur mittels ihrer kulturellen Veranstaltungen. Vielmehr waren die Mitarbeiter der Rosenthal-Presse- und Informationsabteilung dazu übergegangen, den jährlichen Geschäftsbericht unter ein Generalthema zu stellen. So prägten etwa „Lehren der Krise", „Kunst und Technik", „Steigende Werte", „Ernte", „Leistung und Lebensqualität" oder „Zusammen" die Berichte der Rosenthal AG. Mit Helmut Schmidt, Otto Graf Lambsdorff, Bernhard Plettner, Arnold Bode, Hans Merkle, Herbert Ehrenberg und Hans Friderichs konnten bekannte Persönlichkeiten aus der Politik und Kultur für Textbeiträge gewonnen werden, die über die gängigen Grußformeln deutlich hinausgingen.[275]

Ähnlich aufwendig feierte man bei der Rosenthal AG auch das hundertjährige Firmenjubiläum 1979. Dabei wurde die „Rosenthal-Story"[276] – so der Titel des gleichlautenden Jubiläumskatalogs – als Leitthema der eigenen Unternehmensgeschichte begangen. Die dazugehörige Ausstellung mit Titel „100

273 | Honisch (1980), S. 124ff, Siemen-Butz (2013), S. 147f.

274 | Diese Räumlichkeiten standen entsprechend den sozialpolitischen Ansprüchen von Philip Rosenthal ebenso den Arbeitnehmern der Rosenthal AG für Festlichkeiten zur Verfügung.

275 | AdsD, 1/RAAC000017, Unternehmensschreiben vom 03.04.1978. Eine weitere relevante Quelle zur Geschichte der Rosenthal AG ist die firmeninterne Zeitschrift ‚Der Rosenthaler', die noch auf eine systematische Bearbeitung wartet.

276 | Schreiber et al. (1980). Siehe hierzu zusätzlich die zeitgenössische Rezension Frank (1980).

Jahre Rosenthal – Rückbesinnung auf eigene Stärken“ gab dabei das Leitthema vor.[277] Die eigene Historie wurde in der Gegenwart reflektiert, um aus ihr eine positive Zukunft ableiten zu können – so wie es bei vielen Konzernjubiläen gängig war und noch ist.[278] Hinter den Kulissen waren die Feierlichkeiten jedoch Bestandteil einer Rivalität zwischen den einzelnen Teilbereichen der Rosenthal AG. Denn besonders von der Rosenthal Technik AG wurde die Erwartung geäußert, dass nicht nur Mitarbeiter aus dem Bereich Konsum- sondern ebenso aus der Ingenieurskeramik Erwähnung in der Firmengeschichte finden müssten.[279] Daher wurden beide Teilbereiche der Rosenthal AG mit ihrer historischen Entwicklung gewürdigt und mit der Gründung eines eigenen, gemeinsamen Firmenarchivs der vereinenden ‚Faktor Geschichte‘ noch verstärkt.[280]

Abbildung 38: Form aus der Objektreihe, erschienen 2003, gestaltet von Eugen Gomringer.

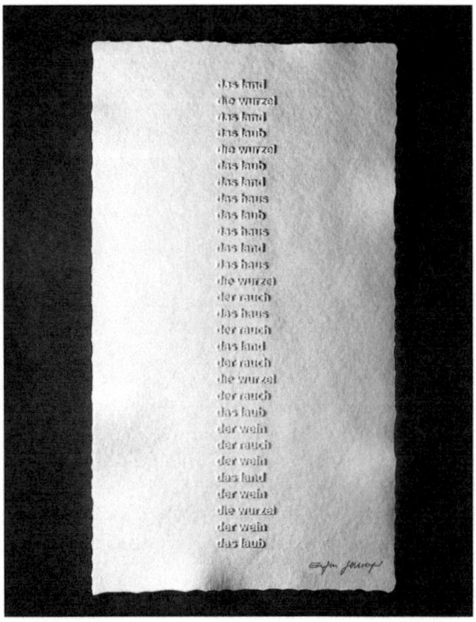

Quelle: Rosenthal GmbH.

Design in der Firmengeschichte

Für die Produktgestalter bei der Rosenthal AG bedeuteten Ereignisse wie das Firmenjubiläum meist eine erfolgreiche Einbindung des eigenen Berufs in die Unternehmenskultur. Gleichzeitig distanzierten sich allerdings die Industriedesigner seit Ende der 1960er Jahre auf der Grundlage ihrer Profession zuneh-

277 | Riedel (1980). Anlässlich dieses Jubiläums wurde auch eine Ausstellung konzipiert, die in verschiedenen westdeutschen Museen gezeigt wurde.

278 | Es wäre ein interessantes Projekt am Beispiel des Firmenjubiläums der Rosenthal AG 1979 die Bedeutung der eigenen Historie für ein Unternehmen zu untersuchen. Zugleich könnte an diesem Ereignis die Querverbindung von Selbstdarstellung und Marketingstrategie anhand eines Unternehmens herausgearbeitet werden, das sich auf diesem Feld viele Kompetenzen bescheinigte.

279 | Siehe hierzu ZADP, Bestand Rosenthal, p.S. 45, Schreiben von Heinz Greiffenberger, Vorstand der Rosenthal Technik AG, an Philip Rosenthal vom 24.04.1980.

280 | Unbekannt (2009b), S. 84. Zugleich wurden noch verschiedene Anschauungsobjekte aus Selb an das Deutsche Museum in München abgegeben. Mit Hilfe eines Gehäuseisolators oder porzellanener Tauchformen sollte die Münchner Dauerausstellung im Bereich der technischen Keramik unterstützt werden. Siehe hierzu Unbekannt (1980j).

mend von kulturellen oder künstlerischen Zuschreibungen. Die Integration von Design auf einer betrieblichen Ebene als Teil der zunehmend forcierten Corporate Identity verlief konträr zu den Designdiskursen auf einer allgemeinen Ebene.[281] Diese waren zumindest in den 1960er und 1970er Jahren davon dominiert, dass die Gestalter versuchten, sich und ihre Tätigkeiten aus ‚der Kulturecke zu bekommen'. Diese Einbindung von Kultur über die Designer erfolgte daher auf einer generellen sowie unternehmensspezifischen Ebene gegenläufig.[282]

Am konkreten Beispiel der Rosenthal AG bedeutete dies, dass Produktgestalter zunehmend in firmeneigene Kommunikationsstrategien eingefügt wurden. Die festangestellten Designer waren bei der Rosenthal AG über das Design-Studio und das Institut für Werkstofftechnik in die betrieblichen Abläufe integriert.[283] Hinzu kamen namenhafte Gestalter, die ganze Serien oder nur Einzelprodukte als Auftragsarbeiten entwickelten. Solche prominenten Designer – wie etwa Raymond Loewy, Tapio Wirkkala, Elsa Fischer-Treyden, Walter Gropius, Luigi Colani oder Hans Theo Baumann – wurden für die Rosenthal-Werbung das unternehmerische Aushängeschild. Daneben fanden die meist festangestellten und weniger bekannten Gestalter in Selb keine Erwähnung. Vielmehr wurde ausschließlich über die Arbeiten der bildenden Künstler und Designer kommuniziert. Gleichzeitig beschränkte sich dies besonders bei Werbemaßnahmen lediglich auf den Bereich der Konsumgüter. Technische Keramiken wurden, ähnlich wie bei der BASF AG, unter einem anonymen Design vertrieben und deutlich seltener als Teil einer spezifischen Unternehmenskultur präsentiert.

Eigentlich widersprach eine solche Praktik dem Designverständnis von Philip Rosenthal, denn für ihn ließ sich Design weder alleine der Kultur noch der Wirtschaft zuordnen. Seiner Meinung nach sollte die Produktgestaltung sowohl „zu neuen Wegen inspirieren" als auch für „die gestaltete Umwelt ein entscheidender Faktor für das menschliche Dasein sei".[284] Dieser Widerspruch lässt sich durch die organisatorische Zuordnung von Kompetenzen innerhalb der Rosenthal AG erklären; die Designförderung war nämlich eine zentrale Aufgabe der konzerneigenen Presse- und Informationsabteilung nach außen. Gleichzeitig waren jedoch die unternehmenseigenen Produktgestalter der Produktion zugeordnet und damit vergleichsweise losgelöst von den werblichen Strategien in der Konzernzentrale. Diese Zweiteilung von Designkommunika-

281 | Berghoff (2004), S. 148, Berghoff und Vogel (2004), S. 23, Fuchs (1974), S. 18, Kupetz (2013).

282 | Siehe hierzu den Diskurs über ein kunstnahes oder -fernes Industriedesign seit der HfG Ulm auf S. 37ff.

283 | Siehe hierzu S. 193.

284 | LA Berlin, B149-2268, Protokoll zur außerordentlich Vorstandssitzung des IDZ Berlin vom 19.10.1981, S. 4.

tion und -entwicklung lässt sich anhand einer Ansprache von Philip Rosenthal anlässlich des Besuchs der documenta VI mit Rosenthal-Arbeitnehmern veranschaulichen: „Unsere Stärke war, dass wir nicht nur besondere Sachen gemacht haben, sondern auch verstanden haben, über die Kette der Verkäufer, Mitarbeiter, Zeitungen [..] den Leuten draußen klarzumachen, dass diese Produkte besonders sind".[285] Dieser Satz verdeutlicht, dass bei Rosenthal die Entwicklung einer neuen Formgebung sowie die Kommunikation und Distribution zwei unterschiedliche Arbeitsbereiche waren. Im Gegensatz zur Designabteilung bei der Siemens AG wurde auf diesem Weg die Produktgestaltung innerhalb der Rosenthal AG von den werblichen Tätigkeiten losgelöst. Dies veranschaulicht zugleich, dass trotz des vielfältigen Engagements von Philip Rosenthal die Designorganisation im eigenen Unternehmen teilweise nach anderen Kriterien strukturiert wurde.

Designkommunikationen

Im Bereich der Designkommunikation handelten die Akteure um Philip Rosenthal nicht nur in Bezug auf das eigene Unternehmen. Auf der einen Seite stand die eigene Produktgestaltung bei den vielfältigen Werbetätigkeiten der Rosenthal AG im Mittelpunkt. Dies galt etwa für die in den 1960er Jahren gegründete ‚Gruppe 21'. Diese Vereinigung hatte Philip Rosenthal mit anderen Unternehmen wie beispielsweise Dansk Design, der Arabia AG aus Finnland oder der Braun AG als gemeinschaftliche Werbeinitiative für Produkte „um und auf dem Tisch" gegründet.[286] Auf der anderen Seite engagierte man sich in Selb durch Preisverleihungen im Designbereich, die vordergründig nicht die eigenen Produkte bewerben sollten. So stiftete die Rosenthal AG seit 1965 den ‚Rosenthal-Studio-Preis' für richtungsweisende Gestaltungsentwürfe zur Verbesserung der menschlichen Umwelt.[287] Der BDI bekam hierfür jährlich 25.000 DM von der Rosenthal AG an Preisgeldern zur Verfügung gestellt, um den Wettbewerb zu organisieren.[288] Im Jahr 1980 folgte der ‚Mathildenhöhe-

---

285 | ZADP, Bestand Rosenthal, p.S. 25, Rede von Philip Rosenthal vor Rosenthal-Mitarbeitern auf der documenta in Kassel am 11.09.1977, S. 2.

286 | Unbekannt (1971v), Eickenberg (1971), Fischer (1971). Siehe ebenso Siemen-Butz (2013), S. 116f.

287 | ZAPD, Bestand Rosenthal, p.S. 3, Protokoll zur Vorstandssitzung des Gestaltkreises vom 05.12.1965, S. 8 und Unbekannt (1965m). Siehe auch Honisch (1980), S. 128, Meurer und Vinçon (1983), S. 187. Für die jeweiligen Themen des Preises siehe die Tabelle 14.

288 | Die Mitarbeiter der Rosenthal AG waren bei der Preisverleihung selbstverständlich ausgeschlossen worden, da man den Verdacht der indirekten Werbung unterbinden wollte. Nichtdestotrotz wurde beispielsweise der Rosenthal-Studio-Preis von 1966 scharf kritisiert, da sich die Vorauswahl der eingereichten Produkte und die Jurierung als einseitig selektiv erwiesen hatten. Siehe hierzu Lohmeyer (1967), Sack (1966). Neben der Rosenthal AG wurden zeitweilig ebenfalls der Braun-Preis von der Braun AG und der Girmes-Preis von dem Textilunternehmen Girmes

Preis', der als internationale Nachwuchsförderung für angehende Designer konzipiert war.[289] Zwar wurden dabei keine Produkte der Rosenthal AG gezeigt, jedoch gelang es hierdurch, zusätzlich die Verknüpfung von ‚Rosenthal' und ‚Design' in der Öffentlichkeit zu fördern.

Auf ähnliche Art nutzte etwa Philip Rosenthal die Stände des Konzerns auf Messen, um kunst- und designspezifische Treffen durchzuführen. So stand dort neben den eigenen Produkten auch Veranstaltung mit geladenen Gästen im Mittelpunkt. Daneben förderten solche Ereignisse die Wahrnehmung, dass Design für das Unternehmen ein zentraler Bestandteil war. Gleichzeitig darf dabei nicht außer Acht gelassen werden, dass Philip Rosenthal mit seinen gelobten Kontakten viele bekannte Persönlichkeiten zu seinen Veranstaltungen einlud. So war der Rosenthal-Stand auf der Hannovermesse häufiger Treffpunkt für die westdeutschen Industriedesigner. 1967 berichtete beispielsweise der VDID in seinem Informationsdienst über ein Treffen zwischen dem Verband und Philip Rosenthal, dass „alles was Beine hatte zu gehen und designinteressiert ist (oder so tat) anwesend [war]. Das Image von Rosenthal dürfte durch diese [..] Einladung ein paar neue Glanzlichter bekommen haben".[290] Wie dieser zeitgenössische Bericht veranschaulicht, gelang es daher Philip Rosenthal auf unterschiedliche Weise, Design als einen der zentralen Bestandteile der Rosenthal AG zu positionieren.

C. Zusammenfassung

Das Kapitel thematisiert die verschiedenen Entwicklungen der Industriedesigner in dem Strukturwandel seit den 1970er Jahren. Im Mittelpunkt steht, wie die Profession der Gestalter auf die Brüche und Wandlungen reagierte. Parallel zu den gesamtgesellschaftlichen Geschehnissen der Zeit nahmen die Designer ab Mitte der 1970er Jahren ebenso verschiedene Krisendiskurse auf. Daher kreisten viele Auseinandersetzungen um die Anpassung an eben diese diagnostizierten Spannungen. In diesem Zusammenhang versuchten sich die Industriedesigner vermehrt als Problemlöser für bundesdeutsche Unternehmen zu positionieren, da sie damit ihre zunehmende Bedeutung bei wirtschaftlichen und kulturellen Fragestellungen rechtfertigen konnten.

Werke AG ausgelobt. Siehe Fohrbeck (1985), S. 575 und ZADP, Bestand Rosenthal, p.S. 9, Bericht zur Vorstandsitzung des Rats für Formgebung vom 01.05.1969, S. 4.

289 | Fohrbeck (1985), S. 596. Der Name erklärt sich dadurch, dass der Rat für Formgebung – dessen Präsident Rosenthal war – damals seinen Sitz im Alfred-Messel-Haus in Darmstadt auf der Mathildenhöhe hatte. Besonders viel Aufsehen erregte der Preis von 1984/85 mit dem Thema ‚Jugend formt', Unbekannt (1983h), (1984z), Frank (1983).

290 | Unbekannt (1967d). Siehe zusätzlich Fuchs (1968a).

Das erste Teilkapitel zeigt, mit welchen Prozessen die Industriedesigner nach dem Ende der wirtschaftlichen Boomphase zu Beginn der 1970er Jahren konfrontiert waren. Anhand von drei Teilbereichen wird dabei verdeutlicht, welche spezifischen Diskurse die Gestalter diesbezüglich führten und wie sich längerfristige Strukturveränderungen darin widerspiegelten. Die erste Ölpreiskrise 1973/74 ist dabei eines der Ereignisse, auf welches die Designer zu reagieren hatten. Die wirtschaftliche Rezession der westdeutschen Wirtschaft konfrontierte die Gestalter zugleich erstmals mit dem unbekannten Phänomen der Arbeitslosigkeit. Über den Begriff ‚Umweltgestaltung' wurde parallel dazu eine Abkehr von funktionalistischen Designauffassungen eingeleitet. Und eine sogenannte Ausbildungskrise führte zu verschiedenen Studienreformen, womit die Gestalter auf die neuen Entwicklungen zu reagieren versuchten.

Am Unternehmensbeispiel der Rosenthal AG wird deutlich, wie Design zu dem verbindenden Element eines Gesamtkonzerns erhoben wurde. Hervorzuheben war dabei der Versuch, die industrielle Formgebung sowohl für Investitionsgüter als auch für Konsumgüter gemeinsam zu entwickeln. Dabei zeigt sich, auf welche Weise die Rosenthal AG als sogenannte „Manufaktur des Wohnens" einen allumfassenden Ansatz von Design vertrat. Neben den historischen Veränderungen in dieser Firma steht dabei auch die Person Philip Rosenthal im Mittelpunkt. Denn als langjähriger Vorstandsvorsitzender zeichnete er sich bei der Rosenthal AG und vielen anderen Institutionen durch sein jahrzehntelanges Engagement für Gestaltungsfragen aus. Er war unter bundesdeutschen Politikern und Industriellen einer der bekanntesten Verfechter für eine Hinwendung zu mehr und qualitativ hochwertigem Design. Dies erklärt, wie Design bei der Rosenthal AG als zentrales Element einer Unternehmenskultur und der Werbung positioniert werden konnte.

5. Das Überwinden von Grenzen im Designjahrzehnt der 1980er Jahre

Die 1980er Jahre waren für die bundesdeutschen Industriedesigner eine Dekade, in der alte Grenzen fielen und neue Gestaltungsideen entworfen wurden. Das sogenannte Designjahrzehnt der 1980er Jahre war daher geprägt von sich auflösenden Denkstrukturen und zugleich neu entwickelten Designbetrachtungen.[1] Zentral hierbei war, dass Design laut dem heutigen Direktor des Vitra Design Museums Mateo Kries „immer mehr in die Rolle einer Leitkultur" hineinwuchs.[2] Dieses Phänomen wurde von den Zeitgenossen in Westeuropa und den USA bereits mit den 1980er Jahren direkt in Verbindung gebracht. Der Brite Guy Julier postuliert dementsprechend einen ‚Design Culture Turn', der in den 1980er und frühen 1990er Jahren stattfand.[3] Jüngere Forschungsdebatten in der Zeitgeschichtsforschung betonen ebenfalls stärker als früher, dass die 1980er und weniger die 1970er Jahre eine Phase des Wechsels darstellten.[4] Für eine bundesdeutsche Designgeschichte mit dem Fokus auf der Professionalisierung erscheint dies allemal plausibel, denn seit Beginn der 1980er Jahre wurden viele Strukturen im Industriedesign neu gefestigt und zugleich ältere Diskurse für beendet erklärt.

Hierbei waren die Auseinandersetzungen zwischen den Industriedesignern deutlich stärker von unvereinbaren Positionen geprägt, als dies in den Dekaden davor der Fall gewesen war. Der Begriff ‚Generationenkonflikt' als Bezeichnung dieser Debatte ist hierfür nur ein Beispiel. Rückblickend beschrieben etwa die damals aufstrebenden Produktgestalter Volker Albus und Christian Borngräber die 1980er Jahre als ein Jahrzehnt in dem „die Zeiten

1 | Aynsley (2009), S. 204f.

2 | Kries (2010), S. 60, Twemlow (2017), S. 195f.

3 | Julier (2014), S. 240.

4 | Siehe hierzu beispielsweise Kreis (2014), Raphael (2015).

des arroganten Desinteresses seitens der etablierten Designer [..] sich langsam ihrem Ende" näherten.[5] Dem konnte kritisch entgegengehalten werden, dass durch den Versuch, den Funktionalismus zu überwinden, viele theoretische Diskurse nicht mehr fortgeführt wurden.[6] Der indirekte Vorwurf der ‚geistigen Verarmung' des Industriedesigns in den 1980er Jahren wurde durch eine Betonung der zunehmenden Bedeutung von Ästhetik und Kommunikation für die industrielle Formgebung geäußert.[7] Glaubt man etwa dem britischen Designhistoriker John A. Walker, so wurde in den 1980er Jahren „das Designetikett auf dem Produkt [..] wichtiger als das Produkt selbst".[8] Als Phänomen einer Wissensgesellschaft findet daher eine Neugewichtung statt, das ‚wie' wird nämlich wichtiger als das ‚was'.[9] Für einen Teil der Industriedesigner bedeuteten Ansätze wie die Postmoderne eine Befreiung von etablierten Konventionen. Für andere wiederum verhießen die Entwicklungen in den 1980er Jahren ein Zurückfallen hinter Fragestellungen, die schon beispielsweise an der HfG Ulm gelöst worden seien. Unabhängig von solchen Positionen wurden, wie der Designhistoriker Jörg Stürzebecher überzeugend betont, in den 1980er Jahren Experimente im Bereich der Produktgestaltung ausgezeichnet, jedoch – wenn überhaupt – nur kurz produziert.[10] Für die überwiegende Mehrheit der Konsumenten war das sogenannte postmoderne Design kein Teil der täglichen Lebenswelt.

A. Enttäuschungen und neue Ansätze im Industriedesign der 1980er Jahre

Aus der Perspektive vieler Industriedesigner waren die 1980er Jahre eine Phase, in welcher der Begriff ‚Design' in den Alltag unzähliger Menschen Einzug hielt. Dies hieß vordergründig ein flächendeckender Erfolg der Professionalisierung für die Gestalter. Gleichzeitig wurde die Bedeutung von Design immer vielschichtiger. So bemühte sich etwa der Koordinierungsbeirat beim Rat für Formgebung im Jahr 1982 um eine präzise Sprachregelung. Hierfür stellten Herbert Ohl und Karl-Heinz Krug 40 Designdefinitionen zusammen, die das gesamte Spektrum abdecken sollten.[11] Dieser letztlich gescheiterte Versuch

5 | Albus und Borngräber (1992), S. 46.

6 | Schneider (2005), S. 259.

7 | Schildt und Siegfried (2009), S. 454.

8 | Walker (1992), S. 36.

9 | Szöllösi-Janze (2004b), S. 279f.

10 | Stürzebecher (2012), S. 27.

11 | WBA-B, Ordner ‚Rat für Formgebung', Protokoll zur Sitzung des Koordinierungsbeirats des Rats für Formgebung vom 11.03.1982, S. 4.

einer einheitlichen Begrifflichkeit kann sinnbildlich für die zunehmende Unübersichtlichkeit stehen, die spätestens seit Anfang der 1980er Jahre die Diskurse im Industriedesign prägten. Am Ende des Jahrzehnts fasste dies Siegfried Gronert zusammen, dass „eine gewisse Einigkeit über die Unübersichtlichkeit der gegenwärtigen Situation“ herrsche.[12] Um dennoch einen Zugriff auf diese Unbestimmtheit in den 1980er Jahren zu bekommen, werden im Folgenden vier zentrale Teilbereiche näher analysiert. Ziel ist es dabei, die entscheidenden Diskurse der Produktgestalter mit Bezug zur eigenen Professionalisierung während des vielzitierten ‚Designjahrzehnts‘ herauszuarbeiten. Somit wird das erste Teilkapitel die Krisenphänomene der verschiedenen bundesdeutschen Designinstitutionen näher beleuchten. Hierbei sind die strukturellen Veränderungen im Industriedesign von herausgehobener Stellung, da das Institutionengeflecht seit Mitte des Jahrzehnts einen grundlegenden Wandel durchlief. Daran anschließend werden die verschiedenen Positionen in den Debatten um eine ‚Postmoderne‘ im Design präsentiert. Dies verdeutlicht, welche zum Teil gegensätzlichen Auffassungen im Bereich der Produktgestaltung entwickelt wurden. Zugleich ermöglicht diese Herangehensweise eine Reflektion über Gestaltungsdiskurse und deren Einfluss auf das Warenangebot für Konsumenten. Im dritten Abschnitt wird diese Frage vor dem Hintergrund der aufkommenden computergestützten Gestaltung noch einmal aufgenommen. Denn zwischen den Diskursen über Computer-Aided-Design und den verwirklichten Produktpaletten herrschte in den 1980er Jahren eine erhebliche Diskrepanz, was zeitgenössisch öffentlich wenig reflektiert wurde. Ähnliches gilt für die lange Abwesenheit der Frauen im Industriedesign. Das letzte Teilkapitel zeigt abschließend anhand der aufkommenden Diskussionen um die Ausstellung „Frauen im Industriedesign“ 1989 im Design-Center-Stuttgart die Bedeutung des Geschlechts in der Produktgestaltung.

1. Krisenphänomene in den Designinstitutionen der 1980er Jahren

Das ‚Designjahrzehnt‘ der 1980er Jahre bedeutete für die bundesdeutschen Designer eine Phase der zunehmenden öffentlichen Aufmerksamkeit wegen ihrer Tätigkeit. Dies ging einher mit der Kürzung vieler öffentlicher Finanzmittel der westdeutschen Designinstitutionen in der ersten Hälfte der Dekade. Diese ausbleibenden Gelder bedrohten zeitweise die Existenz des Rats für Formgebung, des IDZ Berlin und des Hauses Industrieform. Gleichzeitig wurde mit dem Gestaltkreis im BDI eine zentrale Institution der Wirtschaft für die Finanzierung 1984 aufgelöst. Parallel dazu verlor der erst 1977 gegründete Deutsche Designertag massiv an Geltung und war nach 1984 für die Indus-

12 | Gronert (1987), S. 6.

triedesigner in der Bundesrepublik faktisch bedeutungslos. Diese Krisenphase der westdeutschen Designinstitutionen setzte sich ab 1987 nicht mehr fort. Besonders dem Rat für Formgebung gelang es durch eine Neustrukturierung und den Umzug von Darmstadt nach Frankfurt auf das Messegelände, diese Phase der Unsicherheit zu überwinden. Zeitgleich wurden Ende der 1980er Jahre in Westdeutschland erstmals seit der Gründung des IDZ Berlins 1969 mit den Designzentren in Nürnberg, Kiel und München mehrere Institutionen zur Förderung der Produktgestaltung neu errichtet.[13] Bezogen auf die Designinstitutionen kann die Dekade der 1980er Jahre somit aufgeteilt werden in eine Krisenphase, die abgelöst wurde von einer Zeit der Prosperität.

Im Gegensatz zu der ersten Ölpreiskrise von 1973/74 hatte die zweite Krise von 1979/80 für die Industriedesigner weitreichende Auswirkungen. Die Umsätze der westdeutschen Konzerne brachen ein und mit ihnen das Steueraufkommen, sodass die öffentliche Finanzierung vieler Institutionen erheblich gekürzt wurde. Dabei fielen die staatlichen Mittel im internationalen Vergleich schon vorher gering aus. So konstatierte Gisela Brackert noch 1989, „dass die Bundesrepublik hinsichtlich der staatlichen Designförderung weit hinter anderen Industrienationen zurücksteht, [..] zum festen Liedgut der Design-Szene" gehöre.[14] Gleichzeitig wurden Anfang des Jahrzehnts Fragen wie Energiesparen für die Produzenten und Konsumenten zunehmend wichtiger. So war es kein Zufall, dass sich der Bundespreis 1981 dem Thema „Energiesparen und Design" widmete.[15] Die Industriedesigner versuchten spätestens seit der zweiten Ölpreiskrise sowie im Kontext von Rationalisierungs- und Optimierungsdebatten, die industrielle Formgebung als ein zentrales Instrument für die Lösung neuer Aufgaben zu positionieren.[16] Solche Argumentationsstrategien waren keinesfalls neu, jedoch wurde die gesamtwirtschaftliche Krisensituation seit Beginn der 1980er Jahre in Westeuropa auch außerhalb der eigenen Fachkreise zunehmend rezipiert. Die finanziellen Kürzungen bei den öffentlichen Unterstützungen erschienen vor diesem Hintergrund vielen zeitgenössischen Gestaltern paradox, da für sie Design gerade in Krisenzeiten ein Hilfsmittel war.

13 | Schönberger (1996), S. 129.

14 | Brackert (1989a), S. 71.

15 | Grüner (1981), RfF (1981c), RfF (1981d), RfF (1981e). Siehe zusätzlich die Besprechungen Unbekannt (1981h) und Müller-Krauspe (1981b). Interessanterweise schrieb schon 1979 das Umweltbundesamt in Zusammenarbeit mit dem IDZ Berlin einen Wettbewerb für umweltfreundliche und rohstoffbewusste Produktgestaltung aus, der jedoch nur wenig wahrgenommen wurde, siehe Unbekannt (1980b), IDZ Berlin (1979). Für den Kontext siehe Umweltbundesamt (2014), S. 75f.

16 | Siehe für die hierzu relevante Energie- und Umweltpolitik in der BRD Gerber (2015), S. 278ff.

Ein Erklärungsmuster war die 1982 von Bundeskanzler Kohl ausgerufene „geistig-moralische Wende", die sich die neue konservativ-liberale Bundesregierung auf ihre Agenda gesetzt hatte.[17] Im Kontext dieser ‚Wende' sahen Zeitgenossen die finanziellen Kürzungen für die Designinstitutionen als ein Anzeichen dafür, dass die überwiegend konservativen Politiker der Bonner Regierung keinerlei Interesse mehr an der ‚modernen' Produktgestaltung hätten.[18] Durch eine solche Deutung wird aber übersehen, dass beispielsweise die Diskussionen im Haushaltsausschuss des Bundestags über ein stärkeres finanzielles Engagement der Wirtschaft beim Rat für Formgebung schon im Jahr 1981 einsetzten, also unter der SPD-geführten Regierung von Helmut Schmidt.[19] Das „Streichorchester", wie Kürzungen der Finanzmittel in den Bonner Ministerien lapidar hießen, hatte daher für die Industriedesigner schon früher angefangen zu spielen.

Mehr Privat statt Staat?

Diese zurückgehende Unterstützung für die bundesdeutschen Designinstitutionen seit dem Jahr 1981 lässt sich viel eher durch die Wirtschaftskrise und den damit ausgelösten Sparzwängen erklären. Als ein Lösungsansatz für die ausbleibenden Mittel wurde die Idee einer Privatisierung verfolgt. Denn die Mitglieder im Haushaltsausschuss des Bundestags forderten die westdeutsche Wirtschaft auf, bei dem Rat für Formgebung mehr Verantwortung in finanzieller Hinsicht zu übernehmen. Die Auslagerung ursprünglich staatlicher Aufgaben in die Privatwirtschaft galt dabei für die Zeitgenossen als neue akzeptierte Lösungsstrategie. Dies war zugleich häufig mit dem Ruf nach mehr und besseren Dienstleistungen verbunden, wodurch sich Politiker eine größere Legitimation solcher Maßnahmen in der Bevölkerung erhofften.

Für die Designinstitutionen gingen solche neuen Dienstleistungsangebote einher mit Kürzungen der Geldmittel seitens staatlicher Institutionen, was sich wiederum vor allem in finanziellen Einbußen und Anstrengungen zum Sparen widerspiegelte. Die bundesdeutschen Unternehmensführer waren wenig erfreut, finanzielle Lücken zu füllen, welche der Teilrückzug des Staates hinterließ. Durch die zweite Ölpreiskrise 1979/80 und die damit einhergehenden Umsatzrückgänge herrschte in den Chefetagen ebenfalls das Primat der Kosteneinsparungen. Zusätzliche Ausgabenposten wie beispielsweise für Design waren in dieser Situation nur schwer durchzusetzen. Zwar

17 | Siehe hierzu beispielsweise über die fehlenden Finanzmittel und Neustrukturierung des IDZ Berlin 1983 Fischer (1983a), (1983b).

18 | Siehe beispielsweise ZADP, Bestand Rosenthal, p.S. 38, Schreiben von Ernst-Jörg Kruttschnitt an Philip Rosenthal vom 15.10.1984 und vom 07.11.1984 sowie ebenso Schreiben von Philip Rosenthal an den Haushaltsausschuss des Deutschen Bundestages vom 05.11.1984.

19 | BA Koblenz, B102-336921, Schreiben von Ernst-Dieter Gätjen an Ernst-Jörg Kruttschnitt vom 16.03.1981.

versprachen die Politiker in Bonn und Berlin als Gegenleistung eine stärkere inhaltliche Beteiligung an den Arbeitsprogrammen im Rat für Formgebung beziehungsweise im IDZ Berlin. Ein solches Angebot erschien aber nicht vielversprechend, weil eine stärkere finanzielle Unterstützung ebenso eine größere Berücksichtigung politischer Vorgaben bedeutet hätte. Für das Selbstverständnis der Institutionen im Design hieß dies letztlich, dass nun statt einer gleichberechtigten Kultur- und Wirtschaftsförderung vielmehr Designdienstleistungen zur Hauptaufgabe wurden.

Mit dem 1965 gegründeten Gestaltkreis im BDI bestand eigentlich eine Einrichtung der Wirtschaft zur Förderung der Designinstitutionen.[20] Jedoch hatte auch der Gestaltkreis mit zurückgehenden Mitgliedsbeiträgen aus den Unternehmen zu kämpfen, sodass seine jährlich zur Verfügung stehenden Finanzmittel geringer wurden.[21] Unter dem Vorsitzenden, Konzernchef der Oetker-Gruppe Arend Oetker, und dem ehrenamtlichen Geschäftsführer, Direktor der Dresdener Bank Bernhard Freiherr von Löffelholz, entschied sich der Vorstand des Gestaltkreises daher ab 1982 dafür, statt jährlichen Haushaltszuschüssen nur noch Projektfinanzierungen zur Verfügung zu stellen.[22] Auf der Jahrestagung des Gestaltkreises 1982 in Amberg, zu Gast bei der Rosenthal AG, wurde darüber hinaus die Überführung des Gestaltkreises in den Kulturkreis des BDI beschlossen.[23] Der Kulturkreis sollte, wie es schon vor 1965 gängige Praxis gewesen war, nun wieder für die Förderung der Produktgestaltung in der Bundesrepublik zuständig sein. Als Nachfolger des Gestaltkreises wurde 1984 innerhalb des Kulturkreises ein Gremium für ›Industriekultur‹ gegründet, das aber in den folgenden Jahren bei der Förderung von Industriedesign wenig öffentlich in Erscheinung trat.[24] Mit dem Ende des Gestaltkreises kam somit das institutionelle Engagement der westdeutschen Wirtschaft für die Produktgestaltung teilweise zum Erliegen.

Besonders betroffen von diesen Entwicklungen waren der Rat für Formgebung und das IDZ Berlin, da diese hauptsächlich durch Bundes- und Lan-

---

20 | Siehe hierzu S. 49.

21 | ZADP, Bestand Rosenthal, p.S. 46, Bericht zur Sitzung des Koordinierungsbeirats des Rats für Formgebung vom 06.07.1981, S. 3. Besonders seit dem Tod von Gustav Stein 1979, der sich für den Gestaltkreis eingesetzt hatte, gab es geringere Finanzmittel aus der Wirtschaft, LA Berlin, B149-2269, Protokoll zur Vorstandssitzung des IDZ Berlin vom 15.04.1980, S. 5.

22 | BDI-Archiv Berlin, A 166, Jahresbericht des BDI-Gestaltkreises für 1982/83, S. 1 und RWWA Köln, 181-2544-1, Protokoll zur Vorstandssitzung des Rats für Formgebung vom 13.11.1980, S. 3.

23 | BDI-Archiv Berlin, A 166, Jahresbericht des BDI-Gestaltkreises für 1982/83, S. 1f und ZADP, Bestand Rosenthal, p.S. 47, Schreiben an Philip Rosenthal vom 02.05.1983. Siehe ebenso Unbekannt (1984x), Giachi (1983).

24 | ZADP, Bestand Rosenthal, p.S. 5, Rundschreiben an die Mitglieder des Gestaltkreises vom 22.11.1982 und Unbekannt (1986p), S. 266.

desmittel sowie den Gestaltkreis finanziert wurden. Um sich gegenseitig zu stützen, vereinbarten die Verantwortlichen beider Designinstitutionen 1981 eine engere Kooperation zwischen Darmstadt und West-Berlin.[25] Unabhängig von dem Versprechen, Doppelstrukturen auflösen und Synergieeffekte freisetzen zu wollen, verkündete der Berliner Senat für 1982 die Halbierung und für 1983 die vollständige Streichung der Mittel für das IDZ Berlin.[26] Somit wurde aus einer Kooperation zwischen dem Rat für Formgebung und dem IDZ Berlin eine Übernahme, da in Berlin die Aktivitäten nicht mehr finanziert werden konnten.[27] Wie schon Ende der 1960er Jahre dachten daher die Angehörigen des Rats darüber nach, den Sitz von Darmstadt nach West-Berlin zu verlegen. Die Beteiligten versprachen sich aufgrund dessen eine bessere Verfügbarkeit an Finanzmitteln, da sich nun der Bund und das Land Berlin gleichzeitig beteiligen konnten. Dieser Wunsch wurde auf Drängen des Bundeswirtschaftsministers Otto Graf Lambsdorff jedoch nicht ausgeführt.[28]

Stattdessen arbeiteten die Vorstände des Rats für Formgebung und des IDZ Berlin an einem Kooperationsmodell für die gemeinsame Zukunft.[29] Neben geänderten Stellenkonzepten besonders bei der Aufgabenverteilung zwischen den beiden fachlichen Leitern Herbert Ohl und François Burkhardt sollte eine Initiative „Mittelstandsförderung“ den beiden Designinstitutionen wieder positive Schlagzeilen verschaffen.[30] Unter dem Slogan „Konzentration der Designförderung“ einigte man sich darüber hinaus mit dem Haus Industrieform in Essen auf einen gemeinsamen Kooperationsverbund für ein abgestimmtes Veranstaltungsprogramm.[31] Dennoch kündigte sich auch beim Rat

25 | Unbekannt (1981a), RfF (1981a). Siehe hierfür ebenso das Konzeptpapier in RWWA Köln, 181-2179-2 und ZADP, Bestand Rosenthal, p.S. 47, Ergebnisprotokoll zum Kooperationsgespräch zwischen dem Rat für Formgebung und dem IDZ Berlin vom 20.05.1983.

26 | Für die zeitgenössische Debatte dazu siehe Unbekannt (1983i), (1983j), (1983k), Brock (1983b), Burkhardt (1983), Gronert (1985), Kapitzki (1983). LA Berlin, B149-2268, Schreiben der Senatsverwaltung für Wirtschaft an das IDZ Berlin vom 13.11.1981 und Unbekannt (1981i), Ditzen (1980), Franksen (1981). Es gelang für 1982 noch teilweise die Mittelkürzung zurückzunehmen, Unbekannt (1982g), (1982h), (1982i). Interessanterweise setzt Anfang der 1980er Jahre die Überlieferung von Presse-Photographien im Bestand F 290 des LA Berlin zum IDZ Berlin ein.

27 | ZADP, Bestand Rosenthal, p.S. 48, Aktennotiz zu einem Telefonat von Philip Rosenthal vom 27.10.1982. Siehe ebenso ZADP, Bestand Rosenthal, p.S. 22, Protokoll zur gemeinsamen Vorstandssitzung des Rats für Formgebung und des IDZ Berlin vom 18.01.1984, S. 2 und Kohl (1983).

28 | Unbekannt (1983f), (1983g), (1984ac), Gause (1983).

29 | ZADP, Bestand Rosenthal, p.S. 38, Bericht über die gemeinsame Sitzung der Vorstände des Rats für Formgebung und des Internationale Design-Zentrum Berlin vom 18.01.1984, S. 2.

30 | LA Berlin, B149-2195, Niederschrift zur Mitgliederversammlung des IDZ Berlin vom 09.11.1983, S. 2.

31 | Unbekannt (1984m), (1984v), (1984w), (1984ad), RfF (1984a), Trappschuh (1984b).

Abbildung 39: Bundesinnenminister Gerhart Rudolf Baum (2. von rechts) zu Besuch im IDZ Berlin am 5. Mai 1981. Von links: Rainer Schmidt (Präsident des BDG), François Burkhardt (Leiter des IDZ), Dr. Günter Braun (stellv. Vorsitzender des IDZ) und Gerhard Emig (Senatsdirektor). Photographiert von Filipp Israelson.

Quelle: Landesarchiv Berlin, F. Rep. 290-07-0234135.

für Formgebung „unter dem Diktat des Rotstifts eine Wende an", wie es die Journalistin Elke Trappschuh prophezeite.[32] Trotz der erfolgreichen Ausstellung des Rats in Ost-Berlin 1984 flossen die öffentlichen Finanzmittel zunehmend spärlicher.[33]

Einige Mitarbeiter verließen wegen der geplanten Veränderungen als Dienstleistungsunternehmen und finanzieller Schwierigkeiten den Rat für Formgebung und das IDZ Berlin. Besonders der Weggang beider fachlicher Leiter im Jahr 1984 hinterließ eine Lücke. Herbert Ohl wurde als Professor für Kraftfahrzeugdesign an die FH Pforzheim berufen,[34] während François Burkhardt die Leitung des Centre création industrielle am Centre Pompidou in

32 | Trappschuh (1983). Siehe zusätzlich RWWA Köln, 181-2175-2, Schreiben von Ernst-Jörg Kruttschnitt an Anonymus vom 12.09.1982. Für die Einschätzung der Situation ist das Rundschreiben von Philip Rosenthal aufschlussreich, BA Koblenz, B102-336934, Rundschreiben von Philip Rosenthal an die Vorstandmitglied des Rats für Formgebung vom 04.07.1983, S. 2f.

33 | Siehe hierzu S. 213ff.

34 | Unbekannt (1984c). Siehe zusätzlich Jablonski (1984).

Abbildung 40: Bundesinnenminister Gerhart Rudolf Baum (2. von rechts) zu Besuch im IDZ Berlin am 5. Mai 1981. Von links: Rainer Schmidt (Präsident des BDG), Dr. Günter Braun (Stellvertretender Vorsitzender des IDZ Berlin) und unbekannt. Photographiert von Filipp Israelson.

Quelle: Landesarchiv Berlin, F. Rep. 290-07-0234135.

Paris übernahm.[35] Daher dachten im Sommer 1984 die Vorstände der Designinstitutionen in Darmstadt, Berlin und Essen kurzzeitig darüber nach, ob ihre Häuser von einem einzelnen Geschäftsführer geleitet werden könnten.[36] Mit dem damaligen Leiter des Hauses Industrieform Ulrich Kern fand sich hierfür ein aussichtsreicher Kandidat. Dieser war schon zwischen 1980 und 1982 als stellvertretender Leiter des Rats für Formgebung in Darmstadt tätig gewesen. Jedoch verwarfen alle Beteiligten die Idee eines einzelnen Geschäftsführers für drei Institutionen rasch wieder, denn das Arbeitspensum für drei Häuser war schlicht zu hoch.[37] Im Zuge dessen leitete Ulrich Kern ab 1984 den Rat für Formgebung in Darmstadt und das Haus Industrieform in Essen gemeinsam.

35 | Unbekannt (1984a), (1984g), (1984p). Siehe hierzu auch Lemonier (2013), S. 87ff sowie generell Laurent (2016).

36 | LA Berlin, B149-2195, Protokoll zur Vorstandssitzung des IDZ Berlin vom 27.06.1984, S. 1.

37 | ZADP, Bestand Rosenthal, p.S. 15, Protokoll zur gemeinsamen Sitzung der Vorstände des Rats für Formgebung und des IDZ Berlin vom 01.10.1984, S. 2.

Zugleich wurde die IDZ-Mitarbeiterin Angela Schönberger[38] mit der Leitung des Berliner Instituts beauftragt.[39]

In den Folgejahren erreichten es der IDZ-Vorstand, Schönberger und die Mitarbeiter, dass die geringe Finanzierung des IDZ Berlin durch öffentliche und private Mittel gewährleistet blieb. Währenddessen gelang dies beim Rat für Formgebung dem Präsidenten Philip Rosenthal und dem ehrenamtlichen Geschäftsführer Ernst-Jörg Kruttschnitt kaum. Trotz vielfacher Gespräche mit dem Bundeswirtschaftsministerium und Vertretern aller Parteien im Bundestag fand sich keine Mehrheit, um die Haushaltsposition des Rats im Bundeshalt stabilisieren oder steigern zu können. Ein Treffen zwischen Rosenthal und dem Bundeswirtschaftsminister Martin Bangemann Ende 1984 blieb im Ergebnis offen.[40] Nach einem Antrag von Heide Simonis (SPD) und Michael Glos (CSU) wurde 1985 mit den Stimmen aller Parteien eine qualifizierte Sperrung der Haushaltsposition verhängt.[41] In der Konsequenz kündigten beinahe alle Mitarbeiter; das Erscheinen des ‚design reports' wurde eingestellt, und dem Rat für Formgebung drohte die endgültige Auflösung.[42]

Re-Organisation des Rats

Im Jahr 1986 nahm die öffentliche Resonanz auf die Krise des Rats für Formgebung zu.[43] Gleichzeitig bemühte sich Philip Rosenthal weiterhin um finanzielle Unterstützungen aus dem Bundeshaushalt. Ebenso setzten sich nun Wirtschaftsminister Bangemann und seine Beamten für eine Designförderung durch Staat und Wirtschaft ein.[44] Im Vergleich zu den Finanzierungsvorschlägen zwischen 1982 und 1984 zeigte sich hierbei schon, dass in Bonn in Bezug auf den Rat für Formgebung plötzlich ein Umdenken eingesetzt hatte. Obwohl retrospektiv unterstellt wurde, dass die konservativ-liberale Bundesregierung wegen Rosenthals SPD-Zugehörigkeit die Finanzkürzungen durchgesetzt hatte, unterstützten Helmut Kohl und später Arbeitsminister Norbert

38 | Angela Schönberger leitete von 1985 bis 2001 das IDZ Berlin und von 2001 bis 2010 das Kunstgewerbemuseum Berlin. Sannwald (1987), S. 92, Schönberger (1990).

39 | Unbekannt (1985f), (1985l), Teut (1985).

40 | Unbekannt (1984q), (1984r), (1985r). Siehe hierfür auch BA Koblenz, B102-38969, internes Schreiben im BMWi vom 16.10.1984, S. 5.

41 | Haushaltsausschuss (1985), S. 3. Siehe hierzu auch RWWA Köln, 181-2544-2, Schreiben von Ernst-Jörg Kruttschnitt an verschiedene Bundestagsabgeordnete vom 10.12.1985.

42 | ZADP, Bestand Rosenthal, p.S. 49, Schreiben an die Abonnenten des ‚design reports' vom 03.07.1985.

43 | Unbekannt (1986c), (1986e), (1986i), (1986o), (1986s), (1986w), (1986x), (1986z), (1986ac), (1986ae), Böhm (1986), Giachi (1986b), Lösel (1986).

44 | Unbekannt (1985e), BMWi (1985).

Abbildung 41: Michael Erlhoff, 1988, photographiert von Ursula Wenzel.

Quelle: Historisches Photoarchiv Rat für Formgebung.

Blüm sowie Finanzminister Gerhard Stoltenberg den Rat für Formgebung.[45] Wieso die Ansichten auf den Rat derart rasch gewechselt hatten, ist jedoch unklar. Letztlich waren damit keinerlei finanzielle Zusagen verbunden, aber es gelang Rosenthal und Kruttschnitt, die finanzielle Zukunft des Rats für Formgebung zu retten.

Eine Voraussetzung für die Neustrukturierung des Rats für Formgebung war der Wegzug aus Darmstadt. Ab Ende 1985 bemühten sich besonders Philip Rosenthal und Ernst-Jörg Kruttschnitt um zusätzliche Finanzeinnahmen.[46] In diesem Zusammenhang versuchten sie erfolglos, die wenigen Mittel zu erhöhen, mit denen die Stadt Darmstadt ihn förderte. Daher zog der Vorstand einen Umzug in eine bundesdeutsche Großstadt in Betracht, um dort von den Stadtkämmerern eine größere finanzielle Unterstützung zu bekommen. In die engere Auswahl kamen die drei Großstädte Frankfurt am Main, Köln und West-Berlin.[47] Im Sommer 1986 beschloss der Vorstand, dass der Rat für

45 | StdA Darmstadt, ST24-1250, Schreiben von Helmut Kohl an Philip Rosenthal vom 15.04.1986, Unbekannt (1986e) und RWWA Köln, 181-2535-3, Schreiben von Philip Rosenthal an die Vorstandsmitglieder des Rats für Formgebung vom 05.07.1986.

46 | BA Koblenz, B102-304456, Gesprächsnotiz vom 15.11.1985, S. 1.

47 | Für die neue Standortsuche sind besonders die Unterlagen in StdA Darmstadt, ST24-1250 interessant.

Formgebung nur knapp 50 km entfernt von Darmstadt in die hessische Metropole ziehen sollte.[48] Hierfür war nicht nur die Zahlung der Stadt Frankfurt verantwortlich, denn Horstmar Stauber, der Geschäftsführer der Messe Frankfurt, machte sich für einen Umzug stark. Wegen dieser Verbindung konnte der Rat seine neuen Räumlichkeiten auf dem örtlichen Messegelände beziehen.[49] Neben finanziellen Zuschüssen durch die Messe bot ein solches Umfeld vor allem eine bessere Vernetzungsmöglichkeit mit der nationalen und internationalen Wirtschaft.

Mit Michael Erlhoff[50] kam 1987 ein neuer fachlicher Leiter zum Rat für Formgebung.[51] Das eigene Publikationsorgan ‚design report' wurde nach einigen Unterbrechungen wieder herausgegeben.[52] Der

Abbildung 42: Michael Erlhoff mit einer Ausgabe des design reports, 1988, photographiert von Ursula Wenzel.

Quelle: Historisches Photoarchiv Rat für Formgebung.

48 | ZADP, Bestand Rosenthal, p.S. 15, Protokoll zur Vorstandssitzung des IDZ Berlin vom 19.09.1986, S. 1f und Unbekannt (1986d), (1986y), (1986aa), (1986ab), (1987m), Böhm (1986), Lösel (1986), RfF (1986), Schmitz (1986). Schon 1983 warben die Verantwortlichen in Hessen für einen solchen Umzug, siehe ZADP, Bestand Rosenthal, p.S. 47, Schreiben des hessischen Ministerpräsidenten Holger Börner an Otto Graf Lambsdorff vom 20.04.1983. Es scheint dabei eher ein Zufall gewesen zu sein, dass das DWB-Generalsekretariat schon 1986 von Darmstadt nach Frankfurt zog. Siehe hierzu RWWA Köln, 181-2534-1, Schreiben des Deutschen Werkbunds an Ernst-Jörg Kruttschnitt vom 23.09.1986 und Stock (1986).

49 | RWWA Köln, 181-2535-3, Protokoll zur Vorstandssitzung des Rats für Formgebung vom 19.02.1987, S. 1ff. Laut Aussage des historischen Archivs der Messe Frankfurt befinden sich dort keinerlei Akten mehr zu diesem Umzug. Ebenso wenig besitzt das StdA Frankfurt Quellen zu diesem Vorgang.

50 | Michael Erlhoff kuratierte 1987 die Design-Sektion der documenta VIII. Von 1987 bis 1990 leitete Erlhoff als Geschäftsführer und Fachlicher Leiter den Rat für Formgebung. 1991 gründete er in Köln die International School of Design, wo er bis 2012 als Professor für Designgeschichte und -theorie arbeitete. Sannwald (1987), S. 90f, Whelan (2016).

51 | Unbekannt (1987f), (1987l), RfF (1988), S. 7 und BA Koblenz, B102-435250, Schreiben von Jörg Bieberstein vom 15.04.1987.

52 | Siehe hierzu besonders den ersten Beitrag von Erlhoff zur Positionsbestimmung des Rats, Erlhoff (1987b).

Bibliothekarin Helge Aszmoneit gelang es parallel dazu, die wichtigste westdeutsche Design-Bibliothek wieder für Besucher zu öffnen.[53] Diese Neustrukturierung erschien vielen Zeitgenossen positiv, da sie eine Rückkehr zu Design-Sachfragen vermittelte und nicht mehr von einem Kampf um das finanzielle Überleben zeugte. Zugleich wurde diese Reorganisation des Rats beispielsweise vom VDID-Präsidium kritisch, aber konstruktiv begleitet.[54] Mitten in dieser positiven Entwicklung platzte der Rücktritt von Philip Rosenthal als Präsident und Ernst-Jörg Kruttschnitt als ehrenamtlicher Geschäftsführer des Rats.[55] Beide traten am 15. Juni 1987 aus Protest gegen die „bürokratischen Hemmnisse und haushaltspolitischen Blockierungen" seitens des Bundesministeriums für Wirtschaft zurück. Gleichzeitig wehrten sich beide gegen den Versuch zuständiger Beamter, den Sozialdemokraten Rosenthal aus dem Amt zu drängen.

Hinter den Kulissen hatte sich eine solche Auseinandersetzung schon seit längerem angekündigt. Nach dem Ausscheiden von Ministerialdirigent Joachim Böttger, der spätestens seit 1971 für den Rat im Bundeswirtschaftsministerium zuständig gewesen war, spitzte sich die Gesamtsituation im Jahr 1985 zu.[56] Als Nachfolger von Rosenthal wurde der bekannte Designer Dieter Rams zum Präsidenten des Rats für Formgebung gewählt. Auf eigenen Wunsch stellte er sich zunächst nur als Interims-Lösung zur Verfügung, übernahm diese Verantwortung dann aber bis 1997.[57] Mit dem für seine Produktgestaltung bei der Braun AG weltweit bekannt gewordene Rams wurde erstmals ein praktizierender Designer RfF-Präsident. Unter der Leitung von Michael Erlhoff und der Präsidentschaft von Rams gelang es daher ab 1987, den Rat für Formgebung neu auszurichten.

Neue Personen im VDID

Zeitgleich zum Neubeginn des Rats in Frankfurt vollzog sich auch beim zentralen Berufsverband für die Industriedesigner VDID eine Umbruchsphase. Nachdem Karl-Heinz Krug – der von 1974 bis 1986 im VDID-Präsidium saß und dieses von 1982 bis 1986 auch leitete – nicht mehr kandidierte, bestimm-

53 | Unbekannt (1989d), Aszmoneit (1987a), (1987b), (1988). Siehe zusätzlich Schmitt (2004).

54 | Siehe hierzu beispielsweise Lengyel (1987), Sudrow (1987) und RWWA Köln, 181-2535-3, Telefax von Stefan Lengyel an Philip Rosenthal vom 11.02.1987.

55 | StdA Darmstadt, ST24-1250 oder RWWA Köln, 181-2535-3. Schreiben von Philip Rosenthal und Ernst-Jörg Kruttschnitt an Martin Bangemann vom 15.06.1987 und Unbekannt (1987e), (1987f), (1987l).

56 | PA Lindinger, p.S. 2, Schreiben von Philip Rosenthal an Herbert Hirche, Stefan Lengyel, Herbert Lindinger, Herbert Ohl und Dieter Rams vom 27.02.1987. Siehe ebenso RWWA Köln, 181-2543-3, Schreiben von Ernst-Jörg Kruttschnitt an Philip Rosenthal vom 20.08.1987.

57 | StdA Darmstadt, ST24-1250, Protokoll zur Vorstandssitzung des Rats für Formgebung vom 16.07.1987, S. 2f.

ten Auseinandersetzungen um die zukünftige Ausrichtung des Verbands den VDID. Sein Nachfolger, der Essener Hochschullehrer Stefan Lengyel, dessen Stellvertreter Otto Sudrow und sechs weitere Männer bildeten 1986 das neue Präsidium.[58] Bei der Präsidiumswahl setzte sich Lengyel besonders für eine Verbandsreform des VDID ein, bei der speziell die Regionalgruppen eine größere Bedeutung innerhalb des Berufsverbands erhalten sollten.[59] Über die Frage der Selbstständigkeit der lokalen VDID-Gruppen entbrannten dabei heftige Diskussionen.[60] Die Präsidiumswahl vom November 1988 in West-Berlin geriet zu einem Misserfolg, da nach mehrstündigen Diskussionen nur die Position des Vize-Präsidenten mit Otto Sudrow und eines Beisitzers, Gille Thévenot, besetzt waren.[61] Aus diesem Grund kamen die VDID-Mitglieder im Februar 1989 in Frankfurt erneut zusammen, um dort mit Lengyel und seinen Mitbewerbern das neue beziehungsweise alte Präsidium wieder zu wählen.[62]

Da der VDID zum Ende des Jahrzehnts mit einer angedachten Verbandsreform und internen Auseinandersetzungen beschäftigt war, kündigte das Präsidium 1989 die kostenintensive Mitgliedschaft im sogenannten Design-Dachverband.[63] Dies fiel deshalb relativ leicht, da der Deutsche Designertag seit 1984 quasi kaum noch in Erscheinung getreten war. Der erste Designertag im Jahr 1977 in Karlsruhe war für viele Beteiligte ein neues Format gewesen, da dort zum ersten Mal Industriedesigner, Graphik-Designer und Photographen über gemeinsame Themen diskutieren konnten.[64] Aber schon auf den nachfolgenden Treffen 1980 und 1984 war das Interesse deutlich zurückgegangen.[65] Der VDID begründete seinen Austritt daher mit der mangelnden Attraktivität des Dachverbands und dringenden Strukturreformen, welche der Designertag vornehmen müsse. Dass andere Designverbände wie der BDG und AGD ähn-

58 | Unbekannt (1987j). Siehe für die Berichte zur Mitgliederversammlung AdDSS, Akte BU 01957. Neben Lengyel und Sudrow waren ebenso Frank Sander, Erhard Schroer, Ulrich Kern, Christoph Kuri, Olaf Hoffmann und Jochen Gros Teil des VDID-Präsidiums.

59 | AdDSS, Akte BU 01957, Geschäftsbericht des VDID-Präsidiums für die Zeit Herbst 1986 bis Herbst 1988 von Stefan Lengyel und Ulrich Kern, S. 2.

60 | AdDSS, Akte BU 01957, Protokoll zur VDID-Mitgliederversammlung vom 12.11.1988, S. 2 und ebenso Seehaus (1988b), Wolf (1989b)

61 | Gauß et al. (1988). Siehe ebenso Lindinger (1988), Sudrow (1988d).

62 | AdDSS, Akte BU 01957, Protokoll zur VDID-Mitgliederversammlung vom 25.02.1989, S. 9. Siehe ebenso Lengyel (1989a), (1989b), Sudrow (1989), Wolf (1989a). Siehe zusätzlich das Interview mit Stefan Lengyel Donay (1988b).

63 | Unbekannt (1989a), (1990b), (1990j).

64 | Siehe S. 160.

65 | Für das Treffen 1980 erneut in Karlsruhe siehe Unbekannt (1980a), (1980e), (1980g), (1980x), (1980aa), DT und LGA BaWü (1980), Hackenberg (1980), Halder (1981), Staats (1980a), (1980b), (1980c). Und für die Zusammenkunft in West-Berlin 1984 siehe Unbekannt (1982a), (1982f), (1982l), (1983e), (1983l), Stigulinszky (1984) sowie die Tagungsunterlagen in BA Koblenz, B102-336921.

liche Stellungnahmen abgaben, sah das VDID-Präsidium als Bestätigung für seine Position.[66] Die Trennung zwischen VDID und Designertag spiegelte die zunehmende Bedeutungslosigkeit des Dachverbands für die Industriedesigner in den 1980er Jahren wider.[67]

Die Dekade der 1980er Jahre lässt sich insgesamt eher als eine Phase der Restrukturierung während der Professionalisierung des Industriedesigns fassen. Besonders für die Designinstitutionen bedeutete dies, Finanzmängel zu organisieren und Kompetenzen abbauen zu müssen. Die Darstellung eines krisenhaften Jahrzehnts ist in Bezug auf Institutionen nur eine Seite der Medaille. Auf der anderen Seite wurden ab Ende der 1980er Jahre etliche neue Designzentren in Westdeutschland gegründet. Die IHK zu Nürnberg, mehr als 40 Unternehmen sowie die bayerische Staatsregierung konstituierten im Jahr 1987 das Design-Zentrum Bayern mit heutigem Sitz in Nürnberg.[68] Mit dem Design-Zentrum Hessen in Darmstadt gelang es beispielsweise ab 1989, den Weggang des Rats für Formgebung und des DWB-Generalsekretariats zu kompensieren.[69] Im gleichen Jahr wurde das Design Center Nord als Institut für Formgebung in Kiel gegründet.[70] Das Designzentrum München, für das es schon Ende der 1960er Jahre von Seiten Philip Rosenthals Gründungsabsichten gegeben hatte, wurde ebenfalls 1989 in der bayerischen Landeshauptstadt errichtet.[71] Nach der deutsch-deutschen Wiedervereinigung folgten weitere Designzentren in den neuen Bundesländern, aber auch in Rheinland-Pfalz oder Bremen. Um das Jahr 1990 herum änderten sich daher die Anzahl und damit die Vernetzung der Designinstitutionen in der Bundesrepublik. Das Ende der DDR erweiterte diesen Prozess lediglich auf Ostdeutschland.

2. Debatten über die Postmoderne im Industriedesign

In der zweiten Hälfte der 1970er Jahre kam der Begriff ‚Postmoderne' mit Charles Jencks in der Architekturtheorie auf.[72] Mit dem Design-Forum Linz 1980 wurde dieser Terminus erstmals in einem größeren Rahmen auf Indust-

66 | Archiv des VDID, Loseblattsammlung, Schreiben von Stefan Lengyel an Gilles Thévenot vom 03.01.1990.

67 | Siehe etwa Stigulinszky (1985).

68 | Unbekannt (1982e), Jaumann (1987) und Unbekannt (1986g), (1986aj), (1987d).

69 | Unbekannt (1986h), Design Zentrum Hessen (1989), Gause (1988).

70 | AdsD, Akte 1/RJAD000012, Schreiben der Design-Initiative Norddeutschland an das Kulturdezernat der Stadt Kiel vom 14.09.1988. Siehe ebenso Schönberger (1996), S. 129.

71 | Schönberger (1996), S. 129. Für den schon vergleichsweise weit vorangeschrittenen Gründungsversuch Ende der 1960er Jahre siehe ZADP, Bestand Rosenthal, p.S. 1, Aktennotiz von Philip Rosenthal vom 06.06.1967, BA Koblenz, B102-207797 und Unbekannt (1967h).

72 | Jencks wegweisendes Buch erschien 1978 in deutscher Sprache, Jencks (1978). Für eine immer noch überzeugende Einordnung von Jencks und später Lyotards Gedanken siehe Kumar

riedesign angewandt.[73] Danach waren Debatten über eine postmoderne Formgebung das bestimmende Narrativ für die Professionalisierungsbemühungen der Produktgestalter in den 1980er Jahren. Ähnlich wie in der Architektur, Literatur oder in der Diskussion über den Wertewandel ging damit keine einheitliche Begriffsbestimmung einher.[74] Durch das Präfix ‚post-' sollte die Abgrenzung zur Moderne betont werden; welche Konzepte die Beteiligten darunter jedoch verstanden, konnte variieren. All diesen Perspektiven gemein war, dass über die Postmoderne funktionalistische Gestaltungsauffassungen in Frage gestellt wurden. Anhand dieses Debattenverlaufs zeigt das folgende Teilkapitel, wie es unter dem Stichwort ‚Postmoderne' seit Anfang der 1980er Jahre zu einem Transformationsprozess im bundesdeutschen Industriedesign kam.

Für den Begriff ‚Moderne' existieren verkürzt dargestellt zwei parallele Erklärungskonzepte. Erstens versteht die historische Forschung die ‚Moderne' als einen wissenschaftlich-technologischen Prozess seit dem 18. Jahrhundert, der mit vielfältigen industriellen Umwälzungen und sozialen Errungenschaften einherging. Zweitens wird Moderne auch als ein ästhetisches Konzept betrachtet, das besonders aus kunsthistorischer Perspektive für verschiedene Phasen des 20. Jahrhunderts stehen kann.[75] Diese Ambivalenz des Terminus ‚Moderne' überträgt sich ebenso auf die Konzepte einer Postmoderne. Wie der britisch-indische Soziologe Krishan Kumar betont, ist Postmoderne ein sogenanntes Kontrastkonzept zu Moderne und kann daher kaum aus sich selbst heraus erklärt werden.[76] Bei Debatten über postmoderne Gestaltung verschwimmen die beiden Bedeutungsebenen, sodass sowohl ästhetische als auch wissenschaftlich-technologische Entwicklungen von den Industriedesignern parallel in Betracht gezogen wurden. Diese zwei argumentativen Teilbereiche steigerten die diagnostizierte Ungewissheit abermals. Beide Diskurslinien lassen sich am Beispiel der Produktgestalter miteinander verknüpfen und analysieren. Aufgrund solcher ‚Desorganisationen' hat der Historiker Martin H. Geyer angeregt, sich der Postmoderne weniger über Definitions-

(1995), S. 104ff. Für eine designhistorische Einordnung der ‚Postmoderne'-Debatten siehe etwa Adamson und Pavitt (2011), Fallan (2004), Moszkowicz (2013), Spitz (2008).

73 | Im Vergleich zum Industriedesign scheinen Debatten über postmoderne Gestaltungskonzepte im Graphik-Design schon deutlich früher eingesetzt zu haben. Siehe hierzu besonders Moszkowicz (2013).

74 | Siehe hierzu etwa Beck et al. (2001), S. 17ff. Siehe zu den unterschiedlichen Einschätzungen der verschiedenen Konzepte von ‚Modern' beispielsweise Aynsley (2009), S. 188f, Fallan (2004), Geyer (2010a), S. 667, Jarausch (2015), S. 606ff, Judt (2012), S. 541, Rödder (2009), S. 181f. Zum sogenannten Wertewandel siehe S. 124.

75 | Fallan (2004), S. 83, Kumar (1995), S. 113. Siehe ebenso Muthesius (2012), S. 615.

76 | Kumar (1995), S. 66ff.

Abbildung 43: Diskussion zu geisteswissenschaftlichen Aspekten in der Designerausbildung, eine Veranstaltung des Rats für Formgebung 1988. Julius Lengert (links) und Michael Erlhoff (rechts), photographiert von Ursula Wenzel.

Quelle: Historisches Photoarchiv Rat für Formgebung.

versuche zu nähern, sondern vielmehr den festen Kern der Autoren und ihrer Ideen zu identifizieren.[77]

Bezogen auf das Industriedesign lässt sich somit feststellen, dass die Debatten um postmoderne Gestaltung besonders von Abgrenzungen dominiert wurden. Denn an dem Begriff ‚Postmoderne' entzündete sich rasch ein Konflikt um die Deutungshoheit von Designprozessen. Für Westdeutschland war hierbei die Abkehr von funktionalistisch-geprägten Gestaltungskonzepten das zentrale Element. Die Designideen, wie sie etwa an der HfG Ulm vertreten worden waren, hatten zwar schon immer Widerspruch erfahren. Neu seit Anfang der 1980er Jahre war aber die Ablehnung des Funktionalismus Ulmer Herkunft in qualitativer wie quantitativer Hinsicht. Gleichzeitig wurde von den Zeitgenossen der Aspekt eines Generationenkonflikts betont, da sich die Beteiligten des ‚Neuen Deutschen Designs' als junge Wilde inszenierten, die sich von funktionalistischen Gestaltungsdogmen abgrenzen und neue Wege der Professionalisierung begehen wollten.[78]

77 | Geyer (2010a), S. 667.
78 | Aynsley (2009), S. 17.

100 Tage in Linz

Als postmodern bezeichnete Gestaltungsideen kamen mit dem Jahr 1980 in der Bundesrepublik auf und waren keineswegs auf den Industriedesigner-Nachwuchs beschränkt. Die staatliche Bundespost erkundigte sich beispielsweise bei ihren Kunden, ob sie das Standardtelephon nicht auch in Pink oder Lila statt nur in Beige, Grün und Dunkelrot besitzen mochten. Dies war für die Zeitgenossen eine erstaunlich Entwicklung in Richtung Pluralität bei der Formgebung.[79] Zentrales Ereignis für das plötzliche Erscheinen postmoderner Produktgestaltung war das Design-Forum Linz, das vom 28. Juni bis 5. Oktober 1980 in der oberösterreichischen Landeshauptstadt abgehalten wurde. Unter dem von Lucius Burckhardt entwickelten Leitthema „Design ist unsichtbar" versammelten sich für 100 Tage – ähnlich wie auf der documenta in Kassel – Designer, Theoretiker, Journalisten und Interessierte in Linz.[80] Parallel dazu wurden auf der ersten Architekturbiennale in Venedig vielfältige Kontroversen über postmoderne Gestaltungsansätze geführt.[81] Das Jahr 1980 wurde daher zu einem zentralen Datum für postmoderne Debatten im ästhetischen Bereich in Westeuropa.

Über das Design-Forum wurde auch außerhalb der Fachöffentlichkeit in westdeutschen sowie -europäischen Zeitschriften und Zeitungen berichtet.[82] Besonders Gisela Brackerts zweiteiliger Bericht in der ‚form' avancierte zu einem zentralen Referenzpunkt.[83] Darin resümierte sie, dass „die Zukunft dem postmodernen Design [gehöre]. Der Funktionalismus als Monokultur ist tot".[84] Brackert brachte damit prägnant die Stimmung unter den Designern in Linz zum Ausdruck, denn es ging um die Abkehr von etablierten Gestaltungskonzepten, wie sie beispielsweise auf dem Oberen Kuhberg gelehrt wurden. Aus diesem Grund war es wenig verwunderlich, dass ehemalige ‚Ulmer' in Linz nicht präsent waren.[85] Vielmehr reisten aus der Bundesrepublik etwa Linde

79 | Unbekannt (1980n).

80 | Siehe hierzu den vielbeachteten Beitrag von Lucius Burckhardt zum Design-Forum Linz, Burckhardt (1981), der häufig missverstanden wurde, Grasskamp (2002), S. 9. Für andere relevante Katalogbeiträge siehe beispielsweise Bell (1981), Burckhardt (1981), Burkhardt (1981), Rams (1981).

81 | Aynsley (2009), S. 202. Siehe auch Szacka (2017).

82 | Unbekannt (1980d), (1980i), (1980m), Burkhardt (1980), Hofer (1980), Klöcker (1980), Kusak (1980), Rucker-Co (1980), Ullmann (1980). Siehe für eine spätere Berichterstattung Bechtloff (1983), Brock (1983a), Hareiter (1983). Im Jahr 2009 kam es zu einer Retrospektive zum Design-Forum Linz, siehe hierzu Bürdek (2009) und ergänzend Unbekannt (2009a).

83 | Brackert (1980a), (1980b) und Brackert (1981). Siehe ebenso RWWA Köln, 181-2168-3, Protokoll zur Sitzung des Arbeitskreis Produktform des DIHT vom 31.10.1980, S. 6ff und beispielsweise Schrickers Antwort auf Brackert, Schricker (1980a).

84 | Brackert (1980a), S. 37.

85 | Siehe hierzu beispielsweise Müller-Krauspe (1980a).

und François Burkhardt, Jochen Gros, Bazon Brock oder Edwin A. Schricker und die Siemens-Designabteilung nach Österreich. Die Siemens AG repräsentierte dabei mit ihrem Stand auf dem Design-Forum Linz inoffiziell das westdeutsche Industriedesign, da sie als einziges namhaftes Unternehmen aus der Bundesrepublik anwesend war.[86] Die Mitarbeiter der Siemens AG zeigten dort ihre Arbeiten anhand einer konzerneigenen Corporate Identity.[87] Edwin A. Schricker zog intern eine kritische Bilanz zum Design-Forum Linz. Nach seiner Ansicht führte ein zu weit gefasster Design-Begriff zu einem entgrenzten Diskurs über Gestaltung und Professionalisierung, denn in Linz ging es um „alle gestalterische Äußerungen, Architektur und Städtebau", obwohl die dortigen Forumsgespräch nur Designthemen behandelten. Somit konnte das Forum zwar Orientierungspunkte für das neue Jahrzehnt liefern, aber die verschiedenen Gestaltungsrichtungen des Designs wurden dabei nicht bestimmt.[88]

In den folgenden Jahren nach Linz wurde besonders das Verhältnis zwischen Designern und Künstlern wieder hinterfragt. In Abgrenzung zu funktionalistischen Gestaltungsauffassungen orientierten sich die Verfechter eines postmodernen Designs wieder vermehrt an Künstlern. Petra Eisele hat diesen Umstand als eine „Protestwelle wider den Funktionalismus" bezeichnet.[89] Gleichzeitig betont sie, dass sich eine solche Ablehnung funktionalistischer Designideen schon in den 1960er Jahren manifestiert hatte. Der Wandel in den 1980er Jahren war daher inhaltlich keineswegs unbekannt, für die Zeitgenossen neu war jedoch das Ausmaß, indem nun der Funktionalismus kritisiert wurde. Beispielsweise war Luigi Colani für viele bundesdeutsche Designer mit seinen markanten Entwürfen lange die Inkarnation von allem, was sie ablehnten. Zusammen mit seinen Mitarbeitern versuchte er in seinem Designbüro Produkte zu entwerfen, welche den „spielerischen Bedürfnissen [des Menschen] nach Ornamentik, nach Weichheit, nach Spiel, nach Farbe" gerecht werden konnten.[90] Anfang der 1970er Jahre verstieß er mit solchen Gestaltungsauffassungen gegen einen quasi-normativen Funktionalismus im Design, da er gegenüber rational-sachlicher Formgebung eine bedürfnisge-

86 | Siemens Historical Institute, Akte 20679, Protokoll zur Abteilungsleiter-Besprechung der ZVW vom 19.12.1979, S. 1 und ibid., Akte 20677, Jahresbericht der ZVW 7 für 1979/80, S. 5. Siehe für die Siemens-eigenen Berichte beispielsweise Rau (1980), Schwarzer (1980), Siemens AG (1981), Zängler (1980).

87 | Siemens Historical Institute, Akte 20679, Protokoll zur Abteilungsleiter-Besprechung der ZVW vom 04.04.1980, S. 3.

88 | Siemens Historical Institute, Akte 20679, Protokoll zur Abteilungsleiter-Besprechung der ZVW vom 10.11.1980, S. 4.

89 | Eisele (2005), S. 11.

90 | Krug (1972a), S. 6f.

rechte Produktgestaltung betonte.[91] In den 1980er Jahren konnte Colani damit jedoch nur noch Wenige provozieren.

Neue Gestaltungsidee

Ging man als Designer von einem solchen Standpunkt aus, dann verhießen funktionalistische Gestaltungsideen – in Anlehnung an Louis Sullivans berühmte Aussage – eher ,form follows fiasco'.[92] Für die Beteiligten wie etwa Volker Albus und Christian Borngräber war daher „der Wille zur Komplexität der Postmoderne [..] die Antwort auf die öde Ordnung des Funktionalismus".[93] Diese Vielschichtigkeit spiegelte sich in den Erscheinungsformen der Produktgestaltung während der 1980er Jahre wider. Brackert berichtete schon 1980 aus Linz, dass nun „die Fantasie, der Witz, die Ironie, die Zweideutigkeit, die Show, das historische Zitat, die Banalität, das Vergängliche" die Formgebung des neuen Jahrzehnts prägen würden.[94] Gleichzeitig entwickelten sich neue Bewertungen wie etwa Ironie statt Pathos, Erhabenes statt Schönes oder die Diffundierung ästhetischer Strategien in den Alltag.[95] Die Zeitgenossen verwendeten nun Begriffe wie Eklektizismus, Farbigkeit, Emotion, Ornamentierung oder Unverbindlichkeit, um ihre Produktentwürfe zu charakterisieren. Für Designtheoretiker wie etwa Gert Selle bedeutete dies einen Rückgriff auf das ästhetische Vokabular der 1920er Jahre.[96]

Diese Verschiebung der Gestaltungsideale weg von funktionalistischen hin zu postmodernen Entwürfen änderte auch das Selbstverständnis vieler Designer und hatte daher unmittelbare Folgen auf den Professionalisierungsprozess. Denn während die Produktgestaltung in den 1960er und 1970er Jahren stets als technisch-wissenschaftliche statt als künstlerische Profession erschien, wurden die Designer in den 1980er Jahren vielfach zu Künstlern erklärt. Nun erzielten etwa Stühle von Stefan Wewerka Höchstpreise, die Jahre davor kaum Beachtung gefunden hatten. Unter dem Stichwort ,Autorendesign' gingen viele Gestalter dazu über, ihre Produkte zu signieren.[97] Die mühsam gezogenen Grenzen zwischen Industriedesign und Kunsthandwerk ließen sich teilweise wieder aufheben, da nun besonders im Möbelbereich Kleinserien mit postmoderner Gestaltung vertrieben wurden. Ebenso gehörten nun Bereiche wie etwa das Schiffdesign von Privatjachten wie selbstverständlich zum Bereich des Industriedesigns. Es war somit kein Zufall, dass 1987 auf der documenta VIII erstmals wieder prominente Objekte der Produktgestalt-

91 | Krug (1972a), S. 8.
92 | So der Titel von Blake (1977).
93 | Albus und Borngräber (1992), S. 33.
94 | Brackert (1980a), S. 37.
95 | Kösser (2006), S. 532f.
96 | Selle (2007), S. 182.
97 | Schneider (2005), S. 168 und S. 200.

ung gezeigt wurden.[98] Mit dem späteren fachlichen Leiter des Rats für Formgebung Michael Erlhoff kuratierte ein Designtheoretiker die Kasseler Design-Sektion, der ausdrücklich den „mühseligen Emanzipationsversuch" zwischen Design und Kunst hinterfragte. Er betonte dabei die Geringschätzung von künstlerischen Positionen im Design durch Otl Aicher und andere ehemalige ‚Ulmer'. Denn sie sahen darin laut Erlhoff lediglich „die Asozialität, die Hure, die von der Gesellschaft lebt, ohne sich auf deren Probleme problemlösend einzulassen".[99] Mit markanten Aussagen wie „Design ist Kunst in der zweiten Potenz" oder „Design ist schwieriger als Kunst" positionierte sich Aicher eindeutig.[100] Es passt ins Bild, dass der ‚Ulmer' Bernhard E. Bürdek rückblickend den Beteiligten des sogenannten Neuen Deutschen Designs unterstellte, es sei die Krönung ihres gestalterischen Handelns, „wenn ihre noch lackfeuchten Produkte den Weg in ein Kunstmuseum gefunden" hätten.[101]

Das sogenannte Neue Deutsche Design der 1980er Jahre wurde vertreten durch Volker Albus, Christin Borngräber, Andreas Brandolini oder Frank Schreiner alias Stiletto.[102] Gruppen wie das 1976 gegründete Studio Alchimia aus Italien und die davon 1980 abgespaltete Fraktion Memphis waren zentrale Vorbilder für Produktgestalter in der Bundesrepublik. Aber auch in anderen europäischen Ländern wurden postmoderne Gestaltungsideen entwickelt und rezipiert.[103] Vergleichsweise wenig beachtet ist der Aspekt, dass ‚die' Postmoderne nicht vor dem eisernen Vorhang haltmachte, sondern ebenfalls in den sozialistischen Gesellschaften aufgegriffen wurde. So lud etwa Heinz Hirdina, stellvertretend für das AIF, Designtheoretiker und -praktiker aus der UdSSR, Frankreich, Italien und der Bundesrepublik nach Ost-Berlin ein. Ziel dieses Seminars von 1982 war es, die Bedeutung von postmodernen Gestaltungsweisen für den Funktionalismus zu erörtern.[104] Bezogen auf die DDR-Designzeitschrift ‚form + zweck' wurden postmoderne Diskurse in den 1980er Jahren, ähnlich wie in der BRD und anderen Staaten, überwiegend im Bereich der Architektur geführt. Daher war die postmoderne Produktgestaltung ebenso in sozialistischen Gesellschaftssystemen zu finden und nicht nur auf den Kapita-

98 | Mit der Präsentation des MAN-Designers Klaus Flesche im Jahr 1964 war dies das letzte Mal in Kassel geschehen, Ernst (1964). Siehe zusätzlich Unbekannt (1964a), Eckstein (1964a), (1964b). Im Jahr 1977 wurde zwar ebenfalls eine Sektion mit „utopischem Design" in Kassel präsentiert, Baumann et al. (1977). Jedoch wurde diese kaum von den Industriedesignern rezipiert, Trappschuh (1977).

99 | Erlhoff (1987a), S. 109.

100 | Aicher (1985). Siehe zusätzlich das Interview mit Aicher von 1989, Aicher und Kuhnert (1989), S. 24.

101 | Bürdek (1997), S. 7.

102 | Aynsley (2009), S. 191.

103 | Sparke (2009), S. 25.

104 | AIF (1982).

lismus beschränkt. Fachdebatten zwischen Ost und West wurden aber zumeist dadurch verdeckt, dass sozialistische Denker die Postmoderne als Phänomen eines krisengeplagten ‚Spätkapitalismuses' attackierten.[105]

Aus dieser Perspektive waren die postmodernen Debatten erste Anzeichen für ein Versagen des kapitalistischen Gesellschaftssystems, aber kaum einer der Beteiligten in Westeuropa teilte diesen Standpunkt. Vielmehr scheinen die erste und zweite Ölpreiskrise durch veränderte Rahmenbedingungen neue Diskussionen begünstigt zu haben.[106] Neben verschiedenen Krisendiskursen ab Mitte der 1970er Jahre war besonders der damals neue Erklärungsansatz von Ronald Inglehart zum Wertewandel für die Industriedesigner von Bedeutung.[107] Bei dem diagnostizierten Wandel für Produktgestalter war vornehmlich relevant, dass beispielsweise das Sinus-Marktforschungsinstitut in Heidelberg ein neues „Ich-Bewusstsein" diagnostizierte. Dadurch wurden „‚Genussorientierung', ‚Selbstverwirklichung', kulturelles Bewusstsein'" zu Variablen, welche die Beeinflussung der sozialen Milieus zunehmend wiedergeben sollten. Die Heidelberger Institutsmitarbeiter empfahlen daher den Gestaltern eine Abkehr von funktionalistischen Formgebungen, da „die Normenwelt emotionale Defizite" schaffe.

Eine postmoderne Produktgestaltung erschien somit ein Gebot der Stunde.[108] Dieser sogenannte postmoderne Konsument konstruiere dabei seine Identität bewusst mit Konsumgütern, wobei in erster Linie symbolische sowie emotionale Merkmale beachtet würden.[109] Solche zeitgenössischen Erkenntnisse aus dem Bereich der Sozialforschung boten den Industriedesignern die Möglichkeit, ihr eigenes Handeln in Unternehmen zusätzlich zu legitimieren. Gleichzeitig erlangten solche Einsichten nur teilweise an Relevanz, da postmoderne Gestaltungskonzepte im Alltag vieler Konsumenten kaum einen Stellenwert erlangten, denn viele dieser Gegenstände waren schlichtweg kaum bezahlbar.[110] Für die westdeutschen Industriedesigner bedeutete die Auseinandersetzung über postmodernes Produktdesign vielmehr eine Öffnung hin zu verschiedenen Gestaltungzugängen und damit das Ende eines funktionalistischen Monopolanspruchs. Dies ging letzten Endes einher mit einer Pluralisierung der Professionalisierungsbemühungen. Herbert Ohl – 1982 noch fachlicher Leiter des Rats für Formgebung und darüber hinaus ehemaliger ‚Ulmer' – hielt diese neue Position fest: „Design als einseitig emotionsbeladene Ausdrucksform

105 | Jarausch (2015), S. 609.

106 | Geyer (2007a), S. 63.

107 | Inglehart (1977) und Klein und Pötschke (2000), Rödder (2006). Siehe hierzu später auch die vielrezipierten Überlegungen von Ulrich Beck zu einer Risikogesellschaft, Beck (1986) und Doering-Manteuffel und Raphael (2012), S. 70, Jarausch (2008b), S. 341.

108 | Nowak und Becker (1985), S. 13. Siehe zusätzlich Gasteiger (2010), S. 208 und S. 235.

109 | Gasteiger (2008), S. 154ff, (2010), S. 211ff.

110 | Stürzebecher (2012), S. 27.

wird dabei ebenso wenig wie einseitig futuristisch-spekulatives oder theorieüberbeladenes Design die notwendigen Antworten geben können".[111] Die von vielen Designern geforderte Pluralisierung der industriellen Formgebung war das zentrale Ergebnis in der ersten Hälfte der 1980er Jahre.[112]

Schon in der zweiten Hälfte der Dekade setzte in der Bundesrepublik eine Phase der unmittelbaren Historisierung postmoderner Produktgestaltung ein. Zwar zeugten Ausstellungstitel wie „Das geniale Design der 1980er Jahre" von 1983 oder Zeitschriftenbeiträge wie „Der Held der Postmoderne ist der Innenarchitekt" von Provokationen, aber seit Mitte des Jahrzehnts der 1980er Jahre hatte sich die Debatte um postmodernes Design zunehmend entdramatisiert.[113] Der VDID richtete daher 1987 seine Jahrestagung in Düsseldorf zum Thema „Position des Wandels oder Wandel der Position?" aus, um funktionalistische und postmoderne Standpunkte gemeinsam zu diskutieren.[114] Dem Frankfurter Architekturmuseum gelang 1988 mit der von Volker Fischer kuratierten Ausstellung „Design heute – Maßstäbe: Formgebung zwischen Industrie und Kunst-Stück" eine erste zeitgenössische Zusammenfassung der postmodernen Gestaltung, die auch international viel Beachtung fand.[115]

3. Computer Aided Design

Wesentlich länger als Debatten um postmoderne Produktgestaltung wurde die Auseinandersetzung um computergestütztes Design geführt. Einer der ersten westdeutschen Beiträge zur Gestaltung mit Hilfe eines Computers stammt von Martin Krampen, den er im Jahr 1967 in den Zeitschriften ‚ulm' und ‚form' veröffentlichte.[116] Der Ursprung des sogenannten Computer Aided Designs oder kurz CAD lag in einer Entwicklung von Forschern am Massachusetts Institute of Technology für das US-Militär. Hierbei ging es um das sogenannte Numerical Control, durch das die Kampfflieger-Produktion automatisiert werden sollte.[117]

---

111 | Ohl (1982a), S. 20.

112 | Unklar ist dabei jedoch, inwiefern das Phänomen des ‚Outsourcings' eine Art von postmoderner Arbeitsweise für die Industriedesigner darstellte.

113 | Greffrath (1985), Selle (1983b). Siehe auch Brock (1987), Lutz (1986), Pallowski (1986), Pohl (1986) sowie später Aicher (1991a), Burkhardt (1991), Scholz (1990), Stock (1990).

114 | Archiv des VDID, Loseblattsammlung, Geschäftsbericht des VDID-Präsidiums für Herbst 1986 bis Herbst 1988, S. 4. Siehe zusätzlich Unbekannt (1987b), (1987c).

115 | Siehe hierzu den Ausstellungskatalog Fischer (1988) und zusätzlich Fischer (1989).

116 | Krampen (1967a), (1967c). Siehe zusätzlich Krampen (1967b) und Coons (1966). Bonsiepe schrieb in der gleichen Ausgabe von ‚ulm' ebenfalls kurz über CAD, Bonsiepe (1967). Siehe zu ähnlichen Fragen nur in Bezug auf Computer und Kunst, Unbekannt (1968p), Hill (1968).

117 | Bartholdy (2008), S. 69, Kaiser (2006), S. 261.

In der Bundesrepublik begannen in den 1960er Jahren zuerst Automobilingenieure CAD-Techniken im Bereich des Karosseriebaus einzusetzen. Über dieses relativ designnahe Feld kamen auch Produktgestalter mit computergestützten Konstruktionsmethoden in Berührung. Krampens Beiträge von 1967 deuten viele Möglichkeiten für die Industriedesigner an; konkrete Vorschläge für CAD-Anwendungen lieferte aber auch er noch nicht. Aus der Perspektive von Zeitgenossen sollte es computergestützte Produktgestaltung zunächst ermöglichen, die analoge Konstruktion abzulösen oder zu vereinfachen. Speziell im Bereich der Produktreihen mit nur kleineren Veränderungen versprach eine solche Technik eine deutliche Erleichterung. Zu Beginn der 1970er Jahre herrschte daher eine kurze Phase der Euphorie, wie es Karl-Heinz Krug in einem Radiobeitrag formulierte: „Hilfsmittel wie Computer eröffnen neue Konstruktionen und Anwendungsbereiche bekannter Werkstoffe [und] immer neue Gestaltungsperspektiven. Der Konsument wird ständig mit ihm ungewöhnlich erscheinenden Formen konfrontiert werden".[118]

Dieser Enthusiasmus in Bezug auf die CAD-Techniken ebbte bei den Industriedesignern jedoch rasch wieder ab, da sich die praktische Umsetzbarkeit von computergestützter Gestaltung noch als schwierig erwies. Überwiegend wegen der geringen Rechenleistungen und der schon anspruchsvollen CAD-Programmen waren Produktgestalter in den USA auf Universitätsrechenzentren angewiesen. Dortige Zeiteinheiten waren kostenintensiv, sodass CAD bei der Produktentwicklung vielfach nicht wirtschaftlich einsetzbar war.[119] Bei der BASF AG setzte man etwa seit den 1960er Jahren auf Rechenzentren, die im Bereich der Konstruktion Arbeitsprozesse erleichtern konnten. Dies erwies sich letztendlich aber als nicht praktikabel.[120] Auf der Hannovermesse 1970 demonstrierten erstmals BASF-Ingenieure mittels einer Computerleitung zwischen Niedersachsen und der Pfalz, was Entwicklungsarbeit mit Rechenzentren bedeuten konnte.[121] Bei der Erarbeitung neuer Designkonzepte wurde ein solches computergesteuertes Vorgehen aber noch nicht eingesetzt. Gleiches gilt für die Industriedesigner bei der Siemens AG. Ebenfalls auf der Hannovermesse 1970 zeigte der Konzern erstmals einen Messestand, der nur mit Hilfe des Computers konstruiert worden war.[122] Währenddessen arbeiteten die Siemens-Designer an einer„Problemstrukturierung mit Computerunterstützung".[123]

Retrospektiv betrachtet hat es vielmehr den Anschein, als ob in den 1970er Jahren die Beschäftigten in der Siemens-Designabteilung eher an der Form-

118 | Krug (1972a), S. 2.

119 | Gantz (2011), S. 234f.

120 | Unbekannt (1970t), BASF AG (1965).

121 | Pressestelle der BASF AG (1970), S. 2.

122 | Unbekannt (1970a), Margonday und Rase (1971), S. 196f.

123 | Siemens Historical Institute, Akte 20673, Jahresbericht 1972/73 der ZVW 20.

gebung von Computern arbeiteten, anstatt mit diesen neue Gestaltungskonzepte zu entwerfen.[124] Die Werbemaßnahmen der BASF AG und Siemens AG mit computergestützten Konstruktionsarbeiten zeigten daher am ehesten innovative Verfahren der Konzerne. Die Produktdesigner brachte dies in Erklärungsnöte, da sie eigentlich für sich in Anspruch nahmen, mit neuester Technik vertraut zu sein. Dass eine CAD-Gestaltung in den 1970er Jahren noch selten betrieben werden konnte, war für das Selbstbild nicht hilfreich.[125]

Im Laufe der 1970er Jahre setzte durch das Aufkommen von Mikrochips der Übergang von der Analog- zur Digitaltechnik ein.[126] Ab Ende der Dekade war die Planung und Konstruktion mittels Computer zunehmend günstiger und damit wirtschaftlicher als bei analogen Vorgehensweisen.[127] In den 1980er Jahren hielten digitale Techniken erstmals Einzug in die Arbeitsweisen der Industriedesigner. Es ist dabei kein Zufall, dass diese Dekade von Zeithistorikern wie Andreas Wirsching mit einem Technologieschub in Verbindung gebracht wird, an dem etwa die UdSSR unter anderem scheiterte.[128] In den 1980er Jahren wurde die sogenannte Wissensarbeit durch den Einsatz von Computern gekennzeichnet, wodurch sich ‚Arbeit mit Material' in ‚Arbeit mit Wissen' transformierte und in der Professionalisierung der Designer spiegelte.[129] Die flächendeckende Einführung von digitaler Datenverarbeitungstechnik in den Büroalltag vieler Angestellter beschränkte sich nicht nur auf die Gestalter.[130] Die Auszeichnung des Personal Computers als ‚Man of the Year' durch das Times Magazine im Jahr 1982 verdeutlichte den Zeitgenossen, welchen Stellenwert der Computer inzwischen einnahm. Zeithistoriker versuchen in den jüngsten Beiträgen diese Prozesse beispielsweise durch eine Computerisierung aller Lebensbereiche zu beschreiben.[131]

124 | So wurde beispielsweise erst ab 1982 im Bereich der technischen Graphik bei der Siemens AG mit Computern gearbeitet, Siemens Historical Institute, Akte 20678, Teil 2, ZVW-Jahresbericht 1982/83, S. 2.

125 | Siehe hierfür unter anderem Klöcker (1975a).

126 | Doering-Manteuffel und Raphael (2011), S. 35, Kaiser (2006), S. 259, Radkau (2017), S. 247f und S. 384.

127 | Siehe hierzu Unbekannt (1980l), (1980o), Klöcker (1979), Roth (1980). Siehe zusätzlich Atkinson (2000), S. 63.

128 | Wirsching (2012), S. 32.

129 | Hack (2006), S. 113.

130 | Doering-Manteuffel und Raphael (2012), S. 140, Radkau (2008), S. 350ff, Wirsching (2012), S. 278 und etwa Unbekannt (1986ai). Dieser Umstand ist umso erstaunlicher, als beispielsweise Olivetti schon 1964 mit der Programma 101 eine erste elektronische Verarbeitungsmaschine für den Büroalltag angeboten hatte, Brennan (2015), S. 236.

131 | Danyel (2012), S. 190.

Computer im Arbeitsalltag

Für die Industriedesigner bedeutete eine solche Ausbreitung digitaler Hilfsmittel nicht nur eine Erweiterung eigener Arbeitsmöglichkeiten. Auf designtheoretischer Ebene wurde es nun durch die sogenannte ‚Offenbacher Produktsprache' notwendig, das Verhältnis von Menschen und Maschinen zu überdenken.[132] Diese Frage diskutierten Anfang der 1980er Jahre zeitgleich Vertreter aus den ingenieurswissenschaftlichen Bereichen, sodass auf der VDI-Jahrestagung 1981 erstmals eine eigene Sektion zum Industriedesign angeboten wurde. Unter dem Titel „Technik im Dienste des Menschen" trafen sich die bundesdeutschen Ingenieure im West-Berliner Kongresszentrum, um über das Verhältnis von Mensch und Maschine diskutieren zu können.[133] Stellvertretend für die Gesellschaft Feinwerktechnik des VDI und VDE hatte der Ingenieur und Industriedesigner Ingo Klöcker[134] erstmals eine Sektion zu Fragen der Produktgestaltung organisiert. Mit Referenten, wie den Siemens-Mitarbeitern Edwin A. Schricker und Julius Lengert, dem Erco-Geschäftsführer Klaus-Jürgen Maack, dem fachlichen Leiter des Rats für Formgebung Herbert Ohl und dem Hochschuldozenten für Design-Management Erich Geyer referierten bekannte Persönlichkeiten aus dem Umfeld des Industriedesigns.[135] Solche Design-Vorträge auf der VDI-Jahrestagung waren neu und wurden von den Produktgestaltern besonders mit der Hoffnung verbunden, dass zwischen ihnen und den Ingenieuren in Zukunft eine engere Koopera-

132 | Mareis (2014), S. 133, Schwer (2014), S. 45ff. In der ‚Offenbacher Produktsprache' entwickelten Jochen Gros und weitere Autoren der HfG Offenbach seit den 1970er Jahren einen erweiterten Funktionsbegriff, wobei sie die zeichenhafte Funktion von Design in den Mittelpunkt stellen. Ein ähnlich wichtiges Konzept war die Produktsemantik, in dem sich Klaus Krippendorff semiotische Ansätze auf Produktdesign anwandte. Siehe hierzu Mareis (2011), S. 96 und S. 181f.

133 | ZADP, Stand Rosenthal, p.S. 46, Bericht zur Sitzung des Koordinierungsbeirats des Rats für Formgebung vom 06.07.1981, S. 4. Für das Programm siehe Unbekannt (1981n). Diese Fragen nach dem Verhältnis von Technik, Design und Mensch stellte der Rat für Formgebung ebenfalls 1981, siehe Unbekannt (1981r), RfF (1981f).

134 | Ingo Klöcker arbeitete im Bereich von Konstruktion und Design unter anderem bei der Rheinstahl AG und der Vorwerk KG. Er wurde 1982 zum Professor für Konstruktion und Industrial Design an der FH Nürnberg berufen. Als Ausschussvorsitzender war er Anfang der 1980er Jahre maßgeblich für die VDI-Richtlinie 2424 zum Industriedesign zuständig. Zwischen 1964 und 1979 schrieb Klöcker regelmäßig Beiträge für die Beilage ‚zeitgemäße form' der Süddeutschen Zeitung, die sein Vater Johann Klöcker betreute. Der Vorlass von Klöcker befindet sich im Archiv des GNM. Unbekannt (1990e), S. 72, Klöcker (2008).

135 | Für deren Beiträge siehe Geyer (1982), Klöcker (1982), Lengert (1982), Maack (1982), Ohl (1982b), Schricker (1982). Speziell zur Siemens AG siehe S. 139f.

Abbildung 44: Computer in der Ausstellung „Donation Siemens" in der Neuen Sammlung, 1987.

Quelle: Die Neue Sammlung – The Design Museum.

tion stattfinden könnte.[136] Verbindungen ergaben sich jedoch wenige, denn bis auf die schon seit 1960 erarbeiteten VDI-Richtlinien zum Industriedesign zeigten sich kaum weitere Gemeinsamkeiten. Lediglich eine Neuauflage der Richtlinie 2424 konnte Ingo Klöcker im Auftrag des VDI mit anderen Experten aus den Feldern der Ingenieurwissenschaften und der Produktgestaltung im Jahr 1986 veröffentlichen.[137] Selbst im Bereich der computergesteuerten Konstruktion und Gestaltung kamen die Spezialisten aus beiden Fachrichtungen insgesamt nur selten miteinander ins Gespräch.

Während computergesteuerte Anwendungen keine Brücken zwischen Industriedesignern und Ingenieuren bilden konnten, war CAD für die bundesdeutschen Designinstitutionen von zunehmender Bedeutung. Anfang der 1980er Jahre standen die Beteiligten den digitalen Arbeitsmethoden noch unentschlossen gegenüber; spätestens in der zweiten Hälfte der Dekade änderte sich dies jedoch. Im Bereich von CAD-Anwendungen entwickelte sich zunehmend ein Bedarf an Fortbildungen, da von Designern und aus der Wirtschaft zu diesem Bereich eine Wissensvermittlung nachgefragt wurde. Beim Rat für

136 | Siehe für die Berichterstattung beispielsweise Unbekannt (1980h), Horn (1981), Klöcker (1981a).

137 | VDI (1986a-c), und Klöcker (1987). Siehe für die Vorbereitung Unbekannt (1981k), (1982o).

Formgebung versuchte man dieses Thema zu besetzen, indem in der eigenen Seminarreihe Fragen der digitalen Konstruktion berücksichtigt wurden.[138] Mit Ulrich Kern gab der stellvertretende fachliche Leiter des Rats für Formgebung in der Zeitschrift ,Konstruktion, Elemente, Methode' des Konradin-Verlags im Jahr 1981 eine längere Beitragsserie heraus, die sich den Themen Konstruktion und Design äußerten.[139] Ziel war es, der Zusammenarbeit zwischen Ingenieuren und Produktgestaltern größere Aufmerksamkeit zu widmen, um eigene Seminarangebote entwickeln zu können. Gleichzeitig verfasste der Rat im Auftrag der Industrie 1985 eine Studie mit dem Titel „CAD – Neue Technologie im Design-Prozess".[140] Bemerkenswert ist dabei, dass der Rat für Formgebung erst ab 1987 einen eigenen Computer besaß, den die Siemens AG anlässlich des Umzugs nach Frankfurt zur Verfügung gestellt hatte.[141] Kaum schneller war das IDZ Berlin, das 1986 den ersten Computer in Betrieb nahm.[142]

Das analoge Schreiben über Digitales erscheint rückblickend interessant. Aber für die Zeitgenossen der 1980er Jahre war der flächendeckende Einsatz von Computern noch Teil einer erwarteten Zukunft. Die Industriedesigner in der Bundesrepublik versuchten sich, im Zuge ihrer Professionalisierungsbemühen auf diese Technologie einzustellen. Für alle Beteiligten war rasch absehbar, dass diese Praktiken den eigenen Beruf wesentlich verändern würden. Im VDID gründete sich daher 1983 eine eigene Arbeitsgemeinschaft zum Computer Aided Design.[143] Die HfG Offenbach entwickelte sich ab 1986 zu einer der führenden Ausbildungsorte in Westdeutschland für Weiterbildungskurse und bot später ein eigenes Aufbaustudium für CAD-Techniken an.[144] Der SZ-Journalist Peter Horn konnte daher Mitte der 1980er Jahre verkünden: „CA-Welle rollt".[145] Ab 1985 nahmen verschiedene Beiträge in Zeitungen, Zeitschriften und Magazinen sowie Büchern, Ratgebern und Qualifikationsarbei-

---

138 | RfF (1980a und b).

139 | Siehe für diese Reihe die Beiträge Dreger (1981), Fischer (1981), Kattentidt (1981), Kern (1981b), Schürer (1981), sowie zusätzlich die Korrespondenz in RWWA Köln, 181-2179-2.

140 | RWWA Köln, 181-2535-3, Protokoll zur Vorstandssitzung des Rats für Formgebung vom 15.07.1985, S. 9. Siehe hierzu Hesse und Kern (1985) sowie Unbekannt (1986a).

141 | RfF (1988), S. 31.

142 | ZADP, Bestand Rosenthal, p.S. 15, Protokoll zur Vorstandssitzung des IDZ Berlin vom 07.03.1986, S. 2.

143 | Unbekannt (1983d).

144 | Unbekannt (1987a), (1987h), (1988c), Gros (1989), Nagel (1986). Siehe hierzu ebenso den dreiteiligen Beitrag von Jochen Gros zur High-Tech-Avantgarde, Gros (1987a), (1987b), (1987c). Für andere Ausbildungsorte siehe unter anderem Unbekannt (1984aa), Butter (1985), Horn (1985).

145 | Horn (1985), (1986a), (1986b). Siehe ebenso Ackermann (1983), (1985), Arens (1983), Bürdek (1985), Limlei (1985), Schwarz (1985), Wilde (1983), Wolf (1981).

ten zur computergestützten Gestaltung enorm zu.[146] Parallel dazu wurde vor CAD-Verfahren gewarnt, weil diese Art der Produktgestaltung beispielweise die Kreativität behindere oder die Fähigkeiten der Designer entwerte.[147] Für viele Zeitgenossen schien dennoch der technologische Weg der CAD-Gestaltung richtungsweisend.

Können die 1980er Jahre zusammenfassend als das CAD-Jahrzehnt bezeichnet werden? Einiges spricht dafür, ebenso viel aber dagegen. Trotz aller Debattenbeiträge ergab die erwähnte Studie des Rats für Formgebung von 1985, dass unter den führenden Designbüros in der Bundesrepublik kaum mit den neuen technischen Möglichkeiten gearbeitet wurde. Nicht einmal die Hälfte der befragten Institute benutzte für verwaltungstechnische Vorgänge digitale Werkzeuge. Viele der befragten Industriedesigner fühlten sich mangelhaft über CAD-Technologien informiert. Ein weiterer Grund waren die damals noch hohen Investitionskosten in CAD-Systeme und Computer.[148] Es erscheint somit plausibel, dass der Durchbruch von computergestützter Produktgestaltung im Arbeitsalltag vieler Industriedesigner erst in den 1990er Jahren geschah. Dieses Jahrzehnt markiert aus dieser Perspektive für die Gestalter eher den Übergang in eine digitale Informationsgesellschaft.[149] Ebenso wäre selbst für das letzte Jahrzehnt des Millenniums der Begriff ‚digitale Revolution' an einer anderen Stelle kritisch zu hinterfragen. Wenn lediglich analoge Denkweisen in digitale Werkzeuge überführt werden, dann bedeutet dies nur eine Übertragung gängiger Gestaltungskonzepte, aber keine vollständige Umwandlung ihrer Profession.

4. Frauen im Industriedesign

Im Gegensatz zur computergestützten Gestaltung bedeutete das vielzitierte Designjahrzehnt der 1980er Jahre für Produktgestalterinnen eine wirkliche Wende. Denn mit einer vielbeachteten Ausstellung im Stuttgarter Design-Center gelang es 1988 vergleichsweise spät, einen Diskurs über Frauen im Industriedesign anzustoßen. Davor war die Frage nach dem Geschlecht in der industriellen Formgebung kaum gestellt worden. Es passt somit ins Bild, wenn 1980 die Zeitschrift ‚form' den VW-Chefdesigner Herbert Schäfer mit den Worten zitierte: „Design ist leider eine Männersache, kaum Frauen [sind]

146 | Siehe hierzu beispielsweise Unbekannt (1986f), (1988c), Ackermann (1985), van den Boom (1988a), (1988b), Bürdek (1985), Bürdek et al. (1986), (1988), Butter (1985), Henger (1989), Horn (1986b), (1987a), (1987b), (1987c), Kroese (1989), Limlei (1985), Schwarz (1985), Stattler (1987), Weiler (1988).

147 | Cooley (1980) und später Unbekannt (1989c), Henger (1989), Kroese (1989), Stegers (1987). Siehe zusätzlich Knop (1982), Riehm (1985).

148 | Siehe S. 236.

149 | Rödder (2015), S. 22.

darunter. Nur eine für Farben und Stoffe".[150] Sicherlich gab es einige Frauen im Industriedesign, sie fanden jedoch meist nur wenig Beachtung. Waren an der HfG Ulm nur 12% Frauen im Fach Produktgestaltung eingeschrieben, so stieg der Anteil weiblicher Design-Studierenden im Jahr 1975 bundesweit auf etwa ein Drittel.[151] Um diesen Teilprozess der Professionalisierung zu analysieren, wird zuerst die Abwesenheit von Akteurinnen näher dargestellt. Nimmt man dieses zeithistorische Desiderat ernst, so geraten tradierte Gewissheiten einer bundesdeutschen Erfolgsgeschichte ins Wanken.[152] Anhand einiger ausgewählter Personen wird gezeigt, dass sich nur wenige Frauen im Industriedesign engagierten, dies jedoch weniger als Produktgestalterinnen, sondern vielmehr als Journalistinnen, Mitarbeiterinnen in Designinstitutionen oder Verbandsfunktionärinnen. Abschließend behandelt dieses Teilkapitel die schon erwähnte Ausstellung „Frauen im Design", welche einen zentralen Diskurs über Produktgestalterinnen initiierte.

Betrachtet man Veröffentlichungen im Hinblick auf Frauen im westdeutschen Industriedesign, so sind die 1960er und 1970er Jahre wegen ihrer Ereignislosigkeit eigentlich vernachlässigbar. Über das Thema Frauen im Industriedesign wurde aus diesem Grund in der Bundesrepublik bis Mitte der 1980er Jahre kaum kommuniziert. Lediglich 1968 präsentierte eine Ausstellung in Mannheim und Ludwigshafen am Rhein insgesamt 35 angehende Designerinnen. Dass diese Schau überwiegend Textil- und Porzellanentwürfe zeigte, erfüllte die stereotypen Erwartungen vieler Zeitgenossen. Mit dem technischen Industriedesign von Lore Lentz, einer Produktgestalterin, die zuerst in der DDR und anschließend an der Kasseler Werkkunstschule studiert hatte, war das Investitionsgüterdesign vollständig abgedeckt.[153]

Gleichzeitig prägten mit den Design-Journalistinnen Arianna Giachi und Elke Trappschuh[154] zwei Frauen die Berichterstattung in der überregionalen Presse. Mit ihren Kolumnen zu aktuellen Fragen des Industriedesigns in der FAZ und dem Handelsblatt sind ihre Texte wichtige Quellen für die westdeutsche Designgeschichte für die 1970er und 1980er Jahre. Es scheint weiterhin kein Zufall zu sein, dass engagierte Frauen zumeist journalistischen Tätig-

---

150 | Unbekannt (1980c).

151 | LGA BaWü und DCS (1989a), S. 250, Müller-Krauspe (2007), S. 25, Spitz (2002), S. 19f und Statistisches Bundesamt (1976), S. 6.

152 | Paulus et al. (2012), S. 19. Siehe hierzu beispielweise die Ausstellung zur XXI Triennale di Milano aus dem Jahr 2016, Annicchiarico (2016).

153 | Giachi (1968).

154 | Elke Trappschuh war viele Jahre Kulturredakteurin des Handelsblatts in Düsseldorf. Parallel dazu war sie als freie Mitarbeiterin etwa für die ‚form' tätig und schrieb dabei über viele Designthemen und prägte – ähnlich wie ihre Kollegin von der FAZ Arianna Giachi – die Presseberichterstattung in den überregionalen Tageszeitung wesentlich mit. LGA BaWü (1989b), S. 372, RfF (2006), S. 20ff, Scharf (1999), S. 147.

keiten nachgingen und nicht der Produktgestaltung selbst. Dies beruhte wahrscheinlich weniger auf Freiwilligkeit, Industriedesign galt schlicht als männerdominierter Bereich.[155] Für männliche Zeitgenossen waren besonders die ingenieurwissenschaftlichen und technischen Aspekte dafür verantwortlich, dass Frauen hier angeblich nicht arbeiten könnten. Lediglich in den Bereichen von Textil- und Porzellandesign waren die überwiegend männlichen Gestalter bereits Frauen Kompetenzen zuzugestehen. Bis auf diese Ausnahmen war es somit eine weitverbreitete Norm, dass Angehörige der Design-Berufe männlich sein mussten. So einseitig dies heutzutage auch wirken mag, glaubt man etwa Gerda Breuer, dann sind die Designverbände bis heute meist immer noch ein „boys' club mit Ausnahmefrauen".[156]

Unabhängig von einer solchen Gegenwartsdiagnose agierten seit den 1960er Jahren einige Frauen in den westdeutschen Designinstitutionen. Mia Seeger ist dabei für die frühe Bundesrepublik mit Abstand die Bekannteste. Als langjährige Leiterin führte sie den Rat für Formgebung zu einer zentralen Institution für Design in Westdeutschland. Hierfür wurde sie nach ihrem Rücktritt 1967 mit einem Bundesverdienstkreuz gewürdigt.[157] In die Kategorie des alltäglichen maskulinen Sexismus fügte es sich, wenn etwa die Ministerialdirigenten im Bundeswirtschaftsministerium noch 1966 intern festhielten, „dass aus dem Rat für Formgebung so lange nichts werden kann, als nicht Frau Seeger ein Mann an die Seite gesetzt wird".[158]

Solche Probleme hatte etwa Josine des Cressonnières als Generalsekretärin des ICSID und des belgischen Designzentrums nicht. Auf staatsübergreifender Ebene war die Belgierin eine der wenigen Frauen, die sich im internationalen Dachverband zwischen den 1960er und 1980er Jahren engagieren konnten.[159] In der Bundesrepublik gelang dies beispielsweise Anna Teut, die über viele Jahre den Werkbund in West-Berlin leitete und von 1983 bis 1985 als DWB-Vorsitzende für die Geschicke des Verbands in der gesamten Bundesrepublik zuständig war.[160] Im VDID als andere wichtige Vereinigung engagierte sich die ehemalige ,Ulmerin ' Gerda Müller-Krauspe seit Ende der 1960er Jahre. Als Präsidiumsmitglied und Teil von vielen Arbeitsgruppen prägte sie den Verband mit ihrer Arbeit. Weitere Beispiele sind Evelin Möller, Gründerin des VDID-AG ,Ökologie und Design', oder Brigitte Wolf, zwischen 1987 und 1991 stellvertretende fachliche Leiterin im Rat für Formgebung, die in den 1980er Jahren in wichtige Positionen kamen.

155 | Pallowski (1989), S. 10.

156 | Breuer und Meer (2012), S. 32f.

157 | Unbekannt (1967f und m), Andritzky (1967), Dierks (1967). Siehe zusätzlich S. 59.

158 | BA Koblenz, B102-336932, Schreiben von Herbert Leitreiter an Fritz Schiettinger vom 22.02.1966.

159 | Serulus (2014), S. 285 und S. 287, Serulus und Gimeno-Martínez (2017), S. 167.

160 | Ditzen (1999), Durth (2007), S. 297.

Eine Initialzündung für Frauen in Führungspositionen war die Berufung von Angela Schönberger als Nachfolgerin von François Burkhardt am IDZ Berlin. Dieser Wechsel 1985 bedeutete nämlich, dass seit Mia Seeger wieder einer Frau die Führung einer wichtigen Designinstitution zugetraut wurde, zumal das IDZ Berlin gerade eine Phase der Neuausrichtung durchlebte.[161] Im Kontext ihres Beginns als fachliche Leiterin sprach Schönberger davon, dass „nun der Vormarsch der Frauen nicht mehr aufzuhalten sei".[162] Im westdeutschen – aber ebenso im ostdeutschen – Industriedesign konnte Mitte der 1980er Jahre davon noch keine Rede sein. Jedoch wurde zunehmend über Frauen im Design diskutiert. Vorreiter waren Wissenschaftler aus dem anglo-amerikanischen Sprachraum. Selbst in der damals noch jungen Disziplin Designgeschichte wurden erste Versuche in diese Richtung unternommen. Besonders rezipiert wurde Cherly Buckleys Beitrag „Made in Patriarchy: Toward a Feminist Analysis of Women and Design" aus dem Jahr 1986, in dem sie Möglichkeiten einer feministisch-orientierten Designhistoriographie skizziert.[163] In der Bundesrepublik wurde beispielsweise erstmals 1987 in einer Reportage der Zeitschrift Brigitte über Designerinnen und die Unwägbarkeiten des Designberufs informiert. Die Aussage „von Bauhaus bis Memphis – die Geschichte des Designs wurde von Männern geschrieben" spitzte dabei die wahrgenommene Situation anschaulich zu.[164]

Die Ausstellung

Im Jahr 1988 kündigte dann die Zeitschrift ‚form' unter der Rubrik „Randgruppen" eine Ausstellung zu Frauen im Design im Stuttgarter Design-Center an.[165] Diese Kategorisierung von weiblichen Akteurinnen als Nebenerscheinung veranschaulicht recht deutlich, in welchen gesellschaftlichen Kontexten diese Präsentation ein Jahr später gezeigt wurde. Diese Ausstellung fragte erstmals nach der Bedeutung von Frauen in der Geschichte und der damaligen Gegenwart des Designs. Schon die Vorberichterstattung betonte, dass es hierbei nicht um weibliche Gestaltung ginge, sondern um Designerinnen und ihre Arbeitsbedingungen.[166] Hauptverantwortlich für das Ausstellungsprojekt „Frau-

161 | Siehe hierzu S. 218f.

162 | Hüllenkremer (1985), S. 6.

163 | Buckley (1986). Siehe zusätzlich Fallan (2010), S. 26. Ein weiteres Beispiel sind die gesammelten Biographien von britischen, US-amerikanischen und italienischen Designern in McQuiston (1988). Siehe hierzu ebenfalls für Großbritannien Attfield und Gronberg (1986) und die Sammelrezensionen Attfield (2003), Gorman (2001).

164 | Zschocke (1987), S. 104.

165 | Unbekannt (1988e).

166 | Unbekannt (1988e), (1988j), (1989f). Zusätzlich zu dieser Ausstellung startete an der GHS Kassel eine Untersuchung zu den Arbeitsverhältnissen von Frauen in sogenannten kreativen Berufen, wie beispielsweise dem Industriedesign, Unbekannt (1988j), Petzinger (1992). Diese

en im Design" war die Mitarbeiterin des Stuttgarter Design-Centers Angela Oedekoven-Gerischer. Zahlreiche Autorinnen wie Gerda Müller-Krauspe, Magdalena Droste oder Katrin Pallowski beteiligten sich an dem zweibändigen Ausstellungskatalog.[167] Neben dem Präsidenten des Landesgewerbeamts Baden-Württemberg Karl Reuss und dem Leiter des Stuttgarter Design-Centers Peter Frank waren nur Autorinnen vertreten. Bis auf den Graphiker arbeiteten nur Frauen an diesem Ausstellungsprojekt.

In dem Vorwort zum Ausstellungskatalog schrieb Frank das Eingeständnis, dass er diese Aufgabenverteilung eher einer geschlechtergemischten Projektgruppe hätte überlassen sollen. Allen Beteiligten ging es nicht um eine „feministische Aktion", sondern vielmehr um die Frage, warum nur wenige Frauen im Design beschäftigt waren.[168] Wie zu erwarten war, erhitzte eine solche Ausstellung die Gemüter der – vor allem männlichen – Zeitgenossen. Forderungen nach einer Schau „Männer im Design" wurden erhoben. Es zeigte sich, dass schon damals eine Sensibilität in Bezug auf die Geschlechterverhältnisse herrschte.[169] Nur bedeutete dies eben keine Gleichberechtigung, sondern – wie im rein männlichen VDID-Präsidium von 1989 – eine deutliche Diskriminierung von Gestalterinnen.[170] Eine solche Benachteiligung von Frauen war für die Designberufe in dieser Zeit wenig überraschend. Auf einer gesamtgesellschaftlichen Ebene wurden zwar ebenfalls die Debatten über Geschlechterverhältnisse geführt, dies vermochte aber wenig an der ‚festgefahrenen' Realität ändern.

Es spricht gleichzeitig für die Stuttgarter Ausstellung, dass das Presseecho fast ausschließlich positiv war.[171] Öffentlich regte sich kaum Kritik. Vielmehr wurde gelobt, dass die gegenwärtige Situation von Frauen im Design zur Diskussion gestellt wurde. Das Interesse war in der Bundesrepublik so groß, dass etwa das IDZ Berlin im Jahr 1990 „Frauen im Design" in West-Berlin zeigte.[172] Der Ausstellungskatalog avancierte später zu einem Standardwerk über die Geschichte von Designerinnen in Deutschland. Anschließend gründete sich im Jahr 1992 das Designerinnen-Forum in Stuttgart.[173] Retrospektiv betrachtet wurde somit die Ausstellung 1989 zu einem Anstoß für eine kritische Reflek-

Untersuchung kam 1990 zu dem – wenig überraschenden – Ergebnis, dass „Designerinnen [..] mit ihren Werken nach wie vor eklatant unterrepräsentiert" sind, Petzinger (1992), S. 21 und S. 41f.

167 | Unbekannt (1989f). Für die beiden Kataloge siehe LGA (1989a), LGA (1989b).

168 | Frank (1989b), S. 12.

169 | Brackert (1989b).

170 | Wolf (1989a).

171 | Siehe hierzu beispielsweise Unbekannt (1990g), Brackert (1989b), Oedekoven-Gerischer (1990), Spanihel (1989), Steffen (1989).

172 | Unbekannt (1990g).

173 | DCS (1992), S. 72.

tion der Geschlechterverhältnisse in den Gestaltungsberufen generell und im Industriedesign im Besonderen.

B. MAN AG – Grenzen und Abgrenzungen im Industriedesign

Das Fahrzeugdesign der MAN AG wurde in designhistorischen Untersuchungen bisher nicht analysiert.[174] Dies überrascht, da doch schon 1971 der Chefdesigner Klaus Flesche schrieb „MAN betreibt Industrial Design bereits seit Jahrzehnten".[175] Hieraus ließe sich ableiten, dass die Produktgestaltung dieses großen Maschinenbaukonzerns erstaunlich früh in unternehmensinterne Strukturen integriert wurde und eine reichhaltige Designgeschichte aufweist. Vergleicht man diese jedoch beispielsweise mit Unternehmen wie der BMW AG, der Volkswagen AG oder der Daimler Benz AG, so erscheint das Industriedesign der MAN AG weniger präsent. Denn Design wurde nur von zeitgenössischen Experten mit diesem Maschinenbaukonzern in Verbindung gebracht. In diesem Kapitel zu der Designgeschichte wird somit völliges Neuland betreten, da die Unternehmensgeschichte der MAN AG bisher noch nie Gegenstand designhistorischer Forschung war. Dieser Ansatz bietet die Möglichkeit, gängige Erzählungen in der bundesdeutschen Designhistoriographie anhand des Nutzfahrzeugdesigns der MAN AG zu hinterfragen. Gleichzeitig wird betont, dass für westdeutsche Unternehmen die Produktgestaltung nicht nur im Bereich der sogenannten Konsumgüter von Bedeutung war, sondern dass dies ebenso für sogenannte Investitionsgüter galt.

Das folgende Kapitel zeigt anhand der Geschichte des Firmendesigns, der Personalentwicklung und der technischen Details von Design, auf welche Art Gestaltung in die Strukturen eines Großkonzerns integriert wurde. Die 1980er Jahren bilden eine Dekade des Übergangs und der flächendeckenden Etablierung von Design, ähnlich wie es in anderen Designbereichen der Zeit geschah. Dieses Kapitel gibt daher Antworten darauf, wie die Produktgestaltung über Prozesse der Professionalisierung in dem MAN-Gesamtkonzern verankert wurden. Zuerst wird die Wandlung der Architekten zu autodidaktischen Industriedesignern im Unternehmen verdeutlicht. Im Mittelpunkt steht Klaus Flesche[176], der als erster Chefdesigner von 1951 bis 1987 in Mainz-Gustavsburg

174 | Mein Dank gilt Prof. Wolfgang Kraus für die Anmerkungen, Kommentare und Hinweise zu diesem Kapitel. Er arbeitet gegenwärtig an einem Buchprojekt zum Nutzfahrzeugedesign bei der MAN AG, dass die umfangreiche Geschichte von Form und Technik bei der MAN AG aufarbeitet.

175 | Flesche (1971), S. 5.

176 | Klaus Flesche wurde 1951 leitender Architekt für Brücken- und Stahlbau bei der MAN AG in Mainz-Gustavsburg. Noch im Jahr 1960 trat Flesche dem neugegründeten VDID bei. Auf der documenta III wurden einige seiner Arbeiten wie Lkw-Modelle oder Krankonstruktionen gezeigt.

an vielen Gestaltungsprojekten arbeitete. Mit Wolfgang Kraus kam dann im Jahr 1979 ein gelernter Industriedesigner explizit für die Formgebung der Nutzfahrzeuge dazu. Davon ausgehend wurde 1987 eine eigene Designabteilung in München-Karlsfeld gegründet.

Das zweite Teilkapitel veranschaulicht, welche Diskussionen im Bereich des Fahrzeugdesigns dominierten. Dieser Prozess wird in einen gesamtgesellschaftlichen Kontext eingebettet, um das Vorgehen der MAN-Gestalter zwischen betriebsinternen und -externen Handlungsräumen nachzuvollziehen. Dabei kann jedoch nur auf eine überschaubare Menge an Fachliteratur zurückgegriffen werden. Die ausführlichste Darstellung zur 250-jährigen Firmengeschichte hat Thomas Flemming Mitte der 2000er Jahre geschrieben. Er geht in seinem umfangreichen Beitrag zur MAN AG in der zweiten Hälfte des 20. Jahrhunderts aber nicht auf Aspekte der Produktgestaltung ein.[177] Lediglich die beiden MAN-Chefdesigner Wolfgang Kraus (1986 bis 2000) und Holger Koos (seit 2000) beschäftigen sich in zwei Textbeiträgen mit ihrer Arbeit und einer Designgeschichte der MAN AG.[178]

1. Von der Architektur zum Industriedesign: Gestaltexperten bei der MAN AG

Die Maschinenfabrik Augsburg-Nürnberg ist als Teil der ehemaligen Gutehoffnungshütte eines der großen Unternehmen, das sich bis zum 1. Weltkrieg im deutschen Reich etablieren konnte. In der Zwischenkriegszeit und während der NS-Diktatur war es für die MAN AG möglich, beispielsweise als führender Dieselmotorenhersteller eine herausgehobene Stellung in der deutschen Wirtschaft zu erlangen. Die amerikanische Militärregierung erteilte der MAN AG rasch nach dem Kriegsende verschiedene Aufräum- und Reparaturaufträge, sodass die Umstellung von Rüstungs- auf Zivilgüter vergleichsweise schnell stattfinden konnte.[179] Der Konzernteil in Mainz-Gustavsburg spezialisierte sich dabei auf den Bereich des Stahlbaus und entwarf viele Brücken- oder Krankon-

Bis zu seiner Pensionierung 1988 war er bei der MAN AG für Stahlkonstruktion, zunehmend auch für die Produktgestaltung von Schienen- und Straßenfahrzeugen zuständig. Unbekannt (1958b), (1978f), (1986ak), (1987i), (1988i), (1992b), (1964), Gottwaldt (2006), S. 64f, Neumann (1977), Pfaender (1960), RfF und INTEF (1964) und Archiv der MAN AG Karlsfeld, 1.0.1.0. Presseinformation 1, Presseinformation für den November 1977. Siehe zusätzlich Flesches Angaben in der Designer-Kartei des Rats für Formgebung.

177 | Flemming (2009). Dies kann unter anderem auch damit zusammenhängen, dass sich in den beiden Unternehmensarchiven in Augsburg und München-Karlsfeld mit ihren umfangreichen Beständen leider nur wenige Archivalien zu Aspekten der Designgeschichte erhalten haben.

178 | Koos (2002), Kraus (2005), (2015), S. 133f.

179 | Erker (1991), S. 547f.

struktionen.[180] In dem Nürnberger Werk wurden überwiegend Schienenfahrzeuge konstruiert und produziert, während man am Münchener Standort den Großteil der Nutzfahrzeuge fertigte.[181] Neben der MAN AG wirtschafteten unter dem Dach der Gutehoffnungshütte-Gruppe noch einige andere Maschinenbaukonzerne, wie die Deutsche Werft AG oder die Ferrostaal GmbH. Durch weitere Ankäufe entwickelte sich die GHH Mitte der 1970er Jahre mit knapp 90.000 Beschäftigten zu einem der größten Maschinenbauunternehmen in Europa. Die Exportquote der Gutehoffnungshütte lag zwar knapp unter 50%, verdeutlicht, dass schon damals viele Maschinenbauprodukte in das Ausland geliefert wurden.[182] Die Nutzfahrzeugsparte der MAN AG war daher nur ein Teilbereich in diesem umfangreichen Konzerngefüge, der jedoch einen Großteil des Firmenumsatzes erwirtschaftete.[183] Dabei wird der Umstand unterschätzt, dass dieser Unternehmensbereich das Bild der westdeutschen Öffentlichkeit über die MAN AG wesentlich prägte. Denn die Nutzfahrzeugprodukte wurden im Vergleich zu Großdieselmotoren, Rohstahl oder Raketentechnik von einzelnen Konsumenten auf der sprichwörtlichen Straße wahrgenommen, was für einen Konzern im Maschinenbausegment weniger üblich war.

Industriedesign spielte in der Entwicklung des Unternehmensbereiches Nutzfahrzeuge vordergründig nur eine untergeordnete Rolle.[184] Bei Arbeitsbeginn des Architekten Klaus Flesche 1951 waren eher Industriebauten, wie etwa Hamburger Hafenkräne, und weniger Nutzfahrzeuge sein Hauptaufgabengebiet. Ihre Büroräumlichkeiten hatten Flesche und die Mitarbeiter des späteren „Gesamtbereich Architektur und Design" in dem Werk Mainz-Gustavsburg. Seine „Allround-Tätigkeit durch das vielseitige Fertigungsgebiet" der MAN AG führte dazu, dass Flesche rasch nach seinem Dienstantritt bei vielen konzerninternen Gestaltungsfragen als firmeninterner Berater hinzugezogen wurde.[185] Teile seiner Entwicklungen zeigte er 1964 auf der documenta III. Mit Photographien einer Stahlbrücke in Schweden, der Form eines MAN-Haubenwagens 415 F, einer Diesellokomotive V 320 der Henschel-Werke AG und dem Trans-Europa-Express als erstem Schnellzug zwischen EWG-Staaten waren prominente Arbeiten und Projektbeteiligungen von Flesche in Kassel zu sehen.[186]

180 | Für die Geschichte des Werks in Mainz-Gustavsburg siehe Neliba (2002), besonders S. 136-150.

181 | Gottwaldt (2006), S. 62.

182 | Flemming (2009), S. 431f.

183 | Siehe hierzu MAN Diesel & Turbo historisches Archiv Augsburg, Bestand 1.3.2, K8, Bericht zu den Geschäftsjahren ab 1969.

184 | Für die allgemeinen Aspekte des Fahrzeugdesigns siehe Kraus (2007).

185 | Unbekannt (1958b). Siehe zusätzlich Flesche (1956).

186 | Ernst (1964), Flesche (1962). Besonders beim TEE-Projekt ist die Beteiligung von Flesche nicht gesichert, zumal es sich um ein Kooperationsprojekt der Konzerne MAN AG, Linke-Hofmann-Busch GmbH - heute die Alstrom Transport Deutschland GmbH - und Wegmann & Co.

Klaus Flesche ging es bei seiner Tätigkeit darum, technische Entwürfe und gestalterische Wünsche im Maschinenbau zusammenzubringen. Für ihn stand dabei „Schönheit [..] nicht an erster Stelle, aber anständig aussehen muss[te] jedes Produkt".[187] Ähnlich wie andere Designer mit einer Architektenausbildung Anfang der 1960er Jahre, betonte Flesche die vermittelnde Funktion der Produktgestaltung zwischen technischer Machbarkeit und ästhetischem Empfinden. Vor diesem Hintergrund war es das Ziel seiner Arbeit als Gestalter, bei der MAN AG „Freude zu wecken am Erzeugnis mit zweckentsprechender, klarer und sauberer Erscheinung, das der angewandten Technik und dem guten Geschmack entspricht".[188]

Flesche und seine Mitarbeiter in der Architekturabteilung in Mainz-Gustavsburg hatten daher nicht nur Aufgaben der Bauplanung zu übernehmen, sondern sie waren ebenso für Messepräsentationen der MAN AG oder konzernweite Gestaltungsfragen zuständig.[189] Anfänglich war das Leistungsspektrum vergleichsweise groß. Dies änderte sich jedoch im Laufe der Zeit, da beispielsweise die Bundesbahn 1969 in München ein eigenes Designzentrum gründete.[190] Dort gestalteten etwa Karl-Dieter Bodack oder der ‚Ulmer' Immo Krumrey nun neue Schienenfahrzeuge.[191] Diese Initiative des Staatskonzerns führte dazu, dass zukünftig ein Design für Züge nicht mehr von Flesche und seinen Mitarbeitern übernommen wurde. Im Jahr 1967 schuf daher Klaus Flesche die Organisationseinheit „Gesamtbereich Architektur und Design" neu, um konzernweit Gestaltungsaufgaben und -entwicklungen zu koordinieren und durchführen zu können.[192] Dieser Gesamtbereich war keiner anderen Firmengliederung unterstellt, sondern direkt dem MAN-Vorstand zugeordnet. Da seit Ende der 1960er Jahre die Aktivitäten im Stahl- und Brückenbau in Mainz-Gustavsburg rückläufig waren, entwickelte sich die Produktgestaltung der Nutzfahrzeuge für Flesche und seine Mitarbeiter zu dem zentralen Aufgabengebiet.[193]

Wesentliches Projekt der industriellen Formgebung von Klaus Flesche im Nutzfahrzeugbereiche waren nun etwa der Schnelllastwagen für 4,5 Tonnen in der Reihe 415, den er in Zusammenarbeit mit den Nürnberger MAN-Karosserieingenieuren entwickelt hatte. Bei diesem Fahrzeug stand Flesche als

– heute die Krauss-Maffei Wegmann GmbH und Co. KG – handelt und hierbei viele unterschiedliche Mitarbeiter involviert waren.

187 | Neumann (1977).

188 | Flesche (1962), S. 13.

189 | Gottwaldt (2006), S. 65.

190 | Für designhistorische Aspekte bei der Bundesbahn siehe den schon älteren Beitrag Harvie (1988).

191 | Gottwaldt (2006), S. 69.

192 | Jaspes (1976), S. 53.

193 | Kraus (2005), S. 174.

Designer 1953 vor der Aufgabe, in einem Fahrzeuggrundmodell die Möglichkeiten sowohl für einen Haubenwagen als auch für einen Frontlenker zu integrieren. Je nachdem ob die Motoreinheit unter oder vor der Fahrerkabine angeordnet wurde, divergierte die gesamte Frontgestaltung des Nutzfahrzeugs.[194] Für zwei Fahrzeugvarianten ein gemeinsames Grundmodell zu verwenden war in der Branche der westdeutschen Lastkraftwagenbauer in der Nachkriegszeit eine wesentliche Änderung. Es handelt sich dabei um eine wegweisende Neuerung hin zu dem Prinzip, das später als ‚Baukastenprinzip' oder Modellderivat bezeichnet wurde.

Teil der Leistungsbeschreibung war auch, dass „keine Annäherung an modische amerikanische Formen" stattfinden sollte.[195] Denn der Kundenkreis des Schnelllastwagens bestand kaum aus Privatpersonen, sodass sich die beteiligten Ingenieure und Flesche für eine Abgrenzung gegenüber ‚modischer' Gestaltung entschlossen. Besonders im Bereich der sogenannten Investitionsgüter war so etwas keine Seltenheit. In diesem Sektor gingen Designer davon aus, dass Produkte wesentlich länger in Benutzung waren als dies Konsumgütern unterstellt wurde. Das Ziel war es, unabhängig von zeitgenössischen ‚Design-Trends' nach einer eigenen Formgebung zu suchen. Gleichzeitig bemühte sich die MAN AG um ein technisch-orientiertes Industriedesign ihrer Fahrzeuge, da die MAN-Mitarbeiter die Stärken ihres Gesamtkonzerns im Bereich von Technik und Konstruktion sahen. Das eigene Design sollte entsprechend der zeitgenössischen Vorstellung diese Einschätzung veranschaulichen und sich nicht in den Vordergrund drängen.[196]

In Bezug auf Gestaltungsvorstellungen grenzten sich die Mitarbeiter der MAN AG etwa beim Schnelllastwagen 415 gegenüber einer nordamerikanischen Formgebung ab. Dennoch kooperierte der Unternehmensbereich Nutzfahrzeuge mit anderen nationalen und internationalen Konzernen bei der Produktgestaltung. Zentral hierbei war die Zusammenarbeit mit dem französischen Lkw-Hersteller Saviem ab dem Jahr 1963. Hinter dem Akronym von Société Anonyme de Véhicules Industriels et d'Équipements Mécaniques verbarg sich die Nutzfahrzeugsparte des Renault-Konzerns.[197] Ziel der deutsch-französischen Kooperation war es, die Sortimente beider Firmen auszugleichen. Denn Saviem besaß kaum schwere Lastkraftwagen, konnte jedoch den Kunden eine Vielzahl an leichten Wagen zwischen 2,5t und 7t Transportgewicht anbieten. Demgegenüber produzierte die MAN AG erfolgreich mittlere

194 | Dressbach und Kamp (2005), S. 76, Flesche (1956), S. 532, (1971), S. 5, (1978), S. 37, Gottwaldt (2006), S. 65.

195 | Flesche (1956), S. 532.

196 | In einem Interview mit Hans Hagen, dem Entwicklungsleiter im Bereich der Nutzfahrzeuge bei der MAN AG, aus dem Jahr 1978 wurde beispielsweise die MAN AG als „erzkonservativer Lkw-Hersteller" bezeichnet, Unbekannt (1978e), S. 17.

197 | Flemming (2009), S. 388f.

Abbildung 45: Innenraum des Fernverkehrs-Fahrerhaus mit Liege, 1978.

Quelle: MAN Truck & Bus historisches Archiv.

und schwere Lastkraftwagen mit 20t und 40t Nutzlast, baute aber zugleich kaum Fahrzeuge unterhalb dieser Gewichtsgröße.[198] Aus diesem Grund produzierten beide Unternehmen für den jeweils anderen komplette Wagen. So konnte jede der beiden Firmen alle Klassen von Nutzfahrzeugen dem Kunden unter eigenem Markennamen offerieren.[199] Um den Ansprüchen von zwei Konzernen gerecht zu werden, vereinbarten die beiden Unternehmensvorstände eine Ableitung und Anpassung der Fahrerkabinen für die sogenannte mittlere und schwere Klasse. Die französische Design-Abteilung erarbeitete zunächst einen entscheidungsreifen Vorschlag für die Fahrerkabine als Basis. Bei der Gegenüberstellung der Frontklappenentwürfe entschieden sich die Beteiligten für Formenbearbeitungen von Flesche, welche der zugrundeliegenden Saviem-Kabine verschiedene Gestaltungsmerkmale der MAN verleihen sollten.[200]

Ausgehend von diesen Vorarbeiten hatte das Team um Klaus Flesche in Mainz-Gustavsburg die Aufgabe, für die Fahrzeugfront eine für die MAN AG charakteristische Form zu finden. Dieser Entwurf wurde ab 1967 bei den MAN-Lastkraftwagen vom Typ F8 aufgenommen. Dieses Modell zeichnete sich durch einen Karosserieschnitt mit regelmäßigen Quadern aus und bildete das Grundkonzept für die MAN-Lastkraftwagen der nächsten zwei Jahrzehnte.[201] Wie damals bereits üblich, entstanden zwei Varianten der Kabine, nämlich eine für lokale Verteilerfahrten und Baustellenfahrzeuge ohne Stauraum sowie eine für Fernfahrten mit geräumigem Innenraum und Liegeflächen. Das Fahrerhaus wurde nur noch als Frontlenker konzipiert, wobei der Motorblock unterhalb des Fahrers angeordnet war anstatt davor, wie in den USA üblich. Mit der Kabine für den F8 gelang es bei einer MAN-Fahrerkabine erstmalig,

198 | Für einen gut strukturierten Überblick zu allen MAN-Fahrzeugen siehe Stibbe und Georgi (2015), S. 300-309.

199 | Dressbach und Kamp (2005), S. 82ff, Graf von Seherr-Thoss (1991), S. 322.

200 | Flesche (1971), S. 5, Jaspes (1976), S. 54 und S. 61. Für eine zeitgenössische Einschätzung, welche Ansprüche und Anforderungen neue Fahrerkabinen genügen mussten, siehe besonders Klöcker (1966).

201 | Dressbach und Kamp (2005), S. 84, Graf von Seherr-Thoss (1991), S. 318, Kraus (2005), S. 175. Siehe auch Falkner (1968).

den Motor ‚untersitzig' in der Konstruktion zu positionieren, sodass der Fahrer an seinem Arbeitsplatz besser vor Lärmbelastungen geschützt werden konnte. Technische Neuerungen wie ein Kippfahrerhaus, bei welchem die Kabine bis zu 60 Grad nach vorne geklappt und damit beispielweise ein Motorwechsel ohne Demontage des Fahrerhauses möglich wurde, kamen ebenfalls neu bei der F8-Reihe zur Anwendung.[202]

Obwohl führende Automobil- und Chemiekonzerne schon seit den 1950er Jahren an Lkw-Kabinen aus Kunststoff forschten, war der Anteil an synthetischen Materialen bei den Fahrerhäusern für den F8 noch vergleichsweise gering.[203] Lediglich die Sitzmöbel und Teile der Inneneinrichtung wurden aus Dralongewebe und Kunstleder gefertigt, um einen geringen Verschleiß sowie eine unkomplizierte Reinigung zu gewährleisten.[204] Vergleichbare Kabinen für die Fahrzeugreihe F8 produzierte die MAN AG bis 1986. Mit zwei Auszeichnungen als ‚Lastwagen des Jahres' 1978 und 1980 war diese Serie bis zu ihrem Ende relativ erfolgreich.[205] Weitere Designaufgaben bis zum Jahr 1986 beschäftigte daher Klaus Flesche über sein Pensionsalter hinaus, denn eigentlich hätte er schon 1982 in Rente gehen können, schied aber erst im Jahr 1987 aus dem Unternehmen aus.[206]

Der Hauptgrund für Flesches Beschäftigung durch die MAN AG über das damalige Rentenalter von 65 Jahren hinaus bestand darin, dass er bei der Abwicklung der Designabteilung in Mainz-Gustavsburg helfen sollte.[207] Mit Wolfgang Kraus wurde 1979 nämlich ein Industriedesigner nach München-Karlsfeld berufen, der sich ausschließlich um die Gestaltung von Nutzfahrzeugen kümmerte. Damit stand er teilweise in Konkurrenz zum „Gesamtbereich Architektur und Design" in Mainz-Gustavsburg. Langfristig wurde somit die Designabteilung in Hessen geschlossen, während in der bayerischen Landeshauptstadt ab 1987 eine eigene Abteilung nur für Karosseriedesign aufgebaut wurde. Zuerst arbeitete Kraus allerdings als einzelner Gestalter zwischen Konstrukteuren. Folgt man seinen Beschreibungen, dann war sein Arbeitsplatz in einem Raum mit 38 anderen Karosserieingenieuren und deren Zeichenanlagen. Und da seine Tätigkeiten zuerst den Mitarbeitern in Mainz-Gustavsburg nicht mitgeteilt worden war, obwohl diese offiziell noch für unternehmensinterne Designberatungen verantwortlich waren, musste er etwa bei Besuchen

202 | Drewitz (1966) und das Patent Wilhelm und Delp (1968).

203 | Siehe hierzu S. 79f.

204 | Schmidt (1966).

205 | Schneikart (1978). Siehe zusätzlich dazu die beiden Interviews mit Klaus Flesche und Hans Hagen Unbekannt (1978e), (1978f).

206 | Gottwaldt (2006), S. 71 und MAN Truck & Bus historisches Archiv München-Karlsfeld, Sitzung des Vorstands der MAN-Nutzfahrzeuge GmbH vom 26.06.1986.

207 | MAN Truck & Bus historisches Archiv München-Karlsfeld, Rundschreiben an alle Abteilungen und Außenstellen der MAN Nutzfahrzeuge GmbH vom 04.06.1986.

Abbildung 46: Innenraum des F8-Fahrerhaus, 1978.

Quelle: MAN Truck & Bus historisches Archiv.

seine Entwurfszeichnungen vom Tisch räumen.[208]

Als ‚Einzelkämpfer' war Kraus zwischen 1979 und 1984 in München besonders mit der Entwicklung von Fahrerkabinen für die neue F90-Reihe beschäftigt. Der damalige technische Direktor und Leiter der Gesamtentwicklung Klaus Schubert war für dieses neue Produkt zuständig. Bei internen Abstimmungen mit seinen Vorstandskollegen hob er die zunehmende Bedeutung von Design für einen zukünftigen Verkaufserfolg hervor. Daher wurde Kraus von Beginn an in den Entwicklungsprozess integriert. Die neue F90-Serie an schweren Lastkraftwagen wurde 1986 der Öffentlichkeit vorgestellt und etwa von der Fachpresse vielfach gelobt.[209] Im Jahr nach seiner Markteinführung erlangte dieser MAN-Lkw rasch die Auszeichnung ‚Truck of the Year 1987'. Einzelne Automobil-Journalisten kritisierten die Gestaltung dafür, dass sich die äußerlichen Merkmale der F90-Reihe und der Vorgängerserie F8 kaum unterschieden. Die Zeitschrift ‚Verkehrs-Rundschau' organisierte sogar einen Gestaltungswettbewerb zur Verbesserung der F90-Fahrerkabine und engagierte hierzu drei Karosseriedesigner.[210]

In der Presse wurde Klaus Flesche gelegentlich als Designer der F90-Reihe dargestellt, wie beispielsweise in einem Interview 1986 anlässlich der Präsentation des neuen Lastkraftwagens.[211] Jedoch scheint er wenig mit der Formgebung für die F90-Fahrerkabine beschäftigt gewesen zu sein. Vielmehr erarbeitete Wolfgang Kraus das Design für diese Lkw-Reihe.[212] Konstruktionsskizzen von Kraus weisen deutlich darauf hin, dass die Fahrerkabine in München-Karlsfeld und nicht in Mainz-Gustavsburg gestaltet wurde.[213] Unabhängig von der Zuschreibung wurde die F90-Reihe für die MAN AG ein wirt-

208 | Kraus (2005), S. 175f.

209 | Flemming (2009), S. 454f. Für die zeitgenössische Presseberichterstattung siehe beispielweise Unbekannt (1986b), (1986j), (1986m), (1986q), (1986r), (1986t), (1986u), (1986af), (1986ak), Schneikart (1986), Schubert und Hahn (1987).

210 | Schneikart (1986).

211 | Unbekannt (1986ak). Siehe als Vorbereitung die Patentanmeldung Flesche (1979).

212 | Kraus (2005), S. 176f. Für die Patentanmeldung zum F90 – bei der Flesche fehlt, aber Kraus als einer der Erfinder eingetragen ist – siehe Koch et al. (1986).

213 | Siehe hierzu MAN Truck & Bus historisches Archiv München-Karlsfeld, 11.4.5., F90 III Fhs Entwicklungs-Design mit Zeichnungen 1980-82 und ibid., 11.4.5., Konstruktionsskizze von Wolfgang Kraus zum Fahrerhaus F90. Für das Lastenheft zu der F90-Reihe mit allen zusätzlichen

Abbildung 47: M/F90-Baukasten-Fahrerhaus.

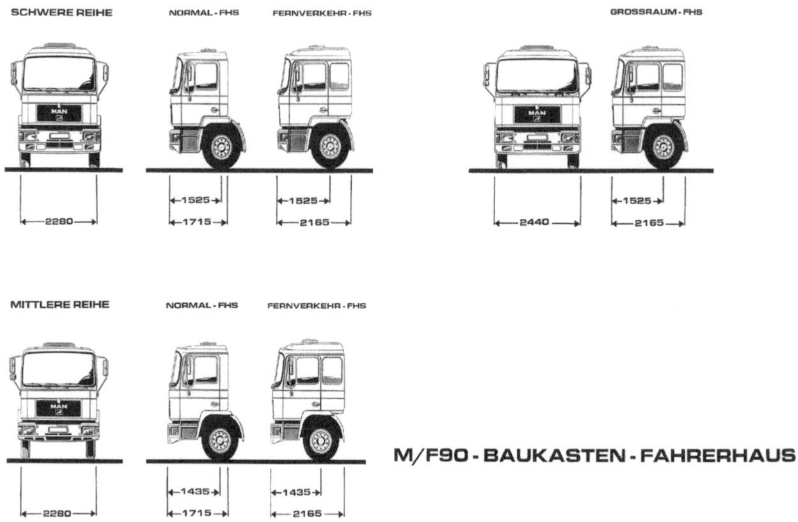

Zeichnung von Prof. Wolfgang Kraus, 1983.

Abbildung 48: F90-Fahrerhaus-Baukasten.

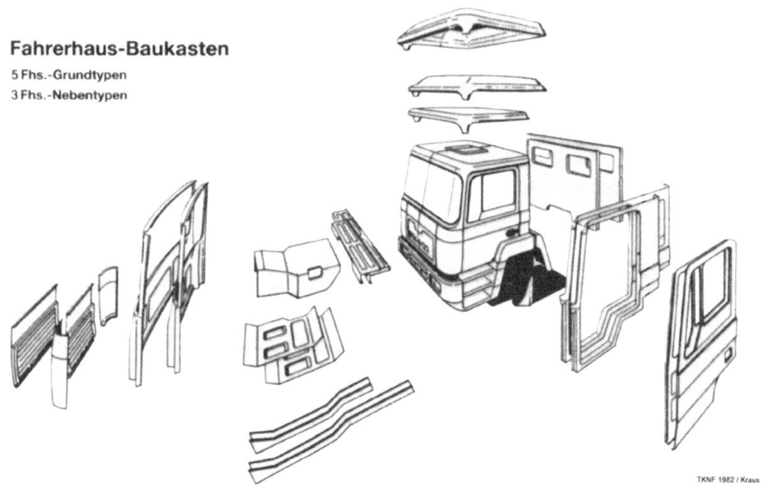

Zeichnung von Prof. Wolfgang Kraus, 1982.

Abbildung 49: Designskizze zum F90-Fahrerhaus.

Zeichnung von Prof. Wolfgang Kraus, 1982.

schaftlicher Erfolg, sodass das Modell im Jahr 1994 zur F2000-Serie weiterentwickelt wurde.[214] Zwischen 1987 und 1999 konnte die Lkw-Produktion von ungefähr 20.000 Stück auf über 50.000 Lastkraftwagen pro Jahr gesteigert werden, sodass die MAN AG um die Jahrtausendwende zum viertgrößten Lkw-Anbieter in der Welt aufstieg.[215]

Abbildung 50: Innenraum eine F90-Fahrerkabine, 1989.

Quelle: MAN Truck & Bus historisches Archiv.

Die Grundlage für eine solche Produktionssteigerung wurde in den 1970er Jahren gelegt, denn im Zuge allgemeiner Umstrukturierungen nach der zweiten Ölpreiskrise 1979/80 leitete man im Gutehoffnungshütte-Gesamtkonzern weitreichende Maßnahmen ein. Da sich die MAN AG zu einem eigenen Großunternehmen entwickelt hatte, benannte man das neue symbolische Dach für das Firmenkonglomerat und die Gutehoffnungshütte nun auch offiziell in ‚MAN' um. Die verschiedenen Teile der MAN AG wurden dabei 1985 in die UB ‚Nutzfahrzeuge', ‚Maschinen und Anlagen' sowie ‚Neue Technologien' erstmals aufgegliedert und als rechtlich selbstständige Gesellschaften konzipiert.[216] Mit weiteren Produktionsstandorten in Salzgitter, Braunschweig, der Türkei und Südafrika war die Fertigung von Lkws und Bussen auf wenige Standpunkte konzentriert.

Das Werk in München-Karlsfeld bildete dabei das Zentrum des Konzernbereichs Nutzfahrzeuge, und dort wurde ab 1987 die Designabteilung für Nutzfahrzeuge aufgebaut. Diesen Auftrag übernahm Wolfgang Kraus, der Ende 1984 die MAN AG zwischenzeitlich verlassen hatte, um als Professor für Karosserie- und Fahrzeugdesign an der Hochschule für angewandte Wissenschaften in Hamburg zu lehren. Treibende Kraft bei der Gründung einer Designabteilung für Nutzfahrzeuge war das Vorstandsmitglied Klaus Schubert. Diese Unternehmenseinheit wurde als Hauptabteilung direkt dem Technikvorstand unterstellt und konnte dadurch gleichberechtigt mit anderen Entwicklungs-

Anforderungen siehe ibid., 11.4.3. Design I. Siehe darüber hinaus die Ausführungen von ihm in Kraus (1987).

214 | Koos (2002), S. 45.

215 | Flemming (2009), S. 456.

216 | Flemming (2009), S. 450.

Abbildung 51: Lenkratentwurf für den F90.

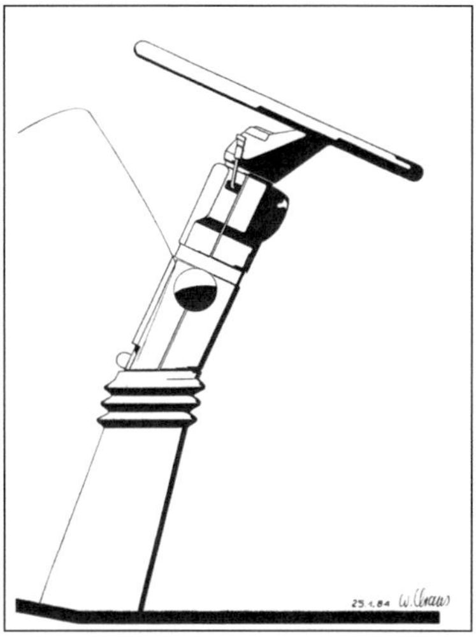

Zeichnung von Prof. Wolfgang Kraus, 1985.

bereichen bei der Produktentwicklung mitwirken.[217] Aus dessen Etat standen am Anfang Finanzmittel für den Leiter, drei Designer und einen Modellbauer zur Verfügung.[218] Der Leiter der Karosserieabteilung Herbert John unterstützte dabei Schubert und Kraus beim Aufbau einer eigenen Designabteilung.[219] Aus dem ehemaligen „Gesamtbereich Architektur und Design" wechselte etwa noch Gerhard Friedrich – der später zur BMW AG ging –, von Mainz-Gustavsburg nach München-Karlsfeld.[220] Manfred Jaspes, ebenfalls ein ehemaliger Mitarbeiter von Flesche, widmete sich der Gestaltung von Messeständen und einer Visualisierung der sogenannten MAN-Corporate Identity.[221] Die Räumlichkeiten in Mainz-Gustavsburg wurden geschlossen, Klaus Flesche verrentet, der Gesamtbereich aufgelöst und einige Unterlagen im Zuge dessen nach München gebracht. Daher hat sich nur eine geringe Anzahl an Archivalien aus der Zeit vor 1979 zur MAN-Designgeschichte in den beiden Unternehmensarchiven in Augsburg und München-Karlsfeld erhalten.

2. Gestaltungsfragen bei Nutzfahrzeugen

Im Jahr 1973 erschien in der Sonderbeilage ‚zeitgemäße form' der Süddeutschen Zeitung eine Serie über Industriedesign bei verschiedenen bundesdeutschen Unternehmen. Im siebten Teil dieser Serie besprach Ingo Klöcker die Formgebung der MAN AG. Er vertrat dabei den Standpunkt, dass „eine Design-Philosophie im Sinne eines Dogmas oder in Form von festgelegten Stilmerkmalen" nicht vorhanden sei.[222] Vielmehr orientierten sich Flesche und seine sieben Mitarbeiter pragmatisch an der jeweiligen konkreten Auf-

217 | Kraus (2005), S. 177f.

218 | MAN Truck & Bus historisches Archiv München-Karlsfeld, Sitzung des Vorstands MAN-Nutzfahrzeuge GmbH vom 11.11.1986. Im Jahr 1992 hatte sich die Anzahl der Mitarbeiter in der Designabteilung schon auf zehn verdoppelt, Unbekannt (1992a), S. 13.

219 | Kraus (2005), S. 178f.

220 | Unbekannt (1992b), S. 52.

221 | Ibid.

222 | Klöcker (1973a).

gabenstellung, ohne formale Gestaltungsprinzipien auf alle Designaspekte gleichermaßen anzuwenden. Auf der einen Seite bot eine solche Arbeitsweise die Chance, bei jedem Projekt individuelle Designantworten entwickeln zu können. Auf der anderen Seite bestand das Risiko, lediglich zu vielen Einzellösungen zu gelangen, ohne eine sogenannte Familienähnlichkeit durch das Design zu erzeugen. Dieses Spannungsfeld prägte die Arbeit im Bereich der Produktgestaltung bei der MAN AG.

Relevant wurde eine solche Frage in Bezug auf Ähnlichkeiten bei verschiedenen Fahrzeugfronten. Ziel der Industriedesigner war es dabei, eine Kontinuität zwischen den unterschiedlichen Modellen herzustellen. Hierbei galt es zu berücksichtigen, dass bei der Markteinführung neuer Produkte äußere Merkmale Ähnlichkeiten zu vorhergehenden Entwürfen aufweisen sollten, sodass der Konsument beide mit der jeweiligen Firma in Verbindung brachte. Gleichzeitig war auch eine Unterscheidbarkeit gewünscht, da sonst auf den ersten Blick kaum vermittelbar war, worin sich das teurere, neue und das kostengünstigere, alte Produkt unterscheiden würden. Zwischen diesen beiden Ansprüchen manövrierten daher die Industriedesigner bei nahezu allen Automobilunternehmen. Anfang des Jahrtausends hob der Leiter der Designabteilung Holger Koos hervor, dass bei der MAN AG „die Betonung [..] auf einem sympathischen, nicht-aggressiven Erscheinungsbild [liegt], um die Akzeptanz des Nutzfahrzeugs als Partner im Verkehr zu erhöhen und dem Lkw das Image des Bedrohlichen zu nehmen".[223] Die Vermittlung solcher Eigenschaften speziell bei Fahrzeugkarosserien war für die Industriedesigner auch im letzten Jahrhundert eine der wesentlichen Aufgaben.

Ein Lösungsweg war die schon erwähnte Ähnlichkeit zwischen den verschiedenen Modellreihen. Laut Klaus Flesche ist rückblickend „die Kontinuität des Erscheinungsbildes, die ‚Familienähnlichkeit' der Fahrzeuggenerationen" bei der MAN AG im Laufe der Jahre gewollt entstanden.[224] Zwei zentrale Elemente waren die Fahrzeugkabine als Ganzes und das eigene Firmenzeichen, das überwiegend auf dem Kühlergrill positioniert wurde. Das eigene Signet galt als schnellster Weg für die Wiedererkennbarkeit des Unternehmens. Seit Beginn der Kraftfahrzeugentwicklung bei der MAN AG setzte sich das firmeneigene Zeichen aus den drei zentralen Buchstaben zusammen, die für den Gesamtkonzern standen.[225] Seit der Übernahme der Büssing AG und deren besonderen Nutzfahrzeugentwicklungen bei Unterflurmotoren Anfang der 1970er Jahre verschmolzen beide Firmensymbole miteinander.[226] Für die Zeitgenossen galt dies als Hinweis, dass es sich weniger um eine Übernahme,

223 | Koos (2002), S. 48.

224 | Unbekannt (1992b), S. 50.

225 | Unbekannt (1959e).

226 | Flemming (2009), S. 417f.

Abbildung 52: Designentwicklung für den F90.

Abbildung 53: Designentwicklung für den F90.

Quelle: Privatarchiv Prof. Wolfgang Kraus.

sondern auf inhaltlicher Ebene um eine gleichberechtigte Verbindung beider Nutzfahrzeugsparten ging. Der Braunschweiger Löwe, den die Büssing AG als eigene Bildmarke übernommen hatte, wurde mit dem ‚MAN'-Schriftzug zusammengefügt und die Verbindung beider Firmen auch visuell vollzogen.[227]

Bei der Produktion der Fahrerkabine setzte nach der Übernahme der Büssing AG das von der Saviem SA und MAN AG entwickelte F8-Fahrerhaus die Maßstäbe. Denn bei dieser Baureihe war man bei der MAN-Nutzfahrzeugsparte zu einer Modulbauweise übergegangen. Schon seit Anfang der 1960er Jahre hatten die Konstruktionsingenieure bei der MAN AG die Möglichkeit entwickelt, dass aus verschiedenen Bauserien je nach Kundenwunsch unterschiedliche Kombinationen erstellt werden konnten.[228] Darüber hinaus erlaubte eine solche Fahrzeugfertigung „nach dem Baukastenprinzip [..] eine rationelle Serienfertigung", was wiederum eine erhebliche Kostenreduzierung ermöglichte.[229] Durch diese vielfältige Variabilität bei den Fahrerkabinen konnten etwa kleinere Serien an Nutzfahrzeugen mit Sonderwünschen noch wirtschaftlich produziert

227 | Dressbach und Kamp (2005), S. 108, Droscha (1991), S. 51, Fischer (2010), S. 51, Flemming (2009), S. 418. Im Jahr 2012 löste die MAN AG den Löwen von der Wortmarke ‚MAN'. Seitdem wird der Löwe der ehemaligen Büssing AG auf der Chromleiste des Kühlergrills platziert, Unbekannt (2014d).

228 | Neumeyer (1964).

229 | MAN AG (1972), S. 21.

werden. Das Baukastenprinzip erlaubte es, einen hohen Anteil an standardisierten Konstruktionsteilen zu verwenden, sodass durch genormte und damit preisgünstigere Fabrikationselemente die Gesamtkosten auch bei Fahrzeugen mit kundenspezifischen Änderungswünschen konkurrenzfähig blieben.[230]

Ein wichtiges Element bei dieser Fabrikationsweise im Nutzfahrzeugbereich bildete das Presswerk der MAN AG in Mainz-Gustavsburg. Dieses Werk fertigte besonders geformte Stahlteile für die Automobilindustrie.[231] Der besondere Anspruch lag dabei darauf, dass diese Freiformflächen bei Fahrzeugen, ähnlich wie im Schiffsbau, gestrakt wurden. Flache Ebenen ließen sich dadurch auf ein Minimum reduzieren, sodass etwa Vibrationen und ungünstige Verformungen während der Fahrt vermieden wurden.[232] Der UB Nutzfahrzeuge der MAN AG ließ seine Karosserieelemente im Werk Mainz-Gustavsburg produzieren, wo Klaus Flesch und seine Mitarbeiter des „Gesamtbereichs Architektur und Design" eigene Büroräumlichkeiten besaßen. Die gepressten Teile für die Fahrzeugkabine wurden dann zur Montage nach München oder Salzgitter transportiert. Die Bedeutung von Automobildesign war dabei verhältnismäßig gering, gab es doch mit den Konzernbereichen für Stahl-, Hoch- und Brückenbau viele weitere Bereiche in Mainz-Gustavsburg. Das Presswerk der MAN AG bearbeitete nicht nur unternehmensinterne Aufträge, sondern belieferte auch andere Konzerne aus der Fahrzeugindustrie. So entstand über Mainz-Gustavsburg eine enge Kooperation zwischen der MAN AG und der Daimler-Benz AG seit Anfang der 1970er Jahre, denn der Stuttgarter Autokonzern ließ ebenfalls Pressteile für die eigenen Fahrzeuge hier produzieren.[233] Diese Verbindung wurde 1972 erweitert, da sich nun die Daimler-Benz AG und die MAN AG gegenseitig mit Teilen wie Motorelementen und Achsen belieferten. Beide Unternehmen erhofften sich durch einen solchen Warentausch einen größeren Rationalisierungsvorteil mittels noch größerer Produktionsserien.[234] Trotz der unmittelbaren Konkurrenz beider Nutzfahrzeugsparten handelten die Konzerne sowohl als Zulieferer als auch als Endproduzenten. Solche Kooperationen mit anderen Unternehmen waren keine Ausnahmen, sondern in der Automobilbranche üblich. Mit der Volkswagen AG, der BMW AG, Saviem SA, Magirus-Deutz AG und Saab-Scania AB besaß das Werk in Mainz-Gustavsburg etliche Kunden unter den bedeutenden Fahrzeugbauern der Zeit.[235]

---

230 | Schellenberg (1979).

231 | Droscha (1991), S. 66.

232 | Siehe hierzu Kraus (2007), S. 35f.

233 | Siehe hierzu MAN Diesel & Turbo historisches Archiv Augsburg, Akte 118.V, Interner Monatsbericht Werk Mainz-Gustavsburg.

234 | MAN Truck & Bus historisches Archiv München-Karlsfeld, 1.0.1.0. Presseinformation 2 und ebenso Unbekannt (1971l).

235 | Siehe hierzu ebenfalls MAN Diesel & Turbo historisches Archiv Augsburg, Akte 118.V, Interner Monatsbericht Werk Mainz-Gustavsburg.

Kunststoffe im Automobilbau

Parallel zu den metallischen Konstruktions- und Karosserieelementen wurden seit den 1960er Jahren zunehmend auch Kunststoffe im Automobilbau verwendet.[236] Hierbei wurde jedoch bei Nutzfahrzeugen zuerst nur im Innenraum des Fahrerhauses auf synthetische Materialien zurückgegriffen. Es waren daher bald keine unverkleideten Blechwände mehr zu sehen. Vielmehr wurde das gesamte Interieur mit unterschäumten Kunstlederflächen ausgestattet, die neben ästhetischen Aspekten vor allem eine größere Unfallsicherheit für die Fahrer gewährleisten sollten.[237] Im Laufe der Zeit ersetze ‚Chemie' auch zunehmend Metall, da bessere Materialeigenschaften und preisgünstigere Produktion für Kunststoffbauelemente sprachen. So warb beispielsweise die MAN AG 1985 damit, dass ihre Kühlerklappen samt Konzernlogo nun aus thermoplastischen Kunststoffen vom Band rollten. „Mit der Umstellung auf das Chemieprodukt erg[a]ben sich zahlreiche Vorteile, unter anderem die unbegrenzte Lebensdauer der Kühlerverkleidung." Gleichzeitig wurde die Wagenfront dadurch besser gegen Witterung und Korrosion sowie Steinschlag oder Salzwasser im Winter geschützt.[238]

Die Verwendung von Kunststoffen im Fahrzeugbau erlebte durch die erste Ölpreiskrise 1973/74 paradoxerweise keinen Einbruch, sondern vielmehr boten synthetische Konstruktionsteile die Möglichkeit einer Gewichtsreduktion, die wiederum den Kunden eine größere Kraftstoffeinsparung versprach. Vergleicht man die zeitgenössischen Äußerungen von Automobilexperten über die beiden Ölpreiskrisen, so erscheint vielfach die Krise von 1973/74 als temporäres Ereignis. Demgegenüber galt für viele die zweite Ölpreiskrise als einschneidender, da sich schon davor ein ansteigender Ölpreis negativ auf die Preisbildung der Hersteller ausgewirkt hatte. Die Entwicklung von 1979/80 besaß schon vorgelagerte Prozesse, sodass die westdeutschen Automobilkonzerne nicht mehr – wie bei der ersten Ölpreiskrise – von einer kurzen Phase verteuerter Kohlenwasserstoffprodukte ausgingen. Bezogen auf die Fahrzeugindustrie war daher die zweite Ölpreiskrise im Verhältnis relevanter und systemverändernder als 1973/74, was für eine entscheidende Formierungsphase um 1979/80 spricht.[239]

Die sichtbarste Änderung während der zweiten Ölpreiskrise im Bereich des Karosseriedesigns war die zunehmende Bedeutung von aerodynamischen Effekten. Die MAN AG reagierte damit auf die einsetzende Wirtschaftskrise

236 | Siehe hierzu S. 77f.

237 | Schmidt (1966), S. 7.

238 | MAN Truck & Bus historisches Archiv München-Karlsfeld, 1.0.1.0., MAN-Presseinformation vom Februar 1985.

239 | Geyer (2010a), S. 647. Siehe zusätzlich S. 154.

1979 und ein wachsendes Energiebewusstsein der Kunden mit dem Versuch, den Kraftstoffverbrauch der eigenen Produkte weiter senken zu können. Dies wollten die Fahrzeugkonstrukteure und -designer besonders mit der Optimierung von Motoren, der Schulung des Personals auf energiebewusste Fahrweisen und der Verringerung der Luftwiderstände erreichen. Schon ab 1974 wurden erste Nutzfahrzeuge mit sogenannten Luftleitblechen ausgerüstet, um günstigere Strömungswege bewirken zu können.[240] Ab 1979 bot man MAN-Nutzfahrzeugen serienmäßig diese technischen Lösungen zur Verringerung des Luftwiderstands an.[241] Jedoch waren solche Lösungen mit Luftleitblechen zeitgenössisch längst nicht mehr wirklich innovativ, galten sie doch schon seit einigen Jahren als effektive Möglichkeit für eine verbesserte Aerodynamik bei Automobilen.[242]

Das X90-Projekt

Der MAN-Chefdesigner Klaus Flesche führte schon Mitte der 1970er Jahre produktspezifische Untersuchungen für verbesserte Fahrerkabinen im Windkanal durch. Aerodynamik war daher im Bereich des Industriedesigns bei der MAN AG schon vor der zweiten Ölpreiskrise im Unternehmensbereich ‚Neue Technologien' ein Thema.[243] Dies hing vor allem mit dem sogenannten Projekt ‚X90' zusammen, das Flesche als Zukunftsvision eines Nutzfahrzeugs im Jahr 1990 konzipierte. Erste Entwürfe des ‚X90' wurden bereits 1977 auf der Internationalen Automobil-Ausstellung gezeigt.[244] Parallel dazu präsentierte die Zeitschrift ‚Verkehrs-Rundschau' in Frankfurt den Fahrzeugentwurf ‚2001' von Luigi Colani. Dieser zeichnete sich durch eine für Colani typische biomorphe Karosserie aus, die als wesentlich kraftstoffsparender im Vergleich zu konventionellen Lastkraftwagen präsentiert wurde. Wie viele utopische Entwürfe aus Colanis Designbüro, wurde diese Konstruktion in der Tages- und Fachpresse ausführlich dargestellt, aber von Gestaltungsexperten zurückgewiesen und angegriffen.[245] Das ‚X90'-Modell der MAN AG war somit ein Gegenentwurf. Es sollte unter anderem aerodynamische Optimierungsmöglichkeiten aufzeigen und als Serienfahrzeug im Jahr 1990 produziert werden.

Für Experten aus der Nutzfahrzeugbranche war der Entwurf ‚X90' jedoch weniger wegen seines verbesserten Luftwiderstandsbeiwertes von ungefähr

240 | Hau (2008), S. 279. Siehe zusätzlich Müller (1972).

241 | MAN Truck & Bus historisches Archiv München-Karlsfeld, 1.0.1.0., MAN AG Werk München-Presseinformation vom 01.02.1979.

242 | Besonders Alfons Gillhaus war bei der MAN AG für den Schwerpunkt Aerodynamik bei Nutzfahrzeugen zuständig. Siehe hierzu allgemeiner Hau (2008).

243 | Unbekannt (1977j), (1977k). Siehe zusätzlich Feustel und Hau (1977).

244 | Kahlert (1979), S. 11. Siehe hierzu auch ausführlich die beiden Patente Moll und Flesche (1977a), (1977b).

245 | Unbekannt (1977l), S. 21.

Abbildung 54: X90-Design Zeichnung, aus: planen M.A.N. – forschen, bauen (1977), S. 43.

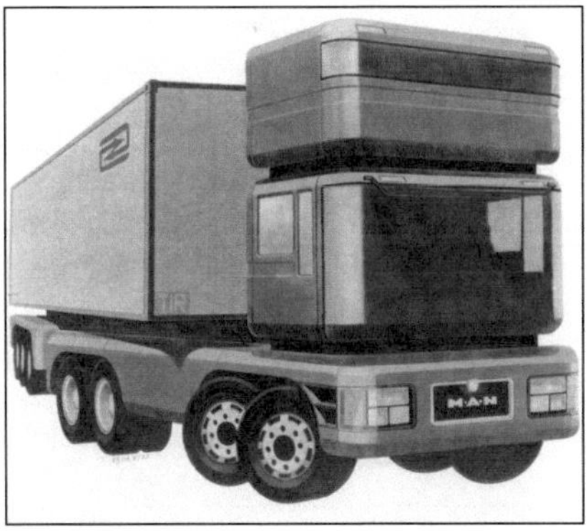

Quelle: MAN Truck & Bus historisches Archiv.

0,42 bemerkenswert. Vielmehr weckte das variable Baukastenprinzip Interesse, da Flesches Entwurf aus vielen separat verwendbaren und kombinierbaren Einheiten bestand. Bei diesem Aufbau existiert lediglich eine Fahrwerkbasis als Grundeinheit, auf welcher die Fahrerkabine, eine Schlafkabine und Luftleitbleche nach Kundenwunsch angeordnet werden konnten. Durch die Auflösung der einzelnen Funktionseinheiten hätten die Kunden laut Flesche darüber hinaus die Möglichkeit, ausgehend von der Basiseinheit und einzelnen Systemkomponenten, ihre Fahrzeuge je nach Tagesbedarf und Anforderung spezifisch auszurüsten. Gleichzeitig erhofften sich Flesche und sein Team von einem solchen ‚System-Lastwagen', dass die einzelnen Fahrzeugteile weiter standardisiert werden könnten, um wiederum die Produktion durch die Ausrichtung an der sogenannten Modulbauweise noch preisgünstiger zu gestalten.[246] Die Konstruktion der Schlafeinheit war dabei einmalig, da sie zuerst eine separate Funktionseinheit darstellte, die entweder unter oder oberhalb der Fahrerkabine angeordnet werden konnte. Es war damit möglich, die zulässigen vier Meter Fahrzeughöhe voll auszunutzen, ohne den Raum hinter der Kabine in Anspruch zu nehmen. Die Ladekapazität eines Lastkraftwagens konnte damit optimiert werden, da bei einer fixen Maximallänge nur im vorderen Fahrzeugbereich Optimierungsraum existierte. Das ‚X90'-Modell wurde von Flesche darüber hinaus wahlweise mit einem Lenkrad oder mit einem Steuergriff konzipiert, was der ‚2001'-Entwurf von Colani in ähnlicher Weise ebenfalls vorsah.[247]

Die Projektstudie ‚X90' von Klaus Flesche wurde letztendlich nicht verwirklicht. Das Modell versuchte zwar, zukünftige Entwicklungen zu antizipieren, doch wurden viele Normen und Vorgaben der Behörden, Berufsgenossenschaften und Versicherungen außer Acht gelassen. Wolfgang Kraus analysierte 1980 in einer internen Untersuchung die verschiedenen Einflussgrößen, welche das Erscheinungsbild einer Fahrzeugkabine beeinflussten. Darunter waren Gesetze und Vorschriften der Europäischen Gemeinschaft, der

246 | MAN Truck & Bus historisches Archiv München-Karlsfeld, 11.4.3. Design II, Broschüre Design-Konzept X90 und Unbekannt (1977l), (1978g), Kahlert (1979), S. 11.

247 | Unbekannt (1977l), (1978g).

UN-Wirtschaftskommission für Europa, der bundesdeutschen Straßenverkehrsordnung, der Unfallverhütungsvorschriften und der gesetzlichen Unfallversicherung. Hinzu kamen ähnlich verbindliche Empfehlungen durch VDI-Richtlinie, ISO-Standards und DIN-Normen. Darüber hinaus waren Faktoren wie beispielweise europäische Transitmaße von Bedeutung, damit Lastwagen etwa auf Zügen durch Tunnel transportiert werden konnten.[248] Die Auflistung von Kraus zu allen relevanten Faktoren verdeutlichte, dass viele Vorgaben bei neuen Designmodellen berücksichtigt werden mussten, wenn sie später zur Serienreife gebracht werden sollten.[249] Das explizite Wissen der Industriedesigner über Gesetze und Normen hatte sich daher zu einer wesentlichen Fähigkeit der Profession entwickelt.

Abbildung 55: X90-Design-Modell in der Transkontinental-Konfiguration, ca. 1978.

Quelle: MAN Truck & Bus historisches Archiv.

Der ‚X90'-Enwurf berücksichtigte in seiner vergleichsweise architekturorientierten und statischen Konstruktion viele dieser erwähnten Vorgaben nur unzureichend. Aus diesem Grund entschied sich der MAN-Vorstand gegen die Verwirklichung des Prototyps von Flesche, da der Entwurf technisch nicht realisierbar war. Vielmehr wurde Kraus noch im Jahr 1980 mit der Entwicklung einer neuen Fahrerhaus-Serie beauftragt, die ab 1986 bei dem F90 zum Einsatz kommen sollte. Dies war für Flesche eine schmerzhafte Niederlage, wenn man seinen Aussagen in späteren Interviews folgt.[250] Aus seiner Perspektive besaß der Vorstand der MAN AG für ein solch zukunftsweisendes Modell wie den ‚X90' einfach nicht den nötigen Mut. Außerdem nahm Flesche an, dass in München gegen das Gustavsburger Modell gestimmt wurde, da es keine eigene Werksentwicklung war.[251] Unabhängig von der Plausibilität solcher Argumente präsentierte etwa der unmittelbare Lkw-Konkurrent Renault 1985 mit dem ‚VE10 Virages'-Konzept einen Entwurf, der deutliche kubische Ähn-

248 | MAN Truck & Bus historisches Archiv München-Karlsfeld, 11.4.5., Fahrerhaus-Studie von Wolfgang Kraus zur Neuen Fahrzeug-Generation vom 14.07.1980.

249 | Die zusammengefasste Version für die Vorstände belief sich immer noch auf sechs volle Schreibmaschinenseiten, siehe S. 259. Die vollständige Analyse des X90-Projekts ist leider nicht mehr im MAN-Unternehmensarchiv überliefert. Siehe hierzu auch den Beitrag von Klein (1980) zu den verschiedenen Normen und Vorgaben für Industriedesigner.

250 | Siehe hierzu die Interviews Unbekannt (1986l), (1986ak), (1988i), (1992b).

251 | Das Chassis und die Technik des X90 basierten auf dem F8.

lichkeiten auswies. Der Renault Magnum AE ging ab 1990 als weiterentwickeltes Fahrzeug in die Serienfertigung, ihm wurde gelegentlich eine Verbindung zum ‚X90' nachgesagt. Trotz der Entscheidung gegen den ‚X90'-Entwurf arbeiteten die Gestalter von Flesche weiter an neuen Fahrzeugkonzepten. So kooperierte etwa der MAN-„Gesamtbereich Design und Architektur" in Mainz-Gustavsburg im Jahr 1981 mit Bernd Meurer und seinen Studierenden von der FH Darmstadt. Sie entwickelten als Semesterprojekte verschiedene Fahrzeugentwürfe, die später in der ‚form' veröffentlicht wurden und Ähnlichkeiten zu dem ‚X90'-Modell besaßen.[252] Darüber hinau wurde aber der ‚X90'-Entwurf nicht mehr weiterverfolgt.

Globalisierendes Nutzfahrzeugdesign

Seit Anfang der 1980er Jahre wurde mit dem Begriff Globalisierung die verstärkt wahrgenommene Verflechtung zwischen nationalen Absatzmärkten beschrieben. Für die Automobildesigner war dies mit dem Anspruch verbunden, dass ihre Entwürfen auch in anderen Ländern und Kontinenten verkauft werden konnten. Somit machte die Kenntnis internationaler und nationaler Konstruktionsnormen einen beträchtlichen Teil der Kompetenzen von Industriedesignern im Fahrzeugbau aus. Anfang der 1980er Jahre betonte daher der bundesdeutsche Automobildachverband, dass „das Automobildesign [..] in den letzten Jahren zu einem bedeutsamen Faktor im internationalen Wettbewerb geworden" war.[253] Eine steigende Anzahl an Vorgaben konnte die Entwurfstätigkeiten der Gestalter einschränken. Gleichzeitig ermöglichten jedoch neue Absatzmärkte für die eigenen Produkte auch höhere Produktionszahlen und damit geringere Stückkosten im Einzelnen.

Die MAN-Karosseriedesigner sahen sich auch in der Rolle eines Interessenvertreters der Fahrer. Aus der Perspektive der Industriedesigner war die Gestaltung des Arbeitsplatzes eine eminent wichtige Aufgabe, zumal im Fernverkehr lange Fahrzeiten eine große Belastung für die Arbeitnehmer bedeuteten.[254] Einen ähnlichen Hintergrund hatte die zunehmende Anwendung von ergonomischem Wissen im Automobildesign. Durch neuere anthropologisch gestützte Entwürfe konnten die Designer etwa Fahrzeugsitze und Armaturenbretter so gestalten, dass diese für unterschiedliche Körpergrößen immer noch sichtbar sowie bedienbar blieben.[255] Solche Entwicklungen im Automobildesign seit Anfang der 1980er Jahre verliefen jedoch immer noch überwiegend ana-

252 | Jochum und Wanke (1981). Siehe hierzu auch den Kommentar von Lepoix (1981) sowie Lepoix (2003), S. 406ff. Für Lepoix siehe S. 76. Die Kooperation zwischen Darmstadt und Mainz-Gustavsburg zeigt dabei auch, welche Bedeutung die Variabilität im Nutzfahrzeugdesign erlangt hatte.

253 | HStaA Stuttgart, EA 3/908, 15/3, Denkschrift des VDA vom 03.07.1981, S. 2.

254 | Jaspes (1976), S. 64.

255 | Kraus (2005), S. 176f. Siehe hierzu beispielsweise die Darstellung John und Kraus (1989).

log. Trotz aufkommender Debatten über computergestütztes Design und des Einsatzes von Computern wurde beispielsweise die Gestaltung der Fahrerkabinen bei der MAN AG noch bis in die 1990er Jahre durch Zeichnungen entwickelt. Obwohl es digitale Werkzeuge gab, war die Arbeit mit Papier und Stift sowie an Tonmodellen immer noch überlegener und effizienter.[256]

Für die Arbeitsfelder der Fahrzeugdesigner bedeuteten solche sich ändernden Arbeitsumgebungen, dass man bei der MAN AG bis Ende der 1970er Jahre laut dem Gestalter Manfred Jaspes auf „vielseitige Designer und nicht die Spezialisten" setzte.[257] Klaus Flesche suchte daher die Mitarbeiter für den „Gesamtbereich Architektur und Design" vielmehr danach aus, welche praktischen Fähigkeiten sie besaßen und weniger nach deren ingenieurwissenschaftlichen Kenntnissen. Denn in Mainz-Gustavsburg gingen die Angestellten davon aus, dass bei wissenschaftlichen Fragen kompetente Experten innerhalb des Konzerns weiterhelfen könnten.[258] Vor dem Hintergrund, dass noch Ende der 1970er Jahre nur knapp 30% der bundesdeutschen Firmen eigene Automobildesigner engagierten, war die Bedeutung des Fahrzeugdesigns bei der MAN AG schon vergleichsweise groß.[259] Mit dem Dienstbeginn von Wolfgang Kraus 1979 wurde die Bedeutung von Industriedesign – speziell Fahrzeugdesign – bei dem UB Nutzfahrzeuge im Laufe der 1980er Jahre sukzessive gesteigert. Bereits 1992 bestand die Mannschaft um Kraus aus ungefähr 20 Personen und integrierte als MAN-Designabteilung die Formgebung in den Gesamtentwicklungsprozess als selbstverständliche Disziplin.

C. Zusammenfassung

Das Kapitel analysiert das Überwinden von alten Grenzen und die Entwicklung neuer Ideen in den 1980er Jahren. Das sogenannte Designjahrzehnt war dabei für die bundesdeutschen Industriedesigner verbunden mit vielfältigen Krisen und zugleich mit dem Beginn noch nie gesehener Konzepte bei den Professionalisierungsprozessen.

256 | Koos (2002), S. 48. Für den Aspekt des aufkommenden CAD siehe das Kapitel ‚Computer Aided Design' auf S. 231ff.

257 | HStaA Stuttgart, EA 3/908, 15/3, Protokoll über das Gespräch zwischen dem VDID-Präsidium und Vertretern der Designabteilungen der Automobilindustrie betreffend Nachwuchs von Automobil-Designern in Pforzheim vom 30.11.1979 vormittags, S. 3.

258 | Ibid., nachmittags, S. 2. Bemerkenswert ist, dass bei der MAN AG etwa im Jahr 1979 nur bundesdeutsche Industriedesigner arbeiteten. Ausländische Mitarbeiter gab es – soweit ersichtlich – in diesem Tätigkeitsbereich des Unternehmens nicht. Vielmehr vertraute Flesche dem ausgebildeten Nachwuchs aus Westdeutschland.

259 | von Mende (1979), S. 190.

Das erste Teilkapitel zeigt an vier Beispielen, wie diese strukturellen Krisen und neuen Ansätze das Industriedesign in den 1980er Jahren prägten. Ausgangspunkt hierfür sind die teilweise existenzbedrohenden Krisen bei den Designinstitutionen zu Beginn des Jahrzehnts. Besonders der staatlich finanzierte Rat für Formgebung stand dabei phasenweise vor der endgültigen Schließung. Demgegenüber markieren die Gründungen von neuen Designinstitutionen, etwa in Bayern, Hessen oder Schleswig-Holstein, dass es zum Ende der Dekade in diesem Bereich zu einer neuen Dynamik kam. Ebenfalls neue Entwicklungen initiierten unterschiedliche Debatten um eine Postmoderne im Industriedesign. Denn besonders Kritik an funktionalistischen Gestaltungsauffassungen wurde geäußert, wie sie etwa die Akteure an der HfG Ulm vertreten hatten. Auf ähnliche Weise zeigen sich bei der Entwicklung neuer Formgebungskonzepte, dass die Verwendung von digitalen Werkzeugen in den 1980er Jahren erstmals im Berufsalltag der Designer eine Rolle zu spielen begann. Eine flächendeckende Anwendung des sogenannten Computer Aided Designs in den 1980er Jahren blieb jedoch aus. Mit der Ausstellung zu „Frauen im Design" wird zum Ende des Jahrzehnts deutlich, dass in dem von Männern dominierten Beruf die Fragen erstmals größere Beachtung bekamen. Diese regten eine Diskussion über die Bedeutung von Geschlecht und eine patriarchalische Dominanz im Industriedesign an.

Anhand der MAN AG wird im zweiten Teilkapitel aufgezeigt, welche Grenzen und Abgrenzungen im Industriedesign auf der Ebene eines Großkonzerns entstehen konnten. Im Laufe der Zeit bewegten sich die Mitarbeiterqualifikationen von der Architektur hin zum Industriedesign. Am Beispiel der beiden Chefdesigner wird diese Entwicklung sichtbar, wobei Aspekte der Professionalisierung zur Abgrenzung angewendet wurden, da nun ausgebildete Industriedesigner gegenüber autodidaktischen Gestaltern bevorzugt wurden. Der Umbruch in den 1980er Jahren bei der MAN AG spiegelte somit auch generelle Entwicklungen im Industriedesign der Zeit wider. Das Automobildesign bei den MAN-Nutzfahrzeugen verdeutlicht dabei, dass Fragen der Gestaltung in den 1980er Jahren auch im Bereich der Investitionsgüter zunehmend an Stellenwert gewannen.

6. Industriedesigner in der Globalisierung

Seit Beginn des Professionalisierungsprozesses der westdeutschen Industriedesigner waren Aspekte der internationalen Vernetzung Teil dieser Berufsgenese. Zuerst sahen sich die Designer selbst als Spezialisten für Produktgestaltung. Beispielsweise erhob Wilhelm Braun-Feldweg schon 1966 den Anspruch, Industriedesign könne „in den kulturellen Standard aller westlichen Industriegesellschaften ohne weiteres integrier[t]“ werden, unabhängig von nationalen Eigenheiten.[1] Darüber hinaus verstanden sich die Industriedesigner als eine international weitreichend vernetzte Expertengruppe, die selbst über die Systemgrenzen im Kalten Krieg hinweg einen regelmäßigen Austausch pflegte. Und ebenso gehörte es für viele Gestalter zu ihrem Berufsbild, nicht auf eine einzelne Nation festgelegt zu sein. Vielmehr wiesen etliche Industriedesigner eine berufsbedingt hohe Mobilität auf und dachten bei ihren Aufgabenstellungen zunehmend in weltweiten Maßstäben. Dabei ist es aus heutiger Perspektive auffällig, dass bis in die 1990er Jahre häufiger die Adjektive ‚international‘, ‚in-/ausländisch‘ oder ‚weltweit‘ statt ‚global‘ von den Industriedesignern verwendet wurden.

Eine solche begriffliche Verschiebung deckt sich mit der Beobachtung des Historikers Konrad Jarausch, dass Globalisierung als Begriff erst kurz vor dem Jahrtausendwechsel auf breiter Basis Verwendung fand.[2] Und selbst zu diesem Zeitpunkt gab es konträre Debatten über Globalisierung, da hierfür kein einheitliches Konzept existierte und daher unterschiedliche Betonungen sowie Nuancierungen möglich waren.[3] In den 2000er Jahren hielt dann ‚global‘ – wie früher schon Design – in den täglichen Sprachgebrauch Einzug.[4] Vor diesem Hintergrund ließe sich argumentieren, dass der Quellenterminus ‚Globa-

1 | Braun-Feldweg (1966a), S. 81.

2 | Jarausch (2008a), S. 22, (2008b), S. 340.

3 | Osterhammel (2017), S. 12ff, Wirsching (2012), S. 226.

4 | Teasley et al. (2011), S. 1.

lisierung' weniger geeignet sei. Alternativen wie ,Internationalisierung' oder ,Transnationalisierung', die teilweise schon zeitgenössisch verwendet wurden, betonen jedoch die von Staats- und Nationengrenzen geprägten Phänomene.[5] Die Kategorien ,In-' und ,Ausland' scheinen ebenfalls wenig passend für einen weltweiten Vernetzungsprozess zu sein, der sich doch gerade durch das Überschreiten von Grenzen auszeichnete. Vor diesem Hintergrund besitzt der Ausdruck ,Globalisierung' den Vorteil, dass hierdurch weltweite Verknüpfungen bezeichnet werden können, ohne sich auf Nationen oder Staaten als kleinste Einheit zu beziehen. Dennoch beinhaltet auch eine solche Beschreibung gewisse Einschränkungen, da Globalisierung keinesfalls eine weltweite Gleichzeitigkeit impliziert. Vielmehr umschreibt der Begriff keinen stetig linearen Prozess, sondern Zeiten einer sogenannten Beschleunigung und Verlangsamung, die nicht zwangsläufig an jedem Ort deckungsgleich waren.[6]

Dieses Kapitel widmet sich den bundesdeutschen Industriedesignern als Akteursgruppe in der Globalisierung. Zugleich ist dies ein erster Schritt hin zu einer übergeordneten Ebene der Betrachtung, durch die Aspekte der westdeutschen Produktgestaltung in einen internationalen Kontext eingebettet werden können. Der zeitliche Rahmen konzentriert sich nicht nur auf den Abschnitt seit den 1980er Jahren und danach, sondern bezieht ebenso die Entwicklungen der beiden Vorgängerdekaden in die Fragestellung mit ein. So wird zunächst offen gelassen, ob die 1980er Jahre der Zeitpunkt einer aufkommenden Globalisierung waren. Es kann somit differenziert werden zwischen den tatsächlichen Vernetzungen der Industriedesigner und deren kommunikativen Strategien.

Im ersten Teil des Kapitels werden Diskurse über Design und Globalisierung herausgearbeitet. Hierbei geht es um die Darstellung, wie und mit welchen Mitteln sich die verschiedenen Designer gegenüber einer weltweiten Vernetzung positionierten. Gleichzeitig soll damit die westdeutsche Designgeschichte globalisiert sowie die Globalisierung historisiert werden, wie es jüngst der australische Designhistoriker Daniel J. Huppatz einforderte.[7] Der zweite Teilabschnitt analysiert anschließend die verschiedenen Handlungsfelder der Gestalter. Zuerst werden die Vernetzungsprozesse der Industriedesigner betrachtet, um dann den Transfer zwischen Ost und West anhand ihres Agierens im Kalten Krieg und besonders im deutsch-deutschen Verhältnis darzustellen.

5 | Plüm (2001), S. 120. Für die geschichtswissenschaftlichen Entwicklungen in Bezug auf Globalgeschichte siehe Conrad (2013) und hierbei besonders S. 112ff.

6 | Rödder (2015), S. 57.

7 | Huppatz (2015), S. 182.

A. Globalisierte Gestaltung

Für die Designer war die Vernetzung sowohl eine Chance als auch eine Herausforderung.[8] Denn auf der einen Seite bestand zunehmend die Möglichkeit, Produkte für mehrere Absatzmärkte zu entwickeln. Auf der anderen Seite konnten diese unterschiedlichen Anforderungen zu einer erheblichen Komplexitätssteigerung bei der Produktentwicklung führen, welche die Designer wiederum vor Probleme stellte. Neben solchen Aspekten der Vermarktbarkeit existierte noch eine zweite Ebene, auf der Gestaltung globalisiert wurde. Die Ideengeschichte des Industriedesigns war seit den ausgehenden 1950er Jahren auf vielfältige Weise durch eine transnationale Vernetzung geprägt. Der Austausch bezog sich etwa auf die jeweils ‚aktuelle Stilrichtung', unterschiedliche Lehrkonzepte oder die Organisation der nationalen Berufsverbände. Gleichzeitig suchten Designer neue Anregungen und Lösungsansätze für eigene Gestaltungsprobleme im Gespräch mit internationalen Kollegen.

Die jüngere Forschung zur Designgeschichte mit Schwerpunkt auf der Globalisierung verwendet zwei Zugangsmöglichkeiten. Neben dem Vergleich von nationalen Handlungsmustern wird eine Verflechtungsgeschichte des Designs geschrieben.[9] Im Jahr 2007 postulierte etwa der Designhistoriker Gert Selle in der bisher letzten Ausgabe seines Überblickswerkes zum deutschen Design, dass die Geschichte von Gestaltung und Globalisierung noch geschrieben werden müsse.[10] Knapp zehn Jahre nach dieser Aussage lässt sich dies in Bezug auf die englischsprachige Forschungsliteratur nicht mehr behaupten. Denn während die jüngeren deutschen Publikationen fast ausschließlich innerdeutsche Fragestellungen bearbeiten, wendeten sich Forscher aus anderen Nationen explizit einem ‚global approach' in der Geschichtsschreibung von Design zu. Besonders sind hierbei der Norweger Kjetil Fallan und die Britin Grace Lees-Maffei hervorzuheben, die sich mit nationalen Narrativen und deren Bedeutungen in der Designgeschichte auseinandergesetzt haben.[11] Gleichzeitig wurde jüngst ebenfalls eine Debatte über die Selbstreflexion als Designhistoriker angestoßen, da nationale Perspektiven die Arbeit als Wissenschaftler in Teilbereichen vordeterminieren. Um dem zu begegnen, plädierte etwa der Designhistoriker Jonathan Woodham – in Anlehnung an den Historiker Dipesh Chakrabarty – für ein ‚Provincializing Europe', da die Designgeschichtsschreibung für Europa und Nordamerika nicht normativ für andere

8 | Appadurai (2008), S. 182.

9 | Fallan und Lees-Maffei (2016a), S. 2ff, (2016b), S. 6, Teasley, Riello und Adamson (2011), S. 3.

10 | Selle (2007), S. 298.

11 | Fallan und Lees-Maffei (2016a), (2016b). Siehe zusätzlich Gimeno-Martínez (2016), S. 75ff.

Kontinente gelten müsse.[12] Dies spiegelt sich dahingehend wider, dass jüngere Sammelbände zu einer weltweiten Designgeschichte nun Beiträge beinhalten, die thematisch über den ganzen Globus verteilt sind.[13] Die historischen Entwicklungen im Bereich der Produktgestaltung in Staaten wie Indien, Japan oder Brasilien gewinnen zunehmend an Aufmerksamkeit.[14] Mit seinem Opus Mangum „World History of Design" trug Victor Margolin dieser Entwicklung Rechnung und veröffentlichte 2015 eine Weltgeschichte des Designs von der prähistorischen Vorzeit bis zum Jahr 1945.[15]

Im Kontext einer solchen Forschungsentwicklung stellt dieses Teilkapitel zwei zentrale Auseinandersetzungen in Bezug auf die Globalisierung innerhalb der bundesdeutschen Industriedesigner näher dar. Zuerst wird die Entwicklung der Internationalisierungsdiskurse seit Ende der 1950er Jahre thematisiert, um dann zu diskutieren, welche Erwartungen und Ansprüche innerhalb und außerhalb der BRD an eine ‚deutsche' Produktgestaltung erhoben wurden. Dieses Teilkapitel zeigt somit, wie Industriedesigner sich gegenüber dem Phänomen Globalisierung positionierten.

1. Internationalisierungsdiskurse unter Industriedesignern

In der zweiten Hälfte des 20. Jahrhunderts wurde die weltweite Vernetzung für die bundesdeutschen Industriedesigner eines der zentralen Handlungsfelder der eigenen Berufsgenese. Anhand von drei zentralen Beispielen wird im Folgenden dargestellt, welche Diskurse die Gestalter in Bezug auf die Globalisierung führten. Hierbei handelt es sich erstens um die verschiedenen Bildungsinstitutionen innerhalb der Bundesrepublik, die beispielsweise durch Studiengruppen ins Ausland und über Austauschstudierende mit anderen Designperspektiven in Kontakt kamen. Ähnliches gilt zweitens für Messen und Ausstellungen, die für Industriedesigner seit den 1960er Jahren zunehmend an Bedeutung gewannen. Diese besaßen besonders als Verbindungspunkte mit Gestaltern anderer Länder für bundesdeutsche Designer einen hohen Stellenwert. Drittens und letztens waren diese zumeist für nationale sowie internationale Unternehmen tätig. Dort wurde Design von den Gestaltern zuerst als exportfördernde Innovation im BRD-Industriekapitalismus präsentiert. Firmen beauftragten die Industriedesigner mit dem Ziel, dass deren Produktentwürfe nicht nur dem westdeutschen Markt hinsichtlich von Rechtsnormen und Konsumentengeschmack gerecht wurden.

---

12 | Woodham (2014) sowie Woodham (2005). Siehe zusätzlich Huppatz (2015).

13 | Fallan und Lees-Maffei (2016a), S. 6f, Teasley, Riello und Adamson (2011), S. 9f.

14 | Siehe hierzu beispielsweise Balaram (2009), Barnes und Jackson (2012), Chatterjee (2009), Fernández (2006), Kida (2012).

15 | Margolin (2015). Siehe zusätzlich Margolin (2005).

Mit der HfG Ulm als der bekanntesten Designausbildungsstätte der frühen Bundesrepublik existierte schon anfangs eine Institution, deren Bekanntheit über die Grenzen von Westdeutschland hinausgingen. Mit Dozenten aus vielen verschiedenen Ländern und knapp 50% ausländischer Studierende aus annähernd 50 Staaten waren die Beteiligten auf dem Ulmer Kuhberg unter dem Gesichtspunkt der Nationalität eine für die 1950er und 1960er Jahre äußerst pluralisierte Gruppe.[16] Eine solche Vielfalt an der HfG Ulm war schon im Gründungsgedanken der Hochschule angelegt, da neben einer humanistisch-geprägten Ausbildung auch die Erziehung zu einer freien, demokratischen Gesellschaft erreicht werden sollte.[17] Der Austausch mit internationalen Hochschulen und die Berufung nicht-deutscher Dozenten wie dem Schweizer Max Bill, dem Argentinier Tomás Maldonado oder dem Niederländer Hans Gugelot nach Ulm, sollte diese Zielsetzung fördern.[18] Es ist daher naheliegend, dass sich ein Teil der weltweiten Anerkennung für die HfG Ulm – neben den dort erbrachten Leistungen – auch durch die vielen ehemaligen ‚Ulmer' außerhalb der Bundesrepublik erklären lässt.

Daneben bemühten sich die anderen westdeutschen Ausbildungsstätten für Industriedesigner um eine internationale Vernetzung ihrer Institutionen. Obwohl viele Studiengänge in den 1950er und 1960er Jahren häufig nur aus wenigen Dutzend Studierenden bestanden, versuchten die Beteiligten eigene staatliche Grenzen zu überschreiten.[19] Ein probates Mittel hierfür waren zu Beginn sogenannte Studiengruppen, die auf mehrtägige Auslandsreisen geschickt wurden. Überwiegend waren die USA das Ziel vieler solcher Weiterbildungsangebote für bundesdeutsche Design-Dozenten und -Studierenden.[20] Vor allem das Rationalisierungs-Kuratorium der Deutschen Wirtschaft, das im Marshallplan mit der Suche nach möglichen Produktivitätssteigerungen beauftragt war, förderte solche Gruppenreisen über den Atlantik. Im Jahr 1955 organisierte das RKW, zusammen mit dem BDI und dem State Department in Washington, eine erste Studiengruppe in die Vereinigten Staaten von Amerika.[21] Mit Jupp Ernst, Günter Fuchs oder etwa Karl Otto war diese Reisegesellschaft aus Pädagogen, Designern und Industriellen prominent besetzt. Ähnliches wiederholte sich unter anderem im Jahr 1961, als erneut eine westdeutsche Designer-Gruppe in die USA reiste, um einen Einblick in die

16 | Spitz (2002), S. 19ff.

17 | Siehe hierzu besonders das Forschungsprojekt ‚By Grand Design – Die Ulmer Hochschule für Gestaltung und die intellektuelle Gründung der Republik' von Tim Schanetzky an der Universität Jena.

18 | Aynsley (2009), S. 179f.

19 | Siehe hierzu auch 35ff.

20 | May (2015), S. 237, Oestereich (2000a), S. 177, S. 200 und S. 441f.

21 | Oestereich (2000a), S. 176f. Schon im Jahr 1954 kam eine österreichische Studiengruppe mit einem ähnlichen Programm in die USA, siehe Schwanzer (1954).

dortigen Studiengänge und Arbeitsbedingungen im Bereich der Produktgestaltung zu gewinnen.[22]

Auffällig bei solchen Austauschbesuchen der 1950er und 1960er Jahre war, dass sie sich auf den nordatlantischen Raum konzentrierten. Gleichzeitig ist eine solche Ausrichtung wenig überraschend, da während der Phase des sogenannten Wiederaufbaus die Vereinigten Staaten von Amerika wirtschaftlich sowie ideell den Orientierungspunkt für die noch junge Bundesrepublik im beginnenden Kalten Krieg darstellten. Mit der Einbindung Westdeutschlands in die EG, NATO, in das GATT-Handelsabkommen und Bretton Woods standen die Zeichen auf Westintegration.[23] Ab Mitte der 1960er Jahre änderte sich dieser USA-Bezug und die westdeutschen Industriedesigner. Speziell deren Berufsverband trat nun häufiger auf westeuropäischer Ebene mit anderen Gestaltern und Institutionen in Kontakt. Hierin zeigt sich die intensivierte Vernetzung staatlicher und nicht-staatlicher Strukturen auf dem europäischen Kontinent, mit dem Resultat, dass der Nationalstaat nun nicht mehr der alleinige Referenzrahmen für das Handeln der Akteure war.

Neben dem internationalen Dachverband ICSID wurde besonders das BEDA als Verbindung der (west-)europäischen Designer ab 1970 ein wesentlicher Ort der Vernetzung.[24] Wenig überraschend ist die relative Abwesenheit von Beteiligten aus osteuropäischen Staaten und der Sowjetunion, die für bundesdeutsche Industriedesigner keinen Bezugspunkt darstellten. Lediglich Jörg Glasenapp – der Sohn von Werner Glasenapp – führte eine Studiengruppe der Essener Folkwang-Schule im Jahr 1961 durch Polen und die Sowjetunion.[25] Weitere – offizielle – Kontakte sind bis zu Beginn der 1970er Jahre im Bereich der Industriedesign-Ausbildung nicht überliefert. Nur im Jahr 1966 scheint eine sowjetische Designer-Delegation im Kontext einer Europareise auch Station in bundesdeutschen Ausbildungsstätten gemacht zu haben.[26] Unabhängig von dieser deutlichen Westorientierung in Bezug auf Ausbildungsfragen im Industriedesign, blieb insgesamt die westdeutsche Debatte um eine Designerausbildung erstaunlicherweise unbeeinflusst von auswärtigen Erfahrungen.[27] Vielmehr versuchten die Beteiligten selbstständig Studiengänge für ihre Insti-

---

22 | Siehe beispielsweise Braun-Feldweg (1963), Pfaender und Schulze (1963). Siehe zusätzlich May (2015), S. 237, Oestereich (2000a), S. 441f, Riemann (2007), S. 68.

23 | Wehler (2008), S. 236, Wildt (1996), S. 150ff.

24 | Siehe zur Gründung des BEDA S. 266f in 5.2.1.

25 | Glasenapp (1961). Siehe hierzu auch DKA, NL Pechmann, I B-65, Bericht zur Sitzung des Arbeitskreises für industrielle Formgebung vom 15.12.1961, S. 2 oder eine ähnliche britische Reise, Unbekannt (1963b).

26 | Siehe hierzu den Bericht Shadowa (1966). Vermutlich handelt es sich bei Курбатов (1966) um die gleiche Reise.

27 | Oestereich (2000a), S. 444f.

Abbildung 56: Ausstellung des London Design Centre in Stuttgart, 1973.

Quelle: Design Council Slide Collection at Manchester Metropolitan University Special Collections.

tutionen zu entwickeln. Ein Strukturplan für die Designcurricula, wie es etwa in den USA üblich war, existierte in der Bundesrepublik kaum.[28]

Messen und Produktausstellungen

Das zweite Beispiel, bei dem die bundesdeutschen Industriedesigner mit dem Phänomen einer Globalisierung in Berührung kamen, waren nationale und internationale Messen und Produktausstellungen. Seit den 1950er Jahren entwickelten sich solche Veranstaltungen zu Kontaktpunkten für Designschaffende mit auswärtigen Gestaltungskonzepten.[29] Der Historiker Johannes Paulmann hat 2004 im Zusammenhang mit einer Kulturgeschichte der internationalen Beziehungen dazu angeregt, interkulturellen Transfer als kleinstes Handlungsfeld auf einer analytischen Mikroebene anzusiedeln.[30] Besonders für die Untersuchung von Messen und Ausstellungen kann eine solche Vor-

---

28 | Beispielsweise die „Ständige Konferenz für den Studiengang Industrial Design an Hochschulen" war ein solcher Versuch, einheitliche Ausbildungsstrukturen im Industriedesign erreichen zu können. Siehe hierzu S. 182.

29 | Sparke (2009), S. 18. Siehe hierzu auch die Fallstudie zum britischen Council of Industrial Design und deren internationalen Ausstellungstätigkeiten, Lee (2009).

30 | Paulmann (2004), S. 195 und Paulmann (2007).

Abbildung 57: Ausstellung des London Design Centre in Stuttgart, 1973.

Quelle: Design Council Slide Collection at Manchester Metropolitan University Special Collections.

gehensweise einen Erkenntnisgewinn liefern.[31] Wie dies auf Designgeschichte angewendet wird, zeigt etwa Kjetil Fallan in seinem Beitrag zu dem skandinavischen Design auf den Mailänder Design-Triennalen.[32] Hierbei ergibt sich die Möglichkeit, Ausstellungen und Messen als Verbindungspunkte beispielweise zwischen nordeuropäischen und italienischen Gestaltungskonzepten zu interpretieren. Gleichzeitig hat es den Anschein, dass die Quellenüberlieferung nur noch begrenzt vorhanden ist. Vielfach sind relevante Archivalien zu Industriedesignmessen und -ausstellungen als nicht erhaltenswürdig eingestuft worden. Im Gegenzug bieten etliche Vor- und Nachberichte in der Fach- und Tagespresse zu diesen Veranstaltungen die Möglichkeit, die zeitgenössische Darstellung der Präsentationen zu analysieren. Drei ausgewählte Beispiele sollen der Konkretisierung dienen.[33] Denn hier herrschten für solche Veranstaltungen durch die Systemgegensätze besondere Bedingungen, die einer größeren Kontextualisierung bedürfen.

Vor allem für die vier zentralen Designinstitutionen in Westdeutschland lassen sich die verschiedenen Ausstellungsaktivitäten anhand von Ausstellungskatalogen und Zeitungsberichten rekonstruierten. Der Rat für Formgebung, das Haus Industrieform in Essen, das Design-Center-Stuttgart und das Internationale Design-Zentrum Berlin waren diejenigen Institutionen, die westdeutsches Industriedesign im Ausland präsentierten und die Produktgestaltung anderer Länder in ihren Räumen zur Schau stellten. Der Rat für Formgebung unter der Schirmherrschaft des Bundeswirtschaftsministeriums übernahm dabei häufig die Aufgabe, westdeutsche Ausstellungen zur heimischen Produktgestaltung zu kuratieren. Besonders verbunden ist dies in den 1950er und 1960er Jahren mit Mia Seeger, die als RfF-Geschäftsführerin etwa für die Konzeption der bundesdeutschen Präsentation auf den verschiedenen Weltausstellungen verantwortlich war. Parallel dazu nutzte Seeger auch Ver-

31 | Siehe hierzu beispielsweise Fritsche (2008), wobei Design bedauerlicherweise kaum erwähnt wird.

32 | Fallan (2014a). Siehe auch Ashby (2017), S. 182ff.

33 | Ausstellungen und Messen, die zusammen mit Beteiligten aus der DDR oder der UdSSR organisiert wurden, finden im Kapitel ‚Industriedesign im Kalten Krieg' auf S. 295ff detailliert Beachtung.

bindungen über den ICSID, um mit internationalen Kooperationspartnern weitere Produktschauen verwirklichen zu können. Dies war beispielweise bei der ersten westdeutschen Designausstellung „Gute Form 1965“ in London der Fall. Mit finanzieller Hilfe des Gestaltkreises wurden in der britischen Hauptstadt annähernd 120 bundesdeutsche Produkte gezeigt, die vorher von einer Jury um Arnold Bode ausgewählt wurden.[34] Ziel war es, marktgängige Konsumgüter mit einer hervorgehobenen Formgebung zu zeigen, sodass die Ausstellung zu einer Leistungsschau westdeutscher Unternehmen und einer großen Werbeveranstaltung in England wurde.

Einen anderen Hintergrund hatte etwa die Präsentation „Gute Industrieform“ in Warschau und später in Krakau, welche der Rat für Formgebung in Kooperation mit dem VDID und der Neuen Sammlung 1967 als eine der ersten westdeutschen Ausstellungen nach dem 2. Weltkrieg in Polen zeigte. Mit der Finanzierung durch das Auswärtige Amt wurden hier ebenfalls zeitgemäße Produkte mit ausgezeichneter Gestaltung präsentiert, jedoch waren diese für Konsumenten im sogenannten Ostblock nicht erhältlich. Vielmehr sollte durch die Ausstellung, die später noch in Bulgarien und Jugoslawien gezeigt wurde, aus westdeutscher Perspektive wirtschaftliche Verbindungen im Osten neu geknüpft werden.[35] Zugleich erhoffte man sich in Bonn durch eine Produktschau mit dem Schwerpunkt auf der Formgebung, für die historisch vorbelasteten Beziehungen beider Staaten neue und positivere Kontaktpunkte zu finden. Denn Design galt vielen Beteiligten als politisch unbelastetes Themenfeld, das ohne größere Vorbehalte gezeigt werden konnte. In den 1970er und 1980er Jahren wurde Design regelrecht als ‚diplomatischer Vorposten‘ im Kalten Krieg verwendet.[36]

Parallel zu solchen Ausstellungen wie in Großbritannien und Polen präsentierte der Rat für Formgebung ab 1969 auch regelmäßig prämierte Produkte, die mit dem jährlichen Bundespreis ‚Gute Form‘ ausgezeichnet worden waren. Diese wurden zumeist als Wanderausstellungen konzipiert und gingen um den ganzen Globus. Meist wurden sie als Sonderpräsentationen für Industriemessen verwendet, bei denen die Bundesrepublik über das Thema Industriedesign auf eigene Unternehmen und ihre Produkte aufmerksam machte. So entwarf beispielsweise Robert Gutmann als RfF-Geschäftsführer 1971 im Auftrag von Bundeswirtschaftsminister Schiller die Sonderausstellung „Gute Industrieform“ in São Paulo und ein Jahr später in Rio de Janeiro.[37] In dieser

34 | CID (1965). Siehe zusätzlich Unbekannt (1965f), (1966e), Lakotta (1966).

35 | RfF (1967d). Siehe zusätzlich Unbekannt (1967e), (1967i), (1967j).

36 | Siehe hierzu das Kapitel ‚Industriedesign im Kalten Krieg‘ auf S. 295ff.

37 | Siehe hierzu BA Koblenz, B102-336933, Schreiben von Karl Schiller an Ernst Schneider vom 08.12.1970. Siehe zusätzlich ZADP, Bestand Rosenthal, p.S. 24, Bericht über die Sonderschau „Design aus Deutschland“ von Egbert Ronnefeld vom 07.04.1971 aus São Paulo.

Abbildung 58: Hannover-Messe 1982, photographiert von Engelbert Reineke.

Quelle: Bundesarchiv, B 145 Bild-F062881-0006, CC-BY-SA 3.0.

Ausstellung wurden sämtliche Auszeichnungen des Bundespreises seit 1969 zusammengestellt, um mit ihnen einen Querschnitt der westdeutschen Produktgestaltung zu zeigen.

Hinter diesen Ausstellungen im Ausland standen meist mit der AUMA und der IMAG zwei Institutionen. Der Ausstellungs- und Messeausschuss der Deutschen Wirtschaft sowie die Internationale Messe- und Ausstellungsdienst GmbH waren nämlich für die Organisation von Finanzen, Transport und Betreuung der Produktpräsentationen zuständig. Somit konnten sie einen maßgeblichen Einfluss auf die Form der bundesdeutschen Auslandsmessen ausüben.[38] Für die wichtigste westdeutsche Industrieausstellung in Hannover zählte dies nicht. Denn in der niedersächsischen Landeshauptstadt präsentierten sich sowohl nationale als auch internationale Konzerne mit ihren neuesten Entwicklungen. Seit 1953 wurde parallel zur Hannovermesse auf Anregung des BDI die Sonderschau „Die gute Industrieform", später dann „iF Hannover", gezeigt.[39] Dort wurden Produkte der Messeteilnehmer präsentiert, die sich dem Urteil einer Jury nach durch eine besonders gelungene Formgebung

38 | Siehe hierzu beispielsweise Meyer (1970), S. 16. Es wäre daher interessant, Tätigkeiten der AUMA und IMAG in zeithistorischer Perspektive zu untersuchen. Denn anhand beider Institutionen scheint es möglich, in einem noch begrenzten Untersuchungsfeld verschiedene Reflektionsebenen der Außendarstellung mittels Ausstellungen und Messen zu hinterfragen. Etliche Unterlagen, Protokolle und Unterlagen der AUMA haben sich in RWWA Köln, 181-3257-1 und -2 erhalten.

39 | Meurer und Vinçon (1983), S. 173, Oestereich (2000a), S. 224.

auszeichneten.[40] Diese Sonderschau war dabei auf dem Messegelände verortet und wahrscheinlich lange die am häufigsten besuchte Designausstellung in der Bundesrepublik. Es war daher kein Zufall, dass sich die Mitglieder des VDID häufig anlässlich der Hannovermesse in der niedersächsischen Landeshauptstadt trafen. Auch die Mitarbeiter des ostdeutschen AIF reisten jährlich an und informierten sich über neueste Entwicklungen im Industriedesign.[41] Die iF-Sonderschauen wurden ähnlich wie die Präsentation des Bundespreises ‚Gute Form' in verschiedene Länder geschickt, beispielsweise 1966 als Wanderausstellung nach Madrid.[42]

Wirtschaftsbeziehungen durch Design

Neben dem Austausch mit internationalen Bildungsinstitutionen auf Messen und Ausstellungen waren die Wirtschaftsunternehmen der dritte zentrale Austauschort mit globalen Gestaltungskonzepten. Dabei wurde „Design als Medium für Wirtschaftsbeziehungen" gesehen, wie es der Rat für Formgebung 1981 in einer Presseerklärung anlässlich einer Ausstellung in Ungarn formulierte.[43] Dies war insofern wenig überraschend, da die Beteiligten des Rats, wie Philip Rosenthal und Herbert Ohl, häufig betonten, dass Design ein wichtiger Wettbewerbsvorteil für die westdeutschen Unternehmen sein könnte. Denn einer der Gründungsgedanken des Rats für Formgebung war es schon 1953 gewesen, das allgemeine Designniveau in der Bundesrepublik zu fördern. Hierbei wurden auch Argumente erwähnt, dass Gestaltung beispielsweise ein Repräsentationselement im Ausland sei oder durch eine verbesserte Formgebung verbraucherfreundliche Produkte ermöglicht würden. Vielfach ging es aus der Perspektive von Politikern und Industriellen bei Design schlicht um eine zusätzliche Absatzförderung der eigenen Produkte im In- und Ausland. Seit den 1950er Jahren war demzufolge Gestaltung in der Bundesrepublik ein Unterstützungsinstrument für die heimische Industrie. Aus dieser Perspektive war die Betonung einer globalen Vernetzung seit den 1980er Jahren – der DIHT-Präsident Otto Wolff von Amerongen sprach etwa 1986 davon, die „Design-Produkten [seien] die Paradegäule der Nation" – lediglich eine Verschiebung im quantitativen Bereich, jedoch keine wirkliche Neuerung.[44]

Wie schon angedeutet, sahen Industriedesigner dabei eine Möglichkeit, das Argument zu entwickeln, Gestaltung ermögliche bei Produkten die Überwindung nationaler Grenzen. Speziell in den 1980er Jahren versuchten die

40 | Unbekannt (1966i), Klöcker (1967), Madöry (1962).

41 | Siehe für die ganzen AIF-Sofortberichte in BA Berlin, DF 7/1168.

42 | Siehe hierzu Siemens Historical Institute, Akte 4.Li 786, Redemanuskript von Peter von Siemens zur Eröffnung der Ausstellung „Hand und Gerät" in Madrid vom 03.10.1966, S. 6.

43 | RfF (1981b). Siehe hierzu ähnlich Unbekannt (1981f) und zusätzlich Unbekannt (1981g), (1981o) sowie Unbekannt (1982n).

44 | von Amerongen (1986).

Designer, durch eine solche Deutung ihre Selbstdarstellung als ‚Problemlöser' auf das Segment des sogenannten Kulturtransfers auszuweiten. In dem ‚Designjahrzehnt' avancierte aus dieser Perspektive die Formgebung zu einem Qualitätsfaktor in der Globalisierung, in der sich globale Wettbewerbs- und Konkurrenzsituationen neu sortierten. Design wurde in den 1980er Jahren besonders häufig mit dem Begriff ‚Innovation' verknüpft, um verdeutlichen zu können, dass es sich weniger um ästhetische Fragen, sondern um eine wirtschaftliche Notwendigkeit handelte. Dies ermöglichte es den Industriedesignern wiederum, weltweit agierende Unternehmen bei der Auftragsakquise von ihrer Relevanz zu überzeugen. Auffällig ist, dass trotz einer aufkommenden Verwendung des Wortes ‚Design' und des Credos einer neuen globaleren Ausrichtung von Unternehmen nur wenige Konzerne die Produktgestaltung in ihre Firmenkommunikation integrierten. Ebenso bemerkenswert ist, dass die Profession der Industriedesigner noch in Bezug auf ihre Nationalität relativ homogen blieb. Vielfach waren Designer bis in die 1980er Jahre kaum global agierende Gestaltungsexperten, die in vielen Ländern gleichzeitig arbeiteten. Zwar existierten schon damals prominente Ausnahmen wie etwa Hartmut Esslinger, Luigi Colani oder Alexander Neumeister; der überwiegende Anteil der westdeutschen Industriedesigner waren allerdings männliche, in westdeutschen Unternehmen angestellte Bundesbürger. So betrachtet erschien eine Charakterisierung von ‚deutschem' Design für viele Zeitgenossen vergleichsweise treffend.

2. ‚Deutsches Design' international

Im Kontext der beschriebenen Internationalisierungsdiskurse war die Selbstvergewisserung über ‚deutsches Design' ein stetig wiederkehrendes Element. Dabei wurde von unterschiedlichen Akteursgruppen zu dieser Frage Stellung bezogen, was ‚deutsche' Produktgestaltung charakterisieren und wie sich dies gegenüber anderen nationalen Formgebungen abgrenzen ließe. Hierbei entwickelten sich zwei gegensätzliche Standpunkte: Es gab Fürsprecher, die in einem nationalen Designstil einen Anker in einer zunehmend vernetzten Welt sahen. Dem gegenüber bezogen Andere die Position, dass ein sogenanntes Nationendesign nicht existiere und nur ein Konstrukt sei. Zwischen diesen beiden Polen oszillierten Darstellungen von ‚Design aus Deutschland' oder ‚Deutschem Design'.[45] Bemerkenswerterweise begannen solche Diskussionen nicht erst in den 1980er Jahren, was häufig als ein Jahrzehnt intensivierter

45 | Auf eine ähnliche Weise wurde in der DDR von ‚Produktgestaltung im Sozialismus' und nicht von ‚sozialistischer Produktgestaltung' gesprochen. Besonders in der sogenannten Promotionsschrift von Martin Kelm wurde dieser Themenkomplex diskutiert, siehe hierzu Sudrow (2014), S. 119f.

Vernetzung gedeutet wurde. Schon in den 1960er und ebenso in den 1970er Jahren wurde darüber kontrovers diskutiert, in welcher Beziehung ‚Design' und ‚Deutsch' stehen könnten. Ähnlich wie die Internationalisierungsdiskurse waren somit Fragen nach einer national geprägten Formgebung schon vor den 1980er Jahren erörtert worden. Um diese Diskussionen über das Verständnis von ‚Deutschem Design' nachvollziehen zu können, wird daher im Folgenden zuerst die westdeutsche Debatte über ein eigenes Nationaldesign analysiert.[46] Daran anschließend werden verschiedene Aspekte dargestellt, die von den Zeitgenossen im Kontext einer Produktgestaltung mit nationaler Prägung diskutiert wurden.

Ausgangspunkt dieser Überlegungen sind die Debatten, die westdeutsche Industriedesigner geführt haben. Hinter der Frage nach dem ‚deutschen Design' verbargen sich in der damaligen Bundesrepublik einige politische Konfliktpunkte. Wie Jeremy Aynsley zu Recht betont hat, ging mit Gebrauch des Adjektivs ‚deutsch' zugleich die Frage nach dessen Bedeutung einher.[47] Je nach Perspektive konnte man damit beispielsweise die Grenzen der Bundesrepublik bezeichnen, sich auf die ehemaligen Reichsgrenzen beziehen oder den deutschsprachigen Raum charakterisieren. Ähnlich heikel war die Frage, ob mit ‚deutsch' auch die DDR als zweiter deutscher Staat gemeint war oder ob diesem schon im Voraus jegliche Legitimation abgesprochen wurde. Auf der einen Seite war das Verhältnis zwischen Ost- und Westdeutschland auf der Ebene des Industriedesigns wie auch auf anderen Beziehungsebenen beider Staaten deutlich von solchen Legitimationsfragen geprägt. Auf der anderen Seite entwickelte sich ‚Design' seit Mitte der 1970er Jahre zu einem vermeintlich neutralen Aktionsfeld, auf dem zwischenstaatliche Vorbehalte und Ressentiments zurückgestellt wurden.

In diesem Dickicht von Begrifflichkeiten manövrierten die westdeutschen Produktgestalter in Bezug auf einen nationalen Designstil. Auffällig bei den verschriftlichten Äußerungen der Zeitgenossen ist, dass erstaunlich wenig nationale Verbindungen geknüpft wurden. Die Designer stellten vielmehr die eigene Arbeit schon zu Beginn der Professionalisierung in den 1960er Jahren in einen internationalen Kontext. Für etliche Gestalter in der Bundesrepublik war nämlich die industrielle Formgebung zuerst eine internationale Tätigkeit, bei der sich Designer lediglich auf nationale Geschmacksmuster und Rechtsnormen spezialisiert hatten. Dabei wurde die Produktgestaltung nicht durch nationale Attribute näher definiert.

Vielmehr gingen die Industriedesigner schon seit den 1960er Jahren dazu über, die Formgebung als relevanten Teil des ‚Made in Germany'-Wertbegriffs

46 | Für eine andere Möglichkeit, nämlich der Repräsentation eines Berufs nach außen, siehe Armstrong und McDowell (2018).

47 | Aynsley (2009), S. 18.

darzustellen. Dadurch versuchten die Beteiligten, Design als ein Qualitätskriterium zu bestimmen, das einen bedeutenden Anteil für den Erfolg der sogenannten Deutschland AG beitrug. Spätestens mit der Veröffentlichung „Made in Germany" von Hans Wichmann im Jahr 1966 für den Werkbund, wurde diese Verbindung gezogen.[48] Passend zu der Weltausstellung 1967 in Montréal und im Rahmen einer Neuauflage 1970 für Osaka, war dieses Buch der inoffizielle Begleitband für den bundesdeutschen Pavillon.[49] Die Formgebung von Produkten wurde dort als ein Beweis für die Leistungsfähigkeit westdeutscher Konzerne propagiert. Zugleich erhofften sich die Beteiligten, durch die bewusste Präsentation von Konsum- und Alltagsgegenständen die Bundesrepublik als einen demokratischen, kapitalistischen Staat zu präsentieren, der sich von totalitären Regimen wie der NS- und später der SED-Diktatur unterscheiden würde. Überspitzt formuliert wurde dadurch Design zu einem Element eines sogenannten Verfassungspatriotismus, da es für eine sogenannte deutsche Wertarbeit stand und dabei zugleich historisch unbelastet erschien.

Solche Selbstwahrnehmungen deckten sich jedoch nur in Teilen mit den Ansichten über Design aus der Bundesrepublik in anderen Ländern. Heikel bei der Darstellung solcher spezifischer Gestaltungsstile ist, dass diese meist voller nationaler Stereotypen und positiver sowie negativer Wertungen waren, die häufig über längere Zeiträume perpetuiert wurden. Der britische Designhistoriker Aynsley hat in diesem Zusammenhang mit Vorsicht darauf hingewiesen, dass besonders für die Produktgestaltung aus Deutschland solche Zuschreibungen existierten: „Germany and its design traditions have been associated with a tendency towards organization, system and planning – 'rectangular and reliable' as one recent commentator suggested".[50] Was damit gemeint ist, zeigten im Jahr 1985 etwa die Kuratoren Stephen Bayley und Jonathan Glancey mit der Ausstellung „National Characteristics in Design" im Victoria and Albert-Museum in London. Sogenanntes deutsches Design beschrieben sie darin als dominiert von einer funktionalen Bauhaus-Ästhetik, mit einer Vorliebe für Weiß und Schwarz. Sie benutzten Adjektive wie kalt, streng, klinisch und rational. Toilettenartikel, Automobile, Lebkuchenherzen und Knödel bildeten eine symbolische Auswahl für ‚deutsches Design'.[51]

Man könnte zu dem Schluss kommen, die Frage nach nationalem Design zeigte auf, welche subjektiven, nationalen Zuschreibungen vorgenommen wurden. Letztlich bleibt offen, was ‚deutsches Design' konkret ist und wodurch es sich auszeichnet. Aus diesem Grund beleuchtet die gegenwärtige Forschung zur Designgeschichte vielmehr Vernetzungs- und Verflechtungsprozesse.

48 | Siehe hierzu Wichmann (1966).

49 | Meyer (1970) und DWB Bayern (1970).

50 | Aynsley (2009), S. 7.

51 | Gimeno-Martínez (2016), S. 3, Leitherer (1991), S. 15, Walker (1992), S. 147.

Durch einen solchen ‚global turn' erweitert sich das Arbeitsfeld der Designhistoriker zunehmend um Räume, die jenseits von Europa und Nordamerika liegen.[52] Mit dieser geographischen Öffnung geht jedoch nicht einher, dass eine Designgeschichtsschreibung einzelner Länder verschwindet. Vielmehr wird der Nationalstaat als pragmatische Untersuchungseinheit gewählt, um Institutionen, Bildungswerdegänge oder Gestaltungsdiskurse untersuchen und sie im nächsten Schritt dann in einen globalen Kontext oder Vergleich stellen zu können.[53]

Besondere Aufmerksamkeit finden dabei zunehmend Migrationsbewegungen. Ähnlich wie etwa in der Zeit- und Kunstgeschichte werden mittlerweile auch in der Designgeschichte die Forschungsmöglichkeiten betont, die beispielsweise Auswandererbiographien bieten. Zwar stehen Veröffentlichungen zu einer Migrationsgeschichte unter designhistorischen Aspekten erst am Anfang, in Anlehnung an die schon fortgeschrittenere kunsthistorische Forschung ergibt sich hierbei jedoch die Möglichkeit, nationale Historiographien kritisch zu hinterfragen.[54] Unabhängig von einer erzwungenen oder freiwilligen Migration eröffnen solche transnationalen Werdegänge, wie sie Robert Gutmann, Fritz Gotthelf oder Herbert Ohl aufweisen, neue Perspektiven auf die Aktionsräume des Industriedesigns. Zugleich kann eine solche Darstellung auch Fragen nach einem europäischen Design klären, welches ähnlich wie sogenannte nationale Gestaltungsstile für den ganzen Kontinent stehen soll. Ob sich ein ‚europäischer Konsument' hauptsächlich für ein ‚europäisches Design' interessierte, wie es der Sozialhistoriker Hartmut Kaelble formuliert hat, ist dabei vergleichsweise schwierig zu beantworten.[55] Hierbei erscheint es sinnvoll, sich von einer normativen Vormachtstellung der sogenannten westlichen Welt zu verabschieden. Vielmehr kann der europäische Kontinent als Referenzrahmen für viele länderspezifische Designgeschichten dienen, der selbstverständlich auch Austauschprozesse mit anderen Erdteilen ermöglichte.[56]

Design als Botschafter

Dies trifft besonders dann zu, wenn Design als diplomatisches Element in zwischenstaatlichen Beziehungen verwendet wird. Wie Kjetil Fallan herausgearbeitet hat, war Gestaltung nämlich als sogenannte ‚soft power' häufig Teil einer nationalen Kulturdiplomatie. Diese ‚Designdiplomatie' bezog sich dabei

52 | Teasley, Riello und Adamson (2011), S. 2.

53 | Fallan und Lees-Maffei (2016a), S. 5. Als Beispiel für ein gelungenes Vorgehen sind Fallan und Lees-Maffei (2014), Margolin (2015) oder Rieger (2013) zu nennen.

54 | Wie etwa Dogramaci (2011), (2013). Siehe als Beispiel etwa Clarke (2017).

55 | Kaelble (2007), S. 109f und S. 113. Siehe hierzu auch Gantz (2011), S. 250ff.

56 | Siehe hierzu S. 268.

meist auf die Formgebung von Konsum- und Investitionsgütern, die bei der Gestaltung als Stellvertreter sowie als Vermittler eingesetzt werden konnte.[57] Ein prominentes Beispiel für eine solche Art von ‚Designdiplomatie' war eine bundesdeutsche Ausstellung in Ost-Berlin, welche der Rat für Formgebung im Jahr 1984 organisierte. Diese deutsch-deutsche Designpräsentation war in die Verhandlungen um ein Kulturabkommen zwischen der BRD und der DDR eingebettet.[58] Diese Ausstellung bildete den ersten Versuch einer gemeinsamen Kooperation.[59] Parallel zu dieser innerdeutschen Verbindung hatten François Burkhardt, das IDZ Berlin sowie Heinz Fuchs von der Mannheimer Kunsthalle seit 1982 im Auftrag des westdeutschen Instituts für Auslandsbeziehungen und in Anregung durch den BDI an einer Ausstellung zu „150 Jahre Deutsches Design" gearbeitet. Anlässlich einer bundesdeutschen Leistungsschau in Tokio 1984 sollte dabei mit Originalobjekten knapp eineinhalb Jahrhunderte deutscher Gestaltung präsentiert werden.[60] Hierbei wurde die Ausstellung mit „Deutsches Design als Botschafter" beworben. Neben einer kulturhistorischen Darstellung sollte besonders die westdeutsche Warenwelt dem Betrachter näher gebracht werden.[61] Als Wanderausstellung konzipiert und nachdem sie einem bundesdeutschen Publikum in Berlin und Karlsruhe zugänglich war, zeigten Goethe-Institute in Asien, Australien und Südamerika diese Schau bis zum Ende der 1980er Jahre.[62] Während Burkhardt und Fuchs für die Ausstellungskonzeption verantwortlich waren, erstellte die spätere IDZ-Leiterin Angela Schönberger den Katalog. Da „150 Jahre Deutsches Design" so erfolgreich gezeigt wurde, erlebte der Begleitband eine zusätzliche Auflage.[63] Bemerkenswert dabei ist, dass dieser auch heute noch zitiert wird. Dies kann einen Eindruck davon vermitteln, wie sehr diese Wanderausstellung in den 1980er Jahren den Blick auf sogenanntes deutsches Design geprägt hat.

Parallel zu dieser weltweit präsentierten Designausstellung aus der Bundesrepublik und den generellen Äußerungen über eine intensivierte Vernetzung speziell in den 1980er Jahren, lässt sich zu den westdeutschen Designinstitutionen auch eine gegenläufige Erzählung anführen. Denn im Gegensatz zu einer diagnostizierten intensivierten Vernetzung dominierte im Bereich

---

57 | Fallan (2014a), S. 2.

58 | Siehe hierzu insgesamt das Kapitel ‚Der ‚Sonderfall': Deutsch-deutsche Designbeziehungen' auf S. 308ff.

59 | Siehe hierzu S. 314ff.

60 | ZADP, Bestand Rosenthal, p.S. 51, Sitzungsprotokoll des Beratungsausschusses für Ausstellungen des Instituts für Auslandsbeziehungen vom 28.04.1928, S. 4f und 25.10.1982, S. 2 sowie ibid., p.S. 14, Schreiben von Anonymus vom 15.08.1983.

61 | Unbekannt (1985h).

62 | IDZ Berlin (1985).

63 | Burkhardt und Fuchs (1988). Für die Berichterstattung zur Ausstellung siehe Unbekannt (1984u), (1984ae), (1984af), (1985h), Behnken und Kieren (1985), Bley (1985).

der Designzentren vielmehr eine Regionalisierung. Seit Mitte der 1980er Jahre wurden vielerorts neue Designinstitutionen gegründet, weshalb schon vor der deutsch-deutschen Wiedervereinigung alle Bundesländer eigene Zentren für Gestaltung besaßen. Nach 1990 machte diese Entwicklung vor der ehemaligen DDR ebenfalls keinen Halt, sodass auch in Ostdeutschland seit Anfang des Jahrzehnts Designzentren entstanden.[64] Bei dieser Regionalisierung der deutschen Designlandschaft handelt es sich jedoch weniger um eine ‚blockierte Transnationalität'.[65] Es verdeutlicht eher, wie mehrdimensional der Prozess der sogenannten Globalisierung auszusehen vermag. Begriffsentwürfe wie ‚Glokalisierung' versuchen, ein solches Nebeneinander unterschiedlicher Entwicklungen stärker in den Mittelpunkt zu stellen, anstatt Globalisierung als einen stetig zunehmenden Prozess zu deuten.[66] Daher können diese regional ausgerichteten Veränderungen der bundesdeutschen Designlandschaft auch als Beispiel dafür dienen, dass trotz einer ‚Meistererzählung' der generellen Globalisierung jenseits einer Makroebene auch teilweise gegenläufige Entwicklungen beobachtbar sind. Besonders deutlich wird dies, wenn man sich auf die Ebene der Industriedesigner begibt und deren transnationale Vernetzungen innerhalb der Professionalisierung betrachtet.

B. Transnationale Vernetzung der Industriedesigner

Die Profession der Industriedesigner verstand sich schon zu Beginn der 1950er Jahre als eine international agierende Berufsgruppe. Die Beteiligten maßen dabei früh der Vernetzung mit anderen Gestaltern einen hohen Stellenwert bei. In Anlehnung an den Zeithistoriker Johannes Paulmann wird im Folgenden anhand der Idee eines interkulturellen Transfers eine Untersuchungseinheit gewählt, um transnationale Beziehungen aufzudecken. Durch eine solche Analyse werden auf pragmatische Weise Handlungsfelder auf einer Mikroebene bearbeitet, welche die transnationalen Verbindungen konstituieren. Nach Paulmann wird ein interkultureller Transfer dabei als gezielte Übertragung von Wissen, Gütern und Menschen aus einem System von politisch-sozialen Verhaltens- und Deutungsmustern in ein anderes verstanden.[67] Bezogen auf

64 | Siehe hierzu S. 223f.

65 | Michael Geyer entwickelte das Konzept der ‚blockierten Transnationalität' in Bezug auf die frühe Phase der Weimarer Republik, siehe Geyer (2010b).

66 | Für den Aspekt von Design und Glokalisierung siehe besonders Osterhammel (2017), S. 12ff, Plüm (2001), (2007), S. 66ff aber auch den älteren Beitrag Robertson (1998), S. 197f für den Aufstieg des Begriffs ‚Glokalisierung' in den 1990er Jahren.

67 | Paulmann (2004), S. 195.

die bundesdeutschen Industriedesigner bedeutet dies, deren Arbeits-, Argumentations- und Handlungsweisen in einem globalen Rahmen zu analysieren.

Gleichzeitig ermöglicht ein solches Vorgehen, Beteiligte nicht nach Nationalität, sondern am Beispiel von Fallan und Lees-Maffei vielmehr nach Orten des Wirkens zu ordnen.[68] Hierdurch können Industriedesigner, die in der Bundesrepublik arbeiteten und sich für westdeutsche Designinstitutionen im Ausland engagierten, in die Untersuchung mit aufgenommen werden, unabhängig von deren Nationalität oder Wohnsitz. Ziel ist es, einem Eurozentrismus der Designgeschichtsschreibung vorzubeugen und Europa nicht mehr als normative Referenzgröße, sondern lediglich als einen der fünf Kontinente zu betrachten. Dies ist besonders deshalb von Bedeutung, da Europa als Bezugsgröße für die bundesdeutschen Industriedesigner seit den 1970er Jahren an Relevanz gewann. Denn eine fortschreitende Angleichung von Gesetzesnormen, Industriestandards und Wirtschaftsinitativen innerhalb der Europäischen Gemeinschaft führte zu einer zunehmenden Kooperation der westeuropäischen Gestalter innerhalb ihre Profession.[69]

Diese transnationalen Vernetzungen der bundesdeutschen Industriedesigner wird das Teilkapitel in drei Unterpunkten näher untersuchen. Zuerst werden mit dem ICSID und dem BEDA die zentralen Institutionen einer Vernetzung für die westdeutschen Produktgestalter näher analysiert. Im zweiten Abschnitt werden die Industriedesigner und deren Handlungen in den Kalten Krieg eingebettet, um daran die Bedeutung von Design als diplomatisches Element darstellen zu können. Dem folgt der Sonderfall der deutsch-deutschen Beziehungen auf Ebene der Produktgestaltung.

1. Institutionen der transnationalen Vernetzungen

Zwei Institutionen bildeten für die transnationale Vernetzung und Professionalisierung der westdeutschen Industriedesigner eine zentrale Rolle. Der ICSID als internationaler Dachverband der Industriedesigner und dessen europäisches Pendant BEDA waren die Plattformen, auf denen westdeutsche Gestalter mit anderen Berufskollegen in Kontakt traten. Der Fokus auf diese beiden Designinstitutionen ist besonders dazu geeignet, wie der britische Designhistoriker Jonathan M. Woodham 2005 schon bemerkte, eine vernetzte Globalgeschichte des Designs zu schreiben.[70]

Der International Council of Societies of Industrial Design wurde 1957 in London von elf nationalen Designverbänden als internationaler Dachverband für den Beruf ‚Industriedesigner' gegründet. Laut Misha Black wurde die Idee

68 | Fallan und Lees-Maffei (2014), S. 5.

69 | Szöllösi-Janze (2004b), S. 313.

70 | Woodham (2005), S. 263ff.

für eine solche Organisation 1953 auf einer internationalen Konferenz erörtert, die Jacques Viénot am Institut d'esthétique industrielle in Paris organisiert hatte. Im Sommer 1957 kamen dann Vertreter aus der BRD, Dänemark, Frankreich, Großbritannien, Indien, Italien, Japan, den Niederlanden, Norwegen, Schweden und den USA in London zur Gründungssitzung zusammen.[71] Mit Peter Muller-Munk übernahm ein US-Amerikaner den Vorsitz über die neue Vereinigung.[72] Der Brite Misha Black und der Italiener Enrico Peressuti wurden zu seinen Stellvertretern bestimmt. Der Franzose Pierre Vago bekleidete das Amt des Schatzmeisters und der Schwede Sigvard Bernadotte vervollständigte als einfaches Mitglied das fünfköpfige männliche Präsidium. Das Büro des ICSID war zuerst in Paris verortet, zog später nach Brüssel, als die Belgierin Josine des Cressonnières 1963 zur ICSID-Generalsekretärin ernannt wurde.[73]

Durch diese gebündelte Geschäftsführung ist der überwiegende Teil des internen und externen Schriftguts erhalten geblieben und als Teilbestand in den Design Archives der University of Brighton seit 2007 zugänglich.[74] Dieser Glücksfall, dass annähernd alle Unterlagen, Korrespondenzen und Photographien des ICSID erhalten geblieben sind, ermöglicht es der designhistorischen Forschung, sich nun über den internationalen Berufsverband der Industriedesigner mit einer globalen Perspektive zu nähern. Besonders das Promotionsprojekt der Norwegerin Tania Messell in Brighton widmet sich dabei explizit der Aufgabe, eine dringend benötigte Institutionengeschichte des ICSID zu schreiben.[75] Darstellungen des ICSID in deutscher Sprache existieren kaum, auch in der englischen Fachliteratur wird zwar die Bedeutung dieses Dachverbands stetig wiederholt, explizite Beiträge sind ebenfalls nur wenig vorhanden. Daher werden im Folgenden in gebotener Kürze die historischen Entwicklungen des ICSID dargestellt. Besonderer Schwerpunkt bildet hierbei die Bedeutung für die westdeutschen Produktgestalter.

Deutsche beim ICSID

Für die bundesdeutschen Industriedesigner begann die Geschichte des ICSID zwei Jahre nach dessen Gründung auf der ersten Generalversammlung 1959 in Stockholm. Auf dem Kongress in der schwedischen Hauptstadt stellte Arno Votteler, stellvertretend für das Präsidium des neugegründeten VDID, einen Aufnahmeantrag.[76] Dieses Treffen war zugleich das Erste seiner Art nach der

---

71 | Black (1975), S. 1. Generell zum ICSID siehe auch Messell (2016a).

72 | Für eine Übersicht zu den ICSID-Präsidenten siehe Tabelle 8.

73 | Armstrong (2016a), S. 214, Messell (2016b), S. 1f, Woodham (1997), S. 176.

74 | Für eine ältere Darstellung der Design Archives Brighton siehe Woodham (1995).

75 | Siehe hierzu das PhD-Projekt von Tania Messell mit dem Titel ‚Promoting Industrial Design on the World Stage – The International Council of Societies of Industrial Design 1957-1980' an der University of Brighton.

76 | Siehe hierzu S. 42ff.

Gründung des ICSID, da in einem Turnus von zwei Jahren jeweils die Vollversammlung aller ICSID-Mitglieder tagte. Dabei wurden neben der Besprechung verbandsinterner Probleme auch immer thematische Seminare angeboten, die sich jeweils auf das Kongressleitthema bezogen.[77] Diese Veranstaltungen konnten alle interessierten Designer besuchen, während es einem Land für die Abstimmungen in der Generalversammlung nur möglich war, eine begrenzte Anzahl an Delegierten zu benennen. So besuchten beispielsweise über 500 Personen den ICSID-Kongress 1965 in Wien und die Seminare, die unter dem Titel „Design und Öffentlichkeit" angeboten wurden.[78] Jedoch bildeten nur Herbert Hirche, Peter Raacke und Herbert Oestreich für den VDID sowie Mia Seeger, Ludwig von Hessen und Heinrich König für den Rat für Formgebung die offizielle Delegation aus der Bundesrepublik.[79] Diese Aufteilung der Abgeordneten existierte deswegen bei den Generalversammlungen, weil im ICSID versucht wurde, das Gewicht der Stimmen nicht nach der Mitgliederanzahl zu organisieren. So besaß die Bundesrepublik mehr Voten, da die westdeutschen Mitglieder einen höheren finanziellen Anteil als etwa die Kollegen aus den Niederlanden aufbrachten. Gleichzeitig hatten die nationalen Mitglieder ein Vetorecht gegenüber Beitrittsanträgen aus dem eigenen Land. So mussten beispielweise der VDID und der Rat für Formgebung 1974 zustimmen, dass das IDZ Berlin als assoziiertes Mitglied aufgenommen wurde. Brisant wurde dies im Jahr 1967, als mit dem Zentralinstitut für Gestaltung eine Institution aus Ost-Berlin dem ICSID beitreten wollte.[80]

Letztendlich erkannte der ICSID auf der Generalversammlung 1967 in Montréal, auf Druck der sowjetischen Delegation, die DDR als eigenständiges Land an. Diese Entscheidung wurde gegen die westdeutschen Beteiligten gefällt und stand im offenen Widerspruch zu der damaligen völkerrechtlichen Auffassung der BRD.[81] Durch diesen ‚Betriebsunfall' war der staatlich-finanzierte Rat für Formgebung gezwungen, mit dem ostdeutschen AIF im Kontext des ICSID zusammenzuarbeiten, was bis Mitte der 1970er Jahre zu vielen Verfahrensschwierigkeiten führte.[82] Besonders offenkundig wurde dies jenseits der Generalversammlung und dem Präsidium in den unterschiedlichen ICSID-Arbeitsgruppen, in denen verschiedene Themenbereiche gemeinsam diskutiert werden sollten. Dort sollten beispielsweise professionsspezifische

77 | Für die jeweiligen Unterlagen zu den Generalversammlungen siehe die Bestände DA UoB, ICSID-02-und ICSID-03-. Für einen Überblick zu den Versammlungsorten siehe Tabelle 7.

78 | Unbekannt (1965r), Klöcker (1965a).

79 | AdDSS, Akte BU 01963, Kurzbericht von Herbert Oestreich über die Generalversammlung des ICSID in Wien vom Oktober 1965, S. 2f.

80 | Siehe hierzu S. 309ff.

81 | AdDSS, Akte BU 01963, Kurzbericht von Herbert Ohl über die Generalversammlung des ICSID in Montréal 1967, S. 1f.

82 | Siehe hierzu S. 310ff.

Bestimmungen für die Designwettbewerbe, Honorar- oder Vertragsempfehlungen sowie ein Berufskodex für Industriedesigner entwickelt werden. Nach einer erfolgreichen Abstimmung in der Generalversammlung hatten sie in allen ICSID-Mitgliedstaaten als erstrebenswerte Richtlinie zu gelten.

Eine der zentralen Persönlichkeiten im internationalen Dachverband war lange Zeit die Belgierin Josine des Cressonnières.[83] Sie leitete als langjährige Direktorin das Brüsseler Designzentrum und war von 1963 bis 1977 Generalsekretärin des ICSID. In dieser Position war sie vor allem für die Organisation des Dachverbands, der jeweiligen Treffen, Konferenzen und Publikationen verantwortlich. Sie war daher eineinhalb Jahrzehnte lang in vielen Belangen involviert und konnte darüber hinaus als ICSID-Präsidiumsmitglied über die generellen Entwicklungslinien mitentscheiden. Ähnlich wie Mia Seeger für die Bundesrepublik, wurde des Cressonnières zu einer international gefragten Ansprechpartnerin, wenn es um Industriedesign ging.

Gleiches galt etwa für den Briten Misha Black[84], der sich seit 1957 aktiv am ICSID beteiligte. Als Mitinitiator der Gründung war der Londoner Design-Professor ein langjähriges ICSID-Präsidiumsmitglied und führte den Verband für zwei Jahre von 1959 bis 1961. Er galt als einer der bekanntesten Industriedesigner, vielgefragter Gesprächspartner und Konferenzredner der sogenannten westlichen Welt. Gleichzeitig war er maßgeblich an der Entwicklung einheitlicher Ausbildungsstandards verantwortlich, welche der ICSID zwischen 1963 und 1967 erarbeitet hatte.[85] Mit Juri Solowjew engagierte sich auch ein Designer aus der Sowjetunion viele Jahre im ICSID. Dies führte in den 1970er Jahren dazu, dass im ICSID Designer sowohl aus sozialistischen als auch aus kapitalistischen Staaten vertreten waren und das Konzept eines blockübergreifenden Dachverbands verwirklicht wurde. Mit dem Kongress 1975 in Moskau und Solowjews Präsidentschaft 1977–79 entwickelte sich der Russe zu einer der prägendsten Persönlichkeiten innerhalb des ICSID.[86]

Aus bundesdeutscher Perspektive waren seit der Verbandsgründung bis zur deutsch-deutschen Wiedervereinigung nur vergleichsweise wenige Akteure auf der höchsten Ebene im ICSID aktiv. Während Mia Seeger von 1959 bis 1963 als Schatzmeisterin agierte, wurde Gui Bonsiepe 1973 für zwei Jahre zum Vizepräsidenten gewählt – ebenso wie der AIF-Leiter Martin Kelm aus der DDR. Von 1975 bis 1979 war Herbert Ohl Präsidiumsmitglied und dabei

83 | Für eine Biographie von Josine des Cressonnières siehe das PhD-Projekt von Katarina Serulus von der Universiteit Antwerpen zur Geschichte des belgischen Designzentrums in Brüssel, Serulus (2016), Serulus und Gimeno-Martínez (2017), S. 155f, und Serulus (2014).

84 | Für Misha Black siehe Armstrong (2016a), S. 214, Atkinson (2016b), Blake (1983), S. 283ff, Cotton (2012), S. 15 und DA UoB, ICSID-13-1-1. Siehe zusätzlich Blake (1983).

85 | Siehe hierzu Education Commission of the ICSID (1966), ICSID (1968), UNESCO und ICSID (1965) und zusätzlich Unbekannt (1965p).

86 | Siehe hierfür S. 299ff.

von 1977 bis 1979 Schatzmeister des ICSID.[87] Er bewarb sich 1979 und 1981 erfolglos um die Position des Präsidenten.[88] Lediglich mit Tomás Maldonado 1967 wurde ein Designer zum ICSID-Präsidenten gewählt, der etliche Jahre als Dozent an der HfG Ulm und damit in der Bundesrepublik gewirkt hatte.

Internationale Fachdebatten

Maldonado war es dann auch, der mit dem Versuch einer verbindlichen Designdefinition auf der Generalversammlung 1969 in London für eine erste große Kontroverse sorgte. Im Vergleich zu den Konferenzen davor unternahm der ehemalige Rektor der HfG Ulm den Versuch einer allgemeingültigen Begriffsbestimmung. Während 1959 in Stockholm und Venedig 1961 zuerst noch die Konsolidierung des Dachverbands die Tagesordnungen dominierte,[89] waren auf den Treffen 1963 in Paris, 1965 in Wien und 1967 in Ottawa sowie Montréal besonders Fragen zur Designerausbildung und Berufskodizes der Profession diskutiert worden.[90] Mit der Generalversammlung in der britischen Hauptstadt trafen sich dann 1969 Industriedesigner aus 27 Ländern, um über das Rahmenthema „Design, Gesellschaft und Zukunft" zu diskutieren.[91] Entsprechend dem Bericht von Gui Bonsiepe war die Diskussion um eine neue Definition für Industriedesign davon geprägt, wie die ältere stark anglo-amerikanisch geprägte Vorstellung durch eine zeitgemäßere Formulierung ersetzt werden könnte.[92] Neben der Definition von Maldonado[93] wurde ebenfalls über

87 | Die Position des Schatzmeisters übernahm Ohl ohne Rücksprache mit dem RfF-Vorstand, da eigentlich Ohls Anwesenheit in Darmstadt durch sein Mailänder Büro ohnehin schon eingeschränkt war. Trotz vielfacher interner Kritik an seiner häufigen Abwesenheit in den Räum des Rats für Formgebung engagierte er sich im ICSID. ZADP, Bestand Rosenthal, p.S. 21, Notiz für Philip Rosenthal vom 26.10.1978.

88 | RWWA Köln, 181-2198-1, Schreiben von Herbert Ohl an Eberhard Fuchs vom 27.11.1979. Sowie RWWA Köln, 181-2175-1, Schreiben von Herbert Ohl an Philip Rosenthal vom 17.07.1981, ibid., Schreiben von Ernst-Jörg Kruttschnitt an Herbert Ohl vom 08.07.1981 und ibid., Schreiben von Philip Rosenthal an Herbert Ohl vom 20.07.1981. Siehe zusätzlich Unbekannt (1980y), Ohl (1979).

89 | Seeger (1967), S. 82.

90 | Unbekannt (1965r), Brenzinger (1963), Leymonerie (2016), S. 121, Ohl (1967), RfF (1965), S. 9.

91 | AdDSS, Akte BU 01963, Bericht von Jürgen Hämer zum ICSID-Kongress 1969 in London, S. 1 sowie Unbekannt (1969n), Bonsiepe (1969), Eckstein (1969), Klöcker (1969a). Siehe für die Kongressunterlagen DA UoB, ICSID-01-01-13 und beispielsweise auch Archiv des Technikmuseums Berlin, I.4 224 – 080.

92 | Bonsiepe (1969), S. 4.

93 | Die von Maldonado vorgeschlagene Definition lautete im Deutschen: „Die industrielle Formgebung ist eine schöpferische Tätigkeit mit dem Ziel, die Formqualitäten von industriell hergestellten Gegenständen zu bestimmen. Diese Formqualitäten umfassen nicht nur die äußerlichen Merkmale, sondern im Grundsatz auch diejenigen baulichen und funktionellen Wechsel-

einen sowjetischen Vorschlag von Juri Solowjew[94] diskutiert. Beide Ansätze versuchten, die Bedeutung der Produktgestaltung für die Gesellschaft und zugleich der sozialen Verhältnisse für das Design zu erfassen. Ähnlich wie bei den zeitgenössischen Debatten über ‚Umweltgestaltung' in der Bundesrepublik folgte auf dem ICSID-Kongress 1969 die Richtungsdiskussion, inwiefern die Tätigkeit der Designer nicht mehr durch Arbeitsmethoden und -ergebnisse bestimmt werden könnte, sondern über deren Position in dem gesellschaftlichen Gesamtsystem zu definieren sei.[95] Die vorgeschlagenen Industriedesign-Definitionen wurden in London ausgiebig im Plenum besprochen. Jedoch fand sich letztendlich keine Mehrheit für einen Änderungsantrag, die unterschiedlichen nationalen Designauffassungen durch eine einheitliche Begriffsbildung neu zu fassen.[96] Eine Arbeitsgruppe wurde daraufhin mit der weiteren Neuformulierung beauftragt, sodass auf der Generalversammlung 1971 auf Ibiza erneut über das Thema gesprochen werden konnte. Soweit es aus den Akten ersichtlich wird, geschah dies aber nicht. Auf eine ähnliche Weise im Sande verlief auch eine Initiative von Design-Studierenden, Möglichkeiten zur Mitbestimmung für den Nachwuchs innerhalb des ICSID zu erreichen.[97]

Abgesehen von solchen verbandsinternen Diskussionen war es auffällig, dass bei dem ICSID-Kongress in London Systemforscher, sogenannte Futurologen, Computerspezialisten und Planungsexperten sprachen, sodass die überwiegende Anzahl der Vortragenden erstaunlicherweise keine Industriedesigner waren. Dies stimmt mit der Entwicklung überein, dass die Gestalter

beziehungen, die – gesehen vom Standpunkt sowohl des Erzeugers als auch des Benutzers – aus einem System eine zusammenhängende Einheit machen. Industrielle Formgebung erstreckt sich über alle Aspekte der von der industriellen Produktion geschaffenen Umwelt des Menschen", DA UoB, ICSID-01-01-13 und ebenso AdDSS, Akte BU 01963, Bericht von Jürgen Hämer zum ICSID-Kongress 1969 in London, S. 2.

94 | Die von Solowjew vorgeschlagene Definition lautete im Deutschen: „Industrial Design ist eine schöpferische Tätigkeit mit dem Ziel der harmonischen Gestaltung einer gegenständlichen Umwelt, die die materiellen und geistigen Bedürfnisse des Menschen möglichst vollkommen befriedigt. Dieses Ziel wird angestrebt durch eine Bestimmung der formalen Eigenschaften von Industrieprodukten. Unter formalen Eigenschaften sind nicht nur äußerliche Merkmale zu verstehen, sondern jene strukturellen Beziehungen, die einem System eine funktionelle Qualität und Kohärenz verleihen und gleichzeitig zur Steigerung der Produktivität betragen", DA UoB, ICSID-01-01-13 und ebenso Bonsiepe (1969).

95 | Leymonerie (2016), S. 124.

96 | BA Koblenz, B102-336921, Schreiben von Herbert Lindinger, Eberhard Fuchs, Herbert Hirche und Jürgen Hämer an Gustav Stein vom 18.01.1971, S. 5.

97 | AdDSS, Akte BU 01963, Bericht von Jürgen Hämer zum ICSID-Kongress 1969 in London, S. 1 und Unbekannt (1969n), Hollenstein et al. (1971). Ähnliche Diskussionen über eine verstärkte, studentische Vertretung gab es zeitgleich auch im VDID, die mehr Engagementmöglichkeiten für angehende Gestalter bewirkte. Unbekannt (1969s), (1970r), (1971ae), Steinacker (1969).

in London vielfach darüber diskutierten, welche Bedeutung ihre Tätigkeiten für die Gesellschaft hätten und wie sich dies in Zukunft ändern würde. Mit dem Begriff ‚Umweltgestaltung' wurde diese Debatte in der Bundesrepublik in den folgenden Jahren weitergeführt.[98] Aus Sicht der DDR-Teilnehmer war der Kongress jedoch „eine erneute Widerspiegelung futurologischer, pessimistischer, idealistischer Theorien bürgerlicher Provenienz. Die tatsächlichen Triebkräfte der Gesellschaft, die für die Entwicklung des Design die entscheidende Rolle spielen, wurden von den Rednern der kapitalistischen Länder nicht erkannt".[99] Ein solch negatives Fazit aus Ostdeutschland deckte sich mit der Einschätzung des fachlichen Leiters des Rats für Formgebung Robert Gutmann, dass sich die generelle Verbindung zu den ‚Ostblockländern' im ICSID zunehmend als schwierig gestaltete.[100]

Diese Entwicklung hielt in der ersten Hälfte der 1970er Jahre nicht an. Der Kalte Krieg überschattete häufig die gemeinsame Arbeit im ICSID zwischen Ost und West. Aber seit Anfang des Jahrzehnts wurde die Kooperation auf Ebene von Arbeitsgruppen vielmehr sachorientiert und weniger von politischen Fragen dominiert, als dies noch in den 1960er Jahren der Fall gewesen war. Über Fragen der Professionalisierung konnten die Beteiligten sich offen austauschen. Besonders mit dem ICSID-Kongress 1975 in Moskau trat eine Entspannung zwischen den beiden Systemen ein. Diese Zusammenkunft in der sowjetischen Hauptstadt war einer der zentralen Wendepunkte in Bezug auf Design im Kalten Krieg.[101] Der zentrale Aspekt, bei dem sich Gestalter aus sozialistischen und kapitalistischen Ländern um gemeinsame Leitlinien bemühten, war die Bedeutung von Industriedesign für die sogenannten Entwicklungsländer. Denn bei dem Kongressrahmenthema „Design und Politik" erschien es – speziell aus Sicht der sozialistischen Länder – ebenso geboten, jenseits der ICSID-Mitgliedsländern nach Themen im Industriedesign zu suchen.[102] Vor diesem Hintergrund wurde eine eigene Arbeitsgruppe mit dem Titel „Design in Developing Countries" gegründet.[103] Mit Gui Bonsiepe, der von 1973 bis 1975 Teil des ICSID-Präsidiums war, hatte man hierfür eine international bekannte Persönlichkeit gewinnen können. Bonsiepe hatte schon Anfang der 1970er Jahre auf die Bedeutung von Industriedesign in der Entwicklungs-

98 | Siehe hierzu das Kapitel ‚„Umwelt wird in Frage gestellt" - Designkonzepte im Wandel' auf S. 163ff.

99 | BA Berlin, DF 7/199, Dokumentation zum 6. ICSID-Kongress 1969 in London vom 13.03.1970, S. 2.

100 | LA Berlin, B010-1810, Protokoll zur IDZ-Vorstandssitzung vom 30.09.1969, S. 3.

101 | Siehe für den Moskauer Kongress S. 299ff.

102 | Clarke (2016a), S. 46.

103 | DA UoB, ICSID-12-02-01, Schreiben von Carl Auböck an Juri Solowjew vom 04.01.1972. Die Unterlagen der Arbeitsgruppe haben sich teilweise erhalten in DA UoB, ICSID-12-02-01.

hilfe hingewiesen.[104] Vor allem mit seinen Designarbeiten in Chile erreichte er viel Aufmerksamkeit, nachdem die gewählte sozialistische Regierung 1973 aus dem Amt geputscht wurde.[105]

Design und Entwicklungshilfe

Schon vor der expliziten Thematisierung von Design und Entwicklungshilfe gingen in den 1960er Jahren westdeutsche Designer in außereuropäische Länder. So halfen etwa Heinz G. Pfaender, Jörg Glasenapp, Arno Votteler oder Herbert Lindinger beispielsweise in Pakistan, ‚Taiwan' oder Indien unter anderem bei dem Aufbau von Bildungsinstitutionen und Designstudiengängen.[106] Dieser Beistand firmierte in den 1960er Jahren bei den Gestaltern jedoch noch nicht unter der Bezeichnung ‚Entwicklungshilfe'. Erst Mitte der 1970er Jahre wurde diese Frage von Unterstützung und Industriedesign in einen institutionellen Rahmen gebracht. Auf der Jahrestagung 1976 in Baden-Baden gründete sich dann um Jörg Glasenapp eine eigene VDID-Arbeitsgruppe mit dem Titel „Design für Entwicklungsländer".[107] Spätestens ab 1978 trat eine VDID-Arbeitsgruppe ‚Dritte Welt' in Erscheinung – eventuell die gleiche Organisationseinheit, nur mit einer anderen Bezeichnung. Darin versuchten die Beteiligten „Hilfe zur Selbsthilfe" im Designbereich zu leisten.[108] Zentrale Persönlichkeiten hierbei waren Gudrun und Alexander Neumeister.[109] Beide engagierten sich in den 1970er und besonders in den 1980er Jahren für die Förderung von Industriedesign in sogenannten Entwicklungsländern. Beispielsweise boten beide zusammen mit Frank Sander im Jahr 1981 einen vierzehntätigen Workshop für westdeutsche und indonesische Designer in Djakarta an. Mit Hilfe des VDID und dem Bundesministerium für wirtschaftliche Zusammenarbeit erarbeiteten die Teilnehmer verschiedene Ansätze zur Designförderung und -ausbildung in Indonesien.[110] Neumeister kandidierte 1983 erfolgreich für den ICSID-Präsidium mit dem Schwerpunkt Dritte Welt und Design, womit sich eine Verbindung zwischen den Initiativen im VDID und im ICSID ergab.[111]

---

104 | Bonsiepe (1972a), (1972b), (1973), (1975), (1976), (1977).

105 | Siehe hierzu besonders Bonsiepe (1974) und auch Bonsiepe (1972a), (1972b), (1975), (1977).

106 | Pfaender (1965).

107 | Unbekannt (1976t), (1977g), S. 4.

108 | Müller-Krauspe (1978), Neumeister und Neumeister (1978a), (1978b), (1978c).

109 | Seit den 1970er Jahren setzten sich beide innerhalb des VDID für die sogenannte Dritte Welt ein. In diesem Kontext war Alexander Neumeister von 1983 bis 1985 ICSID-Präsidiumsmitglied für Produktgestaltung in Entwicklungsländern. Zu Neumeister allgemeine siehe Buck und Scharf (1999), Neumeister (1990), Scharf (1999), S. 148.

110 | Gronert (1981), Neumeister und Neumeister (1980), Neumeister et al. (1981).

111 | Archiv des VDID, NL Karl-Heinz Krug, Kurzbericht der AG ‚Dritte Welt' für die VDID-Jahrestagung 1983 von Alexander und Gudrun Neumeister vom 26.09.1983, S. 1 sowie ibid., Geschäftsbericht von Karl-Heinz Krug auf der VDID-Mitgliederversammlung vom 01.10.1983, S. 1.

Dem ICSID gelang es hingegen, über das Themenfeld Entwicklungshilfe durch Design auch im Laufe der Zeit als Partnerorganisation von UN-Organisationen anerkannt zu werden. Dem ICSID wurde schon 1962 ein konsultativer Status durch die UNESCO als Organisation für Bildung und Kultur sowie 1974 den UNIDO als Ausschuss für industrielle Entwicklung und später dem ECOSCO als der Wirtschafts- und Sozialrat, verliehen.[112] Der internationale Dachverband wurde daher für die UN die zentrale Organisation, die sich für Belange des Produktdesigns verantwortlich zeigte.[113] Es ist interessant, dass der industriellen Formgebung gleich drei UN-Organisationen zugeordnet wurden. Denn zu dem Dualismus von Kultur und Wirtschaft, wie er auf nationaler Ebene häufig anzutreffen war, kam hier noch das Aktionsfeld der Entwicklungshilfe durch Design hinzu. Dies bedeutete, dass der ICSID und seine Mitglieder von Seiten der UNO mit Design-Weiterbildungen für Entwicklungsländer beauftragt wurden.[114] Eine der zentralen Veranstaltungen war ein gemeinsamer Kongress von ICSID und UNIDO im Jahr 1979, der unter dem Titel „Design and Development“ am National Institute of Design im indischen Ahmedabad stattfand.[115] Unter der Leitung von Herbert Ohl – in Vertretung des ICSID-Präsidenten Juri Solowjew – kamen Delegierte aus fast allen Entwicklungsländern nach Indien. Ziel war es, gemeinsame Grundlagen für eine Entwicklungspolitik, unter besonderer Berücksichtigung von Design, zu erarbeiten.[116] Die davon ausgehende „Ahmedabad Declaration“ zwischen ICSID und UNIDO war der Höhepunkt einer Zusammenarbeit zwischen beiden Organisationen.[117] Auf dem ICSID-Kongress 1979 in Mexico City stand dann unter dem Titel „Industrial Design and the Human Development“ ebenfalls die Produktgestaltung für Entwicklungsländer wieder auf der Agenda.[118]

Es fanden sich unterschiedliche Voraussetzungen, Perspektiven und Gesellschaftssysteme im ICSID zusammen, jedoch gab es neben dem Bezug zum Industriedesign noch eine wesentliche Gemeinsamkeit. Die Konferenzsprache war Englisch, obwohl zu Beginn des ICSID alle verbandsinternen Texte auch in Französisch formuliert wurden. Das ICSID-Büro war zuerst in Paris an-

---

112 | Vielen Dank an Tania Messell (University of Brighton) und Gabriele Oropallo (Universitetet i Oslo) für die Hinweise zu den Verbindungen zwischen dem ICSID und den UN-Organisationen.

113 | Unbekannt (1973q), (1974h).

114 | Unbekannt (1972c).

115 | Siehe besonders Clarke (2016a), S. 47ff. Zum Aspekt von Design in Ahmedabad siehe Balaram (2009), Balasubrahmanyan (2016).

116 | Unbekannt (1979c), Neumeister und Sander (1979).

117 | Messell (2016b), S. 5.

118 | Die 11. Generalversammlung des ICSID 1979 konnte nicht in Mexiko abgehalten werden, da die dortigen Behörden der taiwanesischen Delegation die Einreise verweigert hatte. Stattdessen wurde die Versammlung Anfang 1980 in Paris nachgeholt, Müller-Krauspe (1980b), S. 76. Siehe hierzu auch Messell (2016b).

gesiedelt und wurde später von der französischsprachigen Generalsekretärin Josine des Cressonnières in Brüssel geleitet. Trotzdem setzte sich Ende der 1960er Jahre Englisch als einzige gemeinsame Sprache durch.[119] War es am Anfang der bundesdeutschen Delegation beispielsweise auf dem ICSID-Kongress 1961 in Paris nicht möglich, „sich so an den Diskussionen zu beteiligen, wie es wünschenswert wäre, da sie die Konferenzsprachen Englisch und Französisch nicht genügend beherrschte[n]", so wurde spätestens zum Ende des Jahrzehnts von den Industriedesignern erwartet, englische Sprachkenntnisse aktiv anwenden zu können.[120] Folgt man der schwedischen Designhistorikerin Margareta Tillberg, so war es selbst in den sozialistischen Ländern erstaunlicherweise gängige Methode, dass die Industriedesigner miteinander in Englisch kommunizierten. Der Hintergrund hierfür war, dass die spezifischen Fachbegriffe entwickelt und etabliert waren, sodass sie die Sprache des ‚Klassenfeindes' präferierten.[121]

An Sprachbarrieren oder Ähnlichem scheiterte es hingegen nicht, dass die Bundesrepublik trotz vielfacher Anläufe keinen ICSID-Kongress abhielt. Denn die westdeutsche Delegation sprach seit den 1970er Jahren auf den Generalversammlungen regelmäßig eine Einladung aus, in die Bundesrepublik zu kommen. Beispielsweise favorisierte Philip Rosenthal als Tagungsort für die Jahre 1973 oder 1975 das oberfränkische Bayreuth.[122] Gustav Stein hingegen befürwortete mit Düsseldorf und Köln eine ‚rheinische Variante'.[123] Im Jahr 1977 blieben die Planungen schon im Vorstadium stecken.[124] Und Ideen, die Kongresse 1981, 1983 oder 1985 in West-Berlin abzuhalten, waren ebenso wenig erfolgreich.[125] Letzten Endes scheiterten alle diese Initiativen an der Finanzplanung. Denn der Rat für Formgebung gemeinsam mit dem Bundesministerium für Wirtschaft und dem Gestaltkreis im BDI konnten oder wollten die Gelder für ein solches Großereignis nicht aufbringen.[126]

---

119 | Wie es letztendlich zu dieser Entscheidung kaum, ist unklar.

120 | AdDSS, Akte BU 01963, Protokoll zur VDID-Mitgliederversammlung vom 01.05.1962, S. 2.

121 | Tillberg (2014a), S. 237.

122 | ZADP, Bestand Rosenthal, p.S. 24, Bericht zur Vorstandssitzung des Rats für Formgebung vom 03.06.1971, S. 7f.

123 | Ibid., S. 14.

124 | ZADP, Bestand Rosenthal, p.S. 52, Protokoll zur Vorstandssitzung des Rats für Formgebung vom 15.12.1972, S. 7 und ibid., p.S. 21, Schreiben der Hamburg Messe und Kongress GmbH an Philip Rosenthal vom 29.11.1977.

125 | ZADP, Bestand Rosenthal, p.S. 18, Bericht über die Vorstandssitzung des Rats für Formgebung am 09.11.1974, S. 8 und ibid., p.S. 53, Protokoll zur Vorstandssitzung des IDZ Berlin vom 14.12.1978, S. 10.

126 | Die überlieferten Akten vermitteln dabei jedoch nicht den Eindruck, dass eine ICSID-Generalversammlung in West-Berlin durch die DDR verhindert worden wäre.

Der europäische Dachverband

Parallel zum ICSID als weltweiter Verband für die Industriedesigner entwickelte sich ab 1970 mit dem Bureau of European Designer Associations ein westeuropäischer Dachverband aller Designerverbände mit dem Schwerpunkt Industriedesign. Die Gründung dieses BEDA wurde 1969 auf der ICSID-Generalversammlung in London informell vereinbart. Ziel war es, innerhalb der EG auf der Grundlage der Römischen Verträge von 1957/58 die Kooperation der Industriedesigner untereinander zu stärken, institutionalisieren und professionalisieren. Der BEDA wurde offiziell am 23. Januar 1970 in den Räumen des Instituts für Umweltgestaltung in Frankfurt am Main gegründet.[127] Neben dem VDID, vertreten durch Herbert Lindinger, Jürgen Hämer und Horst Hartmann, waren unter anderem die Verbände aus Belgien (UDB), Frankreich (UFID), Großbritannien (SIAD), Italien (ADI) und den Niederlanden (KIO) an der Gründung beteiligt.[128] Einige Jahre später traten ebenfalls die Verbände aus Dänemark (IDD) und Irland (SDI) sowie die Berufsvereinigungen der Graphikdesigner aus der Bundesrepublik (BDG) und den Niederlanden (GVN) dem BEDA bei. Das Sekretariat war zuerst in den Räumlichkeiten des belgischen UDB in Brüssel untergebracht und kam später nach London in die Obhut des SIAD. Anscheinend wurde im Jahr 1988 das BEDA-Büro in Großbritannien aufgelöst, wobei die gesamte Mitgliederkartei verloren ging.[129] Vermutlich verlegten daraufhin die BEDA-Mitglieder die Geschäftsstelle wieder zurück nach Brüssel. Diese mehrmaligen Umzüge und Neustrukturierungen des Sekretariats sind wahrscheinlich die Gründe dafür, dass die Quellenüberlieferung für den BEDA – im Vergleich zum ICSID – schlechter ist. In Brüssel befinden sich keine historischen Akten mehr.[130] Auch ist nicht bekannt, dass Dokumente an Archive, Museen oder Bibliotheken übergeben worden wären.[131]

127 | Für die damalige Designsituation im Rhein-Main-Gebiet siehe Klemp (2016).

128 | Lindinger (1985) und PA Lindinger, p.S. 3, „The Future of BEDA – A Discussion Paper" von Peter Lord und Geoffrey Adams vom Oktober 1978, S. 1. Siehe zusätzlich auch die Dokumenten-Sammlung von Lindinger zur frühen Phase des BEDA in PA Lindinger, p.S. 3. Zu den Vorarbeiten zur Gründung siehe Unbekannt (1969m).

129 | Unbekannt (1990c).

130 | Schriftliche Auskunft der BEDA-Geschäftsstelle vom 24.08.2014. Eine schwierige Überlieferungssituation darf jedoch nicht über die historische Bedeutung dieser westeuropäischen Designinstitutionen hinwegtäuschen.

131 | Glücklicherweise haben sich bei Herbert Lindinger noch zwei Aktenordner mit Korrespondenzen, Protokollen, Beschlüssen und Einladungen des BEDA erhalten. Diese Aktenordner werden in Zukunft einer Designinstitution zur Archivierung übergeben, um damit für die spätere Forschung zugänglich sein.

Diese spezielle Überlieferung erklärt sich dadurch, dass Herbert Lindinger seit der Gründung im BEDA mitarbeitete. Gemeinsam mit Eberhard Fuchs[132] war er viele Jahre der zentrale Akteur aus der Bundesrepublik für den BEDA. Vorrangiges Ziel beider war, eine europäische Verflechtung der Designer als Teil einer europaweiten Professionalisierung zu erreichen. Auf der Ebene der EG-Mitgliedsstaaten sollten entsprechend den Verträgen von Rom einheitliche Berufsbedingungen für Industriedesigner geschaffen werden.[133] Die erste Initiative des BEDA war im Jahr 1973 eine Sozialerhebung unter Designern, um über den Beruf des Gestalters auf europäischer Ebene überhaupt Erkenntnisse gewinnen zu können.[134] Ein Resultat war, dass die Organisationsstrukturen, Begrifflichkeiten und rechtlichen Rahmenbedingungen zwischen den Ländern erheblich variierten. Dies war einer der wesentlichen Gründe für die Etablierung eines europäischen Designbüros. Dabei entschieden sich die Beteiligten explizit dagegen, ihre Belange im Rahmen des ICSID zu organisieren. Denn dort sahen die BEDA-Gründungsmitglieder die Gefahr, dass viele andere Berufsverbände aus nicht-europäischen Staaten mitreden könnten. Auch war es dadurch möglich, Aspekte des Kalten Kriegs auszuklammern, da der BEDA bis 1990 nur aus westeuropäischen Staaten bestand. Die zentrale Bezugsgröße war dabei weniger Europa in einem geographischen Sinn, sondern die Europäische Gemeinschaft als politische Institution.

Über den BEDA versuchten die Industriedesigner zwei zentrale Themenkomplexe auf europäischer Ebene zu lösen. Erstens strebten die beteiligten Mitgliedsverbände eine gemeinsame Professionalisierung an, indem sie einheitliche europäische Ausbildungs- und Berufsstandards für Designer festlegten. Und zweitens versuchten die Gestalter über den BEDA, ein europaweites Urheberrecht für Produktdesign umsetzen zu können. Die Arbeit an einheitlichen Bildungsnormen für Designer begann 1975, indem Eberhard Fuchs eine Studie zu dem jeweils nationalen Berufsverständnis vorlegte. Bei diesem Vergleich stellte sich unter anderem heraus, dass lediglich beim VDID das Diplom oder ein gleichwertiger Studienabschluss eine Aufnahmebedingung darstellte. In anderen Verbänden entschieden etwa Expertengremien über die Anerkennung und damit über die Mitgliedschaft in dem jeweiligen Berufsverband.[135] In Anlehnung daran wurde der SIAD-Geschäftsführer Geoffrey Adams durch den BEDA beauftragt, einen Überblick über die Ausbildungsverhältnisse der Gestalter in den einzelnen EG-Mitgliedsstaaten zu erarbeiten,

132 | Eberhard Fuchs arbeitete seit 1958 als Industriedesigner für die AEG-Telefunken AG. Von 1966 bis 1981 leitete Fuchs das dortige Zentralinstitut für Produktgestaltung der AEG-Telefunken AG. Seit 1976 bis zu seinem Tod leitete Fuchs als Präsident den VDID. Brackert (1976d), Giachi (1981), Müller-Krauspe (1981a), Ohl (1981).

133 | Maier (1978), S. 128f.

134 | Unbekannt (1973b), (1973v), Fuchs (1973).

135 | Unbekannt (1975e), Fuchs (1975).

Abbildung 59: Marschall Tito u.a. mit Fritz Gotthelf (rechts) beim Besuch der Wanderausstellung „Industrielle Formgebung in der BRD" in Zagreb, 1967.

Quelle: Unbekannt, verwahrt im Historischen Photoarchiv Rat für Formgebung.

sodass der BEDA 1976 erstmals eine gemeinsame Beschreibung des Designer-Berufs veröffentlichen konnte.[136] Dies mündete 1980 schließlich in einen Beschluss über vereinbarte Mindeststandards bei der Ausbildung innerhalb der EG, die sich explizit an den Artikeln 52 bis 59 der Römischen Verträge orientierten.[137] Gleichzeitig gelang es auf Basis dieses Überblicks zu Ausbildungs- und Berufsstandards, dass der BEDA ab 1981 ein europaweites Berufsregister für Designer erstellen konnte. So wurde garantiert, dass alle Mitglieder eines BEDA-Verbands verschiedenen Mindestqualitätskriterien entsprachen und in allen EG-Mitgliedsländern als Produktgestalter zugelassen waren.[138]

Der zweite zentrale Themenkomplex auf europäischer Ebene waren die Bemühungen um ein gemeinsames Urheberrecht im Design. Im Laufe der 1980er Jahre setzten sich die BEDA-Beteiligten besonders für eine Harmonisierung des europäischen Urheberrechts ein. Beauftragt wurde hier zu Beginn der westdeutsche Klaus Limberg, der für das BEDA-Treffen im November 1980

136 | Die deutsche Übersetzung dieser Berufsbeschreibung lautete: „Das Tätigkeitsfeld Industrial Design und Kommunikations-Design erfordert vom Designer spezielle Begabung und Engagement. Auf der Grundlage ästhetischer, technischer, wirtschaftlicher und ergonomischer Analysen plant und entwirft der Designer adäquate Strukturen, Formen und Farben für industriell zu fertigende Erzeugnisse und Systeme, die der Bedürfnisbefriedigung und einer menschgerechten Umwelt dienen." Unbekannt (1976h).

137 | Unbekannt (1980k) und PA Lindinger, p.S. 3, Statement on Minimum Education Requirements des BEDA vom Mai 1980.

138 | Fuchs und Lindinger (1981), Hardt (1983).

eine Bestandsaufnahme der Designschutz-Rechte in der EG erstellte.[139] Eine solche Beschäftigung mit Urheberrecht war zwar vergleichsweise unpopulär, aber die Anwendung des Geschmacksmustergesetzes hatte weitreichende Auswirkungen auf den Arbeitsalltag vieler Designer.[140] Markant war dies etwa für die bundesdeutschen Gestalter mit dem lange gültigen Geschmacksmustergesetz von 1876, das erst 1988 ersetzt wurde.[141] Nicht nur in Westdeutschland nahmen die Produktdesigner den Schutz ihrer Designleistungen als unzureichend wahr, auch in anderen EG-Ländern wurde hier Handlungsbedarf attestiert. Der BEDA erstellte daher eine Übersicht über die verschiedenen patentrechtlichen Verfahrensweisen in den einzelnen Mitgliedsländern, um auf Ebene der EG und der nationalen Parlamente für die Vorzüge aneinander angepasster Schutzrechte zu werben.[142] Beispielsweise flossen solche Empfehlungen des VDID bei der Neugestaltung des westdeutschen Geschmacksmustergesetzes ein.[143] Langfristig wurde diese BEDA-Initiative durch das 1993 im spanischen Alicante gegründete europäische Harmonisierungsamt für den Binnenmarkt übernommen und in Richtung eines europäischen Designurheberrechts weiterentwickelt.

2. Industriedesign im Kalten Krieg

Bei den vielfältigen transnationalen Vernetzungen im ICSID und BEDA fehlt bisher die Darstellung des ‚Industriedesigns' als ein Element im Gegensatz zu den sozialistischen und kapitalistischen Gesellschaftssystemen. Rückblickend wird dabei vor allem die industrielle Formgebung als ‚diplomatischer Vorposten' im Kalten Krieg gedeutet. Denn Design als ‚soft power' ermöglichte zwischen Ost und West einen Austausch, ohne dass dieser von politischen Motiven dominiert wurde. Ausstellungen, Bildungsreisen oder gemeinsame Tagungen waren daher schon früh Kommunikationsmittel, sodass in Bezug auf das Industriedesign nicht von einem ‚Eisernen Vorhang' gesprochen werden konnte.

139 | Unbekannt (1980k). Siehe hierzu auch den umfangreichen Überblick zu Urheberrechten mit Bezug auf die Produktgestaltung in Europa und den USA, Levin (1985).

140 | Der VDID arbeitete schon seit den 1960er Jahren mit den Rechtsanwälten Ekkehard Gerstenberg und Jürgen Hämer zusammen, um im Bereich des Geschmacksmusterrechts verschiedene Gesetzesinitiativen zu begleiten. Siehe hierzu etwa eine Dokumentation und Bibliographie zum Geschmacksmustergesetz in RWWA Köln, 181-2183-1. Siehe ebenfalls Gerstenberg (1964), (1966a), (1966b), Hensley (1967), Reimer (1971), Slany (1967), Stein (1965) als auch Hagen (1977), Heinz (1966), Müller-Krauspe (1972), RfF (1970b), S. 5, VDID-Arbeitskreis „Verträge" (1973).

141 | Swoboda (1988).

142 | Lindinger (1985).

143 | AdDSS, Akte BU 01957, Schreiben des VDID an verschiedene Unternehmen vom 12.06.1989.

Schon seit der Gründung von Designinstitutionen Ende der 1950er und Anfang der 1960er Jahre in Ost und West entwickelten sich vielfältige Verbindungen, die über einen einfachen Informationsaustausch deutlich hinausgingen.

Die bundesdeutschen Industriedesigner besaßen hierbei die Sonderposition, dass sie mit den ostdeutschen Gestaltern eine Sprache teilten. Gleichzeitig war die wirtschaftliche Entwicklung Westdeutschlands derart erfolgreich, dass alleine durch das exportierte Gütervolumen die Formgebung weltweit Beachtung fand. Aus diesem Grund wurde das bundesdeutsche Industriedesign als ein Repräsentationsmedium eingesetzt. Speziell von den sozialistischen Ländern erhofften sich Politiker, Unternehmer und Designer, dass über gemeinsame Themen wie die Produktgestaltung eine Annäherung, Verflechtung oder Kooperation möglich war. Parallel konnte dabei innerhalb der Bundesrepublik argumentiert werden, dass etwa durch eine ‚Leistungsschau' der kapitalistischen Wirtschaft die Überlegenheit des eigenen Gesellschaftssystems veranschaulicht wurde. Dieser doppelte Beweggrund aus Annäherung und Überzeugung prägte die sogenannte Designdiplomatie zwischen den 1960er und 1990er Jahren.

Dieses Teilkapitel versteht Industriedesign und die Debatten dazu als eine sogenannte Kontaktzone, bei der es zwischen Ost und West zu vielfältigen Arten von Austausch kam. Es wird daher zuerst der Beginn solcher Beziehungen aus der Sicht westdeutscher Industriedesigner geschildert. Daran anschließend wird mit dem VNIITE die sowjetische Designinstitution näher dargestellt, da über dies alle Verbindungen der UdSSR zu westlichen Produktgestaltern verliefen. Gleichzeitig besaß dieses Institut eine Vorbildfunktion für den gesamten ‚Ostblock', wobei im Verhältnis zur BRD andere Staaten wie Polen oder der ‚Sonderfall' Jugoslawien jeweils eigenständige Verflechtungsprozesse in Gang setzten. Dies leitet über zu dem letzten Teilkapitel, welches die deutsch-deutschen Designbeziehungen analysiert.

Erste Verbindungen über Design zwischen Ost und West ergaben sich Anfang der 1960er Jahre. Da in der BRD, DDR und der Sowjetunion seit Ende der 1950er Jahre die Bedeutung von Industriedesign für die Wirtschaft forciert wurde, bildeten sich dort unabhängig aber zeitgleich eigene Designinstitutionen und -verbände.[144] Aus einer westdeutschen Perspektive lässt sich der Beginn einer Verflechtungsgeschichte zwischen den sozialistischen und kapitalistischen Gesellschaftssystemen auf den Anfang der 1960er Jahre datieren. Es ist dabei auffällig, dass diese Verbindungen erstaunlicherweise erst nach dem Bau der Mauer einsetzten. Orientiert man sich an der damals wichtigsten westdeutschen Fachzeitschrift ‚form', so wurde dort bis zur ersten Hälfte der 1970er Jahre vergleichsweise häufig über Designentwicklungen in der Sowjetunion und der DDR berichtet. Beispielsweise rezensierten westdeutsche

144 | Wölfel, Wölfel und Krzywinski (2014), S. 10.

Autoren Ausgaben der ostdeutschen ‚form + zweck' oder Bücher aus Ost-Berlin.[145] Auch noch einige Jahre nach dem Mauerbau erschienen Berichte über das spätere Amt für industrielle Formgebung.[146] Seit Mitte der 1960er Jahre wurde in der Bundesrepublik umfangreicher über die Designentwicklungen in Moskau berichtet. Gleichzeitig informierte in den 1960er Jahren auch die sowjetische Fachzeitschrift ‚Техническая Эстетика'[147] über Entwicklungen in der Bundesrepublik, wie etwa mit einer Darstellung zu Hans Erich Slany oder einem Überblick über die westdeutsche Designerausbildung.[148]

Das Allunions-Forschungsinstitut für technische Ästhetik

Herausgeber dieses Journals war das Allunions-Forschungsinstitut für technische Ästhetik[149], das im Jahr 1962 durch Beschluss des Ministerrats der UdSSR gegründet wurde und sich mit lateinischen Buchstaben als ‚VNIITE' abkürzte.[150] Das Institut wurde von dem Industriedesigner Juri Solowjew[151] geleitet und hatte seinen Hauptsitz in Moskau. Gleichzeitig unterhielt das VNIITE knapp ein Dutzend Außenstellen in zentralen Städten der UdSSR.[152] Das VNIITE stand unter der Aufsicht des staatlichen Komitees für Wissenschaft und Technik der UdSSR und war ein sogenanntes ‚Erste-Klasse-Institut' in der Systematik der sowjetischen Forschungseinrichtung, was einherging mit vie-

145 | Siehe hierzu beispielsweise Unbekannt (1962c), (1964b), (1967a), (1968r), (1969e), (1971d), (1972l), Fietbeck (1971).

146 | Siehe hierzu beispielsweise Unbekannt (1962e), (1963d), Wagner (1962).

147 | Zu Deutsch ‚Technische Ästhetik'. Siehe für Begrifflichkeiten S. 11ff.

148 | Unbekannt (1965h), Shadowa (1966). Siehe hierzu auch die ersten Kontaktaufnahmen im Jahr 1971, Unbekannt (1971u), Keppner (1971), als auch Unbekannt (1972m), (1974f), Solowjew (1971).

149 | Die russische Bezeichnung lautete ‚Всероссийский научно-исследовательский институт технической эстетики'.

150 | Unbekannt (1963g) und auch noch Unbekannt (1968af). Siehe auch Anisimov und Chaban (2014), S. 22ff, Azrikan (1999), Cubbin (2016b), Hutchings (1976), S. 147, Tillberg (2014a), S. 231 und zusätzlich Tillberg (2013). Für Fragen zum sowjetischen Produktdesigner während der letzten Jahre Stalins siehe Karpova (2011), (2013), (2015) als auch Cubbin (2016a).

151 | Juri Solowjew führte in den 1950er Jahren zuerst das Architektur-Kunstbüro der Sowjetunion, in dem Entwürfe für Personenwagen der Staatseisenbahn, Mehrzweckmöbel oder die Innenausstattung des atombetrieben Eisbrechers ‚Lenin' entwickelt wurden. Von der Gründung 1962 bis 1988 leitete Solowjew das VNIITE. Darüber hinaus war er von 1969 bis 1971 Vizepräsident und von 1977 bis 1979 Präsident des ICSID. Anisimov und Chaban (2014), S. 19 und S. 26ff, Hutchings (1976), S. 150ff, iF Hannover (1990), Lawrentjew und Nasarow (1995), S. 77ff, Tillberg (2014a), S. 227f. Für die westdeutschen Reaktionen auf Solowjews als ICSID-Präsident 1977 siehe Unbekannt (1978d), Fuchs (1977).

152 | Diese Außenstellen waren in Tbilisi, Leningrad, Vilnius, Riga, Charkiw, Swerdlowsk (das ehemalige Jekaterinburg), Baku, Minsk und Jerewan. Teilweise wird in der Literatur auch noch Kiew, Chabarowsk und Tallinn genannt, Anisimov und Chaban (2014), S. 21, Cubbin (2014), S. 8, Lawrentjew und Nasarow (1995), S. 90, Wölfel, Wölfel und Krzywinski (2014), S. 11.

len Privilegien und hohen Gehältern.[153] Das VNIITE hatte dabei die Aufgabe, Methoden der sogenannten technischen Ästhetik zu entwickeln und diese zur praktischen Anwendung zu führen.

Der Aufbau des Instituts war daher zweigeteilt. Zuerst gab es eine Abteilung für Informationen, die etwa die sowjetische Designzeitschrift ›Техническая Эстетика‹ mit einer Auflage von 20.000 Stück pro Monat herausgab.[154] Hinzu kam eine Fachbibliothek zum Thema Design, die über das staatliche Komitee für Wissenschaft und Technik der UdSSR auch ausländische Publikationen bestellen konnte. Dies war in der Sowjetunion keine Selbstverständlichkeit.[155] Darüber hinaus organisierten die Mitarbeiter dieser Informationsabteilung verschiedene Konferenzen, Seminare und Weiterbildungen. Daneben war das VNIITE als quasi wissenschaftlich-methodisches Zentrum für Industriedesign damit beauftragt, für die praktische Umsetzung von Gestaltung zu sorgen. Hierin unterschied es sich am meisten von westlichen Institutionen, wie dem bundesdeutschen Rat für Formgebung, dem britischen Council of Industrial Design oder dem französischen Institut d'esthétique industrielle. Während dort lediglich an der Bekanntmachung und Förderung von Produktgestaltung gearbeitet wurde, war das VNIITE auch mit der praktischen Umsetzung in der sowjetischen Planwirtschaft beschäftigt.

Aus diesem Grund war das VNIITE in mehreren Abteilungen organisiert, die sich auf Teilbereiche des Industriedesigns spezialisiert hatten. Neben den technischen Gütern, Alltagsgegenständen und Verkehrsmitteln wurden auch ergonomische Fragestellungen in einer eigenen Abteilung gelöst.[156] Daneben konzentrierten sich die regionalen Außenstellen des VNIITE auf unterschiedliche Aufgabengebiete. So war beispielsweise das Büro in Swerdlowsk für Design in der Schwerindustrie, die Dienststelle in Leningrad für die Gestaltung elektronischer und wissenschaftlicher Geräte, das Büro in Vilnius für Formgebung ingenieurtechnischer Geräte oder die Außenstelle in Tbilisi für regionale Produkte verantwortlich.[157] Hinzu kam noch eine sogenannte Theorieabteilung, die neue Methoden entwerfen sollte. Dort arbeiteten nicht nur Designer, sondern auch Kunst- und Architekturhistoriker sowie Soziologen und Wissenschaftstheoretiker. Gleichzeitig sollte diese Abteilung ausländische Gestaltungsentwürfe sowie Ausbildungskonzepte auswerten und diese wiederum für das VNIITE nutzbar machen.[158] Daneben existierten noch eine Reihe von Versuchsräumen, Materialprüfungsständen und Farblaboren.[159]

153 | VNIITE (1983), S. 2f und ebenso Tillberg (2014a), S. 231.

154 | Tillberg (2013), S. 2.

155 | Anisimov und Chaban (2014), S. 21f, Tillberg (2014a), S. 231.

156 | Anisimov und Chaban (2014), S. 21.

157 | Cubbin (2016b), S. 36.

158 | Anisimov und Chaban (2014), S. 21.

159 | Hutchings (1976), S. 151f.

Durch diese Fülle an Mitarbeitern war das VNIITE jahrzehntelang das weltweit größte Designinstitut. Je nach Zählung arbeiteten dort Mitte der 1970er Jahre knapp 2.000 Personen, davon alleine 500 in der Moskauer Zentrale.[160]

Verglichen mit den niedrigen zweistelligen Mitarbeiterzahlen bei den Institutionen in Darmstadt, London und Paris besaß das VNIITE daher enorme Ausmaße. Schon bei der Gründung der bundesdeutschen AW design 1963 wurde anerkennend Bezug genommen auf das VNIITE und den Entwicklungen bei ihrer Formgebung in der Sowjetunion.[161] Gleiches galt für die Beteiligten des Rats für Formgebung, die ihre eigene geringe Mitarbeitergröße gegenüber den Geldgebern kritisierten, indem sie auf die wesentlich umfangreicheren Institute, wie etwas das VNIITE, verwiesen. Wenig überraschend übernahm das sowjetische Designinstitut nach seiner Gründung eine zentrale Rolle ein, als die sozialistischen Staaten 1963 eine Koordinierung der Formgebung untereinander vereinbarten.[162] Das VNIITE erlangte dabei eine gewisse Leitungsposition innerhalb des ICSID für die Mitglieder der sozialistischen Länder. So war das VNIITE die treibende Kraft dahinter, dass das ZIfG 1967 in den internationalen Dachverband aufgenommen wurde.[163] Ebenso richtete die Sowjetunion als einziger Staat aus dem sogenannten Ostblock überhaupt im Jahr 1975 einen ICSID-Kongress aus. Diese Veranstaltung war eine der zentralen Designereignisse im Kalten Krieg zwischen Gestaltern aus Ost und West.

Moskau 1975

In den Räumlichkeiten des Moskauer Hotels ‚Rossjia', das Größte seiner Zeit in Europa, tagte vom 13. bis 16. Oktober 1975 der ICSID unter dem Titel „Design für den Menschen und die Gesellschaft".[164] Es kamen über 2.000 Teilnehmer in die sowjetische Hauptstadt, wovon über 800 aus dem Ausland anreisten.[165] Die Bundesrepublik stellte dabei mit knapp 100 Besuchern eine der größten Delegationen.[166] Diese Anmeldungen waren alle privater Natur, da der Vor-

160 | Hutchings (1976), S. 155ff, VNIITE (1983), S. 3.

161 | Archiv der HfG Ulm, Akte Se 010.01, Kurzfassung der Aussprache über eine überbetriebliche Zusammenarbeit anlässlich der Gründungsversammlung der AW Design am 24.07.1963, S. 4f.

162 | Unbekannt (1963d).

163 | Siehe hierzu 310ff.S.

164 | Solowjew (1975a). Für die Bedeutung des ICSID für das VNIITE siehe Samarova (2014).

165 | Unbekannt (1975k), S. 4, Langton-Lockton (1975), S. 2.

166 | Es gab laut VDID-Angaben knapp 70 Anmeldungen, hinzu kamen noch einmal 25 Studenten, Unbekannt (1975f). Der Bericht des AIF erwähnt ungefähr 85 bundesdeutsche Designer, BA Berlin, DF 7/185, Bericht der DDR-Delegation am 9. ICSID-Kongress 1975 in Moskau, S. 5. Währenddessen berichtet der VBK der DDR von 100 Westdeutschen, siehe AAKB, Bestand VBK-DDR – Zentralvorstand, Akte 2,2, Bericht der Delegation des VBK-DDR über die Teilnahme am ICSID-Kongress 1975 in Moskau, S. 2. Die Teilnehmer-Liste für die BRD in den Kongressdokumenten zählt jedoch lediglich 65 Besucher auf, siehe DA UoB, ICSID-02-07-06.

stand des Rats für Formgebung für die westdeutschen Institutionen beschlossen hatte, dass keine Mitarbeiter in einem öffentlichen Auftrag nach Moskau reisen sollten. Lediglich private Besuche waren möglich.[167] Das Thema ‚Anreise' barg noch weiteren Zündstoff, denn die sowjetischen Behörden verweigerten einigen Delegationen die Einreise. Während keinerlei Besucher aus ‚Taiwan', Südafrika und Südkorea teilnehmen konnten, wurden die israelischen Designer erst kurzfristig von ihren Kongress-Visen informiert.[168] Da Josine des Cressonnières bei einer generellen Absage die Spaltung des ICSID in Ost und West befürchtete, organisierte sie eine nachgeholte Generalversammlung im Januar 1976 in Brüssel. So fanden in der Sowjetunion die thematischen Vorträge und Diskussionen statt, während später in Belgien die verbandsspezifischen Angelegenheiten besprochen wurden.[169]

Ähnliche politische Probleme gab es aus Sicht der bundesdeutschen Beteiligten mit dem Vortrag von François Burkhardt. Als Schweizer Staatsbürger stand er weniger im Verdacht, einer Partei im Kalten Krieg anzugehören. Jedoch war er als Leiter des West-Berliner IDZ Berlin mit seiner Institution in der ‚Frontstadt' angesiedelt, was für den ICSID-Kongress in Moskau zu begrifflichen Schwierigkeiten führte. Während sich die Vertreter des West-Berliner Senats und der Bonner Bundesministerien auf die staatlichen Zugehörigkeit zur BRD beriefen, bestanden die Vertreter der DDR und der Sowjetunion auf dem neutralen Status. Letztendlich reiste Burkhardt wie andere Mitglieder aus Westdeutschland privat nach Moskau, sodass im Kongress-Programm seine Provenienz mit ‚Schweiz' angegeben wurde.[170]

Diese Feinabstimmungen waren deshalb für die Organisatoren von Bedeutung, da Burkhardt zusammen mit dem sowjetischen Gastgeber Solowjew, dem ehemaligen Rektor der HfG Ulm Tomás Maldonado und dem Leiter des Ost-Berliner AIF, Martin Kelm, die zentrale Plenumssitzung bildete. Der Kongress selbst war unterteilt in eine Eröffnungsveranstaltung, in Plenumsvorträge und in Arbeitssitzungen. Den Beginn bildeten obligatorische, ausführliche Gruß-

167 | ZADP, Bestand Rosenthal, p.S. 50, Protokoll zur Vorstandssitzung des Rats für Formgebung vom 15.07.1975, S. 10 und DA UoB, ICSID-12-02-02, Schreiben Herbert Ohl an Josine des Cressonnières vom 25.07.1975. Der VDID schloss sich dem an, siehe DA UoB, ICSID-02-07-06, Schreiben von Eberhard Fuchs an Josine des Cressonnières und Carl Auböck vom 13.05.1975.

168 | Siehe hierzu die vielfältigen Korrespondenzen in DA UoB, ICSID-02-07-04 und Unbekannt (1975i), (1975j).

169 | DA UoB, ICSID-02-07-04, Schreiben von Josine des Cressonnières an die ICSID-Vorstandsmitglieder vom 02.02.1975.

170 | LA Berlin, B002-24248, Ergebnisprotokoll zu einer Sitzung von François Burkhardt mit Vertretern der Berliner Senatskanzlei vom 13.03.1975.

worte sowjetischer Minister,[171] dem fünf Plenarsitzungen folgten. Den Beginn bildete die erwähnte Gruppe um Solowjew. In Anlehnung an das Kongressthema referierten die vier Männer zum Thema ‚Design und Staatspolitik'.[172] Wie auch bei den anderen vier Sektionen[173], hatten die sowjetischen Gastgeber geplant, alle Redemanuskripte schon einige Monate früher bei den Veranstaltern zu begutachten. Die Vorträge hätten von den sowjetischen Organisatoren bewilligt und unter Umständen überarbeitet werden sollen, damit sie besser aufeinander ‚abgestimmt' wären.[174] Dieses Vorgehen wurde letztendlich doch nicht durchgeführt.[175] Abgestimmt aber war die geographische Verteilung der Referenten, denn alle Sektionen wurden von Designern aus Ost und West geleitet, um eine Gleichberechtigung herstellen zu können.[176]

Das Fazit der westdeutschen Designer zum ICSID-Kongress von Moskau war überwiegend negativ.[177] Viele kritisierten die generelle Durchführung der Veranstaltung, wie etwa Ingo Klöcker: „Im Gegensatz zur Offenheit bei diesen privaten Aussprachen stand die dirigistische Diktion und Moderation der offiziellen Plenar- und Sektionssitzungen. Die Agierenden schienen an einem geheimnisvollen Gängelband zu lenken".[178] Bei Klöckers Aussage klingt an, dass bei vielen die Interaktionen abseits des offiziellen Protokolls bleibende Eindrücke hinterlassen haben. Der Essener Dozent Jörg Glasenapp brachte die Meinung vieler auf den Punkt: „It has been the first time that a real dialogue

---

171 | Beispielsweise wurden die Worte des Vize-Minister für Wissenschaft und Technik der UdSSR sowie des Vize-Minister für technische Entwicklung und Kapitalanlagen der CSSR später in der Sonderausgabe der Техническая Эстетика zum ICSID-Kongress abgedruckt, siehe Габела (1975), Гвишиани (1975).

172 | Für die Vortragsmanuskripte siehe generell DA UoB, ICSID-02-07-12. Für Solowjew und Maldonado siehe Maldonado (1976), Solowjew (1975b). Für das Manuskript von Burkhardt siehe speziell ZADP, Bestand Rosenthal, p.S. 36. Für das Manuskript von Kelm siehe speziell BA Berlin, DF 7/185.

173 | Die anderen Plenumssitzungen hatten die Titel 2. ‚Design und Wissenschaft' – hier sprach unter anderem Siegfried Maser, siehe Maser (1976) –, 3. ‚Design und Arbeit', 4. ‚Design und Freizeit' und 5. ‚Design für Kinder'.

174 | Baumann (1975), S. IIf und auch Bibliothek des Rats für Formgebung, Ordner ‚ICSID', Aktennotiz von Gisela Brackert zum ICSID-Kongress vom 05.11.1975. Besonders zwischen Maldonado und Solowjew scheint es diesbezüglich Schwierigkeiten gegeben zu haben, siehe DA UoB, ICSID-02-07-10, Schreiben von François Burkhardt an Carl Auböck vom 22.08.1975.

175 | Wieso die Manuskripte entgegen dem ursprünglichen Plan nicht vorab besprochen wurden, lässt sich aus den ICSID-Akten nicht mehr rekonstruieren.

176 | Bibliothek des Rats für Formgebung, Ordner ‚ICSID', Aktennotiz von Gisela Brackert zum ICSID-Kongress vom 05.11.1975.

177 | Für die generelle Berichterstattung siehe Unbekannt (1975h), (1975k), Baumann (1975), Beisel (1975), Brackert (1975a), Klöcker (1975b), Langton-Lockton (1975). Für eine ostdeutsche Darstellung siehe Hirdina und Köster (1976).

178 | Klöcker (1975b).

between East and West has been made possible".[179] Mit dem Kongress 1975 in Moskau entstand zum ersten Mal eine Verbindungsstelle, bei der sich Industriedesigner aus Ost und West treffen sowie austauschen konnten.

Der größte Negativpunkt für die bundesdeutschen Gestalter war, dass Martin Kelm in seinem Vortrag die Bundesrepublik bei einer Aufzählung wichtiger Designnationen demonstrativ ausließ. Seine Designgenossen aus der DDR schienen diese politisch-motivierte Ansicht jedoch nicht zu teilen. Vielmehr ergaben sich zwischen den Delegationen beider deutscher Staaten viele private Gespräche, die von offizieller Seite weniger erwünscht gewesen waren.[180] Dieser innerdeutsche Austausch auf Ebene des Industriedesigns war der erste seit Entstehung des Berufs Ende der 1950er Jahre. Ähnliche Kontakte entstanden auf diesem Kongress ebenfalls zwischen anderen Delegationen, soweit eine gemeinsame Sprache gesprochen wurde. Der bleibende Erfolg dieser Veranstaltung war es dann auch, dass sich die Produktgestaltung in den sozialistischen Ländern bei den westlichen Besuchern in das Gedächtnis eingeprägte, denn inhaltlich blieben die Ergebnisse des Moskauer Kongresses spärlich.[181] Neue Lösungskonzepte, beispielsweise wie Designer auf die erste Ölpreiskrise reagieren sollten, blieben aus. Selbst innerhalb der sowjetfreundlichen DDR-Delegation wurde intern kritisiert, auf dem Kongress sei der Eindruck entstanden, „dass eine die Umwelt formende Tätigkeit in eine Wissenschaft stilisiert wurde".[182] Dies war zum damaligen Zeitpunkt keine Neuentwicklung, sondern wurde schon seit den 1960er Jahren praktiziert.

Obwohl das unmittelbare Fazit ihres Aufenthaltes in der Sowjetunion für viele bundesdeutsche Gestalter zuerst negativ war, bildete diese Versammlung in Moskau den Grundstein für eine zukünftige Zusammenarbeit im Bereich des Designs. Selbst die geforderten Bestrafungen dafür, dass die Zeitschrift ‚form' aus sowjetischer Perspektive ausschließlich negativ berichtet habe, trübte diesen Austausch zwischen Westdeutschland und der UdSSR nicht.[183] Zwar wurde schon 1974 im Kontext der bundesdeutschen Industriemesse auch eine Ausstellung zur Produktgestaltung gezeigt,[184] aber erst nach 1975 erschienen etwa in der zentralen sowjetischen Zeitschrift ‚Техническая Эстетика' viele Berichte über westdeutsches Industriedesign. Wie der britische Sowjetologe Raymond Hutchings schon 1976 bemerkte – „however Soviet journals allude

179 | DA UoB, ICSID-02-07-08, Schreiben von Jörg Glasenapp an Josine des Cressonnières vom 29.10.1975.

180 | Baumann (1975), S. IV und Bibliothek des Rats für Formgebung, Ordner ‚ICSID', Notiz von Gisela Brackert zum ICSID-Kongress vom 05.11.1975.

181 | Siehe hierzu etwa Unbekannt (1976w) und Baumann (1977).

182 | AAKB, Bestand VBK-DDR – Zentralvorstand, Akte 2,2, Bericht der Delegation des VBK-DDR über die Teilnahme am ICSID-Kongress 1975, S. 4.

183 | Unbekannt (1976q).

184 | Unbekannt (1974e) und Unbekannt (1975q).

increasingly often to West German design" – wurden in den folgenden Jahren erstaunlich viele Darstellungen der Produktgestaltung aus der Bundesrepublik veröffentlicht.[185]

Artikel wie „Отл Айхер, дизайнер из ФРГ", in denen Otl Aicher als einer der führenden Designer der BRD dem sowjetischen Lesepublikum auf mehreren Seiten näher gebracht wurde, waren keine Seltenheit mehr, wenn man die verschiedenen Ausgaben der ‚Техническая Эстетика', systematisch betrachtet.[186] Die Ergebnisse des Bundespreises ‚Gute Form' oder etwa der Negativpreis ‚Plagiarius' von Rido Busse wurden dadurch in der Sowjetunion bekannt.[187] Über die Produkte von Dieter Rams für die Braun AG, die graphische Gestaltung der damals noch jungen Universität in Bochum oder Entwürfe von Kurt Weidemann für die Bundespost wurde beispielsweise ebenso berichtet.[188] Nimmt man hierzu noch etliche Kurzberichte und Besprechungen über westliches Design in der ‚Техническая Эстетика', so entsteht nicht der Eindruck, dass in Osteuropa eine Unwissenheit in Bezug auf Industriedesign und dessen Professionalisierung herrschte. Und bei einer Auflage von immerhin 20.000 Stück konnten die Artikel in großer Anzahl von Fachleuten rezipiert werden, wobei selbstverständlich über politisch-heikle Fragestellungen bei der Produktgestaltung nicht berichtet wurde.[189] Eine Koexistenz ohne Austausch während des Kalten Krieges lässt sich daher aus dieser Perspektive nicht attestieren.

Neue deutsch-sowjetische Designbeziehungen

Parallel zu diesen Berichterstattungen entstanden seit 1975 regelmäßige Ausstellungsaktivitäten zwischen der Bundesrepublik und der UdSSR im Bereich des Designs. Den Anfang machte hierbei eine westdeutsche Ausstellung zum Produktdesign im Wohnbereich, die zuerst 1975 in Moskau und dann 1976 in Minsk gezeigt wurde.[190] Finanziert durch das Institut für Auslandsbeziehungen und organisiert durch den Rat für Formgebung, mit Robert Gutmann sowie Wolfgang Albrecht-Schoeck, zeigte diese Schau Produkte, die mit dem

---

185 | Hutchings (1976), S. 151.

186 | Сильвестрова (1976).

187 | Siehe hierzu etwa Unbekannt (1976z), Тимофеева (1975), Полещук (1974) und Unbekannt (1978k). Siehe hierzu auch etwa den Besuch des sowjetischen Kulturattachés in Darmstadt oder den Bericht über den 2. Deutschen Designertag 1980, Unbekannt (1979e), (1981u).

188 | Siehe hierzu Unbekannt (1976x), Кряквина (1978) sowie Кряквина (1976) (1979).

189 | Siehe hierzu S. 298. Naheliegenderweise wurde über ostdeutsches Design häufiger berichtet als über westdeutsches, siehe beispielsweise Hirdina (1979), Kelm (1979), (1982), Кузьмичев und Кошлев (1977).

190 | Unbekannt (1976f), (1976r), (1976z). Siehe hierzu auch die Photographien in MAN Diesel & Turbo historisches Archiv Augsburg, IX.8a.K4-5.

Bundespreis ‚Gute Form' ausgezeichnet wurden.[191] Hinzu kamen verschiedene Vorträge westdeutscher Experten, sodass beispielsweise der Leiter des Stuttgarter Designzentrums Ernst-Josef Auer und der Industriedesigner Hans Erich Slany zusammen mit den weißrussischen Mitarbeitern der örtlichen VNIITE-Außenstelle in Minsk über Fragen des Invesititionsgüterdesigns diskutierten. Fortgeführt wurden diese Verbindungen durch die Ausstellung „Der sowjetische Designer", welche das Design-Center-Stuttgart 1976 zeigte.[192] Diese Präsentation war die erste Ausstellung von Industriedesign aus der UdSSR in einem kapitalistischen Land und dementsprechend von offiziellen Grußwortern politischer Vertreter reichhaltig ‚flankiert'.[193] Das Titelbild der ‚Техническая Эстетика' zeigte ein mit sowjetischem Hammer und Sichel beflaggtes Haus der Wirtschaft in Stuttgart.[194]

In der Zeit von Glasnost und Perestroika entwickelte sich erneut ein Kooperation zwischen Stuttgart und Moskau. Im Jahr 1986 zeigte das Design-Center-Stuttgart in der sowjetischen Hauptstadt die Schau „Design – Schönheit und Nutzen". Im Gegenzug wurde 1987 die Präsentation „Design in der UdSSR" in der baden-württembergischen Landeshauptstadt eröffnet.[195] Bei dieser Ausstellung regte der Leiter des VNIITE Solowjew an, eine engere Verbindung zwischen beiden Ländern im Bereich des Designs anzustreben.[196] Im Jahr darauf wurden daher erstmals sowjetische Designstudenten in die Bundesrepublik entsandt, um an der FH Pforzheim im Bereich Kraftfahrzeugdesign die Gestaltung moderner Busse zu studieren.[197] 1988 vereinbarte die bayerische Staatsregierung und der Ministerrat der UdSSR die erste bayerisch-sowjetische Zusammenarbeit bei der Designer-Ausbildung. Hierbei sollten die FH München und Nürnberg mit den Designhochschulen in Moskau und Leningrad kooperieren. Gleichzeitig wurde eine Zusammenarbeit zwischen sowjetischen

191 | Siehe hierzu StaA Ludwigsburg, Akte EL 500 III Zug.1996 Bund 172, Aktenvermerk beim Landesgewerbeamt Baden-Württemberg vom 10.07.1974 sowie ZADP, Bestand Rosenthal, p.S. 24, Schreiben von Robert Gutmann an Hermann Pollig, Institut für Auslandsbeziehungen, vom 26.07.1971 und ebenso 27.08.1971. Zusätzlich auch ZADP, Bestand Rosenthal, p.S. 37, undatierte Besprechungsnotiz von Philip Rosenthal mit Franz Woschech, Mitglied im geschäftsführenden Bundesvorstand des Deutscher Gewerkschaftsbund, vermutlich 1972, S. 2.

192 | Unbekannt (1976o), (1976p), (1976y).

193 | RWWA Köln, 181-2183-1, Protokoll zur Sitzung des Arbeitskreis Produktform des DIHT vom 19./20.04.1977, S. 10f und Unbekannt (1977q), Brackert (1976e), Cordes (1977).

194 | Siehe hierzu Unbekannt (1977q).

195 | Unbekannt (1987g), Азрикан (1988), DCS (1986), DCS (1987). Siehe hierzu auch die Vorbesprechungen in ZADP, Bestand Rosenthal, p.S. 15, Protokoll zur gemeinsamen Sitzung der Vorstände des Rats für Formgebung und des IDZ Berlin vom 01.10.1984, S. 8. Für die anderen Kooperation mit westdeutschen Partnern siehe Unbekannt (1986ad), (1986al), Giachi (1986a).

196 | Trappschuh (1987).

197 | Unbekannt (1988h).

Produktgestaltern und den Designabteilungen der Audi AG, BMW AG und Siemens AG vereinbart.[198]

Ebenfalls in Süddeutschland entwickelte sich in Baden-Württemberg das Stuttgarter Designzentrum – rückblickend betrachtet – zu der bundesdeutschen Institution des Austauschs mit Gestaltern aus dem östlichen Europa. Besonders mit Jugoslawien entstand seit Anfang der 1970er Jahre ein verstärkter Austausch über Stuttgart. Die Republik auf dem Balkan verortete sich selbst bei den blockfreien Staaten. Als ‚realsozialistisches' Gesellschaftssystem unterschied es sich dennoch deutlich von den westeuropäischen Staaten. Trotz allem war auch in Jugoslawien seit Beginn der 1960er Jahre ‚Industriedesign' ein aufkommendes Thema.[199] Mit dem 1963/64 gegründeten Industrial Design Center in Zagreb und einer ständigen Designausstellung in Belgrad entstanden zwei zentrale Institutionen für die Produktgestaltung.[200] Im Jahr 1969 wurde dann Jugoslawien auch als Mitglied in den ICSID aufgenommen.[201] Parallel dazu zeigte seit 1964 die sogenannten Design-Biennale im slowenischen Ljubljana, die sich ähnlich wie die Mailänder Triennale zu einer wichtigen Messe für Design entwickelte, die neuen Entwicklungen im Industriedesign.

Sowohl die Mitgliedschaft im internationalen Dachverband als auch die Designmesse führte dazu, dass westdeutsche und jugoslawische Produktdesigner Kontakte aufbauten.[202] Der Rat für Formgebung konzipierte dann 1973 eine eigene Ausstellung mit bundesdeutschen Produkten, die durch ihre Formgebung für die westdeutsche Wirtschaft und ihre Innovationsfähigkeit in Ljubljana werben sollte.[203] Gleichzeitig beauftragte der Rat für Formgebung mit Davorin Savnik einen jugoslawischen Produktgestalter mit einem ausführlichen Bericht über die industrielle Formgebung und ihre Institutionen.[204] Daneben wurde Design auch in die Vereinbarungen zwischen der baden-württembergischen Landesregierung und Jugoslawien eingebunden. So zeigte

198 | Unbekannt (1988b). Siehe zusätzlich Streicher (1988).

199 | Vanette (2015), S. 4ff.

200 | Unbekannt (1971f), S. 8. Sie auch Blauensteiner (1967), Savnik (1968). Siehe teilweise auch Gomringer (1967).

201 | AdDSS, Akte BU 01963, Bericht von Jürgen Hämer zum ICSID-Kongress 1969 in London, S. 2.

202 | Das LGA Stuttgart besaß laut Eigenaussage schon seit Beginn der 1960er Jahre intensive Kontakte nach Jugoslawien. Jedoch war Design erst seit den 1970er Jahren ein Thema in diesen Beziehungen, siehe RWWA Köln, 181-2183-1, Protokoll zur Sitzung des Arbeitskreis Produktform des DIHT vom 19./20.04.1977, S. 10. Siehe für einen edierten Bericht aus dem Jahr 1967 beispielsweise Kršić (2016), S. 97-102.

203 | BA Koblenz, B457-26, Manuskript einer Geschichte des RfF von Heinz Pfaender, Stand 1982.

204 | ZADP, Bestand Rosenthal, p.S. 16, Bericht über die Vorstandssitzung des Rats für Formgebung vom 12.7.1973, S. 7 und Vermerk zur Vorstandssitzung des Rats für Formgebung vom 18.12.1973.

das Design-Center-Stuttgart 1971 eine Ausstellung zu den Iskra-Werken, welches das damals führende Unternehmen der jugoslawischen Elektroindustrie war.[205] Im Jahr 1974 wurde dann die Sonderschau „Design in Jugoslawien“ veranstaltet, welche das Stuttgarter Designzentrum parallel zu seiner Jahresausstellung für Besucher eröffnete.[206] Beide Präsentationen sollten auf kultureller und wirtschaftlicher Ebene die Kooperation stärken.

Gleiches galt ebenso für die Designbeziehungen zwischen der Bundesrepublik und Polen. Schon ab Mitte der 1960er Jahre setzte ein Austausch zwischen beiden Staaten ein. Aus Perspektive der westdeutschen Designer war diese Verbindung eine der frühesten mit einem östlichen Land seit dem 2. Weltkrieg. Durch Mia Seeger kam 1967 die Ausstellung „Wisława Wzornictwa Przemysłowego Republiki Federalnej Niemiec“ in Warschau sowie später in Krakau und dem bulgarischen Sofia zustande.[207] Diese Präsentation basierte in Teilen auf einer VDID-Ausstellung, die ab 1964 in verschiedenen bundesdeutschen Orten gezeigt wurde.[208] Der Rat für Formgebung konzipierte offiziell die Ausstellung, während die IMAG den Transport und Aufbau vor Ort organisierte.[209] Knapp ein Jahrzehnt nach dieser Präsentation zeigte die Bundesrepublik 1976 wieder einen Querschnitt westdeutscher Produktgestaltung in Warschau. Die Ausstellung wurde, nachdem sie 1976 in Moskau und Minsk zu sehen war, ebenfalls noch in Warschau dem polnischen Publikum zugänglich gemacht.[210]

Eine Initiative des polnischen Kulturministeriums beim Auswärtigen Amt Mitte der 1980er Jahre veranschaulicht, dass Design häufig auch zwischen Wirtschafts- und Kulturdiplomatie angesiedelt war. Hierbei sollte die Situation der polnischen Industriedesigner, die mit der damals schlechten wirtschaftlichen Lage zu kämpfen hatten, durch ausländische Experten verbessert werden. Ziel der polnischen Behörden war es, durch eine solche externe Hilfe den Anschluss an das internationale Designniveau nicht zu verlieren.[211] Die westdeutschen Diplomaten sahen in diesem Gesuch eine Möglichkeit, den Kontakt zwischen beiden Ländern zu fördern. Symptomatisch war aus Perspektive der bundesdeutschen Industriedesigner, dass solche Initiativen von den Diploma-

205 | Unbekannt (1971f).

206 | Unbekannt (1973e). Für die Korrespondenz und die Unterlagen zur Ausstellung siehe StaA Ludwigsburg, Akte EL 500 III Zug.1996 Bund 172.

207 | Die deutsche Übersetzung lautet „Die Gute Industrieform der Bundesrepublik Deutschland“. RfF (1967d) sowie Unbekannt (1967e), (1967i), (1967j).

208 | AdDSS, Akte BU 01963, Schreiben von Herbert Hirche an Arno Kersting vom 06.07.1966. Zur VDID-Ausstellung 1964f siehe RfF und INTEF (1964) und König (1964a), (1964b).

209 | Für die vielfältige Korrespondenz zur der Ausstellung siehe AdDSS, Akte BU 01963.

210 | Albrecht-Schoeck (1976) und S. 304.

211 | Archiv des VDID, NL Karl-Heinz Krug, Schreiben des Auswärtiges Amts an den VDID vom 24.10.1984.

ten und politischen Vertretern im Bereich der Kultur statt der Wirtschaft angesiedelt waren. Da das Geld für kulturelle Projekte äußerst knapp bemessen war, wandten sich die Beamten des Auswärtigen Amts an Vertreter des VDID mit der Bitte, diese mögen ihre Reisekosten selbst bestreiten. Wenig überraschend waren die bundesdeutschen Industriedesigner nicht dazu bereit, auf eigene Kosten polnische Produktgestalter weiterzubilden.[212]

Die bundesdeutschen Industriedesigner, speziell beim VDID, orientierten sich offiziell auch im Ost-West-Konflikt lediglich an menschlichen Bedürfnissen. Dennoch entstand, angestoßen durch den Regionalverband aus Baden-Württemberg, auf der VDID-Mitgliederversammlung 1984 in Meersburg eine Grundsatzdiskussion über die nukleare Aufrüstung in Europa.[213] Infolgedessen erklärte sich der VDID mit der Friedensresolution des Werkbunds von 1983 solidarisch und verabschiedete ebenfalls eine Verlautbarung, indem sich der Verband gegen eine erneute Rüstungspolitik positionierte.[214] Eine solche Erklärung mit dezidiert politischem Bezug hatte es bei dem VDID seit seiner Gründung 1959 nicht gegeben. Die Industriedesigner versuchten während der ganzen Phase des Kalten Krieges, weniger eigene politische Positionen zu entwickeln, als sich vielmehr an den offiziellen Ansichten der westdeutschen Politik und Wirtschaft zu orientieren. Besonders in Bezug auf die ostdeutschen Designer führte dies dazu, dass sich die westdeutschen Gestalter kaum mit eigenen öffentlichen Initiativen hervortaten, sondern vielmehr auf einer fachlich-professionellen Ebene kommunizierten.

3. Der ‚Sonderfall': Deutsch-deutsche Designbeziehungen

Die innerdeutschen Verbindungen zwischen dem Mauerbau 1961 und ihrer Öffnung im Jahr 1989 waren geprägt durch die Gegensätze zwischen sozialistischen und kapitalistischen Gesellschaftssystemen. Trotz derselben Sprache bildeten sich hierdurch viele Hindernisse bei der Vernetzung zwischen Ost und West. Der Anspruch von Zeithistorikern, eine gemeinsame Geschichte beider deutschen Staaten zu schreiben, mündet häufig in zwei parallel verlaufenden Erzählsträngen.[215] Fragestellungen, etwa im Bereich der politischen Ästhetik im deutsch-deutschen Kontext, sind dabei eine Möglichkeit, beide

212 | Archiv des VDID, NL Karl-Heinz Krug, Notiz von Anonymus vom 08.11.1984 und Schreiben von Karl-Heinz Krug an das Auswärtiges Amt vom 07.01.1985.

213 | Für das Protokoll über die VDID-Mitgliederversammlung in Meersburg vom 13.10.1984, siehe Archiv des VDID, NL Karl-Heinz Krug.

214 | Unbekannt (1985i), (1986k).

215 | Für eine solche Kritik zu einer verflochtenen, gesamtdeutschen Geschichte siehe jüngst Bösch (2015), S. 7. Jeremy Aynsley hat diese Perspektive jüngst mit seinem Beitrag über Graphik-Design in Ost- und Westdeutschland aufgenommen und sich dabei auf die Phase 1949 bis 1970 konzentriert, Aynsley (2016), S. 247ff.

Gesellschaftssysteme miteinander zu verknüpfen.[216] Bezogen auf die Designgeschichte der deutsch-deutschen Beziehungen wird dieses Teilkapitel die Verbindungen zwischen den Industriedesignern beider Staaten analysieren. Ziel ist es dabei, die sogenannten Kontaktzonen der Produktgestalter herauszuarbeiten. So ist es dadurch möglich, den ‚Sonderfall' der deutsch-deutschen Designbeziehungen darzustellen. Jedoch geschieht dies letztendlich – eingebettet in die Gesamtnarration dieser Arbeit – aus einer westdeutschen Perspektive heraus. Wie der britische Designhistoriker Jeremy Aynsley schon für das Graphik-Design herausgearbeitet hat, ist die deutsch-deutsche Verflechtungsgeschichte geprägt von Parallelen und Kontrasten.[217]

Hierbei lassen sich innerdeutsche Verbindungen in drei unterschiedliche Phasen gliedern: Die erste Einteilung reicht von dem Beginn der 1960er Jahre bis 1967. Während der Anfangszeit ost- und westdeutscher Designinstitutionen dominierten besonders inhaltliche Auseinandersetzungen im Bezug auf die Produktgestaltung. Dies änderte sich, als im Jahr 1967 das ostdeutsche AIF gegen den Willen der bundesdeutschen Delegation in den ICSID aufgenommen wurde. Diese internationale Anerkennung im weltweiten Dachverband führte zu einer zweiten Phase. Auf der Ebene der innerdeutschen Designbeziehungen entstand eine friedliche Koexistenz, ohne dass von den Entwicklungen im anderen Staat Notiz genommen werden konnte. Bis zum ICSID-Kongress 1975 entsprach diese Zeit in Abstrichen noch dem gängigen Bild eines Kalten Krieges. Die Designakteure aus beiden deutschen Staaten fanden auf nationaler und internationaler Ebene kaum zueinander. Erst seit der Versammlung in Moskau bahnten sich erneut Kontakte an, was die dritte und letzte Phase einleitete. Seit Anfang der 1980er Jahre pflegten ost- und westdeutsche Industriedesigner Verbindungen miteinander, etwa in den internationalen Institutionen oder teilweise bei gemeinsamen Veranstaltungen. Darüber hinaus wurde die Produktgestaltung auch in Kulturvereinbarungen zwischen der DDR und BRD integriert, sodass durch diese Designdiplomatie der Austausch von staatlicher Seite vorangetrieben wurde.

Ein Bindeglied bildete dabei die HfG Ulm, denn in den 1960er Jahren wurde in der DDR vielfach über die Schule und ihre gesellschaftlichen Utopien berichtet. Die Designer in der DDR setzen die Schließung von Ulm 1968 mit dem erzwungenen Ende des Bauhauses 1933 durch die Nationalsozialisten gleich. Hierdurch sollte der faschistische Charakter der BRD betont werden. In den 1980er Jahren entstand dann eine Historisierung der HfG Ulm hin

216 | Siehe hierzu etwa die in der Veröffentlichung befindliche Dissertationsschrift ‚Germany's Cold War on Display: The Political Aesthetics of German-German Relations 1949-1989' von Katrin Schreiter am King's College London.

217 | Aynsley (2016), S. 249. Siehe zum Graphik-Design in der DDR ebenfalls Jenkins (2014).

zu einem gemeinsamen Diskurs, sodass west- und ostdeutsche Gestalter eine Designgeschichte im Zeichen der Entspannung schrieben.

Das Amt für industrielle Formgebung in Ost-Berlin

Bei diesen Ereignissen bildete das Amt für industrielle Formgebung in Ost-Berlin die zentrale Designinstitution der DDR.[218] Das AIF wurde ähnlich wie der bundesdeutsche Rat für Formgebung Anfang der 1950er Jahre zur Förderung der Produktgestaltung gegründet. Mitte der 1960er Jahre arbeiteten unter der Bezeichnung ‚Zentralinstitut für Gestaltung' knapp 50 Angestellte in der Ost-Berliner Clara-Zetkin-Straße.[219] Ab 1972 hieß diese oberste Designinstitution dann offiziell ‚Amt für industrielle Formgebung' und war direkt dem Ministerrat der DDR unterstellt.[220] Mit Martin Kelm[221] wurde es von einem der ersten ausgebildeten Industriedesigner der DDR geführt. Als Staatssekretär, der an dem sogenannten Institut für Gesellschaftswissenschaften für SED-Kader promoviert worden war. Weitere Akteure des AIF waren die langjährigen Redakteure der AIF-eigenen Designzeitschrift ‚form + zweck' Günter Höhne und Heinz Hirdina. Ein weiterer zentraler Mitarbeiter war Michael Blank, der viele Jahre als AIF-Abteilungsleiter den Bereich der Öffentlichkeitsarbeit und Designförderung koordinierte. Die westdeutschen Industriedesigner kamen mit ihm besonders häufig in Kontakt, da er – neben Kelm – Teil des sogenannten Reisekaders war und somit an vielen Fahrten während der 1980er Jahre in das sogenannte nichtsozialistische Ausland teilnahm.[222]

Betrachtet man die ersten Berichterstattungen in ost- und westdeutschen Designfachzeitschriften, so ist auffällig, dass bis zum Mauerbau 1961 kaum die industrielle Formgebung im anderen deutschen Staat erwähnt wurde. Erst ab dem Jahr 1962 erschienen gelegentlich Berichte, meist in der ‚form' und der ‚form + zweck'. Diese erste Phase der innerdeutschen Designverbindungen war, soweit dies aus den Akten und Korrespondenzen hervorgeht, weniger

218 | Für die Geschichte des AIF siehe beispielsweise Aynsley (2009), S. 176ff, Betts (2006), S. 757ff, Rubin (2008), S. 201f. Für die Frühphase des AIF und der DDR generell siehe auch Pfützner (2009), (2012), (2016), (2018). Auch die Beiträge in Wölfel, Wölfel und Krzywinski (2014) können teilweise ein Bild des AIF vermitteln. Die unveröffentlichte MA-Arbeit von Christopher Haaf an der Ludwig-Maximilians-Universität München beschreibt darüber hinaus den Aufbau, die Tätigkeitsfelder und die Einflussmöglichkeiten des AIF, Haaf (2016). Viele Quellen des AIF haben sich im BA Berlin im Bestand ‚DF 7' erhalten.

219 | ZADP, Bestand Rosenthal, p.S. 54, Bericht „ICSID Member Societies Having Been Granted Provisional Membership by the Executive Board 1965–1967", S. 4. Siehe zusätzlich Wölfel, Wölfel und Krzywinski (2014), S. 14.

220 | ZIfG (1972).

221 | Für Martin Kelm siehe Hirdina (1988), S. 379, Sudrow (2014), S. 120, Wölfel, Wölfel und Krzywinski (2014), S. 244.

222 | Siehe hierzu besonders die vielen Sofortberichte über Reisen ins nichtsozialistische Ausland, in BA Berlin, DF 7/1168f und /1176f.

von den direkten Kontakten der Gestalter geprägt. Jedoch wurden Fachpublikationen zum Industriedesign gegenseitig gelesen. Es existieren zwischen 1966 und 1971 auffällig viele Rezensionen zu Publikationen aus Ost- und Westdeutschland,[223] auch wurde beispielsweise über die HfG Ulm berichtet.[224] Sieht man von einigen tendenziösen Bemerkungen ab, sind viele der Beiträge vergleichsweise nüchtern und auffallend zurückhaltend bei einer Bewertung.[225] Eine zeitgenössische Einordnung in den Gegensatz von sozialistischen und kapitalistischen Gesellschaftsordnungen fehlt häufig und der meist deskriptive Schreibstil der Autoren stellt die ‚reine' Informationsvermittlung in den Vordergrund. Es passte daher ins Bild, wenn Fritz Gotthelf als fachlicher Leiter des Rats für Formgebung noch im Sommer 1967 schrieb, dass man mit dem ostdeutschen Pendant „bisher gute Erfahrungen gemacht [habe und man] stehen mit ihnen in einem ständigen Informationsaustausch".[226]

Deutsch-deutsche Designbeziehungen nach 1967

Dies änderte sich deutlich in der zweiten Phase der innerdeutschen Designbeziehungen. Denn 1967 stellte das ostdeutsche AIF einen Mitgliedsantrag beim ICSID, der trotz Widerstand auf der Generalversammlung in Montréal angenommen wurde.[227] In den einschlägigen bundesdeutschen Designzeitschriften wurde über diese Entscheidung nur jeweils kurz berichtet.[228] Zwar hatte die Generalsekretärin des Cressonnières die bundesdeutschen Vertreter im ICSID – den Rat für Formgebung und den VDID – über den Aufnahmeantrag vorab informiert, eine Reaktion diesbezüglich blieb jedoch aus.[229] Da sich das AIF schon auf der ICSID-Generalversammlung 1965 in Wien bezüglich einer Mitgliedschaft erkundigt hatte, kam eine solche Bewerbung wenig überraschend.[230] Eine Ablehnung des ostdeutschen Antrags in der ICSID-Generalversammlung erschien unwahrscheinlich. Somit entschloss sich die bundes-

223 | Siehe hierzu etwa Unbekannt (1962c), (1964b), (1967a), (1968r), (1969e), (1971d), (1972l), Begenau (1966), Fietbeck (1971).

224 | Krug (1962), Urbschat (1962). Für die Reaktion der DDR auf die Schließung der HfG Ulm siehe etwa Unbekannt (1969t), Begenau (1968).

225 | Siehe etwa Unbekannt (1968a), (1968e), (1968m), (1971o), (1972k), (1973c), (1975c). Für die damaligen Designdiskurse innerhalb der DDR siehe speziell Pfützner (2009), S. 116ff.

226 | ZADP, Bestand Rosenthal, p.S. 1, Schreiben von Fritz Gotthelf an Philip Rosenthal vom 09.06.1967.

227 | DA UoB, ICSID-10-10-01, Schreiben von Josine des Cressonnières an Anonymus vom 24.05.1966, 17.07.1967 und 14.10.1967. Siehe zusätzlich die Korrespondenz in BA Berlin, DF 7/188 und DF 7/1240.

228 | Siehe hierzu Unbekannt (1967g), (1967p).

229 | DA UoB, ICSID-01-01-01, Schreiben von Josine des Cressonnières an Fritz Gotthelf vom 31.07.1967.

230 | DA UoB, ICSID-10-10-01, Schreiben von Josine des Cressonnières an Anonymus vom 17.11.1965 und 17.07.1967. Siehe hierzu auch das Schreiben von Maldonado, indem er sich

deutsche Delegation bei der Abstimmung demonstrativ den Sitzungssaal zu verlassen. Dieses Prozedere hatte der Vorstand des Rats für Formgebung mit den Behörden in Bonn und dem Werkbund vorab abgesprochen. Hintergrund war, dass der Rat als offizielle Institution der Bundesrepublik nicht für die Aufnahme einer ostdeutschen Institution in den ICSID votieren konnte, denn dies hätte der offiziellen Sichtweise der Bundesregierung widersprochen. Gleichzeitig war man in Bonn seit dem Regierungswechsel 1966 um eine flexiblere Haltung gegenüber der DDR bemüht, sodass Abwesenheit anstatt einer offenen Ablehnung bevorzugt wurde. Da dieses Verhalten vorab inoffiziell dem ICSID-Präsidium und den ostdeutschen Vertretern mitgeteilt wurde, blieb ein Eklat in Montréal aus.[231] Diese Positionierung gegenüber dem Antrag der DDR veranschaulicht im Detail, wie auch Design Teil der deutsch-deutschen Diplomatie wurde und welche Nuancenverschiebungen sich darin zeigten.[232]

Ähnliche ‚Nicklichkeiten' bei der – nun erzwungenen – Zusammenarbeit über den ICSID dominierten die Jahre bis 1975. Besonders bei der Bezeichnung des jeweiligen Staates entwickelten sich vielfältige Beschwerden und Korrespondenzen. Der Rat für Formgebung führte etwa seit 1966 das sognannte ICSID-Information Center und gab in dieser Funktion beispielsweise mehrmals im Jahr eine umfangreiche Fachbibliographie zu den jüngst erschienenen Publikationen in den ICSID-Mitgliedsländern heraus.[233] Teilweise scheiterte diese deutsch-deutsche Zusammenarbeit an vermeintlichen Banalitäten wie der Postzustellung oder der korrekten Adresse eines der Beteiligten. Die Design Bibliography, welche der Rat für Formgebung von 1966 bis 1975 stellvertretend für den ICSID monatlich herausgab, konnte deshalb lange Zeit nur unvollständig die in der DDR publizierten Fachbeiträge auflisten. Denn in Darmstadt verwendeten die Sachbearbeiter um Andrea Schmitz Bezeichnungen wie „die sogenannte" Deutsche Demokratische Republik[234] oder lediglich „Ost-Berlin".[235] Jedoch hatte das ostdeutsche Zentralinstitut bei seinem Mitgliedsantrag 1967 auch seine gewünschte Bezeichnung mit angegeben und diese war durch die ICSID-Generalversammlung bestätigt wor-

für eine deutliche Erweiterung des ICSID um östliche Mitgliedsländer aussprach, ibid., ICSID-08-15-02, Schreiben von Tomás Maldonado an Josine des Cressonnières vom 02.06.1966.

231 | von Hartmann (1968a), (1968c). Da dieses Vorgehen nicht mit den VDID-Delegierten abgesprochen war, blieben diese im Raum und stimmten für die Aufnahme, was im Nachhinein zu internen Protesten führte. Siehe hierzu Ohl (1967).

232 | Ein ähnlicher Bereich war Sport, siehe hierzu etwa Geyer (2007b).

233 | Siehe hierzu Unbekannt (1968l), (1969g), (1969h) und S. 284.

234 | DA UoB, ICSID-09-19-05, Schreiben von Andrea Schmitz an Josine des Cressonnières vom 18.08.1969.

235 | DA UoB, ICSID-10-10-01, Schreiben von Anonymus an Josine des Cressonnières vom 09.06.1970.

den.[236] So hatte der Rat für Formgebung nur die Wahl, entweder diese offizielle Formulierung der DDR zu verwenden oder aber seine Arbeit im ICSID einzustellen. Da der Dachverband als zu wichtig betrachtet wurde, akzeptierten die Beteiligten in Darmstadt stillschweigend diese Bedingung. Dennoch scheint es zumindest bis Anfang der 1970er Jahre häufig passiert zu sein, dass die verschickten Design Bibliography-Ausgaben oder Bücher innerhalb des ICSID-Fernleihsystems an der innerdeutschen Grenze beschlagnahmt wurden oder verloren gingen.[237]

Ein weiterer Punkt der stetigen Auseinandersetzungen war der Status der Stadt Berlin. Wie in vielen anderen Bereichen wurde auch bei der sogenannten Designdiplomatie über die Zugehörigkeit zur Bundesrepublik gerungen. Mit Gründung des IDZ Berlin 1969 wurde diese Frage auch für die Industriedesigner plötzlich aktuell. Denn mit Geldern des Senats von (West-)Berlin und dem Gestaltkreis im BDI sowie mit Unterstützung des Bundeswirtschaftsministeriums, sollte dieses Designzentrum nicht nur die lokale Wirtschaft bei dem Thema Industriedesign unterstützen. Bei der Gründung erhofften sich die Beteiligten darüber hinaus auch, dass das Institut zu einer internationalen Begegnungsstätte für Gestalter werden würde, weshalb ‚international' in den Namen der Institution aufgenommen wurde. In der DDR begrüßte man die Gründung des IDZ Berlin keineswegs. Vielmehr vertrat das AIF gegenüber der ICSID-Generalsekretärin Josine des Cressonnières den Standpunkt, „dass die jüngsten Maßnahmen der Regierung der westdeutschen Bundesrepublik zur Förderung der Gestaltung ausgerechnet in Westberlin, also außerhalb der Grenzen des westdeutschen Staates, wirksam werden sollen, muss als politischer Akt gegen die DDR gewertet werden".[238] Letztendlich konnte in Ost-Berlin nichts gegen diese Gründung unternommen werden. Jedoch versuchten die Designverantwortlichen der DDR, dem Institut die Zugehörigkeit zu den bundesdeutschen Gestaltern abzusprechen. Dies führte dann langfristig unter anderem dazu, dass das IDZ Berlin dem Anspruch international zu sein nur eingeschränkt nachkommen konnte. Die AIF-Mitarbeiter hielt es keinesfalls davon ab – wie man der großen Fülle an Sofortberichten entnehmen kann –

236 | Es ist dabei auffällig, dass in den Mitgliederordnern des ICSID-Generalsekretariats viele Dokumente und Korrespondenzen aus der BRD und der DDR in den falschen Ordnern einsortiert wurden, siehe DA UoB, ICSID-10-11-03. Welche Schlussfolgerungen sich daraus ziehen lassen, bleibt jedoch offen.

237 | DA UoB, ICSID-09-19-05, Schreiben von Andrea Schmitz an das Zentralinstitut für Gestaltung vom 27.03.1969 und Schreiben des Zentralinstituts für Gestaltung an Andrea Schmitz vom 04.06.1969.

238 | DA UoB, ICSID-10-10-01, Schreiben von Anonymus an Josine des Cressonnières vom 18.04.1969.

nahezu alle Veranstaltungen, Ausstellungen und Konferenzen im IDZ Berlin zu besuchen.[239]

Ein Jahr nach der Gründung des IDZ Berlin organisierte der VDID – der dezidiert ein westdeutscher Berufsverband war – im Jahr 1970 seine Mitgliederversammlung in den neueröffneten Räumen des Designzentrums. Im Zuge dieses Treffens hatten die Beteiligten mit den ostdeutschen Hochschullehrern Rudi Högner und Erich John einen Besuch in deren Hochschule Berlin-Weißensee vereinbart. Kurz vorher wurde dann der VDID in einem Telegramm von Martin Kelm darüber informiert, „dass die ‚Bedingungen' für einen solchen Besuch nicht gegeben sei[en]".[240] Ähnlich ablehnend reagierte man in Ost-Berlin, als für das Jahr 1972 eine sogenannte Design-Expo in West-Berlin veranstaltet werden sollte.[241] Parallel zu den Olympischen Spielen und der documenta V sollte ein ‚Internationales Design-Forum Berlin' ausgerichtet werden. Die Bundesregierung und das Land Berlin wollten mit diesen ‚Olympischen Spielen des Welt-Designs' zwischen München und Kiel – als Austragungsorte der Spiele und der Kunstausstellung in Kassel – West-Berlin als vierten Besichtigungspunkt für ausländische Besucher etablieren.[242] Hierzu wurden mit Arnold Bode und Robert Gutmann zwei anerkannte Experten mit der Veranstaltungskonzeption beauftragt.[243] Der entworfene Programmvorschlag der beiden wurde jedoch abgelehnt, da er der Bundesregierung und dem Senat von (West-)Berlin als staatlichen Geldgebern unzureichend erschien.[244] Daraufhin sollte Herbert Lindinger und das Frankfurter Institut für Umweltplanung eine überarbeitete Konzeption verwirklichen, die in der Kürze der Zeit kaum noch realisierbar war.[245] Dass letztendlich die sowjetische Militäradministration sich bezüglich der Veranstaltung mit dem Hinweis auf

239 | Sie S. 309.

240 | Unbekannt (1970d), Fuchs (1970).

241 | Erste Gedanken in Richtung einer solchen internationalen Designausstellung in (West-)Berlin gab es innerhalb des Werkbunds schon seit Mitte der 1960er Jahre, siehe PA Lindinger, p.S. 4, Schreiben von Gustav Barcas von Hartmann an Herbert Lindinger vom 20.04.1971 und DA UoB, ICSID-01-01-01, Schreiben von Mia Seeger an Josine des Cressonnières vom 13.11.1965.

242 | Siehe hierzu LA Berlin, B010-1827, Vermerk für Senator Karl König vom 13.05.1971, die Unterlagen in ibid., B010-1836, und documenta-Archiv, II-8-82-N bis -85-N sowie Unbekannt (1970g). Siehe für eine zeithistorische Einordnung der Spiele von 1972 Balbier (2005). Siehe zusätzlich Traganou (2012).

243 | ZADP, Bestand Rosenthal, p.S. 4, Protokoll zur Vorstandssitzung des IDZ Berlin vom 25.03.1969, S. 2. Das Konzept erinnert zugleich an das ‚documenta urbana'-Konzept von Bode, Schulze (2015), S. 51.

244 | PA Lindinger, p.S. 4, Protokoll zur Sitzung des Koordinierungskomitees für das Internationale Design-Forum Berlin 1972 vom 26.02.1971, S. 2.

245 | LA Berlin, B010-1827, Vermerk für Senator Karl König vom 13.05.1971 und ZADP, Bestand Rosenthal, p.S. 34, Protokoll zur Vorstandssitzung des IDZ Berlin vom 01.05.1971, S. 6.

den Status von Berlin beschwerte, schien den westdeutschen Geldgebern eine Begründung für die Absage dieser Designausstellung geliefert zu haben.[246]

Moskau und die Folgen

Ungeachtet solcher Absagen und Beschwerden trafen sich die Designer aus beiden deutschen Staaten seit 1973 über den ICSID im Kontext einer internationalen Zusammenarbeit der Industriedesigner.[247] Besonders in der Arbeitsgruppe zur Vorbereitung der Sektion ‚Design als Staatspolitik' auf dem ICSID-Kongress 1975 in Moskau kamen Verantwortliche aus Ost- und Westdeutschland zusammen.[248] Dies scheint dazu geführt zu haben, dass die Designer vereinzelt in Austausch treten konnten. So war beispielsweise bei der VDID-Geschäftsstelle bekannt, dass Einladungen an DDR-Beteiligte einen Tagesordnungspunkt ‚Design und Staats- bzw. Kommunalpolitik' enthalten mussten, und „dass nur auf ein solches oder ähnliches Stichwort hin, es möglich ist, dann aber ziemlich sicher, eine Ausreise- bzw. Teilnahmegenehmigung zu bekommen".[249] Der ICSID-Kongress in Moskau setzte diese Entwicklung weiter fort, sodass ab 1975 eine dritte Phase der deutsch-deutschen Designbeziehungen begann.

Die internationale Designkonferenz in der Sowjetunion führte nicht unmittelbar zu neuen Kooperationen zwischen beiden deutschen Staaten. Vielmehr erfolgte bis Anfang der 1980er Jahre ein langsames Annähern der Industriedesigner. So gab es immer noch Probleme bei der Versendung der westdeutschen ‚form' in die DDR.[250] Westliche Konferenzen mit DDR-Rednern bildeten weiter die Ausnahme.[251] Aber im Kontext einer Annäherung der Regierungen in Bonn und Ost-Berlin waren zunehmend auch Kontakte zwischen Designern möglich und politisch erwünscht. Zwar beharrte die DDR auf einem Kulturabkommen zwischen beiden Staaten als Voraussetzung für solche Designbeziehungen, aber jenseits von dieser offiziellen Linie ereignete sich seit Anfang der 1980er Jahre ein Austausch im Bereich der Produktgestaltung zwischen Ost und West.[252] Dies geschah auf zwei unterschiedlichen Ebenen. Während offiziell erstmals Ausstellungen in dem jeweiligen anderen Land möglich wurden, führten Industriedesigner zwei Fachdebatten über die inner-

---

246 | Unbekannt (1971n).

247 | Für eine DDR-Berichterstattung im Westen zwischen 1967 und 1973 siehe beispielsweise Exner (1972), Weckerle (1968), Zentralinstitut für Gestaltung [der DDR] (1971).

248 | Siehe hierzu etwa LA Berlin, B010-1837, Gesprächsnotiz von François Burkhardt vom 05.11.1974.

249 | PA Lindinger, p.S. 2, Schreiben von Eberhard Fuchs an Karl Wanner vom 03.09.1974.

250 | Verlag form (1978).

251 | Siehe hierzu S. 309.

252 | Brackert (1978), S. 24. Siehe auch Unbekannt (1974a).

deutsche Grenze hinweg. Diese betrafen die Bedeutung des Bauhauses und der HfG Ulm in einer deutschen Designgeschichte.

Den weithin sichtbaren Beginn dieser Öffnung bildete eine Designausstellung der Bundesrepublik, die 1984 in Ost-Berlin und 1985 in Leipzig öffentlich gezeigt wurde. Das Zustandekommen einer solchen innerdeutsche Ausstellung ist umso bemerkenswerter, fiel sie doch in eine ‚heiße' Phase des Kalten Kriegs, als Ende 1983 der Bundestag für die Umsetzung des NATO-Doppelbeschlusses stimmte. Unter dem relativ neutralen beziehungsweise nichtssagenden Titel „Design – Vorausdenken für den Menschen" zeigte der Rat für Formgebung im Auftrag der Bundesregierung insgesamt 180 Produkte von westdeutschen Firmen.[253] Folgt man der internen westdeutschen Korrespondenz, dann schien die Kooperation zwischen dem Rat für Formgebung und dem Amt für industrielle Formgebung der DDR vergleichsweise reibungslos funktioniert zu haben. Annähernd 100.000 Menschen konnten die Ausstellung in Ost-Berlin und Leipzig besichtigen. Der Katalog musste nachgedruckt werden, sodass sich letztendlich knapp 45.000 Exemplare verkauften.[254]

Als Fazit der westdeutschen Ständigen Vertretung hieß es daher: „Für die weitere Entwicklung des Kulturaustauschs zwischen der Bundesrepublik Deutschland und der DDR kann die Design-Ausstellung als förderlich beurteilt werden".[255] Auch die ausführliche Presseresonanz in beiden deutschen Staaten war überwiegend positiv.[256] Während der Leipziger Präsentation knüpfte beispielsweise Philip Rosenthal auch Kontakte zu ostdeutschen Industrie-

253 | Für die offiziellen Publikationen siehe Unbekannt (1985b), BMiB (1984), RfF (1984b), RfF und AIF (1984). Das Ausstellungskonzept hat sich erhalten in RWWA Köln, 181-2179-2. Siehe zur Ausstellung im Kontext der BRD-DDR-Kulturverhandlungen auch Lindner (2015), S. 162ff.

254 | ZADP, Bestand Rosenthal, p.S. 49, Schreiben von Hellbeck, Ständige Vertretung der Bundesrepublik, an das Bundeskanzleramt, das Bundesministerium für innerdeutsche Beziehungen und das Bundesministerium für Wirtschaft vom 27.12.1984 und ibid., p.S. 55, Protokoll des Arbeitskreises Produktform im DIHT vom 23.01.1985 in Höhr-Grenzhausen, S. 5. Für die Vorbereitungen zur Ausstellung siehe BA Berlin, DF 7/1168.

255 | ZADP, Bestand Rosenthal, p.S. 49, Schreiben von Hellbeck, Ständige Vertretung der Bundesrepublik, an das Bundeskanzleramt, das Bundesministerium für innerdeutsche Beziehungen und das Bundesministerium für Wirtschaft vom 27.12.1984 und ibid., Schreiben von Heinrich Windelen, Bundesministers für innerdeutsche Beziehungen, an Philip Rosenthal vom 16.10.1985.

256 | Siehe hierzu Unbekannt (1984b), (1984d), (1984f), (1984i), (1984j), (1984k), (1984n), (1984o), (1984t), (1984y), (1984ag), (1984ah), (1984ai), (1984ak), Baum (1984), Götz (1984), Hinze (1984a), (1984b), Karutz (1984), Lengyel (1984), de Thier (1984) und später in Leipzig Unbekannt (1985c), (1985d), (1985j), Ullmann (1985). Diesen positiven Gesamteindruck trübte lediglich die Tatsache, dass das AIF die Ausstellung in Ost-Berlin nicht über den eigenen Informationsdienst angekündigt hatte. Somit erfuhren viele DDR-Designer erst im nachhinein von der Ausstellung, während dessen dann 1985 die Präsentation in Leipzig doch durch das AIF angekündigt worden war.

designern, da er für die Studiolinie der Rosenthal AG einen Produktgestalter aus der DDR gewinnen wollte.[257] Ähnliche Verbindungen entwickelten sich auch aus der DDR-Ausstellung 1988 in Stuttgart, die im Gegenzug für 1984/85 gezeigt wurde.[258] Zunehmend erschien es möglich, dass Produktgestalter aus der DDR auch für westdeutsche Firmen arbeiteten, schon bevor 1986 das erstrebte deutsch-deutsche Kulturabkommen unterzeichnet wurde.[259] Zu dieser gesteigerten Bekanntheit des Designs aus der DDR wurde das Überblickswerk „Design in der DDR" von Heinz Hirdina in der Bundesrepublik rezipiert.[260] Eine Ausstellung des IDZ Berlin in Ost-Berlin 1989 zeigte letztmalig Design aus der Bundesrepublik vor der deutsch-deutschen Wiedervereinigung.[261]

Parallel zu diesen Ausstellungen wurden erstmals in den 1980er Jahren gesamtdeutsche Designdiskurse geführt. Hierbei war eine gleiche Sprache hilfreich, jedoch noch essenzieller war jedoch die Berufung auf eine gemeinsame Designgeschichte. Mit dem Bauhaus der Zwischenkriegszeit verknüpften die Designer in beiden deutschen Staaten die Geschichte ihres Berufs.[262] Parallel zum Bauhaus-Archiv in Darmstadt und später West-Berlin[263] gründete die DDR 1976 das „Wissenschaftlich-kulturelle Zentrum Bauhaus Dessau", um die Geschichte dieser Bildungsinstitution aufzuarbeiten. Das AIF nutzte diese Außenstelle für eigene Seminare und Ausstellungen, etwa zur Präsentation des DDR-Staatspreises für Produktgestaltung.[264] Im Kontext der BRD-Ausstellung in Ost-Berlin und Leipzig 1984/85 wurde dann erstmals ein einwöchiges Seminar in Dessau mit westdeutscher Beteiligung durchgeführt. Dieser Workshop wurde als „fachorientierte Begleitveranstaltung" deklariert. Unter der Obhut des AIF-Projektleiters Michael Blank kamen insgesamt 30 Designer in dem renovierten Bauhausgebäude zusammen, wovon sechs aus der BRD angereist waren.[265] Auf diesem Seminar wurde über verschiedene aktuelle Designprobleme und praktische Anwendungsbeispiele in Kleingruppen diskutiert.

---

257 | ZADP, Bestand Rosenthal, p.S. 14, Schreiben von Erich Honecker an Philip Rosenthal vom 15.08.1985 und ibid., Rundschreiben von Philip Rosenthal vom 25.06.1985. Siehe hierzu auch Unbekannt (1985d), (1985j).

258 | Unbekannt (1988d), AIF und DCS (1988).

259 | Siehe hierzu zum Beispiel Unbekannt (1984k), (1984l) und Unbekannt (1985m), Hinze (1985).

260 | Hirdina (1988) sowie zusätzlich Trappschuh (1988).

261 | Unbekannt (1989b), (1989g), IDZ Berlin (1989a und 1989b).

262 | Zur Verortung des Bauhaus im Kalten Krieg siehe Castillo (2006), S. 190ff. Für die Rezeptionsgeschichte des Bauhauses im geteilten Deutschland siehe von Beyme (2009), Heitmann (2001), Mareis (2010), (2014), S. 80ff, Rüedi Ray (2010), Rummel-Suhrcke (2012).

263 | Siehe hierzu auch S. 162f.

264 | Siehe hierzu etwa Unbekannt (1979b).

265 | Neumann (1985) und RWWA Köln, 181-2535-3, Protokoll zur Vorstandssitzung des Rats für Formgebung vom 15.07.1985, S. 10.

Abbildung 60: Leipziger Herbstmesse mit Martin Kelm am Mikrophon, 1985, photographiert von Waltraud Grubitzsch.

Quelle: Bundesarchiv Bild-B183-1985-0903-116, CC-BY-SA 3.0.

Der gemeinsame Weg über Dessau und Ulm

Unabhängig von Besuchen ostdeutscher Designer bei westdeutschen Kolloquien und Tagungen seit dem Jahr 1981, war eine solche ausführliche Kooperation jenseits von politischen Diskussionen für die innerdeutschen Designverbindungen neu.[266] Diese setzte sich etwa 1987 fort, als das VDID-Präsidium erstmals in das AIF nach Ost-Berlin eingeladen wurde. Bei dem Treffen zwischen ost- und westdeutschen Designern betonte Michael Blank „dass [es] bei allen Systemgegensätzen auf fachlicher Ebene doch enorm viel Gemeinsames gebe, [was] demnächst zu praktischem Handeln führt".[267] Diese Zeichen der Entspannung und Normalisierung der deutsch-deutschen Designbeziehungen mündeten dann tatsächlich im folgenden Jahr 1988 in die erste offizielle Reise des VDID durch die DDR.[268] Hierbei konnte die westdeutsche Delegation das VEB Designobjekt Dresden, eines der größten Gestaltungsbüros der DDR, die Hochschule Burg Giebichenstein, die neben Berlin-Weißensee die einzige Ausbildungsinstitution für Industriedesigner in der DDR war, und das schon erwähnte Bauhaus-Zentrum in Dessau besichtigen. Daneben präsentierten etwa Stefan Lengyel und Wolfgang Seehaus in Vorträgen die bundesdeutsche Sicht auf aktuelle Designprobleme. Zugleich konnten die Gestalter aus beiden

266 | Siehe hierzu die Sofortberichte in BA Berlin, DF 7/1168 und 1177.

267 | Cordes (1987).

268 | Sudrow (1988c). Für die Korrespondenz zu dieser Reise siehe BA Berlin, DF 7/1464.

deutschen Staaten in ein gemeinsames Gespräch finden, was auch politisch nun gewünscht war.

Gleiches galt ebenso für die Historiographie zur HfG Ulm, die seit Mitte der 1980er Jahre sowohl in West- als auch in Ostdeutschland betrieben wurde. Denn mit der Gründung des club off ulm im Jahr 1984 veröffentlichten ehemalige Studierende und Dozenten ihre Erinnerungen an die Ulmer Hochschule.[269] Parallel dazu begann man sich auch in der DDR für die Geschichte dieser Bildungsinstitution in der frühen Bundesrepublik zu interessieren.[270] Mit Norbert Korrek arbeitete dann zwischen 1982 und 1985 ein ostdeutscher Ingenieur erstmals zur Geschichte der HfG Ulm.[271] Seine Dissertation an der Hochschule für Architektur und Bauwesen in Weimar wurde unter anderem von Martin Kelm und dem ehemaligen ‚Ulmer' Claude Schnaidt betreut. Folgt man Korreks damaligen Erkenntnissen, dann scheiterte die HfG Ulm „letztendlich am Widerspruch, der sich auftat zwischen ihrem Streben, die Umwelt nach humanistischen, sozialen und kulturellen Grundsätzen zu gestalten und gebotenen Anpassung an die Gesetze der kapitalistischen Wirtschaft".[272] Trotz dieser DDR-spezifischen Sichtweise auf das Ende in Ulm waren seine Arbeiten zur Hochschule auf dem Kuhberg Teil eines Diskurses über die Bedeutung der HfG Ulm in der Designgeschichte. Durch Vorträge wie etwa auf der Mitgliederversammlung des club off ulm 1989 boten sich Möglichkeiten für einen gedanklichen Austausch über die historische Einordnung dieser Bildungsinstitution. Dies integrierte sich in die generelle Debatte um ‚Ulm', die seit Mitte der 1980er Jahre von deutschen Designschaffenden geführt wurde.[273] Berichte über Ulm, wie sie Michael Erlhoff verfasste,[274] oder Ausstellungen und Podiumsdiskussionen zur Geschichte der HfG[275] führten gegen Ende der 1980er Jahre dazu, dass der HfG Ulm zunehmend ein ‚Legendenstatus' zugesprochen wurde.[276] Gegen diese Konzentration der deutschen Designgeschichte auf nur zwei zentrale Bildungsinstitutionen gab es schon früh Widerspruch. So fragte

269 | Siehe zur autobiographischen Literatur zur HfG Ulm etwa Aicher (1975), Bonsiepe (1996), Curdes (2001), (2006), Czemper (2008), Kapitzki (2003), Kapitzki und Gitzel (1979), Klöcker (2008), Krampen und Hörmann (2003), Lindinger (1987), Müller-Krauspe (2003), (2007), (2008), (2011), Nadkarni (2003), Naske (2008), Ohl (1975), Poss (2008), Rittel (1987), Roericht (1982), Schnaidt (1975).

270 | Für den club off ulm siehe S. 39.

271 | Korrek (1984), (1986), (1989).

272 | Korrek (1986), S. 36.

273 | Siehe hierzu S. 39.

274 | Erlhoff (1984), (1985), (1987c), Erlhoff und Köhler (1987).

275 | Siehe hierzu beispielsweise Burkhardt et al. (1988), Lindinger (1987), Rübenach (1987), Sannwald (1987), Stürzebecher (1987).

276 | Siehe etwa Kinross (1988), Müller-Krauspe (1988), Schubert et al. (1988).

etwa der Designer und Theoretiker Otto Sudrow überspitzt „Außer Bauhaus und HfG Ulm nichts gewesen?“[277]

Mit einer ähnlichen Problematik sahen sich viele ostdeutsche Designer rasch nach der deutsch-deutschen Wiedervereinigung im Herbst 1990 konfrontiert. Mehrere Designinstitutionen der ehemaligen DDR, allen voran das AIF, wurden rasch abgewickelt. Ähnlich wie etliche Institutionen in Ost und West waren die Industriedesigner von den Ereignissen rund um den Fall der Mauer 1989 überrascht worden. Diese Öffnung benutzten die Gestalter, um sich etwa als Brückenbauer zwischen den beiden deutschen Staaten zu positionieren.[278] Bei diesem Austausch über die Arbeit als Industriedesigner wunderten sich die West-Designer besonders über die Qualität der DDR-Produkte, was aus der Sicht der ostdeutschen Gestalter vor allem auf die mangelnde Materialversorgung aufgrund der Planwirtschaft zurückzuführen war. Wenig elegante Formulierungen von prominenten VDID-Präsidiumsmitgliedern etwa, dass die Situation des DDR-Designs auf dem Stand jenes der Bundesrepublik vor 1973 sei, führten rasch zu einer Missstimmung.[279] Im Mai 1990 gründeten dann einige Gestalter, in Anlehnung an den VDID einen sogenannten ‚Designerverband der DDR‘.[280] Mit dieser Gründung verbanden die ostdeutschen Designer einen Neustart ihrer Berufsgruppe, ohne vorbelastete SED-Kader in ihren Reihen. Letztendlich wurde dies durch den Beitritt der DDR zur Bundesrepublik obsolet, sodass sich die Mitglieder des ostdeutschen Designerverbands als neue Regionalgruppen innerhalb des VDID organisierten.[281]

Für die zentrale Designinstitution der DDR, das Amt für industrielle Formgebung, gab es zuerst Überlegungen, dass es mit dem Rat für Formgebung fusionieren sollte.[282] Viele Gestalter sahen darin weniger einen Neubeginn, sondern lediglich die Bewahrung des Status quo. Hinzu kamen Vorwürfe gegenüber dem langjährigen AIF-Leiter Kelm. Für Horst Hartmann als ehemaliger DDR-Designer war etwa Kelms „persönliche Nähe zur ehemaligen Macht und insbesondere zu Herrn Honecker persönlich, die ihn völlig unglaubwürdig erscheinen lassen“.[283] Letztendlich wurde das AIF dann vom Ministerrat der

277 | Sudrow (1983). Siehe hierzu ebenso Sudrow (1985a). Mit „Werkbund, Bauhaus, Ulm – und dann?“ hatte der SZ-Journalist Peter Horn einen ähnlicher Beitrag verfasst, Horn (1986c).

278 | Sudrow (1990).

279 | Siehe etwa Schomann (1990).

280 | Archiv der Akademie der Künste Berlin, Bestand Verband Bildender Künstler [der DDR] – Zentralvorstand – Akte 495, Rundschreiben von Lutz Gelbert an die Mitglieder im Verband der Bildenden Künstler [der DDR] und Archiv des VDID, Loseblattsammlung, Memorandum von Peter Zec zur Gründung eines Industrle-Designer-Verbandes in der DDR vom Sommer 1990.

281 | Archiv des VDID, Loseblattsammlung, Schreiben des Designer-Verbandes der DDR an Stefan Lengyel vom 25.06.1990 und Schreiben von Lutz Gelbert an Peter Zec vom 27.09.1990.

282 | Unbekannt (1990l).

283 | Unbekannt (1990d).

DDR zum Jahresende 1990 aufgelöst, wobei die Fachbibliothek zerteilt und die Objektsammlung langfristig in die Sammlung ‚Industrielle Gestaltung' übernommen wurde.[284] Unabhängig davon entwickelten sich seit Ende 1989 rasch neue Verbindungen zwischen den Industriedesignern und ihren Institutionen in Ost- und Westdeutschland.[285] Währenddessen trieben die politischen Entscheidungsträger in den neuen Bundesländern mit der Gründung von Designzentren die Förderung der lokalen Wirtschaft durch den Innovationfaktor Design voran.[286] Ähnlich wie in vielen anderen Teilbereichen folgte auch im Industriedesign auf die Euphorie rasch eine gewisse Enttäuschung, was wahrscheinlich in Zusammenhang mit der gefühlten Entwertung von ostdeutschen Biographien stand. Designhistoriker wie etwa Keith Murphy weisen zusätzlich darauf hin, dass auch die unterschiedlichen Designkonzepte in Ost und West während des Kalten Kriegs für Anpassungsschwierigkeiten in der Transformationszeit nach 1990 sorgten.[287]

Ähnliche biographische Brüche existierten ebenso für geflüchtete DDR-Designer, denn auch Produktgestalter waren durch die SED-Diktatur zur Emigration gezwungen worden. Dieser Aspekt der innerdeutschen Flucht unter Designern ist bis heute nicht thematisiert worden, aber wie eine Bewerbung 1973 beim Rat für Formgebung verdeutlicht, betraf dieser Teil des sozialistischen Totalitarismus auch die Produktgestalter.[288] Gegenwärtige Darstellungen von Martin Kelm, in denen er behauptet, dass „das AIF zwar in das politische Gefüge der DDR eingebunden [war], die fachlichen Prinzipien bestimmten aber dessen Handlungsweise", erscheinen daher bestenfalls verkürzt.[289] Die wissenschaftliche Analyse der Integration von Design in die SED-Diktatur ist auch weiterhin ein Desiderat der Forschung, das erstaunlicherweise noch nicht geschlossen wurde.

---

284 | Wölfel (2015) und Sänger (2015).

285 | Siehe hierzu etwa Unbekannt (1990d), (1990f), (1990i), (1990k), (1990l), Blank et al. (1990), Schomann (1990), Sudrow (1990), Wagner (1990), Zec (1990).

286 | Siehe hierzu S. 121f.

287 | Murphy (2015), S. 56.

288 | Siehe für diesen Fall BA Koblenz, B547-40, Schreiben von Anonymus an Gustav Stein vom 07.01.1974. Siehe ebenso für das AIF und das Ministerium für Staatssicherheit Zürn (2016), S. 47.

289 | Kelm (2014), S. 78.

C. Zusammenfassung

Das Kapitel veranschaulicht, wie sich die Profession der Industriedesigner seit den 1960er Jahren unter dem Stichwort ‚Globalisierung' neue Handlungsstrategien erschlossen. Obwohl viele Aspekte bei dieser weltweiten Vernetzung für die Zeitgenossen bekannt waren, ergaben sich für die Gestalter neue Chancen und Risiken. Die Designer versuchten insbesondere, sich mit ihrem grenzüberschreitendes Wissen gegenüber Beteiligten aus der Politik, Wirtschaft und Kultur als eine global agierende Expertengruppe zu positionieren. Auf diese Weise gelang es den Industriedesignern erfolgreich, ihre Profession mit einer globalisierten Warenwelt in Verbindung zu setzen.

Das erste Teilkapitel hinterfragt, inwiefern aus der Perspektive der Designer seit den 1960er Jahren eine globalisierte Gestaltung existierte. Im Zentrum stehen dabei die Diskurse um eine Internationalisierung unter westdeutschen Industriedesignern. Entgegen vieler Darstellungen begannen sich die Gestalter schon deutlich vor den 1980er Jahren über eine weltweite Vernetzung ihres Berufs und den Aufgabenstellungen zu beraten, ohne dabei ihre Position im Modell der ‚Deutschland AG' aus dem Auge zu verlieren. Daran anknüpfend zeigen sich unterschiedliche Bedeutungsebenen, die sich hinter dem Ausdruck ‚deutsches Design' verbargen. Vor dem Hintergrund der NS-Gewaltherrschaft und einer faktischen Zweiteilung Deutschlands konnte ein solche Formulierung nämlich eine politisch heikle Aussage beinhalten. Durch eine Historisierung dieser Auseinandersetzung wird zugleich eine spezifische deutsche Problematik sichtbar.

Das zweite Teilkapitel widmet sich der transnationalen Vernetzung des Industriedesigns. Zwei Institutionen wurden für eine weltweite Verbindung der Designer bedeutend: Der internationale Dachverband ICSID und das europäische Verbindungsbüro BEDA. Sie bildeten für die westdeutschen Industriedesigner seit den 1960er Jahren die zentralen Orte für Diskussionen und internationalen Austausch. Ebenso zeigt sich, dass diese Vernetzung auch über die Systemgrenzen im Kalten Krieg funktionierte. Besonders der Austausch über Industriedesign wurde seit Mitte der 1970er Jahre zwischen Ost und West möglich. Die Gestalter konnten somit seit den 1980er Jahren über den ‚eisernen Vorhang' hinweg deutsch-deutsche Designbeziehungen knüpfen. In dieser Situation kam dem deutsch-deutschen Austausch eine Sonderrolle zu. Hierbei entwickelte sich besonders Industriedesign zu einem Handlungsfeld, bei dem eine Verflechtung zwischen beiden Gesellschaftssystemen schon früh möglich wurde. Die Globalisierung war daher für die bundesdeutschen Produktgestalter ein Professionalisierungsprozess, der ihnen viele neue Wege in andere Länder eröffnete.

7. Schluss

Anlässlich der 21. Triennale in Mailand postulierten die Organisatoren, dass Design erstmals eine strategische Position in der Weltwirtschaft eingenommen habe. Unter dem Messetitel „21st Century – Design After Design“ war im Jahr 2016 eine Bestandsaufnahme des zeitgenössischen Designs zu sehen.[1] Der Designjournalist Thomas Edelmann beschrieb vor diesem Hintergrund den Status quo Mitte der 2010er Jahre folgendermaßen: „Design ist längst zu wichtig, um es maßgeblich Gestaltern und Chefs zu überlassen. Unter Bedingungen von Krise, verlagerter Produktion und einem verschärften Konkurrenzdruck geht es heute vielfach um Variantenbildung.“[2] In seinem form-Beitrag erklärte Edelmann diesen Zustand damit, dass Design keine Chefsache mehr sei, sondern „dem Marketing zu[arbeitet]. Es trägt dazu bei, Storys zu erzählen, die sich auf unterschiedlichen Plattformen rund um die Welt ausspielen lassen.“[3] Mitte des 20. Jahrhunderts wäre eine solche Beschreibung kaum denkbar gewesen. Vielmehr schien vielen Gestaltern die Entwicklung des Designs erst am Anfang zu stehen. Es hat daher den Anschein, dass die Gestaltung von Produkten nach fünf Jahrzehnten in dem bundesdeutschen Wirtschaftssystem vollends etabliert ist. Die Grundlage hierfür formte in der Bundesrepublik der Prozess der ‚Berufswerdung‘, der es den Gestaltern ermöglichte, als neue Profession in dem vorhandenen System der Berufe zu erscheinen.

Die ersten drei Dekaden nach 1959 bildeten für die Profession der Industriedesigner eine Phase, in der sich die Anforderungen und die Aufgabengebiete auf dem Weg zur Etablierung der eigenen Tätigkeit entwickelten und zugleich maßgeblich gewandelt haben. Ausgangspunkt war hierbei die Entwicklung einer selbstständigen Profession Ende der 1950er Jahre in Westdeutschland, die unter anderem mit der Gründung des VDID eingeläutet wurde. Drängende

1 | Triennale di Milano (2016).

2 | Edelmann (2016), S. 75.

3 | Edelmann (2016), S. 75f.

Themen waren zu Beginn etwa die gedankliche Emanzipation vom Bauhaus, wie sie an der HfG Ulm vorantrieben wurde, der Aufbau eigener Studiengänge mit einheitlichen Ausbildungsstandards oder die Entwicklung eines eigenen Berufsverbands. Im Gegensatz dazu hatten die Gestalter in den 1980er Jahren Fragen bezüglich der Postmoderne, Computerisierung und Globalisierung zu beantworten. Die Themen und Perspektiven im Industriedesign unterschieden sich in dieser Zeitspanne wesentlich voneinander, sodass die Zeitgenossen häufig unterschiedliche Handlungsbedarfe ableiteten.

In den 1950er Jahren war die Produktgestaltung noch deutlich an den Ingenieurswissenschaften orientiert. Der Hintergrund war, dass die Industriedesigner während des sogenannten Wiederaufbaus in der Bundesrepublik eine vergleichsweise unbedeutende Rolle spielten. Die Profession selbst war noch nicht entwickelt, sodass die Gestalter vielfach auf das Fachwissen von Ingenieuren und Konstrukteuren zugriffen. Daher war dieses Jahrzehnt zugleich der Anfang des Berufs ‚Industriedesigner' in Westdeutschland. Wesentliche Punkte für die einsetzende Professionalisierung waren die Gründung des Rats für Formgebung durch den Bundestag 1951/53 und später des Berufsverband VDID 1959. Bis zu Beginn der 1960er Jahre etablierten sich in der Bundesrepublik zentrale Institutionen, die für das Industriedesign in den kommenden Jahrzehnten von Bedeutung sein sollten.[4] Hiermit verbanden sich die Hoffnungen der Politiker, Industriellen und Gestalter, dass durch ein gesteigertes Niveau in der Formgebung besonders die Wettbewerbsfähigkeit der bundesdeutschen Wirtschaft ausgebaut werden könnte. Vor diesem Hintergrund erschien die Ausrichtung des Industriedesigns an ökonomischen und konsumgeleiteten Ansprüchen als eine Notwendigkeit. In diesem Kontext orientierten sich die Fachdiskurse der Gestalter seit den 1950er Jahren nicht mehr an den künstlerischen Aspekten, die teilweise noch im Bauhaus vertreten wurden, sondern an den technisch-ingenieurwissenschaftlichen Fragestellungen. Hierbei standen nicht nur Gesamtentwürfe im Zentrum, sondern ebenso kleinste, industrietechnische Details, mit denen sich die Gestalter zunehmend beschäftigten. Für die Beteiligten des Rats für Formgebung stand daher spätestens in den 1960er Jahren fest, dass die damalige Produktgestaltung „die Idee der ‚revolutionären Wegbereiter' eingeholt und sie oft übertroffen [habe]. Für die Utopien der Vergangenheit hat die Gegenwart aber wenig Sinn".[5] Ähnlich äußerten sich schon früher die Dozenten und Studierenden an der HfG Ulm, die damals die wichtigste Designhochschule in der frühen Bundesrepublik war. Diese Schule blieb daher über ihre Schließung im Jahr

4 | Einzige Ausnahme ist das IDZ Berlin, das erst 1969 in (West-)Berlin gegründet wurde. Siehe hierzu S. 63ff. Für den Status quo der Design-Institutionen und -Verbände Anfang der 1990er Jahre siehe Aszmoneit (1990).

5 | RfF (1965), S. 3.

1968 hinaus die prägende Designinstitution in Westdeutschland, was bei ihrer Gründung 1953 niemand erwartet hatte. Durch diese Neuverortung des Industriedesigns in dem technisch-ingenieurswissenschaftlichen Fächerkanon wurden Fragen der Professionalisierung von Gestaltung auch innerhalb von westdeutschen Firmen diskutiert. Die BASF AG zeigt hier exemplarisch, wie sich die Professionalisierung des Industriedesigns sowie die inhaltliche Neuausrichtung auf der Ebene eines Großkonzerns vollzogen. Durch diese betriebsinterne Verortung kamen zugleich neue Ansprüche auf die Gestalter zu, auf welche diese wiederum zu reagieren hatten.

Im Gegensatz dazu zeichneten sich die 1960er Jahre besonders durch die Entwicklung von Design-Methodologien aus. Mit diesen konnten die Gestalter ihre Profession als ‚technisch' beziehungsweise ‚wissensbasiert' darstellen, was einher ging mit einer bewussten Abgrenzung gegenüber künstlerischen Berufen. Charakteristisch war dabei, dass die Industriedesigner bei ihrer Tätigkeit mit wissenschaftlichem Wissen argumentierten, etwa durch die Inanspruchnahme von mathematischen, soziologischen und psychologischen Kenntnissen. Eine solche Verwissenschaftlichung führte sowohl innerhalb der Gruppe der Gestalter als auch im Verhältnis zu anderen Berufsgruppen wie Ingenieuren oder Architekten zu erheblichen Spannungen. Der ‚Ulmer' Bonsiepe schrieb in diesem Zusammenhang vor einigen Jahren rückblickend:

> „Die Beziehung zwischen Design und den Wissenschaften besitzt heute nicht mehr die Brisanz, wie es in den 1960er Jahren der Fall war, als die Debatte über Entwurf und Wissenschaften den Designdiskurs prägte und bisweilen mit polemischer Schärfe geführt wurde. Seinerzeit nahm die Debatte über Designmethoden eine Vorrangstellung ein, da Designmethoden die Brücke zwischen diesen beiden Welten schlugen, den Entwurfsprozess strukturieren und von subjektiven [Wünschen] befreien sollten".[6]

Wie Bonsiepe andeutet verbanden die Zeitgenossen in den 1960er Jahren mit Design-Methodologien, dass sie neue Formen entwickeln und diese zugleich ‚wissenschaftlich' begründen konnten. Der Versuch, diesen Ansatz in der Praxis anwendbar zu gestalten, äußerte sich etwa in dem Konzept der Produktplanung. Bezogen auf die Industriedesigner bedeutete dies insgesamt, dass sich diese Berufsgruppe durch die Hinwendung zu wissenschaftlichem Wissen, Methodologien und Produktplanung wesentlich professionalisierte. Aus diesem Grund änderte sich, in Fortführung der These von Paul Betts, ab 1965 sukzessive auch die ideologische Lesart von Produktgestaltung.[7] Ein bekann-

6 | Bonsiepe (2009), S. 202.

7 | Für die These von Betts siehe S. 34.

tes Beispiel hierfür war die Siemens AG. Denn Industriedesign wurde dort neu in das Unternehmen integriert und bekam demzufolge besonders in der konzerneigenen Kommunikation eine zentrale Position zugewiesen.

Im Laufe der 1970er Jahre betonten die Gestalter zunehmend die soziale Verantwortung, die sie mit ihrer Tätigkeit übernehmen sollten. Teilweise ausgehend von der sogenannten 1968er-Bewegung und gesamtgesellschaftlichen Debatten wendeten sich die Gestalter verstärkt sozialen Fragen zu. Verbunden war dies etwa mit einer Selbstreflexion der Industriedesigner über ihre eigene Profession. Diese Dekade zeichnet sich durch die eigene Verortung der Gestalter innerhalb der Gesellschaft aus. Die drei Aspekte des gesellschaftlichen Umbruchs, der Umweltgestaltung und der Ausbildungskrise machen deutlich, wie dieser selbstreflexive Diskurs geführt wurde. Die Positionierung des Designers in dem kapitalistischen Wirtschaftssystem stellte eine verbindende Fragestellung bei vielen fachinternen Diskussionen über die Professionalisierung dar. Weit verbreitet war die Meinung, dass Gestalter als Mittler zwischen Konsument und Produzent agieren sollten. Der Designtheoretiker Gert Selle war hierbei einer der prominentesten Vertreter, der in seiner Theorie des sozialen Designs auf die offene Diskrepanz von Wunsch- und Ist-Zustand hinwies:

> „Die Motive der Marktstrategie und der Mensch-Umwelt-Beziehungen dürften einander wohl ausschließen. Dieser konkrete Widerspruch kennzeichnet die Diskrepanz zwischen Entwurfspraxis und sozialer Theorie des Design [..]. Produktivitätssteigerung und Profitrate sind mit Märkten und nicht mit Mensch-Umwelt-Problemen in der Zielsetzung gekoppelt".[8]

Mit der neomarxistischen Theorie der Warenästhetik von Wolfgang Haug oder Bernd Löbachs Konzept des Designers als „Verbraucheranwalt" wurde das damals gängige Selbstverständnis der Produktdesigner hinterfragt. Trotz vieler offener Widersprüche hatten solche Debatten wenig bleibenden Einfluss auf das Selbstverständnis, für das etwa der VDID als Berufsverband offiziell einstand. Am Beispiel der Rosenthal AG zeigt sich, dass unabhängig von allen Selbstreflexionen nun ‚Design' bei Konzernen in die innerbetrieblichen Strukturabläufe integriert wurde. So ließ sich die Gestaltung zunehmend als wesentlicher Teil von Unternehmenskultur und Werbestrategien aufbauen. Diskussionen über das Berufsbild der Industriedesigner hatten darauf aber letztlich kaum Einfluss.

Ähnliches gilt für die 1980er Jahre, da die „Betonung von Sinnlichem" laut dem Essener Industriedesigner Stefan Lengyel das Charakteristikum dieses

8 | Selle (1973a), S. 33.

Abbildung 61: Ausstellungsräume bei Eröffnung der Ausstellung „DesignChance" 1995 im Bayerischen Landtag. Photographiert von Hilmar Jönke.

Quelle: Privatarchiv Hans Hermann Wetcke.

Jahrzehnts war.[9] Dies bedeutete in vielen Fällen einen Bruch mit gängigen Gestaltungsvorstellungen, sodass sich diese Dekade durch eine Abkehr und Neustrukturierung innerhalb des westdeutschen Industriedesigns auszeichnet. Besonders prominent war hierbei die Diskussion über postmoderne Produktgestaltung und die damit einhergehende Ablehnung funktionalistischer Designideen, wie sie etwa an der HfG Ulm unterrichtet wurden. Das dominierende Ereignis des Jahrzehnts war der offene Bruch, der mit dem ‚Design-Forum' Linz 1980 eingeleitet worden war. Hinzu kam die Hinwendung zu einer ‚emotionalen', ‚eklektischen' oder ‚farbigen' Formgebung. Der Designkritiker Volker Fischer formulierte im Jahr 1988 anlässlich einer Ausstellung im Frankfurter Architekturmuseum, „dass die genannten jüngeren Auffassungen sich mehr oder weniger alle am Funktionalismus reiben, abarbeiten und gewissermaßen ex negativo definieren".[10] Diese Auseinandersetzung um postmoderne Gestaltung verdeckt zugleich, dass in den 1980er Jahren drei weitere Entwicklungen kulminierten, welche die Profession der Industriedesigner zukünftig prägen sollten. Besonders signifikant ist dabei, dass nahezu alle westdeutschen Designinstitutionen in eine strukturelle Krise gerieten. Speziell der Rat für Formgebung

9 | Lengyel (1999b), S. 16 und ebenso Lengyel (1999a). Siehe hierzu ebenfalls Le Masson et al. (2013), S. 98.

10 | Fischer (1988), S. 45.

und das IDZ Berlin hatten unter den eingeschränkten Finanzmitteln aus dem Bundeshaushalt zu kämpfen, sodass zwischenzeitlich eine Schließung dieser Institutionen schon als Drohung im Raum stand. Die erhoffte Unterstützung der Privatwirtschaft blieb dabei aus, sodass sich die designfördernden Institutionen neu orientieren mussten. Mit Weiterbildungs- und Dienstleistungsangeboten versuchten die Beteiligten beispielsweise, neue Gelder zu erschließen. Dies verband sich mit dem aufkommenden Computer Aided Design, das als eine weitere Entwicklung in den 1980er Jahren unter Industriedesignern kontrovers diskutiert wurde. Vor allem die Frage der praktischen Anwendung dieser neuen Konstruktionstechnologie erregte die Gemüter.

Trotz einer vielfältigen Berichterstattung über das CAD in Fachpublikationen blieb für die Zeitgenossen häufig ungeklärt, wie sich diese technische Neuerung in ihre innerbetriebliche Tätigkeit integrierten ließ. Dies konnte nicht darüber hinwegtäuschen, dass die Produktgestaltung in den 1980er Jahren zunehmend selbstverständlich in viele Unternehmensbereiche integriert wurde. Selbst Konzerne wie die MAN AG, die nach außen kaum mit Design in Verbindung gebracht wurden, begannen nun mit einer Spezialisierung bei der Formgebung. Aus diesem Grund boten Fortbildungen, wie sie etwa der Rat für Formgebung schon Anfang der 1980er Jahre durchführte, mögliche Lösung für aufkommende Probleme etwa bei CAD-Anwendungen. Eine ähnliche Neuerung in den 1980er Jahren machte erstmals die Bedeutung des Geschlechts innerhalb der Designprofession zum Thema. Die Initialzündung hierfür war eine Ausstellung im Design-Center-Stuttgart, die 1988 mit „Frauen im Design" auf einen langjährigen Missstand aufmerksam machte. Anhand der historischen Perspektive zeigte sich, dass Frauen in den Designberufen keineswegs unbekannt waren. Zugleich wiesen die Kuratorinnen darauf hin, dass besonders Industriedesignerinnen immer noch mit Hindernissen und Diskriminierungen wegen ihres Geschlechts zu kämpfen hatten.

Die 1990er Jahre bedeuteten für die Profession der Industriedesigner das verstärkte Aufkommen digitaler Technologien. Während in der Dekade davor etwa noch über computergestützte Gestaltung kontrovers diskutiert wurde, zählte nun zunehmend der Einsatz von digitalen Hilfsmitteln zum Alltag der Industriedesigner. Wie für andere Berufsgruppen auch blieb dies nicht folgenlos für die Profession der Industriedesigner, sodass sie ihre vormals überwiegend analogen Tätigkeiten vermehrt auch mit digitalen Werkzeugen durchführten.[11] Andreas Rödder beschreibt eine solche Digitalisierung und Etablierung von Mikroelektronik in den Alltag während des letzten Drittels des 20. Jahrhunderts sogar als die dritte Stufe der industriellen Revolution.[12] Für die Gestalter stand dabei besonders der Mikrochip im Mittelpunkt, sodass

11 | Raphael (2012), S. 103.

12 | Rödder (2015), S. 27.

beispielsweise Bernhard E. Bürdek ihn sogar zum „Leitfossil der 1990er Jahre" erklärte.[13] Neue Produktionsmechanismen gingen dabei einher mit neuen Gestaltungsmöglichkeiten für Produkte, sodass die Industriedesigner für beide Entwicklungen neue Designkonzepte entwerfen mussten. Der Siemens-Chefdesigner Herbert H. Schultes diagnostizierte 1993 das „Verschwinden der Dinge" als neue Herausforderung, der sich die Produktgestalter zu stellen hatten.[14] Durch neue Technologien in der Mikroelektronik konnten nun beispielweise in Telephonapparaten erstmals auf engstem Raum eine enorme Anzahl an Funktionen vereint werden, für welche die Gestalter sowohl in der Geräteform als auch im Interface Lösungen entwickeln mussten.

Neben dem Begriff des Digitalen war die Globalisierung in den 1990er Jahren ebenfalls ein häufig verwendeter Terminus. Bezogen auf die Industriedesigner war dieses Phänomen einer weltweiten Vernetzung und Professionalisierung zum Ende des Jahrtausends aber keineswegs neu. Schon im gesamten 20. Jahrhundert war es nicht so, dass nationale Grenzen Formgebungsdiskurse verhinderten. Vielmehr waren etwa mit dem Bauhaus und der HfG Ulm die beiden bekanntesten deutschen Bildungsinstitutionen Orte, an denen nationale und internationale Experten der Zeit zusammenkamen. Es ist somit nicht verwunderlich, dass in der frühen Formierungsphase der eigenen Profession die Industriedesigner Verbindungen zu anderen Beteiligten knüpften. Die rasche Mitgliedschaft des VDID – unmittelbar nach dessen Gründung im Jahr 1959 – im internationalen Dachverband ICSID ist dafür nur ein prominentes Beispiel. Auf zwei Ebenen beschäftigten sich die Gestalter mit einer weltweiten Vernetzung, die sie erst in den 1990er Jahren mit dem Begriff ‚Globalisierung' beschrieben. Zuerst führte dies zu einem Selbstreflexionsprozess darüber, wodurch sich ‚deutsches' oder gar ‚westdeutsches' Design auszeichne. Und zweitens bildeten besonders der ICSID und später der BEDA Kommunikationsforen, auf denen sich die deutschen Industriedesigner mit Experten aus anderen Ländern austauschen konnten. Dies förderte wiederum den gegenseitigen Austausch von Ideen und die hohe Mobilität der Designer, speziell im Bildungsbereich. Aus diesem Grund besaßen Fragen nach einem ‚Nationaldesign' für die Gestalter eine große Bedeutung. Gleichzeitig veranlasste all dies westdeutsche Politiker und Industrielle zu einer Positionierung, da Industriedesign beispielweise im Systemwettstreit zu einer sogenannten ‚soft power' erklärt wurde.

Die westdeutschen Industriedesigner erlebten im Zeitraum zwischen dem sogenannten Wiederaufbau und der deutsch-deutschen Wiedervereinigung eine weitreichende Transformation ihres Berufs. So stieg etwa alleine die

13 | Bürdek (1990).

14 | Schultes (1993), S. 12.

Anzahl der VDID-Mitglieder von 84 im Jahr 1966 auf 1297 im Jahr 1989.[15] Unter dem Vorzeichen einer Professionalisierung entwickelten Gestalter ihre Tätigkeitsfelder sukzessive weiter. Hierdurch war es den Industriedesignern möglich, ihren Beruf in Unternehmen zu verankern und dabei für sich in Anspruch zu nehmen, dass nur sie ästhetische und technische Aspekte miteinander verbinden konnten. Somit gelang es, die Produktgestaltung sowohl im innerbetrieblichen Kontext als auch im gesamtgesellschaftlichen Rahmen zu positionieren. Das negative Bild, das Wilhelm Braun-Feldweg Mitte der 1960er Jahre zeichnete – „Etwas vom begabten Dilettanten jedenfalls scheint das gegenwärtige Bild des Designers an sich zu haben" – konnte daher von den Industriedesigner rasch und nachhaltig zum Positiven gewendet werden, dass die Wahrnehmung der Designer bis heute prägt.[16]

15 | Siehe Tabelle 6.

16 | Braun-Feldweg (1966a), S. 84.

8. Dank

Diese Arbeit wurde im Sommer 2017 an der Fakultät für Geschichts- und Kunstwissenschaften der Ludwig-Maximilians-Universität München als Dissertation angenommen und für die Veröffentlichung überarbeitet. Besonders danke ich meinem Erstbetreuer Prof. Dr. Martin Geyer und meiner Zweitbetreuerin Prof. Dr. Margit Szöllösi-Janze für ihre Förderung, zahlreiche Ratschläge und ihre Geduld. Gleiches gilt für Prof. Dr. Burcu Dogramaci, die mich als Beisitzerin unterstützt hat.

Die Friedrich-Ebert-Stiftung hat durch ein Promotionsstipendium das Dissertationsprojekt maßgeblich finanziert. Reisekosten konnten außerdem über die Schenkung Lautrach des Instituts für Kunstgeschichte und das Promotionsprogramm ProMoHist des Historischen Seminars teilweise gedeckt werden. Maßgebliche Teile der Druckkosten für diesen Band übernahmen die Geschwister Boehringer Ingelheim Stiftung für Geisteswissenschaft in Ingelheim am Rhein, die Ludwig-Sievers-Stiftung, die Oskar-Karl-Forster-Stiftung, der VDID und die designaffairs GmbH. Ebenfalls verbunden bin ich allen Institutionen und Personen, die mir ihre Genehmigungen für die verschiedenen Abbildungen gegeben haben.

Für die Gastfreundlichkeit während meines Forschungsaufenthalts an der Universitetet i Oslo im Herbst 2016 bin ich Prof. Kjetil Fallan, Ida Kamilla Lie, Ingrid Halland und Gabriele Oropallo besonders mit Dank verpflichtet. Gleichfalls danke ich Dr. Rudolf Fischer (Archiv der Avantgarden Dresden), Christopher Haaf (Folkwang Universität der Künste Essen) und Tania Messell (University of Brighton) für Gespräche und ihre vielen Hinweise.

Ebenso danken möchte ich den vielen Zeitzeuginnen und Zeitzeugen, die so geduldig meine Fragen beantwortet und mir zu neuen Perspektiven sowie entlegener Literatur verholfen haben. Dank Prof. Stefan Lengyel (Essen), Prof. Herbert Lindinger (Hannover) und Wolfgang Slany (Esslingen am Neckar) konnte ich in privaten Archiven recherchieren. Für ihr Vertrauen möchte ich mich an dieser Stelle besonders bedanken.

Ohne die Mitarbeiterinnen und Mitarbeiter in Archiven, Bibliotheken und Unternehmen wäre dieses Buch nicht möglich gewesen. Ganz besonders möchte ich Helge Aszmoneit (Rat für Formgebung, Frankfurt am Main) meinen Dank für ihre ständige Hilfe und die nützlichen Hinweise aussprechen. Ebenso bin ich Dr. Rüdiger Barth (Porzellanikon, Selb), Jutta Ochsner (VDID-Geschäftsstelle, Berlin), Katrin Pollems-Braunfels (Deutscher Werkbund Bayern, München), Eva Höfli (BASF-Designfabrik, Ludwigshafen am Rhein), Wolfgang Kraus (ehemals MAN Nutzfahrzeuge AG), Esther Neumann (Stiftung Deutsches Design Museum, Frankfurt am Main), Julian Schlagheck (Schlagheck Design GmbH, Oberhaching), Jörg Schmalfuß (Technikmuseum Berlin), Angelika Schmitz (Deutscher Werkbund Bayern, München), Jörg Stürzebecher (Frankfurt am Main), Katrin Weckermann (Archiv der Design-Sammlung Schriefers, Wuppertal), Herrmann Wetcke (München) und Dr. Frank Wittendorfer (Siemens Historical Institute) für ihre hilfreichen Beratungen und Unterstützungen bei meinen Recherchen zum Dank verpflichtet.

Bedanken möchte ich mich ebenfalls bei Dr. Benjamin Conrad (Humboldt-Universität zu Berlin), Dr. Sebastian Greußlich (Universität Bonn), Dr. Sebastian Rojek (Universität Stuttgart), Dr. Alexander Mayer (Universität der Bundeswehr München), Dr. Martin Schmidt (ehemals Ludwig-Maximilians-Universität München), Dr. Maximilian Strnad (Stadtarchiv München) und den Mitglieder-/innen des Promotionsprogramms ProMoHist für die Unterstützung während der Arbeits- und Schreibphase bedanken.

Bei der Korrektorin Dr. Anja Weisenseel (München) bedanke ich mich ebenfalls für ihre Hilfe und Unterstützung in der Endphase der Publikation. Alle Fehler die sich noch finden lassen, habe alleine ich zu verantworten. Ebenfalls zu Dank verpflichtet bin ich Julia Wieczorek vom transcript Verlag, die mein Buchprojekt mit viel Geduld und Fachwissen betreut hat. Für die graphische Gestaltung des Buchumschlags bin ich Prof. Frank-Joachim Grossmann verbunden, dem es auf besondere Weise gelungen ist, meine verschriftlichten Forschungen auf einer visuellen Ebene wiederzugeben.

Das Promotionsprojekt wurde durch einen Forschungsblog begleitet. Archiv- und Konferenzbesuche sowie Literaturrecherchen lassen sich dadurch nachvollziehen, sodass die Entwicklung des Forschungsprojekts an zusätzlicher Transparenz gewinnt.[1] Ebenfalls steht eine Arbeitsbibliographie bereit, da nicht jegliche, recherchierte Literatur vor 1991 verwendet wurde. Diese geisteswissenschaftlichen Forschungsdaten sollen nicht nur vermitteln, welche Pri-

1 | Der Blog ist unter http://yvesvincentgrossmann.info erreichbar. Alle Beitrage sind in einer xml-Version langzeitarchiviert, siehe Grossmann (2018c).

märliteratur hier nicht zitiert wurde, sondern sie stehen ebenfalls zukünftigen Forschungsprojekten zur Weiternutzung frei zur Verfügung.[2]

Und abschließend möchte ich mich bei Dr. Nino Nanobashvili, Birgit C. und Prof. Frank-Joachim Grossmann, Nita Morasch, Prof. Dr. Marika Kapanadze, Dr. Giorgi Nanobashvili, Elmar Leeske, Niels Tekampe und Adrian Franco für deren uneingeschränkte Hilfe und ständige Unterstützung bedanken.

2 | Die kommentierte Arbeitsbibliographie ist als .pdf-Datei sowie maschinenlesbar in verschiedenen Ausgabeformaten zugänglich, Grossmann (2018a).

9. Wissenschaftlicher Apparat

A. Abkürzungsverzeichnis

AAKB	Archiv der Akademie der Künste Berlin
ACDP	Archiv für christlich-demokratische Politik, Sankt Augustin
ADI	Associazione per il disegno industriale
AdDSS	Archiv der Design-Sammlung Schriefers der Bergischen Universität Wuppertal
AdKD	Archiv der Kunstakademie Düsseldorf
AdsD	Archiv der sozialen Demokratie, Bonn
AG	Aktiengesellschaft oder Arbeitsgemeinschaft
AGD	Alliance of German Designers
AGdWKS	Arbeitsgemeinschaft der Deutschen Werkkunstschulen
AIF	Amt für industrielle Formgebung der DDR
AOA	Abteilung für Öffentlichkeitsarbeit der BASF AG
AUMA	Ausstellungs- und Messeausschuss der Deutschen Wirtschaft
AW design	Arbeitsgemeinschaft der Wirtschaft für Produktdesign und Produktplanung e.V.
Aweta	Anwendungstechnische Abteilung der BASF AG
BA	Bundesarchiv
BASF	Badische Anilin- und Soda-Fabrik
BaWü	Baden-Württemberg
BDG	Bund Deutscher Grafik-Designer e.V.
BDI	Bundesverband der Deutschen Industrie e.V.
BEDA	Bureau of European Design Associations
BFF	Bund Freischaffender Foto-Designer e.V.
BKA-AdK	Baukunstarchiv der Akademie der Bildenden Künste Berlin
BMiB	Bundesministerium für innerdeutsche Beziehungen
BMI	Bundesministerium des Innern

BMWi	Bundesministerium für Wirtschaft
BRD	Bundesrepublik Deutschland
BSHG	Bosch-Siemens Hausgeräte GmbH
DA UoB	Design Archives at the University of Brighton
DCS	Design-Center-Stuttgart
DDR	Deutsche Demokratische Republik
DDT	Deutscher Designertag e.V.
DES-Club	Design-Club der Siemens AG
DGB	Deutscher Gewerkschaftsbund
DIHT	Deutscher Industrie- und Handelstag
DIM	Design-Institut München GmbH
DKA	Deutsches Kunstarchiv im Germanischen Nationalmuseum
DM	Deutsche Mark
DPA	Deutsche Presse-Agentur GmbH
DWB	Deutscher Werkbund
EG	Europäische Gemeinschaft
ECOSCO	Economic and Social Council of the United Nations
FAZ	Frankfurter Allgemeine Zeitung
FH	Fachhochschule
Fn.	Fussnote
GATT	General Agreement on Tariffs and Trade bzw. Allgemeines Zoll-und Handelsabkommen
GEW	Gewerkschaft für Erziehung und Wissenschaft
GHS	Gesamthochschule
GNM	Germanisches Nationalmuseum Nürnberg
GRUR	Vereinigung für gewerblichen Rechtsschutz und Urheberrecht e.V.
GuG	Geschichte und Gesellschaft – Zeitschrift für Historische Sozialwissenschaften
GVN	Grafisch Vormgevers Nederlands
HdK	Hochschule der Künste
HfbK	Hochschule für bildende Künste
HfG	Hochschule für Gestaltung
HIF	Haus Industrieform e.V., Essen
HStA	Hauptstaatsarchiv
HWA	Hauptwerbeabteilung der Siemens AG
HWA F	Abteilung ‚Formgebung' in der Hauptwerbeabteilung der Siemens AG

IAA	Internationale Automobil-Ausstellung Frankfurt
Ibid.	ebenda
ICSID	International Council of Societies of Industrial Design
IDD	Industrielle Designere Danmark
IDSV	Industriedesign-Studenten-Verband
IDZ Berlin	Internationales Designzentrum Berlin e.V.
IF	Industrieform e.V.
IfZ-Archiv	Archiv des Instituts für Zeitgeschichte München
IMAG	Internationaler Messe- und Ausstellungsdienst GmbH
INTEF	Institut für neue technische Form e.V., Darmstadt
IUP	Institut für Umweltplanung Ulm
KIO	Kring industriële Ontwerpers
Kuro	Kunststoff-Rohstoffe
LA	Landesarchiv
LGA	Landesgewerbeamt
MAN	Maschinenfabrik Augsburg-Nürnberg
ME	Marktentwicklung
Mio.	Million
NL	Nachlass
NRW	Nordrhein-Westfalen
p.S.	provisorische Signatur
RfF	Rat für Formgebung
RIG	Rosenthal Isolatoren GmbH
RKW	Rationalisierungs-Kuratorium der Deutschen Wirtschaft e.V.
RTW	Rosenthal Technische Werke
RWWA	Rheinisch-Westfälisches Wirtschaftsarchiv zu Köln
SDI	Society of Designers in Ireland
SHfBK	Staatliche Hochschule für Bildende Künste (Braunschweig)
SIAD	Society of Industrial Artists and Designers
SH	Siemens & Halske AG
SSW	Siemens-Schuckert-Werke
StaA	Staatsarchiv
StdA	Stadtarchiv
TH	Technische Hochschule
TU	Technische Universität
UB	Unternehmensbereich der Siemens AG
UB B	Unternehmensbereich ‚Bauelemente' der Siemens AG
UB D(I)	Unternehmensbereich ‚Daten- und Informationssysteme' der Siemens AG

UB E	Unternehmensbereich ‚Energie- und Automatisierungstechnik' der Siemens AG
UB F	Unternehmensbereich ‚Fernschreib- und Signaltechnik' der Siemens AG
UB I	Unternehmensbereich ‚Installationstechnik' der Siemens AG
UB LG	Unternehmensbereich ‚Landesgesellschaften' der Siemens AG
UB Med	Unternehmensbereich ‚Medizin' der Siemens AG
UB N	Unternehmensbereich ‚Nachrichten- und Signaltechnik' der Siemens AG
UB SE	Unternehmensbereich ‚Siemens-Elektrogeräte GmbH' der Siemens AG
UB ZN	Unternehmensbereich ‚Zweigniederlassungen' der Siemens AG
UDB	Union des designers belges
UdSSR	Union der Sozialistischen Sowjet-Republiken
UFDI	Union française des designers industriels
UN	United Nations
UNESCO	United Nations Educational, Scientific and Cultural Organization
UNIDO	United Nations Industrial Development Organization
USA	Vereinigte Staaten von Amerika
VBK-DDR	Verband der Bildenden Künstler der DDR
VCI	Verband der Chemischer Industrie e.V.
VDA	Verband der Deutschen Automobilindustrie e.V.
VDE	Verband Deutscher Elektrotechniker e.V.
VDI	Verein Deutscher Ingenieure e.V.
VDID	Verband der Deutschen Industrie-Designer e.V.
VDMA	Verein Deutscher Maschinenbau-Anstalten e.V.
VfZ	Vierteljahrshefte für Zeitgeschichte
VNIITE	Allunions-Forschungsinstitut für technische Ästhetik, Moskau
WBA-B	Werkbund-Archiv Berlin
WBA-M	Archiv des Werkbunds Bayern München
WKS	Werkkunstschule
ZADP	Zentrales Archiv für die deutsche Porzellanindustrie, Selb
ZIfG	Zentralinstitut für Gestaltung der DDR
ZIKG	Zentralinstitut für Kunstgeschichte, München
ZVW	Zentralverwaltung – Hauptbereich ‚Werbung und Design' der Siemens AG

B. Tabellen

Tabelle 1: Konkordanzliste der provisorischen Signaturen zum ZADP

p.S.	Regalnummer	Ordnertitel
1	PR 147	Rat für Formgebung Koordinierungsbeirat bis 31.10.1967
2	R 13	Dr. Schneider 1965
3	W 8	Prof. RA Stein Gestaltkreis von 1965 bis 31.12.1966
4	R 13	Professor Stein Gestaltkreis von 1.8.1968
5	R 132	BDI Gestaltkreis Kulturkreis IDZ nur 81
6	R 23	77/78 Gestaltkreis Kulturkreis Design-Report
7	R 52	Deutsche Messe- u. Ausstellungs AG – Messehaus Hannover – Die Gute Industrieform – ab Jan. 1970
8	W 8	Gestaltkreis Prof. Stein August 1967 bis 30.4.68
9	PR 147	Rat für Formgebung Koordinierungsbeirat 1.1.1968 bis 30.9.1968
10	R 9	RfF Koordinierungsbeirat, 1.10.1968–31.10.1969
11	R 13	Gestaltkreis Stein ab Mai 1968
12	R 37	Förderung zur ästhetischen Bildung Rat für Formgebung ab 1967
13	R 22	Rat für Formgebung Juni 1980
14	PR 172	Design – Ausstellung u Wettbewerbe 83 / 84
15	PR 55	IDZ Haus Industrieform Gestaltkreis / Kulturkreis 1984
16	R 9	Rat für Formgebung 1973
17	–	IDZ Werkbund bis Nov. 1978
18	R 9	RfF 1974
19	R 30	Studio-Preis Kulturkreis im BDI BDI-Gestaltkreis Rat für Formgebung 1976
20	R 23	1977 Rat für Formgebung Allgemein Bewerber Neue Mitglieder
21	R 37	RfF Koord. Beirat Bewerber 78
22	PR 55	IDZ BDI Kulturkreis 1982 1983
23	R 100	IDZ Eulenspiegelpreis Preisempfehlung
24	W 61	RfF Koordinierungsbeirat 1.11.1969–31.12.1971

25	W 61	Philip Rosenthal – Reden ab 1974
26	R 6	Bauhaus Archiv 1973
27	R 158	Bauhaus-Archiv 1983/84
28	R 37	Bauhaus ab Januar 1978
29	R 6	Bauhaus
30	R 6	Bauhaus Archiv Darmstadt ab Sept. 1968
31	R 29	Bauhaus Archiv
32	R 6	Bauhaus Archiv 1973
33	R 6	Bauhaus-Archiv IDZ Rat für Formgebung
34	uR 6	IDZ
35	R 14	BDI 1973/74
36	R 26	Studio-Preis Kulturkreis im BDI Gestaltkreis IDZ
37	W 61	RfF
38	PR 55	Rat für Formgebung 1984
39	R 154	Hoechst CeramTec 1985
40	R 91 / V 168	Rosenthal Technik Hoechst CeramTec 1. Jan. 1984 – 31.12.1985
41	R 156	Einrichtung Gomringer 1981
42	R 63	Deutscher Werkbund e.V. ab Juli 1969
43	T 30	AKI Verein der keramischen Industrie BDI Messehaus Hannover Deutsche Messe + Ausstellungs AG Werkbund
44	W 65	Verband der keramischen Industrie 1983
45	PR 167	Technik Institut Darlorio Karhag 1981 1980
46	R 145	Rat für Formgebung 1981
47	PR 55	Rat für Formgebung 1983
48	PR 55	Rat für Formgebung 1982
49	PR 55	Rat für Formgebung 1985
50	W 105	RfF 1975
51	PR 172	Beratungsausschuss Inst. für Auslandsbez.
52	uR 6	Bundesverband der Deutschen Industrie BDI Gustav-Stresemann-Institut Intern. Design-Zentrum IDZ 1973
53	R 122	IDZ Dezember 1978
54	R 91	Osaka
55	PR 129	Arbeitskreis Produktform des DIHT von: Nov. 83

Tabelle 2: Konkordanzliste der provisorischen Signaturen zum PA von Herbert Lindinger

p.S.	Ordnertitel
1	VDID 1973–74
2	VDID 1974
3	BEDA 1970–81
4	Design-Forum Berlin 1972

Tabelle 3: Konkordanzliste der provisorischen Signaturen zum PA von Hans Erich Slany

p.S.	Ordnertitel
1	VDID Werkbund LGA/ Design-Center
2	Badische Anilin- und Soda-Fabrik AG
3	Badische Plastic-Werke GmbH
4	VDID Richtlinien, Satzungen, Einladungen, Protokolle, Rundschreiben
5	VDID 1959–1970
6	VDID Urheberrecht
7	Eigene Vorträge, Aufsätze, Duplikate bis 1986
8	Eigene Vorträge Originale 1 1964–1986

Tabelle 4: Liste der VDID-Präsidenten (1959–2000)

1959	Hans Theo Baumann
1960–1970	Herbert Hirche
1970–1973	Herbert Lindinger
1973	Immo Krumrey
1974–1976	Herbert Lindinger
1976–1981	Eberhard Fuchs
1982–1986	Karl-Heinz Krug
1986–2000	Stefan Lengyel

Tabelle 5: Liste der VDID-Geschäftsführer[1]

1959–1964	Günter Kupetz
1964–1966	Hans Theo Baumann
1966–1973	Jürgen Hämer
1975(?)–1986	Karl Wanner
1988–1990	Peter Zec

Tabelle 6: Überblick zu den VDID-Mitgliedern[2]

1966	84
1968	125
1970	171
1971	400
1975	433
1978	546
1980	630

1981	650
1984	788
1988	1027
1989	1297

1 | Siehe hierzu unter anderem AdDSS, Akte BU 01963, Protokoll zur Sitzung des VDID-Ausschusses vom 04.11.1966, S. 2, Archiv des VDID, NL Karl-Heinz Krug, Geschäftsbericht des Präsidenten zur VDID-Mitgliederversammlung am 15.11.1986 in Frankfurt, S. 6 und Technikmuseum Berlin, I.4 224 - 209 sowie ebenso Unbekannt (1973a), (1987n).

2 | PA Slany, p.S. 5, Protokoll zur VDID-Mitgliederversammlung vom 24.09.1966, S. 2. AdDSS, Akte BU 01963, Protokoll zur VDID-Mitgliederversammlung vom 05.10.1968, S. 5. Pfaender (1970). Unbekannt (1971p). PA Lindinger, p.S. 2. Fuchs (1978), S. 62. Unbekannt (1980f). Krug (1981). Krug (1984), S. 12. Archiv des VDID, Nachlass Karl-Heinz Krug, Geschäftsbericht des VDID-Präsidenten Karl-Heinz Krug zur VDID-Mitgliederversammlung am 15.11.1986 in Frankfurt, S. 9. Unbekannt (1989a).

Tabelle 7: Generalversammlungen des ICSID (1959–1985)

1959	Stockholm
1961	Venedig
1963	Paris
1965	Wien
1967	Ottawa
1969	London
1971	Ibiza
1973	Kyoto
1975	Moskau
1977	Dublin
1979	Mexico City
1981	Helsinki
1983	Mailand
1985	Washington
1987	Amsterdam
1989	Nagoya

Tabelle 8: Präsidenten des ICSID (1959–1992)

1957–59	Peter Muller-Munk
1959–61	Misha Black
1961–63	Sigvard Bernadotte
1963–65	Pierre Vago
1965–67	Richard S. Latham
1967–69	Tomás Maldonado
1969–71	John Reid
1971–73	Henri Viénot
1973–75	Carl Auböck
1975–77	Kenji Ekuan
1977–79	Juri Solowjew
1979–81	Arthur J. Pulos
1981–83	Rodolfo Bonetto
1983–85	Loek van der Sande
1985–87	Peter Lord
1987–89	Robert Blaich
1989–92	Antti Nurmesniemi

Tabelle 9: Themen des Bundespreises ‚Gute Form' (1969–1986)[3]

1969	Arbeitsstühle, elektroakustische und Fernsehgeräte, Trinkgläser
1970	Elektro-Haushaltsgeräte, Büromaschinen, optische Instrumente
1971	Für das Kind – Spielzeug, Kinderwagen, Kindereinrichtung
1972	Beleuchtung im Wohn- und Arbeitsbereich
1973	Grundbedürfnisse des Wohnen – arbeiten und spielen, aufbewahren, essen, kochen, trinken, sitzen, liegen
1974	Fahrräder und was dazugehört – umweltfreundliche Individualfahrzeuge
1975	Griff und Anzeige: Handwerkszeuge und Messzeuge
1976/77	Der Fahrerplatz im Kraftfahrzeug – Design für den mobilen Arbeitsplatz
1978	Garten und Camping – Design für das Leben draußen
1979	Arbeitsplatz Haushalt – Design für Küche und Hausarbeitsraum
1980/81	Energiesparen und Design – Heizung, Fenster, Türen
1982	Glas – Ästhetik und Technik im Wohnbereich, Design zum Erleben und Nutzen
1983	Arbeitsplatz Büro – Design für kommunikatives Arbeiten
1984	Sport, Freizeit, Gesundheit – Design für den Menschen
1985/86	Kreatives Textildesign für den Raum – Funktion und Ästhetik

3 | Zusammengestellt aus BA Koblenz, B457-26, Manuskript einer Geschichte des RfF von Heinz Pfaender und den verschiedenen Ausstellungskatalogen des RfF.

Tabelle 10: Themen der Kolloquien des Rats für Formgebung[4]

25.04.1975	Ergonomie – Produktion – Design
30.05.1975	Das ergonomische Design von Werkzeugen, Geräten und Maschinen
27.06.1975	Das ergonomische Design von Arbeitsplätzen und Arbeitsumwelt
15.12.1975	Das ergonomische Design in der nicht-industriellen Arbeitswelt
20.10.1976	Was bestimmt das Design von Autos?
27.10.1980	Design von stationären und mobilen Maschinen – Aspekte des Design im Bereich von Investitionsgütern
01.12.1980	Design – Wahrnehmung und Wirkung, Grundlage ästhetischer Wahrnehmung der Produktumwelt
02. und 03.12.1980	Design – Gesellschaft und Markt, Gesellschaftliche Funktion des Design
08.12.1981	Design und Investitionsgüter II
21.10.1981	Handel, Konsum und Erziehung
02.11.1981	Design und Journalismus – wie informiert man die Öffentlichkeit über Design?
23.11.1981	Design, Produktgrafik und Verpackung
07.12.1981	Design und Innovation
04.06.1982	Design für den Büroarbeitsplatz – Humanisierung durch Gestaltung

Tabelle 11: Liste der Präsidenten des RfF

1954–1962	Eduard Schalfejew
1963–1977	Ernst Schneider
1977–1987	Philip Rosenthal
1987–1997	Dieter Rams
1997–2001	Randolf Rodenstock
2001–2006	Helmut Lübke
seit 2007	Peter Pfeiffer

4 | Zusammengestellt aus BA Koblenz, B457-26, Manuskript einer Geschichte des RfF von Heinz Pfaender und den verschiedenen Jahresberichten des RfF.

Tabelle 12: Liste der fachlichen Leiter des RfF

1968–1973	Robert Gutmann
1974–1983	Herbert Ohl
1984–1986	Ulrich Kern
1987–1991	Michael Erlhoff
1991–1992	Christian Steguweit
1992–1997	Hans Höger
seit 1999	Andrej Kupetz

Tabelle 13: Liste der Geschäftsführer des RfF

1954–1966	Mia Seeger
1966–1968	Fritz Gotthelf
1968	Gustav Stein
1969	Robert Gutmann
1970–1973	Gustav Stein
1980–1986	Ernst-Jörg Kruttschnitt
1987–1991	Michael Erlhoff
1991–1992	Christian Steguweit
1992–1997	Hans Höger
1998	Dieter Kretsch-mann
seit 1999	Andrej Kupetz

Tabelle 14: Themen des Rosenthal-Studio-Preises des Gestaltkreises

1966	Hervorragend gestaltete Industrieprodukte im Wohnbereich
1970/71	Der Baderaum als sozialer Raum der Familie
1975	Integration des Menschen in seiner Stadt
1980	Tür und Tore, Mauern und Zäune
1981	Die Integration des Menschen in seine Stadt
1983/84	Die Wohnstraße

Tabelle 15: Übersicht der Ausbildungsstandorte nach Arianna Giachi[5]

Ausbildungsstätte	Fachbereich	Studienabschluss
FH Aachen	Fachbereich Design	Des. (grad.)
FH Augsburg	Ausbildungsrichtung Gestaltung	Des. (grad.)
HdK (West-)Berlin	Fachbereich 3	?
FH Bielefeld	Fachbereich Design	Des. (grad.)
SHfBK Braunschweig	Fachbereich 3 FB Experimentelle Umweltgestaltung	Dipl.-Des. ? Dipl.-Des.
HfG Bremen	Fachhochschule	Des. (grad.)
FH Darmstadt	Fachbereich Gestaltung	Des. (grad.)
FH Dortmund	Fachbereich Design	Des. (grad.)
FH Düsseldorf	Fachbereich Design	Des. (grad.)
FH Essen	Fachbereich Design	Des. (grad.)
FH Hamburg	Fachbereich Gestaltung	Des. (grad.)
HbK Hamburg	Abt. Industrial Design	Dipl.-Ind.-Des. ?
FH Hannover	Fachbereich Produktgestaltung	Des. (grad.)
FH Hildesheim	Fachbereich Produktgestaltung	Des. (grad.)
FH Rheinland-Pfalz, Abt. Kaiserslautern	Fachrichtungsgruppe Design	Des. (grad.)
GHS Kassel	Organisationseinheit Industrial Design	Dipl.-Ind.-Des.?
FH Kiel	–	Des. (grad.)
FH Köln	Fachbereich Kunst und Design	Des. (grad.)
FH Lippe	Fachbereich Architektur Fachbereich Innenarchitektur	Des. (grad.)
FH Rheinland-Pfalz, Abt. Mainz	Fachrichtungsgruppe Design	Des. (grad.)
WKS Mannheim	Staatlich anerkannte höhere Fachschule	Des. (grad.)

5 | Giachi (1972d), S. 16f. Diese Übersicht ist auf dem Stand vom 01.04.1972. Aus dieser Tabelle von Giachi wurden hier die Institutionen und Fachbereich herausgenommen, die sich nur explizit mit Textildesign beschäftigten. Für zeitgenössisch ähnliche Übersichten zu den Ausbildungsorten siehe beispielweise Bauer (1977), S. 57, Kalberer, Kleinkauf und Minke (1974), S. 83f, Klose (1978), S. 25.

FH Münster	Fachbereich Design	Des. (grad.)
FH Niederrhein, Abt. Krefeld	Fachbereich Design	Des. (grad.)
AbK Nürnberg		Dipl.-Des. ?
HfG Offenbach	Fachbereich Produktgestaltung	Dipl.-Des. ?
FH Pforzheim		Des. (grad.)
FH Saarbrücken	Fachbereich Design	Des. (grad.)
FH Schwäbisch Gmünd		Des. (grad)
SAdbK Stuttgart	Fachbereich Umweltgestaltung	?
FH Trier	Fachrichtungsgruppe Design	Des. (grad.)
FH Wiesbaden	Fachbereich Gestaltung	Des. (grad.)
FH Würzburg	Ausbildungsrichtung Gestaltung	Des. (grad.)
FH Wuppertal	Fachbereich Design	Des. (grad.)

C. Index

A

Abelshauser, Werner 67
ACDP 52
Adams, Geoffrey 293
Adorno, Theodor W. 41
AdsD 53, 196
AEG-Telefunken AG 33, 42, 80, 114, 191, 293
  CRL Electronic Bauelemente GmbH 191
  Draloric Electronic GmbH 191
  Steatit-Magensia AG 191
AGD 222
Ahmedabad 87, 100, 290
Aicher, Otl 9, 23, 37, 38, 57, 74, 76, 98, 99, 164, 229, 303
AIF 28, 106, 229, 275, 284, 285, 297, 299, 300, 308–312, 315–317, 319, 320
  Bibliothek 320
Akademie der bildenden Künste Stuttgart 74, 87
Albers, Josef 74
Albrecht-Schoeck, Wolfgang 303
Albus, Volker 209, 228, 229
Alicante 295
Allensbach-Institut für Demoskopie 161
Alstrom Transport Deutschland GmbH 244
Amberg 192, 193, 214
Amsterdam 343
Amthor, Ralph C. 26
Andritzky, Michael 56
Anker-Werke AG 47
Antonoff, Roman 170
Arabia AG 206
Architekturmuseum Frankfurt 231, 327
Archiv der Avantgarden Dresden 55
Argentinien 269
Armstrong, Louis 202
Arndt, Adolf 55, 61, 64
Arndt, Siegfried 51
Aspen 190
Associazione per il disegno industriale 292
Aszmoneit, Helge 221
Audi AG 78, 305
Auer, Ernst-Josef 304
Augsburg 30, 243, 253
AUMA 274
Australien 22, 266, 280
Auswärtiges Amt 273, 306, 307
AW design 44, 47, 59, 102, 114, 117, 118, 121, 177, 299
  Arbeitsgemeinschaft für wirtschaftliche Formgebung 47
Aynsley, Jeremy 23, 277, 278, 307, 308

B

Baden-Baden 173, 289
Baden-Württemberg 40, 44, 46, 117, 304, 305
Badische Plastikwerke GmbH 85
Bahrdt, Hans Paul 55
Baku 297
Bamberg 202
Bangemann, Martin 218
Barthes, Roland 69
Bartsch, Ekkehard 155
BASF AG 18, 19, 30, 32, 34, 38, 40, 66–68, 70, 72–74, 76, 77, 79, 82–88, 90–93, 132, 133, 154, 160, 205, 232, 233, 325
  Aweta 70, 72–74, 77, 79, 80, 81, 82, 88, 90

Colorthek 74
Designfabrik 73, 74
Luran S 69, 74, 82–85
Luran-Wettbewerb 84, 85
Öffentlichkeitsabteilung 83, 84, 86, 91
Ultradur 73
Unternehmensarchiv 88
Vorstand 66, 70
Bauhaus 10, 18, 23, 33, 35, 37, 38, 40, 66, 162, 197, 240, 278, 308, 315, 316, 319, 324, 329
Bauhaus-Archiv 28, 54, 162, 163, 197, 316
Bauhaus-Zentrum Dessau 316, 317
Baumann, Hans Theo 41, 43, 44, 205, 342
Baumann, Hans-Theo 23
Bayer AG 66, 70, 77, 79, 82, 83, 90
Baydur 82
Bayerisches Nationalmuseum 51
Bayerische Staatsregierung 304
Bayern 57, 140, 189, 193, 202, 223, 248, 263, 304
Bayley, Stephen 278
Bayreuth 291
BDG 159, 160, 167, 222, 292
BDI 28, 36, 49, 52, 54, 58, 59, 61, 104, 201, 206, 214, 269, 274, 280
Arbeitskreis für industrielle Formgebung 48
BDI-Archiv 28, 52
Braun-Preis 123, 206
Gestaltkreis 28, 48, 49, 52–54, 57, 58, 104, 105, 120, 128, 211, 214, 215, 291, 312
Girmes-Preis 206
Kulturkreis 45, 52, 104, 105, 133, 183, 214
Rosenthal-Studio-Preis 82, 206, 346
Becker, Peter 184
Beck, Ulrich 230
BEDA 100, 270, 282, 292–295, 321, 329
Geschäftsstelle 292
Beenker, Jan W. 47
Behrens, Peter 33
Beigel, Gerhard 135
Beisel, Dieter 56
Belgien 239, 283, 285, 292, 300
Belgrad 305
Bell, Daniel 88
Bense, Max 104, 105, 139, 141
Bensheim 145
Berlin 11, 28, 30, 50, 55, 56, 61, 63–65, 100, 105, 106, 121, 140, 162, 163, 168, 169, 171, 172, 193, 194, 202, 214–219, 222, 229, 234, 241, 280, 284, 291, 297, 300, 309, 311–317
Bernadotte, Sigvard 283, 343
Betts, Paul 20, 23, 27, 34, 39, 325
BFF 159
Bielefeld 25, 26
Biennale of Industrial Design Ljubljana 305
Bill, Max 37, 38, 66, 96, 99, 166, 202, 269
Biser, Eugen 141
Bitterberg, Karl-Georg 88
Bizerba-Werke Wilh. Kraut KG 47
Black, Misha 282, 283, 285, 343
Blaich, Robert 343
Blank, Michael 309, 316, 317
Bloch, Ernst 41, 139
Blüm, Norbert 203, 219
BMW AG 78, 79, 112, 160, 242, 253, 256, 305
Bochum 154, 303
Bodack, Karl-Dieter 245
Bode, Arnold 90, 168, 202, 203, 273, 313
Bolta Werke GmbH 85
Bonetto, Rodolfo 111, 343
Bonn 34, 48, 58, 213, 214, 218, 273, 300, 311, 314
Bonsiepe, Gui 96, 98, 101, 104, 107, 108, 127, 135, 231, 285, 286, 288, 325

Borisowski, Georgi 126
Bornemann, Fritz 194
Borngräber, Christian 209, 228, 229
Böttger, Joachim 111, 221
Bötzingen 85
Brackert, Gisela 120, 127, 212, 226, 228
Brandolini, Andreas 229
Brandt, Willy 118, 140, 203
Brasilien 268
Braun AG 11, 80, 111, 206, 221, 303
  Braun-Preis 123, 126, 206
Braun-Feldweg, Wilhelm 11, 13, 23, 36, 168, 178, 265, 330
Braunschweig 87, 105, 252, 255
Bremen 199, 223
Bretton Woods 270
Breuer, Gerda 23, 24, 239
Breuhaus de Groot, Fritz August 61
Brighton 283
Brigitte (Zeitschrift) 240
Brock, Bazon 21, 172, 227
Bruce Archer, Leonard 111
Brüssel 43, 283, 285, 291, 292, 300
BSHG 148
Buckley, Cherly 240
Budapest 185
Bulgarien 273, 306
Bundeministerium für Wirtschaft 50
Bundesanstalt für Arbeit 102, 157, 158, 159
  Blätter zur Berufskunde 102, 158
Bundesarchiv 28
Bundesbahn 145, 245
Bundesministerium für Arbeit 218
Bundesministerium für Bildung und Wissenschaft 183
Bundesministerium für Finanzen 219
Bundesministerium für Forschung und Technologie 118
Bundesministerium für Wirtschaft 13, 28, 50, 54, 57, 58, 59, 62, 63, 65, 111, 184, 201, 215, 218, 221, 239, 272, 273, 291, 312
Bundesministerium für wirtschaftliche Zusammenarbeit 289
Bundespost 80, 133, 226
Bundesregierung 54, 118, 140, 213, 218, 311, 313–315
Bundestag 10, 49, 52, 54, 58, 200, 218, 315, 324
  Haushaltsausschuss 213
  Wirtschaftsausschuss 52
Burandt, Ulrich 111
Burchartz, Max 133
Burckhardt, Lucius 55, 113, 226
Bürdek, Bernhard E. 24, 47, 104, 167, 229, 329
Burkhardt, François 53, 106, 111, 112, 125, 171–173, 178, 215, 216, 227, 240, 280, 300
  Kurzbiographie 171
Burkhardt, Linde 226
Buschel, Carlo 23
busse design ulm
  Plagiarius (Preis) 303
Busse, Rido 74, 122, 303
Büssing AG 254, 255

C

CDU 49, 52
Centre de création industrielle 171, 216
Chabarowsk 297
Chakrabarty, Dipesh 267
Charkiw 297
Chicago 103
Chile 127, 289
China 177
Citroën S.A. 112
club off ulm e.V. 39, 42, 100, 318
Club of Rome 152
Colani, Luigi 42, 205, 227, 228, 258, 259, 276
Colber, Walter W. 64
Colombo, Cesare 90
Colyton 193
Compagnon Marktforschungs-Institut 65

Conzen, Fritz 64
Council of Industrial Design 43, 271, 298
Coventry 61
CSU 218
Curdes, Gerhard 105, 166, 167

D

Daimler-Benz AG 47, 74, 78, 112, 160, 180, 242, 256
Dänemark 82, 206, 283, 292
Dansk Design 206
Darmstadt 43, 56, 59, 60, 63, 100, 108, 111, 162, 207, 212, 215, 217, 219, 220, 223, 261, 286, 299, 303, 311, 312, 316
DDR 17, 22, 23, 28, 31, 40, 44, 64, 106, 109, 119, 155, 168, 223, 229, 238, 272, 276, 277, 280, 281, 284, 285, 288, 291, 296, 300, 302, 307–312, 314–320
Demand, Christian 21
des Cressonnières, Josine 64, 239, 283, 285, 291, 300, 310, 312
designaffairs GmbH 130
Design Archives Brighton 27, 28, 283
Design Center Nord 212, 223
Design-Center-Stuttgart 28, 44, 46, 47, 84, 91, 125, 159, 167, 211, 237, 240, 241, 272, 304–306, 316, 328
  Jahresauswahl 134, 136, 152, 306
  Mia-Seeger-Preis 50
Designerinnen-Forum 241
Designerverband der DDR 319
Design-Forum Bayern 212
Design Forum Linz 223, 226, 227, 327
Design Forum München 120
Design Method Movement 103
Design Research Unit 61
Design-Zentrum Hessen 223
Designzentrum München 130, 141, 212, 223
Design-Zentrum Nordrhein-Westfalen 10, 46
Des-In 176
Dessau 37, 162, 316, 317
Detroit 127
Deutscher Designertag 121, 159, 160, 211, 222, 223, 303
  AG Selbstständige Designer 156
Deutscher Werkbund 23, 33, 34, 42, 44, 50, 51, 54–57, 59–65, 74, 87, 92, 108, 113, 114, 155, 163, 170, 171, 173, 174, 190, 239, 278, 307, 311, 313, 319
  Generalsekretariat 50, 55–57, 59, 61, 62, 220, 223
  Inter Nationes (Ausstellung) 137
  Werkbund-Archiv Berlin 28, 57, 163
  Werkbund Baden-Württemberg 50, 173
  Werkbund Bayern 28, 30, 57, 59, 104, 128, 137, 198
  Werkbund Berlin 63, 170, 172, 239
  Werkbund Hessen 181, 198
  Werkbundrat 56, 57, 62, 170
  Werkbundtagung 173
  Werk und Zeit (Zeitschrift) 30, 55, 56, 62, 186
Deutsches Institut für Normung Nürnberg 260
Deutsches Museum 204
de Vinck, Antoine 84
DGB 160, 304
Dietel, Karl Clauss 155
DIHT 28, 36, 48, 49, 51, 157, 181–184, 275
  Abteilung für Öffentlichkeitsarbeit 48, 153, 177
  Arbeitskreis Produktform 19, 28, 48
Dittert, Karl 43, 173, 185
Djakarta 289
documenta 202, 226, 313
  III (1964) 167, 242, 244
  V (1972) 90, 168, 313
  VI (1977) 206, 229
  VIII (1987) 220, 228
Doering-Manteuffel, Anselm 125, 151
Döpfner, Dieter Christian 185

Dornik, Josef 88, 90
Dr. August Oetker KG 214
Dresden 55, 317
Dresdener Bank 214
Droste, Magdalena 241
Dublin 177, 343
Durkheimer, Émile 26
Düsseldorf 49, 51, 53, 202, 231, 238, 291

E

Eco, Umberto 141
Edelmann, Thomas 11, 323
EG 126, 244, 259, 270, 282, 292–295
  Harmonisierungsamt für den Binnenmarkt 295
Ehrenberg, Herbert 203
Eiermann, Egon 109
Eisele, Petra 23, 41, 126, 173, 227
Eisenwerke Gaggenau GmbH 47
Elon, Amos 37
Elsasser, Peter 90
Eppler, Erhard 160
Erco GmbH 11, 160, 234
Erding 193
Erhard, Ludwig 49
Erkersreuth 193, 203
Erlangen 145
Erlhoff, Michael 11, 220, 221, 229, 346
  Kurzbiographie 220
Ernst, Jupp 269
Espelkamp 193, 196
Essen 45, 46, 100, 102, 134, 137, 185, 195, 215, 217, 222, 301
Esslingen 30, 74
Esslinger, Hartmut 76, 158, 276
Estland 134

F

Faber-Institut für technische Gestaltung Nürnberg 104
Fachhochschule 42, 99, 181, 186, 187
  FH Darmstadt 157, 183, 184, 186, 261
  FH Düsseldorf 70
  FH Köln 111
  FH München 128, 130, 133, 140, 304
  FH Niederrhein 167
  FH Nürnberg 234, 304
  FH Pforzheim 109, 216, 304
  FH Wiesbaden 186
Fallan, Kjetil 21, 22, 267, 272, 279, 282
FAZ 175, 179, 181, 199, 238
F.B. Lehmann Maschinenfabrik GmbH 47
Fiat AG 78
Fichtelberg 193
Filbinger, Hans 40
Finnland 188, 206
Fischer, Rudolf 55
Fischer-Treyden, Elsa 205
Fischer, Volker 231, 327
Fischer, Wend 162
Flemming, Thomas 243
Flesche, Klaus 229, 242, 244–249, 253, 254, 256, 258–262
  Kurzbiographie 242
Folkwangschule für Gestaltung Essen 10, 102, 133, 134, 185, 270
Ford AG 78
form (Zeitschrift) 30, 41, 42, 55, 70, 83, 104, 107, 108, 155, 164, 199, 226, 231, 237, 238, 240, 261, 270, 296, 302, 309, 314, 323
form + zweck (Zeitschrift) 229, 297, 309
Frankfurt am Main 57, 100, 109, 167, 181, 212, 219–222, 231, 258, 292, 313, 327
Frank, Peter 46, 102, 241
  Kurzbiographie 46
Frankreich 12, 149, 229, 246, 247, 283, 290, 291, 292, 298
Freidson, Eliot 25
Freiherr von Löffelholz, Bernhard 214
Frerkes, Josef 47

Friderichs, Hans 111, 203
Friedrich, Gerhard 253
Frister, Erich 160
frog design 158
Fröhlich, Max 84
Fuchs, Eberhard 111, 114, 293, 342
  Kurzbiographie 293
Fuchs, Günter 104, 105, 111, 269
  Kurzbiographie 104
Fuchs, Heinz 280

G

Gallitzendörfer, Josef 180
Garnich, Rolf 84
Gäth, Rudolf 72
GATT 270
Gerstenberg, Ekkehard 295
Gesamthochschule 42, 181, 186
  GHS Kassel 181, 186, 240
  GHS Wuppertal 183
Geschichte und Gesellschaft (Zeitschrift) 25
GEW 114, 160
Geyer, Erich 47, 59, 102, 114, 117, 118, 121, 122, 169, 234
  Kurzbiographie 47
Geyer, Martin H. 224
Geyer, Michael 281
Giachi, Arianna 97, 154, 175, 179, 181, 182, 183, 184, 238
  Kurzbiographie 181
Giedion, Sigfried 76
Gillhaus, Alfons 258
Girmes Werke AG 206, 207
Glancey, Jonathan 278
Glasenapp, Jörg 270, 289, 301
Glasenapp, Werner 36, 102, 133, 185, 270
Gleffe, Walter Otto 30
Glos, Michael 218
Glücksmann, Anselm 155
GNM 30, 234
Goethe-Institut 280
Gomringer, Eugen 202, 203
  Kurzbiographie 202
Görlach, Wolfgang 90, 91
Gotthelf, Fritz 59, 60, 61, 137, 141, 279, 310, 346
  Kurzbiographie 59
Gottlob Widmann & Söhne KG 47
Graff, Friedemann 88
Grandjean, Etienne 87
Grass, Günter 202
Gray, Milner 84
Grcic, Konstantin 73
Grenzland-Stiftung 202
Gries, Rainer 20
Gronert, Siegfried 211
Gropius, Walter 163, 192, 193, 197, 205
Gros, Jochen 167, 176, 222, 227, 234, 236
Großbritannien 22–24, 27, 43, 44, 61, 109, 193, 209, 210, 224, 240, 271, 273, 282, 283, 285, 286, 292, 298, 311
Gruppe 2 61
Gruppe 21 206
Gugelot, Hans 38, 84, 185, 269
Gutehoffnungshütte AG 45, 52, 243, 244, 252
  Deutsche Werft AG 244
  Ferrostaal GmbH 244
Gutmann, Robert 43, 61–63, 87, 170, 171, 273, 279, 288, 303, 313, 346
  Kurzbiographie 61
GVN 292

H

Haaf, Christopher 309
Habermas, Jürgen 107
Hagen, Hans 246, 248
Hagen, Karl 78
Hahne, Fritz 196
Hamburg 21, 244, 252
Hämer, Jürgen 119, 292, 295, 342
Handelsblatt 238
Hannover 100, 134, 137, 195, 274
Hannovermesse 74, 79, 134, 136, 137, 207, 232, 274

Hansa-Metallwerke AG 47
Hansen, Ursula 120
Hartmann, Horst 292, 319
Haseloff, Walter 88
Haßloch 193
Haug, Wolfgang 104, 174, 175, 326
Haus der Geschichte 22
Haus Industrieform 10, 41, 45, 46, 52, 61, 104, 137, 211, 215, 217, 272
 Bob-Gutmann-Förderpreis 61
Hausser, Heinz 41
Häusser, Robert 90
Heidelberg 125, 230
Helsinki 343
Henschel-Werke AG 244
 Diesellokomotive V 320 244
Herrmann Römmler AG 56, 59
Hessen 183, 186, 220, 248, 263
Heßler, Martina 21
Heuss, Theodor 52
HfG-Archiv Ulm 29, 70
HfG Offenbach 104, 167, 176, 186, 234, 236
HfG Schwäbisch Gmünd 155
HfG Ulm 10, 15, 18, 20, 23, 31, 33, 37–42, 66, 70, 74, 79, 86, 92, 95, 96, 98–100, 102, 103, 108, 109, 116, 118, 119, 123, 135, 142, 146, 149, 152, 163–167, 175, 180, 185, 186, 202, 205, 210, 225, 230, 238, 239, 245, 263, 269, 286, 300, 308, 310, 315, 318, 319, 324, 325, 327, 329
 E5 74
 E6 135
 Institut für Produktform 38
 ulm (Zeitschrift) 39, 231
Himmelwerke AG 47
Hirche, Herbert 43, 87, 88, 90, 158, 284, 342, 347
Hirdina, Heinz 229, 309, 316
Hochschule Burg Giebichenstein 317
Hochschule der Künste Berlin 74, 111, 167
Hochschule für angewandte Künste Berlin-Weißensee 313, 317
Hochschule für angewandte Künste Wien 171
Hochschule für angewandte Wissenschaften Hamburg 252
Hochschule für Architektur und Bauwesen Weimar 318
Hochschule für bildende Künste Hamburg 166
Hochschule für bildende Künste Saar 171
Hochschule für gestaltende Kunst und Musik Bremen 199
Hödl, Erich 87
Hoechst AG 70, 83, 191, 195
 Hoechst CeramTec AG 191
Hoesch, Christoph 129
Hoffmann, Franz 84
Hofheim 193
Hofmann, Olaf 222
Höger, Hans 346
Högner, Rudi 313
Höhne, Günter 309
Holenbrunn 193
Holzher Maschinenfabrik 47
Honda AG 78
Honecker, Erich 319
Honrath 53
Horn, Peter 30, 236, 319
Hrbas, Milos 166
Hundertwasser, Friedensreich 201
Hundhausen, Carl 45
Huppatz, Daniel J. 22, 266
Hutchings, Raymond 302

I

IAA 258
Ibiza 287, 343
IBM Deutschland 47
ICSID 28, 36, 45, 49, 62, 64, 101, 168, 174, 270, 273, 282–285, 287–290, 292, 293, 295, 297, 299–301, 305, 308, 310–312, 314, 321, 329, 343
 AG ‚Design in Entwicklungsländern‘ 288, 289

Generalsekretariat 239, 283, 285, 291, 292, 310, 312
Generalversammlung 45, 101, 105, 119, 174, 177, 283–288, 290, 291, 292, 300, 310, 312
IIC 311
Präsidium 109, 167, 283–286, 288–290, 311, 343
IDD 292
IDZ Berlin 13, 28, 49, 52–54, 57, 61, 63–65, 105, 106, 111, 114, 125, 128, 138, 167, 170–173, 177, 178, 211, 212, 214–216, 218, 236, 240, 272, 280, 284, 300, 312, 313, 316, 328
Forumskongress 105, 172
Themakreis 170, 172
Vorstand 63, 160, 171, 173, 218
iF Hannover 128, 136, 274, 275
IG Farben 56
IKEA-Stiftung Deutschland 42
IMAG 274, 306
Indien 100, 224, 268, 283, 289, 290
Indonesien 289
Industrial Design Center Zagreb 305
Industrie- und Handelskammer
IHK zu Berlin 64, 171
IHK zu Düsseldorf 51
IHK zu Nürnberg 223
Industrie-Werke Karlsruhe AG 47
Ingensand, Harald 64
Inglehart, Ronald 124, 230
Institut d'esthétique industrielle 283, 298
Institut für Auslandsbeziehungen 280, 303
Institut für neue technische Form Darmstadt 56
Institut für Umweltgestaltung Frankfurt 100, 109, 167, 292, 313
Institut für Umweltplanung Ulm 105, 117, 118, 166, 167
Institut für Zeitgeschichte München 28, 57
International Design Conference Aspen 130, 190
Internationales Design-Forum Berlin 313
International Organization for Standardization 260
International School of Design Köln 220
Ipsen, Dirk 87
Irland 292
Israel 37
Italien 12, 24, 181, 193, 229, 240, 283, 292

J

Jaguar Cars Ldt. 61
Japan 12, 268, 283
Jarausch, Konrad 265
Jaspes, Manfred 253, 262
Jencks, Charles 223
Jerewan 297
Johannes Hengstler KG 47
John, Erich 313
John, Herbert 253
Jugoslawien 41, 273, 296, 305, 306
Julier, Guy 209
Jünger, Ernst 202

K

Kade, Gerhard 87
Kaelble, Hartmut 279
Käo, Tõnis 119, 134, 139, 141
Kurzbiographie 134
Kapitzki, Herbert W. 100, 109, 111, 167
Kurzbiographie 167
Karl, Gröbli 86
Karlsruhe 160, 222, 280
Kassel 43, 90, 100, 168, 202, 226, 229, 238, 244, 313
Katz, Barry M. 21
Kelm, Martin 22, 64, 109, 276, 285, 300, 302, 309, 313, 318–320
Kenji, Ekuan 343
Kerbs, Diethard 163
Kern, Ulrich 46, 217, 222, 236, 346
Kersting, Arno 24

Kiel 212, 223, 313
Kiew 297
Klink, Claus-Peter 88
Klöcker, Ingo 234, 235, 253, 301
Kurzbiographie 234
Klöcker, Johann 13, 30, 199, 234
Kurzbiographie 30
Klöckner-Humboldt-Deutz AG 47
Klose, Odo 133, 183
Klotz, Heinrich 173
Knoll, Walter 87
Koblenz 28
Koch, Beate 87
Kocka, Jürgen 25
Kohlensäure-Industrie AG 51
Kohl, Helmut 213, 218
Köln 24, 52, 82–84, 87, 219, 220, 291
König, Heinrich 284
König, Karl 171
Konradin-Verlag 236
Konstruktion, Elemente, Methode (Zeitschrift) 236
Koos, Holger 243, 254
Koppelmann, Udo 114
Kopperschmidt, Josef 166, 167
Korrek, Norbert 318
Kraftwerk Union AG 145
Krakau 273, 306
Kramer, Friso 84
Krämer, Herbert 134
Krampen, Martin 38, 99, 231, 232
Krauss-Maffei Wegmann GmbH und Co. KG 245
Kraus, Wolfgang 242, 243, 248, 249, 252, 253, 259, 260, 262
Krefeld 41
Kretschmann, Dieter 346
Kries, Mateo 209
Kring industriële Ontwerpers 292
Krippendorff, Klaus 234
Kronach 193
Krug, Karl-Heinz 39, 70, 83, 112, 127, 164, 210, 221, 232, 342
Kurzbiographie 70
Krumrey, Immo 245, 342
Krupp-Widia GmbH 45
Kruttschnitt, Ernst-Jörg 17, 19, 48, 112, 153, 154, 156, 177, 218, 219, 221, 346
Kurzbiographie 48
Kübler, Renate 139, 141
Kuby, Thomas 109
Kuby, Wolfgang 175
Kükelhaus, Hugo 51
Kultusministerium von Baden-Württemberg 155
Kumar, Krishan 224
Kunstakademie Düsseldorf 52, 202
Kunst-Dienst der evangelischen Kirche 51
Kunstgewerbemuseum Berlin 218
Kunsthalle Mannheim 280
Kupetz, Andrej 346
Kupetz, Günter 24, 43, 44, 101, 179, 342
Kuri, Christoph 222
Kyoto 343

L

Lambsdorff, Otto Graf 203, 215
Landesarchiv Berlin 28
Landesgewerbeamt Baden-Württemberg 28, 44, 46, 47, 159, 167, 241, 305
Landesgewerbeamt Bayern 104
Landesgewerbeamt Karlsruhe 159
Landesregierung Baden-Württemberg 305
Landstuhl 193
Landtag von Baden-Württemberg 167
Lanuzzi, Max 88
Lapine, Anatole 180
Larsen, Jack Lenor 90
Latham, Richard S. 343
Lattmann, Dieter 160
Lauf 193
Lees-Maffei, Grace 22, 267, 282

Leipzig 155, 315, 316
Leitherer, Eugen 114, 120, 121
Lengert, Julius 139, 140, 234
Lengyel, Stefan 185, 222, 317, 326, 342
  Kurzbiographie 185
Leningrad 297, 298, 304
Lentz, Lore 238
Lepoix, Louis L. 76, 261
Leverkusen 79, 82
Limberg, Klaus 294
Lindberg, Stieg 84
Lindinger, Herbert 29, 39, 40, 86, 98–101, 109, 111, 167, 184–186, 289, 292, 293, 313, 341, 342, 347
  Kurzbiographie 100
Linke-Hofmann-Busch GmbH 244
Linz 226, 227, 228
Lionni, Leo 141
Ljubljana 305
Löbach, Bernd 34, 35, 105, 109, 118, 169, 170, 326
Loewy, Raimond 192, 205
Löffelhardt, Heinrich 74
London 43, 45, 61, 87, 103, 119, 273, 278, 282, 283, 285–288, 292, 299, 308, 343
Lord, Peter 343
Lorenzer, Alfred 111
Louis Schuler AG 47
Lübke, Helmut 345
Lüdenscheid 11
Ludi, Jean-Claude 86
Ludwigshafen am Rhein 30, 56, 66, 67, 69, 70, 72, 74, 77–79, 82–84, 86, 87, 90, 92, 132, 238
Lufthansa AG 80
Luhmann, Niklas 26
Luthe, Claus 112

M

Maack, Klaus-Jürgen 11, 234
Madrid 275
Magirus-Deutz AG 256
Mailand 50, 86, 238, 272, 286, 343
Mainz 242–245, 247–249, 253, 256, 260–262
Maischen, Friedel Ernst 91
Maldonado, Tomás 38, 96, 99, 103, 146, 167, 269, 286, 300, 343
MAN AG 18, 19, 30, 32, 122, 229, 242–249, 252–258, 260–263, 328
  Designabteilung 243, 252, 253, 254, 262
  Gesamtbereich Architektur und Design 244, 245, 248, 253, 256, 261, 262
  Karosserieabteilung 253
  Lkw-Modell
    415 244–246
    F8 247–249, 255, 260
    F90 249
    F2000 252
    X90 258, 259, 260, 261
  UB Maschinen und Anlagen 252
  UB Neue Technologien 252, 258
  UB Nutzfahrzeuge 244, 252, 255, 256, 262
  Unternehmensarchiv 243, 253
  Vorstand 245, 260
Mannheim 162, 238, 280
Mao, Tse-tung 175
Mareis, Claudia 13, 95, 99, 104
Margolin, Victor 12, 22, 268
Marktredwitz 189, 193
Marxgrün 193
Marx, Karl 97, 175, 200
Masella, Horst 87
Maser, Siegfried 98, 105, 106, 166, 167, 301
  Kurzbiographie 105
Massachusetts Institute of Technology 103, 231
Maurer, Hans 90
Mäurer, Wilhelm 58
May, Cornelia 24
Meer, Julia 24
Meersburg 307
Memphis 229, 240
Merkle, Hans 203
Messe Frankfurt 212, 220

Messell, Tania 283
Metzler, Gabriele 111, 113
Meurer, Bernd 155, 261
Mexico City 290, 343
Mexiko 290
Ministerium für Staatssicherheit 320
Ministerrat der DDR 309, 320
Ministerrat der UdSSR 297, 304
Minke, Gernot 105, 166, 167
Minsk 297, 303, 304, 306
Misol, Rolf 87
Moeckl, Ernst 84
Moles, Abraham A. 38, 41, 103
Möller, Evelin 174, 239
Mönchengladbach 167
Montréal 59, 278, 284, 286, 310, 311
Moser, Eva 39
Moskau 105, 126, 285, 288, 297, 299–304, 306, 308, 314, 343
Mourgue, Olivier 90
Müller, Dietrich 194
Müller-Krauspe, Gerda 39, 42, 98, 105, 158, 164, 239, 241
  Kurzbiographie 42
Muller-Munk, Peter 283
München 28, 30, 55, 57, 59, 63, 100, 119, 120, 128–130, 133, 139–141, 145–147, 164, 183, 204, 212, 223, 243–245, 248, 249, 252, 253, 256, 260, 313
Murphy, Keith 320
Musialik, Helmut 144, 145

N

Nagel, Friedrich 88, 90
Nagoya 343
Naske, Christoph 135
National College of Art and Design Oslo 88
National Institute of Design Ahmedabad 100, 290
NATO 270, 315
Nehls, Werner 41, 42, 173
Nerdinger, Winfried 23
Neuberger, Josef 47
Neue Sammlung München 59, 87, 104, 162, 273
Neumeister, Alexander 276, 289
Neumeister, Gudrun 289
Neusorg 193
New Bauhaus 103
New York 50, 191
Niederlande 193, 269, 283, 284, 292
Niedersachsen 232, 274
Niemeyer, Rolf 64
Nordrhein-Westfalen 53
Norwegen 21, 22, 24, 88, 149, 175, 267, 283
Nurmesniemi, Antti 343
Nürnberg 85, 102, 104, 145, 157, 195, 212, 223, 244, 245

O

Oberhaching 133
Oberschleißheim 51
Odilo von Andechs 141
Oedekoven-Gerischer, Angela 241
Oestereich, Christopher 20, 23, 27, 55
Oestreich, Herbert 179, 284
Oetker, Arend 214
Offenbach 100
Ohl, Herbert 24, 38, 39, 98, 100, 105, 109–114, 159, 167, 171, 173, 178, 210, 215, 216, 230, 234, 275, 279, 285, 290, 346
  Kurzbiographie 109
Olivetti S.p.A. 47, 233
Olympische Spiele
  1972 59, 164, 313
Opel AG 78
Osaka 278
Oslo 88
Österreich 105, 226, 269
Osterspey, Jörg 90
Ottawa 286, 343
Otto, Gudrun 166
Otto, Karl 24, 36, 269
Oxford 53

P

Pakistan 289
Pallowski, Katrin 241
Panton, Verner 68, 69, 81–83, 87, 90
Papanek, Victor 128, 169, 175
Paris 171, 217, 283, 286, 290, 291, 299, 343
Parsons, Talcott 26
Paulmann, Johannes 271, 281
Peressuti, Enrico 283
Petsch, Joachim 154
Pfaender, Heinz G. 36, 108, 289
Pfalz 70, 232
Pfeiffer, Peter 345
Pforzheim 100
Pfreimd 193
Pfützner, Katharina 23
Philip Möbelmanufaktur GmbH 196
Piepenburg, Gerd 88
Plettner, Bernhard 203
Pohl, Wolfgang 103
Polen 270, 273, 296, 306, 307
Porsche AG 78, 180
Porsche, Ferdinand A. jr. 78
Porz 193
Porzellanikon 28
Posener, Julius 55
Poss, Marlies 135
Priore, Michael 124
Providence 193
Pruss, Wilhelm 129
Pulos, Arthur J. 343
Puma AG 80
Pumpenfabrik Allweiler AG 47

Q

Queensberry, David 41
Quickborner Team 135

R

Raacke, Peter 43, 284
Radkau, Joachim 107
Rams, Dieter 11, 111, 112, 123, 126, 221, 303, 345
Rank, Heinrich 194
Rankoff, Iwan 184
Raphael, Lutz 97, 125, 151
Rat für Formgebung 10, 11, 13, 28, 29, 36, 40, 43, 46, 48–65, 85, 92, 100, 104, 105, 108–112, 138, 142, 153, 157, 159, 160, 170, 177, 178, 181, 184, 185, 187, 207, 211–221, 223, 229, 230, 234, 236, 237, 239, 272, 273, 275, 280, 284, 286, 291, 298, 299, 303, 305, 306, 309–312, 315, 317, 319, 320, 324, 327, 328, 345, 346
  Beirat ‚Designer' 11, 128, 157
  Beirat ‚Reform der Designerausbildung' 185
  Beirat ‚Technik' 128, 140
  Bibliothek 30, 168, 221
  Bundespreis 57, 65, 66, 107, 109–112, 121, 136, 212, 273–275, 303, 304
  Design Bibliography 311, 312
  Design-Kolloquium 177
  design report (Zeitschrift) 17, 30, 218, 220
  Geschäftsführung 59, 60, 273
  Institut für Designdiagnose 112, 178
  Koordinierungsbeirat 48, 54, 210
  Vollversammlung 58
  Vorstand 53, 110, 160, 184, 198, 219–221, 300, 311
Rau, Richard 135, 141, 148
Reichskammer für bildende Künste 34
Reid, John 343
Reilly, Paul 43
Reitmayer, Morten 121
Renault SA 246, 260, 261
Reusch, Karl Hermann 45
Reuss, Karl 241
Rheinland-Pfalz 223
Rheinstahl AG 234
Riga 297
Rio de Janeiro 87, 273
Rittel, Horst 103, 116

RKW 269
Robert Bosch AG 74, 118, 147, 148, 155
Rödder, Andreas 328
Rodenstock, Randolf 345
Roericht, Hans 59, 74
Rolli, Wendel 155
Rom 292, 293, 294
Rosenthal AG 18–20, 28, 30, 32, 46, 53, 54, 60, 152, 175, 187–208, 214, 326
  Der Rosenthaler (Zeitschrift) 203
  Design-Studio 192, 194, 205
  Feierabend 201, 202
  Institut für Werkstofftechnik 194, 195, 205
  Künstlertreffen 41
  Mathildenhöhen-Preis 206, 207
  Presse- und Informationsabteilung 203, 205
  RIG 190, 191
  Rosenthal-Einrichtung 196
  Rosenthal-Künstlertreffen 41
  Rosenthal-Studio-Preis 82, 206, 346
  Rosenthal Technik AG 191, 204
  RTW 190, 191
  Studio-Haus 195, 196
  Studio-Linie 195, 316
  Thomas-Serie 80, 85
  Vertriebsgesellschaft 193
Rosenthal am Rothbühl 192, 193
Rosenthal, Philip 13, 28, 41, 49, 51, 53, 54, 60–65, 82, 122, 123, 141, 160–162, 170, 171, 173, 178, 184, 187–208, 218, 219, 221, 223, 275, 291, 315, 345
  Kurzbiographie 53
Rosenthal, Philipp 53, 189
Rossow, Walter 64, 173
Royal College of Art London 61, 111
Rüschemeyer, Dietrich 26
Russland 297
RWWA 28, 51

S

Saab-Scania AB 256
Saarbrücken 114, 155, 171
Sabel, Charles 124
Salzburg 61
Salzgitter 252, 256
Sammlung Industrielle Gestaltung 23, 320
Sander, Frank 222, 289
São Paulo 273
Sarasin, Philipp 97
Saviem SA 246, 247, 255, 256
Savnik, Davorin 305
Schäfer, Herbert 237
Schalfejew, Eduard 50, 58, 345
Schärer, Richard 86
Scheel, Walter 203
Schepers, Wolfgang 41
Scherhorn, Gerhard 88
Schering AG 167
Schiller, Karl 13, 16, 54, 61, 62, 65, 201, 273
Schlagheck Design GmbH 130, 133, 146
Schlagheck, Norbert 130, 133, 146, 183
  Kurzbiographie 133
Schleswig-Holstein 263
Schmidt, Helmut 203, 213
Schmidt, Rainer 160
Schmidt-Relenberg, Norbert 87
Schmitz, Andrea 142, 311
Schnaidt, Claude 40, 86, 318
Schneider, Ernst 48–64, 170, 184, 345
  Kurzbiographie 51
Scholl, Inge 37
Scholz, Erich 84
Schönberger, Angela 218, 240, 280
Schreiner, Frank 229
Schreiter, Katrin 308
Schricker, Edwin A. 44, 96, 118, 128–132, 136, 139–148, 151, 227, 234
  Kurzbiographie 128
Schroer, Erhard 222

Schubert, Klaus 249, 252, 253
Schultes, Herbert H. 130, 133, 146, 329
  Kurzbiographie 130
Schütze, Rainer 43, 44
Schütz, Klaus 163
Schwäbisch Gmünd 100
Schweden 45, 193, 244, 283, 291
Schweiz 26, 82, 95, 105, 171, 193, 269, 300
Schweizer Werkbund 202
Schwerdt, Annemarie 64
Schwippert, Hans 24, 41, 44, 64
SDI 292
SED 22, 278, 309, 319, 320, 387
Seefried, Elke 119
Seeger, Hartmut 108
Seeger, Mia 29, 50, 51, 56, 58–60, 62, 239, 240, 272, 284, 285, 306, 346
  Kurzbiographie 50
Seehaus, Wolfgang 317
Selb 28, 30, 53, 188–194, 201–206, 339
Selle, Gert 66, 104, 105, 169, 183, 184, 228, 267, 326
Senatsverwaltung für Wirtschaft (Berlin) 64, 171
Senat von Berlin 215, 312, 313
  Informationszentrum 56
SHfBK Braunschweig 42, 87, 105, 167
SIAD 159, 292, 293
Siemen-Butz, Alexandra 188, 197, 200
Siemens AG 18, 19, 30, 32, 44, 80, 96, 118, 119, 122, 128–151, 160, 183, 196, 227, 232–236, 305, 326, 329
  Dentalbüro 145
  Design-Club München 141
  Design-Institut München 145
  Design-Studio 134, 141, 142
  HWA 129, 130
  Siemens-Elektrogeräte GmbH 148
  Siemens-Tonstudio 135
  Siemens-Zeitschrift 136
  Teleperm M 145
  Unidata-Reihe 143
  ZVW 66, 130, 131, 136, 138, 139, 141, 143, 145, 147, 149, 206
  ZVW 23 144
  ZVW 201 141
  ZVW 221 133
  ZVW 222 148
Simonis, Heide 218
Sinus-Marktforschungsinstitut 125, 230
Skandinavien 169, 272
Skrodzki, Bernhard 64
Slany, Hans Erich 29, 43, 74, 84, 85, 118, 180, 297, 304, 341
  Kurzbiographie 74
Snow, Charles P. 96
Society of Industrial Artists 61
Sofia 306
Solowjew, Juri 285, 287, 290, 297, 300, 301, 304, 343
  Kurzbiographie 297
Sophienthal 193
Spanien 295
SPD 13, 53, 54, 55, 58, 160, 200, 201, 213, 218, 221
Speichersdorf 192
Spitz, René 12, 20, 23, 27, 39, 40, 100, 166, 167
Staal, Henk 194
Staas, Uwe 88
Staatliches Komitee für Wissenschaft und Technik der UdSSR 297, 298
Staatsarchiv Ludwigsburg 28
Staatsbürgerliche Vereinigung 52
Stadtarchiv Stuttgart 29
Stalin, Iosseb Vissarionovič 297
Ständige Konferenz für den Studien-

gang Industrial Design an Hochschulen 87, 271
Stankowski, Anton 173
Statistisches Bundesamt 181
Stauber, Horstmar 220
Steguweit, Christian 346
Stehr, Nico 97, 101
Stein, Gustav 49, 51–54, 60–64, 170, 171, 173, 184, 214, 291, 346
  Kurzbiographie 52
Stichweh, Rudolf 26
Stiftung Deutsches Design Museum 51
Stiftung Warentest 110
Stockholm 45, 283, 286, 339, 343
Stoltenberg, Gerhard 219
Strauss, Anselm 26
Stübbe, August-Wilhelm 88
Studio Alchimia 229
Stürzebecher, Jörg 210
Stuttgart 40, 42–44, 46, 74, 87, 105, 171, 173, 237, 240, 241, 256, 304, 305, 316
Südafrika 252, 300
Südamerika 280
Süddeutsche Zeitung 13, 236, 319
  zeitgemäße form (Zeitschrift) 30, 106, 199, 234, 253
Südkorea 300
Sudrow, Anne 20
Sudrow, Otto 23, 108, 222, 319
Sullivan, Louis 228
Swerdlowsk 297, 298

T

Taiwan 289, 290, 300
Tallinn 297
Taylor, Frederick 118
Tbilisi 297, 298
Technische Hochschule
  RWTH Aachen 167
  TH Hannover 111
  TH München 105, 128, 140
  TH Stuttgart 105
  TH Wien 61
Teut, Anna 239
Thévenot, Gille 222
Thomas am Kulm 192, 193
Thuma, Josef 44
Tilberg, Margareta 291
Times Magazine 233
Timm, Henning 88
Tokio 280
Tomala, Hans 78
Trappschuh, Elke 216, 238
Triennale di Milano 40, 50, 86, 272, 305, 323
  XXI (2016) 238
Tropon GmbH 52
Tschechoslowakei 189, 202, 301
Tübingen 105
Türkei 252
Tutzing 108
Техническая Эстетика (Zeitschrift) 38, 168, 297, 298, 301, 302, 303, 304

U

UDB 292
UdSSR 12, 38, 168, 169, 229, 233, 270, 272, 284, 285, 287, 288, 296–304, 313, 314
Uljanow, Wladimir Iljitsch 297
Ulm 37, 38, 74, 100, 105, 116, 166, 167, 225, 226, 229, 234, 269, 308, 318
Umweltbundesamt 114, 212
UN 260, 290
  ECOSCO 290
  UNESCO 290
  UNIDO 290
Ungarn 185, 275
Union-Brauerei Dortmund 80
Union française des designers industriels 292
Universität 99

Berlin 55
Bochum 303
Duisburg-Essen 47, 185, 222
Frankfurt am Main 111
Hannover 100
Jena 269
Kassel 167
Köln 114
München 114, 120
Stuttgart 166
Wuppertal 105, 134
USA 12, 22, 25, 26, 36, 43, 44, 127, 130, 139, 147, 155, 189, 193, 209, 231, 232, 240, 243, 247, 269, 270, 271, 283, 295

V

Vago, Pierre 283, 343
Valle, Gino 109
van Camp, Freddy 87
van der Sande, Loek 343
Vasarely, Victor 137
VCI 52
VDA 261
VDE 234
VDI 102, 140, 235, 260
Gesellschaft für Feinwerktechnik 234
Ingenieurstag 11, 140, 234
Richtlinie 2224 107, 108, 109, 235
Richtlinie 2424 234, 235
VDI-VDMA-Gemeinschaftsausschuss Technische Formgebung 105
VDID 31, 35, 42–45, 47, 70, 74, 87, 100–102, 105, 108, 117, 119, 134, 138, 156, 158, 159, 174, 177, 179, 181, 182, 185–187, 207, 221–223, 231, 236, 239, 241, 242, 270, 273, 275, 284, 289, 292, 293, 295, 306, 307, 310, 313, 314, 317, 319, 323, 324, 326, 329, 330, 342
AG Angestellte Designer 119, 134, 156, 157
AG Ausbildung 179, 185
AG Berufsbild 101, 102
AG Computer Aided Design 236
AG Dritte Welt 289
AG Ökologie und Design 174, 239
AG Pädagogik 185
AG Weiterbildung 47
Archiv des VDID 70
Geschäftsstelle 30, 342
IDSV 185
Jahrestagung 119, 289
Präsidium 100, 112, 158, 164, 185, 221–223, 283, 317, 319, 342
VDID-Extra (Zeitschrift) 30
VDMA 111
VDI-VDMA-Gemeinschaftsausschuss Technische Formgebung 105
VEB Designobjekt Dresden 317
Venedig 226, 286, 339, 343
Verkehrs-Rundschau (Zeitschrift) 249, 258
Vester, Frederic 141
Victoria and Albert-Museum London 278
Viénot, Henri 84, 343
Viénot, Jacques 283
Vilnius 297, 298
Vinçon, Hartmut 155
Vitra AG 82
Vitra Design Museum 209
VKI 54, 201
VNIITE 168, 296–299, 304
Voigt, Peter 87
Volkswagen AG 78, 237, 242, 256
Stiftung Volkswagenwerk 162
von Hartmann, Gustav Barcas 55, 56, 59, 61, 62, 63, 170
Kurzbiographie 55
von Hessen, Ludwig 284
von Menges, Dietrich Wilhelm 52
von Steinbeis, Ferdinand 46
Vorwerk KG 234
Votteler, Arno 43, 45, 87–90, 179, 182, 185, 283, 289
Kurzbiographie 87

W

Wagenfeld, Wilhelm 192
Wagner, Franz-Erwin 156
Walker, John A. 210
Wanner, Karl 342
Warschau 273, 306
Washington DC 174, 343
Weber, Horst 84
Weber, Max 26, 49
Wegmann & Co. 244
Wehler, Hans-Ulrich 26
Weidemann, Kurt 88, 303
Weimar 162, 318
Weinberger, Erich 145
Weißenhof-Institut 87
Weiss, Michael 86
Weißrussland 304
Weltausstellung 50, 272
  1967 59, 278
  1970 278
Werkkunstschule 10, 35, 36, 39, 67, 186
  AGdWKS 35, 41
  WKS Kassel 238
  WKS Köln 130, 133
  WKS Krefeld 41
  WKS Offenbach 59
  WKS Wuppertal 133, 183
Westermann, Andrea 68
Wetcke, Hermann 129, 130
Wewerka, Stefan 228
Wichmann, Hans 278
Wien 61, 101, 171, 202, 284, 286, 310, 343
Wilkhahn KG 160, 193, 196
Wingler, Hans Maria 162
Winter, Fritz G. 41
Wirkkala, Tapio 41, 84, 85, 188, 205
Wirsching, Andreas 233
Wirtschaftsministerium von Baden-Württemberg 46
WOG-Nachrichten (Zeitschrift) 30
Wolf, Brigitte 239
Wolff von Amerongen, Otto 184, 275
Woodham, Jonathan M. 22, 109, 267, 282
Woschech, Franz 160
Wülker, Gerda 48, 77, 157, 181–184
Wuppertal 105

Z

ZADP 28, 53, 189, 197
Zagreb 305
Zaiser Maschinenbau GmbH 47
Zec, Peter 46, 342
Zetkin, Clara 309
Zimmermann, Günter 88
Zorn-Zimmermann, Manfred 47
Zürich 202

D. Literatur und Quellen

1. Archive

Archiv der Akademie der Künste Berlin

Archiv der Design-Sammlung Schriefers der Bergischen Universität Wuppertal

Archiv der HfG Ulm

Archiv der Kunstakademie Düsseldorf

Archiv der sozialen Demokratie, Bonn

Archiv des Instituts für Zeitgeschichte, München

Archiv des Technikmuseums Berlin

Archiv des VDID, Berlin

Archiv des Werkbunds Bayern, München

BASF Corporate History der BASF SE, Ludwigshafen am Rhein

Bauhaus-Archiv Berlin

Baukunstarchiv der Akademie der Künste Berlin

Bayerisches Hauptstaatsarchiv München

BDI-Archiv, Berlin

Bundesarchiv Berlin-Lichterfelde

Bundesarchiv Koblenz

Design Archive at the University of Brighton

Deutsches Kunstarchiv im Germanischen Nationalmuseum Nürnberg

documenta Archiv für die Kunst des 20. und 21. Jahrhunderts, Kassel

Hauptstaatsarchiv Stuttgart

Landesarchiv Berlin

MAN Diesel & Turbo historisches Archiv Augsburg

MAN Truck & Bus historisches Archiv München

Neue Sammlung München

Privatarchiv Prof. Herbert Lindinger, Hannover

Privatarchiv Wolfgang Slany, Esslingen am Necker

Privatarchiv Prof. Stefan Lengyel, Essen

Registratur der TU München

Siemens Historical Institute, Berlin

Staatsarchiv Ludwigsburg

Stadtarchiv Darmstadt

Stadtarchiv Frankfurt am Main

Stadtarchiv Hof

Stadtarchiv Stuttgart

Stiftung Rheinisch-Westfälisches Wirtschaftsarchiv zu Köln

Unternehmensarchiv der Schlagheck Design GmbH, Oberhaching

Werkbund-Archiv Berlin

Werkbund-Archiv München

Zentrales Archiv für die deutsche Porzellanindustrie, Selb

2. Primärliteratur (vor 1991)

Ackermann, Roland R. (1983): „Black Box“-Technologie?, in: zeitgemäße form in der Süddeutschen Zeitung, vom 23.06.1983.
– (1985): Der Bildschirm verdrängt das Zeichenbrett, in: zeitgemäße form in der Süddeutschen Zeitung, vom 24.09.1985.
Adorno, Theodor W. (1965): Zum Problem des Funktionalismus heute, in: Werk und Zeit (14), S. 4-5.
– (1967): Funktionalismus heute, in: Ohne Leitbild – Parva Aesthetica, hrsg. von Theodor W. Adorno, Frankfurt am Main, S. 104-127.
Aicher, Otl (1962): Entwicklung 5, in: ulm, S. 15-16.
– (1970): Gegen die Irreführung durch Design, in: Handelsblatt, vom 12./13.06.1970.
– (1975): die hochschule für gestaltung – neun stufen ihrer entwicklung, in: archithese (15), S. 12-16.
– (1984): ein designer ist moralist. er lebt nicht leicht., in: form (105), S. 9-11.
– (1985): Ist Design eine Kunst?, in: Innovative Produktgestaltung 1985 – Eine Ausstellung ausgezeichneter Produkte aus dem Kammerbezirk Hagen, hrsg. von Runar Enwaldt, Hagen, S. 30.
Aicher, Otl und Kuhnert, Nikolaus (1989): Eine andere Moderne, in: archi+ (98), S. 22-26.
Aicher, Otl und Roericht, Hans (1963): Colorthek (1962), in: ulm (8/9), S. 25-26.
Albrecht-Schoeck, Wolfgang (1976): Wie deutsches Design in der UdSSR und Polen gesehen wurde, in: form (76), S. 22-25.
von Amerongen, Otto Wolff (1986): Unsere Design-Produkte sind die Paradegäule der Nation, in: form (114), S. 18.
Amt für industrielle Formgestaltung der DDR (1982): DDR-Designtheoretiker zum Postmodernismus, in: form (98), S. 55.
Amt für industrielle Formgestaltung der DDR und Design-Center Stuttgart (Hrsg.) (1988): Design in der DDR, Stuttgart, Design-Center Stuttgart, Ausstellungskatalog zu „Design in der DDR“, 27.05.–31.07.1988.
Andritzky, Christoph (1967): Mia Seeger und der Rat für Formgebung, in: Werk und Zeit (1), S. 4.
– (1971): Diskussion über das Design Center in Stuttgart, in: Werk und Zeit (5), S. 3.
Andritzky, Michael (1975): Die neue Un-Sachlichkeit, in: Darmstädter Echo, vom 04.02.1975.
Antonoff, Roman (1973): Image-Design und Marketing in der Investitionsgüter-Industrie, in: format (44), S. 6-9.
– (1975a): „Arbeitsäthetiker“ – ein neuer Design-Beruf?, in: form (69), S. 34-35.
– (1975b): Design im Umbruch, in: form (70), S. 35-36.

– (1979): Arbeitsäthetik – Beiträge zu einer Humanisierung der Arbeitswelt, Stuttgart.

Arens, Rudolf (1983): CAD – nicht nur, weil sich's nicht vermeiden lässt, in: form (103), S. 6-10.

Ashford, Fred (1967): Rezension zu: Wilhelm Braun-Feldweg, Industrial Design heute, in: Design (217), S. 54-55.

Aszmoneit, Helge (1987a): Die Design-Bibliothek im Rat für Formgebung, in: design report (1), S. 19.

– (1987b): Innovation durch Information: Die „Literatur-Hinweise", in: design report (3), S. 26-27.

– (1988): Aktuelle Probleme der Design-Bibliotheken, in: design report (6), S. 37.

– (1990): Design-Institutionen, -Verbände, -Preise und -Zeitschriften, in: Deutsches Design 1950–1990 – Designed in Germany, hrsg. von Michael Erlhoff, München, S. 273-275.

Attfield, Judith und Gronberg, Tag (1986): Women Working in Design – Issues and Problems Confronted by Women in Their Education and Careers in Design, hrsg. von der Central School of Art and Design London, London.

AW Design (Hrsg.) (1967a): Entwicklung und Gestaltung einer Universaldrehmaschine, Stuttgart (= Fallstudie 3).

– (Hrsg.) (1967c): Planung, Entwicklung und Gestaltung eines Elektrowerkzeugsystems, Stuttgart (= Fallstudie 1).

– (Hrsg.) (1967d): Planung, Entwicklung und Gestaltung eines Fleischmürbegerätes, Stuttgart (= Fallstudie 2).

– (Hrsg.) (1968b): Produktdesign und Produktplanung, Stuttgart (= Grundlage 1).

– (Hrsg.) (1971): Design: seine Bedeutungen und sein Geltungsbereich beim Entwurf technischer Objekte – Beitrag zur Klärung der Fachterminologie über den Begriff Design, Stuttgart (= AW Design Mitteilungen).

AW produktplanung (1974): Produktplanung '74 – Innovation, Informatik, Didaktik, hrsg. von Erich Geyer, Stuttgart (= Schriftenreihe der AW produktplanung 1).

Азрикан, Д. А. (1988): С ответным визитом, in: Техническая Эстетика (2), S. 2-4. [dt. Übersetzung: „Bei einem Gegenbesuch"]

Bartels, Daghild (1971a): Ein Aushängeschild hängt sich ab, in: Frankfurter Rundschau, vom 08.02.1971.

– (1971b): IDZ: Krise in Permanenz, in: Berliner Liberale Zeitung, vom 20.02.1971.

Barthes, Roland (1964): Plastik, in: Mythen des Alltags, Frankfurt am Main, S. 79-81.

BASF AG (Hrsg.) (1963b): Wissenswertes aus der BASF, Ludwigshafen am Rhein.

BASF AG (Hrsg.) (1965): BASF Rechenzentrum, Stuttgart.
– (Hrsg.) (1968): Wir sind die Kunststoffe der BASF, Ludwigshafen am Rhein.
– (Hrsg.) (1971): BASF stellt zur Diskussion: W '80 – Wohneinheit '80 Multimobile Wohngestaltung, Ludwigshafen am Rhein.
– (Hrsg.) (1974): Bürodrehstuhl mit Bauteilen aus Ultradur, Ludwigshafen am Rhein (= Kunststoffe in der Anwendung Werkstoffblatt 4516.01).
– (Hrsg.) (1989): 50 Jahre Anwendungstechnik Thermoplaste – Streifzug durch die Geschichte der Anwendungstechnik, Ludwigshafen am Rhein.
Bauer, Udo (1977): Industrial Design – Fachwissen und Wirken im Industrial Design, Würzburg.
Baum, Karl-Heinz (1984): Von der Mundusche bis zum Schlagbohrer, in: Frankfurter Rundschau, vom 04.12.1984.
Baumann, Hans D., Baumann, Ulla, Bunse, Lucia, Clarke, Kevin, Goos, Michael und Wackerbarth, Horst (Hrsg.) (1977): Kunst und Medien – Materialien zur documenta 6, Kassel.
Baumann, Hans Theo (1977): Auf der Suche nach der „Identität", in: form (80), S. 23-24.
Baumann, Horst H. (1970): Berlin will internationales Design-Zentrum werden, in: form (50), S. 4-5.
– (1975): Der ICSID-Kongreß in Moskau, in: VDID-Extra (4), S. II-IV.
Bechtloff, Dieter (1983): Zu diesem Heft, in: Kunstforum international (66), S. 3.
Beck, Ulrich (1986): Risikogesellschaft – Auf dem Weg in eine andere Moderne, Frankfurt am Main.
Becker, Peter (1975): Zweiter Zwischenbericht zum Modellversuch „Neuorganisation der Studiengänge im Bereich Design" an der Fachhochschule Darmstadt, hrsg. vom Fachbereich Gestaltung der Fachhochschule Darmstadt, Darmstadt.
Begenau, Siegfried Heinz (1966): Rezension zu: Wilhelm Braun-Feldweg, Industrial Design – Umwelt aus der Fabrik, in: form + zweck (2), S. 58-59.
– (1968): Der Fall Ulm ein Fall Bonn – Liquidierung einer Hochschule, in: Neues Deutschland, vom 26.05.1968.
Behnken, Klaus und Kieren, Martin (1985): Zugepackt, in: Werk und Zeit (1), S. 22.
Beigel, Gerhard (1968): Der Designer nur noch als Statist? Gedanken zur Zukunftsforschung, in: form (42), S. 37-39.
Beisel, Dieter (1975): "For Man and Society", in: Werk und Zeit (11/12), S. 7.
Bell, Daniel (1981): Information – Die „dritte" technische Revolution, in: Design ist unsichtbar, hrsg. von Helmuth Gsöllpointner, Wien, S. 487-492.
Berg, Michael (1966): Studium an Kunstsschulen in den USA, in: Werk und Zeit (4), S. 5-6.

Binder-Hagelstange, Ursula (1959): Deutsche Industrie-Designer, in: Frankfurter Allgemeine Zeitung, vom 28.07.1959.

Blake, Avril (1983): The Misha Black Papers on Design, Oxford.

Blake, Peter (1977): Form Follows Fiasco – Why Modern Architecture Hasn't Worked, Boston.

Blank, Michael, Kern, Ulrich und Musiolek, Annette (1990): Programme statt Produkte, in: Design-Management (6/9).

Blauensteiner, Charlotte (1967): Industrial Design in den Oststaaten – Gefahr oder Chance für Österreichs Wirtschaft?, in: Die Industrie (28), S. 18-20.

Blechen, Camilla (1972): Prüfstand Berlin – Das Bauhaus-Archiv, in: Frankfurter Allgemeine Zeitung, vom 18.02.1972.

Bley, Thomas S. (1985): „Produkt Form Geschichte – 150 Jahre deutsches Design", in: form (111), S. 86.

Bloch, Ernst (1965): Bildung, Ingenieurform, Ornament, in: Werk und Zeit (14), S. 2-3.

Blumenberg, Hans (1969): Meister der perfekten Form – die Aufgaben des Industrie-Designers, Düsseldorf.

Bobek, K. (1963): Offener Brief, in: form (24), S. 72.

Bock, Günter (1975): Die „Neue Unsachlichkeit", in: Bauwelt (66).

Bode, Peter M. und Voth-Amslinger, Ingrid (1979): Lustheim: Fragiler Schatz auf der Insel der Liebenden, in: art – Das Kunstmagazine (12), S. 142-144.

Bodine, Sarah (1990): Lexikonartikel zu Maldonado, Tomás, in: Contemporary Designers, hrsg. von Colin Naylor, Chicago, S. 360, 2. Auflage.

Boehm, Ulrich (1972): Technokratie der Sinnlichkeit, Rezension zu: Kritik der Warenästhetik von Wolfgang Haug, in: form (58), S. 86-88.

Boerner, Cornelius und Kläsener, Michael (1987): Industrial Designer – Industrial Designerin, hrsg. von Karl-Heinz Krug, Bielefeld (= Blätter zur Berufskunde 2-XI-G-01, hrsg. von der Bundesanstalt für Arbeit und dem Verband Deutscher Industrie-Designer), 4. Auflage.

Böhm, Hiltraud (1977): Was werden? Der Designer und die raue Wirklichkeit, in: Frankfurt Allgemeine Zeitung, vom 20.06.1977.

– (1986): Unerfüllte Hoffnungen machen den Abschied von Darmstadt leicht, in: Frankfurt Allgemeine Zeitung, vom 11.06.1986.

Bonsiepe, Gui (1963a): Bonsiepe an die form-Redaktion, in: form (24), S. 72-73.

– (1963b): Form als Konstruktion – Katechismus der Konstrukteure, in: form (22), S. 10.

– (1964): Nachsatz zum Katechismus, in: form (28), S. 60.

– (1967): Arabesken der Rationalität, in: ulm (19/20), S. 9-23.

– (1968): Stichworte zur Design-Ausbildung, in: Designer von morgen – Abschlussarbeiten deutscher Ausbildungsstätten, hrsg. vom Rat für Formgebung, dem Verein für Handwerksausstellung und Messen e.V. sowie dem Gestaltkreis im Bundesverband der Deutschen Industrie, Wiesbaden, S. 5.

– (1969): Störungsfrei um den heißen Brei, in: form (48), S. 4-5.
– (1972a): Design in Südamerika – in Chile, in: form (59), S. 28-32.
– (1972b): Umrisse einer Designalternative, in: Bauen + Wohnen (8), S. 387-390.
– (1973): Bombast aus Pappe – Papaneks „Umwelt des Überlebens", in: form (61), S. 13-16.
– (1974): Design im Übergang zum Sozialismus – Ein technisch-politischer Erfahrungsbericht aus dem Chile der Unidad Popular (1971–73), Hamburg (= Beiträge zur Entwicklung von Theorie und Praxis des Industrial Design 1).
– (1975): Design für die Unidad Popular, in: form + zweck (4), S. 4-11.
– (1976): Industrial Design und Technologiepolitik in abhängigen Ländern, in: form + zweck (2), S. 6-8.
– (1977): Politica e politica des prodotto nei paesi dipendenti, in: Casabella (427), S. 32-37.
– (1990): Lexikonartikel zu Bonsiepe, Gui (Georg), in: Contemporary Designers, hrsg. von Colin Naylor, Chicago, S. 71-72, 2. Auflage.
van den Boom, Holger (1988a): Kunst? Design?, hrsg. von dem Rektor der Hochschule für Bildende Künste Braunschweig, Braunschweig.
– (1988b): Vom Modell zur Simulation – Die Zukunft des Designprozesses, in: Simulation und Wirklichkeit – Design, Architektur, Film, Naturwissenschaften, Ökologie, Ökonomie, Psychologie, hrsg. von Angela Schönberger und Internationales Design Zentrum Berlin, Köln, S. 13-40.
Borisowski, Georgi (1967): Form und Uniform – Die Gestaltung der technischen Umwelt in sowjetischer Sicht, Stuttgart. [Originaltitel: „Дизайн, иллюстрация, красота"; dt. Übersetzung: „Konstruktion, Standard, Schönheit"]
Bößenecker, Herrmann (1984): Ein Markt – zwei Meinungen: Hutschenreuther und Rosenthal marschieren mit konträren Konzepten in die Zukunft, in: Die Zeit, vom 22.06.1984.
Bracht, Gudrun, Hermes, Wolfgang, Gros, Jochen, Hagmann, Irmtraut, Kurz, Michael, Müller, Lothar und Walz, Michael (1974): des-in – ein neues Ornament?, in: Produkt und Umwelt – Ergebnisse einer Ausschreibung, hrsg. von Internationales Design Zentrum Berlin, (West-)Berlin (= IDZ 7), S. 58-76.
Brackert, Gisela (1975a): Design und Politik – ICSID-Kongress in Moskau, in: design report (10), S. 2-3.
– (1975b): Günter Fuchs: dem Gestaltgesetz verpflichtet, in: design report (6), S. 3.
– (1975c): Herbert W. Kapitzki: Gestaltung von Information, in: design report (5), S. 3.
– (1975d): Tendenzwende beim Modellversuch, in: design report (4), S. 2.

– (1976a): Anspruch und Anpassung – Wandel im Selbstverständnis des Industrial Designers, in: Jahresbericht 1975/76 des Gestaltkreis im Bundesverband der Deutschen Industrie e.V., hrsg. von dem Gestaltkreis im Bundesverband der Deutschen Industrie e.V., Köln, S. 3-15.
– (1976b): Bernd Löbach – Anwalt der Verbraucher, in: design report (6), S. 3.
– (1976c): Budapester-Ulm-Essen: Stefan Lengyel, in: design report (5), S. 3.
– (1976d): Eberhard Fuchs: Pragmatiker aus Überzeugung, in: design report (7), S. 3.
– (1976e): Zur ersten sowjetischen Design-Selbstdarstellung in der Bundesrepublik, in: form (75), S. 39.
– (1976f): Karl-Heinz Krug oder: der Designer als Blattmacher, in: design report (1), S. 3.
– (1977a): Anspruch und Anpassung – Wandel im Selbstverständnis des Industrial Designers, in: format (65), S. 22-26.
– (1977b): Ernst-Jörg Kruttschnitt, in: design report (3), S. 3.
– (1977c): Rido Busse, in: design report (7), S. 6.
– (1978): Design im anderen Deutschland, in: form (81), S. 24-26.
– (1980a): Die 100 Tage des Design in Linz [1]: Plädoyer für ein postmodernes Design, in: form (90), S. 36-37.
– (1980b): Die 100 Tage des Design in Linz [2]: „Der Augenblick der Wahrheit“, in: form (91), S. 6-7.
– (1981): Trend-Anzeige Linz?, in: Krise des funktionalistischen Design? Dokumentation einer Veranstaltung des VDID, hrsg. von dem Landesgewerbeamt Baden-Württemberg, Stuttgart, S. 19-24.
– (1989a): Für und wider staatlicher Designförderung, in: Für und wider staatlicher Designförderung, hrsg. von dem Bayerisches Staatsministerium für Wirtschaft und Verkehr, München, S. 70-84.
– (1989b): Das Weib, das webt zum Zeitvertreib, in: Frankfurt Allgemeine Zeitung, vom 24.08.1989.
Braun-Feldweg, Wilhelm (1963): Der freiberufliche Designer, in: Industrielle Formgebung in den USA – Bericht über die Reise einer Berliner Studiengruppe [1961], hrsg. von Karl Otto, (West-)Berlin (= TE-Projekt RKW – Berlin 85), S. 23-33.
– (1966a): Industrial Design heute – Umwelt aus der Fabrik, München.
– (1966b): „Industrial Design heute“ Kritik auf Kritik, in: form (36), S. 78.
Brenzinger, Erich (1963): Internationaler Kongreß und Generalversammlung, in: form (23), S. 52-56.
Brock, Bazon (1983a): Modern ist's, wenn man es trotzdem macht, in: Kunstforum international (66), S. 84-102.
– (1983b): Wendezwang, in: werben & verkaufen, vom 25.11.1983.
– (1987): Falsche Verheißungen, wohin man blickt, in: art – Das Kunstmagazine (12), S. 90-91.

Buckley, Cheryl (1986): Made in Patriarchy: Toward a Feminist Analysis of Women and Design, in: Design Issues (3 2), S. 3-14.

Bundesministerium für innerdeutsche Beziehungen (1984): Pressemitteilung „Fortsetzung des Kulturaustausches – Design-Ausstellung mit DDR vereinbart", Bonn, vom 22.11.1984.

Bundesministerium für Wirtschaft (1965): Rat für Formgebung, Antwort auf Kleine Anfrage des Abgeordneten Georg Kahn-Ackermann und der Fraktion der SPD – Drucksache IV/3049, Drucksache IV/3132, II C 4 – 30 02 70, 4. Wahlperiode, 26.02.1965.

– (1985): Pressemitteilung „Bundeswirtschaftsminister Bangemann plädiert für Designförderung durch Staat und Wirtschaft", Bonn (= BMWi-Tagesnachrichten 8821), vom 14.11.1985.

Bundesregierung der BRD (1975): Bericht der Bundesregierung über die wirtschaftliche und soziale Lage der künstlerischen Berufe, Drucksache 7/3071, 7. Wahlperiode, 13.01.1975.

Burchardt, Lothar (1980): Professionalisierung oder Berufskonstruktion? Das Beispiel des Chemikers im wilhelminischen Deutschland, in: Geschichte und Gesellschaft (6), S. 326-348.

Burckhardt, Lucius (1981): Design ist unsichtbar, in: Design ist unsichtbar, hrsg. von Helmuth Gsöllpointner, Wien, S. 13-20.

Bürdek, Bernhard E. (1969): Obsoleszenz – Aufstieg und Fall des Industrial Design, in: form (47), S. 36-37.

– (1971a): Design-Theorie – Methodische und systematische Verfahren im Industrial Design, 3. Auflage, zugl. Diplm., TU Stuttgart.

– (1971b): Design-Theorien, Design-Methoden – 10 methodische und systematische Verfahren für den Design-Prozess, in: form (56), S. 9-14.

– (1973): Rezension zu: Gert Selle, Ideologie und Utopie des Design, in: form (63), S. 78.

– (1974a): Rezension zu: Wolfgang Haug, Kritik der Warenästhetik, in: form (68), S. 80.

– (1974b): Ständige Konferenz Studiengang Design an Hochschulen, in: Desein – Zeitschrift für Architektur, Grafik, Produktgestaltung (2), S. 20-26.

– (1975): Einführung in die Designmethodologie, Hamburg (= Designtheorie – Beiträge zur Entwicklung von Theorie und Praxis des Industrial Design 2), 2. Auflage.

– (1977): Tagungsbericht zu: Design-Theorie – ihre Entwicklung als Bestandsaufnahme, in: form (80), S. 56-57.

– (1985): Computer Aided Design, in: Bauwelt (76/29), S. 1162-1163.

– (1990): Der Chip – Leitfossil der neunziger Jahre?, in: Unternehmenskultur – Ein Weg zum Markterfolg, hrsg. von Richard Bachinger, Frankfurt, S. 275-283.

Bürdek, Bernhard E., Hannes, Georg und Schneider, Horst (1986): Das Medium hat eine starke Faszination – Personal Computer fürs Design, in: form (113), S. 6-14.

– (1988): Computer im Design, in: form (121), S. 16-21.

Burkhardt, François (1977): Tagungsbericht zu: IDZ Forum-Kongress 1977: Design-Theorien – Entwicklung im Bereich der deutschen Sprache, in: design report (11/12), S. 15-19.

– (1980): Linz Symposium – „Design and Progess“, in: ICSID-News (September/October), S. 4.

– (1981): Schon wieder braucht der Kaiser neue Kleider, in: Design ist unsichtbar, hrsg. von Helmuth Gsöllpointner, Wien, S. 493-506.

– (1983): Neue Perspektiven – Neue Chancen?: das IDZ, in: form (104), S. 38-40.

– (1986): Tendencies of German Design Theories in the Past Fifteen Years, in: Design Issues (3 2), S. 31-36.

– (1988): Design in der Bundesrepublik Deutschland, in: Produkt, Form, Geschichte – 150 Jahre deutsches Design, hrsg. von Heinz Fuchs und François Burkhardt, (West-)Berlin, 2. Auflage, S. 68-93.

– (1990): Visionen eines bewussteren Lebens, in: 20 Jahres Internationales Design Zentrum Berlin e.V. 1970–1990, hrsg. vom Internationalen Design Zentrum Berlin e.V., Berlin, S. 11-15.

Burkhardt, François, Eveno, Claude und Lindinger, Herbert (Hrsg.) (1988): L'école d'Ulm – Textes et manifestes, Paris, Centre Georges Pompidou, Ausstellungskatalog zu „L'école d'Ulm“, 24.02.–23.05.1988.

Burkhardt, François und Fuchs, Heinz (Hrsg.) (1988): Produkt, Form, Geschichte – 150 Jahre deutsches Design, (West-)Berlin, 2. Auflage.

Busse, Rido (1979): Singt die Nachtigall noch in der Maschine?, in: Harvard-Manager (3), S. 49-53.

– (1989): [Liebe Leser], in: ‚bits‘ (2), hrsg. von busse design ulm, S. 1.

– (1990): Lexikonartikel zu Busse, Rido, in: Contemporary Designers, hrsg. von Colin Naylor, Chicago, S. 85, 2. Auflage.

Butter, Reinhart (1985): Entwicklungen und Tendenzen, in: Bauwelt (76/29), S. 1154-1115.

Campus (1964): Zweiter Luran-Wettbewerb, in: form (25), S. 32-37.

Chmielewicz, Klaus (1968): Grundlagen der industriellen Produktgestaltung, in: Betriebswirtschaftliche Forschungsergebnisse (35).

Clark, Paul Saargent (1968): 2001: A Design Preview, in: Industrial Design (15/4), S. 35-41.

Clark, Vincent (1990): A Struggle for Existence: The Professionalization of German Architects, in: German Professions 1800–1950, hrsg. von Geoffrey Cocks und Konrad Hugo Jarausch, New York, S. 143-160.

club off Ulm (1982): Spurensicherung HfG: „Club off Ulm“, in: form (100), S. 62.

– (Hrsg.) (1983): club off ulm – who was who an der ehemaligen Hochschule für Gestaltung, HfG Ulm, Ulm.

Conrads, Ulrich (1969): Ein Süppchen kocht man, in: Bauwelt, vom 13.01.1969, S. 45.

Cooley, M. J. E. (1980): The Designers in the 1980s – The Deskiller Deskilled, in: Design Studies (1/4), S. 197-201.

Coons, Steven A. (1966): Computer-Aided Design, in: Design Quarterly (66/67), S. 6-13.

Cordes, Gerhard (1977): Der sowjetische Designer – Eine Ausstellung des Instituts für Technische Ästhetik Moskau im Landesgewerbeamt Stuttgart September 1976, in: tendenzen, S. 61.

– (1987): Besuch im DDR-Designzentrum, in: VDID-Extra (3), S. 11-12.

Council of Industrial Design und Rat für Formgebung (Hrsg.) (1965): Gute Form – An Exhibition of German Industrial Design, London, Ausstellungskatalog.

Curdes, Gerhard, Kopperschmidt, Josef und Minke, Gernot (1970): Aufbaustudium am Institut für Umweltplanung Ulm, in: archithese (12/4), S. 73-82.

– (1971): Umweltplanung: Konzeption eines Planstudiums am Institut für Umweltplanung, in: Bauwelt (62 12/13), S. 60-63.

Curdes, Gerhard und Stahl, Konrad (1970): Umweltplanung in der Industriegesellschaft, Reinbeck.

Сильвестрова, С. А. (1976): Отл Айхер, дизайнер из ФРГ, in: Техническая Эстетика (3/4), S. 48-51. [dt. Übersetzung: „Otl Aicher, der Designer aus der BRD"]

d'Hooghe, Robert (1969): Demokratisierung der guten Form – Ein Gespräch mit Robert Gutmann auf der Mathildenhöhe, in: Darmstädter Echo, vom 02.09.1969.

Design Zentrum Hessen (1989): Pressemitteilung „Gründung des Design Zentrum Hessen", Darmstadt.

Design-Center Stuttgart (Hrsg.) (1974): Jahresauswahl 1974, Stuttgart.

– (Hrsg.) (1986): Дизайн – красота и польза, Stuttgart. [dt. Übersetzung: „Design – Schönheit und Nutzen!]

– (Hrsg.) (1987): Design in der UdSSR – Traditionen und Gegenwart, Stuttgart, Ausstellungskatalog.

Design-Center Stuttgart und Landesgewerbeamt Baden-Württemberg (Hrsg.) (1970): Design Baden Württemberg – Une choix de produit, Stuttgart.

Deutscher Designertag e.V. (Hrsg.) (1977): 1. Deutscher Designertag 1977 Karlsruhe, Düsseldorf, Landesgewerbeamt Baden-Wüttemberg, Ausstellungskatalog zu „Design und Designer", 14.10.–13.11.1977.

Deutscher Designertag e.V. und Landesgewerbeamt Baden-Württemberg (Hrsg.) (1980): 2. Deutscher Designertag 1980 Karlsruhe – Gestalten, gebrauchen, verbrauchen, Düsseldorf, Ausstellungskatalog.

Dickmann, Helmut (1963): Kunststoff braucht Phantasie, in: zeitgemäße form in der Süddeutschen Zeitung, vom 21.05.1963.

Dierks, Margarete (1967): Impulse für die Formgebung, in: Darmstädter Tagblatt, vom 20.01.1967.

Dilnot, Clive (1984a): The State of Design History, Part I: Mapping the Field, in: Design Issues (1/1), S. 4-23.

– (1984b): The State of Design History, Part II: Problems and Possibilities, in: Design Issues (1/2), S. 3-20.

Dirkmann, Richard (1960): Formgebung der Industrieerzeugnisse, zugl. Diss., Universität Köln.

Dittert, Karl (1975): Die neue Un-Sachlichkeit – Emanzipation der Gestalt, in: die neue unsachlichkeit – Jahrestagung des Deutschen Werkbundes Baden-Württemberg am 15./16. Februar 1975 in Baden-Baden, hrsg. vom Deutschen Werkbund Baden-Württemberg e.V., Mannheim, S. 29-32.

Ditzen, Eleonore (1977): „Design-Qualität" – erster Test mit „Test", in: form (77), S. 33.

– (1980): Viel Verdienst und wenig Geld, in: Werk und Zeit (1), S. 46-47.

Domina, Ted (1963): Das Fahrerhaus ist noch verbesserungsfähig, in: Das Nutzfahrzeug (15/8), S. 364-375.

– (1965): Mehr rationalisieren und spezialisieren, in: Das Nutzfahrzeug (17/5), S. 293-294.

Donay, Bernd (1988a): Breit angelegtes Qualifikationsprofil – Interview mit Hans Erich Slany, in: Der Arbeitgeber (40/4), S. 134-135.

– (1988b): Stabiler Boden unter den Füßen – Interview mit Stefan Lengyel, in: Der Arbeitgeber (40/4), S. 138-139.

Döpfner, Dieter Christian (1969): Anmerkungen zu Fachhochschulen für Design, in: Werk und Zeit (7), S. 6-7.

Doss, Hansjürgen (1978): Warten Sie nicht darauf, daß andere etwas für Sie tun, in: form (82), S. 58-59.

Dreger, W. (1981): Innovation und Produkt-Lebens-Zyklus, in: Konstruktion, Elemente, Methoden (7), S. 19-24.

Drewitz, Hans-Jürgen (1966): Das M.A.N.-Kippfahrerhaus, in: M.A.N.-Werkzeitung (7), S. 6-7.

Droste, Magdalena (1990): Lexikonartikel zu Kapitzki, Herbert W., in: Contemporary Designers, hrsg. von Colin Naylor, Chiacgo, S. 287-288, 2. Auflage.

Ebmeyer, Klaus U. (1965): Der guten Form verpflichtet, in: Rheinischer Merkur, vom 25.12.1965.

Eckstein, Hans (1964a): Einführung, in: documenta III – Industrial Design und Graphik, hrsg. von Jupp Ernst, Kassel, S. I-IV.

– (1964b): Unsere Gegenstände – Zur Eröffnung der Design-documenta, in: form (27), S. 2-3.

– (1969): Design, Gesellschaft und die Zukunft, in: Werk und Zeit (10), S. 1.

Ehlert, Kai (1985): Aspekte der Zusammenarbeit zwischen freien Designern und Unternehmen, in: Innovative Produktgestaltung 1985 – Eine Ausstellung ausgezeichneter Produkte aus dem Kammerbezirk Hagen, hrsg. von Runar Enwaldt, Hagen, S. 34-36.

Eick, Jürgen (1977): Unternehmer, Politiker und Freund der Künste, in: Frankfurter Allgemeine Zeitung, vom 30.09.1977.

Eickenberg, Karl Heinz (1971): Die Gruppe 21 – neue Massstäbe der Zusammenarbeit, in: zeitgemäße form in der Süddeutschen Zeitung, vom 23.06.1971.

Eisele, Julius (1963): Funktion und Arbeitsbereiche der Laboratorien und Technik im Neubau der Anwendungstechnik, in: BASF-Laboratoriumsbau der Anwendungstechnik, hrsg. von der BASF AG, Detmold (= Monographien und Werkberichte über europäische Großbauten 3), S. 13-14.

Eitner, Lorenz (1957): Industrial Design in Postwar Germany, in: Design Quarterly (40), S. 1-27.

Elon, Amos (1966): In einem heimgesuchten Land – Reise eines israelischen Journalisten in beide deutsche Staaten, München.

Eppler, Erhard (1977a): Gestaltung unserer Umwelt – Auftrag an unsere Gesellschaft, in: form (80), S. 8-10.

Epstein, Lee (1965a): Contracts: Are They Necessary?, in: Industrial Design (10), S. 38-41.

– (1965b): Contracts: What Should they Provide?, in: Industrial Design (11), S. 56-57.

Erlhoff, Michael (1985): Das Bundes-Bauhaus – Ulmer Hochschule für Gestaltung, in: Westermanns Monatshefte (7), S. 22-30.

– (1987a): kopfüber, zu Füßen – Prolog für Animateure, in: Documenta 8, Kassel 1987 – Band 1: Aufsätze, hrsg. von Monika Goebl, Kassel, S. 107-114.

– (1987b): Der Rat für Formgebung, 1987, in: design report (1), S. 6-10.

– (1987c): um ulm herum, in: form (119), S. 12-14.

Ernst, Jupp (1964): Klaus Flesche, in: documenta III – Industrial Design und Graphik, hrsg. von Jupp Ernst, Kassel, S. 4-5.

– (1969): Wurde der „Rat“ verraten?, in: zeitgemäße form in der Süddeutschen Zeitung, vom 09.07.1969.

– (1971): Kunststoffe sind unser Schicksal oder: Natur und Unnatur der Stoffe, in: zeitgemäße form in der Süddeutschen Zeitung, vom 28.04.1971.

Escherle, Hans Jürgen (1986): Industrie-Design für ausländische Märkte, Unterföhring (= Produktforschung und Industriedesign 1), zugl. Diss., Ludwig-Maximilians-Universität München, eingereicht 1985.

Exner, Herrmann (1972): DDR-Design „Technische Form künstlerisch gestalten“, in: form (60), S. 50.

Falkner, Wilhelm (1968): Aus der Entwicklung der neuen Nutzfahrzeugreihe, in: MAN Diesel – Die Zeitschrift für unsere Kunden (17/31), S. 9-12.

Fath, Manfred (1972): Neue Werkstoffe im zeitgenössischen Kunstschaffen, in: Aus der Arbeit der BASF AG (22 Oktober), S. 53-59.

Fehr, Hans Otto (1975a): Dem Werkbund stehen schwere Zeiten bevor, in: Mannheimer Morgen, vom 18.02.1975.

– (1975b): Das Ende der alten Sachlichkeit hat schon begonnen, in: Badische Zeitung, vom 18.02.1975.

Fehsenbecker, Eva (1968): Aus der Retorte – Ein neuer Werkstoff in Ludwigshafen ausgestellt, in: Frankfurter Allgemeine Zeitung, vom 10.12.1968.

Feustel, Jörg und Hau, Erich (1977): Systemstudien – eine neue Dienstleistung der M.A.N., in: M.A.N. – forschen, planen, bauen (8), S. 10-16.

Fietbeck (1971): Rezension zu: Martin Kelm, Produktgestaltung im Sozialismus, in: form (56), S. 92.

Fischer, Cuno (1971): Die Historie einer Tafelrunde, in: zeitgemäße form in der Süddeutschen Zeitung, vom 23.06.1971.

Fischer, Florian (1983a): Im Würgegriff der Wende: das IDZ, in: Illustrierte Stadtzeitung Berlin, vom 24.11.1983.

– (1983b): Im Würgegriff der Wende: IDZ, in: form (104), S. 40.

Fischer, Richard (1981): Formgebung – das Erzeugen einer Produktsprache, in: Konstruktion, Elemente, Methoden (10), S. 95-97 und 119.

Fischer, Volker (Hrsg.) (1988): Design heute – Maßstäbe: Formgebung zwischen Industrie und Kunst-Stück, München, Deutsches Architekturmuseum Frankfurt am Main, Ausstellungskatalog, 28.05.–14.08.1988.

– (Hrsg.) (1989): Design Now: Industry or Art?, München, Deutsches Architektur-Museum Frankfurt am Main, Ausstellungskatalog zu „Design heute – Masstäbe: Formgebung zwischen Industrie und Kunststück".

Flemming, Hanns Theodor (1969): Glasplastik im Rosenthal-Studio-Haus, in: Weltkunst (39/20), S. 1105-1106.

Flesche, Klaus (1956): Aus der Praxis des Formgebers in der Industrie, in: baukunst und werkform (9/10), S. 528-537.

– (1962): Industrial Design in der Praxis, in: Technische Rundschau, vom 27.04.1962.

– (1971): M.A.N.-Design, in: M.A.N. – forschen, planen, bauen (2), S. 4-9.

– (1978): M.A.N.-Produkt-Design, in: M.A.N. – forschen, planen, bauen (2), S. 37-43.

Fohrbeck, Karla (Hrsg.) (1985): Handbuch der Kulturpreise und der individuellen Künstlerförderung in der Bundesrepublik Deutschland 1979–1985, Köln.

Fohrbeck, Karla und Wiesand, Andreas (1975): Der Künstler-Report – Musikschaffende Darsteller, Realisatoren, Bildende Künstler, Designer, München.

Frampton, Kenneth (1975): Ulm: Ideologie eines Lehrplanes, in: archithese (15), S. 26-37.

Frank, Peter (1974): Design in Design – Zur Methodik von Design-Ausstellungen, in: Sehen und Hören – Design + Kommunikation, hrsg. von Brigitte Klesse und Peter Frank, Kunstgewerbemuseum der Stadt Köln, Köln, S. 14.
– (1978): Zum 75. Geburtstag von Mia Seeger, in: form (82), S. 63.
– (1980): Die Geschichte über die Herren R, Rezension zu: Die Rosenthal-Story, hrsg. von Hermann Schreiber, Dieter Honisch und Ferdinand Simoneit, in: form, S. 92.
– (1983): „Jugend formt" – Rosenthal denkt nach, in: form (102), S. 84.
– (1989a): Design Center Stuttgart, in: Für und wider staatlicher Designförderung, hrsg. von dem Bayerischen Staatsministerium für Wirtschaft und Verkehr, München, S. 24-26.
– (1989b): Frauen ins Design!, in: Frauen im Design – Berufsbilder und Lebenswege seit 1900, Band 1, hrsg. vom Landesgewerbeamt Baden-Württemberg und Design Center Stuttgart, Stuttgart, S. 12-13.
Franksen, Inez (1981): IDZ wird in Frage gestellt, in: Werk und Zeit (2), S. 31.
Frecot, Janos und Kerbs, Diethard (Hrsg.) (1971): Werkbundarchiv 1, (West-)Berlin.
Friedewald, Werner (1975): Anthropotechnik bei der Wartengestaltung, in: Stand und zukünftige Entwicklung der Fernwirktechnik hrsg. von der Nachrichtentechnischen Gesellschaft, (West-)Berlin (= Nachrichtentechnische Fachberichte 50), S. 65-72.
Friemert, Chup (1974): Praktische und politische Perspektiven, in: tendenzen (95), S. 27-32.
Fritz, Bernd (1989): Die Porzellangeschirre des Rosenthal Konzerns 1891–1979, Stuttgart, zugl. Diss., Universität Bonn, eingereicht 1987.
Fromm, Walter, Schulze, Gerhard und Otto, Karl (1963): Der angestellte Designer, in: Industrielle Formgebung in den USA – Bericht über die Reise einer Berliner Studiengruppe [1961], hrsg. von Karl Otto, (West-)Berlin (= TE-Projekt RKW – Berlin 85), S. 34-43.
Fuchs, Eberhard (1968a): Beim VDID und bei Philipp Rosenthal, in: form (42), S. 36-37.
– (1970): Zu einem Treffen in der DDR, das nicht stattfand, in: form (52), S. 72.
– (1973): Auf dem Wege zum europäischen Designer, in: form (63), S. 33-35.
– (1974): Der Industrie-Designer heute und morgen?, in: form (65), S. 18-19.
– (1975): London: europäische Gemeinsamkeit der nationalen Designer-Verbände, in: form (72), S. 67-68.
– (1977): Ein Russe wurde Präsident der Designer, in: form (80), S. 25-26.
– (1978): VDID Mitgliederversammlung 1978 in Hannover – Rechenschaftsbericht des Präsidenten Eberhard Fuchs, in: form (82), S. 62-64.
Fuchs, Eberhard und Lindinger, Herbert (1981): Europäische Designer: BEDA, in: VDID-Extra (1), S. 7.
Fuchs, Günter (1961): Ein Meisterwerkchen mit liebenswerten Unvollkommenheiten, in: form (16), S. 26-29.

– (1964): Technische Morphologie, München (= Arbeitsgrundlagen für Designer 1).
– (1967): Technische Morphologie, in: Werkerziehung in der technischen Welt, hrsg. von Fritz Kaufmann und Ernst Meyer, Stuttgart, S. 22-36.
– (1968b): Ist der Gestaltwert einer Ware messbar?, hrsg. vom Bundesverband der Deutschen Industrie e.V., Köln.
Füchtenbusch, Marianne (1971): Das Forum des IDZ, ein Feigenblatt, in: zeitgemäße form in der Süddeutschen Zeitung, vom 01.12.1971.
Gause, Dieter (1983): Im Spannungsfeld politischer und finanzieller Kräfte, in: Darmstädter Echo, vom 24.02.1983.
– (1988): Designzentrum in Darmstadt vor der Gründung, in: Werk und Zeit (2), S. 17.
Gauß, Stefan, Knop, Alexander, Otto, Rainer und Siedel, Christof (1988): Nach uns die Zukunft... VDID-Jahrestagung Berlin, in: form (124), S. 109.
Geipel, Peter (1990): Industriedesign als Marktfaktor bei Investitionsgüter – Eine absatzwirtschaftliche Analyse, Unterföhring (= Produktforschung und Industriedesign 4), zugl. Diss., Ludwig-Maximilians-Universität München, eingereicht 1989.
Gerstenberg, Ekkehard (1964): Industrielle Formgebung und Urheberrecht, in: Betriebsberater (11), S. 439-445.
– (1966a): Neue Industrieform und ihr Recht, in: form (33), S. 23-26.
– (1966b): Stilbildung oder Plagiat?, in: form (34), S. 18-23.
Gestaltungsbüro Slany (Hrsg.) (1965): Sonderausstellung E.H. Slany – Designarbeiten 1953 bis 1965 im Haus Industrieform Essen, Esslingen am Neckar, Haus Industrieform Essen, Ausstellungskatalog.
Geyer, Erich (1965): Die betriebswirtschaftliche Grundlagen für Industrial Design, in: form (30), S. 6-11.
– (1970): Industrial Design, in: Management-Enzyklopädie – Das Managementwissen unserer Zeit in 6 Bänden, München (Band 3), S. 458-473.
– (1972): Marktgerechte Produktplanung und Produktentwicklung: Produktmanagement, Teil II: Produkt und Betrieb – Ein Projekt der Arbeitsgruppe Produktplaung der AW Design – Arbeitsgemeinschaft der Wirtschaft für Produktdesign und Produktplaung e.V., Stuttgart, Heidelberg (= Handbuch der Rationalisierung 7, hrsg. vom Rationalisierungs-Kuratorium der Deutschen Wirtschaft).
– (1982): Industrial Design, Kreativität und klassisches Konstruieren – ein Widerspruch? Dargestellt an praktischen Beispielen, in: Industrial Design in der Feinwerktechnik, hrsg. vom Verein Deutscher Ingenieure, Düsseldorf (= VDI-Berichte 406), S. 25-34.
– (1984a): Bericht der AG „Weiterbildung“, in: VDID-Extra (1), S. 20-21.
– (1984b): Design-Management – Schlagwort oder neuer Denkstil für Industrie und Designer?, in: VDID-Extra (3), S. 8-13.

– (1984c): Innovations-Management, in: VDID-Extra (2), S. 8-9.
Geyer, Erich und Bürdek, Bernhard E. (1970): Design-Management, in: form (51), S. 35-38.
Giachi, Arianna (1968): Die Frau – Entwerferin in der Industrie, in: Werk und Zeit (1), S. 5.
– (1970a): Getarnte Werbung, in: Frankfurter Allgemeine Zeitung, vom 12.05.1970.
– (1970b): Internationales Design Zentrum Berlin, in: Werk und Zeit (1), S. 2.
– (1970c): Vom Schaufenster zum Laboratorium, in: Frankfurter Allgemeine Zeitung, vom 29.04.1970.
– (1970d): Der Stuhl als Plastik, in: Frankfurter Allgemeine Zeitung, vom 07.02.1970.
– (1970e): Vormarsch des Dilettantismus?, in: Frankfurter Allgemeine Zeitung, vom 16.01.1970.
– (1971): Was kann aus dem Design-Zentrum noch werden?, in: Frankfurter Allgemeine Zeitung, vom 19.02.1971.
– (1972a): Ergebnisse einer Studie – Eine Bestandsaufnahme in Fakten und Daten zur Industrial Design-Ausbildung der Schulen, in: form (59), S. 23-27.
– (1972b): Im Jahre neunzehnhundertachtzig wohnen wir „multimobil“, in: Frankfurter Allgemeine Zeitung, vom 22.01.1972.
– (1972c): Niveauabfall, in: Frankfurter Allgemeine Zeitung, vom 14.01.1972.
– (1972f): Was wird aus dem Designer-Studium?, in: zeitgemäße form in der Süddeutschen Zeitung, vom 12.10.1972.
– (1973a): Ausbildungsfabrik…?, in: Werk und Zeit (1), S. 7.
– (1973b): Designer nur für die Industrie?, in: Frankfurter Allgemeine Zeitung, vom 20.02.1973.
– (1973c): Die Soziologie des Weihnachtsbaumes, in: Frankfurter Allgemeine Zeitung, vom 16.02.1973.
– (1975): Der Werkbund und die röhrenden Hirsche, in: Frankfurter Allgemeine Zeitung, vom 20.02.1975.
– (1977a): Ist Formqualität messbar?, in: Frankfurter Allgemeine Zeitung, vom 05.12.1977.
– (1977b): Schöne Form kontra technische Qualität, in: Frankfurter Allgemeine Zeitung, vom 10.05.1977.
– (1981): Routinierter Industrie-Designer – Zum Tode von Eberhard Fuchs, in: Frankfurter Allgemeine Zeitung, vom 18.05.1981.
– (1983): Wirklich Schluß?, in: Frankfurter Allgemeine Zeitung, vom 30.12.1983.
– (1986a): Design in Moskau?, in: Frankfurter Allgemeine Zeitung, vom 05.12.1986.
– (1986b): Neuer Aufschwung für das Design?, in: Frankfurter Allgemeine Zeitung, vom 18.03.1986.

Giedion, Sigfried (1987): Die Herrschaft der Mechanisierung – Ein Beitrag zur anonymen Geschichte, Frankfurt am Main.

Ginzel, Hermann (1965): Männer gegen heilige Kühe, in: Kölner Stadt-Anzeiger, vom 07.12.1965.

Gispen, Kees (1990): Engineers in Wilhelmian Germany: Professionalization, Deprofessionalization, and the Development of Nonacademic Technical Education, in: German Professions 1800–1950, hrsg. von Geoffrey Cocks und Konrad Hugo Jarausch, New York, S. 104-122.

Glasenapp, Jörg (1961): Formgebung in der Sowjetunion, in: WOG-Nachrichten (7), hrsg. von Walter Otto Gleffe, S. 4.

Glasenapp, Werner (1965): Industrial Design Training in Germany, in: 3rd ICSID-Congress in Paris – June 1963, hrsg. von dem International Council of Societies of Industrial Design, Brüssel, S. 22-23.

Gleffe, Walter Otto (1963): Berufsrichtlinien für Industrie-Designer, in: WOG-Nachrichten (4), hrsg. von Walter Otto Gleffe, S. 4-5.

– (1964): „Stilbildung in Industrie und Technik" – Versuch einer Klärung in Tutzing, in: form (28), S. 62-65.

– (1965): Die Stellung des Designers in der Industrie, in: WOG-Nachrichten (5), vom 15.07.1965, S. 5.

Glückelhorn, Herwig (1973): Gustav Stein – Engagiert in drei Bereichen, in: Rheinischer Merkur, vom 20.04.1973.

Gomringer, Eugen (1967): Industrial Design in Osteuropa, in: Technische Rundschau, vom 07.07.1967.

– (1969): Berlin – neues Zentrum für Design?, in: Tages-Anzeiger, vom 26.09.1969.

– (1970): Sinn und Unsinn des Repräsentierens in Industrie, Wirtschaft und Staat, in: Bauen + Wohnen (8), S. 265-267.

– (1980): Stundenbuch, München.

Görlach, Wolfgang und Poell, Erwin (1984): Das BASF-Finanz-Design, in: form (108/109), S. 74-79.

Goslich, Lorenz (1984): Design – „die wichtigste Nebensache der Welt", in: Frankfurter Allgemeine Zeitung, vom 10.12.1984.

Götz, Hans Herbert (1984): Ein Swing-Rodel, Alltägliches und Utopisches – alles schön gestaltet, in: Frankfurter Allgemeine Zeitung, vom 04.12.1984.

Greffrath, Mathias (1985): Der Held der Moderne war der Ingenieur, der Held der Postmoderne ist der Innenarchitekt, in: Werk und Zeit (1), S. 24.

Gronert, Siegfried (1981): Design-Trends – Beobachtungen aus der Design-Szene, in: form (96), S. 74.

– (1983): „Die Enge der Ketzer...", in: form (102), S. 84-86.

– (1985): Gestaltung tut not, in: Die Zeit, vom 15.11.1985.

– (1987): Zur Legitimation des Design, in: form (120), S. 6-7.

Gros, Jochen (1974): Begriffe zur Unterscheidung zwischen technokratischem und Sozio-Design, in: Desein – Zeitschrift für Architektur, Grafik, Produktgestaltung, vom 03.11.1974.
– (1975): Fortschritt im erweiterten Funktionalismus, in: Desein – Zeitschrift für Architektur, Grafik, Produktgestaltung (Mai), S. 9-13.
– (1976a): Sinn-liche Funktionen im Design [1], in: form (74), S. 6-9.
– (1976b): Sinn-liche Funktionen im Design [2], in: form (75), S. 12-13.
– (1979): Alternativdesign – selber gemacht, in: Kunst + Unterricht (56), S. 34-35.
– (1987a): High-Tech-Avantgarde (1), in: form (117), S. 17-19.
– (1987b): High-Tech-Avantgarde (2), in: form (118), S. 8-11.
– (1987c): High-Tech-Avantgarde (3), in: form (119), S. 18-20.
– (1989): Mikroelektronik und Design, in: Siemens-Zeitschrift (63 1), S. 20-21.
Grüner, Martin (1981): Rede Anlässlich der Verleihung des Bundespreises „Gute Form 1980/81", in: design report (11), S. 7-12.
Gutmann, Robert (1961): Vom Beruf des Designers, Düsseldorf (= Troost-Schriftenreihe 6, hrsg. von der Troost-Werbeagentur).
Habermas, Jürgen (1968): Technik und Wissenschaft als ‚Ideologie', Frankfurt am Main.
Hackenberg, Lutz (1980): 2. Deutscher Designertag vom 9.–11.10.1980 in Karlsruhe, in: form (92), S. 72.
Hagen, Gerhard (1977): Designer-Verträge, in: Betriebs-Berater (4), vom 10.02.1977, S. 167-170.
Hagen, Karl (1963a): Kunststoffe und ihre Anwendung im Kraftfahrzeug [1], in: Automobiltechnische Zeitschrift (65/9), S. 293-298.
– (1963b): Kunststoffe und ihre Anwendung im Kraftfahrzeug [2], in: Automobiltechnische Zeitschrift (65/12), S. 388-393.
– (1964a): Kunststoffe und ihre Anwendung im Kraftfahrzeug [3], in: Automobiltechnische Zeitschrift (66/2), S. 55-59.
– (1964b): Kunststoffe und Leichtbau bei Straßenfahrzeugen, in: Leichtbau der Verkehrsfahrzeuge (8/5), S. 167-171.
Hahne, Fritz (1978): Über den Umgang mit Designern, in: form (84), S. 56.
– (1989): Design aus der Sicht von Unternehmern, in: Design – Schnittpunkt – Essen 1949–1989 – Von der Folkwangschule für Gestaltung zur Universität Essen – 40 Jahre Industriedesign in Essen, hrsg. von Stefan Lengyel und Herrmann Sturm, (West-)Berlin, S. 130-134.
– (1990): Design und deutsches Management, in: Design-Management, hrsg. vom Rat für Formgebung, dem Industrie Forum Design Hannover und dem Design Management Institute Boston, Düsseldorf, S. 59-63.
Halder, Johannes (1981): 2. Deutscher Designertag 1980 – Gestalten, Gebrauchen, Verbrauchen, in: Das Kunsthandwerk (34/1), S. 44 und 53.

Hansen, Ursula (1968): Produktgestaltung im Spiegel der Fachliteratur – Versuch einer Systematisierung verschiedener Lehrmeinungen, in: Betriebswirtschaftliche Forschung und Praxis (20), S. 588-594.

– (1969a): Design als Problem des Marketing für geschmacksintensive Konsumgüter, in: Geschäftsbericht der Rosenthal AG, hrsg. von der Rosenthal AG, Selb.

– (1969b): Stilbildung als absatzwirtschaftliches Problem der Konsumgüterindustrie, (West-)Berlin (= Sozialwissenschaftliche Abhandlungen 13).

Hansen, Ursula und Leitherer, Eugen (1984): Produktpolitik, Stuttgart, 2. Auflage.

Hardt, Michael (1983): Eintragung in das europäische Berufsregister, in: VDID-Extra (3), S. 12-14.

Hareiter, Angela (1983): Was ist Design? Fragmentarische Betrachtung anlässlich eines Rückblicks auf Forum Design, in: Kunstforum international (66), S. 51-83.

von Hartmann, Gustav Barcas (1968a): Berichtigung, in: VDID-Informationsdienst (1), S. 3-4.

– (1968b): Deutscher Werkbund, in: Die Welt, vom 18.12.1968.

– (1968c): Politik der Offiziellen, in: form (41), S. 82.

Hartmann, Horst (1966): von Cice ro mit G ro pius zu ro wolt, Rezension zu: Industrial Design heute von Wilhelm Braun-Feldweg, in: form (34), S. 68.

– (1986a): Das Design-Wissen und Design-Interesse in der deutschen Bevölkerung, in: form (115), S. 92.

– (1986b): Untersuchung über „Designwissen und Designinteresse in der deutschen Bevölkerung“, in: VDID-Extra (2), S. 4.

Hartmann, Horst und Seeger, Hartmut (1964): Zur Diskussion „Technische Formgestaltung“ im VDI, in: form (27), S. 58-60.

Harvie, Christopher (1988): The Politics of German Railway Design, in: Journal of Design History (1/3-4), S. 235-247.

Haug, Wolfgang (1970): Zur Kritik der Warenästhetik, in: Kursbuch (20), S. 140-158.

Haushaltsauschuss des Deutschen Bundestages (1985): Beschlussempfehlung des Haushaltsausschusses, Drucksache 10/4159, 10. Wahlperiode, 23.10.1985.

Heinz, Gerhard (1966): Design-Verträge, in: form (34), S. 16-17.

Henger, Gregor (1989): Computerdesign: Gleiche unter Gleichen, in: Hochparterre – Zeitschrift für Architektur und Design (2/11), S. 26-27.

Henkels, Walter (1964): Unternehmervertreter und Kunstmäzen: Gustav Stein, in: Frankfurter Allgemeine Zeitung, vom 29.12.1964.

Hensley, Eberhard (1967): Zum Rechtsschutz für die industrielle Formgebung, in: Bauwelt (58 34/35), S. 872-877.

Heskett, John (1980): Industrial Design, New York.

Hesler, Gerhard (1975): Die Architekten bekennen sich schuldig, in: Stuttgarter Zeitung, vom 19.02.1975.
Hesse, Wilfried und Kern, Ulrich (1985): Designer und Computer – CAD, neue Technologie im Designprozess?, hrsg. vom Rat für Formgebung, Darmstadt.
Hesse, Wolfgang (1988): Brief von ASID, in: VDID-Extra (3), S. 16-18.
Hilgering, Reinhold (1974): Tagungsbericht zu: „Humanisierung der Arbeit"? Zum Kongreß des DGB in München, in: form (68), S. 52.
– (1985): 1. Münchner Design Forum, in: form (112), S. 88.
Hill, Roland (1968): Kann der Computer den Künstler ersetzen?, in: Frankfurter Allgemeine Zeitung, vom 29.08.1968.
Hinze, Albrecht (1984a): Selbstdarstellung mit Neideffekt, in: Süddeutsche Zeitung, vom 06.12.1984.
– (1984b): Zeichen für mehr Normalität, in: Süddeutsche Zeitung, vom 04.12.1984.
– (1985): Industrielle Formgebung als innerdeutscher Kulturaustausch, in: Süddeutsche Zeitung, vom 04.09.1985.
Hirche, Herbert (1972): Wohnen 1980 – Anregung an die Möbelindustrie, in: design international (3), S. 13-19.
Hirche, Herbert, Klink, Claus-Peter und Bitterberg, Karl-Georg (1971): Wohneinheit 80, in: Möbel, Interior, Design (12), S. 36-45.
Hirche, Herbert und Votteler, Arno (1971): Wohnen 1980 – Multifunktionales Wohnen, in: form (56), S. 18-23.
Hirdina, Heinz (1979): О теоретических и методических исследованиях дизайна в гдр, in: Техническая Эстетика (10), S. 2-4. [dt. Übersetzung: „Über theoretische und methodische Forschungen im Design in der DDR"]
– (1988): Gestalten für die Serie – Design in der DDR 1949–1985, Dresden (= Veröffentlichung des Amtes für industrielle Formgestaltung und des Bauhauses Dessau).
Hirdina, Heinz und Köster, Hein (1976): ICSID '75 Moskau, in: form + zweck (1), S. 3-6.
Hirzel, Stephan (1965): Was verlangt die Industrie vom Designer?, in: form (29), S. 20-23.
Hofer, Ferdinand (1980): Design : Design formt den Alltag, also... Forum Design 28.6.–7.10. in Linz, in: Werk, Bauen + Wohnen (67/10), S. 8-9.
Holl, Heinz A. (1982): Die soziale Absicherung von Künstlern und Publizisten ist Realität geworden, in: form (100), S. 75.
Hollenstein, Eric, Brendgens, Lothar, Rebentisch, Wolfgang und Schmidt, Helmut (1971): ICSID forum des étudiants: Allemagne, in: esthétique industrielle (106), S. 1.
Honisch, Dieter (1980): Kunst gebrauchen – Versuch einer Analyse von Kunst und Design bei Rosenthal, in: Die Rosenthal Story, hrsg. von Hermann Schreiber, Dieter Honisch und Ferdinand Simoneit, Düsseldorf, S. 43-134.

Horn, Peter (1981): Technikakzeptanz ist eine Vertrauensfrage, in: zeitgemäße form in der Süddeutschen Zeitung, vom 02.06.1981.

– (1985): Die „CA"-Welle rollt, in: zeitgemäße form in der Süddeutschen Zeitung, vom 24.09.1985.

– (1986a): „CAD" im Design-Prozeß?, in: zeitgemäße form in der Süddeutschen Zeitung, vom 26.02.1986.

– (1986b): Kürzel, die die Industrie verändern, in: zeitgemäße form in der Süddeutschen Zeitung, vom 27.10.1986.

– (1986c): Werkbund, Bauhaus, Ulm – und dann?, in: zeitgemäße form in der Süddeutschen Zeitung, vom 01.10.1986.

– (1987a): Big Business im Werkzeugmaschinenbau, in: zeitgemäße form in der Süddeutschen Zeitung, vom 05.11.1987.

– (1987b): Design als Qualitätsmerkmal, in: zeitgemäße form in der Süddeutschen Zeitung, vom 05.11.1987.

– (1987c): Viel Spekulation um die Fabrik der Zukunft, in: zeitgemäße form in der Süddeutschen Zeitung, vom 01.04.1987.

Hoynick, Rainer (1969): Nur ein Massage-Institut für Konsumenten?, in: Handelsblatt, vom 06./07.02.1969.

Huerkamp, Claudia (1980): Ärzte und Professionalisierung in Deutschland, in: Geschichte und Gesellschaft (6), S. 349-382.

Hüllenkremer, Marie (1985): Nicht nur der besseren Optik wegen, in: art – Das Kunstmagazine (4), S. 6-7.

Hüser, Karl (1988): Ein Wirtschaftszweig in extremer Randlage – Zur Entwicklung der westdeutschen Porzellanindustrie nach dem Zweiten Weltkrieg (1945–1960), in: So fing es an, so ging es weiter – Deutsches Porzellan und Deutsche Porzellanfabriken 1945–1960, hrsg. von Wilhelm Siemen, Hohenberg an der Eger (= Schriften und Kataloge des Museums der Deutschen Porzellanindustrie 11), S. 7-23.

Hutchings, Raymond (1976): Soviet Science, Technology, Design – Interaction and Convergence, London.

Hüttenrauch, R. und Pfennig, H.J. (1977): ... und die Stiftung Warentest, in: form (78), S. 41.

Industrieform Hannover (Hrsg.) (1989): iF89, Hannover.

Industrieform Hannover und Design Hannover (Hrsg.) (1990): iF, Hannover.

Inglehart, Ronald (1977): The Silent Revolution – Changing Values and Political Styles Among Western Publics, New Jersey.

Internationales Design Zentrum Berlin (Hrsg.) (1971): Jahresbericht '70, (West-) Berlin.

– (Hrsg.) (1972a): Design? Umwelt wird in Frage gestellt, (West-)Berlin (= IDZ 1), 2. Auflage, Ausstellungskatalog.

– (Hrsg.) (1972b): Mode – das inszenierte Leben, (West-)Berlin (= IDZ 4), Ausstellungskatalog.

– (Hrsg.) (1976): Jahresbericht '75, (West-)Berlin.
– (Hrsg.) (1977): Jahresbericht '76, (West-)Berlin.
– (Hrsg.) (1978): Jahresbericht '77, (West-)Berlin.
– (1979): Pressemitteilung „Bundeswettbewerb für umweltfreundliche und rohstoffbewusste Produktgestaltung", (West-)Berlin, vom 07.11.1979.
– (1985): Pressemitteilung „'Produkt – Form – Geschichte, 150 Jahre deutsches Design' – Eine Ausstellung des Instituts für Auslandsbeziehungen – Erstpräsentation in Berlin (West) durch das Internationale Design Zentrum Berlin e.V.", (West-)Berlin.
– (1989a): Pressemitteilung „'Produkt und Design aus Berlin (West)' – Wanderausstellung des IDZ im Designzentrum des Amtes für industrielle Formgestaltung der DDR", vom 29.05.1989.
– (1989b): Pressemitteilung „Schrittweise engere Zusammenarbeit", (West-)Berlin, vom 15.12.1989.
Jablonski, Bernhard (1984): Pforzheimer's Automobile Professur, in: form (108/109), S. 168.
Jarausch, Konrad Hugo (1990a): The German Professions in History and Theory, in: German Professions 1800–1950, hrsg. von Geoffrey Cocks und Konrad Hugo Jarausch, New York, S. 9-24.
– (1990b): The Unfree Professions – German Lawyers, Teachers and Engineers 1900–1950, New York.
Jaspersen, Thomas und Beuck, Helga (1983): „Wenige Juroren haben viel zu sagen...", in: form (101), S. 6-9.
Jaspes, Manfred (1976): Der Designer und das Problem der Nutzfahrzeuggestaltung, in: Hilft Design dem Autofahrer?, hrsg. vom Rat für Formgebung, Darmstadt (= Design-Dialoge 6), S. 53-69.
Jaumann, Anton (1987): Bayerisches Design-Zentrum in Nürnberg, in: form (118), S. 74.
Jencks, Charles (1978): Die Sprache der post-modernen Architektur – Die Entstehung einer alternativen Tradition, Stuttgart, 2. Auflage.
Jochum, Helmut und Wanke, Dieter (1981): „Schularbeiten" – Ein Stattelzug, der keiner mehr ist... in: form (95), S. 32-33.
John, H. und Kraus, Wolfgang (1989): Ergonomische Gestaltung Arbeitsplatz LKW – Am Beispiel der neuen NFZ-Generation der Fa. MAN-Nutzfahrzeuge GmbH, in: Aktive Sicherheit von Nutzfahrzeugen, hrsg. von Verein Deutscher Ingenieure, Düsseldorf (= VDI-Berichte 744), S. 319-330.
Jüptner und Pannek (1972): Produktimage und Design – Ein Beitrag zur Design-Methodik bei der Planung technischer Erzeugnisse, in: Industrielle Organisation (41/9), S. 403-407.
Kahlcke, Wolfgang (1972): Mode oder das inszenierte Leben, in: Die Welt, vom 20.12.1972.

Kahlert (1979): Marktgerecht und lückenlos, in: MAN Diesel – Die Zeitschrift für unsere Kunden (28/61), S. 10-16.

Kahn-Ackermann, Georg und Fraktion der SPD (1965): Kleine Anfrage: Rat für Formgebung, an Bundesregierung, Drucksache IV/3049, 4. Wahlperiode, 10.02.1965.

Kalberer, Marcel, Kleinkauf, Günter und Minke, Gernot (Hrsg.) (1974): Zur Ermittlung einer Typologie von Architekten, Grafik-Designern und Industrial-Designern in Bezug auf deren Wahrnehmungen und Vorstellungen von Ausbildung und Beruf – ein Beitrag zur hochschuldidaktischen Diskussion, Kassel (= Schriftenreihe der Organisationseinheit 06: Architektur, Stadt- und Landschaftsplanung der Gesamthochschule Kassel 4).

Käo, Tõnis (1972): Gedanken zur Verbandspolitik – Problem: angestellte Designer, in: form (60), S. 71.

Käo, Tõnis und Lengert, Julius (1979): Formmerkmale und ihre Wirkungen, München (= Produktgestalt 1, hrsg. von Edwin A. Schricker).

– (1980): Bedeutungsträger und ihre Inhalte, München (= Produktgestalt 2, hrsg. von Edwin A. Schricker).

Kapitzki, Herbert W. (1983): Fantasie der „Wilden“ – im Design... in: form (102), S. 84.

– (1990): Lexikonartikel zu Kapitzki, Herbert W., in: Contemporary Designers, hrsg. von Colin Naylor, Chicago, S. 287, 2. Auflage.

Kapitzki, Herbert W. und Gitzel, Dieter (1979): Exodus 1968 – HfG Ulm zehn Jahre danach, in: format (78), S. 64-70.

Karutz, H.R. (1984): Industrie-Design, das ist ein Blick ins Wunderland, in: Die Welt, vom 07.12.1984.

Kattentidt, Hinrich (1981): Zusammenarbeit zwischen Konstrukteuren und Designern, in: Konstruktion, Elemente, Methoden (8), S. 93-98.

Kehlcke, Wolfgang (1971): Aktivität in Sachen Design, in: Die Welt, vom 24.11.1971.

Kelley, Douglas F. (1966): Créativité professionelle et avenir, in: esthétique industrielle (78-79), S. 12-19.

Kellner, Petra und Poessnecker, Holger (1978): Produktgestaltung an der HfG Ulm – Versuch einer Dokumentation und Einschätzung, Hanau (= Designtheorie – Beiträge zur Entwicklung von Theorie und Praxis des Industrial Design 3).

Kelm, Martin (1971): Produktgestaltung im Sozialismus, (Ost-)Berlin, zugl. Diss., Institut für Gesellschaftswissenschaften beim Zentralkomitee der SED in (Ost-)Berlin, eingereicht 1969.

– (1979): Роль дизайна в развитии народного хозяйства и решении социально значимых задач в гдр, in: Техническая Эстетика (10), S. 1-2. [dt. Übersetzung: „Die Rolle von Design in der Entwicklung der nationalen Wirtschaft und die Lösung der gesellschaftlich bedeutsamen Problemen in der DDR“]

– (1982): Новые задачи дизайнеров гдр, in: Техническая Эстетика (10), S. 1-2. [dt. Übersetzung: „Neue Aufgaben für die DDR-Designer"]

Kemp, Wolfgang (1974): Disegno – Beiträge zur Geschichte des Begriffs zwischen 1547 und 1607, in: Marburger Jahrbuch für Kunstwissenschaft (19), S. 219-240.

Keppner, Hartmut (1971): Anschluß gesucht im Design, in: Reutlinger Generalanzeiger, vom 22.10.1971.

Kerbs, Diethard (1970a): Mit dem Rotstift gelesen, in: Werk und Zeit (4), S. 1.

– (1970b): Thesen zur Arbeit des IDZ Berlin, in: Werk und Zeit (1), S. 2-4.

– (1971): Der Konflikt im IDZ Berlin, in: Werk und Zeit (2), S. 6-8.

Kern, Ulrich (1981a): Johann Klöcker – Umwelt-Journalist aus Protest, in: design report (6), S. 2-3.

– (1981b): Konstruktion und Industrial Design, in: Konstruktion, Elemente, Methoden (6), S. 67-70.

– (1990): Überdruß am Überfluß, in: Design und Ökologie, hrsg. von Renate Doeblin, München, S. 40-42.

Kerr, Ann (1998): Rosenthal – Excellence for All Times – Dinnerware, Accessories, Cutlery, Glass, Atglen.

Kinross, Robin (1988): Hochschule fur Gestaltung Ulm: Recent Literature, in: Journal of Design History (1/3-4), S. 249-256.

Kircherer, Sibylle (1987): Industriedesign als Leistungsbereich von Unternehmen, München (= Produktforschung und Industriedesign 2), zugl. Diss., Ludwig-Maximilians-Universität München, eingereicht 1986.

Klapheck, Anna (1967): Die neue Rosenthal-Fabrik von Walter Gropius, in: Werk und Zeit (11), S. 5.

von Klein, Michael (1980): Nutzfahrzeug-Design: Möglichkeiten und Grenzen, in: Der Arbeitgeber (32/4), S. 152-154.

Klöcker, Ingo (1964): Korrespondenz über Korrespondenz, in: form (26), S. 70-71.

– (1966): Design am Lkw?, in: zeitgemäße form in der Süddeutschen Zeitung, vom 13.04.1966.

– (1970a): Dürfen Messestände „gut" sein?, in: zeitgemäße form in der Süddeutschen Zeitung, vom 10.06.1970.

– (1970b): Selbstkontrolle der Produktwelt, in: zeitgemäße form in der Süddeutschen Zeitung, vom 10.06.1970.

– (1970c): Walter Gropius baute seine letzte Kathedrale der Arbeit, in: zeitgemäße form in der Süddeutschen Zeitung, vom 10.06.1970.

– (1971): Modellfall Design Center Stuttgart 1971, in: zeitgemäße form in der Süddeutschen Zeitung, vom 29.09.1971.

– (1972a): Drei Bücher über Design, in: zeitgemäße form in der Süddeutschen Zeitung, vom 12.10.1972.

– (1972b): Glanz und Elend des Designerdaseins, in: zeitgemäße form in der Süddeutschen Zeitung, vom 25.10.1972.
– (1973a): Ein Beispiel (7): M.A.N. Investitionsgüter, in: zeitgemäße form in der Süddeutschen Zeitung, vom 25.07.1973.
– (1975a): CAD = Computer Aided Design, in: zeitgemäße form in der Süddeutschen Zeitung, vom 23.10.1975.
– (1975b): ICSID-Kongreß '75 Moskau, in: zeitgemäße form in der Süddeutschen Zeitung, vom 19.11.1975.
– (1977a): Philip Rosenthal neuer Präsident des Rats für Formgebung, in: Süddeutsche Zeitung, vom 22.06.1977.
– (1979): Das Denken und der Rechner, in: zeitgemäße form in der Süddeutschen Zeitung, vom 20.06.1979.
– (1981a): Industrial Design für Ingenieure?, in: VDI-Nachrichten, vom 12.06.1981.
– (1981b): Produktgestaltung – Aufgabe, Kriterien, Ausführung, (West-)Berlin.
– (1982): Begrüßung, in: Industrial Design in der Feinwerktechnik, hrsg. von Ingo Klöcker, Düsseldorf (= VDI-Berichte 406), S. 1-6.
– (1987): Eine Design-Richtlinie für Ingenieure…?, in: form (117), S. 12-15.
Klöcker, Johann (1965a): Design und Öffentlichkeit, in: zeitgemäße form in der Süddeutschen Zeitung, vom 29.09.1965.
– (1965b): Die Industrie übernimmt die Verantwortung selbst, in: zeitgemäße form in der Süddeutschen Zeitung, vom 14.04.1965.
– (1967): Form oder Fiegenblatt, in: zeitgemäße form in der Süddeutschen Zeitung, vom 17.05.1967.
– (1968a): Ein Club für DESinteressierte, in: zeitgemäße form in der Süddeutschen Zeitung, vom 18.06.1968.
– (1968b): Was die HfG unheimlich macht, in: zeitgemäße form in der Süddeutschen Zeitung, vom 27.03.1968.
– (1969a): „Zur Hoffnung verdammt" oder „die Zukunft muss erfunden werden", in: zeitgemäße form in der Süddeutschen Zeitung, vom 15.10.1969.
– (1969b): Wird Umweltgestaltung unser aller Mitbestimmungsrecht?, in: zeitgemäße form in der Süddeutschen Zeitung, vom 29.04.1969.
– (1972c): 5 Umweltfragen an Heinz O. Vetter, in: zeitgemäße form in der Süddeutschen Zeitung, vom 26.07.1972.
– (1973b): DGB im Rat für Formgebung, in: zeitgemäße form in der Süddeutschen Zeitung, vom 25.07.1973.
– (1977b): Plagiat als (trübes) Zeichen der Anerkennung guter Industrieform, in: zeitgemäße form in der Süddeutschen Zeitung, vom 08./09.06.1977.
– (1980): Design-Börse und Forum Design, in: Süddeutsche Zeitung, vom 25.09.1980.
– (1983): Industrie-Designer wollen ökologisches Bewusstsein wecken, in: zeitgemäße form in der Süddeutschen Zeitung, vom 08.03.1983.

Klose, Odo (1967): Industrie-Designer diskutierte Ausbildungs-Rahmenplan, in: form (39), S. 56.

– (1973): Gegenrechnung: Nicht 450 Designer zuviel, sondern 500 zu wenig, in: form (62), S. 6.

– (1978): Kunst, Erziehung, Design, Grafenau (= Fachstudienführer 3), 2. Auflage.

Klotz, Heinrich (1975): Funktionalismus und Trivialarchitektur – Der Werkbund und die röhrenden Hirsche, in: die neue unsachlichkeit – Jahrestagung des Deutschen Werkbundes Baden-Württemberg am 15./16. Februar 1975 in Baden-Baden, hrsg. von dem Deutscher Werkbund Baden-Württemberg e.V., Mannheim, S. 7-13.

Knepper, Ernst (1972): Das endgültige Ende der Ulmer Schule – Das IUP wird ersatzlos geschlossen, in: form (57), S. 35-38.

Knoop, Heinz-Peter (1981): Freiberuflichkeit für Industrie-Designer, in: VDID-Extra (2), S. 15-16.

Knop, Arno (1982): Mißtöne bei CAD/CAM, in: Konstruktion und Design (September), S. 38-39.

Kocka, Jürgen (1977): Angestellte zwischen Faschismus und Demokratie – Zur politischen Sozialgeschichte der Angestellten: USA 1890–1940 im internationalen Vergleich, Göttingen (= Kritische Studien zur Geschichtswissenschaft 25).

Kohl, Hans-Helmut (1983): Designförderung ist in Zwänge geraten – Wir der „Rat für Formgebung“ mit dem „Designzentrum Berlin“ fusionieren?, in: Frankfurter Rundschau, vom 04.03.1983.

Köhler, Hans (1971): Stuttgart hat ein „Design-Center“, in: Werk und Zeit (3), S. 3.

König, Heinrich (1964a): Erste Ausstellung des VDID, in: Werk und Zeit (7/8), S. 9.

– (1964b): Wanderausstellung des VDID jetzt in Stuttgart, in: zeitgemäße form in der Süddeutschen Zeitung, vom 14.10.1964.

von Kornatzki, Peter (1970): Design? Umwelt wird in Frage gestellt, in: form (50), S. 6.

Korrek, Norbert (1984): Versuch einer Biographie – Die Hochschule für Gestaltung Ulm, in: form + zweck (6), S. 39-45.

– (1986): Die Hochschule für Gestaltung Ulm – Dokumentation und Wertung der institutionellen und pädagogischen Entwicklung der Hochschule für Gestaltung Ulm und besonderer Beachtung der zeitbezogenen politischen und wirtschaftlichen Rahmenbedingungen in der Bundesrepublik Deutschland, Weimar, zugl. Diss., Hochschule für Architektur und Bauwesen in Weimar, eingereicht 1985.

– (1989): Die Hochschule für Gestaltung Ulm, in: Das Schicksal der Dinge – Beiträge zur Designgeschichte – Beiträge aus form + zweck, hrsg. von Dagmar Lüder und dem Amt für industrielle Formgestaltung der DDR, Leipzig, S. 295-308.

Kossolapow, Rudolf (1985): Design und Design zwischen Tradition und Utopie – Ausbildungsprobleme der Fachhochschulen für Design systematisch und historisch gesehen, Frankfurt am Main, zugl. Diss., Universität Münster, eingereicht 1984.

Kotschenreuther, Hellmut (1971a): Design für die Umwelt oder die Kaffeetasse, in: Mannheimer Morgen.

– (1971b): Design muss künftig zur Umwelttherapie werden, in: Tages-Anzeiger, vom 15.09.1971.

Krammerer, Jürgen (1988): Beitrag der Produktpolitik zur Coporate Identity, München (= Produktforschung und Industriedesign 3), zugl. Diss., Ludwig-Maximilians-Universität München, eingereicht 1987.

Krampen, Martin (1967a): Computer im Design, in: form (38), S. 6-12.

– (1967b): Computer im Design – Ergebnisse und Möglichkeiten der Computer-Grafik, in: Exakte Ästhetik – Methoden und Ergebnisse empirischer und experimeneller Ästhetik, hrsg. von William E. Simmat, Stuttgart (= Kunst aus dem Computer 5), S. 38-47.

– (1967c): Computer und Gestaltung, in: ulm (19/20), S. 2-8.

– (1986): Der Anteil des wissenschaftlichen Unterrichts an der Schulwerdung der Hochschule für Gestaltung, in: Umwelt, Gestaltung und Persönlichkeit – Reflexionen 30 Jahre nach Gründung der Ulmer Hochschule für Gestaltung, hrsg. von Martin Krampen und Horst Kächele, Hildesheim, S. 7-33.

Krauch, Helmut (1973): Die Problemlöser kommen, in: analysen – Zeitschrift zur Wissenschafts- und Berufspraxis (3/7), S. 12-15.

Kraus, Wolfgang (1987): Design im Nutzfahrzeugbau – Stand der Entwicklung und Perspektive am Beispiel der neuen Fahrhaus-Generation von MAN, in: Tendenzen im modernen Karosseriebau, hrsg. vom Verein Deutscher Ingenieure, Düsseldorf (= VDI-Berichte 665), S. 155-169.

Kreiner, Diethard (1968): Die Porzellanstadt Selb erhält ein neues Gesicht, in: Keramische Zeitschrift (20/6), S. 367.

Krengel, Rolf und Zierbarth, Ursula (1956): Die Bedeutung der industriellen Formgestaltung in der Bundesrepublik, in: Vierteljahrshefte für Wirtschaftsforschung (1), S. 79-87.

Kroese, Robert (1989): Animation für Kreative, in: Frankfurter Allgemeine Zeitung, vom 07.03.1989.

Krug, Karl-Heinz (1962): hochschule für gestaltung in ulm, in: form + zweck, S. 41-60.

– (1974): Design – überall Design, aber wem nützt es?, in: Sehen und Hören – Design + Kommunikation, hrsg. von Brigitte Klesse und Peter Frank, Kunstgewerbemuseum der Stadt Köln, Köln, S. 23-24.

– (1981): Geschäftsbericht des VDID-Präsidiums, in: VDID-Extra (3), S. 3-8.

– (1984): Geschäftsbericht des Präsidenten zur VDID-Mitgliederversammlung, in: VDID-Extra (4), S. 3-14.

Kruttschnitt, Ernst Jörg (1973a): Mia Formgebung, in: design report, vom 14.05.1973.

– (1973b): Das Porträt: Stein – der anstieß, in: design report, vom 27.04.1973.

– (1975a): Boom oder Flaute für Designer?, in: form (69), S. 7.

– (1975b): Ernst Schneider oder: Die Sicht über das Ganze, in: design report (9), S. 3.

– (1976): Aussehen bringt Ansehen, in: design report (6), S. 2.

– (1977): Designpolitik als Gewerbeförderung, in: Der Arbeitsgeber (5), S. 167.

– (1980): Design als Trumpf im internationalen Wettbewerb, in: Süddeutsche Zeitung, vom 25.09.1980.

Kuby, Thomas (1969): Zur gesellschaftlichen Funktion des Industrial Design, München, Dipl. an der HfG Ulm, Kopie verwahrt in Archiv des Technikmuseums Berlin, I.4 224 – 628.

Kuhn, Herbert (1974): Der Einfluss des Kunststoffs auf die Entwicklung des Industrial-Design, in: format (50), S. 20-21.

Kühne, Günther (1971): Anhängsel der Industrie?, in: Tagesspiegel, vom 02.02.1971.

Kühne, Michael (1984): AG Angestelle Designer, in: VDID-Extra (2), S. 6-7.

Kultusministerium Baden-Württemberg und Design Center Stuttgart (Hrsg.) (1978): herbert hirche – architektur innenraum design 1945–1978, Stuttgart.

Kupetz, Günter (1960): Die Richtlinien für die Berufsausübung der Mitglieder des Verbandes Deutscher Industrie-Designer e.V., in: VDID-Informationsdienst (1), S. 1-3.

– (1962): Verband und Berufsmoral, in: form (19), S. 64.

Kusak, Alexej (1980): Gut in Form: Füller, Grill und Glühbirne, in: art – Das Kunstmagazine (5), S. 119.

Кряквина, М. А. (1976): Система визуальных коммуникаций для университета (ФРГ), in: Техническая Эстетика (3-4), S. 54-57. [dt. Übersetzung: „Das System der visuellen Kommunikation für Universität (BRD)“]

– (1978): Премии фирмы Braun (фрг), in: Техническая Эстетика (11), S. 31. [dt. Übersetzung: „Auszeichnungen der Firma Braun“]

– (1979): Проект фирменного стиля почтового ведомсва (фрг), in: Техническая Эстетика (8), S. 30. [dt. Übersetzung: „Projekt um zum Firmenstil der Post (BRD)“]

Кузьмичєв, Л. А. und Кошлєв, А. Е. (1977): Выставка „Советский дизайнер“ в фрг, in: Техническая Эстетика (1), S. 2-4. [dt. Übersetzung: „Sowjetische Designer in der DDR“]

Курбатов, В (1966): Художественно-конструкторское образование за рубежом, in: Техническая Эстетика (12), S. 25-29. [dt. Übersetzung: „Ausbildung der Industriedesigner im Ausland“]

Lakotta, Peter (1966): Gute Form 65, in: Werk und Zeit (1), S. 3.

Landesgewerbeamt Baden-Württemberg (1963): Pressemitteilung „Gründung einer ‚Arbeitsgemeinschaft der Wirtschaft für Produktdesign und Produktplanung' ", Stuttgart, vom 15.08.1963.

Landesgewerbeamt Baden-Württemberg und Design Center Stuttgart (Hrsg.) (1989a): Frauen im Design – Berufsbilder und Lebenswege seit 1900, Band 1, Stuttgart.

– (Hrsg.) (1989b): Frauen im Design – Berufsbilder und Lebenswege seit 1900, Band 2, Stuttgart.

Langton-Lockton, Sarah (1975): ICSID '75 Moscow, in: ICSID News (October/November), S. 2-8.

Latham, Richard S. (1966): Der Designer in USA – Stilist, Künstler, Produktplaner?, in: form (34), S. 28-31.

Lattmann, Dieter (1978): Es ist gut, dass Sie aufgewacht sind, in: form (81), S. 66-67.

Lengert, Julius (1982): Wechselbeziehungen zwischen Mensch und Produkt, in: Industrial Design in der Feinwerktechnik, hrsg. vom Verein Deutscher Ingenieure, Düsseldorf (= VDI-Berichte 406), S. 63-68.

Lengyel, Stefan (1976): Vom 4. Pädagogen-Treff in Darmstadt – Rückblick und neue Aktivitäten, in: form (76), S. 72.

– (1979): VDID-Pädagogen-Konferenz – Thema: Automobildesign, in: form (88), S. 75.

– (1984): Erstes deutsch-deutsches Design-Symposium in Berlin/DDR, in: form (108/109), S. 128.

– (1987): Designförderung Bundesrepublik Deutschland – Bezug: Rat für Formgebung, in: VDID-Extra (3), S. 4.

– (1989a): Zum Programm des neuen Präsidiums, in: VDID-Extra (2), S. 3-5.

– (1989b): Zum Programm des neuen VDID-Präsidiums, in: form (126), S. 110.

Lengyel, Stefan und Sturm, Herrmann (1989): Die Lehrenden, in: Design – Schnittpunkt – Essen 1949–1989 – Von der Folkwangschule für Gestaltung zur Universität Essen – 40 Jahre Industriedesign in Essen, hrsg. von Stefan Lengyel und Herrmann Sturm, (West-)Berlin, S. 284-304.

Lepoix, Louis L. (1981): Ideen und Lösungen – das relativ Neue, in: form (96), S. 82.

Levin, Marianne (1985): Der Schutz der Formgebung – Eine rechtsvergleichende Studie über den Schutz des Industriedesigns in den Ländern Schweden, Norwegen, Dänemark, Finnland, Bundesrepublik Deutschland, Benelux, Italien, Frankreich, England und U.S.A., in: Gewerblicher Rechtschutz und Urheberrecht International (11), S. 713-730.

Lezius, Hans Michael und Beyer, Heinrich (Hrsg.) (1989): Menschen machen Wirtschaft, Wiesbaden.

Limlei, B. (1985): CAD/CAM wird tägliches Rüstzeug werden, in: VDI-Nachrichten, vom 08.11.1985.

Lindenfeld, David F. (1990): The Professonalization of Applied Economics: German Counterparts to Business Administration, in: German Professions 1800–1950, hrsg. von Geoffrey Cocks und Konrad Hugo Jarausch, New York, S. 213-231.

Lindinger, Herbert (1966a): Ausweg aus einer Sackgasse, in: form (36), S. 14-16.

– (1966b): Noch einmal zu Braun-Feldwegs Buch „Industrial Design heute", in: form (35), S. 72-74.

– (1971): 22 Schulen mit 700 Studenten, in: form (55), S. 69-70.

– (1985): Über das Bureau of European Designers Associations, in: VDID-Extra (2), S. 4-7.

– (Hrsg.) (1987): Hochschule für Gestaltung Ulm – Die Moral der Gegenstände, (West-)Berlin.

– (1988): Liebe Mitglieder des VDID, in: form (124), S. 109.

Löbach, Bernd (Hrsg.) (1973): Die Industrie zum Thema: Industrie-Design und Studium – Ergebnisse einer Umfrage, Bielefeld (= Materialien für Studenten des Industriedesign 1).

– (1974): Industrie-Design an der Fachhochschule Bielefeld, Bielefeld (= Materialien für Studenten des Industrie-Design 2).

– (1976): Industrial Design – Grundlagen der Industrieproduktgestaltung, München.

– (1979): Industrial Design im Unterricht – Ein Arbeitsbuch für die kritische Auseinandersetzung mit industriell produzierter Umwelt, Ravensburg.

– (1985): Welche Chancen hat ökologisches Design?, in: Bauwelt (76 29), S. 1157-1159.

Lohmeyer, Hartmut (1967): Im Ärgernis – Anmerkungen zur Entscheidung der Jury zum „Rosenthal-Studio-Preis 1966", in: Moderne Holzverarbeitung (2).

Lösel, Anja (1986): Recht bedeutungslos – aber heftig umworben, in: art-Magazine (8), S. 14.

Lutz, Rüdiger (1986): Post-Industrial-Design, in: form (115), S. 8-11.

Maack, Klaus Jürgen (1982): Die Auswirkungen der Unternehmenspolitik auf das Design, in: Industrial Design in der Feinwerktechnik, hrsg. vom Verein Deutscher Ingenieure, Düsseldorf (= VDI-Berichte 406), S. 13-24.

Maass, Max Peter (1968a): Missverständnis oder begründeter Verdacht?, in: Darmstädter Tagblatt, vom 21.12.1968.

– (1968b): Sorgen um den Rat für Formgebung, in: Darmstädter Tagblatt, vom 13.12.1968.

– (1969a): Ist der Rat für Formgebung noch existent?, in: Darmstädter Tagblatt, vom 29.01.1969.

– (1969b): Was kann den Rat für Formgebung noch retten?, in: Darmstädter Tagblatt, vom 29.05.1969.

Madöry, R. (1962): Schön ist, was ohne Anstrengung gefällt – Über die Sonderschau „Die gute Industrieform“ an der Deutschen Industriemesse Hannover, in: Technische Rundschau, vom 27.04.1962.

Mahlo, Hans P. (1960): Kunststoffe im Nutzfahrzeugbau, in: Das Nutzfahrzeug (12/1), S. 10-11.

Maier, Bernd (1978): Industrial Design, Stuttgart, zugl. Diss., Universität Mannheim, eingereicht 1977.

Maldonado, Tomás (1972): Umwelt und Revolte – Zur Dialektik des Entwerfens im Spätkapitalismus, Hamburg. [Originaltitel: „La speranza progettuale – Ambiente e società“ (1970); übersetzt von Gui Bonsiepe]

– (1976): Design und die Zukunft der Umwelt, in: form + zweck (2), S. 3-5.

Maldonado, Tomás und Bonsiepe, Gui (1964): Wissenschaft und Gestaltung, in: ulm (10/11), S. 10-29.

MAN AG (Hrsg.) (1972): Geschäftsbericht Abschluss 1970/71, Augsburg.

Maret, Wilfried (1970): [Leserbrief:] Oh du liebes Image du, in: form (50), S. 84.

Margonday, Ernst und Rase, Ludwig (1971): Von der Produktdarbietung zur Multimedia-Schau – Messen und Ausstellungen im Dienste der Technik, in: So wirbst Siemens, hrsg. von Dankwart Rost, Düsseldorf, S. 187-201.

Marquart, Christian (1994): Industriekultur – Industriedesign, Berlin.

Maser, Siegfried (1976): Theorie ohne Praxis ist leer, Praxis ohne Theorie ist blind, in: form (73), S. 40-42.

– (1977): Profession ist Wissen und Gewissen, in: form (79), S. 7.

McQuiston, Liz (1988): Women in Design – A Contemporary View, New York.

von Mende, Hans-Ulrich (1979): Styling – automobiles Design, Stuttgart.

Metzger, Alfred (1969): Diskussion: Fachhochschule für Design, in: Werk und Zeit (8), S. 1-2.

Meurer, Bernd und Selle, Gert (1973): Neue Wege an den Design-Ausbildungsstätten, in: Werk und Zeit (3), S. 6.

Meurer, Bernd und Vinçon, Hartmut (1983): Industrielle Ästhetik – Zur Geschichte und Theorie der Gestaltung, (West-)Berlin (= Werkbund-Archiv 9).

Meyer, Paul W. (1970): Made in Germany – Legende, Realität, Zukunft, in: Made in Germany – Produktform Industrial Design 1970, hrsg. vom Deutscher Werkbund, München, S. 9-17.

Milde, Kurt (1970): Gestaltung – ein Zentralbegriff für die sozialistische Umweltaneigung, in: Deutsche Architektur (12), S. 757-759.

Moewes, Günther (1969a): Diskussion: Fachhochschule für Design, in: Werk und Zeit (9), S. 1.

– (1969b): Fachhochschulen für Design – ein Aufbruch, in: Werk und Zeit (6), S. 1-2.

Moles, Abraham (1968a): La cause philosophique de la crise du functionalisme, in: esthétique industrielle (86), S. 10-11.

– (1968b): Die Krise des Funktionalismus, in: form (41), S. 36.

Möller, Evelin (1982): Design-Philosophie der 80er Jahre (2) – Kommt mit dem Ende der Wegwerf-Ideologie ein ökologischer Funktionalismus?, in: form (98), S. 6-10.
– (1987): Ökologie in der Ausbildung, in: form (118), S. 115-116.
Møller, Svend Erik (1968): Verner Panton's Bayer-Ship, in: Mobilia (151).
Mori, Norihiko (1978): Memories of H.f.G. Ulm, in: Car Styling (24), S. 118-119.
Müller, Dietrich (1974): Design als Dienstleistung, in: format (50), S. 32-34.
Müller, Lothar (1977): Des-In und Entwurfsbeispiele für eine alternative Produktionsform, Dipl. an der HfG Offenbach, eingereicht 1977.
Müller, P. (1972): Wie teuer ist die Automode? Der Einfluß des Luftwiderstands auf den Kraftstoffverbrauch, in: VDI-Nachrichten (48), S. 12.
Müller-Krauspe, Gerda (1968): VDID – ein Arbeitgeberverband?, in: form (39), S. 46-47, [benutztes Pseudonym: „Gerd Krause"].
– (1969a): Industrial Design morgen – Alternativen, in: form (48), S. 9-13.
– (1969b): Opas Funktionalismus ist tot, in: form (46), S. 29-33.
– (1969c): Styling – das Prinzip der Diskontinuität, in: form (47), S. 31-35.
– (1972): Vorschlag für den Abschluß eines Lizenzvertrages, in: form (59), S. 71-72.
– (1975): Fortschritte bei der VDID-Pädagogenkonferenz, in: VDID-Extra (3), S. 5-7.
– (1977a): Bundespreis-Automobile: Beinahe nur Staatskarossen, in: form (78), S. 19.
– (1977b): Erwartungen an den Designer-Tag, in: design report (8/9), S. 2-3.
– (1978): VDID-Arbeitsgruppe „Dritte Welt", in: form (83), S. 69.
– (1980a): Abschied von der „Guten Form" von gestern... in: form (91), S. 7-9.
– (1980b): XI. ICSID-Generalversammlung in Paris, in: form (89), S. 76-77.
– (1981a): Zum Abschied von Eberhard Fuchs, in: form (94), S. 80.
– (1981b): Bundespreis „Gute Form" '81 – Thema „Energiesparen und Design", in: form (95), S. 31.
– (1988): Archivierung der Ulmer Moderne, in: Werk und Zeit (4), S. 37.
Müller-Limmroth, Wolf und Förster, Wilfried Gerhard (1983): Arbeitssitze – Wie sie sein sollen – Ein Anforderungskatalog für die Praxis, Düsseldorf (= Humanisierung des Arbeitslebens).
Nagel, Klaus-Dieter (1986): Kolloquium „CAD! Für Designer?", in: VDID-Extra (2), S. 9-10.
Naske, Christoph (1979): Aktivitäten Regionalgruppe Bayern, in: VDID-Extra (1), S. 11.
Nehls, Werner (1967): Sachlichkeit und Verbrechen, in: zeitgemäße form in der Süddeutschen Zeitung, vom 14.06.1967.
– (1968a): „Die heiligen Kühe des Funktionalismus müssen geopfert werden", in: form (43), S. 4.

– (1968b): Revolution im Design? Ein Gespräch mit Werner Nehls, in: form (43), S. 5-9.
– (1969): Schlussworte von Nehls zu Nehls, in: form (45), S. 68.
– (1975): Glanz und Elend der Rationalisten – oder die Geschichte vom halben Schwein, in: die neue unsachlichkeit – Jahrestagung des Deutschen Werkbundes Baden-Württemberg am 15./16. Februar 1975 in Baden-Baden, hrsg. vom Deutscher Werkbund Baden-Württemberg e.V., Mannheim, S. 23-24.
Neumann, Eckhard (1976): Herbert Ohl: Umweltgestaltung mit Vernunft, in: design report (8), S. 10.
– (1977): Klaus Flesche: Design ist Innovation und Disziplin, in: design report (11/12), S. 4.
– (1978): Herbert Hirche: Ein typischer Bauhäusler... in: design report (2), S. 3.
– (1982): Heinz G. Pfaender – praxisorientierter Design-Professor, in: design report (17), S. 22-24.
– (1985): Das Bauhaus lebt... in: form (112), S. 16-19.
Neumann, Rudolf und Wedekind, Ernst-August (1971): Weiterbildung – wie und wohin?, in: So wirbt Siemens, hrsg. von Dankwart Rost, Düsseldorf, S. 349-360.
Neumeister, Alexander (1990): Lexikonartikel zu Neumeister, Alexander, in: Contemporary Designers, hrsg. von Colin Naylor, Chicago, S. 425-426, 2. Auflage.
Neumeister, Alexander und Neumeister, Gudrun (1978a): Design für die Länder der Dritten Welt, in: form (84), S. 6-7.
– (1978b): VDID und internationale Zusammenarbeit mit Ländern der Dritten Welt, in: form (84), S. 80.
– (1978c): VDID-Arbeitsgruppe Dritte Welt, in: design report (1), S. 6.
– (1980): 1. Design Workshop der VDID-Arbeitsgruppe „Dritte Welt“ in Indonesien, in: form (90), S. 79.
Neumeister, Alexander, Neumeister, Gudrun und Sander, Frank (1981): Workshop Industrial Design Indonesia 1981, in: form (96), S. 41-43.
Neumeister, Alexander und Sander, Frank (1979): „Design for Development“ – Design für Entwicklungsländer, in: form (85), S. 62.
Neumeyer (1964): Baukastensystem im Lastwagenbau, in: M.A.N.-Werkzeitung (4), S. 6.
Nowak, Horst und Becker, Ulrich (1985): Es kommt der „neue“ Konsument, in: form (111), S. 13-17.
Oedekoven-Gerischer, Angela (1990): Noch immer eine exotische Minderheit: Frauen im Industrie-Design, in: Designer (1), S. 21.
Oehlke, Horst (1985): Gordischer Knoten Designtheorie, in: zeitgemäße form in der Süddeutschen Zeitung, vom 10.04.1985.
Oestreich, Herbert (1962): Zur Ausbildung der Gestalter industrieller Produkte, in: form (19), S. 16.

Ohl, Herbert (1967): Kurzbericht über die 5. Generalversammlung und den Kongress der ICSID in Ottawa und Montreal, Kanada, vom 11. bis 15. September 1967, in: VDID-Informationsdienst (11), S. I-IV.

– (1975): Das Bewusstsein, das Ulm geschaffen hat, in: archithese (15), S. 19-25.

– (1977a): Design ist meßbar, in: Prämiierte Produkte – Eine Ausstellung des Bundespreises „Gute Form" 1969–1977, hrsg. vom Rat für Formgebung, Darmstadt, S. 19-20.

– (1977b): Design ist meßbar, in: design report (4), S. 2.

– (1977c): „Design ist messbar geworden", in: form (78), S. 20.

– (1977d): Für eine kreative Nutzung des physischen Raumes, in: werk – archithese (11/12), S. 26.

– (1977e): Der Rat für Formgebung antwortet... in: form (78), S. 41.

– (1977f): Über die Irrationalität der Kreativen, in: form (80), S. 98.

– (1979): Herbert Ohl, RfF/Federal Republic of Germany, Candidate for ICSID Presidency 1980-1981, in: ICSID News (November/December), S. 2.

– (1981): Zum Tode von Eberhard Fuchs, in: design report (5), S. 1.

– (1982a): Das Design der 80er Jahre, in: design report (16), S. 19-20.

– (1982b): Industrial Design im vergleichenden Warenstest – Die systematische, transparente und nachvollziehbare Design- und Gesamtqualitätsanalyse, in: Industrial Design in der Feinwerktechnik, hrsg. vom Verein Deutscher Ingenieure, Düsseldorf (= VDI-Berichte 406), S. 35-56.

– (1990): Lexikonartikel zu Ohl, Herbert (Karl), in: Contemporary Designers, hrsg. von Colin Naylor, Chicago, S. 434-435, 2. Auflage.

Oppermann, Christiane (1985): Der lange Weg zur eigenen Marke, in: Manager-Magazin (2), S. 146-153.

Otte, Frank (1976): Am Bedarf vorbeistudiert – Nur jeder dritte findet nach der Ausbildung einen Arbeitsplatz, in: Die Zeit, vom 18.06.1976.

Otto, Karl (Hrsg.) (1963): Industrielle Formgebung in den USA – Bericht über die Reise einer Berliner Studiengruppe [1961], (West-)Berlin (= TE-Projekt RKW – Berlin 85).

Pallowski, Katrin (1986): Zwischen Post- und Prämoderne, in: Werk und Zeit (2), S. 13.

– (1989): Designerinnen heute, in: Frauen im Design – Berufsbilder und Lebenswege seit 1900, Band 2, hrsg. vom Landesgewerbeamt Baden-Württemberg und dem Design Center Stuttgart, Stuttgart, S. 10-31.

Papanek, Victor (1971): Design for the Real World – Human Ecology and Social Change, New York.

– (1972): Das Papanek-Konzept – Design für eine Umwelt des Überlebens, München.

Parlamentarischer Staatssekretär des Bundesministers für Wirtschaft (1968): Rat für Formgebung, Antwort auf Kleine Anfrage der Abgeordneten

Schmidhuber, Dr. Elbrächter, Stein (Honrath) und Genossen – Drucksache V/3101, Drucksache V/3173, II C 4 – 30 02 70, 5. Wahlperiode, 17.07.1968.

Patt, Gerhard (1963): Kommt die Kunststoff-Kabine? Rentabilität in der Fertigung von Lkw-Fahrerhäusern, in: Das Nutzfahrzeug (15/8), S. 360-363.

Petsch, Joachim (1982): Geschichte des Auto-Designs, Köln.

Pfaender, Heinz G. (1960): Kurzmonographien deutscher Formgebung: Klaus Flesche, in: form (10), S. 31-37.

– (1964): Industrielle Formgebung – Aufgabe des Künstlers oder des Ingenieurs, in: Technische Rundschau, vom 26.06.1964.

– (1965): Industrielle Formgebung für Entwicklungsländer?, in: zeitgemäße form in der Süddeutschen Zeitung, vom 29.09.1965.

– (1969): Diskussion: Fachhochschule für Design, in: Werk und Zeit (10), S. 2.

– (1970): VDID: Außerordentliche Mitgliederversammlung am 27. April 1970 in Hannover, in: form (50), S. 60-61.

Pfaender, Heinz G. und Schulze, Gerhard (1963): Aufgabenbereich des Industrial Designer, in: Industrielle Formgebung in den USA – Bericht über die Reise einer Berliner Studiengruppe [1961], hrsg. von Karl Otto, (West-)Berlin (= TE-Projekt RKW – Berlin 85), S. 21-22.

Pfleger-Edel, Ursula (1971): Designer kann man „mieten“, in: Handelsblatt, vom 04.08.1971.

Plötz, Rita (1983): Pressemitteilung „Siemens zu Gast in Rosenthal-Studios“, hrsg. von der Siemens AG, München (= Siemens-Electrogeräte Presseinformation 10.83).

Pohl, Wolfgang (1972): Design auf dem Weg zu einer Wissenschaft? Hypothesen, in: form (60), S. 31-35.

– (1986): Die neugewonnene Freiheit in der Gestaltung, in: form (114), S. 32.

Popp, Susanne, Sauer, Michael, Alavi, Bettina, Demantowsky, Marko und Kenkmann, Alfons (Hrsg.) (2013): Zur Professionalisierung von Geschichtslehrerinnen und Geschichtslehrern – Nationale und internationale Perspektiven, Göttingen (= Beihefte zur Zeitschrift für Geschichtsdidaktik 5).

Posener, Julius (1975): Ein Muthesius mit umgekehrten Vorzeichen?, in: Die Welt, vom 03.03.1975.

Pressestelle der BASF AG (1962): Pressemitteilung „BASF auf der Deutschen Industriemesse Hannover“, Ludwigshafen am Rhein.

– (1963a): Pressemitteilung „Designer aus zehn Ländern im Wettbewerb“, Ludwigshafen am Rhein, vom 12.03.1963.

– (1963b): Pressemitteilung „Internationaler Formgestalter-Wettbewerb der BASF – Design als Aufgabe anwendungstechnischer Kundenberatung“, Ludwigshafen am Rhein, vom 10.10.1963.

– (1964): Pressemitteilung „100 Kunststoffkarosserien im Rennen – Der neue Porsche Carrera GTS mit BASF-Palatal“, Ludwigshafen am Rhein, vom 13.03.1964.

– (1967): Pressemitteilung „Die BASF auf der IAA 1967“, Ludwigshafen am Rhein.
– (1970): Pressemitteilung „Die BASF auf der Hannover-Messe 1970“, Ludwigshafen am Rhein, vom 21.04.1970.
– (1971a): Pressemitteilung „Vom Design zum Serienmöbel“, Ludwigshafen am Rhein, vom 17.09.1971.
– (1971b): Pressemitteilung „Wohneinheit 1980“, Ludwigshafen am Rhein, vom 30.11.1971.
– (1971c): Pressemitteilung „Wohneinheit 1980 – Der Kunststoffeinsatz bei den Wohneinheiten“, Ludwigshafen am Rhein, vom 30.11.1971.
– (1971d): Pressemitteilung „Wohnen 1980 – Anregungen an die Möbelindustrie“, Ludwigshafen am Rhein, vom 30.11.1971.
– (1973): Pressemitteilung „Plastarelle – Eine neue Möglichkeit der Gestaltung, entwickelt in der BASF“, Ludwigshafen am Rhein.
– (1975): Pressemitteilung „Kunststoffe im Möbelbau heute“, Ludwigshafen am Rhein, vom 09.10.1975.
Pressestelle der Siemens AG (1971): Pressemitteilung „Design für den neuen Siemens-Fernsprechapparat der Deutschen Bundespost“, München (= design aktuell), [Siemens Historical Institute, 35.LK 237], vom 01.07.1971.
– (1983a): Pressemitteilung „Bundespreis ‚Gute Form‘ – Siemens erfolgreichster Design-Preisträger“, (West-)Berlin (= Siemens Presseinformation), [I 671 831102 BER A 3898].
– (1983b): Pressemitteilung „Gute Form beeinflusst Kaufentscheidung“, München (= Siemens-Presseinformation), vom Oktober 1983.
Priore, Michael J. und Sabel, Charles F. (1985): Das Ende der Massenproduktion – Studie über die Requalifizierung der Arbeit und die Rückkehr der Ökonomie in die Gesellschaft, (West-)Berlin.
Rams, Dieter (1981): Die Rolle des Designers im Industrieunternehmen, in: Design ist unsichtbar, hrsg. von Helmuth Gsöllpointner, Wien, S. 507-516.
Rankoff, Iwan und Kleinkauf, Günter (1975): Nochmal: der „Arbeitsästhetiker“, in: form (71), S. 18.
Rat für Formgebung (Hrsg.) (1965): Tätigkeitsbericht 1965, Darmstadt.
– (1967a): Allensbacher Meinungsforscher zum Thema Formgebung, in: Werk und Zeit (9), S. 5.
– (1967b): [Koordinierungsbeirat], in: Werk und Zeit (6), S. 3.
– (Hrsg.) (1967c): Tätigkeitsbericht 1967, Darmstadt.
– (Hrsg.) (1967d): Wystawa Wzornictwa Przemysłowego Republiki Federalnej Niemiec, Darmstadt, Ausstellungskatalog, 22.03.–09.04.1967 und 27.04.–14.05.1967, Warschau; Krakau.
– (1970a): Pressemitteilung „Erste Beiratssitzung ‚Designer‘ im Rat für Formgebung“, Darmstadt, vom 24.08.1970.
– (Hrsg.) (1970b): Tätigkeitsbericht 1970, Darmstadt.

– (Hrsg.) (1972a): Tätigkeitsbericht 1971, Darmstadt.
– (Hrsg.) (1972b): Tätigkeitsbericht 1971/72, Darmstadt.
– (Hrsg.) (1974): Tätigkeitsbericht 1974, Darmstadt.
– (Hrsg.) (1977): Der Fahrerplatz im Kraftfahrzeug – Design für den mobilen Arbeitsplatz – Bundespreis Gute Form 1976/77, Darmstadt.
– (1980a): Pressemitteilung „Colloquium des Rats für Formgebung über Konstruktion und Design in der Investitionsgüter-Industrie“, Darmstadt (= Presse-Information), vom 31.10.1980.
– (1980b): Pressemitteilung „Colloquium über Industrial Design im Rat für Formgebung“, Darmstadt (= Presse-Information), vom 18.09.1980.
– (1981a): Pressemitteilung „3-Jahres-Plan der Deutschen Design-Aktivitäten aufgestellt“, Darmstadt (= Presse-Information), vom 09.07.1981.
– (1981b): Pressemitteilung „Design als Medium für Wirtschaftsbeziehungen“, Darmstadt (= Presse-Information), vom 22.10.1981.
– (Hrsg.) (1981c): Energiesparen und Design – Heizung, Fenster, Türen – Bundespreis „Gute Form“ 1980/81, Darmstadt.
– (1981d): Pressemitteilung „Energiesparen und Design – Stimmen der Beteiligten zum Bundespreis ‚Gute Form‘ “, Darmstadt (= Presse-Information), vom 17.07.1981.
– (1981e): Pressemitteilung „Philip Rosenthal: Gutes Design darf nicht nur nutzvoll sein“, Darmstadt (= Presse-Information), vom 16.07.1981.
– (Hrsg.) (1981f): Technik – Design – Mensch, Darmstadt (= Design-Materialien 2).
– (1984a): Pressemitteilung „Konzentration in der Designförderung“, Darmstadt (= Presse-Information), vom 23.01.1984.
– (1984b): Pressemitteilung „Vorausdenken für den Menschen – Design-Ausstellung des Rats für Formgebung in Berlin (Ost)“, Darmstadt (= Presse-Information), vom 27.11.1984.
– (1986): Pressemitteilung „Rat für Formgebung geht nach Frankfurt“, Darmstadt (= Presse-Information), vom 08.09.1986.
– (Hrsg.) (1988): Lexikon 1987 – Ein Tätigkeitsbericht, Frankfurt.
Rat für Formgebung und Amt für industrielle Formgestaltung der DDR (Hrsg.) (1984): Design: Vorausdenken für den Menschen – Eine Ausstellung aus der Bundesrepublik Deutschland, Darmstadt, Ausstellungskatalog, 04.–20.12.1984 und 1985, Internationales Handelszentrum Friedrichstraße (Ost-)Berlin; Leipzig.
Rat für Formgebung und Institut für neue technische Form Darmstadt (Hrsg.) (1964): Verband Deutscher Industrie-Designer, Darmstadt, Ausstellungskatalog.
Rau, Richard (1980): Siemens auf dem „Forum Design“, in: ZVW-public (September), S. 3-4.

Reick, Rudi (1976): Das Kurzporträt – Friedel Ernst Maischen – Konzeptioner im Chemie-Konzern, in: format (61), S. 38-39.

Reilly, Paul (1967): Britisches Design kommt bald an die Spitze, in: zeitgemäße form – industrial design international, hrsg. von Johann Klöcker, München, S. 239-240.

– (1970): Die Ausweitung des Design, in: Handelsblatt, vom 12./13.06.1970.

Reimer, Dieter (1971): Ist der heutige Rechtsschutz für die moderne Formgebung in der industriellen Gesellschaft noch zeitgemäß?, in: Gewerblicher Rechtsschutz und Urheberrecht (8), S. 342-352.

Rhode, Werner (1971a): Design als Umweltformung, in: Kölner Stadt-Anzeiger, vom 06.07.1971.

– (1971c): Das A und O des IDZ: Unabhängigkeit, in: Kölner Stadt-Anzeiger, vom 25.02.1971.

Riedel (1980): Rosenthal-Porzellan – Eine Symbiose von Technik und Kunst, in: Keramische Zeitschrift (32 10), S. 614-616.

Riehm, Ulrich (1985): CAD-Euphorie weicht Ernüchterung?, in: zeitgemäße form in der Süddeutschen Zeitung, vom 26.06.1985.

Rittel, Horst W.J. (1987): Das Erbe der HfG?, in: Hochschule für Gestaltung Ulm – Die Moral der Gegenstände, hrsg. von Herbert Lindinger, (West-) Berlin, S. 118-119.

Roericht, Hans (Hrsg.) (1982): HfG-Synpose – Synchron-optische Darstellung der Hochschule für Gestaltung 1947/53 bis 1968, Ulm, Ausstellungskatalog.

Rolli, Wendel (1965): Die gute technische Form als Gemeinschaftsaufgabe – Vortrag, gehalten am 10.03.1965 vor der Nürnberger Akademie für Absatzwirtschaft, Essen (= Schriften zur Industrieform, hrsg. vom Industrieform e.V.).

Rosenthal AG (Hrsg.) (1968): Geschäftsbericht der Rosenthal AG 1967, Selb.

– (Hrsg.) (1969): Geschäftsbericht der Rosenthal AG 1968, Selb.

– (Hrsg.) (1971): Geschäftsbericht der Rosenthal AG 1970, Selb.

– (1986): Pressemitteilung „Philip Rosenthal wird 70 – Pionier für Kunst, Design und Wirtschaftsdemokratie", Selb, vom 14.10.1986.

Rosenthal, Philip (1965a): Brandrede gegen die Atomisierung des Design, in: zeitgemäße form in der Süddeutschen Zeitung, vom 25.11.1965.

– (1965b): Ethos und Macht in Fragen der Gestaltung – Vortrag zur 1. Jahrestagung des Gestaltkreises im BDI vom 06.12.1965 in Köln, in: Pressedienst, hrsg. von Rosenthal AG, Selb (FD 2, 091265), S. 1-2.

– (1967a): Brandrede gegen die Atomisierung des Design, in: zeitgemäße form – industrial design international, hrsg. von Johann Klöcker, München, S. 231-232.

– (1967b): Philip Rosenthal an den Werkbund, in: Werk und Zeit (12), S. 6.

– (1972): Management, Produktgestaltung und der Markt, in: design international (3), S. 60-61.

– (1974): Design, in: Marketing-Enzyklopädie – Das Marketingwissen unserer Zeit in drei Bänden, München (Band 1), S. 371-377.
– (1978): Design zwischen Verkaufsförderung und Lebensqualität, in: design report (1), S. 12-15.
– (1981a): Design ist ein Teil unserer Lebensqualität, in: Tätigkeitsbericht 1980 1981, hrsg. vom Rat für Formgebung, Darmstadt, S. 5-6.
– (1981b): Zum Tode von Robert Gutmann, in: design report (9), S. 1-2.
– (1982): „Am Design sparen, heißt Sparen bei der Lebensqualität", in: form (97), S. 50.
– (1985): Design – Nicht nur eine Form-Sache, hrsg. vom Rat für Formgebung, Darmstadt.
Rosenthal, Wolf (1965d): Formgebung als Problem, in: Vorwärts, vom 22.12.1965.
Roth, Michael (1980): Rationalisierungswelle in der Konstruktion, in: Konstruktion und Design (Januar/Februar), S. 10-16.
Rübenach, Bernhard (1987): der rechte winkel von ulm – ein bericht über die hochschule für gestaltung 1958/59, hrsg. von Bernd Meurer, Darmstadt.
Rucker-Co, Haus (1980): Hall d'exposition du Forum Design, Linz, in: L'Architecture d'Aujourd'Hui (210), S. XLVIII.
Rüschemeyer, Dietrich (1980): Professionalisierung – Theoretische Probleme für die vergleichende Geschichtsforschung, in: Geschichte und Gesellschaft (6), S. 311-325.
Sack, Manfred (1966): 25 000 Mark für einen Schrank und drei Stühle, in: Die Zeit, vom 02.12.1966.
– (1968): Unter drückendem Hut der Industrie, in: Die Zeit, vom 20.12.1968.
– (1969): Irreführung, in: Die Zeit, vom 11.04.1969.
– (1971a): Die Industrie will nicht – Rücktritt beim Internationalen Design-Zentrum, in: Die Zeit, vom 05.02.1971.
– (1971b): Das lästige Kind – Dreifacher Neubeginn im „Internationalen Design Zentrum" Berlin, in: Die Zeit, vom 15.10.1971.
– (1971c): Münchner Spiele – storniertes Design, in: form (53), S. 28-32.
– (1977): Arbeit hinterm Lenker – Bundespreis Gute Form: „Der Fahrerplatz im Kraftfahrzeug", in: Die Zeit, vom 01.07.1977.
Sannwald, Daniela (1987): „... daß diese ganze Geschichte in Ulm losgegangen ist, das ist überhaupt ein Irrtum ...", (West-)Berlin (= IDZ Protokolle 1, hrsg. vom Internationalen Design Zentrum Berlin und der Deutschen Olivetti GmbH).
Savnik, Davorin (1968): Design in Osteuropa, in: form (44), S. 50-52.
Scharmer, Horst (1971): Stilbruch – Stilwandel – Möglichkeiten der Image-Korrektur, in: So wirbt Siemens, hrsg. von Dankwart Rost, Düsseldorf, S. 49-60.

Schellenberg, Carl (1979): Großpressen für kleine Serien, in: M.A.N. Blick in die Werke – Zeitschrift für die Mitarbeiter (6), S. 1-2.
Schiller, Karl (1968): Eröffnungsrede zu der Industrie-Ausstellung in Berlin am 27.09.1968, in: BMWi-Tagesnachrichten, vom 28.09.1968.
Schmeidler, Jürgen (1977): Design als betriebswirtschaftlicher Faktor unter besonderer Berücksichtigung der Automobil-, Bekleidungs-, Möbel-, Porzellan- und Maschinenindustrie, (West-)Berlin, zugl. Diss., TU Berlin.
Schmidt, Dietmar N. (1968): Verrammelte Tore am Kuhberg, in: Die Welt, vom 04.12.1969.
Schmidt, Doris (1964): Gropius baut für Rosenthal, in: zeitgemäße form in der Süddeutschen Zeitung, vom 17.12.1964.
Schmidt, Josef (1973): Die Hannover-Werber sind es leid: Das „gräßliche Wort vom Image“, in: Süddeutsche Zeitung, vom 24./25./26.12.1973.
Schmidt, Rainer (1975): Eine Fülle von Fakten, in: form (69), S. 4.
– (1977a): Der Designer: Angebot und Anspruch – Verantwortung und Forderung, in: form (80), S. 10-12.
– (1977b): Der Deutsche Designertag: Absichten und Aufgaben, in: form (77), S. 62-64.
– (1977c): Deutscher Designertag e.V. – Spitzenverband deutscher Designerverbände, in: format (70), S. 6-7.
– (1977d): Forderungen des Deutschen Designertages 1977, in: design report (10), S. 18-19.
– (1983): A propos: Künstlersozialversicherung, in: form (103), S. 87.
Schmidt, Werner (1966): Komfort im Fahrerhaus, in: M.A.N.-Werkzeitung (11), S. 6-7.
Schmitt-Rost, Hans (1971): Eine Epoche ging zu Ende, in: zeitgemäße form in der Süddeutschen Zeitung, vom 23.06.1971.
– (1972): Jeder für sich oder alle zusammen, in: zeitgemäße form in der Süddeutschen Zeitung, vom 02.02.1972.
Schmitt-Siegel, Helmut M. (1975): Form follows Psycho – Die „neue Unsachlichkeit“ oder: Der Deutsche Werkbund und die röhrenden Hirsche, in: form (69), S. 49.
Schmitz, Karl-Heinz (1986): Chance nicht verspielt, in: Kölnische Rundschau, vom 08.04.1986.
Schmitz, Martina (1990): Rosenthal AG, in: Graphis (266 46), S. 80-89.
Schnaidt, Claude (1965): Актуальна ли сегодня Педагогическая Система Баухауза?, in: Техническая Эстетика (10), S. 26-32. [dt. Übersetzung: „Ist das pädagogische System des Bauhauses heute noch aktuell?“]
– (1969): Ulm – Dernier épisode d‘une affaire de récidives, in: L’Architecture d’Aujourd’Hui (143), S. 61-66.
– (1975): Ulm 1955–1975, in: archithese (15), S. 5-10.

Schneider, Ernst, Rosenthal, Philip, Lindinger, Herbert, Stein, Gustav und von Amerongen, Otto Wolff (1971): Gemeinsame Aktivität für Ausbildungsform, in: form (56), S. 71-72.

Schneikart, Helmut (1978): „Lastwagen des Jahres“ M.A.N. Typ 19.280, in: MAN Diesel – Die Zeitschrift für unsere Kunden (25/57), S. 15-17.

– (1986): Thema mit Variation, in: Verkehrs-Rundschau (49), S. 9-12.

Scholz, Erich (1965): Von der Wertschätzung neuer und alter Materialien durch die Architekten, in: Aus der Arbeit der BASF AG (2), S. 71-76.

– (1972): Die Bedeutung der Chemie für die Möbelindustrie, in: Aus der Arbeit der BASF AG (2), S. 73-81.

Scholz, Gudrun (1990): Was machen wir mit dem Avantgarde-Design?, in: form (129), S. 17-18.

Schomann, Winfried (1990): Design in den Deutschländern – Über eine deutsch-deutsche Plattform, in: Möbel und Wohnraum (Juli).

Schönberger, Angela (1990): Pionierarbeit auf unbekanntem Terrain, in: 1970–1990 – 20 Jahre Internationales Design Zentrum Berlin e.V., hrsg. vom Internationalen Design Zentrum Berlin, Berlin, S. 7-10.

Schreiber, Hermann, Honisch, Dieter und Simoneit, Ferdinand (Hrsg.) (1980): Die Rosenthal Story, Düsseldorf.

Schricker, Edwin A. (1967a): Chronologie der Farben – Vorlesung an der TH München, München (= Arbeitsgrundlagen für Designer 3).

– (1967b): Gestaltung von Warten als Aufgabe in der Technik, in: Siemens-Zeitschrift (41/12), S. 949-952.

– (1971): Design – Anpassung der Technik an den Menschen, in: So wirbt Siemens, hrsg. von Dankwart Rost, Düsseldorf, S. 257-288.

– (1977): Rät die Jury des Rates Ratsuchenden richtig?, in: form (78), S. 40-41.

– (1980a): „Augenblick der Wahrheit“, in: form (92), S. 96.

– (1980b): Design im Investitionsgüterbereich, in: Der Arbeitgeber (32/4), S. 155-159.

– (1982): Die Komponente Mensch in der Entwicklung von Büromaschinen, in: Industrial Design in der Feinwerktechnik, hrsg. vom Verein Deutscher Ingenieure, Düsseldorf (= VDI-Berichte 406), S. 7-12.

– (1983): Deutscher Design-Preis, in: Marketing Journal (6).

– (1985): Anlagen-Design, in: Bauwelt (76/29), S. 1156-1157.

Schricker, Edwin A. und Klose, Odo (1962): Entwicklung eines Handstaubsaugers, in: form (18), S. 10-19.

Schubert, Klaus und Hahn, Hans-Jürgen (1987): Die neue MAN-Schwerlastwagen-Generation – Lösungen im Detail, in: MAN – forschen, planen, bauen, S. 32-39.

Schultheiß, Udo (1964): Tadel, in: form (25), S. 69.

Schultz-Tesmar, Jo (1973): Kunstgewerbe gehört nicht dazu, in: Die Welt, vom 24.07.1973.

Schulz-Trieglaff, Michael (1970): Die Grenzland-Stiftung, in: Partizipation – Aspekte politischer Kultur, hrsg. von Helga Boss-Stenner, Ulrich von Pufendorf und K. Friedrich Schade, Opladen, S. 203-211.

Schürer, Arnold (1981): Produktbestimmende Faktoren und Formgestaltung, in: Konstruktion, Elemente, Methoden (9), S. 95-98, 104.

Schwarz, Florian (1985): Menschliche Intelligenz wird „operationalisiert", in: zeitgemäße form in der Süddeutschen Zeitung, vom 24.09.1985.

Schwarzer, Horst (1980): Design – was ist das?, in: ZVW-public (September), S. 1-3.

Schwärzler, Getrud (1965): Rosenthal am Rotbühl – Entwurf einer Werksanlage von Prof. Walter Gropius, in: Keramische Zeitschrift (17/1), S. 42-43.

Seeger, Mia (1960): Zur Situation der Formgebung in Deutschland, in: Informationsschrift, hrsg. vom Rat für Formgebung, Darmstadt, S. 8-11.

– (1964): Zur Situation der Formgebung, in: Werk und Zeit (4), S. 1-2.

– (1967): Wo kommen Formgeber her?, in: zeitgemäße form – industrial design international, hrsg. von Johann Klöcker, München, S. 81-83.

Seeger, Mia und Hirzel, Stephan (1961): Deutsche Warenkunde – Eine Bildkarte des deutschen Werkbundes, hrsg. vom Rat für Formgebung, Stuttgart.

Seehaus, Wolfgang (1988a): Also nun steht es fest VDID doch nur als Feigenblatt!!!, in: VDID-Extra (3), S. 19.

– (1988b): Verbandsreform oder Strukturreform, Verbandsstruktur oder Reformwandel, Reformstruktur oder Verbandswandel, Strukturreform oder Reformverband, oder... in: VDID-Extra (2), S. 15.

Seering, Ruth (1965): Professor Gustav Stein: „Meine zwei Passionen: Kunst und Politik", in: Düsseldorfer Hefte (17/1), S. 14-17.

Selinger, Klaus (1977): Die Organisation der BASF-Gruppe, in: Zeitschrift für Organisation (46), S. 17-22.

Selle, Gert (1969): Diskussion: Fachhochschule für Design, in: Werk und Zeit (12), S. 3.

– (1972): Industrial Design – ein neues Modell?, in: Werk und Zeit (2), S. 2.

– (1973a): Ideologie und Utopie des Design – Zur gesellschaftlichen Theorie der industriellen Formgebung, Köln.

– (1973b): Neue Wege an den Design-Ausbildungsstätten, in: Werk und Zeit (1), S. 6.

– (1973c): Was will der VDID?, in: Werk und Zeit (5), S. 9.

– (1974): Erster Zwischenbericht zum Modellversuch „Neuorganisation der Studiengänge im Bereich Design" an der Fachhochschule Darmstadt, hrsg. vom Fachbereich Gestaltung der Fachhochschule Darmstadt, Darmstadt.

– (1978): Die Geschichte des Design in Deutschland von 1870 bis heute – Entwicklung der industriellen Produktkultur, Köln.

– (1983a): Rezension zu: Bernd Meurer und Hartmut Vinçon, Industrielle Ästhetik – Zur Geschichte und Theorie der Gestaltung, in: form (104), S. 111.

– (1983b): Es gibt keinen Kitsch – es gibt nur Design – Notizen zur Ausstellung: „Das geniale Design der 80er Jahre", in: Kunstforum international (66), S. 103-111.

Shadowa, Larissa Alexejewna (1966): Sowjetische Impressionen bei einer Reise durch die Bundesrepublik, in: form (35), S. 60-62.

Sieber, Peter (1964): Die Ausbildung des technischen Gestalters aus der Sicht der Industrie, in: form (27), S. 60.

Siemen, Wilhelm (1988a): Der endgültige Abschied von der Manufaktur – Zur Mechanisierung und Rationalisierung der Geschirrfertigung in der westdeutschen Porzellanindustrie 1945–1960, in: So fing es an, so ging es weiter – Deutsches Porzellan und Deutsche Porzellanfabriken 1945–1960, hrsg. von Wilhelm Siemen, Hohenberg an der Eger (= Schriften und Kataloge des Museums der Deutschen Porzellanindustrie 11), S. 25-63.

– (Hrsg.) (1988b): So fing es an, so ging es weiter – Deutsches Porzellan und Deutsche Porzellanfabriken 1945–1960, Hohenberg an der Eger (= Schriften und Kataloge des Museums der Deutschen Porzellanindustrie 11), Ausstellungskatalog.

Siemens AG (1981): Das Siemens-Erscheinungsbild, in: Design ist unsichtbar, hrsg. von Helmuth Gsöllpointner, Wien, S. 552-558.

Siemens & Halske AG und Siemens-Schuckert-Werke AG (Hrsg.) (1966): Bericht über das Geschäftsjahr vom 1. Oktober 1964 bis 30. September 1965, München.

Siemens & Halske AG, Siemens-Schuckert-Werke AG und Siemens-Electrogeräte AG (Hrsg.) (1965): Technik, Gestaltung, Fortschritt – Produktgestaltung im Hause Siemens – Ausstellung der HWA-Formgebung 1965, München.

Simoneit, Ferdinand (1980): Rosenthal und Rosenthaler, in: Die Rosenthal Story, hrsg. von Hermann Schreiber, Dieter Honisch und Ferdinand Simoneit, Düsseldorf, S. 135-209.

Slany, Hans Erich (1967): Europäische Designerprobleme, in: Architektur und Wohnform (6), S. 446-448.

– (1986): Wertewandel und gestalterische Antworten, in: Esslinger Zeitung, vom 17./18.05.1986.

Society of Designers in Ireland (Hrsg.) (1981): ICSID 10 Ireland 1977 – Proceedings of the 10th Congress of the International Council of Societies of Industrial Design, Dublin 19–24 September 1977, Dublin.

Solowjew, Juri (1971): USSR: Organization of Design – The Chief Soviet Design Discusses the State of the Art, Pointing up the Differences and Similiarities with the USA, in: Industrial Design (18 4), S. 52-54.

– (1975a): ...kurz vor Moskau, in: form (71), S. 39-42.

– (1975b): Дизайн на службе общества, in: Техническая Эстетика (12), S. 6-11. [dt. Übersetzung: „Design im Dienst der Gesellschaft"]

Spanihel, Siglinde (1989): Design-Studentinnen sind mutig, in: design report (12), S. 54-55.
Spiegel, Bernt (1975): Zwei Jahre danach – die Rohstoffkrise und ihre Folgen: Was hat sich im Design verändert?, in: form (71), S. 4-9.
Staats, Hartmut W. (1980a): Deutscher Designertag 1980 in Karlsruhe – „Gestalten. Gebrauchen. Verbrauchen", in: form (91), S. 81.
– (1980b): Gestalten. Gebrauchen. Verbrauchen, in: 2. Deutscher Designertag 1980 Karlsruhe – Gestalten, gebrauchen, verbrauchen, hrsg. vom Deutschen Designertag e.V. und dem Landesgewerbeamt Baden-Württemberg, Düsseldorf, S. 16-18.
– (1980c): Der zweite Deutsche Designertag, in: format (88), S. 17-23.
Stankowski, Anton (1975): Die Neue Un-Sachlichkeit oder Emanzipation der Gestalt?, in: die neue unsachlichkeit – Jahrestagung des Deutschen Werkbundes Baden-Württemberg am 15./16. Februar 1975 in Baden-Baden, hrsg. vom Deutscher Werkbund Baden-Württemberg e.V., Mannheim, S. 25-28.
Statistisches Bundesamt Wiesbaden (Hrsg.) (1975): Studenten an Hochschulen – Sommersemester 1972, Stuttgart (= Reihe 10: Bildungswesen – V. Hochschulen).
– (Hrsg.) (1976): Studenten an Hochschulen – Sommersemester 1974/75, Stuttgart (= Reihe 10: Bildungswesen – V. Hochschulen).
Stattler, K. (1987): „CAD" im Entwicklungskreislauf der Chips, in: zeitgemäße form in der Süddeutschen Zeitung, vom 01.04.1987.
Steffen, Dagmar (1989): Gleiche unter Gleichen?, in: design report (12), S. 50-53.
Stegers, Rudolf (1987): Vortäuschen, verähnlichen, in: Stuttgarter Zeitung, vom 30.11.1987.
Stein, Gustav (1965): Urheberschutz für Designer, in: Handelsblatt, vom 09.12.1965.
– (1968): Berlin baut eine Vitrine schöner Formen, in: Die Welt, vom 09.10.1968.
– (1969): Der Rat für Formgebung ist gerettet, in: Darmstädter Tagblatt, vom 12./13.07.1969.
– (1979): Aktuelle Fragen deutscher Designpolitik, Vortrag im Landesgewerbeamt Stuttgart am 5. März 1979 anlässlich der Ausstellung „Design aus Schweden", hrsg. vom Internationalen Design Zentrum Berlin e.V.
Steinacker, Peter (1969): Die Studenten schließen sich zusammen, in: form (45), S. 39.
Stigulinszky, Roland (1977): Der Deutsche Designertag, in: design report (10), S. 16-17.
– (1983): Von den Schwierigkeiten, etwas ganz Neues zu entwerfen, in: form (102), S. 73.
– (1984): Zwänge, Zweifel, Ziele, in: form (105), S. 92.
– (1985): Rückblick nach vorn, in: form (110), S. 88-89.

Stock, Wolfgang Jean (1986): Ortswechsel – Der Deutsche Werkbund zieht nach Frankfurt, in: Frankfurter Allgemeine Zeitung, vom 12.12.1986.
– (1990): Bayerische Post-Moderne, in: Werk und Zeit (2), S. 16-17.
Streicher, Gebhard (1988): Design im Freistaat – Bayerns eigener Weg in eine neue Wirtschaftskultur, in: Werk und Zeit (2), S. 18-21.
Stürzebecher, Jörg (1987): hfg ulm, in: design report (2), S. 14-16.
Sudrow, Otto (1974): Vom Musterschöpfer um Koordinator? Veränderungen der Arbeit, Qualifikation und Ausbildung des Industrial Designers in der BRD, in: tendenzen (95), S. 4-8.
– (1983): Skizzen zur Geschichte der Designerausbildung – Außer Bauhaus und HfG Ulm nichts gewesen?, in: Werk und Zeit (3/4), S. 51-53.
– (1985a): Außer Bauhaus und HfG Ulm nichts gewesen?, in: zeitgemäße form in der Süddeutschen Zeitung, vom 27.02.1985.
– (1985b): „Erkundungen" in Stuttgart, mit Aussicht auf viel zu viele Horizonte und der Möglichkeit, nirgends anzukommen!, in: form (111), S. 96.
– (1987): Die Position des VDID zu einer nationalen Designförderungs-Institution, in: VDID-Extra (3), S. 6-9.
– (1988a): Berufsbild jetzt illustriert, in: VDID-Extra (1), S. 9-10.
– (1988b): Berufskunde industrial design, in: Werk und Zeit (2), S. 46.
– (1988c): Die Gegenwart der Formgestaltung von Dresden bis Wartburg, in: form (123), S. 102-104.
– (1988d): Die Position des VDID zu einer nationalen Designförderungs-Institution, in: form (121), S. 92-94.
– (1989): Besser schärftere Konturen als aufgelöste Linien, in: VDID-Extra (1), S. 3-4.
– (1990): Berliner Design-Transfer zwischen Ost und West, in: Designer (2), S. 5.
Swoboda, Michael (1988): Designfälscher haben es jetzt schwerer – Neues Geschmacksmustergesetz, in: Licht (3), S. 218.
Technische Hochschule München (Hrsg.) (1964): Personen- und Vorlesungsverzeichnis für das Wintersemester 1964/65, München.
Teut, Anna (1971b): Wem dient die Gute Form?, in: Die Welt, vom 15.04.1971.
– (1985): Wende im IDZ?, in: form (110), S. 63-64.
Thiele, Gert (1964): Der Kunststoff kann gesellschaftfähig werden, in: zeitgemäße form in der Süddeutschen Zeitung, vom 15.04.1964.
Thielsch, Gerhart (1972): Warum ist Wohnen bloß so schwierig?, in: zeitgemäße form in der Süddeutschen Zeitung, vom 02.02.1972.
Thienel, Wolfgang (1964): Design als Aufgabe der Kundenberatung, in: Absatzwirtschaft (7/5), S. 280-282.
de Thier, Günter (1984): Die Qualität der dinglichen Umwelt, in: Rheinische Post, vom 04.12.1984.

Thomas, Irmela (1965): Der Gestaltkreis gestaltet sich, in: Wanne-Eickeler Zeitung, vom 16.12.1965.
Trappschuh, Elke (1971): Eklat im Internationalen Design Zentrum, in: Handelsblatt, vom 05/06.02.1971.
– (1973): Zu viele Designer? Zuwenig Designer?, in: Handelsblatt, vom 16./17.11.1973.
– (1975): Mit Mies und Gropius gegen „Schrebergartenlyrik“, in: Handelsblatt, vom 21./22.02.1975.
– (1977): documenta 6: „Utopisches Design“, in: form (79), S. 40.
– (1983): Unter dem Diktat des Rotstifts kündigt sich eine Wende der Design-Politik an, in: Handelsblatt, vom 26./27.08.1983.
– (1984a): Ausbildung nur Basis für den Einstieg in die Praxis, in: Junge Designer 1 – Ein Fazit zum gegenwärtigen Stand der Ausbildung, hrsg. vom Rat für Formgebung und dem Haus Industrieform Essen, Darmstadt und Essen, S. 4-7.
– (1984b): Nicht einmal die Verwaltung des Mangels scheint gesichert, in: Handelsblatt, vom 28./29.12.1984.
– (1987): Bereit zum Design-Dialog: Yuri Soloviev, in: form (117), S. 9-11.
– (1988): Geschichte aufgearbeitet: „Design in der DDR“, Rezension zu: Design in der DDR 1949-1985, hrsg. von Hirdina, Heinz, in: form (124), S. 125.
Тимофеева, М. А. (1975): Государственные премии “ГУТЕ ФОРМ” (ФРГ), in: Техническая Эстетика (3), S. 31. [dt. Übersetzung: „Der Staatspreis ‚Gute Form‘ (BRD)“]
Ullmann, Gerhard (1980): 100 Tage Forum Design – Hoffnung und Phantasie?, in: Süddeutsche Zeitung, vom 25.09.1980.
– (1985): Unübersehbares Design-Gefälle, in: zeitgemäße form in der Süddeutschen Zeitung, vom 27.02.1985.
Unbekannt (1958a): Zur Ausbildung des Industrial Designers in den USA, in: baukunst und werkform (4), S. 212.
Unbekannt (1958b): Formgeber, in: Graphik (11/6), S. 34.
Unbekannt (1959a): Das Berufsbild der Industrie-Designer, in: Stuttgarter Zeitung, vom 08.12.1959.
Unbekannt (1959b): Designer-Organisationen in den USA, in: form (5), S. 38-39.
Unbekannt (1959c): Deutsche Industrie-Designer Tagen am Wochenende in Kassel, in: Kasseler Post, vom 17.07.1959.
Unbekannt (1959d): Formgestalter tagen in Kassel, in: Hessische Allgemeine, vom 17.07.1959.
Unbekannt (1959e): Wie es zum M.A.N.-Kühlerzeichen kam, in: MAN Diesel – Die Zeitschrift für unsere Kunden (8/4), S. 12-15.
Unbekannt (1960): Wo bleibt das „Kunststoff-Fahrerhaus“?, in: Das Nutzfahrzeug (12/7), S. 180.

Unbekannt (1961a): AEG rüstet modernste Porzellanfabriken aus, in: Keramische Zeitschrift (13/12), S. 690.
Unbekannt (1961b): Robert Gutmann, in: Bauen + Wohnen (15).
Unbekannt (1962a): Rezension zu: Mia Seeger und Stephan Hirzel, Deutsche Warenkunde – Eine Bildkarte des deutschen Werkbundes, in: form (18), S. 60.
Unbekannt (1962b): Erfolgreiches „Luran"-Debüt, in: Der Plastverarbeiter (6), S. 302.
Unbekannt (1962c): Form und Zweck aus Ost-Berlin, Rezension zu: Jahrbuch „Form und Zweck", hrsg. vom Institut für angewandte Kunst Berlin-Ost, in: form (19), S. 68.
Unbekannt (1962d): Großer „Baukasten" aus Kunststoff – Hochschule für Gestaltung baute Messestand in Hannover, in: Schwäbische Donau-Zeitung, vom 30.05.1962.
Unbekannt (1962e): „Hinter dem Leben zurück", in: form (20), S. 62-64.
Unbekannt (1962f): Kunststoffe im und am Nutzfahrzeug, in: Das Nutzfahrzeug (14 2), S. 46-48.
Unbekannt (1962g): Ein wandelbares Geschäft: Rosenthal, in: form (20), S. 65.
Unbekannt (1963a): BASF ruft Formgestalter aus zehn Ländern, in: Die Rheinpfalz, vom 14.03.1963.
Unbekannt (1963b): Design in Russia, in: Industrial Design (4), S. 72-75.
Unbekannt (1963c): Erster Luran-Wettbewerb, in: form (23), S. 36-41.
Unbekannt (1963d): Formgebung des Ostens koordiniert, in: form (22), S. 69.
Unbekannt (1963e): Die Industrie-Preisträger 1963, in: Die Zeit, vom 27.09.1963.
Unbekannt (1963f): Produktdesign und Produktplanung, in: form (23), S. 70.
Unbekannt (1963g): Sowjetische Design-Institute, in: form (22), S. 68.
Unbekannt (1964a): Design und Graphik, in: Frankfurter Allgemeine Zeitung, vom 18.08.1964.
Unbekannt (1964b): Design-Theorie aus Moskau, Rezension zu der Zeitschrift „Техническая Эстетика", in: form (28), S. 75.
Unbekannt (1964c): Im Gespräch der Ingenieure: Formgebung technischer Erzeugnisse, in: form (27), S. 58.
Unbekannt (1964d): „gut" oder gut? form in selb, in: form (26), S. 11-17.
Unbekannt (1964e): Rennwagen im Kunststoffkleid, in: Die Rheinpfalz, vom 11.03.1964.
Unbekannt (1964f): Zweiter Luran-Wettbewerb, in: form (25), S. 32-37.
Unbekannt (1965a): Angst vor innerer Verarmung – Industrie gründet Gestaltkreis für bessere Formgebung, in: Neue Rhein-Zeitung, vom 27.03.1965.
Unbekannt (1965b): Deutsche Industrie will gute Form, in: Rheinische Post, vom 27.03.1965.
Unbekannt (1965c): Fragebogen-Aktion: Der Designer in der Industrie, in: form (31), S. 66.

Unbekannt (1965d): Frühstück mit Gropius, in: form (29), S. 2-7.
Unbekannt (1965e): Gestaltkreis im Bundesverband der Deutschen Industrie, in: form (30), S. 63.
Unbekannt (1965f): Gestaltkreis sichert deutsche Ausstellung in London, in: Handelsblatt, vom 04.06.1965.
Unbekannt (1965g): Gestaltkreis wird aktiv, in: form (31), S. 64.
Unbekannt (1965h): Некоторые Работы Художников-Конструкторов ФРГ, in: Техническая Эстетика (9), S. 28-29. [dt. Übersetzung: „Einige Arbeiten der Industriedesigner aus der BRD"]
Unbekannt (1965i): Ist guter Rat teuer?, in: form (30), S. 18-23.
Unbekannt (1965j): Neue Kraft durch „Gestaltkreis", in: form (29), S. 58.
Unbekannt (1965k): Philip Rosenthal als Design-Autor, in: form (31), S. 71.
Unbekannt (1965l): Qualität beruht auch auf guter Form, in: Industriekurier, vom 04.12.1965.
Unbekannt (1965m): Rosenthal stiftete Preis für gute Gestaltung, in: form (32), S. 70.
Unbekannt (1965n): Rosenthal, eine Studio in modernem Management, in: Industrial Design (3), S. 58-59.
Unbekannt (1965o): Die Stellung des Designers in der Industrie, in: form (32), S. 68.
Unbekannt (1965p): Treffen der ICSID-Arbeitsgruppe „Erziehung" in Ulm, in: ulm (14/15/16), S. 88-89.
Unbekannt (1965q): VDID, in: form (29), S. 62.
Unbekannt (1965r): Wien: ICSID-Kongress „Design und Öffentlichkeit", in: form (31), S. 64.
Unbekannt (1966a): Berufskodex für Designer, in: form (34), S. 62.
Unbekannt (1966b): Design-Institute in Berlin?, in: form (35), S. 66.
Unbekannt (1966c): Design-Zentrum in Frankfurt?, in: form (35), S. 65.
Unbekannt (1966d): Der Designer in der Industrie – 50 Fragen an 94 Designer, in: form (34), S. 48-50.
Unbekannt (1966e): „Gute Form 65" in London – Kommentare, in: form (33), S. 46-47.
Unbekannt (1966f): New Post, in: Design (215), S. 75.
Unbekannt (1966g): Robert Gutmann an der TH Wien, in: form (35), S. 66.
Unbekannt (1966h): Die sechs Gebote, in: form (35), S. 54.
Unbekannt (1966i): Sonderschau „Die gute Industrieform", in: Keramische Zeitschrift (18 4), S. 255.
Unbekannt (1967a): Rezension zu: Georgi Borisowski, Form und Uniform, in: VDID-Informationsdienst (4), S. 3.
Unbekannt (1967b), Was ist ein Industrial Designer? Blätter zur Berufskunde, in: form (37), S. 66.

Unbekannt (1967c): Arbeitskreis Produktion beim Deutschen Industrie- und Handelstag, in: Werk und Zeit (12), S. 7.

Unbekannt (1967d): Ausschuss-Sitzung am 1. Mai in Hannover, in: VDID-Informationsdienst (5), vom 19.05.1967, S. 1.

Unbekannt (1967e): Ausstellung „Gute Industrieform“ in Warschau und Krakau, in: VDID-Informationsdienst (6), vom 23.06.1967, S. 2.

Unbekannt (1967f): Bundesverdienstkreuz für Frau Seeger, in: VDID-Informationsdienst (10), S. 2.

Unbekannt (1967g): Design-Aktivität in der DDR – DDR im ICSID, in: form (39), S. 56.

Unbekannt (1967h): Design-Zentrum in München?, in: form (39), S. 59.

Unbekannt (1967i): Deutsche Design-Ausstellung in Polen, in: VDID-Informationsdienst (4), S. 2.

Unbekannt (1967j): Deutsche Designausstellung in Polen, in: VDID-Informationsdienst (3), vom 20.03.1967, S. 1.

Unbekannt (1967k): Eugen Gomringer Kulturbeauftragter bei Rosenthal, in: form (38), S. 61.

Unbekannt (1967l): [Eugen Gomringer verlässt den Schweizer Werkbund], in: Werk und Zeit (3), S. 4.

Unbekannt (1967m): Frau Mia Seeger verläßt den Rat, in: VDID-Informationsdienst (1), vom 05.01.1967, S. 1-2.

Unbekannt (1967n): Informationen nach innen, in: Bericht 1967, hrsg. von dem Deutschen Industrie- und Handelstag, Bonn, S. 176-179.

Unbekannt (1967o): Kunststoffe für Fahrzeugbau und Transport auf der 5. Internationalen Kunststoffmesse in Düsseldorf, in: Das Nutzfahrzeug (19/11), S. 714-718.

Unbekannt (1967p): Neue Mitglieder des ICSID, in: VDID-Informationsdienst (11), vom 21.11.1967, S. 1.

Unbekannt (1967q): Neuer Lehrstuhl für Umweltgestaltung, in: VDID-Informationsdienst (5), vom 19.05.1967.

Unbekannt (1967r): Porzellanfabrik Rosenthal am Rothbühl – Erster Tunnelofen gezündet, in: Keramische Zeitschrift (19/1), S. 47.

Unbekannt (1967s): Prof. Arno Votteler DID, in: VDID-Informationsdienst (5), vom 19.05.1967.

Unbekannt (1967t): VDID: Rahmenplan für die Design-Ausbildung, in: form (38), S. 61.

Unbekannt (1967u): Zeitgemäße Form, in: VDID-Informationsdienst (3), vom 20.03.1967, S. 2.

Unbekannt (1968a): Ausbildungskonferenz in der DDR, in: form (42), S. 60.

Unbekannt (1968b): Bundeswirtschaftsminister Schiller beantwortet Fragen der „zeitgemäßen Form“, in: zeitgemäße form in der Süddeutschen Zeitung, vom 18.12.1968.

Unbekannt (1968c): Bushaltestelle, in: Das Werk (55 6), S. 364-365.
Unbekannt (1968d): Bushaltestelle, in: ulm (21), S. 53.
Unbekannt (1968e): DDR-Design-Perspektiven, in: form (43), S. 54.
Unbekannt (1968f): Design Club gegründet, in: VDID-Informationsdienst (6), S. 4.
Unbekannt (1968g): Design wird in Berlin erst schön – Design-Zentrum in Berlin? Schiller kritisiert Designer, in: form (44), S. 56.
Unbekannt (1968h): Design-Club München, in: form (43), S. 56.
Unbekannt (1968i): Designer, sortiert nach Klasse A und B, in: form (44), S. 38-39.
Unbekannt (1968j): Entschieden: Wettbewerb Bus-Haltestelle, in: form (41), S. 56.
Unbekannt (1968k): Formspiele, in: Die Welt, vom 10.12.1968.
Unbekannt (1968l): ICSID Information Centre, in: VDID-Informationsdienst (5), S. 4.
Unbekannt (1968m): Industrie-Design in der DDR, in: VDID-Informationsdienst (10), S. 2-3.
Unbekannt (1968n): Ist Ulm am Ende? Zur Situation der Hochschule für Gestaltung, in: form (41), S. 37-40.
Unbekannt (1968o): Kombiniert aus Elementen: Bushaltestelle, in: form (42), S. 6-9.
Unbekannt (1968p): Kunst aus dem Computer, in: VDID-Informationsdienst (1), S. 2.
Unbekannt (1968q): London, Berlin, Darmstadt, Wien, in: Darmstädter Echo, vom 19.12.1968.
Unbekannt (1968r): Marxismus und Design, Rezension zu: Funktion – Form – Qualität, Zur Problematik einer Theorier der Gestaltung (des Design) von Siegfried Heinz Begenau, in: form (41), S. 77-78.
Unbekannt (1968s): Neue Anwendungsbeispiele für GFP im Nutzfahrzeugbau, in: Das Nutzfahrzeug (20 9), S. 468.
Unbekannt (1968t): Neue Führung und mehr Geld für den RfF?, in: form (43), S. 58.
Unbekannt (1968u): „Plastarelle" – Kunst aus Kunststoff, in: Mannheimer Morgen, vom 06.11.1968.
Unbekannt (1968v): Plastarellen-Premiere, in: General-Anzeiger Ludwigshafen, vom 06.11.1968.
Unbekannt (1968w): Polyester bei Nutzfahrzeugen?, in: form (42), S. 64.
Unbekannt (1968x): Premiere mit „Plastarellen" in der BASF, in: Die Rheinpfalz, vom 07.11.1968.
Unbekannt (1968y): Rahmenplan für die Ausbildung, in: form (42), S. 33-34.
Unbekannt (1968z): Rat für Formgebung (RfF) nach Berlin?, in: VDID-Informationsdienst (12), S. 2.

Unbekannt (1968aa): Rat für Formgebung nach Berlin?, in: Darmstädter Echo, vom 28.09.1968.
Unbekannt (1968ab): Revolution im Design? Resonanz auf die Thesen von Werner Nehls, in: form (44), S. 40-41.
Unbekannt (1968ac): Robert Gutmann, in: Frankfurter Allgemeine Zeitung, vom 18.12.1968.
Unbekannt (1968ad): The School vs. the State, in: Industrial Design (15/8), S. 32-33.
Unbekannt (1968ae): Stein im Rat – Werkbund vermißt Mitspracherecht, in: form (44), S. 56.
Unbekannt (1968af): UdSSR: 5 Jahre Design, in: form (41), S. 55.
Unbekannt (1968ag): Ulm up, in: Der Spiegel, vom 26.02.1968, S. 143-144.
Unbekannt (1968ah): Umweltgestaltung – was ist das?, in: form (43), S. 40-42.
Unbekannt (1968ai): VDID – Kein Arbeitgeberverband mehr?, in: form (42), S. 35.
Unbekannt (1969a): Rezension zu: Ursula Hansen, Stilbildung im Design als Problem der Konsumgüterindustrie, in: form (47), S. 76.
Unbekannt (1969b): 7 Fragen an Gustav Stein, in: form (46), S. 37-39.
Unbekannt (1969c): Berliner Design Center schon diesen Herbst?, in: Die Welt, vom 12.03.1969.
Unbekannt (1969d): Bundeswirtschaftsminister Schiller stiftet den Bundespreis „Gute Form“, in: BMWi-Tagesnachrichten, vom 10.03.1969.
Unbekannt (1969e): Design der DDR, Rezension zu: form + zweck (1/69), in: form (46), S. 64-66.
Unbekannt (1969f): Design in Indien? Ein Gespräch mit Arno Votteler, in: form (47), S. 29-30.
Unbekannt (1969g): Design Information Center in Darmstadt, in: form (45), S. 51.
Unbekannt (1969h): Design-Bibliography eingestellt?, in: form (48), S. 55.
Unbekannt (1969i): Design-Zentrum Berlin – ohne Konzept, aber reich, in: zeitgemäße form in der Süddeutschen Zeitung, vom 09.07.1969.
Unbekannt (1969j): Design-Zentrum Berlin – ohne Konzept, aber reich, in: form (46), S. 51.
Unbekannt (1969k): „Die Designidee geht um die Welt“ Bundeswirtschaftsminister Schiller zu Fragen des Industrie-Design, in: form (45), S. 48-50.
Unbekannt (1969l): Elefant im „Porzellanladen“?, in: Rheinische Post, vom 17.03.1969.
Unbekannt (1969m): Europäische Föderation der Designer-Berufsverbände, in: VDID-Informationsdienst (10), vom 16.10.1969, S. 1.
Unbekannt (1969n): ICSID-Aktivitäten, in: form (48), S. 56.
Unbekannt (1969o): Institut für Umweltgestaltung in Frankfurt, in: VDID-Informationsdienst (8/9), vom 12.09.1969, S. 8.

Unbekannt (1969p): Ist der Rat für Formgebung existent?, in: Darmstädter Tagblatt, vom 20.03.1969.
Unbekannt (1969q): Minister Karl Schiller an Adolf Arndt, in: Werk und Zeit (8), S. 3.
Unbekannt (1969r): Nur „schöne Formen" im Berliner Design-Zentrum?, in: form (47), S. 58.
Unbekannt (1969s): Offizielles Treffen des VDID mit dem IDSV, in: VDID-Informationsdienst (5), vom 09.05.1969, S. 1.
Unbekannt (1969t): Ostberlin zum Fall „Ulm", in: form (46), S. 51.
Unbekannt (1969u): Prof. A. Votteler, in: VDID-Informationsdienst (2), S. 6.
Unbekannt (1969v): Westberliner Design-Ausstellung, in: Berliner Zeitung, vom 09.07.1989.
Unbekannt (1970a): 4004 entwirft Messestand, in: form (50), S. 66.
Unbekannt (1970b): Berliner Design-Zentrum eröffnet, in: form (49), S. 56.
Unbekannt (1970c): Berufung Rosenthals überrascht in Bonn, in: Frankfurt Allgemeine Zeitung, vom 29.07.1970.
Unbekannt (1970d): DDR-Besuch abgeblasen, in: VDID-Extra, vom 03.12.1970.
Unbekannt (1970e): Der DES-Club München, in: VDID-Informationsdienst (7), vom 20.10.1970, S. 1.
Unbekannt (1970f): „DIM" = Creative Shop für Design?, in: form (51), S. 39-40.
Unbekannt (1970g): Expo Design Berlin – 1 Million DM Starthilfe, in: form (52), S. 68.
Unbekannt (1970h): Herbert Lindinger, in: VDID-Informationsdienst (1/2), vom 16.02.1970, S. 6.
Unbekannt (1970j): Das IDZ steht allen offen, in: Handelsblatt, vom 12./13.06.1970.
Unbekannt (1970k): Impulse für die Industrie, in: Handelsblatt, vom 02.03.1970.
Unbekannt (1970l): Das internationale Design-Zentrum Berlin (IDZ) – ein Mittler zwischen Wissenschaft und Industrie im Dienste einer humanen Umweltgestaltung, in: Handelsblatt, vom 12./13.06.1970.
Unbekannt (1970m): Internationales Design-Zentrum eröffnet, in: Werk und Zeit (5), S. 1-2.
Unbekannt (1970n): Neues Institut für Umweltplanung Ulm, in: form (49), S. 56.
Unbekannt (1970o): Produktform, in: Bericht 1970, hrsg. von dem Deutscher Industrie- und Handelstag, Bonn, S. 172.
Unbekannt (1970p): Rat für Umweltgestaltung in der UdSSR, in: form (50), S. 57.
Unbekannt (1970q): Scharfe Turbulenzen ums Bauhaus-Archiv, in: Darmstädter Echo, vom 29.06.1970.
Unbekannt (1970r): Studenten antworten, in: form (50), S. 37-42.

Unbekannt (1970s): Styling heißt noch lange nicht Design, in: Die Welt, vom 22.01.1970.
Unbekannt (1970t): Weiteres Anwachsen der Groß-Chemie ohne Kunststoffe undenkbar, in: VDI-Nachrichten, vom 13.05.1970.
Unbekannt (1970u): Wie arbeiten die Designer? Gespräch mit Ernst Reichl, in: zeitgemäße form in der Süddeutschen Zeitung, vom 15.01.1970.
Unbekannt (1971a): Ästhetik ist das große Geschäft, in: Frankfurter Neue Presse, vom 18.08.1971.
Unbekannt (1971b): Auseinandersetzung im IDZ, in: Tagesspiegel, vom 01.10.1971.
Unbekannt (1971c): Auseinandersetzungen im Design-Zentrum, in: Die Welt, vom 17.02.1971.
Unbekannt (1971d): Design der DDR, Rezension zu: form + zweck (2/70), in: form (53), S. 84.
Unbekannt (1971e): Ein Design der Industrie? Das Design-Zentrum wird in Frage gestellt, in: form (53), S. 41-43.
Unbekannt (1971f): Design in Jugoslawien – Iskra zeigt den Weg, in: Wirtschaft im Wandel (3), S. 8-10.
Unbekannt (1971g): Design-Verbände und Wirtschaft für Konzentration der Design-Ausbildungsstätten, in: zeitgemäße form in der Süddeutschen Zeitung, vom 24.11.1971.
Unbekannt (1971h): Designer (grad.), in: Allgemeine Berufskunde – Informationen für die Beratungs- und Vermittlungsdienste der Bundesanstalt für Arbeit (41), hrsg. von der Bundesanstalt für Arbeit, S. 2349.
Unbekannt (1971i): Diplom-Designer, in: Allgemeine Berufskunde – Informationen für die Beratungs- und Vermittlungsdienste der Bundesanstalt für Arbeit (32), hrsg. von der Bundesanstalt für Arbeit, S. 1943.
Unbekannt (1971j): Dürre Fakten über ein Kernproblem, in: Spandauer Volksblatt, vom 17.07.1971.
Unbekannt (1971k): Eklat im Internationalen Design Zentrum, in: Handelsblatt, vom 05.02.1971.
Unbekannt (1971l): Erweiterungspläne für den Motorenbau Nürnberg als Folge der Zusammenarbeit mit Daimler-Benz, in: M.A.N.-Werkzeitung (5), S. 1-2.
Unbekannt (1971m): Gemeinsame Produktion: Wilkhahn-Rosenthal, in: form (56), S. 62.
Unbekannt (1971n): Gestorben: Design Expo Berlin, in: form (54), S. 62.
Unbekannt (1971o): Honorarordnung für DDR-Designer, in: form (55), S. 62.
Unbekannt (1971p): Immer mehr Mitglieder für den VDID, in: form (56), S. 72.
Unbekannt (1971q): Internationales Design-Zentrum hat nur noch eine Galgenfrist, in: Die Welt, vom 22.10.1971.
Unbekannt (1971r): Ein kostspieliger Verein – IDZ zur Zeit ohne Planungsgruppe, in: Telegraf, vom 18.02.1971.

Unbekannt (1971s): Materialien zur Krise im Internationalen Design-Zentrum Berlin, in: Bauwelt (7), vom 15.02.1971.
Unbekannt (1971t): Noch keine Entscheidung über Zukunft des IDZ, in: Handelsblatt, vom 18.02.1971.
Unbekannt (1971u): Ost-Designer suchen Kontakt, in: Südwest-Presse, vom 21.10.1971.
Unbekannt (1971v): Philip Rosenthal steht Rede und Antwort in Sachen Gruppe 21, in: zeitgemäße form in der Süddeutschen Zeitung, vom 23.06.1971.
Unbekannt (1971w): Pressestimmen zum Konflikt im IDZ, in: Werk und Zeit (3), S. 5.
Unbekannt (1971x): Von der Produktform zum Umwelt-Design, in: Weser-Kurier, vom 07.09.1971.
Unbekannt (1971z): Schwerer Konflikt im IDZ Berlin, in: Werk und Zeit (2), S. 1.
Unbekannt (1971aa): Staatliche geprüfter Designer, in: Allgemeine Berufskunde – Informationen für die Beratungs- und Vermittlungsdienste der Bundesanstalt für Arbeit (16), hrsg. von der Bundesanstalt für Arbeit, S. 861-865.
Unbekannt (1971ab): Umweltschutz – wer trägt die Kosten?, in: Berliner Morgenpost, vom 01.07.1971.
Unbekannt (1971ac): „Das Vietnam der Bourgeoisie" Peter Menke-Glückert sprach über Umweltschutz im IDZ, in: Die Welt, vom 01.07.1971.
Unbekannt (1971ad): „Wahrhaftig im Design – fair zu den Mitarbeitern", in: Frankfurter Allgemeine Zeitung, vom 10.08.1971.
Unbekannt (1971ae): Weitere Öffnung des Verbandes – VDID-Treffen in Hannover mit Studenten-Forum, in: form (54), S. 69.
Unbekannt (1971af): Wirtschaft fordert bessere Designer-Ausbildung, in: Die Berliner Wirtschaft, vom 10.12.1971.
Unbekannt (1971ag): Zehn Mitglieder hat der Verein, in: Tagesspiegel, vom 18.02.1971.
Unbekannt (1971ah): Zwischen Marketing und Sozialpolitik – Kontroverse um Produktgestaltung, in: Industriemagazin (5), S. 28-32.
Unbekannt (1972a): Rezension zu: Tomás Maldonado, Dialektik des Entwerfens im Spätkapitalimus, in: form (57), S. 75.
Unbekannt (1972b): Angestellt oder freischaffend? Eine Alternative auch in der DDR, in: form (60), S. 62-63.
Unbekannt (1972c): Design-Seminar für Entwicklungsländer, in: form (59), S. 52.
Unbekannt (1972d): „Deutscher Designertag" – eine Anregung des BDG, in: form (59), S. 68.
Unbekannt (1972e): Keine Angst vor der Zukunft – VDID tagte in München, in: design report, vom 19.10.1972.
Unbekannt (1972f): Neue Telefone, in: form (57), S. 60.
Unbekannt (1972g): Das Papanek Konzept, in: VDID-Extra (7), S. 7.

Unbekannt (1972h): Zur Problematik einer Theorie des Design, in: form (58), S. 65.
Unbekannt (1972i): Rosenthal setzt neue Akzente – Start in der Möbelsparte gemeinsam mit Wilkhahn, in: Die Welt, vom 14.01.1972.
Unbekannt (1972j): Rudolf Gäth, in: Kunststoffe (62/2), S. 70.
Unbekannt (1972k): Schlechte Schuhe, schlechte Politik – Design im Auftrag des VIII. Parteitages der SED, in: form (59), S. 66.
Unbekannt (1972l): Selbstkritik aus der DDR, Rezension zur form + zweck 2'71, in: form (57), S. 74-75.
Unbekannt (1972m): Was ist ästhetische Qualität? Empfehlungen des VNIITE, Moskau, in: form (59), S. 66.
Unbekannt (1972n): Wohneinheit 80 – Projektstudie der BASF, in: Bauen + Wohnen (26), S. 90-94.
Unbekannt (1972o): Wohnen 1980, in: design international (3), S. 5-8.
Unbekannt (1972p): Wohnen zwischen Schaumstoffdünen, in: Der Spiegel (4), vom 17.01.1972, S. 98-101.
Unbekannt (1972q): Zuviel Designer, in: Die Zeit, vom 15.12.1972.
Unbekannt (1973a): BDG und VDID mit gemeinsamer Geschäftsstelle, in: form (61), S. 71.
Unbekannt (1973b): Zur beruflichen Stellung des Industrial Designers in der EG – Bilanz der BEDA-Konferenz April 1973, Dublin, in: form (63), S. 63-64.
Unbekannt (1973c): Bewertungsmethodik des VNIITE für Design, in: form (61), S. 54.
Unbekannt (1973d): Design als Wettbewerbsinstrument – Das IDZ Berlin will einen Design-Beratungsdienst einrichten, in: design report, vom 30.07.1973.
Unbekannt (1973e): Design ist in Jugoslawien kein Fremdwort, in: design report, vom 14.11.1973.
Unbekannt (1973f): Design-Beratungsdienst, in: Werk und Zeit (8/9), S. 16.
Unbekannt (1973g): DGB im Rat für Formgebung, in: Die Welt, vom 13.07.1973.
Unbekannt (1973h): DGB-Beitritt zum Rat für Formgebung, in: design report, vom 30.07.1973.
Unbekannt (1973i): DIHT fordert: Nicht so viele Designer ausbilden, in: Die Welt, vom 21.05.1973.
Unbekannt (1973j): DIHT-Designer-Umfrage jetzt als Broschüre, in: form (64), S. 54.
Unbekannt (1973k): DIHT-Umfrage zum Bedarf von Designern in der Wirtschaft, in: design report, vom 26.02.1973.
Unbekannt (1973l): DIHT: Weniger Designer ausbilden, in: design report, vom 14.05.1973.
Unbekannt (1973m): Fachhochschule Darmstadt: Kriterien zur Design-Ausbildung, in: form (62), S. 58.

Unbekannt (1973n): Gewerkschaft jetzt im Vorstand des Rats für Formgebung, in: form (63), S. 48.
Unbekannt (1973o): Gisela Brackert, in: design report, vom 14.11.1973.
Unbekannt (1973p): Gustav Stein, in: Die Welt, vom 19.04.1973.
Unbekannt (1973q): ICSID wird Partner der UNO, in: design report, vom 21.09.1973.
Unbekannt (1973r): Peter Frank, in: design report, vom 24.01.1973.
Unbekannt (1973t): Rosenthal baut Entwicklungszentrum in Selb, in: Keramische Zeitschrift (25 1), S. 39.
Unbekannt (1973u): Rosenthal schaltet auf „organisches Wachstum“ um, in: Frankfurter Allgemeine Zeitung, vom 14.06.1973.
Unbekannt (1973v): Die Sozialstruktur der Industrie-Designer – wer erforscht sie?, in: form (61), S. 71.
Unbekannt (1973w): Weniger Designer ausbilden, in: VDI-Nachrichten, vom 12.09.1973.
Unbekannt (1974a): DDR: Kulturpolitik der Abgrenzung bleibt, in: form (65), S. 59.
Unbekannt (1974b): Design-Ausbildung, in: Werk und Zeit (1), S. 7.
Unbekannt (1974c): Designer als Krisenmanager, in: design report, vom 18.02.1974.
Unbekannt (1974d): „Designer-Tag“, Designer-Kammer, in: VDID-Extra (3), S. 4.
Unbekannt (1974e): Deutsch-sowjetischer Design-Austausch, in: design report, vom 29.08.1974.
Unbekannt (1974f): Französisch-sowjetischer Designvertrag, in: design report, vom 19.03.1974.
Unbekannt (1974g): Hochschullehrer fordern einheitliches Design-Studium – Ständige Konferenz Studiengang Industrial-Design legt Zwischenbericht vor, in: design report, vom 27.09.1974.
Unbekannt (1974h): ICSID von UN-Organisation anerkannt, in: form (67), S. 70.
Unbekannt (1974i): Informationen zum „Modellversuch Darmstadt“, in: VDID-Extra (3), S. 7.
Unbekannt (1974j): Nostalgie in Ulm – Treffen der HfG‘ler?, in: form (66), S. 48.
Unbekannt (1974k): Ölkrise setzt neue Akzente für Design, in: design report, vom 18.02.1974.
Unbekannt (1974l): Rosenthal investiert in Forschung und Entwicklung, in: form (67), S. 58.
Unbekannt (1974m): Zitat: Bundesminister Friderichs zur Mitsprache bei Produkt- und Umweltgestaltung, in: form (68), S. 56.
Unbekannt (1975a): Abschlussbericht und erste Konsequenzen, in: design report (12), S. 6.

Unbekannt (1975b): Die Bundesregierung legt den „Künstlerbericht" vor, in: form (69), S. 5-8.
Unbekannt (1975c): DDR: „Erhebliche Qualitätsunterschiede im Design", in: form (71), S. 51.
Unbekannt (1975d): Design-Pädagogen für einheitliche Terminologie, in: design report (4), S. 6.
Unbekannt (1975e): Designer in der EG, in: VDID-Extra (3), S. 7.
Unbekannt (1975f): Zum Designer-Kongreß Moskau, in: VDID-Extra (2), S. 6-7.
Unbekannt (1975g): Farbe im Design als Lehrgang, in: form (69), S. 59.
Unbekannt (1975h): Fazit vom Moskauer ICSID-Kongreß, in: VDID-Extra (4), S. 8.
Unbekannt (1975i): ICSID-Kongress ohne Vollversammlung, in: design report (4), S. 7.
Unbekannt (1975j): Israelische Teilnehmer doch in Moskau, in: design report (11), S. 9.
Unbekannt (1975k): Kommunikation ohne Dialog: ICSID Moskau '75 – ein Kongreß der Abstinenz, in: form (72), S. 4-11.
Unbekannt (1975l): Zur Kritik am „Modellversuch Darmstadt", in: VDID-Extra (1), S. 13-14.
Unbekannt (1975m): Zum „Künstlerbericht" der Bundesregierung, in: VDID-Extra (2), S. 4-5.
Unbekannt (1975n): Neues Design der Bundespost: Tasten-Telefon, in: form (72), S. 56.
Unbekannt (1975o): Die Pädagogen für Industrie-Design kommen zusammen: VDID/RfF-Pädagogentagung vom 11. bis 12. April, in: form (69), S. 58.
Unbekannt (1975p): „Produktplanung – als Lösung der Umweltkrise"? Konsumaskese? Null-Wachstum?, in: form (69), S. 45.
Unbekannt (1975q): Reaktionen in Moskau auf deutsches Design, in: design report (4), S. 6.
Unbekannt (1975r): Rezession steigert Bedeutung des Design, in: design report, vom 25.02.1975.
Unbekannt (1975s): Studiensituation und Arbeitsmarkt, in: design report (12), S. 2-3.
Unbekannt (1975t): VDID beim Bundesministerium des Inneren, in: VDID-Extra (3), S. 7-8.
Unbekannt (1975u): Wieviele arbeitslose Designer?, in: form (72), S. 60.
Unbekannt (1976a): 4. Pädagogentreffen in Darmstadt, in: design report (9), S. 5.
Unbekannt (1976b): Aus zwei mach eins, in: design report (3), S. 9.
Unbekannt (1976c): Berufskundeblatt „Industrial Designer" vom VDID erarbeitet, in: VDID-Extra (3), S. 4.

Unbekannt (1976d): Bundespreis Gute Form: '76 + '77 = 1 Preis, in: form (73), S. 64.
Unbekannt (1976e): Designer in der Bundesrepublik – Schlussbericht des „Darmstädter Modellversuches", in: form (73), S. 35-39.
Unbekannt (1976f): Deutsches Design in Minsk, in: design report (3), S. 8.
Unbekannt (1976g): Erste Aktivitäten des Deutscher Designertag e.V., in: VDID-Extra (3), S. 2.
Unbekannt (1976h): Europäische Designer mit gemeinsamer Berufsdefinition, in: form (74), S. 54.
Unbekannt (1976i): Gemeinsam in Karlsruhe: 1. Deutscher Designertag, in: VDID-Extra (3), S. 3.
Unbekannt (1976j): Großveranstaltung geplant, in: design report (9), S. 6.
Unbekannt (1976k): Künftig eine Vereinigung der deutschen Designer?, in: form (74), S. 54.
Unbekannt (1976l): Max Bill auf Ulm-Besuch: „HfG grausig vergammelt", in: form (74), S. 52.
Unbekannt (1976m): Personalia, in: design report (4), S. 9.
Unbekannt (1976n): Personalien, in: form (74), S. 51.
Unbekannt (1976o): Sowjet-Design im Schwabenland, in: design report (7), S. 5.
Unbekannt (1976p): Der sowjetische Designer, in: design report (9), S. 10-11.
Unbekannt (1976q): Sowjets fordern „Bestrafung" von form, in: form (76), S. 54.
Unbekannt (1976r): Die Sowjets sahen: Design der BRD in Minsk, in: form (74), S. 50.
Unbekannt (1976s): Der VDID als Mitglied im Deutschen Designertag e.V., in: VDID-Extra (3), S. 2.
Unbekannt (1976t): VDID Arbeitsgruppe: Design für Entwicklungsländer, in: design report (4), S. 6.
Unbekannt (1976u): Warum einen gemeinsamen Designer-Dachverband? Sinn, Aufgaben und Ziele des „Deutschen Designertages", in: form (76), S. 69-70.
Unbekannt (1976v): Was werden? Zu viele Designer?, in: Frankfurter Allgemeine Zeitung, vom 05.01.1976.
Unbekannt (1976w): Weltweite negative Kritik am Moskauer ICSID-Kongress, in: form (73), S. 51.
Unbekannt (1976x): Выставка „20 лет службы дизайна на фирме Braun", in: Техническая Эстетика (11), S. 25. [dt. Übersetzung: „Die Ausstellung ‚20 Jahre Arbeiten der Firma Braun' "]
Unbekannt (1976y): Выставка „Советский дизайнер" в Штутгарте, in: Техническая Эстетика (8), S. 21. [dt. Übersetzung: „Die Ausstellung ‚Sowjetdesign' in Stuttgart"]

Unbekannt (1976z): Выставка „Техническая єстетика в ФРГ“, in: Техническая Эстетика (5-6), S. 37-38. [dt. Übersetzung: „Die Ausstellung ‚Technische Ästhetik aus der BRD‘ “]

Unbekannt (1977a): Vom 1. Deutschen Designertag: Ergebnisse des ersten interdisziplinären Forums aller Designer zu Berufsfragen, in: form (80), S. 69.

Unbekannt (1977b): Angebot und Anspruch der Designer, in: format (70), S. 8.

Unbekannt (1977c): Berufskunde „industrial designer“ – als Wegweiser, in: form (77), S. 83.

Unbekannt (1977d): Designer prüfen den Fahrerplatz im Auto, in: Handelsblatt, vom 16./17.04.1977.

Unbekannt (1977e): Das Erbe der Hochschule für Gestaltung Ulm, in: form (78), S. 56.

Unbekannt (1977f): Erhebliche Diskrepanz zwischen Studium und Praxis, in: Frankfurter Allgemeine Zeitung, vom 21.05.1977.

Unbekannt (1977g): Federal Republic of Germany, in: ICSID News (4), S. 21-22.

Unbekannt (1977h): Fragen an die Deutsche Bundesregierung zur Design-Politik, in: form (80), S. 12-14.

Unbekannt (1977i): Kunst vermehrt in den Alltag einbeziehen, in: Finanz- und Wirtschaftswoche, vom 23.03.1977.

Unbekannt (1977j): MAN-Studie „Aerodynamik und Design“, in: design report (11/12), S. 10.

Unbekannt (1977k): MAN-Studie „Aerodynamik und Design“, in: Lastauto und Omnibus (12).

Unbekannt (1977l): Montags Kipper, samstags Omnibus, in: Verkehrs-Rundschau (50), S. 21-24.

Unbekannt (1977m): Ein Preis, der richtig sitzt, in: Die Welt, vom 14.06.1977.

Unbekannt (1977n): Profession und Verantwortung, in: format (70), S. 9-11.

Unbekannt (1977o): Wie viele arbeitslose Designer?, in: form (79), S. 54.

Unbekannt (1977p): „Wir werden am Design ganz bestimmt dranbleiben...“ – 6 Fragen zur „Design-Qualität“ beim Warentest, in: form (77), S. 30-31.

Unbekannt (1977q): Художественное конструирование и задачи повышения качества изделий масового спрос, in: Техническая Эстетика (1), S. 1. [dt. Übersetzung: „Künstlerische Konstruktion und Aufgaben zur Erhöhung der Qualität bei der Produktion der Massenprodukte“]

Unbekannt (1978a): Design – mehr als psychische Chromleiste?, in: Darmstädter Echo, vom 06.07.1978.

Unbekannt (1978b): Form und Technik – passen sie zusammen?, in: Darmstädter Echo, vom 28.06.1978.

Unbekannt (1978c): Gustav Stein 75, in: design report (2), S. 6.

Unbekannt (1978d): ICSID ‘77: Yuri Soloviev wurde Weltpräsident der Designer, in: VDID-Extra (1), S. 5-7.

Unbekannt (1978e): [Interview mit Dr. Hans Hagen], in: Verkehrs-Rundschau, S. 14-17.

Unbekannt (1978f): [Interview mit Klaus Flesche], in: Verkehrs-Rundschau (3), S. 18.

Unbekannt (1978g): Konzept für die 90er Jahre, in: MAN Diesel – Die Zeitschrift für unsere Kunden (27 57), S. 7.

Unbekannt (1978h): Kulturkreis – Gestaltkreis – Arbeitsring Ausland, in: Jahresbericht 1977/78, hrsg. von dem Bundesverband der Deutschen Industrie e.V., Köln, S. 199-206.

Unbekannt (1978i): Rat für Formgebung bietet Design-Diagnose an, in: form (81), S. 52.

Unbekannt (1978j): Zusammenhänge bei Design und Technik, in: Darmstädter Tagblatt, vom 06.07.1978.

Unbekannt (1978k): Приз за лучший плагиат (фрг), in: Техническая Эстетика (2), S. 29. [dt. Übersetzung: „Preis für das beste Plagiat (BRD)"]

Unbekannt (1979a): Aus Berlin nach Berlin zurück, in: design report (2), S. 14-19.

Unbekannt (1979b): Ausstellung des AIF im Bauhaus, in: Informationsdienst Industrielle Formgebung (8), hrsg. vom Amt für industrielle Formgestaltung der DDR, S. 12.

Unbekannt (1979c): Herbert Ohl an der Internationalen Konferenz: UNIDO-ICSID India '79, in: design report (2), S. 5-6.

Unbekannt (1979d): Hoch bei Rosenthal hält an, in: Keramische Zeitschrift (31/1), S. 35.

Unbekannt (1979e): Pjotr Apollonowitsch Smidowitsch, Kulturattaché der UdSSR, besuchte in Darmstadt den Rat für Formgebung, in: Darmstädter Tagblatt, vom 23.06.1979.

Unbekannt (1979f): Das Portrait: Philip Rosenthal, in: IDZ-Information (1), S. 2-3.

Unbekannt (1980a): 2. Deutscher Designertag Gestalten. Gebrauchen. Verbrauchen, in: Werk und Zeit (2), S. 44.

Unbekannt (1980b): Bundeswettbewerb für umweltfreundliche und rohstoffbewusste Produktgestaltung, in: zeitgemäße form in der Süddeutschen Zeitung, vom 31.01.1980.

Unbekannt (1980c): „Design ist für Frauen ein phantastischer Beruf", in: form (89), S. 64.

Unbekannt (1980e): Designer trafen sich in Karlsruhe, in: format (88), S. 16-17.

Unbekannt (1980f): Eberhard Fuchs zum dritten Mal VDID-Präsident, in: design report (2), S. 10.

Unbekannt (1980g): Ergebnisse und Entschließungen der DT-Arbeitsgruppen, in: form (92), S. 73.

Unbekannt (1980h): Erstmals „Design" auf dem Deutschen Ingenieurtag 1981, in: form (92), S. 67.
Unbekannt (1980i): „Die hundert Tage des Design" – Das 1. Forum Design im Sommer in Linz, in: form (89), S. 72.
Unbekannt (1980j): neue „abteilung keramik" im deutschen museum in münchen, in: Die Schaulade (August), S. 1520.
Unbekannt (1980k): Neues vom BEDA, in: form (91), S. 79.
Unbekannt (1980l): Ohne Lineal und Radiergummi dreimal schneller konstruieren, in: Konstruktion und Design (Oktober), S. 10.
Unbekannt (1980m): Pentagram: Forum Design, Linz, Austria Cedric Price: If Good Design is Worth Questionning – Here Are Some Questions, in: Architectural Design (50 3), S. 42-66.
Unbekannt (1980n): „Postmodernes" Design der Bundespost, in: form (92), S. 55.
Unbekannt (1980o): Praxistest zeigt gute Ergebnisse, in: Konstruktion und Design (November), S. 12-14.
Unbekannt (1980p): Rosenthal investiert in Keramik, in: Stuttgarter Zeitung, vom 03.07.1980.
Unbekannt (1980q): Rosenthal sieht Chance bei Ingenieurskeramik, in: Börsen-Zeitung, vom 03.07.1980.
Unbekannt (1980r): Rosenthal Technik gut entwickelt, in: Börsen-Zeitung, vom 14.11.1980.
Unbekannt (1980s): Rosenthal Technik lag richtig, in: Wirtschaftskurier (12).
Unbekannt (1980t): Rosenthal will stärker auf Keramik setzen, in: Aalener Zeitung, vom 07.07.1980.
Unbekannt (1980u): Rosenthal-Keramik setzt auf Elektronik, in: Heilbronner Stimme, vom 07.07.1980.
Unbekannt (1980v): Die technische Keramik ist ein Investitionsschwerpunkt, in: Produktion (33), vom 14.08.1980.
Unbekannt (1980w): VDID-Pädagogen-Konferenz in Pforzheim, in: VDID-Extra (1), S. 8-9.
Unbekannt (1980x): Die Vorbereitungen für den Deutschen Designertag 1980 laufen, in: VDID-Extra (1), S. 5.
Unbekannt (1980y): Wird Herbert Ohl Präsident?, in: VDID-Extra (1), S. 4.
Unbekannt (1980z): Wirtschaftsmotor Technik, in: Wirtschaftswoche, vom 29.02.1980.
Unbekannt (1980aa): Zum zweiten Mal Deutscher Designertag, in: design report (1), S. 13-14.
Unbekannt (1981a): 3-Jahres-Plan der Deutschen Design-Aktivitäten aufgestellt, in: design report (8), S. 3.
Unbekannt (1981b): 20 Jahre design center stuttgart, in: format (93), S. 49-54.
Unbekannt (1981c): Aus der Design-Szene, in: form (94), S. 65.

Unbekannt (1981d): Aus der Designszene, in: form (95), S. 50.
Unbekannt (1981e): Bessere Chancen im Wettbewerb durch gutes Design, in: Die Berliner Wirtschaft, vom 09.01.1981.
Unbekannt (1981f): Design als Medium für Wirtschaftsbeziehungen, in: design report (10), S. 4.
Unbekannt (1981g): Deutsches Industriedesign in Ungarn, in: design report (6), S. 6.
Unbekannt (1981h): Ein Fremdwort für Jungdesigner, in: Frankfurter Allgemeine Zeitung, vom 21.07.1981.
Unbekannt (1981i): Gefährdet: Fortbestand des IDZ Berlin, in: form (95), S. 50.
Unbekannt (1981j): Gestalter, Lehrer, Berater, in: Darmstädter Echo, vom 01.09.1981.
Unbekannt (1981k): Ingenieure geben Design-Richtlinie heraus, in: design report (8), S. 11.
Unbekannt (1981l): Johann Klöcker, in: form (94), S. 65.
Unbekannt (1981m): Künftig „Design-Diagnose" für die Wirtschaft vom Rat für Formgebung, in: form (96), S. 58.
Unbekannt (1981n): Programm zum 125. Ingenieurstag in [West-]Berlin, in: VDI-Nachrichten, vom 10.04.1981.
Unbekannt (1981o): Rat für Formgebung in Budapest, in: design report (4), S. 2.
Unbekannt (1981p): Robert Gutmann, in: form (95), S. 50.
Unbekannt (1981q): Stiftung Warentest wieder mit Design-Beurteilung, in: design report (9), S. 6.
Unbekannt (1981r): Technik-Design-Mensch, in: design report (5), S. 9-10.
Unbekannt (1981s): Trend zur Selbstständigkeit nimmt ständig zu, in: form (94), S. 68.
Unbekannt (1981t): Ulrich Kern, in: design report (4), S. 3.
Unbekannt (1981u): Конгресс дизайнерских организаций фрг, in: Техническая Эстетика (8), S. 30. [dt. Übersetzung: „Der Kongress von Design-Organisationen in der BRD"]
Unbekannt (1982a): 3. Deutscher Designertag 1984 in Berlin, in: form (97), S. 57.
Unbekannt (1982b): Bob-Gutmann-Preis für junge Designer, in: form (100), S. 69.
Unbekannt (1982c): Bonn bemüht sich um Künstler und Designer, in: form (98), S. 54.
Unbekannt (1982d): Club off Ulm, in: design report (18), S. 21.
Unbekannt (1982e): Ein „Design-Zentrum" für Bayern in Nürnberg?, in: form (97), S. 48.
Unbekannt (1982f): Deutscher Designertag 1984 in Berlin, in: VDID-Extra (1), S. 3-4.
Unbekannt (1982g): IDZ Berlin kann weiter arbeiten, in: form (97), S. 48.

Unbekannt (1982h): IDZ finanziell gesichert, in: Werk und Zeit (1), S. 4.
Unbekannt (1982i): IDZ kann weiter arbeiten, in: design report (16), S. 5-6.
Unbekannt (1982j): Institut Design-Diagnose des RfF, in: VDID-Extra (1), S. 6.
Unbekannt (1982k): „Künstlersozialkasse": auch Designer aufgefordert, in: form (98), S. 54.
Unbekannt (1982l): ...nächster Designertag in Berlin, in: design report (16), S. 6.
Unbekannt (1982m): Peter Frank zu Rosenthal, in: design report (18), S. 14.
Unbekannt (1982n): Rat für Formgebung in Ungarn, in: design report (16), S. 1-2.
Unbekannt (1982o): Im VDI mit dem VDID: „Industrial Design" als VDI-Richtlinie Nr. 2424, in: form (98), S. 59.
Unbekannt (1983a): Bald Deutscher Design-Preis?, in: ZAW-Service (117).
Unbekannt (1983b): Bundespreis „Gute Form", in: Die Rheinpfalz, vom 03.11.1983.
Unbekannt (1983c): Bundespreis zum Thema „Arbeitsplatz Büro", in: Siemens-Zeitschrift (57 5), S. 31.
Unbekannt (1983d): CAD-Arbeitsgruppe hat sich gebildet, in: VDID-Extra (4), S. 14.
Unbekannt (1983e): Deutscher Designertag, in: VDID-Extra (4), S. 9-10.
Unbekannt (1983f): Graf Lambsdorff zum Rat für Formgebung, in: Darmstädter Echo, vom 25.03.1983.
Unbekannt (1983g): Lambsdorffs Rat für den Rat, in: Darmstädter Echo, vom 08.06.1983.
Unbekannt (1983h): Mathildenhöhe-Preise „Jugend formt", in: design report (19), S. 15.
Unbekannt (1983i): Rosenthal kritisiert Design-Förderung, in: Nordsee-Zeitung, vom 07.11.1983.
Unbekannt (1983j): Zur Situation des Internationalen Design Zentrums Berlin – Eine Stellungsnahme des Deutschen Werkbunds, in: Werk und Zeit (3/4), S. 3.
Unbekannt (1983k): Steuergelder für die Design-Familie, in: tip – Berlin Magazin (25), S. 10-12.
Unbekannt (1983l): „Zwänge, Zweifel, Ziele" – Deutscher Designertag, 2. bis 5. Februar 1984 in Berlin, in: form (103), S. 87.
Unbekannt (1984a): Arrêté portant nomination (centre de création industrielle), in: Journal officiel de la république française (7886), vom 29.08.1984.
Unbekannt (1984b): „Auch bei Turbulenzen den Weg fortsetzen", in: Deutsche Tagespost, vom 04.12.1984.
Unbekannt (1984c): ...aus der Design-Szene, in: form (106), S. 60.
Unbekannt (1984d): Ausstellung über Design aus der BRD in Berlin eröffnet, in: Neues Deutschland, vom 04.12.1984.

Unbekannt (1984e): Bauhaus-Archiv: Philip Rosenthal tritt zurück, in: design report (25), S. 22.
Unbekannt (1984f): Eine mit Bedacht gestaltete Visitenkarte, in: Handelsblatt, vom 07.12.1984.
Unbekannt (1984g): Burkhardt geht von Berlin nach Paris, in: design report (22), S. 2.
Unbekannt (1984h): „Club off Ulm e.V.“ gegründet, in: form (107), S. 78.
Unbekannt (1984i): DDR-Bürger bestaunen den „Konsumtempel“, in: Frankfurter Neue Presse, vom 07.12.1984.
Unbekannt (1984j): Design – Vorausdenken für den Menschen, in: design report (25), S. 2-3.
Unbekannt (1984k): Design-Dienstleistungs-Angebote aus der DDR, in: form (105), S. 62.
Unbekannt (1984l): Der Designer als Entwicklungshelfer, in: Frankfurter Allgemeine Zeitung, vom 26.11.1984.
Unbekannt (1984m): Designförderung wird schlagkräftiger, in: design report (22), S. 1-2.
Unbekannt (1984n): Erste Industrie-Design-Ausstellung der BRD in der DDR, in: form (108/109), S. 106.
Unbekannt (1984o): Fortschrittliches Design: Darmstadt in der DDR, in: Frankfurt Allgemeine Zeitung, vom 03.12.1984.
Unbekannt (1984p): François Burkhardt / Berlin übernimmt CCI / Paris, in: form (106), S. 60.
Unbekannt (1984q): Gespräch des Bundeswirtschaftsministers mit Philip Rosenthal über Design-Politik, in: design report (25), S. 14-15.
Unbekannt (1984r): Gespräch des Bundeswirtschaftsministers mit Philip Rosenthal über Designpolitik, in: BMWi-Tagesnachrichten, vom 20.11.1984.
Unbekannt (1984s): Günter Fuchs, in: form (107), S. 62.
Unbekannt (1984t): Harmonie von Form und Funktion – BRD-Ausstellung im Internationalen Handelszentrum, in: Neue Zeit, vom 04.12.1984.
Unbekannt (1984u): IDZ realisiert für Tokio große Design-Ausstellung, in: form (105), S. 78.
Unbekannt (1984v): Konzentration in der Designförderung, in: design report (20), S. 1.
Unbekannt (1984w): Konzentration in der deutschen Design-Förderung: RfF, IDZ Berlin und Haus Industrieform Essen kooperieren, in: form (105), S. 62.
Unbekannt (1984x): Kulturkreis – Gestaltkreis – Arbeitsring Ausland, in: Jahresbericht 1982–84, hrsg. vom Bundesverband der Deutschen Industrie e.V., Köln, S. 222-228.
Unbekannt (1984y): Lange Schlangen vor der Design-Schau, in: Die Welt, vom 15.12.1984.

Unbekannt (1984z): Mathildenhöhe-Preis 1984/85 „Jugend formt" – Ein Wettbewerb der Rosenthal AG, in: design report (23), S. 15.

Unbekannt (1984aa): Ministerrat Baden-Württembergs beschließt neue Ausbildungsmöglichkeiten und geteilte Aktivitäten zur Wettbewerbsfähigkeit durch Industrie-Design, in: form (105), S. 75.

Unbekannt (1984ab): Nachruf Professor Günter Fuchs, in: design report (23), S. 1-2.

Unbekannt (1984ac): Rat für Formgebung nicht nach Berlin, in: Frankfurter Allgemeine Zeitung, vom 28.01.1984.

Unbekannt (1984ad): RfF + IDZ: Designförderung schlagkräftiger, in: form (106), S. 80.

Unbekannt (1984ae): Rosenthal in Tokio: „...in Design investieren", in: form (106), S. 65.

Unbekannt (1984af): Rosenthal: Zukunft erdenken – Leistungsschau ist überzeugende Demonstration deutscher Leistungsfähigkeit, in: design report (21), S. 1.

Unbekannt (1984ag): Schäuble will mit der DDR „vernünftig reden", in: Frankfurter Allgemeine Zeitung, vom 07.12.1984.

Unbekannt (1984ah): Schwebender Geist, in: Der Spiegel, vom 17.12.1984, S. 81-82.

Unbekannt (1984ai): Über Kulturabkommen weiter verhandelt, in: Frankfurter Allgemeine Zeitung, vom 23.11.1984.

Unbekannt (1984aj): „Uniformität des Produkt-Designs" (?), in: form (107), S. 6-10.

Unbekannt (1984ak): Westliches Design in Ost-Berlin, in: Die Welt, vom 04.12.1984.

Unbekannt (1985a): „Alle sieben Jahre äußerst sich der Zeitgeist neu", in: werben&verkaufen, vom 11.01.1985.

Unbekannt (1985b): Ausstellung „Design – Vorausdenken für den Menschen. Eine Ausstellung der BRD", in: Informationsdienst (6), hrsg. vom Amt für industrielle Formgestaltung der DDR, S. 6.

Unbekannt (1985c): Ausstellung über Design aus der BRD in Leipzig eröffnet – 180 Beispiele aus vielen gesellschaftlichen Bereichen, in: Neues Deutschland, vom 04.09.1985.

Unbekannt (1985d): Besuch in der Leipziger Philipp-Rosenthal-Straße, in: Neues Deutschland, vom 04.09.1985.

Unbekannt (1985e): Bundeswirtschaftsminister Bangemann plädiert für Designförderung durch Staat und Wirtschaft, in: BMWi-Tagesnachrichten, vom 14.11.1985.

Unbekannt (1985f): Design braucht sein eigenes Haus, in: werben&verkaufen, vom 22.02.1985.

Unbekannt (1985g): „Design ist vor allem ein Handwerk“, in: Manager-Magazin (12), S. 130-139.
Unbekannt (1985h): Deutsches Design als Botschafter, in: Die Betriebswirtschaft, vom 31.05.1985.
Unbekannt (1985i): Diskussion „Friedensresolution“, in: form (110), S. 90.
Unbekannt (1985j): Honecker-Brief an Philip Rosenthal, in: Selber Tagblatt, vom 27.08.1985.
Unbekannt (1985k): ICSID-Kongreß „Worlddesign 85“ und “Realitites and Aspirations” form-Umfrage, in: form (112), S. 8-10.
Unbekannt (1985l): IDZ Berlin, in: Farbe + Design (33/34), S. 69.
Unbekannt (1985m): „Kulturabkommen“ mit der DDR: Kulturaustausch wird konkret, in: form (112), S. 70.
Unbekannt (1985n): In München gegründet: „Design-Forum“, in: form (111), S. 74.
Unbekannt (1985o): [ohne Titel], in: Siemens-Zeitschrift (59/1), S. 29.
Unbekannt (1985p): Der Stylist von Mercedes, in: Manager-Magazin (10), S. 142-153.
Unbekannt (1985q): Verabschiedung der Ökologie-Forderungen des VDID, in: form (110), S. 90.
Unbekannt (1985r): Wirtschaftsminister Bangemann sprach mit Rosenthal über Design-Förderung, in: form (110), S. 60.
Unbekannt (1986a): Rezension zu: Rat für Formgebung, CAD – neue Technologie im Designprozeß?, in: form (113), S. 102.
Unbekannt (1986b): Alles neu, in: Verkehrs-Rundschau (25), S. 13-14.
Unbekannt (1986c): Beim Rat gehen die Lichter aus, in: Darmstädter Echo, vom 25.01.1986.
Unbekannt (1986d): Bescheidenere Konzeption findet Unterstützung, in: Frankfurt Allgemeine Zeitung, vom 12.04.1986.
Unbekannt (1986e): Bundeskanzler winkt mit Geld, in: werben&verkaufen, vom 13.06.1986.
Unbekannt (1986f): CAD im Produktdesign Sanitär, in: Keramische Zeitschrift (38/3), S. 144.
Unbekannt (1986g): Design-Zentrum für Nürnberg angestrebt, in: Nürnberger Nachrichten, vom 01.02.1986.
Unbekannt (1986h): Design-Zentrum ja – aber wann und wie?, in: Darmstädter Echo, vom 26.06.1986.
Unbekannt (1986i): Ende Mai: Entscheidung über Rat für Formgebung, in: form (114), S. 70.
Unbekannt (1986j): Flagge zeigen, in: Verkehrs-Rundschau (25), S. 11-12.
Unbekannt (1986k): Friedensresolution, in: form (113), S. 92.
Unbekannt (1986l): Gestaltung eines Arbeitsplatzes, in: Manager-Magazin (6), S. 124-133.

Unbekannt (1986m): Eine Großfamilien – Gespräch mit Dr. Klaus Schubert, in: Verkehrs-Rundschau (25), S. 14.

Unbekannt (1986n): Ins Leben gerufen: „Mia-Seeger-Stiftung – Stiftung zur Förderung des Design", in: form (115), S. 62.

Unbekannt (1986o): Jochimsen plädiert für Design-Förderung, in: Handelsblatt, vom 27.01.1986.

Unbekannt (1986p): Kulturkreis, in: Jahresbericht 1984–1986, hrsg. vom Bundesverband der Deutschen Industrie e.V., Köln, S. 261-266.

Unbekannt (1986q): M.A.N. bleibt MAN, in: Verkehrs-Rundschau (29), S. 22.

Unbekannt (1986r): Ein Motivationsschub – Interview mit Wilfried Lochte, dem MAN-Vorstandsvorsitzenden, in: Verkehrs-Rundschau (25), S. 12.

Unbekannt (1986s): Nach der Kürzung der Zuwendungen, in: Handelsblatt, vom 31.01.1986.

Unbekannt (1986t): Neue MAN-Frontlenker-Generation – Auf den ersten Blick, in: Verkehrs-Rundschau (22), S. 10-11.

Unbekannt (1986u): Die neuen MAN sind eindeutig MAN-Lkw geblieben, in: Der Güterverkehr (6), S. 34-35.

Unbekannt (1986v): Philip Rosenthal 70, in: Keramische Zeitschrift (38/12), S. 772.

Unbekannt (1986w): Rat für Formgebung, in: Frankfurter Allgemeine Zeitung, vom 27.01.1986.

Unbekannt (1986x): Rat für Formgebung auf Spenden verwiesen, in: Frankfurter Allgemeine Zeitung, vom 30.01.1986.

Unbekannt (1986y): Rat für Formgebung geht nach Frankfurt, in: Frankfurter Allgemeine Zeitung, vom 09.09.1986.

Unbekannt (1986z): Rat für Formgebung sucht neue Geldgeber, in: Frankfurter Rundschau, vom 30.01.1986.

Unbekannt (1986aa): Rat für Formgebung verläßt Darmstadt, in: Frankfurter Allgemeine Zeitung, vom 28.05.1986.

Unbekannt (1986ab): Rat für Formgebung verlässt Darmstadt, in: form (115), S. 62.

Unbekannt (1986ac): Rat für Formgebung: reduzierte Prioritäten, in: form (113), S. 66.

Unbekannt (1986ad): Rußland wünscht Design-Ausstellung, in: zeitgemäße form in der Süddeutschen Zeitung, vom 26.02.1986.

Unbekannt (1986ae): Substanzverlust an kulturellen Einrichtungen, in: Frankfurter Allgemeine Zeitung, vom 18.03.1986.

Unbekannt (1986af): Supertrucks – Interview mit Dr. Klaus Schubert, in: MAN-Magazin (2), S. 22-24.

Unbekannt (1986ag): Technik und Wertewandel eröffnen neue Perspektiven, in: Handelsblatt, vom 16./17.05.1986.

Unbekannt (1986ah): Technische Keramik ist ein Zukunftsgebiet, in: Frankfurter Allgemeine Zeitung, vom 15.10.1986.

Unbekannt (1986ai): Umfrage über die Nutzung des Computers bei der Entwurfsarbeit – Für die meisten Design-Büros noch ein unbekanntes Terrain, in: Handelsblatt, vom 28.01.1986.

Unbekannt (1986aj): In Vorbereitung: ein Design-Zentrum Bayern, in: form (114), S. 70.

Unbekannt (1986ak): Von X90 zu F90 – Gespräch mit MAN-Designer Dr. Klaus Flesche, in: Verkehrs-Rundschau (25), S. 15.

Unbekannt (1986al): Фабрика дизайна, in: form (115), S. 22. [dt. Übersetzung: „Design-Fabrik"]

Unbekannt (1987a): CAD-Workshops, in: design report (1), S. 29-30.

Unbekannt (1987b): Design 87: Position des Wandels oder Wandel der Position?, in: form (119), S. 128.

Unbekannt (1987c): Design 1987 – Position des Wandels oder Wandel der Position?, in: form (120), S. 107-108.

Unbekannt (1987d): „Design-Forum Nürnberg" formiert sich, in: form (119), S. 92.

Unbekannt (1987e): Der Designer Dieter Rams, in: Frankfurter Allgemeine Zeitung, vom 30.07.1987.

Unbekannt (1987f): Diskussion zur bundesdeutschen Design-Politik im Rat für Formgebung, in: Handelsblatt, vom 31.08.1987.

Unbekannt (1987g): Erfolg des Design Centers in Moskau, in: Stuttgarter Wochenblatt, vom 29.01.1987.

Unbekannt (1987h): HfG Offenbach bietet CAD/CAM-Aufbaustudium, in: form (118), S. 84.

Unbekannt (1987i): Dr.-Ing. Klaus Flesche verabschiedet, in: MAN-Magazin (4), S. 27.

Unbekannt (1987j): Das neue Präsidium des VDID hat die Ressorts verteilt, in: form (117), S. 84-85.

Unbekannt (1987k): Personalien, in: Handelsblatt, vom 08.04.1987.

Unbekannt (1987l): Rat für Formgebung ohne Führung, in: werben&verkaufen, vom 03.07.1987.

Unbekannt (1987m): Rat für Formgebung: Jetzt Sitz in Frankfurt – Personalfrage endete in Appel an Bangemann, in: form (117), S. 56.

Unbekannt (1987n): [Todesanzeige] Karl Wanner, in: form (118), S. 107.

Unbekannt (1988a): Auszüge aus dem Protokoll über das Design-Pädagogen-Treffen der Studiengängen Industrial Design am 28.5.1988 in Frankfurt, in: VDID-Extra (2), S. 7-8.

Unbekannt (1988b): Bayerisch-sowjetische Design-Zusammenarbeit, in: form (124), S. 70.

Unbekannt (1988c): Computer hilft Designer, in: Frankfurt Allgemeine Zeitung, vom 04.06.1988.
Unbekannt (1988d): Design der DDR erstmals in der Bundesrepublik, in: form (122), S. 64.
Unbekannt (1988e): „Frauen im Design" – werden ausgestellt, in: form (121), S. 83.
Unbekannt (1988f): Honorarprofessur für „Kunst und Kommerz", in: Frankfurter Allgemeine Zeitung, vom 04.10.1988.
Unbekannt (1988g): Jahresbericht „Freie Berufe" der Bundesregierung: Zahl der Freien nimmt zu, in: form (124), S. 84.
Unbekannt (1988h): Moskauer Design-Studenten studieren in Pforzheim, in: form (123), S. 82.
Unbekannt (1988i): Unterm Strich – Interview mit Klaus Flesche, in: Verkehrs-Rundschau (13), vom 26.03.1988, S. 13-17.
Unbekannt (1988j): Was Designerinnen erreicht haben, in: form (124), S. 84.
Unbekannt (1989a): Auf dem Weg zu einem starken Spitzenverband der Designer – VDID kündigt Mitgliedschaft im Deutschen Designertag, in: form (128), S. 99.
Unbekannt (1989b): Ausstellung Produkt und Design aus Berlin (West), in: Neues Deutschland, vom 09.06.1989.
Unbekannt (1989c): CAD: Kreativitätskiller oder Chance für Designqualität?, in: form (127), S. 66.
Unbekannt (1989d): Größte Design-Bibliothek von RfF wiedereröffnet, in: form (126), S. 76.
Unbekannt (1989e): Philip Rosenthal zieht sich zurück, in: Frankfurter Allgemeine Zeitung, vom 18.04.1989.
Unbekannt (1989f): In Stuttgart „Frauen im Design" zu sehen, in: form (125), S. 84.
Unbekannt (1989g): West-Berliner Design-Ausstellung ist jetzt nach Ost-Berlin gereist, in: Berliner Morgenpost, vom 11.06.1989.
Unbekannt (1989h): Zahl der Freiberufler wächst ständig, in: form (125), S. 81.
Unbekannt (1990a): Arianna Giachi 70, in: Frankfurt Allgemeine Zeitung, vom 21.07.1990.
Unbekannt (1990b): Auf dem Weg zu einem starken Spitzenverband der Designer, in: Designer (1), S. 12.
Unbekannt (1990c): BEDA-Mitgliedschaft, in: Designer (2), S. 35.
Unbekannt (1990d): DDR-Design aktuell, in: form (130), S. 62.
Unbekannt (1990e): Design und Ökologie – eine Herausforderung an Unternehmer und Designer, in: Design und Ökologie, hrsg. von Renate Doeblin, München, S. 57-74.
Unbekannt (1990f): Design-Kontakte Ost-West, in: Designer (3), S. 17.

Unbekannt (1990g): „Frauen im Design“ kommen nach Berlin, in: form (129), S. 97.

Unbekannt (1990h): Käo & Co – Von Frauen und Männern, die Formen für Siemens suchen, in: Designer's Digest (1), S. 42-48.

Unbekannt (1990i): Ein Markt für Design und Designer in der DDR?, in: form (129), S. 6-16.

Unbekannt (1990j): VDID ausgetreten, in: design report (13), S. 43.

Unbekannt (1990k): Zukunft? Was war das?, in: form (132), S. 12-18.

Unbekannt (1990l): Zusammenarbeit mit der DDR, in: Handelsblatt, vom 02.04.1990.

Urbschat, Gustav (1962): Ulm und Berlin-Weißensee – Entwicklungslinien zweier Kunsthochschulen, in: form + zweck, S. 61-80.

VDID-Arbeitskreis „Verträge“ (1973): Auftrag – Entwurf – Honorar, in: form (62), S. 28-29.

Verband Deutscher Industrie-Designer e.V. (1968): Pressemitteilung „Protest des VDID gegen Verfremdung des Rates für Formgebung“, Stuttgart, vom 18.12.1968.

Verband Deutscher Industrie-Designer e.V. und Rat für Formgebung (1976): „Industrial Design“ – Empfehlungen zur Strukturierung der Designer-Ausbildung in der BRD einschließlich Westberlin und zur Vereinheitlichung der Terminologie, in: form (73), S. 61-62.

Verband Deutscher Industrie-Designer e.V. Baden-Württemberg und Design Center Stuttgart (Hrsg.) (1982): Designer + Industrie – 50 Industrie-Designer stellen sich vor, Stuttgart, Ausstellungskatalog, 16.9.–05.10.1982, Landesgewerbeamt Stuttgart.

Verein Deutscher Ingenieure und Verband Deutscher Elektrotechniker (Hrsg.) (1986a): Industrial Design – Blatt 1: Grundlagen, Begriffe, Wirkweisen, Düsseldorf (= VDI/VDE-Richtlinien 2424).

– (Hrsg.) (1986b): Industrial Design – Blatt 2: Grundlagen, Begriffe, Wirkweisen – Darstellung an Beispielen, Düsseldorf (= VDI/VDE-Richtlinien 2424).

– (Hrsg.) (1986c): Industrial Design – Blatt 3: Grundlagen, Begriffe, Wirkweisen – Der Industrial-Design-Prozess, Düsseldorf (= VDI/VDE-Richtlinien 2424).

Verlag form GmbH (1978): Verbotene form, in: form (83), S. 92.

Viénot, Henri (1968): La solitude du designer, in: esthétique industrielle (89), S. 10-11.

VNIITE (Hrsg.) (1983): VNIITE – The USSR Research Institute of Industrial Design, Moskau.

Voltz (1970): DIM = Design Institut München, in: form (52), S. 102.

Votteler, Arno (1971): Multimobiles wohnen 1980 – Bewohner, Wohnungen, Möbel, Stuttgart.

– (1972a): Raumteilung und mobiles Wohnen, in: Der Architekt (12).

– (1972b): Wohneinheit 80, in: Möbel, Interior, Design (2), S. 33-43.
– (1972c): Wohnen 1980 – Anregung an die Möbelindustrie, in: design international (3), S. 23-29.
– (1980): Herbert Hirche wurde 70, in: form (90), S. 79.
Wachsmann, Christiane (1990): Wie kommt der Designer zur Industrie? Ein neuer Beruf entsteht, in: „design ist gar nicht lehrbar…" – Hans Gugelot und seine Schüler – Entwicklungen und Studienarbeiten 1954–1965, hrsg. von Christiane Wachsmann, Ulm, S. 46-57.
Wagner, Franz-Erwin (1990): Überlegungen zur aktuellen Entwicklung, in: Designer (2), S. 12.
Wagner, Horst (1962): Ideologie und Formgebung, in: form (20), S. 73.
Wagner, Joachim (1984): Steueroase Rheinland-Pfalz, in: Die Zeit, vom 07.09.1984.
Walsh, George (1990): Lexikonartikel zu Ohl, Herbert, in: Contemporary Designers, hrsg. von Colin Naylor, Chicago, S. 435, 2. Auflage.
Walther, Konrad (1970): DIM = Design Institut München, in: form (52), S. 102.
Weber, Max (1925): Wirtschaft und Gesellschaft, Tübingen (= Grundriss der Sozialökonomie), 2. Auflage.
Weckerle, Hans (1968): Design der DDR – „Funktion – Form – Qualität" – Die 2. Deutsche Design-Ausstellung in Warschau, in: form (41), S. 30-33.
Wedewer, Rolf (Hrsg.) (1989): Kunst, Form, Design – Beispiele von Rosenthal, Köln, Ausstellungskatalog, 16.06.–27.08.1989, Museum Morsbroich Leverkusen.
Weiler, Benny B. (1988): 3D-Computer-Animation und -Design, in: Frankfurter Allgemeine Zeitung, vom 15.03.1988.
Wenzel, Erich (1965): Deutsche Industrie sanktioniert die Schönheit, in: Werk und Zeit (4), S. 1.
Deutscher Werkbund Baden-Württemberg e.V. (Hrsg.) (1978): Umweltgestaltung orientierunglos? Versuch einer Standortbestimmung, Dokumentation der Jahrestagung 1978 des Deutschen Werkbundes Baden-Württemberg im Schwetzinger Schloss, Karlsruhe.
Deutscher Werkbund Bayern e.V. (1970): Pressemitteilung „Produktform – Made in Germany", München, vom 18.02.1970.
Wesel, Marion (1971): Ein neues Image wird geboren, in: zeitgemäße form in der Süddeutschen Zeitung, vom 13.01.1971.
Wichmann, Hans (1966): Form und „Made in Germany", in: Made in Germany, hrsg. vom Deutschen Werkbund e.V., München, S. 22-34.
Wieselhuber, Norbert (1981): Konzeption und Realisation von Produkt-Design in der Konsumgüterindustrie – Eine aktionsanalytsche Untersuchung, (West-)Berlin (= Betriebswirtschaftliche Schriften 107).
Wilde, G. L. (1983): The Skills and Practices of Engineering Designers now and in the Future, in: Design Studies (4/1), S. 21-34.

Winter, Friedrich G. (1977): Gestalten, Didaktik oder Urprinzip? Ergebnis und Kritik des Experiments Werkkunstschulen, Ravensburg.
Wolf, Brigitte (1981): Zweimal pro Stunde ein neues Auto, in: form (94), S. 55-56.
– (1983): Design für den Alltag, München, zugl. Diss., Gesamthochschule Kassel.
– (1989a): Neues VDID-Präsidium, in: design report (10), S. 46.
– (1989b): Verbandsreform?, in: design report (9), S. 45.
Woodham, Jonathan M. (1983): The Industrial Design and the Public, London.
Wülker, Gerda (1973a): „Design-Bedarf", in: form (63), S. 36.
– (1973b): Designer – Eine Umfrage zum Bedarf an Designer in der Wirtschaft, Bonn (= DIHT 139, hrsg. vom Deutscher Industrie- und Handelstag).
– (1973c): Wie viele und welche Designer die Wirtschaft braucht – DIHT: „450 Designer jährlich zuviel" – Resümée der ersten Auswertung, in: form (62), S. 4-5.
Zängler, Erich (1980): Design – was ist das?, in: Siemens-Mitteilungen (8), S. 16-17.
Zec, Peter (1990): Die Strukturen formieren sich neu, in: form (130), S. 63.
Zentralinstitut für Gestaltung [der DDR] (1971): DDR: Konzeption für das Design in der Industrie, in: form (56), S. 66.
– (1972): DDR-Formgestaltung dem Ministerrat unterstellt – Kelm wurde Staatssekretär, in: form (57), S. 60.
Zschocke, Fee (1987): Design – Frauen groß in Form, in: Brigitte (15), S. 100-106.
Габела, Я. (1975): Высокая ответственость художника-конструктора, in: Техническая Эстетика (12), S. 5. [dt. Übersetzung: „Die hohe Verantwortung des Künstler-Designers"]
Гвишиани, Д. М. (1975): На благо мира и социального прогресса, in: Техническая Эстетика (12), S. 3-4. [dt. Übersetzung: „Für Wohlbefinden der Welt und sozialen Fortschritt"]
Полещук, Е. Б. (1974): Присуждение премии „Гуте форм" (ФРГ), in: Техническая Эстетика (4), S. 20-21. [dt. Übersetzung: „Die Vergabe des Preises ‚Gute Form' (BRD)"]

3. Sekundärliteratur (ab 1991)

Abelshauser, Werner (2003): Die BASF seit der Neugründung 1952, in: Die BASF – Eine Unternehmensgeschichte, hrsg. von Werner Abelshauser, München, 2. Auflage, S. 359-634.
– (2011): Deutsche Wirtschaftsgeschichte – Von 1945 bis zur Gegenwart, München, 2. Auflage.

Adamson, Glenn (2014): When Art History Meets Design History – Introduction, in: RIHA Journal, urn:nbn:de:101:1-2014062622679, vom 27.03.2014.

Adamson, Glenn und Pavitt, Jane (Hrsg.) (2011): Postmodernism: Style and Subversion 1970–1990, London, London Victoria and Albert Museum, Ausstellungskatalog zu „Postmodernism: Style and Subversion 1970–1990", 24.09.2011–15.01.2012, Victoria and Albert Museum.

Aicher, Otl (1991a): die dritte moderne, in: Die Welt als Entwurf, hrsg. von Otl Aicher, Berlin, S. 40-62.

– (1991b): krise der moderne, in: Die Welt als Entwurf, hrsg. von Otl Aicher, Berlin, S. 15-26.

Albus, Volker (2008): Anonymes Design, in: Wörterbuch Design – Begriffliche Perspektiven des Design, hrsg. von Michael Erlhoff und Tim Marshall, Basel, S. 15-16.

Albus, Volker und Borngräber, Christian (1992): Design-Bilanz – Neues deutsches Design der 80er Jahre in Objekten, Bildern, Daten und Texten, Köln.

Amthor, Ralph Christian (2003): Die Geschichte der Berufsausbildung in der Sozialen Arbeit – Auf der Suche nach Professionalisierung und Identität, Weinheim, zugl. Diss., Universität Bamberg, eingereicht 2002.

Anisimov, V.P. und Chaban, J.J. (2014): Юрий Соловьев и ВНИИТЭ, in: КАЧЕСТВО и ЖИЗНЬ (2 2), S. 19-30. [dt. Übersetzung: „Juri Solowjew und das VNIITE"]

Annicchiarico, Silvana (Hrsg.) (2016): W. Women in Italian Design, Mantova, Triennale Design Museum Mailand, Ausstellungskatalog zu „XXI Triennale International Exhibition", 02.04.–12.09.2016.

Apel, Hans Jürgen, Horn, Klaus-Peter, Lundgreen, Peter und Sandfuchs, Uwe (Hrsg.) (1999): Professionalisierung pädagogischer Berufe im historischen Prozess, Bad Heilbrunn.

Appadurai, Arjun (2008): Globalisierung, in: Wörterbuch Design – Begriffliche Perspektiven des Design, hrsg. von Michael Erlhoff und Tim Marshall, Basel, S. 180-183.

Armstrong, Leah (2016a): Lexikonartikel zu International Council of Societies of Industrial Design, in: The Bloomsbury Encyclopedia of Design – Volume 2, hrsg. von Clive Edwards, London, S. 214-215.

– (2016b): Steering a Course Between Professionalism and Commercialism: The Society of Industrial Artists and the Code of Conduct for the Professional Designer 1945–1975, in: Journal of Design History (29/2), S. 161-179.

Armstrong, Leah, Echavarria, Karina Rodriguez, Few, Dean und Arnold, David (2014): Exploring the Disciplinary Reach and Geographic Spread of the British Design Professions 1959–2010, in: Proceedings of the Digital Humanities Congress 2012 – Studies in the Digital Humanities, hrsg. von Clare Mills, Michael Pidd und Esther Ward, Sheffild, http://www.hrionline.ac.uk/openbook/chapter/dhc2012-armstrong [zuletzt gesehen am 31.05.2018].

Armstrong, Leah und McDowell, Felice (Hrsg.) (2018): Fashing Professionals – Identity and Representation at Work in the Creative Industries, London.

Ashby, Charlotte (2017): Modernism in Scandinavia – Art, Architecture and Design, London.

Ask, Trygve (2004): God norsk design – Konstitueringen av industridesign som profesjon Norge, Oslo, zugl. Diss., Arkitekthøgskolen i Oslo.

Atkinson, Harriet (2016a): Lexikonartikel zu Maldonado, Tomás (1922–), in: The Bloomsbury Encyclopedia of Design – Volume 2, hrsg. von Clive Edwards, London, S. 348.

– (2016b): Lexikonartikel zu Misha Black, in: The Bloomsbury Encyclopedia of Design – Volume 1, hrsg. von Clive Edwards, London, S. 174-176.

Atkinson, Paul (2000): The (In)Difference Engine – Explaining the Disappearance of Diversity in the Design of the Personal Computer, in: Journal of Design History (13/1), S. 59-72.

Attfield, Judith (2003): What Does History Have to Do With It? Feminism and Design History, in: Journal of Design History (16), S. 77-87.

Aumann, Philipp (2009): Mode und Methode – Die Kybernetik in der Bundesrepublik Deutschland, Göttingen (= Deutsches Museum: Abhandlungen und Berichte N.F. 24), zugl. Diss., Ludwig-Maximilians-Universität München, eingereicht 2008.

Aynsley, Jeremy (2009): Designing Modern Germany, London.

– (2016): The Cultural Representation of Graphic Design in East and West Germany 1949–1970, in: The Routledge Companion to Design Studies, hrsg. von Penny Sparke und Fiona Fisher, London, S. 242-265.

Azrikan, Dmitry (1999): VNIITE – Dinosaur of Totalitarianism or Plato's Academy of Design?, in: Design Issues (15/3), S. 45-77.

Balaram, Singanapalli (2009): Design in India – The Importance of the Ahmedabad Declaration, in: Design Issues (25/4), S. 54-79.

Balasubrahmanyan, Suchitra (2016): Lexikonartikel zu National Institute of Design (NID), Ahmedabad, India (1961–), in: The Bloomsbury Encyclopedia of Design – Volume 2, hrsg. von Clive Edwards, London, S. 434-435.

Balbier, Uta Andrea (2005): „Der Welt das moderne Deutschland vorstellen" – Die Eröffnungsfeier der Spiele der XX. Olympiade in München 1972, in: Auswärtige Repräsentationen – Deutsche Kulturdiplomatie nach 1945, hrsg. von Johannes Paulmann, Köln, S. 107-119.

Barnes, Carolyn und Jackson, Simon (2012): Staging Identity: Austrialian Design Innovation at Expo '70 Osaka, in: Journal of Design History (25/4), S. 400-413.

Barnstone, Deborah Ascher (2014): Nomina sunt Omina—Capital City Bonn: Inventing an Image for the Federal Republic of Germany, in: Journal of Design History (27/2), S. 148-166.

Bartholdy, Björn (2008): CAD, in: Wörterbuch Design – Begriffliche Perspektiven des Design, hrsg. von Michael Erlhoff und Tim Marshall, Basel, S. 69-70.

Beaufaÿs, Sandra (1997): Professionalisierung der Geburtshilfe – Machtverhältnisse im gesellschaftlichen Modernisierungsprozeß, Wiesbaden, zugl. Diss., Universität Münster, eingereicht 1996.

Beck, Ulrich, Bonß, Wolfgang und Lau, Christoph (2001): Theorie reflexiver Modernisierung – Fragestellungen, Hypothesen, Forschungsprogramme, in: Die Modernisierung der Moderne, hrsg. von Ulrich Beck und Wolfgang Bonß, Frankfurt am Main, S. 11-59.

Benton, Charlotte (1995): A Different World: Emigre Architects in Britain 1928–1958, London.

Berger, Wolfgang (2011): Mia Seeger Preis 2011 – 25 Jahre Mia Seeger Stiftung, hrsg. von Mia Seeger Stiftung, Stuttgart.

Berghahn, Volker (2010): Industriegesellschaft und Kulturtransfer – Die deutsch-amerikanischen Beziehungen im 20. Jahrhundert, Göttingen (= Kritische Studien zur Geschichtswissenschaft 182).

Berghoff, Hartmut (2004): Moderne Unternehmensgeschichte, Göttingen.

Berghoff, Hartmut und Vogel, Jakob (2004): Wirtschaftsgeschichte als Kulturgeschichte – Ansätze zur Bergung transdisziplinärer Synergiepotentiale, in: Wirtschaftsgeschichte als Kulturgeschichte – Dimensionen eines Perspektivenwechsels, hrsg. von Hartmut Berghoff und Jakob Vogel, Frankfurt am Main, S. 9-41.

Bergmann, Eckart (2006): Verner Panton – Panton Chair, Detmold (= Detmolder Möbelbiografien 4).

Bessen, Dorothea (2015): Vom Haus Industrieform zum Red Dot Design Museum – Eine Essener Designgeschichte, Essen (= Kleine Schriften des Ruhr-Museums 3).

Betts, Paul (2004): The Authority of Everyday Objects – A Cultural History of West German Industrial Design, Berkeley.

– (2006): The Twilight of the Idols: East German Memory and Material Culture, in: Journal of Modern History (72/3), S. 731-765.

von Beyme, Klaus (2009): Die Bauhausmoderne und ihre Mythen, in: Mythos Bauhaus – Zwischen Selbsterfindung und Enthistorisierung, hrsg. von Anja Baumhoff und Magdalena Droste, Berlin, S. 337-356.

Bibi, Sven-Anwar (2008): Investitionsgüter-Design, in: Wörterbuch Design – Begriffliche Perspektiven des Design, hrsg. von Michael Erlhoff und Tim Marshall, Basel, S. 221-222.

Bollinger, Heinrich, Gerlach, Anke und Pfadenhauer, Michaela (Hrsg.) (2005): Gesundheitsberufe im Wandel – Soziologische Beobachtungen und Interpretationen, Frankfurt am Main.

– (1996): Debatte über die hfg ulm, in: Interface Design neu begreifen, hrsg. von Gui Bonsiepe, Mannheim, 2. Auflage, S. 156-164.
– (2009): Entwurfskultur und Gesellschaft – Gestaltung zwischen Zentrum und Peripherie, Basel.
Bösch, Frank (2015): Geteilt und verbunden – Perspektiven auf die deutsche Geschichte seit den 1970er Jahren, in: Geteilte Geschichte – Ost- und Westdeutschland 1970–2000, hrsg. von Frank Bösch, Göttingen, S. 7-37.
– (2016): Boom zwischen Krise und Globalisierung – Konsum und kultureller Wandel in der Bundesrepublik der 1970er und 1980er Jahre, in: Geschichte und Gesellschaft (42), S. 354-376.
Bosk, Charles L. (2006): Avoiding Conventional Understanding: The Enduring Legacy of Eliot Freidson, in: Sociology of Health and Illness (28/5), S. 637-653.
Brandl, Martin (2011): Gropius baut für Rosenthal – Porzellan-Fabrik auf dem Rothbühl in Selb als Baudenkmal eingetragen, in: Denkmalpflege Informationen (148), S. 44-46.
Brandlhuber, Jutta (1992): Industrie-Design und Ornament, München (= Produktentwicklung und Industriedesign 2), zugl. Diss., Ludwig-Maximilians-Universität München, eingereicht 1991.
Braun, Dietrich (2013): Kleine Geschichte der Kunststoffe, München.
Braunschweig, Sabine (2013): Zwischen Aufsicht und Betreuung – Berufsbildung und Arbeitsalltag der Psychiatriepflege am Beispiele der Basler Heil- und Pflegeanstalt Friedmatt 1886–1960, Zürich, zugl. Diss., Universität Basel, eingereicht 2012.
Brennan, AnnMarie (2015): Olivetti: A Work of Art in the Age of Immaterial Labour, in: Journal of Design History (28/3), S. 235-253.
Breuer, Gerda (Hrsg.) (2007): Das gute Leben – Der Deutsche Werkbund nach 1945, Tübingen.
Breuer, Gerda und Meer, Julia (Hrsg.) (2012): Women in Graphic Design 1890–2012, Frauen und Grafik-Design.
Breuer, Gerda, Mingels, Pia und Oestereich, Christopher (Hrsg.) (2010): Hans Schwippert (1899–1973) – Moderation des Wiederaufbaus, Berlin.
Breuer, Gerda und Oestereich, Christopher (Hrsg.) (2014): seriell – individuell: Handwerkliches im Design, Weimar.
Brint, Steven (1993): Eliot Freidson's Contribution of the Sociology of Professions, in: Work and Occupations (20 3), S. 259-278.
Brückweh, Kerstin (2011): Perspectives for a History of Market Research, Consumer Movements and the Political Public Sphere, in: The Voice of the Citizen Consumer – A History of Market Research, Consumer Movements and the Political Public Sphere, hrsg. von Kerstin Brückweh, Oxford, S. 3-26.
Buchholz, Kai und Theinert, Justus (2007): Designlehren – Wege deutscher Gestaltungsausbildung, Stuttgart.

Buck, Alex und Scharf, Armin (Hrsg.) (1999): Alexander Neumeister, Frankfurt am Main.

Bührer, Werner (2004): „Funktionäre“ im Bundesverband der Deutschen Industrie, in: Vom Funktionieren der Funktionäre – Politische Interessensvertretung und gesellschaftliche Integration in Deutschland nach 1933, hrsg. von Till Kössler und Helke Stadtland, Essen (= Veröffentlichungen des Instituts für soziale Bewegungen 30), S. 283-299.

Burckhardt, Lucius (2004): Wer plant die Planung?, in: Wer plant die Planung? Architektur, Politik und Mensch, hrsg. von Jesko Fezer und Martin Schmitz, Kassel, S. 71-88.

Bürdek, Bernhard E. (1997): Vom Mythos des Funktionalismus, in: Vom Mythos des Funktionalismus, hrsg. von Bernhard E. Bürdek, Reinhard Kiehl, Florian P. Fischer und Jürgen W. Braun, Köln, S. 7-16.

– (2008): hfg ulm – ein erster Rückblick, in: hfg ulm – Die Abteilung Produktgestaltung – 39 Rückblicke, hrsg. von Karl-Achim Czemper, Dortmund (= Schriftenreihe des club off Ulm), S. 205-216.

– (2009): Forum Design Linz – Einblicke und Ausblicke, in: Der Fall Forum Design – Index zu einem Kulturprojekt, hrsg. von Martin Hochleitner und Gabriele Hofer, Weitra, S. 376-385.

– (2012): Design – Auf dem Weg zu einer Disziplin, Hamburg (= Schriftenreihe Schriften zur Kulturwissenschaft 94), zugl. Diss., Wien.

Burkhardt, François (1991): Design aus Sicht der Postmoderne, in: Werk und Zeit (1), S. 18-19.

Buschel, Carlo (2005): Defizite der Designgeschichte, in: design report (9), S. 70-72.

Castillo, Greg (2006): The Bauhaus in Cold War Germany, in: Bauhaus Culture – From Weimar to the Cold War, hrsg. von Kathleen James-Chakraborty, Minneapolis, S. 171-193.

– (2008): Marshall Plan Modernism in Divided Germany, in: Corld War Modern: Design 1945–1970, hrsg. von David Crowley und Jane Pavitt, London, S. 66-72.

– (2010): The Cold War on the Home Front: The Soft Power of Midcentury Design, Minneapolis.

Chatterjee, Ashoke (2009): Design in India – The Experience of Transition, in: Design Issues (21/4), S. 4-10.

Clark, Hazel und Brody, David (2009): The Current State of Design History, in: Journal of Design History (22/4), S. 303-308.

Clark, Vincent (1990): A Struggle for Existence: The Professionalization of German Architects, in: German Professions 1800–1950, hrsg. von Geoffrey Cocks und Konrad Hugo Jarausch, New York, S. 143-160.

Clarke, Alison J. (2011): The Anthropology Object in Design: From Victor Papanek to Superstudio, in: Design Anthropology – Object Culture in the 21st Century, hrsg. von Alison J. Clarke, Wien, S. 74-87.

– (2016a): Design for Development, ICSID and UNIDO: The Anthropologial Turn in 1970s Design, in: Journal of Design History (29/1), S. 43-57.

– (2016b): The Humanitarian Object – Victor Papanek and the Struggle for Responsible Design, in: The Responsible Object – A History of Design Ideology for the Future, hrsg. von Marjanne van Helbert, Amsterdam, S. 145-162.

– (2017): Real and Imagined Networks of an Émigré Biography: Victor J. Papanek, a Social Designer, in: Émigré Cultures in Design and Architecture, hrsg. von Alison J. Clarke und Elana Shapira, London, S. 121-139.

Confino, Alon und Koshar, Rudy (2001): Régimes of Consumer Culture – New Narratives in 20th Century German History, in: German History (19/2), S. 135-161.

Conrad, Sebastian (2013): Globalgeschichte – Eine Einführung, München.

Cotton, Michelle (Hrsg.) (2012): Design Research Unit 1942–72, London, Ausstellungskatalog.

Cross, Nigel (1993): A History of Design Methodology, in: Design Methodology and Relationships with Science, hrsg. von Marc de Vries, Nigel Cross und D.P. Grant, Dodrecht, S. 15-27.

Crowley, David und Pavitt, Jane (Hrsg.) (2008): Cold War Modern: Design 1945–1970, London, Victoria and Albert Museum, Ausstellungskatalog.

Crüwell, Konstanze (1993): Einsatz für Qualität, in: Frankfurter Allgemeine Rundschau, vom 18.10.1993.

Cubbin, Tom (2014): The Domestic Information Machine – Futurological Experiments in the Soviet Domestic Interior 1968–1976, in: Home Cultures (11/1), S. 5-32.

– (2016a): Introduction to ‚Problems of Soviet Design‘ and ‚The Production (Industrial) Art of the Future‘ by Karl Kantor, in: Journal of Design History (29/4), S. 385-404.

– (2016b): Lexikonartikel zu VNIITE, in: The Bloomsbury Encyclopedia of Design – Volume 1, hrsg. von Clive Edwards, London, S. 36-37.

– (2017): In Search of a New Unity: Art and Technology in Soviet Design 1965-1971, in: Zwischen Sputnik und Ölkrise – Kybernatik in Architektur, Planung und Design, hrsg. von Oliver Sukrow, Berlin, S. 80-99.

Curdes, Gerhard (2001): Die Abteilung Bauen an der hfg Ulm – eine Reflexion zur Entwicklung, Lehre und Programmatik, Ulm (= schriftenreihe club off ulm e.V.).

– (Hrsg.) (2006): HfG Ulm: 21 Rückblicke – Bauen, Gemeinschaft, Doktrinen, Ulm (= schriftenreihe club off ulm e.V.).

– (Hrsg.) (2015): HFG – IUP – Zur Geschichte des Instituts für Umweltplanung, Ulm 1969–1972, Ulm (= schriftenreihe club off ulm e.V.).

Czemper, Karl-Achim (Hrsg.) (2008): hfg ulm – Die Abteilung Produktgestaltung – 39 Rückblicke, Ulm (= Schriftenreihe des club off ulm).

Danyel, Jürgen (2012): Zeitgeschichte der Informationsgesellschaft, in: Zeithistorische Forschungen (9/2), S. 186-211.

Demand, Christian (2017): Theoriemüdigkeit, in: Merkur – Zeitschrift für europäisches Denken (817/7), S. 56-65.

Derichs, Claus Uwe (2001): PR – wie Philip Rosenthal, Gespräch mit Fritz Hahne, in: Werk und Zeit (2), S. 19-22.

Design-Center Stuttgart (Hrsg.) (1992): 1. Designerinnen-Forum 13.–15. März 1992, Stuttgart.

Dietz, Bernhard (2017): „Von der Industriegesellschaft zur Gesellschaftsindustrie" – Wirtschaft, Wirtschaftspresse und der „Wertewandel" 1970–1985, in: Wertewandel in der Wirtschaft und Arbeitswelt – Arbeit, Leistung und Führung in den 1970er und 1980er Jahren in der Bundesrepublik Deutschland, hrsg. von Bernhard Dietz und Jörg Neuheiser, Berlin, S. 179-206.

Dietz, Bernhard und Neuheiser, Jörg (2017): Diesseits und jenseits der Welt der Sozialwissenschaften – Zeitgeschichte als Geschichte normativer Konzepte und Konflikte in der Wirtschafts- und Arbeitswelt, in: Wertewandel in der Wirtschaft und Arbeitswelt – Arbeit, Leistung und Führung in den 1970er und 1980er Jahren in der Bundesrepublik Deutschland, hrsg. von Stefan Diez und Jörg Neuheiser, Berlin, S. 7-30.

Dietz, Bernhard und Neumaier, Christopher (2012): Vom Nutzen der Sozialwissenschaften für die Zeitgeschichte – Werte und Wertewandel als Gegenstand historischer Forschung, in: Vierteljahrshefte für Zeitgeschichte (60/2), S. 293-304.

Dilnot, Clive (2009): Some Futures for Design History?, in: Journal of Design History (22/4), S. 377-394.

Ditzen, Eleonore (1999): Werk und Zeit – die Berliner Redaktion, in: Rückblick, Einblick, Ausbilck – 40 Jahre Deutscher Werkbund Berlin e.V., hrsg. vom Deutschen Werkbund Berlin e.V., Berlin, S. 90-93.

Doering-Manteuffel, Anselm und Raphael, Lutz (2011): Der Epochenbruch in den 1970er Jahren: Thesen zur Phänomenologie und den Wirkungen des Strukturwandels „nach dem Boom", in: „Nach dem Strukturbruch"? Kontinuität und Wandel von Arbeitsbeziehungen und Arbeitswelt(en) seit den 1970er-Jahren, hrsg. von Knud Andresen und Jürgen Mittag, Bonn (= Politik- und Gesellschaftsgeschichte 89), S. 25-40.

– (2012): Nach dem Boom – Perspektiven auf die Zeitgeschichte nach 1970, Göttingen, 3. Auflage.

Dogramaci, Burcu (2011): Netzwerke des künstlerischen Exils als Forschungsgegenstand – Zur Einführung, in: Netzwerke des Exils – Künstlerische Verflechtung, Austausch und Patronage nach 1933, hrsg. von Burcu Dogramaci und Karin Wimmer, Berlin, S. 13-30.

– (2013): Migration als Forschungsfeld der Kunstgeschichte, in: Migration und künstlerische Produktion – Aktuelle Perspektiven, hrsg. von Burcu Dogramaci, Bielefeld, S. 229-248.

Dressbach, Anne und Kamp, Michael (2005): Seit 90 Jahren auf Achse – MAN Nutzfahrzeuge und ihre Geschichte 1915 bis 2005, hrsg. von der MAN Nutzfahrzeuge Gruppe, München.

Droscha, Hellmut (1991): Ein Gang durch die Geschichte des MAN Nutzfahrzeuges, in: Leistung und Weg – Zur Geschichte des MAN Nutzfahrzeugbaus, hrsg. von der MAN AG, Berlin, S. 1-74.

Dufrêne, Bernadette (2007): Exposer le design au Centre Pompidou, in: Centre Pompidou – Trente ans d'histoire, hrsg. von Bernadette Dufrêne, Paris, S. 248-261.

Durth, Werner (2007): Positionswechsel – Neue Orientierung, in: 100 Jahre Deutscher Werkbund 1907–2007, hrsg. von Winfried Nerdinger, München, S. 292-297.

Edelmann, Thomas (2016): Die große Einkaufstour, in: form (265), S. 75-77.

Eidenmüller, Bodo (2002): Das Jahrhundert der Massenproduktion – Der Beitrag der Fertigungswirtschaft für die Entwicklung der Produktion in der Siemens AG, hrsg. von der Siemens AG, München.

Eisele, Petra (2005): BRDesign – Deutsches Design als Experiment seit den 1960er Jahren, Köln.

– (2014): Klassiker des Produktdesign, Stuttgart.

Eisenschink, Alfred (1998): Zweckform, Reißform, Quatschform – Sehen, Erkennen, Gestalten nach der Visuellen Ästhetik des Günter Fuchs, Berlin.

Elben, Klaus (2000a): Zur Entstehung der Form Suomi, in: Die Rosenthal Studio-Linie Form Suomi – Varianten & Variationen eines Erfolgs – Die Privatsammlung Klaus Elben, hrsg. von Wilhelm Siemen, Selb (= Schriften und Kataloge des Deutschen Porzellanmuseums 61), S. 8-11.

– (2000b): Die Verbindung von Kunst und Design, in: Die Rosenthal Studio-Linie Form Suomi – Varianten & Variationen eines Erfolgs – Die Privatsammlung Klaus Elben, hrsg. von Wilhelm Siemen, Selb (= Schriften und Kataloge des Deutschen Porzellanmuseums 61), S. 12.

Erker, Paul (1991): Die Arbeiter bei MAN 1945–1950, in: Arbeiter im 20. Jahrhundert, hrsg. von Klaus Tenfelde, Stuttgart (= Industrielle Welt 51, hrsg. von Reinhart Koselleck und M. Rainer Lepsius), S. 546-572.

Erlhoff, Michael (2013): Theorie des Designs, München.

Erlhoff, Michael und Edelmann, Thomas (2008): Design, in: Wörterbuch Design – Begriffliche Perspektiven des Design, hrsg. von Michael Erlhoff und Tim Marshall, Basel, S. 87-92.

Ertel, Ekkehard (2005): Firmenchronik der LAPP Insulator GmbH & Co. KG – Die Entwicklung des Isolatorenwerks Holenbrunn, hrsg. von der LAPP Insulator GmbH & Co. KG.

Esslinger, Hartmut H. (2009): Schwungrat – Wie Design-Strategien die Zukunft der Wirtschaft gestalten, Weinheim.

Fabian, Sina (2016): Boom in der Krise – Konsum, Tourismus, Autofahren in Westdeutschland und Großbritannien 1970–1990, Göttingen, zugl. Diss., Universität Potsdam.

Fallan, Kjetil (2004): Modernism or Modern ISMS? Notes on an Epistemological Problem in Design History, in: Nordisk Arkitekturforskning (4), S. 81-92.

– (2008): Form, Function, Fiction – Translations of Technology and Design in Product Development, in: History and Technology (24/1), S. 61-87.

– (2010): Design History – Understanding Theory and Method, Oxford.

– (2011): „The Designer' – The 11th Plague": Design Discourse from Consumer Activism to Environmentalism in 1960s Norway, in: Design Issues (27/4), S. 30-42.

– (Hrsg.) (2012): Scandinavian Design – Alternative Histories.

– (2014a): Milanese Mediations: Crafting Scandinavian Design at the Triennale di Milano, in: Konsthistorik tidskrift (83/1), S. 1-23.

– (2014b): Our Common Future – Joining Forces for Histories of Sustainable Design, in: Tecnoscienza – Italian Journal of Science and Technology Studies (5/2), S. 15-31.

– (2015): Love and Hate in Industrial Design: Europe's Design Professionals and America in the 1950s, in: The Making of European Consumption: Facing the American Challenge, hrsg. von Per Lundin und Thomas Kaiserfeld, London, S. 134-156.

– (2016): A Match Made in Utopia? The Uneasy Love Affair of Art and Industry in Scandinavia, in: The Routledge Companion to Design Studies, hrsg. von Penny Sparke und Fiona Fisher, London, S. 255-265.

– (2017): Designing Modern Norway – A History of Design Discourse, London.

Fallan, Kjetil und Lees-Maffei, Grace (2014): The History of Italian Design, in: Made in Italy – Rethinking a Century of Italian Design, hrsg. von Kjetil Fallan und Grace Lees-Maffei, London, S. 1-34.

– (2016a): National Design Histories in an Age of Globalization, in: Designing Worlds – National Design Histories in an Age of Globalization, hrsg. von Kjetil Fallan und Grace Lees-Maffei, New York, S. 1-20.

– (2016b): Real Imagined Communities: National Narratives and the Globalization of Design History, in: Design Issues (32/1), S. 5-18.

Feldenkirchen, Wilfried (2003): Siemens – Von der Werkstatt zum Unternehmen, München, 2. Auflage.

Felsch, Philipp (2015): Der lange Sommer der Theorie – Geschichte einer Revolte 1960–1990, München.

Fernández, Silvia (2006): The Origins of Design Education in Latin America: From the hfg in Ulm to Globalization, in: Design Issues (22/1), S. 3-19.

Fezer, Jesko (2009): A Non-Sentimental Argument – Die Krise des Design Methods Movement 1962–1972, in: Kulturtechnik Entwerfen – Praktiken, Konzepte und Medien in Architektur und Design Science, hrsg. von Daniel Gethmann und Susanne Hauser, Bielefeld, S. 287-304.

Findeli, Alain (1995): Design History and Design Studies: Methodological, Epistemological and Pedagogical Inquiry, in: Design Issues (11/1), S. 43-65.

Fineder, Martina und Geisler, Thomas (2010): Design Criticism and Critical Design in the Writings of Victor Papanek (1923–1998), in: Journal of Design History (23/1), S. 99-106.

Fischer, Eckhard (2010): Die Firma Büssing, Salzgitter (= Beiträge zur Stadtgeschichte der Stadt Salzgitter 24).

Flemming, Thomas (2009): Der Weg zur heutigen MAN Gruppe (1960–2008), in: Die MAN – Eine deutsche Industriegeschichte, hrsg. von Johannes Bähr, Ralf Banken und Thomas Flemming, München, 3. Auflage, S. 375-474.

Foraita, Sabine (2015): Unschuldslamm Design – oder wie viel Verantwortung trägt das Design, in: Design und Krieg, hrsg. von Martin Scholz und Friedrich Weltzien, Berlin, S. 119-128.

Frank, Peter (2014): Aussenansichten mit einer Brise kritischen Weihrauchs – Ein Design-Lagebericht sowie berliner (preussische) und schwäbische Anekdoten, in: Gutes Design – Martin Kelm und die Designförderung in der DDR, hrsg. von Christian Wölfel, Sylvia Wölfel und Jens Krzywinski, Dresden, S. 207-224.

Franzen, Hermann (2000): Grußwort, in: Porzellan in der Sammlung Ernst Schneider im Schloss Jägerhof Düsseldorf, hrsg. von der Industrie- und Handelskammer zu Düsseldorf, Düsseldorf, S. 3-10.

Freidson, Eliot (1994): Professionalism Reborn – Theory, Prophecy, and Policy, Cambridge.

– (2001): Professionalism, the Third Logic, Cambridge.

Fritsche, Christiane (2008): Schaufenster des „Wirtschaftswunders“ und Brückenschlag nach Osten – Westdeutsche Industriemessen und Messebeteiligungen im Kalten Krieg (1946–1973), München (= Forum Deutsche Geschichte 20), zugl. Diss., Universität Mannheim.

Gábor, Kopek (Hrsg.) (2007): Design Stefan Lengyel, Budapest, Ausstellungskatalog zu „Stefan Lengyel élemtü kiállítása 2007“, 11.10.–24.11.2007, Moholy-Nagy Müvészeti Egyetem Ponton Galériájában.

Gantz, Carroll (2011): The Industrialization of Design – A History from the Steam Age to Today, Jefferson.

Gassner, Christof, Gorges, Gregor und Schneider, Michael (Hrsg.) (2013): Herbert Ohl – System Bauen, System Design, System Transport, Darmstadt, Institut für neue technische Form Darmstadt, Ausstellungskatalog zu „Herbert Ohl – system bauen, system design, system transport“, 15.03.–05.05.2013.

Gasteiger, Nepomuk (2008): Vom manipulierbaren zum postmodernen Konsumenten – Das Bild des Verbrauchers in der westdeutschen Werbung und Werbekritik 1950–1990, in: Archiv für Kulturgeschichte (90/1), S. 129-157.

– (2010): Der Konsument – Verbraucherbilder in Werbung, Konsumkritik und Verbraucherschutz 1945–1989, Frankfurt am Main, zugl. Diss., Ludwig-Maximilians-Universität München, eingereicht 2009.

Gelfer-Jørgensen, Mirjam (2001): Has Design History Anything to Do with Art History?, in: Scandinavian Journal of Design History (11), S. 17-21.

Gerber, Sophie (2015): Küche, Kühlschrank, Kilowatt – Zur Geschichte des privaten Energiekonsums in Deutschland 1945–1990, Bielefeld, zugl. Diss., TU München, eingereicht 2014.

Geyer, Martin H. (2007a): Die Gegenwart der Vergangenheit – Die Sozialstaatsdebatten der 1970er-Jahre und die umstrittenen Entwürfe der Moderne, in: Archiv für Sozialgeschichte (47), S. 47-93.

– (2007b): On the Road to a German „Postnationalism"? Athletic Competition between the Two German States in the Era of Konrad Adenauer, in: German Politics and Society (25/2), S. 140-167.

– (2008): Rahmenbedingungen: Unsicherheit als Normalität, in: Geschichte der Sozialpolitik in Deutschland seit 1945 – Band 6: 1974–1982 Bundesrepublik Deutschland – Neue Herausforderungen, wachsende Unsicherheiten, hrsg. von Martin H. Geyer, Baden-Baden, S. 4-109.

– (2010a): Auf der Suche nach der Gegenwart – Neue Arbeiten zur Geschichte der 1970er und 1980er Jahre, in: Archiv für Sozialgeschichte (50), S. 643-669.

– (2012): Kritik und Krise: Politische Sprachkritik und Krisendiskurse in den 1970er Jahren, in: Krisen verstehen – Historische und kulturwissenschaftliche Annäherungen, hrsg. von Thomas Mergel, Frankfurt am Main, S. 257-274.

– (2015a): 'Gaps' and the (Re-)Invention of the Future – Social and Demographic Policy in Germany during the 1970s and 1980s, in: Social Science History (39), S. 39-61.

– (2015b): Security and Risk – How We Have Learned to Live with Dystopian, Utopian, and Technocratic Diagnoses of Security since the 1970s, in: Historia (396), S. 93-134.

Geyer, Michael (2010b): Zwischen Krieg und Nachkrieg – Die deutsche Revolution 1918/19 im Zeichen blockierter Transnationalität, in: Die vergessene Revolution von 1918/19, hrsg. von Alexander Gallus, Göttingen, S. 187-222.

Gimeno-Martínez, Javier (2016): Design and National Identity, London.

Gomringer, Eugen (2003): „Die dritte Haut" – Eine Hommage an den Unternehmer, in: Mit Kunst Leben – Hommage an Philip Rosenthal, hrsg. von der Rosenthal AG, Selb, S. 8-27.

Gorman, Carma R. (2001): Reshaping and Rethinking: Recent Feminist Scholarship on Design and Designers, in: Design Issues (17/4), S. 72-88.

Gottwaldt, Alfred (2006): Erinnerungen an Klaus Flesche – Ein Designer von der MAN und seiner Fahrzeuge, in: Jahrbuch für Eisenbahngeschichte (38), S. 62-71.

Graf, Rüdiger (2014): Öl und Souveränität – Petroknowledge und Energiepolitik in den USA und Westeuropa in den 1970er Jahren, Oldenburg (= Quellen und Darstellungen zur Zeitgeschichte 103).

Graf von Seherr-Thoss, Hans Christoph (1991): Die Technik des MAN-Nutzfahrzeugbaus, in: Leistung und Weg – Zur Geschichte des MAN Nutzfahrzeugbaus, hrsg. von der MAN AG, Berlin, S. 312-536.

Grasskamp, Walter (2002): Ist die Moderne eine Epoche? Kunst als Modell, München.

de Grazia, Victoria (2010): Das unwiderstehliche Imperium – Amerikas Siegeszug im Europa des 20. Jahrhunderts, Stuttgart (= Transatlantische Historische Studien 41).

Gries, Rainer (2003): Produkte als Medien – Kulturgeschichte der Produktkommunikation in der Bundesrepublik und der DDR, Leipzig, zugl. Habil., Universität Jena, eingereicht 2001.

– (2006): Produkte und Politik – Zur Kultur- und Politikgeschichte der Produktkommunikation, Wien.

– (2008): Produktkommunikation – Geschichte und Theorie, Wien.

Gronert, Siegfried (2015): Rezension zu: Sylvia Wölfel, Christian Wölfel und Jens Krzywinski, Gutes Design – Martin Kelm und die Designförderung in der DDR, http://www.gfdg.org/rezensionen/christian-woelfel-sylvia-woelfel-und-jens-krzywinski-hg-gutes-design-martin-kelm-und-d-0 [zuletzt gesehen am 31.05.2018].

Größer, Helmut (1991): Markenartikel und Industriedesign – Das Stereotypik-Konzept: Ursachen, Ausprägungen, Konsequenzen, München (= Produktentwicklung und Industriedesign 1), zugl. Diss., Ludwig-Maximilians-Universität München, eingereicht 1991.

Grossmann, Yves Vincent (2018a): Arbeitsbibliographie zur Professionalisierung der bundesdeutschen Industriedesigner 1959–1990, Forschungsdaten abgespeichert auf: Open Data LMU, Ludwig-Maximilians-Universität München, Daten generiert am 19.02.2018, Version 1.0, https://doi.org/10.5282/ubm/data.122.

– (2018b): Ausbildungsmiseren und Krisendiskurse im Industriedesign – Westdeutsche Designkritik in den 1970er Jahren, in: Sammelband zur „Designkritik“ Tagung der Gesellschaft für Designgeschichte und der HfG Offenbach, hrsg. von Thilo Schwer und Siegfried Gronert, Stuttgart, S. 57-66.

– (2018c): Textbeiträge zum Forschungsblog für das Dissertationsprojekt, Forschungsdaten abgespeichert auf: Open Data LMU, Ludwig-Maximilians-

Universität München, Daten generiert am 19.02.2018, Version 1.0, https://doi.org/10.5282/ubm/data.123.

Guidot, Raymond (1994): design – Die Entwicklung der modernen Gestaltung, Stuttgart.

Günter, Roland (2009): Der Deutsche Werkbund und seine Mitglieder 1907–2007, Essen (= Einmischen und Mitgestalten 10, hrsg. vom Deutschen Werkbund Nordrhein-Westfalen e.V.).

Haaf, Christopher (2016): Dem Westen zugewandt? Das Amt für industrielle Formgestaltung und die Designförderung in der DDR, zugl. MA-Abschlussarbeit, Ludwig-Maximilians-Universität, eingereicht 2016.

Hachtmann, Rüdiger und von Saldern, Adelheid (2009): „Gesellschaft am Fließband" Fordistische Produktion und Herrschaftspraxis in Deutschland, in: Zeithistorische Forschungen (6 2), S. 186-208.

Hack, Lothar (2006): Wissensformen zum Anfassen und zum Abgreifen – Konstruktive Formationen der „Wissensgesellschaft" respektive des „transnationalen Wissenssystems", in: Die „Wissensgesellschaft" – Mythos, Ideologie oder Realität?, hrsg. von Uwe H. Bittlingmayer und Ullrich Bauer, Wiesbaden, S. 109-172.

Hagströmer, Denise (Hrsg.) (2016): Ekstrem Ekstrøm, Ekstrøm Extreme – Norsk møbel- og industridesign, Norwegian Furniture and Industrial Design, Oslo, Nasjonalmuseet Oslo, Ausstellungskatalog, 14.02.–15.05.2016.

Hau, Erich (2008): Aerodynamik von Nutzfahrzeugen, in: Von Ideen und Erfolgen – 40 Jahre MAN-Technologie, hrsg. von Hans-Georg Hansen und Horst Rauck, Dasing, S. 279-280.

Hauffe, Thomas (1994): Fantasie und Härte – Das „Neue deutsche Design" der achtziger Jahre, Giessen (= Werkbund-Archiv 25).

– (2014): Geschichte des Designs, Köln.

Haug, Wolfgang (2009): Kritik der Warenästhetik – Gefolgt von Warenästhetik im High-Tech-Kapitalismus, Frankfurt am Main.

Haupt, Heinz-Gerhard (2012): Consumption History in Europe: An Overview of Recent Trends, in: Decoding Modern Consumer Societies, hrsg. von Hartmut Berghoff und Uwe Spiekermann, New York, S. 17-35.

Hauschild, Joachim (1999): Philip Rosenthal, Berlin.

Heinzmann, Roland (2012): Interview mit Professor Bernd Löbach-Hinweiser: 40 Jahre Umweltkritische Kunst, in: NaturschutzInfo (1), S. 72-75.

Heite, Catrin (2008): Soziale Arbeit im Kampf um Anerkennung, Weinheim, zugl. Diss. phil., Universität Bielefeld, eingereicht 2007.

Heitmann, Claudia (2001): Die Bauhaus-Rezeption in der Bundesrepublik Deutschland von 1949 bis 1968 – Etappen und Institutionen, zugl. Diss., Hochschule der Künste Berlin, eingereicht 2001.

Herbert, Ulrich (2014): Geschichte Deutschlands im 20. Jahrhundert, München.

Herwig, Oliver (2008): Unser täglich Plastik gib uns heute – Wie BASF mit Hilfe der „Designfabrik" das Image der Kunststoffe verbessern will, in: Süddeutsche Zeitung, vom 23.07.2008.

Heß, Regine (Hrsg.) (2018): Architektur und Akteure – Praxis und Öffentlichkeit in der Nachkriegsgesellschaft, Bielefeld.

Heßler, Martina (2004): Visionen des Überflusses – Entwürfe künftiger Massenkonsumgesellschaften im 20. Jahrhundert, in: Wirtschaftsgeschichte als Kulturgeschichte – Dimensionen eines Perspektivenwechsels, hrsg. von Hartmut Berghoff und Jakob Vogel, Frankfurt am Main, S. 455-480.

– (2008): Die Gestalt der technischen Moderne – Forschung im Schnittfeld von Design- und Technikgeschichte, in: Zeitschrift für Geschichte der Wissenschaften, Technik und Medizin (16), S. 245-258.

– (2009): Die Verbindung der „alien universes" – Annäherungen von Technik- und Designgeschichte, in: Technikgeschichte (76), S. 179-190.

– (2012): Kulturgeschichte der Technik, Frankfurt am Main.

Heymann, Matthias und Wengenroth, Ulrich (2001): Die Bedeutung von ‚tacit knowledge' bei der Gestaltung von Technik, in: Die Modernisierung der Moderne, hrsg. von Ulrich Beck und Wolfgang Bonß, Frankfurt am Main, S. 106-121.

Hille, Nicola (2009): Ein neues Bauhaus? Zur Adaption und Rezeption eines Gründungsmythos an der Hochschule für Gestaltung in Ulm, in: Mythos Bauhaus – Zwischen Selbsterfindung und Enthistorisierung, hrsg. von Anja Baumhoff und Magdalena Droste, Berlin, S. 293-314.

Hitzer, Bettina und Welskopp, Thomas (2010): Die „Bielefelder Schule" der westdeutschen Sozialgeschichte – Karriere eines geplanten Paradigmas?, in: Die Bielefelder Sozialgeschichte – Klassische Texte zu einem geschichtswissenschaftlichen Programm und seinen Kontroversen, hrsg. von Bettina Hitzer und Thomas Welskopp, Bielefeld, S. 13-32.

Hobsbawm, Eric (1998): Das Zeitalter der Extreme – Die Weltgeschichte des 20. Jahrhunderts, München, 2. Auflage.

Hoesch, Christoph A. (2006a): Neuanfang als Übergang – Zwischen 1945 und 1960, in: Siemens Industrial Design – 100 Jahre Kontinuität im Wandel, hrsg. von Christoph A. Hoesch und Hermann Wetcke, Ostfildern, S. 142-149.

– (2006b): Sichtbar-„Unsichtbares" Design – Die Gestaltung von Investitionsgütern, in: Siemens Industrial Design – 100 Jahre Kontinuität im Wandel, hrsg. von Christoph A. Hoesch und Hermann Wetcke, Ostfildern, S. 228-243.

– (2006c): Das Tor zur virtuellen Welt – Der Bereich Telekommunikation seit den Anfängen, in: Siemens Industrial Design – 100 Jahre Kontinuität im Wandel, hrsg. von Christoph A. Hoesch und Hermann Wetcke, Ostfildern, S. 308-343.

– (2006d): „Wasser, Wärme, Luft und Licht" Ein Jahrhundert Siemens-Haushaltsgeräte 1900 bis 2000, in: Siemens Industrial Design – 100 Jahre Kontinuität im Wandel, hrsg. von Christoph A. Hoesch und Hermann Wetcke, Ostfildern, S. 272-307.

Hoesch, Christoph A. und Wetcke, Hermann (Hrsg.) (2006): Siemens Industrial Design – 100 Jahre Kontinuität im Wandel, Ostfildern.

Hufnagl, Florian (2006): Günter Kupetz oder: der Beginn des Industrial Design in Deutschland, in: Günter Kupetz – Industrial Design, hrsg. von Andrej Kupetz, Basel, S. 92-117.

Hufnagl, Florian, Joppien, Rüdiger, Schmitt, Peter und Baumann, Hans Theo (Hrsg.) (2010): Hans-Theo Baumann – kunst&design – 1950–2010, Stuttgart.

Huppatz, Daniel J. (2015): Globalizing Design History and Global Design History, in: Journal of Design History (28/2), S. 182-202.

Jacobi, Juliane (Hrsg.) (1994): Frauen zwischen Familie und Schule – Professionalisierungsstrategien bürgerlicher Frauen im internationalen Vergleich, Köln (= Studien und Dokumentationen zur vergleichenden Bildungsforschung 55).

Jansen, Reinhard (2006): Moderne Porzellan – Der Bildhauer Arthur Klinger und seine Entwürfe für Rosenthal, in: Keramos (192), S. 63-68.

Jarausch, Konrad Hugo (2004): Die Umkehr – Deutsche Wandlungen 1945–1995, München.

– (2008a): Verkannter Strukturwandel – Die siebziger Jahre als Vorgeschichte der Probleme der Gegenwart, in: Das Ende der Zuversicht? Die siebziger Jahre als Geschichte, hrsg. von Konrad Hugo Jarausch, Göttingen, S. 9-26.

– (2008b): Zwischen „Reformstau" und „Sozialabbau" – Anmerkungen zur Globalisierungsdebatte in Deutschland 1973–2003, in: Das Ende der Zuversicht? Die siebziger Jahre als Geschichte, hrsg. von Konrad Hugo Jarausch, Göttingen, S. 330-349.

– (2015): Out of Ashes – A New History of Europe in the Twentieth Century, Princeton.

Jenkins, Jessica (2014): Visual Arts in the Urban Enviroment in the German Democratic Republic: Formal, Theoretical and Functional Change 1949–1980, zugl. Diss., Royal College of Art London, http://researchonline.rca.ac.uk/1681/1/Combined%20Thesis%20JENKINS%20Jessica%202013.pdf [zuletzt gesehen am 31.05.2018].

Jørgensen, Finn Arne und Fallan, Kjetil (2015): Environment Histories of Design, in: Enviroment and History (21), S. 641-644.

Judt, Tony (2012): Geschichte Europas von 1945 bis zur Gegenwart, Frankfurt am Main, 4. Auflage.

Julier, Guy (2014): The Culture of Design, Los Angeles, 3. Auflage.

Kaelble, Hartmut (1997): Europäische Besonderheiten des Massenkonsums 1950–1990, in: Europäische Konsumgeschichte – Zur Gesellschafts- und Kulturgeschichte des Konsums 18. bis 20. Jahrhundert, hrsg. von Hannes

Siegrist, Hartmut Kaelble und Jürgen Kocka, Frankfurt am Main, S. 169-202.
– (2007): Sozialgeschichte Europas – 1945 bis zur Gegenwart, München.
Kaiser, Walter (2006): Ingenieure in der Bundesrepublik Deutschland, in: Geschichte der Ingenieure – Ein Beruf in sechs Jahrtausend, hrsg. von Wolfgang König und Walter Kaiser, München, S. 233-266.
Kalweit, Andreas (2006): Kunststoffe, in: Handbuch für Technisches Produktdesign, hrsg. von Andreas Kalweit, Christof Paul und Sascha Peters, Berlin, S. 75-131.
Kapitzki, Herbert W. (2003): Was wäre, wenn... in: design report (9), S. 72-75.
Karpova, Yulia (2011): „Холодильник с орнаментом“: к проблеме „национальной формы“ в советском прикладном искусстве и промышленном дизайне в послесталинский период, in: Неприкосновенный запас (78 4), http://magazines.russ.ru/nz/2011/4/ka27-pr.html. [dt. Übersetzung: „‚Kühlschrank mit Ornamente‘: Das Problem der ‚nationalen Form‘ in den sowjetischen angewandte Kunst und dem Industriedesign in der Post-Stalin-Zeit“]
– (2013): Accommodating ‘Design’: Introducing the Western Concept into Soviet Art Theory in the 1950s–60s, in: European Review of History (20/4), S. 627-657.
– (2015): Designer Socialism – The Aesthetic Turn in Soviet Russia after Stalin, zugl. Ph.D., Cental European University in Budapest, www.etd.ceu.hu/2015/karpova_yulia.pdf, [zuletzt gesehen am 22.01.2018].
Kasiske, Michael (2010): Strahlend grau, in: Bauwelt (28), S. 5.
Katz, Barry M. (1997): Technology and Design – A New Agenda, in: Technology and Culture (38/2), S. 452-466.
Kelm, Martin (2014): „So war es“ – Designförderung in der DDR, in: Gutes Design – Martin Kelm und die Designförderung in der DDR, hrsg. von Christian Wölfel, Sylvia Wölfel und Jens Krzywinski, Dresden, S. 21-118.
Kerr, Ann (1998): Rosenthal – Excellence for All Times – Dinnerware, Accessories, Cutlery, Glass, Atglen.
Ketelsen, Thomas (2016): Zwischen Disegno und Design – Zur gestalterischen Entwurfspraxis im 18. Jahrhundert, Beilage zum Ausstellungskatalog: Zwischen Disgeno und Design? Von der Zeichnung zum Entwurf, hrsg. vom Wallraf-Richartz-Museum und der Fondation Corboud, Köln (= Der un/gewissse Blick 22).
Kida, Takuya (2012): Japanese Crafts and Cultural Exchange with the USA in the 1950s: Soft Power and John D. Rockefeller III during the Cold War, in: Journal of Design History (25/4), S. 379-399.
Kirsch, Karin (1993): Mia Seeger (1903–1991) – Ein Leben im Sog der Moderne, in: Frauen im deutschen Südwesten, hrsg. von Birgit Knorr und Rosemarie Wehling, Stuttgart (= Schriften zur politischen Landeskunde Baden-Würt-

tembergs 20, hrsg. von der Landeszentrale für politische Bildung Baden-Württembergs), S. 145-151.

Klein, Markus und Pötschke, Manuela (2000): Gibt es einen Wertewandel hin zum „reinen" Postmaterialismus? Eine Zeitreihenanalyse der Wertorientierungen der westdeutschen Bevölkerung zwischen 1970 und 1997, in: Zeitschrift für Soziologie (29/3), S. 202-216.

Kleinschmidt, Christian (2001): „Mamor, Stein und Eisen bricht..." Westdeutschlands Aufbruch ins Kunststoffzeitalter, in: Technikgeschichte (68), S. 355-372.

Klemp, Klaus (2016): Produkt und Protest – Design in Frankfurt in den Sechszigerjahren, in: Frankfurt 1960–1969, hrsg. von Wilhelm E. Opatz, Zürich, S. 100-107.

Klöcker, Ingo (2008): Die HfG Ulm – sehr subjektiv aus der Sicht eines Ehemaligen, in: hfg ulm – Die Abteilung Produktgestaltung – 39 Rückblicke, hrsg. von Karl-Achim Czemper, Dortmund (= Schriftenreihe des club off ulm), S. 147-154.

Kneer, Georg (2010): Wissenssoziologie, in: Handbuch Spezielle Soziologien, hrsg. von Georg Kneer und Markus Schroer, Wiesbaden, S. 707-723.

Knoblauch, Hubert (2013): Wissenssoziologie, Wissensgesellschaft und die Transformation der Wissenskommunikation, in: Aus Politik und Zeitgeschichte, vom 23.04.2013.

Kohlmorgen, Lars (2004): Regulation, Klasse, Geschlecht – Die Konstitutierung der Sozialstruktur im Fordismus und Postfordismus, Münster, zugl. Diss., Universität Hamburg.

König, Wolfgang (2008): Die siebziger Jahre als konsumgeschichtliche Wende in der Bundesrepublik, in: Das Ende der Zuversicht? Die siebziger Jahre als Geschichte, hrsg. von Konrad Hugo Jarausch, Göttingen, S. 84-99.

Koos, Holger (2002): Fahrzeugdesign bei MAN – gestern und heute, in: MAN – forschen, planen, bauen, S. 44-49.

Kösser, Uta (2006): Ästhetik und Moderne – Konzepte und Kategorien im Wandel, Erlangen, zugl. Habil., Universität Leipzig.

Köster, Roman (2017): Hausmüll: Abfall und Gesellschaft in Westdeutschland 1945–1990, Göttingen (= Umwelt und Gesellschaft 15), zugl. Habil., Universität der Bundeswehr München, eingereicht 2015.

Krampe, Eva-Maria (2009): Emanzipation durch Professionalisierung? Akademisierung des Frauenberufs Plege in den 1990er Jahren: Erwartungen und Folgen, Frankfurt am Main, zugl. Diss., Johann-Wolfgang-Goethe-Universität Frankfurt am Main.

Krampen, Martin und Hörmann, Günter (2003): Die Hochschule für Gestaltung Ulm – Anfänge eines Projektes der unnachgiebigen Moderne, Berlin.

Kranke, Günter (2008): Technisches Design – Integration von Design in die universitäre Ausbildung von Ingenieuren, München.

Kraus, Wolfgang (2005): Aufbau der Designabteilung der MAN Nutzfahrzeuge AG, in: Design Management als strategisches Tool zur Unternehmensentwicklung, hrsg. von Jens Reese, Berlin, S. 173-185.
– (2007): Grundsätzliche Aspekte des Automobildesign, in: Automobildesign und Technik – Formgebung, Funktionalität, Technik, hrsg. von Hans-Hermann Braess und Ulrich Seiffert, Wiesbaden, S. 30-65.
– (2015): Nutzfahrzeuge Design – Gestern, heute, morgen, in: Nutzfahrzeuge – Gestern, heute, morgen, hrsg. von Wolfgang Kraus und Erik Eckermann, Norderstedt, S. 129-145.
Kreis, Reinhild (2014): Tagungsbericht zu: Historikertag 2014 – Sektion „Gewinner und Verlierer ‚Nach dem Boom' in Westeuropa", in: H-Soz-u-Kult, vom 20.10.2014.
Kries, Mateo (2010): Total Design – Die Inflation moderner Gestaltung, Berlin.
Kršić, Dejan (Hrsg.) (2016): Radoslav Putar – Kritike, studije i zapisi 1961–1987 – Svezak II, Zagreb. [dt. Übersetzung: „Radoslav Putar: Kritiken, Studien und Aufzeichungen 1961–1987"]
Kübler, Erika und Bartels, Eckhart (2015): 50 Jahre technische Ästhetik – Das Design von Louis L. Lepoix, in: Fahrzeugdesign: Eine Geschichte zwischen Technik und Mode, hrsg. von Eckhart Bartels, Bielefeld, S. 28-36.
Kumar, Krishan (1995): From Post-Industrial to Post-Modern Society – New Theories of the Contemporary World, Oxford.
Kupetz, Andrej (Hrsg.) (2006): Günter Kupetz – Industrial Design, Basel.
– (2013): Kampagne für Designkultur, in: design report special – 60 Jahre Rat für Formgebung, S. 6-7.
Kurtz, Thomas (1997): Professionalisierung im Kontext sozialer Systeme – Der Beruf des deutschen Gewerbelehrers, Opladen.
– (2005): Die Berufsform der Gesellschaft, Velbrück, zugl. Habil., Universität Bielefeld, eingereicht 2003.
Lamla, Jörn (2013): Verbraucherdemokratie – Politische Soziologie der Konsumgesellschaft, Berlin.
Langer, Lydia (2013): Revolution im Einzelhandel – Die Einführung der Selbstbedienung in Lebensmittelgeschäften der Bundesrepublik Deutschland (1949–1973), Köln (= Kölner Historische Abhandlungen 51), zugl. Diss., Universität zu Köln.
Lässig, Annette (1999): Gestaltung der Organisationskultur – Evaluation kultureller Veränderungsprozesse in der Zentralabteilung Technik der Siemens AG, München, zugl. Diss., Ludwig-Maximilians-Universität München, eingereicht 1999.
Laurén, Uta (2007): Tapio Wirkkala für Rosenthal – Was die Funktion fordert, die Produktion verlangt und der Markt wünscht, Berlin (= Schriftenreihe des Finnland-Instituts in Deutschland 8).

Laurent, Stéphane (2016): Lexikonartikel zu Centre de création industrielle, in: The Bloomsbury Encyclopedia of Design – Volume 1, hrsg. von Clive Edwards, London, S. 225-226.

Lawrentjew, Alexander N. und Nasarow, Jurij W. (1995): Russisches Design – Tradition und Experiment 1920–1990, Berlin.

Le Masson, Pascal, Dorst, Kees und Subrahmanian, Eswaran (2013): Design Theory: History, State of the Art and Advancements, in: Research in Engineering Design (24), S. 97-103.

Lee, Yunah (2009): Selling Modern British Design: Overseas Exhibitions by the Council of Industrial Design 1949–1971, zugl. PhD, University of Brighton, http://eprints.brighton.ac.uk/id/eprint/12346.

Lees-Maffei, Grace (2008): Professionalization as a Focus in Interior Design History, in: Journal of Design History (21/1), S. 1-18.

– (2016a): Design History: The State of Art, in: CAA.Reviews, hrsg. vom College Art Association, 10.3202/caa.reviews.2016.153, vom 16.11.2016.

– (2016b): A Special Relationsship – The UK-US Transatlantic Domestic Dialogue, in: Desining Worlds – National Design Histories in an Age of Globalization, hrsg. von Kjetil Fallan und Grace Lees-Maffei, New York, S. 188-210.

Lees-Maffei, Grace und Huppatz, Daniel J. (2014): Design History: from Service Subject to Discrete Discipline, in: Blucher Design Proceedings (1/1), S. 50-53, doi:10.5151/design-icdhs-007.

Leitherer, Eugen (1991): Industrie-Design: Entwicklung – Produktion – Ökonomie, Stuttgart.

Lemonier, Aurélien (2013): L'écart à l'œuvre – Quatre expériences de design scénographique pour le Centre de création industrielle, in: Les cahiers du musée national d'art moderne (123), S. 84-93.

Lengert, Julius (2006a): Aus Formgebung wird Design – Die Ära Edwin Schricker 1960 bis 1986, in: Siemens Industrial Design – 100 Jahre Kontinuität im Wandel, hrsg. von Christoph A. Hoesch und Hermann Wetcke, Ostfildern, S. 150-187.

– (2006b): Generationswechsel im Design – Die Ära Herbert Schultes 1986–2000, in: Siemens Industrial Design – 100 Jahre Kontinuität im Wandel, hrsg. von Christoph A. Hoesch und Hermann Wetcke, Ostfildern, S. 188-219.

– (2008): Pionier der Professionalisierung, in: design report (6), S. 52.

Lengyel, Stefan (1999a): Design – Ein Jahrhundertphänomen im Aufbruch, in: wirtschaft(s)macht – 6. Kongress des Deutschen Designer Verbandes, hrsg. vom Deutschen Designer Verband e.V., S. 5-7.

– (Hrsg.) (1999b): Industrial Design Studium in Essen – Von der Folkwangschule zur Universität Essen, Essen.

Lengyel, Susanne und Ochsner, Jutta (2009): VDID Design Kompetenz Deutschland – Past, Present, Future – Stimmen zum Design zum 50-Jährigen Jubiläum des VDID, Berlin.
Leopold, Cornelie (2013): Precise Experiments: Relations between Mathematics, Philosophy and Design at Ulm School of Design, in: Nexus Network Journal (15 2), S. 363-380.
Lepoix, Louis L. (2003): 50 Jahre technische Ästhetik – 50 ans d'esthétique technique, Baden-Baden.
Levsen, Sonja (2016): Die 1970er Jahre in Westeuropa – un dialogue manqué, in: Geschichte und Gesellschaft (42), S. 213-242.
Leymonerie, Claire (2016): Le temps des objects – Une histoire du design industriel en France (1945–1980), Paris, zugl. Diss., École des Hautes Études en Sciences Sociales, eingereicht 2011, doi:10.4000/acrh.4023.
Lie, Ida Kamilla (2016): 'Make Us More Useful to Society!' The Scandinavian Design Students' Organization (SDO) and Socially Responsible Design 1967–1973, in: Design and Culture (8/3), S. 327-361.
Lindner, Sebastian (2015): Zwischen Öffnung und Abgrenzung – Die Geschichte des innerdeutschen Kulturabkommens 1973–1986 Berlin, zugl. Diss., Univ. Leipzig, eingereicht 2012.
Lobjakas, Kai (Hrsg.) (2014): Tõnis Käo – Design as Experiment, Tallin, Ausstellungskatalog zu „Tõnis Käo – Design as Experiment", 30.05.–24.08.2014, Estonian Museum of Applied Art and Design.
Lubinski, Christina (2010): Familienunternehmen in Westdeutschland – Corporate Governance und Gesellschafterkultur seit den 1960er Jahren, München (= Schriftenreihe zur Zeitschrift für Unternehmensgeschichte 21), zugl. Diss., Universität Göttingen, eingereicht 2009.
Ludovico, Fabian (2010): Karl Otto – Architekt und Lehrer – Ein biographischer Beitrag zur deutschen Nachkriegsmoderne, Marburg, zugl. Diss., Universität Heidelberg, eingereicht 2010.
Madge, Pauline (1993): Design, Ecology, Technology: A Historiographical Review, in: Journal of Design History (6/3), S. 149-165.
Mareis, Claudia (2010): Experimente zu einer Theorie der Praxis – Historische Etappen der Designforschung in der Nachfolge des Bauhauses, in: kunsttexte.de.
– (2011): Design als Wissenskultur – Interferenzen zwischen Design- und Wissensdiskursen seit 1960, Bielefeld (= Studien zur visuellen Kultur 16).
– (2014): Theorien des Designs, Hamburg.
Margolin, Victor (1995): Design History or Design Studies: Subject Matter and Methods, in: Design Issues (11/1), S. 4-15.
– (2005): A World History of Design and the History of the World, in: Journal of Design History (18/3), S. 235-243.
– (2009): Design in History, in: Design Issues (25/2), S. 94-105.

– (2015): World History of Design, London (Bde. 1 und 2).
Marquart, Christian (1994): Industriekultur – Industriedesign, Berlin.
Matter, Sonja (2011): Der Armut auf den Leib rücken – Die Professionalisierung der Sozialen Arbeit in der Schweiz 1900–1960, Zürich, zugl. Diss., Universität Bern, eingereicht 2009.
May, Cornelia (2015): Arno Kersting (1918–2011): Der Professionalisierungsprozess vom Industriellen Formgeber zum Industrial Designer, zugl. Diss., Bergische Universität Wuppertal, eingereicht 2013, urn:nbn:de:hbz:468-20150917-125050-2.
Meer, Julia (2015): Neuer Blick auf die Neue Typographie – Die Rezeption der Avantgarde in der Fachwelt der 1920er Jahre, Bielefeld, zugl. Diss., Bergische Universität Wuppertal, eingereicht 2014.
Meikle, Jeffrey L. (1995): American Plastic – A Cultural History, New Brunswick.
Meister, Anna-Maria (2014): Radical Remoteness: the HfG Ulm as Institution of Dissidence, in: Architecture and the Paradox of Dissidence, hrsg. von Ines Weizman, Milton Park (= Critical Studies in Architectural Humanities 9), S. 89-102.
Mende, Silke (2011): „Nicht rechts, nicht links, sondern vorn" – Eine Geschichte der Gründungsgrünen, München, zugl. Diss., Eberhard-Karls-Universität Tübingen, eingereicht 2009/10.
Mergel, Thomas (2012): Krisen als Wahrnehmungsphänomene, in: Krisen verstehen – Historische und kulturwissenschaftliche Annäherungen, hrsg. von Thomas Mergel, Frankfurt am Main (= Eigene und Fremde Welten – Repräsentationen sozialer Ordnungen im Vergleich 21), S. 9-22.
Messell, Tania (2016a): The Establishment of the International Council of Societies of Industrial Design 1953–1960, http://pdf.blucher.com.br.s3-sa-east-1.amazonaws.com/designproceedings/icdhs2016/02_014.pdf [zuletzt gesehen am 31.05.2018].
– (2016b): International Norms and Local Design Research – ICSID and the Promotion of Industrial Design in Latin America 1970–1979, Conference paper held at the 28th June 2016 on the DRS 2016 in Brighton, http://www.drs2016.org/461/, [zuletzt gesehen am 31.05.2018].
Metzler, Gabriele (2005a): „Geborgenheit im gesicherten Fortschritt" – Das Jahrzehnt von Planbarkeit und Machbarkeit, in: Demokratisierung und gesellschaftlicher Aufbruch – Die sechziger Jahre als Wendezeit der Bundesrepublik, hrsg. von Matthias Frese, Julia Paulus und Karl Teppe, Paderborn (= Forschungen zur Regionalgeschichte 44), 2. Auflage, S. 777-797.
– (2005b): Konzeptionen politischen Handelns von Adenauer bis Brandt – Politische Planung in der pluralistischen Gesellschaft, Paderborn.
Meyer, Carla, Patzel-Mattern, Katja und Schenk, Gerrit Jasper (2013): Krisengeschichte(n): „Krise" als Leitbegriff und Erzählmuster in kulturwissenschaftlicher Perspektive – Eine Einführung, in: Krisengeschichte(n)

– „Krise“ als Leitbegriff und Erzählmuster in kulturwissenschaftlicher Perspektive, hrsg. von Carla Meyer, Katja Patzel-Mattern und Gerrit Jasper Schenk, Stuttgart (= Vierteljahrschrift für Sozial- und Wirtschaftsgeschichte – Beihefte 210), S. 9-23.

Meyer, Klaus (2000): Herbert H. Schultes in: design report (11), S. 117-120.

Mingels, Pia (2014): Die „Gute Form“ aufs Papier gebracht – Kataloggestaltung von Werkbund-Ausstellungen in den 1950er und 1960er Jahren, in: Querschnitte – Kunst, Design, Architektur im Blick, hrsg. von Elina Knorpp und Christopher Oestereich, Berlin, S. 171-183.

Mom, Gijs (2007): Translating Properties into Functions (and Vice Versa): Design, User Culture and the Creation of an American und a European Car (1930–70), in: Journal of Design History (21/2), S. 171-181.

Moriarty, Catherine (2016): Monographs, Archives, and Networks: Representing Designer Relationships, in: Design Issues (32/4), S. 52-63.

Moser, Eva (2012): otl aicher, gestalter, Ostfildern.

Moszkowicz, Julia (2013): Re-Learning Postmodernism in the History of Graphic Design: A (Con)Textual Analysis of Design Journal in the Late 1960s, in: Journal of Design History (26/4), S. 381-400.

Müller-Krauspe, Gerda (2007): Selbstbehauptungen – Frauen an der hfg ulm, Frankfurt am Main.

– (2008): ulm war mein Ort, in: hfg ulm – Die Abteilung Produktgestaltung – 39 Rückblicke, hrsg. von Karl-Achim Czemper, Dortmund (= Schriftenreihe club off ulm e.V.), S. 105-110.

– (Hrsg.) (2011): hfg ulm – Die Grundlehre von 1953 bis 1960 – 16 Rückblicke und 6 Kurzporträts, Frankfurt am Main (= Schriftenreihe club off ulm).

Murphy, Keith M. (2015): Swedish Design – An Ethnography, New York, zugl. PhD, University of California.

Muthesius, Stefan (2012): Postwar Art, Architecture, and Design, in: Postwar European History, hrsg. von Dan Stone, Oxford (= Oxford Handbooks in History), S. 613-629.

Nadkarni, Sudhakar (2003): Ein Botschafter Ulms in Indien, in: ulmer modelle – modelle nach ulm, hochschule für gestaltung ulm 1953–1968, hrsg. von Dagmar Rinker, Ulm, S. 144-151.

Naske, Christoph (2008): Erinnerungen: hfg, die Anfänge – Und die Zeit vor Ulm, in: hfg ulm – Die Abteilung Produktgestaltung – 39 Rückblicke, hrsg. von Karl-Achim Czemper, Dortmund (= Schriftenreihe des club off Ulm e.V.), S. 13-20.

Nehls, Werner (2006): Kritische Architekturtheorie – Publikationen 1965–2005, München.

Neliba, Günter (2002): [Das] M.A.N.-Werk Gustavsburg bei Mainz – 100 Jahre zivile und militärische Produktion (1860–1960), Frankfurt am Main.

Nerdinger, Winfried (Hrsg.) (2007): 100 Jahre Deutscher Werkbund 1907–2007, München, Ausstellungskatalog, 19.04.–26.08.2007, 16.09.–18.11.2007, Architekturmuseum der TU München in der Pinakothek der Moderne und Akademie der Künste Berlin.

Neumaier, Christopher (2010): Dieselautos in Deutschland und den USA – Zum Verhältnis von Technologie, Konsum und Politik 1949–2005, Stuttgart (= Transatlantische historische Studien 43), zugl. Diss., TU München, eingereicht 2008.

Neurauter, Sebastian (2013): Das Bauhaus und die Verwertungsrechte – Eine Untersuchung zur Praxis der Rechteverwertung am Bauhaus 1919–1933, Tübingen, zugl. Diss., Universität Münster, eingereicht 2012.

Niecol, Emmy (2003): Rosenthal Kunst- und Zierporzellan 1897–1945, Wolnzach.

Nöhl, Markus (2013): Automobile Symbole im Umbruch – Automobilkritik und Symbolproduktion am Ende des Booms 1965–1975, in: Automobilindustrie 1945–2000 – Eine Schlüsselindustrie zwischen Boom und Krise, hrsg. von Stephanie Tilly und Florian Triebel, München (= Schriftenreihe der BMW Group – Konzernarchiv 5), S. 363-385.

Oberfrankenstiftung und Porzellanikon – Staatliches Museum für Porzellan (2009): Pressemitteilung „Übergabe des Rosenthal-Archivs in Selb“, vom 12.08.2009.

Oestereich, Christopher (2000a): „Gute Form“ im Wiederaufbau – Zur Geschichte der Produktgestaltung in Westdeutschland nach 1945, Berlin, zugl. Diss., Universität Köln, eingereicht 1998.

– (2000b): Der Werkbund im Rheinland, in: Öffentlichkeit der Moderne – Die Moderne in der Öffentlichkeit – Das Rheinland 1945–1955, hrsg. von Dieter Breuer und Getrude Cepl-Kaufmann, Düsseldorf (= Düsseldorfer Schriften zur Neueren Landesgeschichte und Geschichte Nordrhein-Westfalens 53), S. 431-444.

Osterhammel, Jürgen (2017): Die Flughöhe der Adler – Historische Essays zur globalen Gegenwart, München.

Ott, Gunter (2005): Design Management als strategisches Tool zur Unternehmensentwicklung, in: Der Ingenieur und seine Designer – Entwurf technischer Produkte im Spannungsfeld zwischen Konstruktion und Design, hrsg. von Jens Reese, Berlin, S. 129-141.

Ott, Stephan (2017): Vom Signet bis zur Stadtbahn [– Interview mit Herbert Lindinger], in: form (Sonderausgabe Nr. 2, November 2017), S. 22-31.

Otto, Regina (1993): Industriedesign und qualitative Trendforschung, München (= Produktentwicklung und Industriedesign 4), zugl. Diss., Ludwig-Maximilians-Universität München, eingereicht 1992.

Paiva, Rodrigo Otávio da Silva (2008): Kategorien der Kommunikationsdesigns an der HfG Ulm, Hochschule der Künste Berlin, eingereicht 2008.

Pansera, Anty (2015): La formazione del designer in Italia – Una storia lunga più di un secolo, Venedig.

Panzer, Gerhard (2010): Kunst: Objekt und Motor der Wissensgesellschaft, in: Handbuch Wissensgesellschaft – Theorien, Themen und Probleme, hrsg. von Anina Engelhardt und Laura Kajetzke, Bielefeld, S. 183-194.

Paolini, Federico (2014): Designing a New Society – A Social History of Italian Car Design, in: Made in Italy – Rethinking a Century of Italian Design, hrsg. von Kjetil Fallan und Grace Lees-Maffei, London, S. 211-224.

Paulmann, Johannes (2004): Grenzräume – Kulturgeschichtliche Perspektiven auf die Geschichte der internationalen Beziehungen, in: Kulturgeschichte – Fragestellungen, Konzepte, Annäherungen, hrsg. von Christina Lutter, Margit Szöllösi-Janze und Heidemarie Uhl, Wien, S. 191-209.

– (2006): Die Haltung der Zurückhaltung: Auswärtige Selbstdarstellung nach 1945 und die Suche nach einem erneuerten Selbstverständnis in der Bundesrepublik, Bremen (hrsg. von der Wilhelm und Helene Kaisen-Stiftung).

– (2007): Representation without Emulation: German Cultural Diplomacy in Search of Integration and Self-Assurance during the Adenauer Era, in: German Politics and Society (25/2), S. 168-200.

Paulus, Julia, Silies, Eva-Maria und Wolff, Kerstin (2012): Die Bundesrepublik aus geschlechterhistorischer Perspektive, in: Zeitgeschichte als Geschlechtergeschichte – Neue Perspektiven auf die Bundesrepublik, hrsg. von Julia Paulus, Eva-Maria Silies und Kerstin Wolff, Frankfurt am Main (= Geschichte und Geschlechter 62), S. 11-27.

Pazzini, Karl-Josef, Sturm, Eva, Legler, Wolfgang und Meyer, Torsten (Hrsg.) (2004): Gert Selle – Ästhetische Erziehung oder Bildung in der zweiten Moderne? Über ein Kontinuitätsproblem didaktischen Denkens, Hamburg (= Kunstpädagogische Positionen 3).

Petzinger, Renate (1992): Künstlerinnen, Filmemacherinnen, Designerinnen: Arbeits- und Wirkungsmöglichkeiten in den alten Bundesländern – Ergebnisse einer Studie, Bonn (= Bildung und Wissenschaft aktuell 3/92, hrsg. vom Bundesministerium für Bildung und Wissenschaft).

Pfadenhauer, Michaela (2003): Professionalität – Eine wissenssoziologische Rekonstruktion institutionalisierter Kompetenzdarstellungskompetenz, Opladen, zugl. Diss., Universität Dortmund.

Pfadenhauer, Michaela und Kunz, Alexa Maria (2010): Professionen, in: Handbuch Wissensgesellschaft – Theorien, Themen und Probleme, hrsg. von Anina Engelhardt und Laura Kajetzke, Bielefeld, S. 235-246.

Pfadenhauer, Michaela und Sander, Tobias (2010): Professionssoziologie, in: Handbuch Spezielle Soziologien, hrsg. von Georg Kneer und Markus Schroer, Wiesbaden, S. 361-378.

Pfützner, Katharina (2009): Industrial Design and Cultural Politics in the GDR 1950–1965, in: Contested Legacies: Constructions of Cultural Heritage in the GDR, hrsg. von Matthew Philpotts und Sabine Rolle, Rochester (= Edinburgh German Yearbook 3), S. 106-123.

– (2012): "But a home is not a laboratory" – The Anxieties of Designing for the Socialist Home in the German Democratic Republic 1950–1965, in: Atomic Dwelling – Anxiety, Domesticity, and Postwar Architecture, hrsg. von Robin Schuldenfrei, Abingdon, S. 149-168.

– (2016): Gebrauchspatina, Simplex und offenes Prinzip – Zur sozialen Verantwortung der Industriedesigner der DDR, in: Social Design – Gestalten für die Transformation der Gesellschaft, hrsg. von Claudia Banz, S. 147-164.

– (2018): Designing for Socialist Need – Industrial Design Practice in the German Democratic Republic, Abingdon, zugl. Diss., National College of Art and Design in Dublin.

planmöbel Neudoerfer Sales GmbH (Hrsg.) (2014): planmöbel – design als lösung, München.

Plüm, Kerstin (2001): Gestaltung und Globalisierung – Überlegungen zu einer ungeführten Diskussion, in: Design Theorie – Beiträge zu einer Disziplin, hrsg. von Cordula Meier, Frankfurt am Main, S. 118-134.

– (2007): Glokalisiertes Design – Designwissenschaftliche Überlegung zu Phänomen der Weltgesellschaft, Berlin, zugl. Diss., Universität Duisburg-Essen, eingereicht 2005.

Plumpe, Werner (2014): Unternehmer – Fakten und Fiktionen, in: Unternehmer – Fakten und Fiktionen – Historisch-biografische Studien, hrsg. von Werner Plumpe, München (= Schriften des Historischen Kollegs 88), S. 1-26.

Popp, Susanne, Sauer, Michael, Alavi, Bettina, Demantowsky, Marko und Kenkmann, Alfons (Hrsg.) (2013): Zur Professionalisierung von Geschichtslehrerinnen und Geschichtslehrern – Nationale und internationale Perspektiven, Göttingen (= Beihefte zur Zeitschrift für Geschichtsdidaktik 5).

Poss, Marlies (2008): Rückblick hfg ulm – Produktgestaltung, in: hfg ulm – Die Abteilung Produktgestaltung – 39 Rückblicke, hrsg. von Karl-Achim Czemper, Dortmund (= Schriftenreihe des club off ulm), S. 199-200.

Pressestelle der BASF AG (2006): Pressemitteilung „Eine Million Farbeindrücke", Ludwigshafen am Rhein (P253/06).

Prinz, Sophia (2012): Büros zwischen Disziplin und Design – Postfordistische Ästhetisierungen der Arbeitswelt, in: Das Design der Gesellschaft – Zur Kultursoziologie des Designs, hrsg. von Stephan Moebius und Sophia Prinz, Bielefeld, S. 245-271.

Raasch, Markus (2017): Unternehmenskultur und soziale Praxis – Ein Beitrag zur Wertewandeldiskussion am Beispiel der Firma Bayer und ihrer Anliegerkommunen, in: Wertewandel in der Wirtschaft und Arbeitswelt – Arbeit, Leistung und Führung in den 1970er und 1980er Jahren in der Bundesrepublik Deutschland, hrsg. von Bernhard Dietz und Jörg Neuheiser, Berlin, S. 127-150.

Radkau, Joachim (2008): Technik in Deutschland – Vom 18. Jahrhundert bis heute, Frankfurt am Main, 3. Auflage.

– (2017): Geschichte der Zukunft – Prognosen, Visionen und Irrungen in Deutschland von 1945 bis heute, München.

Raizman, David (2003): History of Modern Design – Graphics and Products Since the Industrial Revolution, London.

Raphael, Lutz (1996): Die Verwissenschaftlichung des Sozialen als methodische und konzeptionelle Herausforderung für eine Sozialgeschichte des 20. Jahrhunderts, in: Geschichte und Gesellschaft (22), S. 165-193.

– (2012): Transformations of Industrial Labour in Western Europe: Intergenerational Change of Life Cycles, Occupation and Mobility 1970–2000, in: German History (30/1), S. 100-119.

– (2014): Flexible Anpassung und prekäre Sicherheiten – Industriearbeit(er) nach dem Boom, in: Die Anfänge der Gegenwart – Umbrüche in Westeuropa nach dem Boom, hrsg. von Morten Reitmayer und Thomas Schlemmer, München (= Zeitgeschichte im Gespräch 17), S. 51-64.

– (2015): 1980er: Typische Jahre „nach dem Boom“, in: Aus Politik und Zeitgeschichte, vom 09.11.2015.

Rat für Formgebung (Hrsg.) (2006): Designpreis der Bundesrepublik Deutschland 2006, Basel.

Rathgeb, Markus (2006): Otl Aicher, London.

Reinhard, Frank A. und Wanninger, Claudia (2005): die rote Linie – auf der Suche nach Spitzenleistungen im Design, Ludwigsburg.

Reitmayer, Morten und Rosenberger, Ruth (2008): Unternehmen am Ende des „goldenen Zeitalters“ – Die 1970er Jahre in unternehmens- und wirtschaftshistorischer Perspektive, in: Unternehmen am Ende des „goldenen Zeitalters“ – Die 1970er Jahre in unternehmens- und wirtschaftshistorischer Perspektive, hrsg. von Morten Reitmayer und Ruth Rosenberger, Essen, S. 9-27.

Remmele, Mathias (1999): Aus einem Guss, in: Hochparterre – Zeitschrift für Architektur und Design (5), S. 38-39.

– (2000): Aus einem Guss – Die Geschichte des Panton-Stuhls, in: Verner Panton – Das Gesamtwerk, hrsg. von Alexander von Vegesack und Mathias Remmele, Weil am Rhein, S. 74-99.

Reuber, Christian (2012): Der lange Weg an die Spitze – Karrieren von Führungskräften deutscher Großunternehmen im 20. Jahrhundert, Frankfurt am Main, zugl. Diss., Johann-Wolfgang-Goethe-Universität Frankfurt, eingereicht 2011.

Riccini, Raimonda (1998): History from Things: Notes on the History of Industrial Design, in: Design Issues (14/3), S. 43-64.

– (2001): Innovation as a Field of Historical Knowledge for Industrial Design, in: Design Issues (17/4), S. 24-31.

– (2010): Un'impresa aperta al mondo – Conversazione con Tomás Maldonado, in: Comunicare l'impresa – Cultura e strategie dell'immagine nell'industria italian (1945–1970), hrsg. von Giorgio Bigatti und Carlo Vinti, Mailand, S. 135-152.
– (2014): Tomás Maldonado and the Impact of the Hochschule für Gestaltung Ulm in Italy, in: Made in Italy – Rethinking a Century of Italian Design, hrsg. von Kjetil Fallan und Grace Lees-Maffei, London, S. 89-108.
Rieger, Bernhard (2013): The People's Car – A Global History of the Volkswagen Beetle, Cambridge.
Riemann, Xenia (2007): Das Werk Wilhelm Braun-Feldwegs – Industrielle Formgebung in Deutschland nach 1945, Berlin, zugl. Diss., FU Berlin, eingereicht 2006.
Rinker, Dagmar, Quijano, Marcela und Wachsmann, Christiane (Hrsg.) (2009): to ulm up – HfG Ulm 1953–1968, Ulm.
Robertson, Roland (1998): Glokalisierung: Homogenität und Heterogenität in Raum und Zeit, in: Perspektiven der Weltgesellschaft, hrsg. von Ulrich Beck, Frankfurt am Main, S. 192-220.
Rödder, Andreas (2006): Vom Materialismus zum Postmaterialismus? Ronald Ingleharts Diagnosen des Wertewandels, ihre Grenzen und Perspektiven, in: Zeithistorische Forschungen (3/3), S. 480-485.
– (2009): Moderne – Postmoderne – Zweite Moderne – Deutungskategorien für die Geschichte der Bundesrepublik in den siebziger und achtziger Jahren, in: Auf dem Weg in eine neue Moderne? Die Bundesrepublik Deutschland in den siebziger und achtziger Jahren, hrsg. von Thomas Raithel, Andreas Rödder und Andreas Wirsching, München (= Schriftenreihe der Vierteljahrshefte für Zeitgeschichte Sondernummer), S. 181-202.
– (2015): 21.0 Eine kurze Geschichte der Gegenwart, München, 2. Auflage.
Rosenberger, Ruth (2008): Experten für Humankapital – Die Entdeckung des Personalmanagements in der Bundesrepublik Deutschland, München (= Ordnungssysteme – Studien zur Ideengeschichte der Neuzeit 26), zugl. Diss., Universität Trier, eingereicht 2006.
Rubin, Eli (2008): Synthetic Socialism – Plastics & Dictatorship in the German Democratic Republic, Chapel Hill, zugl. Diss., University of North Carolina.
Rüedi Ray, Katerina (2010): Bauhaus Dream-House – Modernity and Globalization, Milton Park.
Rummel-Suhrcke, Ralf (2012): Gesellschaftliche Design-Repräsentanz im Diskurs der sozial-ästhetischen Form, in: Das Design der Gesellschaft – Zur Kultursoziologie des Designs, hrsg. von Stephan Moebius und Sophia Prinz, Bielefeld, S. 389-405.
Sabor, Sabine (1998): Ökologische Perspektiven in der westdeutschen Kunst nach 1945, Bochum, zugl. Diss., Universität Heidelberg, eingereicht 1997.

Sadler, Simon (2013): A Container and Its Contents: Re-Reading Tomás Maldonado's Design, Nature, and Revolution: Toward a Critical Ecology (1970, trans. 1972), in: Room One Thousand (1), S. 41-53, https://escholarship.org/uc/item/25f1r08h [zuletzt gesehen am 31.05.2018].

Sala, Roberto (2017): Verwissenschaftlichung des Sozialen – Politisierung der Wissenschaft? Zum Verhältnis von Wissenschaft und Politik in der Geschichtsschreibung des 19. und 20. Jahrhunderts, in: Berichte zur Wissenschaftsgeschichte (40), S. 333-349.

von Saldern, Adelheid (2012): „Alles ist möglich" – Fordismus, ein visionäres Ordnungsmodell des 20. Jahrhunderts, in: Theorie und Experimente der Moderne – Europas Gesellschaften im 20. Jahrhundert, hrsg. von Lutz Raphael, Köln (= Industrielle Welt 82), S. 155-192.

Samarova, E.V. (2014): Междунаодное сотрудничесво ВНИИТЗ и ИКСИД, in: КАЧЕСТВО и ЖИЗНЬ (2 2), S. 31-33. [dt. Übersetzung: „Internationale Kooperation zwischen VNIITE und ICSID"]

Sänger, Johanna (2015): Zwischen allen Stühlen – Die Sammlung Industrielle Gestaltung als Archiv zur materiellen Kultur der DDR, in: Zeithistorische Forschungen (12/1), S. 124-139.

Sarasin, Philipp (2011): Was ist Wissensgeschichte?, in: Internationales Archiv für Sozialgeschichte der deutschen Literatur (36), S. 159-172.

Schäffner, Wolfgang (2010): The Design Turn – Eine wissenschaftliche Revolution im Geiste der Gestaltung, in: Entwerfen, Wissen, Produzieren – Designforschung im Anwendungskontext, hrsg. von Claudia Mareis, Gesche Joost und Kora Kimpel, Bielefeld, S. 33-45.

Schanetzky, Tim (2007): Die große Ernüchterung – Wirtschaftspolitik, Expertise und Gesellschaft in der Bundesrepublik 1966 bis 1982, Berlin (= Wissenskultur und gesellschaftlicher Wandel 17), zugl. Diss., Johann-Wolfgang-Goethe-Universität Frankfurt, eingereicht 2005.

Scharf, Armin (Hrsg.) (1999): Alexander Neumeister, Frankfurt am Main (= Designermonographien 8).

Schefer, Niklaus (2008): Philosophie des Automobils – Ästhetik der Bewegung und Kritik des automobilen Designs, München, zugl. Diss., Universität Bern, eingereicht 2006.

Schenk, Stefan (2014): Das Siemens-Studio für elektronische Musik – Geschichte, Technik und kompositorische Avantgarde um 1960, Tutzing (= Münchner Veröffentlichungen zur Musikgeschichte 72), zugl. Diss., Ludwig-Maximilians-Universität München, eingereicht 2012.

Schepers, Wolfgang (1998a): Kunst und Technik als Maximen der Designgeschichte – Anmerkungen zu Wilhelm Braun-Feldweg „Industrial Design heute – Umwelt aus der Fabrik", in: Form und Industrie – Wilhelm Braun-Feldweg, hrsg. von Siegfried Gronert, Frankfurt am Main, S. 138-142.

– (1998b): Pappe, Plastik und Produkte – Design und Wohnen in einer bewegten Zeit, in: Design und Alltagskultur zwischen Konsum und Konflikt, hrsg. von Wolfgang Schepers, Köln, S. 20-39.

– (Hrsg.) (2016): Plastic Icons – Design-Ikonen aus Kunststoff, Stuttgart.

Schickowski, Frederik (2016): „Finden – Vereinfachen – Versachlichen – Vermenschlichen" – Funktional-konstruktives Grafikdesign der 1950er bis 1970er Jahre am Beispiel von Anton Stankowski und Herbert W. Kapiitzki, in: Schrift, Bild, Zeichen – Werbegrafik in Deutschland 1945–2015, hrsg. von Anita Kühnel, Staatliche Museen zu Berlin, Dortmund, S. 156-173.

Schildt, Alex und Siegfried, Detlef (2009): Deutsche Kulturgeschichte – Die Bundesrepublik 1945 bis zur Gegenwart, München.

Schludi, Ulrich (2016): Das Schriftgut der Wirtschaft, in: Moderne Aktenkunde, hrsg. von Holger Berwinkel, Robert Kretzschmar und Karsten Uhde, Marburg (= Veröffentlichungen der Archivschule Marburg 64, hrsg. von der Hochschule für Archivwissenschaft), S. 93-108.

Schmidt, Sebastian (2012): Die Entwicklung deutscher Großunternehmen seit 1945 – Eine historische, systemtheoretische Betrachtung von Unternehmensstrategie und Unternehmensorganisation anhand dreier Fallstudien, Bayreuth (= Unternehmen und Führung im Wandel 4), zugl. Diss., Universität Bayreuth, eingereicht 2012.

Schmitt, Peter-Philipp (2004): Frankfurter Gesicht: Helge Aszmoneit, in: Frankfurter Allgemeine Zeitung, vom 03.01.2004.

Schneider, Beat (2005): Design – Eine Einführung – Entwurf im sozialen, kulturellen und wirtschaftlichen Kontext, Basel.

Schönberger, Angela (1996): Deutschlands Designzentren und ihre wirtschaftliche und kulturelle Bedeutung, in: Szenenwechsel – German Design goes Rocky Mountain High, hrsg. von Hermann Wetcke und Herbert H. Schultes, Frankfurt am Main, S. 128-131.

Schramm, Manuel (2009): Konsumgeschichte, in: Zeitgeschichte – Konzepte und Methoden, hrsg. von Frank Bösch und Jürgen Danyel, Göttingen, S. 239-262.

Schreiter, Katrin (2016a): Lexikonartikel zu Design Center Baden-Württemberg Stuttgart, in: The Bloomsbury Encyclopedia of Design – Volume 1, hrsg. von Clive Edwards, London, S. 365.

– (2016b): Lexikonartikel zu Deutscher Werkbund, in: The Bloomsbury Encyclopedia of Design – Volume 1, hrsg. von Clive Edwards, London, S. 409-411.

Schultes, Herbert H. (1993): Das Verschwinden der Dinge – Herausforderung des Design, in: Neue Technologien und Design – Das Verschwinden der Dinge, hrsg. vom Design Zentrum München e.V., München, S. 10-14.

Schulz, Günther (2000): Die Angestellten seit dem 19. Jahrhundert, München (= Enzyklopädie Deutscher Geschichte 54, hrsg. Lothar Gall).

Schulze, Mario (2017): Wie die Dinge sprechen lernten – Eine Geschichte des Museumsobjekts 1968–2000, Bielefeld, zugl. Diss., Universität Zürich.

Schulze, Wolfgang (2015): documenta urbana – eine (noch) nicht verwirklichte Idee von Arnold Bode, in: 60 Jahre documenta – Die lokale Geschichte einer Globalisierung, hrsg. von Hans Eichel, Berlin, S. 47-62.

Schwartz, Fredric J. (2009): „Funktionalismus heute“: Adorno, Bloch und das Erbe des Modernismus in der BRD, in: Mythos Bauhaus – Zwischen Selbsterfindung und Enthistorisierung, hrsg. von Anja Baumhoff und Magdalena Droste, Berlin, S. 315-336.

Schwer, Thilo (2014): Produktsprachen – Design zwischen Unikat und Industrieprodukt, Bielefeld (= Kunst- und Designwissenschaft 2), zugl. Diss., Folkwang Universität der Künste zu Essen, eingereicht 2013.

Seefried, Elke (2011): Towards the Limits to Growth? The Book and its Reception in West Germany and Britain 1972–73, in: German Historical Institute London Bulletin (33/1), S. 3-37.

– (2013): Steering the Future – The Emergence of “Western” Futures Research and its Production of Expertise 1950s to Early 1970s, in: European Journal of Futures Research (2), S. 15-29.

– (2015): Zukünfte – Aufstieg und Krise der Zukunftsforschung 1945–1980, Berlin (= Quellen und Darstellungen zur Zeitgeschichte), zugl. Habil., Ludwig-Maximilians-Universität München, eingereicht 2013.

– (2016): Bruch im Fortschrittsverständnis? Zukunftsforschung zwischen Steuerungseuphorie und Wachstumskritik, in: Vorgeschichte der Gegenwart – Dimensionen des Strukturbruchs nach dem Boom, hrsg. von Anselm Doering-Manteuffel, Lutz Raphael und Andreas Boes, Göttingen, S. 425-450.

Seibring, Anne (2011): Die Humanisierung des Arbeitslebens in den 1970er Jahren: Forschungsstand und Forschungsperspektiven, in: „Nach dem Strukturbruch“? Kontinuität und Wandel von Arbeitsbeziehungen und Arbeitswelt(en) seit den 1970er Jahren, hrsg. von Knud Andresen und Jürgen Mittag, Bonn (= Politik- und Gesellschaftsgeschichte 89), S. 107-126.

Seitz, Tim (2017): Design Thinking und der neue Geist des Kapitalismus – Soziologische Betrachtungen einer Innovatonskultur, Bielefeld.

Selle, Gert (1998): Das Produktdesign der 50er Jahre: Rückgriff in die Entwurfsgeschichte, vollendete Modernisierung des Alltagsinventars oder Vorbote der Postmoderne?, in: Modernisierung im Wiederaufbau – Die westdeutsche Gesellschaft der 50er Jahre, hrsg. von Alex Schildt und Arnold Sywottek, Bonn, 2. Auflage, S. 612-624.

– (2007): Geschichte des Designs in Deutschland, Frankfurt am Main, 3. Auflage.

Serulus, Katarina (2014): Design Promotion in Belgium in the 1960s: National Interests and European Ambitions, in: Design frontiers: territories, concepts, technologies [= ICDHS 2012 – 8th Conference of the International

Committee for Design History & Design Studies], hrsg. von Priscila Lena Farias, Anna Calvera, Marcos da Costa Braga und Zuleica Schincariol, São Paulo, S. 246-250, doi:10.5151/design-icdhs-055.
– (2016): Design & Politics – The Public Promotion of Industrial Design in Postwar Belgium 1950–1986, zugl. Diss., Universiteit Antwerpen.
Serulus, Katarina und Gimeno-Martínez, Javier (Hrsg.) (2017): Panorama – Une histoire du design moderne en Belgique, Brüssel, Brussels Design Museum, Ausstellungskatalog, 23.06.2017–07.01.2018.
Siemen, Wilhelm (Hrsg.) (2000): Die Rosenthal Studio-Linie Form Suomi – Varianten & Variationen eines Erfolgs – Die Privatsammlung Klaus Elben, Selb (= Schriften und Kataloge des Deutschen Porzellanmuseums 61).
– (2005): Lexikonartikel zu Rosenthal, Philip, in: Neue Deutsche Biographie, (22), S. 80-81, http://www.deutsche-biographie.de/pnd118602780.html [zuletzt gesehen am 31.05.2018].
Siemen-Butz, Alexandra (2013): Philip Rosenthal, M.A. – ein innovativer Unternehmer und politischer Mensch, zugl. Diss., Katholische Universität Eichstätt-Ingolstadt.
Silberer, Günter (2014): Fünf Jahrzehnte Stiftung Warentest – Entwicklung einer Testinstitution im Lichte ökonomischer Zwänge und ordnungspolitischer Vorstellungen, in: Zeitschrift für Unternehmensgeschichte (59), S. 220-245.
Slany, Hans Erich und Leisentritt, Stefanie (2013): Industriedesign – Eine Erfolgsgeschichte, Nürtingen.
Soénius, Ulrich S. (2013): Lexikonartikel zu Stein, Gustav Eugen, in: Neue Deutsche Bibliographie, Berlin (25), S. 146-147.
Sparke, Penny (2009): Design in Europe, 1945–1985, in: European Design Since 1985 – Shaping the New Century, hrsg. von R. Craig Miller, Penny Sparke und Catherine McDermott, London, S. 12-29.
Spielmann, Heinz (2014): Aus der Nähe – Mein Leben mit Künstlern 1950–2000, Neumünster.
Spitz, René (1998): Hagiographie und Selbstbild – Marginalien zur Geschichte der HfG Ulm, in: form (163), S. 78.
– (2002): hfg ulm – der blick hinter den vordergrund – die politische geschichte der hochschule für gestaltung 1953–1968, Stuttgart.
– (2008): Postmoderne, in: Wörterbuch Design – Begriffliche Perspektiven des Design, hrsg. von Michael Erlhoff und Tim Marshall, Basel, S. 314-317.
– (2012a): HfG IUP IFG – Ulm 1968–2008, hrsg. vom Internationalen Forum für Gestaltung Ulm, Ulm.
– (2012b): Karl-Heinz Krug: Medium für Gestaltung – Ausstellung zur Eröffnung der Studienbibliothek Karl-Heinz Krug der FH Düsseldorf, in: form (243), S. 22.

– (2013): Die Vordenker des nachhaltigen Designs, in: Die Geschichte des nachhaltigen Designs, hrsg. von Simone Fuchs, Davide Brocchi, Michael Maxein und Bernd Draser, Heinrich-Böll-Stiftung, Bad Homburg, S. 14-23.

– (2014a): HfG Ulm – Kurze Geschichte der Hochschule für Gestaltung – Anmerkungen zum Verhältnis von Design und Politik, hrsg. von Lars Müller, Zürich.

– (2014b): „ulm: Zeitschrift für Gestaltung“, 1958–1968 – Zur medialen Selbstinszenierung der HfG Ulm, in: Querschnitte – Kunst, Design, Architektur im Blick, hrsg. von Elina Knorpp und Christopher Oestereich, Berlin, S. 197-203.

– (2015): “Design is not a Science” Otl Aicher's Constitutional Putsch at the HfG Ulm and His Credo for the Socal Responsibility of Designers, in: Design Issues (31/1), S. 7-17.

Stehr, Nico (1994): Arbeit, Eigentum und Wissen – Zur Theorie von Wissensgesellschaften, Frankfurt am Main.

Steinbeck, Frank (2012): Das Motorrad – Ein deutscher Sonderweg in die automobile Gesellschaft, Stuttgart (= Vierteljahrschrift für Sozial- und Wirtschaftsgeschichte, Beiheft 216), zugl. Diss., TU Berlin, eingereicht 2009.

Stibbe, Henning und Georgi, Matthias (2015): Ein Jahrhundert Lkw und Busse von MAN, München.

Stichweh, Rudolf (2013): Wissenschaft, Universität, Professionen – Soziologische Analysen, Bielefeld, 2. Auflage.

Stürzebecher, Jörg (2009): Inulmundumulmundumulmherum – Anmerkungen zu Sprache und Schrift in Ulm zwischen 1945 und 1955, in: Doppelleben – Literarische Szenen aus Nachkriegsdeutschland – Material zur Ausstellung, hrsg. von Bernd Busch und Thomas Combrink, Göttingen, S. 377-390.

– (2012): Schmalfett im Raster – Aspekte deutscher Gebrauchsgrafik, in: Anlage 1 Spezial – 50 Jahre Deutsches Design, hrsg. vom Rat für Formgebung, Frankfurt am Main, S. 23-31.

Sudrow, Anne (2009): Der „Typus“ als Ideal der Formgebung – Zur Entstehung der professionellen Produktgestaltung von industriellen Konsumgütern 1914–1933, in: Technikgeschichte (76), S. 191-210.

– (2010): Der Schuh im Nationalsozialismus – Eine Produktgeschichte in Deutschland im Vergleich mit Großbritannien und den USA 1925–1950, München, 2. Auflage, zugl. Diss., TU München.

– (2012): Einleitung, in: Geheimreport Deutsches Design – Deutsche Konsumgüter im Visier des britischen Council of Industrial Design (1946), Englischer Originaltext mit Einleitung, hrsg. von Anne Sudrow, Göttingen (= Deutsches Museum – Abhandlungen und Berichte 28), S. 11-105.

– (2014): Sozialistische Produktgestaltung oder „Produktgestaltung im Sozialismus“? Eine historische Re-Lektüre von Martin Kelms programmatischer

Schrift von 1971, in: Gutes Design – Martin Kelm und die Designförderung in der DDR, hrsg. von Christian Wölfel, Sylvia Wölfel und Jens Krzywinski, Dresden, S. 119-132.

Surmann, Antonia (2008): Gute Küchen, wenig Arbeit – Deutsches Küchendesign im westeuropäischen Kontext 1909–1989, Berlin, zugl. Diss., Universität Hamburg, eingereicht 2008.

Süß, Dietmar (2003): Kumpel und Genossen – Arbeiterschaft, Betrieb und Sozialdemokratie in der bayerischen Montanindustrie 1945–1976, München (= Quellen und Darstellungen zur Zeitgeschichte 55).

Szacka, Léa-Catherine (2017): Exhibiting the Postmodern – The 1980 Venice Architecture Biennale, Venedig.

Szöllösi-Janze, Margit (1998): Fritz Haber 1868–1934 – Eine Biographie, München, zugl. Habil., Ludwig-Maximilians-Universität München, eingereicht 1997.

– (2001): Redefining German Contemporary History – The Concept of the Knowledge Society, in: Bilanz eines Jahrhunderts – Bericht über das 10. deutsch-norwegische Historikertreffen in Bergen Mai/Juni 2000, hrsg. vom Research Council of Norway, Oslo, S. 95-104.

– (2004a): Wissensgesellschaft – Ein neues Konzept zur Erschließung der deutsch-deutschen Zeitgeschichte?, in: Koordinaten deutscher Geschichte in der Epoche des Ost-West-Konflikts, hrsg. von Hans Günter Hockerts und Elisabeth Müller-Luckner, München, S. 277-305.

– (2004b): Wissensgesellschaft in Deutschland – Überlegungen zur Neubestimmung der deutschen Zeitgeschichte über Verwissenschaftlichungsprozesse, in: Geschichte und Gesellschaft (30), S. 277-313.

Teasley, Sarah, Riello, Giorgio und Adamson, Glenn (2011): Towards Global Design History, in: Global Design History, hrsg. von Sarah Teasley, Giorgio Riello und Glenn Adamson, Abingdon, S. 1-10.

Tillberg, Margareta (2013): Why is Design „Made in the USSR" Invisible in Design History?, in: Crafting the Future: 10th European Academy of Design Conference: Proceedings, Gothenburg, urn:nbn:se:su:diva-114054.

– (2014a): Martin Kelm: DDR, Moskau und die Designszene innerhalb des Ostblocks, in: Gutes Design – Martin Kelm und die Designförderung in der DDR, hrsg. von Christian Wölfel, Sylvia Wölfel und Jens Krzywinski, Dresden, S. 227-241.

– (2014b): Die technische Ästhetik und die unerschöpfliche Mensch-maschine als sowjetisches Designprodukt der 1960er und 1970er Jahre, in: Helden am Ende – Erschöpfungszustände in der Kunst des Sozialismus, hrsg. von Monica Rüthers und Alexandra Köhring, Frankfurt, S. 157-180.

Tomiyama, T., Gu, P., Jin, Y., Lutters, D., Kind, Ch. und Kimura, F. (2009): Design Methodologies: Industrial and Educational Applications, in: CIRP Annals – Manufacturing Technology (58), S. 543-565.

Traganou, Jilly (2012): Design Histories of the Olympic Games, in: Journal of Design History (25/3), S. 245-251.
Trentmann, Frank (2016): Herrschaft der Dinge – Die Geschichte des Konsums vom 15. Jahrhundert bis heute, München.
Triennale di Milano (Hrsg.) (2016): 21st Century: Design After Design, Mailand.
Twemlow, Alice (2017): Sifting the Trash – A History of Design Criticism, Cambridge, zugl. Diss., Royal College of Art.
Uekötter, Frank (2015): Ökologische Verflechtungen – Umrisse einer grünen Zeitgeschichte, in: Geteilte Geschichte – Ost- und Westdeutschland 1970–2000, hrsg. von Frank Bösch, Göttingen, S. 117-152.
Umweltbundesamt (Hrsg.) (2014): 40 Jahre Umweltbundesamt 1974–2014, Dessau.
Unbekannt (1991a): Mia Seeger – Zum Tode der Designerin, in: Frankfurter Allgemeine Zeitung, vom 22.05.1991.
Unbekannt (1991b): Lexikonartikel zu Schlagheck&Schultes, in: Euro-Design-Guide – Ein Führer durch die Designszene von A-Z, hrsg. von Georg C. Bertsch, Matthias Dietz und Barbara Friedrich, München, S. 212.
Unbekannt (1992a): Blick in die Zukunft, in: MAN-Extra (3), S. 12-13.
Unbekannt (1992b): Höhen und Tiefen – Interview mit MAN-Ex-Designchef Dr. Klaus Flesche, in: Lastauto und Omnibus (69/8), S. 50-52.
Unbekannt (1997): Vom Praktikanten zum Chefdesigner – Herbert H. Schultes erhält den Designpreis der Stadt München, in: Süddeutsche Zeitung, vom 23.09.1997.
Unbekannt (2000): Geschmacksautorität, in: Frankfurter Allgemeine Zeitung, vom 22.07.2000.
Unbekannt (2002): Lexikonartikel zu Stein, Gustav, in: Biographisches Handbuch der Mitglieder des Deutschen Bundestages 1949–2002, hrsg. von Rudolf Vierhaus und Ludolf Herbst, München, S. 841.
Unbekannt (2003a): Da gibt es einen jungen Berufsstand, der mehr Selbstbewusstsein braucht, in: 50 Jahre iF, hrsg. vom iF International Forum Design GmbH, Hannover, S. 98-103.
Unbekannt (2003b): Geht hin, schaut es euch an, da haben andere etwas geliestet – und wir auch, in: 50 Jahre iF, hrsg. vom iF International Forum Design GmbH, Hannover, S. 134-135.
Unbekannt (2004): Lexikonartikel zu Arno Votteler, in: The Design Encyclopedia, hrsg. von Mel Byars, London, S. 784, 2. Auflage.
Unbekannt (2006): A Bibliography of the Work of Eliot Freidson (1923–2005), in: Sociology of Health and Illness (28/5), S. 647-653.
Unbekannt (2008): Kunststoff in allen Farben, in: form (223), S. 26.
Unbekannt (2009a): Pressemitteilung „Der Fall Forum Design", hrsg. von Landesgalerie Linz, Linz, http://www.linz09.at/sixcms/media.php/4974/PRES

SEMAPPE%20Der%20Fall%20Forum%20Design.pdf [zuletzt gesehen am 31.05.2018].

Unbekannt (2009b): Oberfrankenstiftung kauft Rosenthal-Archiv, in: Museum heute – Fakten, Tendenzen, Hilfe (37), S. 83-84.

Unbekannt (2011): Angewandte Schönheit – Zum Tod von Arianna Giachi, in: Frankfurt Allgemeine Zeitung, vom 20.09.2011.

Unbekannt (2014c): Lexikonartikel zu Ernst Schneider, in: Munzinger Online/ Personen – Internationales Biographisches Archiv, Ravensburg.

Unbekannt (2014d): Gut gebrüllt, in: MAN Magazine Bus – Deutschland (1), S. 12-13.

Universität Duisburg-Essen (2004): Pressemitteilung „Professor für Industrial Design starb – Projekt-Management und Design", Duisburg, vom 16.04.2004.

Upitis, Alise (2008): Nature normative – The Design Methods Movement 1944–1967, Cambridge, zugl. Ph.D., Massachusetts Institute of Technology, http://hdl.handle.net/1721.1/45943.

Vanette, Dora (2015): Design and Industry – The Role and Impact of Industrial Design in Post-War Yugoslavia, in: The Radical Designist (December), S. 1-15, http://unidcom.iade.pt/radicaldesignist/wp-content/uploads/2016/01/Design-Policies_DoraVanette.pdf, [zuletzt gesehen am 31.05.2018].

Verband Deutscher Industrie-Designer e.V. (2013): Pressemitteilung „Zum Tode von Prof. Hans Erich Slany", http://www.vdid.de/news/pdf/575_2.pdf [zuletzt gesehen am 31.05.2018].

Verband Deutscher Industrie-Designer e.V. und Rat für Formgebung (1976): „Industrial Design" – Empfehlungen zur Strukturierung der Designer-Ausbildung in der BRD einschließlich Westberlin und zur Vereinheitlichung der Terminologie, in: form (73), S. 61-62.

Vihma, Susann (2005): The Legacy of HfG Ulm – A Finnish Perspective on Industrial Design and Design Education in the 1960s and 1970s, in: Scandinavian Journal of Design History (15), S. 64-75.

Vodg, Werner (2011): Zur Soziologie der organisierten Krankenbehandlung, Weilerswist.

Voges, Jonathan (2017a): (Arbeits-)Ethos der Freizeit? Do it yourself und Heimwerken und der Wertewandel der Arbeit, in: Wertewandel in der Wirtschaft und Arbeitswelt – Arbeit, Leistung und Führung in den 1970er und 1980er Jahren in der Bundesrepublik Deutschland, hrsg. von Bernhard Dietz und Jörg Neuheiser, Berlin, S. 73-96.

– (2017b): „Selbst ist der Mann" – Do-it-yourself und Heimwerken in der Bundesrepublik Deutschland, zugl. Diss., Universität Hannover, eingereicht 2016.

Wachsmann, Christiane (1990): Wie kommt der Designer zur Industrie? Ein neuer Beruf entsteht, in: „design ist gar nicht lehrbar..." – Hans Gugelot und seine Schüler – Entwicklungen und Studienarbeiten 1954–1965, hrsg. von Christiane Wachsmann, Ulm, S. 46-57.

Wahring-Schmidt, Bettina (Hrsg.) (1997): Die Professionalisierung der Frau – Bildung, Ausbildung und Beruf von Frauen in historischer Perspektive, Lübeck, Institut für Medizin- und Wissenschaftsgeschichte der Universität zu Lübeck, Ausstellungskatalog.

Walker, John A. (1992): Designgeschichte – Perspektiven einer wissenschaftlichen Disziplin, München.

Warhaftig, Myra (2005): Lexikonartikel zu Robert Gutmann, in: Deutsche jüdische Architekten vor und nach 1933, hrsg. von Myra Warhaftig, Berlin, S. 206.

Weber, Julia (2013): Meißener Porzellane mit Dekoren nach ostasiatischen Vorbildern, hrsg. von Renate Eikelmann, München.

Weber, Jürgen (1996): Designorganisation im Unternehmen, zugl. Diss., Ludwig-Maximilians-Universität München, eingereicht 1996.

Wehler, Hans-Ulrich (2008): Deutsche Gesellschaftsgeschichte – Bundesrepublik und DDR 1949–1990, München.

Weise, Jürgen (2007): Lexikonartikel zu Schneider, Ernst Georg, in: Neue Deutsche Biographie, Berlin (23), S. 287-288, urn:nbn:de:bvb:12-bsb00019558-8.

Deutscher Werkbund Nordrhein-Westfalen e.V. (Hrsg.) (2007): 100 Jahre Deutscher Werkbund NW 1907 bis 2007, Essen (= Einmischen und Mitgestalten 6).

Westermann, Andrea (2007): Plastik und politische Kultur in Westdeutschland, Zürich (= Interferenzen 13), zugl. Diss., Universität Bielefeld.

– (2008): Die Oberflächlichkeit der Massenkultur – Plastik und die Verbraucherdemokratisierung der Bundesrepublik, in: Historische Anthropologie (16), S. 8-30.

Westermeier, Carola (2017): Werbung und Wertewandel – Diskurse über Verbraucher und deren Verhalten, in: Wertewandel in der Wirtschaft und Arbeitswelt – Arbeit, Leistung und Führung in den 1970er und 1980er Jahren in der Bundesrepublik Deutschland, hrsg. von Bernhard Dietz und Jörg Neuheiser, Berlin, S. 239-260.

Wetcke, Hans Hermann (Hrsg.) (1996): Handbook for the 46th International Design Conference in Aspen June 5–9, 1996 – Gestalt: Visions of German Design.

Wetterer, Angelika (Hrsg.) (1995): Die soziale Konstruktion von Geschlecht in Professionalisierungsprozessen, Frankfurt am Main.

Whelan, Tara (2016): Lexikonartikel zu Erlhoff, Michael (1946–), in: The Bloomsbury Encyclopedia of Design – Volume 1, hrsg. von Clive Edwards, London, S. 488.

bei der Wieden, Claudia (Hrsg.) (2013): 50 Jahre HBK Braunschweig – Geschichte einer Kunsthochschule und ihrer Vorgägnereinrichtungen, Braunschweig.

Wildt, Michael (1996): Vom kleinen Wohlstand – Eine Konsumgeschichte der fünfziger Jahre, Frankfurt am Main.

Wilsdorf, Gerd E. (2005): Design für Haushaltsgeräte, in: Design Management als strategisches Tool zur Unternehmensentwicklung, hrsg. von Jens Reese, Berlin, S. 235-239.

Wirsching, Andreas (2009): Konsum statt Arbeit? Zum Wandel von Individualität in der modernen Massengesellschaft, in: Vierteljahrshefte für Zeitgeschichte (57/2), S. 171-199.

– (2011): From Work to Consumption – Transatlantic Visions of Individuality in Modern Mass Society, in: Contemporary European History (20/1), S. 1-26.

– (2012): Der Preis der Freiheit – Geschichte Europas in unserer Zeit, München.

Witt, Julia (2012): Der stete Wunsch nach Anerkennung – Zum Selbstverständnis der Werkkunstschulen in der Bundesrepublik Deutschland 1949–1971, in: Archiv für Kulturgeschichte (94), S. 409-432.

– (2015): Die Werkkunstschulen und die Kunsthochschulen – Ein konfliktbeladenes Konkurrenzverhältnis, in: Beziehungsanalysen – Bildende Künste in Westdeutschland nach 1945 – Akteure, Institutionen, Ausstellungen und Kontexte, hrsg. von Gerhard Panzer, Franziska Völz und Karl-Siegbert Rehberg, Wiesbaden, S. 91-108.

Wölfel, Christian, Wölfel, Sylvia und Krzywinski, Jens (Hrsg.) (2014): Gutes Design – Martin Kelm und die Designförderung in der DDR, Dresden.

Woodham, Jonathan M. (1995): Redesigning a Chapter in the History of British Design: The Design Council Archive at the University of Brighton, in: Journal of Design History (8/3), S. 225-229.

– (1996): Managing British Design Reform I: Fresh Perspectives on the Early Years of the Council of Industrial Design, in: Journal of Design History (9/1), S. 55-65.

– (1997): Twentieth-Century Design, Oxford.

– (2005): Local, National and Global: Redrawing the Design Historical Map, in: Journal of Design History (18/3), S. 257-267.

– (2014): The European Province and Its Significance for Design Histories, in: Blucher Design Proceedings (1/5), S. 713-717, doi:10.5151/despro-icdhs2014-0107.

Zec, Peter (2016): „Dauernde nicht endgültige Form“ – Vom Industrieform e.V. zum Red Dot, in: Dauernde, nicht endgültige Form – 60 Jahre Designgeschichte – Von der Industrieform zum Red Dot, hrsg. von Peter Zec, Essen, S. 48-133.

Zentek, Sabine (2009): Designer im Dritten Reich – Gute Formen sind eine Frage der richtigen Haltung, Dortmund.

Ziegler, Merle (2017): Kybernetisch regieren – Architektur des Bonner Bundeskanzleramtes 1969–1976, Düsseldorf (= Beiträge zur Geschichte des Parlamentarismus und der politischen Parteien 176), zugl. Diss., Humboldt-Universität zu Berlin, eingereicht 2013.

Zürn, Gabriele (Hrsg.) (2016): Alles nach Plan? Formgestaltung in der DDR, Bonn, Haus der Geschichte der Bundesrepublik Deutschland, Ausstellungskatalog, 08.04.2016–19.03.2017.

4. Unveröffentlichte Arbeiten

Andritzky, Michael, Burkhardt, François und Lindinger, Herbert (1975): Aufgaben der Design-Politik in der Bundesrepublik Deutschland – Überlegungen zur Arbeit deutscher Design-Institute, aufbewahrt in: Rat für Formgebung – Bibliothek, 7.013 AUF.

AW Design (1964): Der Begriff „Design“ in der technische Literatur Englands und Amerikas und in den englischen Fortbildungsseminaren für Ingenieure, AW design Mitteilungen, Stuttgart, aufbewahrt in: Archiv der HfG Ulm, Signatur Se 010.001.

– (1967b): Grundlage 1: Produktdesign und Produktplanung, hrsg. von Erich Geyer, Jan W. Beenker und Josef Frerkes, Stuttgart, aufbewahrt in: Bibliothek des Rats für Formgebung, Signatur 7.013 AW.

– (1968a): Arbeitsunterlagen, hrsg. von Erich Geyer, Bernhard E. Bürdek, Josef Frerkes und Manfred Zorn, Stuttgart, aufbewahrt in: Bibliothek des Rats für Formgebung, Signatur 7.013 AW.

– (1970): Seminare, Veranstaltung, Informations-System, Stuttgart, aufbewahrt in: Bibliothek des Rats für Formgebung, Signatur 7.013 AW.

BASF AG (1963a): Entwürfe zum Luran-Wettbewerb 1, Ludwigshafen am Rhein, aufbewahrt in: Privatarchiv Slany, Bestand „Broschüren“.

Black, Misha (1975): The History of the ICSID, gehalten 1975 auf dem ICSID-Kongress in Moskau, aufbewahrt in: Bundesarchiv Lichterfelde, DF 7/1230.

Education Commission of the International Council of Societies of Industrial Design und Hochschule für Gestaltung Ulm (1966): The Education of Industrial Designers – Second Seminar: Report of a Seminar Organized by the Education Commission of ICSID in Collaboration with the Hochschule für Gestaltung at Ulm, Germany, from 17th to 19th September 1965, aufbewahrt in: Bibliothek des Rats für Formgebung, Signatur 7.013.37 Edu.

Eppler, Erhard (1977b): „Gestaltung unserer Umwelt – Auftrag an unsere Gesellschaft“ – Redemanuskript zum 1. Deutschen Designertag 1977, aufbewahrt in: Bibliothek des Rats für Formgebung, Signatur 7.013(1-77), vom 15.10.1977.

Fuchs, Günter (1971): Kurze Einführung in die „Fuchs‘sche Ästhetik“ für solche, die sich dafür interessieren, aber nicht die Zeit haben, sie wirklich zu „studieren“, aufbewahrt in: Hochschule der Künste Berlin, Signatur 189223/B170.

Giachi, Arianna (1972d): Untersuchung zur Reform der Designer-Ausbildung, aufbewahrt in: Bundesarchiv Koblenz, Signatur B457-13.

– (1972e): Vortrag von Dr. Arianna Giachi zur Reform der Designer-Ausbildung, gehalten am 14.12.1972 in Villa Hügel, Essen.

International Council of Societies of Industrial Design (1965): Berufskodex für Industrial Design – von der ICSID-Generalversammlung September 1965 in Wien angenommen, aufbewahrt in: Werkbund-Archiv Berlin, Signatur ADK8-1429/65.

– (1968): The Education of Industrial Designers – Third Seminar – Report of a Seminar Organised by the Education Commisssion of ICSID in Collaboration with the University of Syracuse, New York, USA, from 7 to 10 September 1967, aufbewahrt in: Bibliothek des Rats für Formgebung, Signatur 7.013.37 Edu.

Klöcker, Ingo (2007): Mein Vater, seine Kunst und ich.

Kruttschnitt, Ernst Jörg (1981): Analyse und Zielrichtung – Eine Bestandsaufnahme der Situation des Rats für Formgebung aus der Sicht des ehrenamtlichen Geschäftsführers, Darmstadt, August 1981.

– (2009): Die Kultur der Dinge – Besonderheiten einer Industrial-Design-Politik.

Kuckertz, Heinrich (1961): Geschichte der Aweta 1891–1961, aufbewahrt in: BASF-Unternehmensarchiv, Signatur Q.o.1./1.

Löbach, Bernd: Tätigkeitsfelder für Industrial Designer – Sammlung von Beiträgen zum Thema, aufbewahrt in: Rat für Formgebung – Bibliothek, 7.013 LÖB.

Ohl, Herbert (1978): Design-Diagnose des Rats für Formgebung – Informationen, Übersicht, Darmstadt, aufbewahrt in: ZADP, p.S. 20, vom 11.09.1978.

Rat für Formgebung (1958): Empfehlungen zur Ausbildung des Nachwuchses für technische Formgestaltung, für Manufakturform und Handwerksform, Darmstadt, aufbewahrt in: Baukunstarchiv der Akademie der Künste, Nachlass Karl Otto, Signatur 54a.

Rosenthal, Philip (1965c): The Interreleations Between Ethics and Power in Design – Paper Held at the Aspen International Design Conference, aufbewahrt in: Bauhaus-Archiv Berlin, Signatur Mappe Philip Rosenthal, vom Juni 1965.

Schwanzer, Karl (1954): Report on the Austrian Industrial Study Tour from June 4th to June 17th 1954, Wien, aufbewahrt in: Bibliothek des Rats für Formgebung, Signatur 7.013 Sch.

Staudacher, Emil (1966): Die Hauptwerbeabteilung – Eine Chronik der Werbung im Hause Siemens von den Anfängen bis 1966, aufbewahrt in: Siemens Historical Institute, Signatur 25142.

Teut, Anna (1971a): Preis der Freiheit oder das Schlachtfest der „heiligen Kühe“, aufbewahrt in: Werkbund-Archiv Berlin, Signatur Werkbund-Vorstandssitzung, vom 27.05.1971.

Unbekannt (1971y): Sammlung von Schreiben zum Notstand in der Designerausbildung, aufbewahrt in: Privatarchiv Slany, Esslingen, Loseblattsammlung.

UNESCO und International Council of Societies of Industrial Design (1965): The Education of Industrial Designers – Report of a Seminar Organised under the Auspices of UNESCO by the ISCID – The Discussion Took Place at Bruges, Belgium, from 21 to 24 March, 1964, Brügge, aufbewahrt in: Bibliothek des Rats für Formgebung, Signatur 7.013.37 Edu.

Verband Deutscher Industrie-Designer (1959): Die Satzung des Verbandes Deutscher Industrie-Designer (VDID), aufbewahrt in: Archiv der Design-Sammlung Schriefers der Bergischen Universität Wuppertal, Signatur BU 01963.

5. Audiovisuelle Beiträge

BASF AG (1972): Wohneinheit 80, in der Sendereihe „Jahresschau 1972 der BASF AG“, 10:06-13:10 min, Ludwigshafen am Rhein, in: BASF-Unternehmensarchiv, Bestand Filme.

Conrads, Ulrich und Höynck, Rainer (1971): Ideen – Kontroverse – Kritik: Vitrine schöner Formen – oder Kritik an der Umwelt? Kontroverse um das Design Zentrum Berlin, ausgestrahlt vom Rundfunk im amerikanischen Sektor von Berlin in der Sendereihe „Kulturelles Wort und Vorträge 1971“ am 12.02.1971, (West-)Berlin, in: Archiv des Deutschlandradios, Signatur DC007571.

Dressler, Fritz, Ullrich, Georg, Bitterberg, Karl-Georg, Hombach, Volker, Godel, Dieter E. und Völz, Dörte (1971): W‘80 Wohneinheit 80 ...zwischen Wohnen und Morgen, 10:59 min, Produktion Fritz Dressler, Architekturfilm und hircheteam, in: BASF-Unternehmensarchiv, Bestand Filme, Signatur 469.

Erlhoff, Michael (1984): Design als Traum von Demokratie – Hochschule für Gestaltung Ulm, ausgestrahlt vom Norddeutschen Rundfunk, in: Schallarchiv des Norddeutschen Rundfunks – Landesfunkhauses Niedersachen.

Erlhoff, Michael und Köhler, Udo (1987): „ulm... – Die Moral der Gegenstände“, 25:58 min.

Fambach, Dagmar (1970): Ausstellung im Internationalen Design-Zentrum Berlin, ausgestrahlt vom Sender Freies Berlin in der Sendereihe „Aus Kunst und Wissenschaft“ am 08.05.1970, (West-)Berlin, in: Archiv des RBB, Signatur 0000204392.

von Hollander, Hilde (1964): Die Kunststoffe und ihre Verwendung im Haushalt, ausgestrahlt von dem Ersten Deutschen Fernsehen am 17.02.1964, in: BASF-Unternehmensarchiv, Signatur Q.1.2./6.

Höynck, Rainer (1970): Stegreif-Gespräch mit: Dr. Ulrich Conrads, Prof. Robert Gutmann, Kyra Stromberg, ausgestrahlt vom Rundfunk im amerikanischen Sektor von Berlin in der Sendereihe „Kulturreport" am 29.01.1970, (West)Berlin.

Krug, Karl-Heinz (1972a): Alternativen für die Zukunft, Köln (= Design und Konsum 5, hrsg. vom Westdeutschen Rundfunk und dem Westdeutschen Fernsehen).

– (1972b): Funktionalismus: Weltanschauung, Illusion?, Köln (= Design und Konsum 2, hrsg. vom Westdeutschen Rundfunk und dem Westdeutschen Fernsehen).

– (1972c): Hat der Designer versagt?, Köln (= Design und Konsum 4, hrsg. vom Westdeutschen Rundfunk und dem Westdeutschen Fernsehen).

– (1972d): Konsum als Erlebnis, Köln (= Design und Konsum 3, hrsg. vom Westdeutschen Rundfunk und dem Westdeutschen Fernsehen).

– (1972e): Die Pioniere und ihre Ideologie, Köln (= Design und Konsum 1, hrsg. vom Westdeutschen Rundfunk und dem Westdeutschen Fernsehen).

Kuby, Thomas (1970): Schöner leben? Probleme des Design, hrsg. vom Südwestfunk, Baden-Baden (= Abendstudio vom 26.10.1970, 21:00–22:00 Uhr).

Maar, Peter und Kemperdick, Gustav K. (1968): Hochschule für Gestaltung Ulm, ausgestrahlt vom Westdeutschen Rundfunk in der Sendereihe „Spectrum" am 01.11.1969, in: Archiv des Westdeutschen Rundfunks, Signatur PNR 875130.

Reich, Gisela und Kemperdick, Gustav K. (1968): Hochschule für Gestaltung Ulm, ausgestrahlt vom Westdeutschen Rundfunk in der Sendereihe „Spectrum" am 03.02.1968, in: Archiv des Westdeutschen Rundfunks, Signatur PNR 875130.

Rhode, Werner (1971b): Laboratorium oder Vitrine? Die Krise des Berliner Design-Zentrums, ausgestrahlt vom Westdeutschen Rundfunk am 13.02.1971, in: ZADP, p.S. 34.

– (1971d): Wird das IDZ Berlin ein Industrie-Design-Zentrum? Eindrücke zu einer Pressekonferenz, ausgestrahlt vom Sender Freies Berlin in der Sendereihe „Das Feuilleton" am 17.02.1971, (West-)Berlin, in: ZADP, p.S. 34.

Schubert, Angelika, Schubert, Peter und Honal, Gerhard (1988): Designlegende HfG, ausgestrahlt vom Westdeutschen Rundfunk am 12.12.1988, in: Archiv des Westdeutschen Rundfunks, Signatur PNR 805727.

Unbekannt (1970i): Ideen – Kontroverse – Kritik: „Keine Vitrine schöner Formen" zur Eröffnung des IDZ Berlin, ausgestrahlt vom Rundfunk im amerikanischen Sektor von Berlin am 24.04.1970, (West-)Berlin.

Unbekannt (1973s): [Radiobeitrag zum Rat für Formgebung], ausgestrahlt von dem Hessischen Rundfunk am 25.01.1973, in: Bundesarchiv Koblenz, Bestand B457, Signatur 105.

Unbekannt (1980d): „Design-Ausstellung in Linz", gesendet vom Hessischen Rundfunk, in: Titel, Thesen, Temperamente, vom 23.07.1980.

6. Internetresourcen

Müller-Krauspe, Gerda (2003): Frauen HfG Ulm, http://www.frauen-hfg-ulm.de/ [zuletzt gesehen am 31.05.20158].

TU Darmstadt – Forschungsprojekt „Stadt im Werkbund" (2008): Gustav Barcas von Hartmann, http://www.baukultur-forschung.de/datenbank/alphabetisch/e/p38/ [zuletzt gesehen am 31.05.2018].

Wölfel, Sylvia (2015): Die Gestaltung des Wandels: Ostdeutsches Industriedesign im Transformationsprozess, in: Deutschland Archiv, vom 16.01.2015, http://www.bpb.de/geschichte/zeitgeschichte/deutschlandarchiv/198915/ostdeutsches-industriedesign-im-transformationsprozess [zuletzt gesehen am 31.05.2018].

7. Patente

Flesche, Klaus (1979): Patent zu „Lastkraftwagen", angemeldet von MAN AG, Patentnummer: De2934272A1, Aktenzeichen: P29 34 272.1-21, Tag der Anmeldung: 24.08.1979, Tag der Offenlegung: 26.03.1981.

Koch, Erich, John, Herbert, Kraus, Wolfgang und Schubert, Klaus (1986): Patent zu „Fahrerhaus-Baureihe für Frontlenker-Lastkraftwagen", angemeldet von MAN Nutzfahrzeuge GmbH, Patentnummer: DE3617961A1, Aktenzeichen: P36 17 961.2, Tag der Anmeldung: 28.05.1986, Tag der Offenlegung: 03.12.1987.

Moll, Hans H. und Flesche, Klaus (1977a): Patent zu „Lastkraftwagen", angemeldet von MAN AG, Patentnummer: DE2741125C2, Aktenzeichen: P27 41 125.2 21, Tag der Anmeldung: 13.09.1977, Tag der Offenlegung: 22.03.1979.

– (1977b): Patent zu „Lastkraftwagen, insbesondere Großraumfahrzeug oder Sattelschlepper", angemeldet von MAN AG, Patentnummer: 2741125, Aktenzeichen: P27 41 125.2, Tag der Anmeldung: 13.09.1977, Tag der Offenlegung: 22.03.1979.

Wilhelm, Herrmann und Delp, Heinrich (1968): Patent zu „Vorrichtung zum Verriegeln eines Kippfahrerhauses, insbesondere bei Lastkraftwagen", angemeldet von MAN AG, Patentnummer: 1816415, Aktenzeichen: P18 16 415.3, Tag der Anmeldung: 21.12.1968, Tag der Offenlegung: 02.07.1970.